郭本禹 主编

外国心理学流派大系

FOREIGN PSYCHOLOGY SCHOOL SERIES

行为的调控

——行为主义心理学（上）

郭本禹 修巧艳 著

山东教育出版社
·济南·

图书在版编目（CIP）数据

行为的调控：行为主义心理学：全二册 / 郭本禹，修巧艳著. -- 2版. -- 济南：山东教育出版社，2025. 1. --（外国心理学流派大系 / 郭本禹主编）. -- ISBN 978-7-5701-3439-7

Ⅰ. B84-063

中国国家版本馆CIP数据核字第2024QD2562号

WAIGUO XINLIXUE LIUPAI DAXI

XINGWEI DE TIAOKONG——XINGWEI ZHUYI XINLIXUE QUANERCE

外国心理学流派大系　　郭本禹　主编

行为的调控——行为主义心理学　全二册　　郭本禹　修巧艳　著

主管单位：山东出版传媒股份有限公司

出版发行：山东教育出版社

地址：济南市市中区二环南路2066号4区1号　　邮编：250003

电话：（0531）82092660　　网址：www.sjs.com.cn

印　　刷：山东华立印务有限公司

版　　次：2025年1月第2版

印　　次：2025年1月第1次印刷

开　　本：710毫米 ×1000毫米　1/16

印　　张：39

字　　数：579千

定　　价：158.00元

主　编　郭本禹
副主编　高峰强　杨韶刚　高申春
编　委　（以姓氏笔画为序）
丁　芳　方双虎　王国芳　李广军　杨韶刚　修巧艳
贾林祥　郭本禹　高申春　高峰强　崔光辉　熊哲宏

江苏省重点学科“发展与教育心理学”学科资助成果
教育部普通高等学校人文社会科学重点研究基地南京师范大学道德教育研究所成果

目录

总　序

著名心理学家艾宾浩斯曾说过:“心理学虽有一长期的过去,但仅有一短期的历史。”心理学的长期过去可以上溯到古希腊、古罗马时期的心理学思想,从大约公元前6世纪到公元19世纪中叶的这一时期被称为前科学心理学时期或哲学心理学时期。1879年,冯特在德国莱比锡大学创建了世界上第一个心理学实验室,标志着科学心理学的诞生。此后的短期历史被称为科学心理学时期。科学心理学是指具有科学形态的心理学,与之相对的是前科学形态的心理学。前科学形态的心理学主要指形而上学的心理学,它以纯粹思辨的方式进行推演研究,试图揭示心理现象的本质。科学形态的心理学即科学心理学,它主要受到近代科学尤其是自然科学的影响,采用经验尤其是实验的方式进行归纳研究,得出心理现象本质的知识。

从理论形态演变上看,科学心理学的发展主要表现为不同心理学流派的产生、发展和更替过程。这一过程大致沿着科学主义心理学和人文主义心理学两条路线不断演进。科学主义心理学是主流的心理学取向,主要包括内容心理学、构造心理学、机能心理学、行为主义心理学、皮亚杰学派心理学和认知心理学等流派。人文主义心理学是非主流的心理学取向,主要包括意动心理学、精神分析心理学、格式塔心理学、现象学心理学、存在心理学和人本主义心理学等流派。现代心理学流派的发展过程大致可以划分为三个阶段:一是哲学心理学时期的思想起源,从大约公元前6世纪到19世纪70年代;二是心理学流派自身的历史演进,从19世纪70年代到20世纪80年代;三是心理学流派的当代效应,从20世纪80年代至今。

一、现代心理学流派的思想起源

在前科学心理学的漫长历史中,心理学曾一度是“灵魂的奴仆”、“神学的婢女”和“哲学的附庸”。现代心理学流派萌芽于古希腊,发端于近代欧洲。古希腊心理学思想表现为存在(being)与形成(becoming)的张力,近代欧洲心理学思想表现为经验主义与理性主义的对立，到科学心理学时期就演变为科学主义心理学和人文主义心理学的纷争。

1. **思想萌芽**

古希腊是现代心理学流派的思想源头。在哲学形成之前，古希腊人已经开始了对灵魂(psyche)的探索。当时人们认为灵魂是一种生命气息，它在人死亡时离去。“心理学”(psychology)一词就由此而来。大约在公元前6世纪，古希腊产生了哲学。古希腊哲学致力于探究世界的本原，其中包括回答灵魂是什么。因此，此时的心理学是灵魂的奴仆。

古希腊哲学隐含着存在与形成的张力。这一张力最初体现在巴门尼德和赫拉克利特之间。巴门尼德提出，要通过理性的道路来获得确定无疑的知识。他推崇理性认识的重要性，贬低感觉经验的作用，认为后者只能产生纷乱的意见。赫拉克利特则通过“人不能两次踏入同一条河流”来表述世界变动不居的特征。他重视感觉经验的重要性，甚至认为视觉经验比听觉经验更可靠。存在与形成的张力在柏拉图和亚里士多德那里达到顶峰。柏拉图发展了巴门尼德的观点，认为存在着普遍的理念世界，变化中的现实事物只是对不变的理念的一种模仿。理性是最高级的灵魂，并指导着意气和情欲。亚里士多德是古希腊思想的集大成者，其《论灵魂》一书可以视为西方心理学史上第一本心理学著作。他持有形成的立场，对柏拉图的观点进行了改造。在他看来，世间万物都是有目的的，朝向隐得来希即自身的全面发展迈进，因而处于时刻流转中，灵魂也是如此。他强调感觉经验在灵魂中的重要地位，认为感觉限定着灵魂的认识活动。

在古希腊之后，西方心理学思想的目的虽然发生了变化，但却依然延续着存在与形成的张力。到了中世纪，一切思想均转向认识上帝，此时的心理学成为“神学的婢女”。两位基督教哲学家奥古斯丁和托马斯·阿奎那为心理学思想指出两条不同的道路。奥古斯丁提出通过内心的感受来获得上帝的启示，从而走向形成立场；托马斯·阿奎那提出通过理性和逻辑论证来获得上帝的启示，从而走向存在立场。

总之，从古希腊到中世纪，心理学从作为“灵魂的奴仆”到作为“神学的婢女”，提出了许多朴素的心理学思想，构成了现代心理学流派的思想萌芽，其间一直延续着存在与形成的张力，开启了现代科学主义心理学和人文主义心理学纷争的历史源头。

2. **思想发端**

经过漫长的中世纪，西方世界从文艺复兴时期进入近代。近代自然科学的进步使世界图景发生了根本改变，从中世纪以上帝为中心的神秘世界观转变为数学的机械世界观，对哲学以及心理学产生着越来越重要的影响。近代哲学的目的从古希腊探讨世界本原是什么转向如何认识世界。近代心理学由“神学的婢女”变成“哲学的附庸”，不再是对灵魂和上帝的探讨，而是围绕如何认识世界对心理学问题展开系统的理论阐述，表现为经验主义与理性主义两种对立的观点。这两种对立的观点由先前形成与存在的张力衍生而来：经验主义延续了形成的观点，理性主义延续了存在的观点。近代心理学思想在英国和法国表现为经验主义心理学思想，在荷兰和德国表现为理性主义心理学思想。

经验主义心理学思想主张，一切心理现象均是经验（如感觉和观念）的集合或联结。经验主义心理学思想从英国的培根开始。他认为，知识和观念起源于感性世界，感觉经验是一切知识的源泉。在培根之后，经验主义心理学思想有两种形式：英国的联想论心理学思想和法国的感觉论心理学思想。英国的联想论心理学思想以经验为基础，以联想为工具，试图揭示观念的形成和发展的规律。霍布斯是联想论心理学思想的先驱，他坚持知识和观念来源于感觉经验。洛克第一个提出“联想”概念，认为联想是观念的联合，简单观念经过综合、联系和分离形成人的心灵内容。贝克莱和休谟进一步发展了联想论心理学思想，解释了空间知觉和联想规律。哈特莱是联想论心理学思想体系的建立者，试图用生理学概念把经验论和联想论结合起来，用联想去解释一切心理现象。培因是联想论心理学思想的集大成者，对联想的规律、种类和动力等进行了系统化的阐述，在联想论心理学思想向科学心理学的过渡上起到承前启后的作用。

法国的感觉论心理学思想主要受到笛卡儿关于身体是机器的思想和洛克的唯物主义经验论的影响，强调感觉经验在认识中的作用。与联想论心理学思想一样，感觉论心理学思想也认为，一切观念源自经验，所有的心理事件都能用感觉和联想规律来解释，同时，它还重视心理与脑的关系，认为心理是脑的属性，脑是思想的器官，这对科学心理学的产生起到积极的作用。拉·美特利提出了“人是机器”的观点，对后来行为主义心理学有重要的影响。孔狄亚克改造了洛克的经验论心理学思想，形成了感觉论心理学思想体系。此后经过爱尔维修和波纳等人的发展，到卡巴尼斯那里，感觉论心理学思想发展到极致，并推进了生理心理学的发展。

理性主义心理学思想主张，人的心理是一种主动活动的、富于理性的固有观念，即一切心理作用都归结为不同程度的理性。理性主义心理学思想从法国的笛卡儿开始。他认为，人的知识不是来源于感觉经验，而是来源于理性，理性的演绎是唯一正确方法。作为理性表现的知识和能力是先天具有的，因此，他主张天赋观念论。莱布尼茨是理性主义心理学思想的开创者，他提出统觉说，认为心理从无意识的微觉到最有意识的统觉，具有把握对象的不同程度。他把统觉视为对感知自身内在状态的意识，即自我意识。沃尔夫是官能心理学的创始人，他认为人的心灵具有各种官能，心灵利用其不同的官能从事不同的活动。康德提出心理的先天范畴论，并使心理过程的知、情、意三分法流行起来。他认为，统觉是人的一种先验的综合统一的认识能力。赫尔巴特第一次明确宣称心理学是一门科学，但还需要建立在形而上学之上，仍属于哲学的科学。他还将统觉团等思想应用到教育心理学中。陆宰是实验心理学建立前的最后一位哲学心理学家，提出空间知觉的符号部位说，在理性主义心理学思想向科学心理学的过渡上起到承前启后的作用。

总之，近代心理学思想具有丰富的内容，形成了系统的心理学思想体系。它与近代科学一起，直接促成了科学心理学的诞生。经验主义心理学思想提出被动的心灵观，强调主体后天的经验性、心理活动的元素性和被动性，将人的心理视作静态的联想过程。理性主义心理学思想提出主动的心灵观，强调主体先天的主动性、心理活动的整体性和动力性，将人的心理视作发展的过程。经验主义心理学思想演变为现代心理学中的科学主义心理学，理性主义心理学思想演变为现代心理学中的人文主义心理学。正是在这种意义上，近代心理学思想成为现代心理学流派的思想发端。

二、现代心理学流派的历史演进

科学心理学产生于19世纪70年代，一开始就表现为两种理论形态，即科学主义心理学和人文主义心理学。科学主义心理学的第一个学派是冯特创立的内容心理学（主要是实验心理学），人文主义心理学的第一个学派是布伦塔诺创立的意动心理学。内容心理学与意动心理学形成了心理学史上两条路线之间的第一次对立与纷争。自此，科学主义心理学与人文主义心理学各自相对独立发展，两者之间少有相互交流和彼此借鉴。

过去人们主要是从狭义上来理解科学心理学，认为科学心理学完全等同于冯特创立的内容心理学（主要是实验心理学）。现在人们倾向于从大科学观来看待科学，认为科学既包括自然科学也包括人文科学和社会科学。尽管两者的研究对象不同、追求的真理目标和价值不同、探究真理的方式和方法不同，但它们毕竟都是科学，都以探究终极真理为己任。对于以既具自然属性又具社会属性的人为研究对象的科学心理学来说，只有以实验心理学为代表的科学主义心理学是远远不够的，还需要另一种心理学即人文主义心理学。历史发展的事实也是如此，1874 年，冯特的《生理心理学原理》（下卷）和布伦塔诺的《经验观点的心理学》同时出版，这两本著作都把新心理学界定为一门经验科学，分别标志着现代科学主义心理学和现代人文主义心理学的开端。因此，科学心理学有两个创始人或者说有两位“父亲”，一个是冯特，另一个是布伦塔诺。过去人们之所以只提冯特是科学心理学之父，是因为波林那本著名的《实验心理学史》教科书造成了我们的误解。波林是铁钦纳的学生，铁钦纳力图把自己标榜为冯特的正统传人，要求波林按照他的实验心理学内容重新解读冯特的心理学体系。① 因此，在《实验心理学史》中大量论述冯特等人的实验心理学内容，而对冯特的对立者布伦塔诺等人的贡献则不予重视，以至于布伦塔诺被历史埋没了近半个世纪，成为学术史上的“隐身人”。这不能不说是一个历史的误会！我们今天需要澄清铁钦纳和波林所造成的误解，还布伦塔诺及其意动心理学的历史本来面目。

在现代心理学流派的演进过程中，有的作为一个心理学派别已经消失，融进了心理学的历史进程，如内容心理学、意动心理学和机能心理学等；有的犹如老树常青，如行为主义心理学和精神分析心理学在今天仍然具有活力。某些较大的心理学流派又包括一些较小的分支派别，如行为主义前后有三代，精神分析更是分支派别繁多。

1. 科学主义心理学流派的历史演进

科学主义心理学亦称自然科学心理学，是指一种以自然科学为价值定向的心理学研究取向，它坚持心理学的自然科学观和实证主义的客观实验范式，力图建构以自然科学为模板的心理学理论模式。科学主义心理学是主流的心理学取向，它从内容心理学开始，依次表现为构造心理学、机能心理学、行为主义心理学、皮亚杰学派心理学和认知心理学等派别。它们之间具有明显的连续性，要么是一种继承关系，如构造心理学对内容心理学的继承；要么具有对立关系，如认知心理学对行为主义心理学的反动。

（1）内容心理学。

科学主义心理学从冯特的内容心理学（content psychology）开始。在冯特之前，心理学一直附庸于哲学，处于默默无闻的状态。冯特全面总结了哲学心理学、生理学和心理物理学的研究成果，把哲学心理学的理论观点、自然科学的研究方法与心理学的有关研究课题结合起来，将实验法引入心理

① 据说波林每写完《实验心理学史》的一章，都要交给铁钦纳审读。

学研究领域，于1879年在德国莱比锡建立了世界上第一个心理学实验室，使心理学获得了科学的形态，标志着现代科学心理学的确立。莱比锡成为世界新心理学的圣地，各国的学生都前往跟随冯特学习。

冯特创立的实验心理学，开辟了科学心理学的科学主义研究路线。冯特认为，科学心理学应该是一门经验科学，他把心理学的研究对象规定为直接经验，而不同于自然科学所研究的间接经验。他认为，心理学作为研究心理、意识事实的一门经验科学，其任务就在于分析出心理或意识的元素，并确定元素构成复合观念的原理与规律。冯特通过实验内省法分析，发现最基本的心理元素有两个，即感觉元素与感情元素。任何复杂的心理现象都是由心理元素结合而成的，简单的心理元素通过联想、统觉结合成为心理复合体。正是从这个意义上说，冯特的实验心理学被贴上"内容心理学"的标签。冯特的内容心理学与其同时代的布伦塔诺的意动心理学形成直接对立，这也是科学主义心理学与人文主义心理学长期纷争的开始。

与冯特同时代的德国心理学家艾宾浩斯和缪勒等人发展了他的内容心理学。艾宾浩斯创造性地运用实验法研究记忆这种高级的心理过程，开辟了实验研究的新领域。缪勒在哥廷根大学创建了一个设备完善的心理学实验室，其地位仅次于莱比锡心理学实验室，吸引了从欧洲和美国来的许多学生，取得了多方面的研究成果。以冯特的学生铁钦纳为代表的构造心理学(structural psychology)又称构造主义(structuralism)，其思想体系继承和发展了冯特的内容心理学的主要观点，特别是在坚持心理学是一门实验科学的观点上，二者一脉相承，可以看成是冯特的内容心理学的极端形式。

(2) 机能心理学。

机能心理学(functional psychology)产生于19世纪末20世纪初的美国，是美国本土出现的第一个正式的科学心理学思想体系。早在1890年，美国心理学之父詹姆斯在《心理学原理》中就将机体适应环境的心理功效规定为心理学的研究对象，这为19世纪末20世纪初的美国心理学定下了机能心理学的总基调。美国机能心理学与德国实验心理学之间存在着密切的关系。冯特在德国创建了心理学实验室之后，美国有许多年轻人来到冯特的实验室学习新的内容心理学，这些人回国后热心倡导生理心理学和实验心理学，并在各自所在的大学开设新课程，建立实验室。这样，德国实验心理学的科学形式就传入了美国，为美国的心理学家们提供了一种科学的思维方式和研究手段。但是美国年轻一代的心理学家不赞成冯特只以实验的内省方法研究纯粹的意识内容，强调用观察、测验和实验等多种方法研究意识或心理功能。他们认为，心理学可用于解决人们在不同的环境中如何活动、如何适应不同的环境等日常生活问题。

机能心理学有狭义和广义之分，与构造心理学直接对立的是狭义的机能心理学，即以杜威、卡尔、安吉尔为代表的芝加哥学派。代表美国心理学一般特征和总体倾向的是广义的机能心理学，即以卡特尔、桑代克、武德沃斯为代表的哥伦比亚学派。随着构造心理学因1927年铁钦纳逝世而消失，狭义的机能心理学由于失去了对立面逐渐退出历史舞台。而广义的机能心理学由于随后行为主义心理学的产生，也完全融入了美国心理学发展的历史洪流之中。

(3) 行为主义心理学。

行为主义(behaviorism)是20世纪初起源于美国的一个心理学派别，它在20世纪70年代之前是实验心理学中最有影响的运动，被称为心理学的"第一势力"。1913年，华生发表的《行为主义者心目中的心理学》一文标志着行为主义的诞生。华生抨击了传统上研究意识的内省心理学，批判了构造心理学和机能心理学，并声称心理学应该抛弃内省法而采用客观的实证方法研究可观察的外显行为。由此，行为主义作为一种新生的力量登上了心理学的历史舞台，其浩大的声势很快席卷了美国，并几乎遍及全世界，成为心理学史上著名的"行为主义革命"，被称为心理学史上的"第一次革命"。

行为主义的发展经历了三代。从1913年到1930年，是以华生等人为代表的第一代行为主义，又称古典行为主义。与华生同时代的魏斯、霍尔特、亨特、拉施里以及中国的郭任远等人，也对行为主义的推广做出了重要贡献。从20世纪30年代至60年代，赫尔、托尔曼、斯金纳等人对华生的极端简单化的观点和方法不满，都采纳操作主义和逻辑实证主义的哲学观点，开展了一系列研究，形成了各具特色的新体系，共同促生了第二代行为主义的心理学运动，也被称为新行为主义(neobehaviorism)。尽管第二代行为主义的术语名称、理论观点、概念体系等各不相同，但其行为主义的基本立场却是一致的。从20世纪50年代起，随着赫尔、托尔曼的过世，只有斯金纳等少数人仍坚持激进的行为主义观点，更多的批评者则看到了行为主义的实证主义哲学基础、严格的环境决定论以及人兽不分观点的严重缺陷。罗特、班杜拉、米契尔等更新一代的行为主义者，采取了更加温和的态度，大胆引入刚刚兴起的认知心理学的术语来说明人的行为，力图克服行为主义的危机，对行为主义进行认知心理学改造，形成了第三代行为主义，又称新的新行为主义(new-neobehaviorism)。

(4) 皮亚杰学派心理学。

皮亚杰学派(Piagetians)是20世纪20年代由瑞士心理学家皮亚杰创立

的。由于该学派的研究工作主要是在日内瓦大学及日内瓦发生认识论国际研究中心进行的，因此又称日内瓦学派。皮亚杰学派通过研究个体的认识发生，把认识论和心理学紧密结合起来创立了发生认识论，在心理学史上第一次系统而完整地描绘了儿童心理的发生和发展，指明儿童心理发展的实质是个体通过同化和顺化这两种形式来适应环境达到有机体与环境的平衡，并进一步详细探讨了儿童心理发展的结构、影响因素和发展阶段。皮亚杰学派对心理学、哲学和教育学诸多学科领域产生了广泛而深远的影响。

自20世纪50年代中期以来，皮亚杰理论受到了严重的挑战与诘难，出现了新皮亚杰学派（neo-Piagetians）和后皮亚杰学派（post-Piagetians）。新皮亚杰学派采用信息加工观点，对经典的皮亚杰体系作出一定的修正，使之更完善和更具解释力。后皮亚杰学派从地域上是指那些法语世界的学者（主要是法国和瑞士）所形成的一个松散的联盟，他们（也包括少数说英语的学者）在方法论上主张或实际从事以皮亚杰的临床法为标准构建发展量表和运算测验，在理论上主张差异心理学与发展心理学的真正整合。

(5) 认知心理学。

认知心理学（cognitive psychology）有广义和狭义之分，广义的认知心理学指的是所有侧重研究人的认知过程的心理学，狭义的认知心理学专指现代认知心理学。现代认知心理学表现为三种理论形态：信息加工论心理学、联结主义认知心理学和生态论认知心理学。

信息加工论认知心理学产生于20世纪50年代中期，其主要代表人物有纽厄尔、西蒙和奈瑟等人。它以“心理活动像计算机”为隐喻，用信息加工的观点看待人的认知过程，认为人的认知过程是一个接受、加工、贮存和输出信息的过程。由于这种观点以符号操作为基础，通过符号的串行加工方式建立心理模型，故又称符号论认知心理学。信息加工论认知心理学把以往被行为主义排挤到后台的意识重新拉回到心理学研究的前台，实现了心理学研究对象的回归。它还在继承传统科学主义心理学的客观实证方法基础上，综合运用反应时实验和自我观察法，尤其把计算机模拟方法作为重要研究工具，取得了心理学研究方法的突破。20世纪70年代，信息加工认知心理学成为心理学研究的主流，席卷了心理学的大多数分支。它的兴起被称作心理学史上的一场“认知革命”，相对于先前的行为主义革命是心理学史上的“第二次革命”。

20世纪80年代以来，联结主义认知心理学开始复兴。在联结主义心理学看来，人脑不能简单地等同于计算机，符号加工与真实的人类心理加工存在很大差距。它提出以大脑隐喻代替计算机隐喻，把大脑视为生物的神经网络，以平行分布加工代替串行加工。联结主义认知心理学试图构建一个更接近于神经活动的认知模型，暂时缓解了认知心理学遇到的困难。

从20世纪90年代开始，生态论认知心理学受到研究者的重视。它批判认知心理学注重实验室研究、远离日常生活的倾向，强调心理是人与环境互动的结果，主张心理学应当走出实验室、在现实环境中研究人的心理和行为，追求心理学研究的生态学效度，促进了认知心理学与实际生活的联系。

2. 人文主义心理学流派的历史演进

人文主义心理学亦称人文科学心理学，是指一种以人文科学为价值定向的心理学研究取向，它坚持心理学的人文科学观和现象学（存在主义、解释学）的主观经验范式，力图建构以人文科学为模板的心理学理论模式。人文科学心理学是非主流的心理学取向，它的发展有两条线索：一条从意动心理学开始，依次表现为格式塔心理学、现象学心理学、存在心理学、人本主义心理学、超个人心理学等流派，它们之间具有明显的连续性；另一条从古典精神分析心理学开始，依次表现为自我心理学、客体关系学派、自体心理学、社会文化学派、存在分析学、马克思主义精神分析学、后现代精神分析学等，它们之间也具有明显的连续性。当然，这种划分无论是时间上还是在思想渊源上都具有一定的相对性和交叉性。例如，存在心理学与精神分析学具有很大的关联性，存在心理学有时又称存在精神分析学或简称存在分析学。再如，作为存在心理学家的罗洛·梅和布根塔尔等人也可以归入人本主义心理学阵营。

(1) 意动心理学。

人文主义心理学从布伦塔诺的意动心理学（act psychology）①开始。意动心理学有狭义、广义之分。狭义的意动心理学主要是指布伦塔诺的意动

---

① 布伦塔诺开创了意动心理学的体系，但并未提出“意动心理学”这个概念。“意动心理学”进入心理学界，首先要归功于铁钦纳，他于1921年和1922年在《美国心理学杂志》上连续发表《机能心理学与意动心理学：Ⅰ》和《机能心理学与意动心理学：Ⅱ》，区分出两种心理学团体：关注生物学方面的机能心理学和关注意向方面的意动心理学。他明确指出，意动心理学以布伦塔诺、麦农、斯顿夫、立普斯、胡塞尔和屈尔佩为代表，英国的斯托特也受到布伦塔诺的影响。（Titchener，E. B.，Functional psychology and the psychology of act：I. *American Journal of Psychology*，1921，32，pp. 519～542）1921年，他又在《美国心理学杂志》上发表《布伦塔诺与冯特：经验与实验的心理学》，认为他们开创了不同的心理学取向。他说：“心理学的学生，尽管其得益是双倍的，但依然必须在这一个和另一个之间作出选择。在布伦塔诺和冯特之间，没有中间的道路。”（Titchener，E. B.，Brentano and Wundt：empirical and experimental psychology. *American Journal of Psychology*，1921，32，pp. 108～120）在铁钦纳之后，他的忠实的学生波林继承了老师的观点，将布伦塔诺和冯特视作两种阵营。他说：“19世纪后期和20世纪早期的系统心理学的分歧在于意动和内容，也就是在于布伦塔诺和冯特。”（波林著，高觉敷译：《实验心理学史》，商务印书馆1981年版，第406页）

心理学，广义的意动心理学除了布伦塔诺的意动心理学，还包括斯顿夫的机能心理学①、形质学派、符茨堡学派等。

布伦塔诺不同于冯特，他主张把意动作为心理学的研究对象，强调心理的意向性、活动性和整体性；提倡通过直接体验的方法，如内部知觉方法，来研究心理现象的组织规律和本质。布伦塔诺最先确立了意动心理学体系。在他之后，其学生斯顿夫提出机能心理学，麦农和厄棱费尔等人提出形质心理学，推进了意动心理学的发展。同时，冯特的学生屈尔佩站在意动心理学的立场上，领导符茨堡学派进行无意象思维的研究，并提出二重心理学，尝试调和意动心理学和内容心理学。此外，英国的沃德和斯托特、法国的里博和沙可也受到意动心理学的影响，推动了意动心理学在英国和法国的发展。

布伦塔诺等人的意动心理学与冯特等人的内容心理学相抗衡，开创了心理学中的人文主义路线与科学主义路线对立之先河。在意动心理学之后，弗洛伊德受到布伦塔诺的心理意动观的影响创立了精神分析心理学，惠特海默等人受到斯顿夫的影响，提出格式塔心理学，作为心理学中的"第三势力"的现象学心理学和人本主义心理学也回应了意动心理学。

(2) 格式塔心理学。

格式塔心理学(Gestalt psychology)又译"完形心理学"，包括两个分支，一是格式塔心理学的格拉茨学派，二是格式塔心理学的柏林学派②。1890—1900年间，厄棱费尔和麦农将其老师布伦塔诺的意动心理学具体运用到形、形质问题的研究上，认为形、形质的形成有赖于意动。后来这一思想又通过威塔塞克和贝努西等人的努力继续传播于世。由于他们提出形质学说，故称为形质学派。这一学派是以奥地利的格拉茨大学为中心，又称格拉茨学派。

格式塔心理学的柏林学派由惠特海默、苛勒和考夫卡三位德国心理学家于1912年创立。这个学派最初以反对冯特的元素论作为出发点，强调经验和行为的整体性，认为整体不等于且大于部分之和，整体的性质决定部分的性质，部分的性质则有赖于它在整体中的关系、位置和作用。整体观贯穿

---

① 斯顿夫的机能心理学不同于美国心理学的机能主义，对后者也没有直接的影响。斯顿夫的机能强调的是一种逻辑的机能，而美国机能主义强调的是一种生物或适应的机能。

② 史密斯指出，格拉茨学派可以与柏林学派并列，作为格式塔心理学的两个中心。(Smith, B., *Austrian Philosophy*: *The Legacy of Franz Brentano*, Open Court Publishing Company, 1994, pp. 259～272)林登费尔德也指出："格拉茨学派本来能够轻易地成为战争时期[指第一次世界大战]格式塔心理学主要的中心。"(Lindenfeld D. F., *The Transformation of Positivism Alexius Meinong and European Thoug*, *1880—1920*. University of California Press, 1980, p. 237)

于柏林学派体系之中，在对知觉、心身关系、思维、学习和人格问题的解释上都体现了这一观点。由此出发，柏林学派十分注重心理各成分之间的动力性、交互性和系统性。

柏林学派承认形质学派的地位与作用，在诸多方面与其保持一致：它们都坚持整体论观点，反对元素论观点；都把对形式和图形关系尤其是知觉作为核心主题。不过，格拉茨学派与柏林学派间存在着一定的差异。两个分支的争论反而成了格式塔心理学发展的动力，这反映在后来意大利的格式塔心理学发展上。

格式塔心理学的柏林学派除了三位创始人之外，后来受到柏林学派影响的勒温转向团体动力学，可以视作是对格式塔心理学的一种继承和发展。海德和费斯汀格等继承和发展了团体动力学，各自提出新的理论和学说，并在美国社会心理学界长期占据着统治地位，而格拉茨学派在一定程度上被冷落了。

(3) 现象学心理学。

在20世纪五六十年代，美国的现象学心理学、存在心理学和人本主义心理学以相似的人文主义心理学观点共同构成心理学的"第三势力"，它们共同反对心理学的"第一势力"行为主义心理学和"第二势力"精神分析心理学。在严格意义上，"第三势力"心理学都是心理学的一种共同研究取向，而非一个严格意义上的学派。当然，从起源上看，现象学心理学和存在心理学都比人本主义心理学出现得较早。

现象学心理学(phenomenological psychology)是产生于20世纪上半叶的一种心理学取向，它上承人文科学心理学最初形态的意动心理学，并受到现象学哲学的直接影响。它从直接呈现的经验出发，坚持意向性观点，对经验加以描述。胡塞尔的现象学心理学和哥廷根的实验现象学构成了现象学心理学的最早思想雏形。从地域上看，现象学心理学可分为欧洲的现象学心理学与美国的现象学心理学。前者主要有以萨特和梅洛—庞蒂为代表的法兰西学派、以伯伊滕蒂克等人为代表的乌特列支学派。后者兴起于20世纪40年代，到60年代逐渐形成了以乔治为代表的迪尤肯阵营。美国的现象学心理学的兴起过程主要是吸收与转化现象学哲学和欧洲现象学心理学的过程，这个过程实际上是现象学心理学在美国的本土化过程。1970年，乔治创办《现象学心理学杂志》，在现象学心理学发展中具有标志性意义。从理论形态上，现象学心理学可以分为三个维度六种形态：在研究方式上，表现为思辨的与实验的现象学心理学；在研究取向上，表现为经验与解释的现象学心理学；在研究领域上，表现为存在与超个人的现象学心理学。

(4) 存在心理学。

存在心理学(existential psychology)主要受到存在主义哲学和精神分析心理学的影响，以人的存在为核心观点，采用现象学方法，来理解人的爱、本真、自由、焦虑、孤独、死亡等存在状态。存在心理学家在坚持心理学的存在主义观点和现象学方法方面是一致的，但他们在研究主题上又各有侧重。存在心理学在20世纪三四十年代兴起于欧洲，并在五六十年代发展于美国和英国。早期的欧洲存在心理学的主要代表人物是瑞士的宾斯汪格、鲍斯和奥地利的弗兰克尔等人。美国的存在心理学以罗洛·梅为领军人物，此后还有布根塔尔、施奈德和雅洛姆等人。1958年，罗洛·梅等主编的《存在：心理学与精神病学中的一种新维度》是美国的存在心理学发展的一个里程碑。1959年，在美国心理学会的年会上举办了关于存在心理学的研讨会，会议论文由罗洛·梅主编并以《存在心理学》(1961)为题出版。1960年开始，美国陆续创办了几种存在心理学杂志，如《存在精神病学》(1960，后更名为《存在主义杂志》)、《存在心理学与精神病学评论》(1961)、《存在分析者》(1964)、《存在精神病学》(1964)等，这些刊物成为存在心理学最重要的阵地。英国的存在心理学以莱因等人为代表。

(5) 人本主义心理学。

人本主义心理学(humanistic psychology)诞生于20世纪五六十年代，是美国心理学中的一种新思潮和革新运动。它假定每个人的内部都存在着一种成长的机制，这种机制可以促使人们在环境允许的情况下实现他们的潜能，而心理学家的目标和责任就是关注这种内部潜能，并寻求各种方法来帮助人们实现这种潜能。奥尔波特、马斯洛、罗杰斯等人是其主要代表人物，此外，存在心理学家罗洛·梅和布根塔尔等人的思想也具有人本主义心理学倾向。在20世纪60年代末，从美国人本主义心理学中又分化出超个人心理学，它是人本主义心理学创始人马斯洛和萨蒂奇等人在对人本主义心理学进行自我扬弃的基础上提出来的。超个人心理学超越了人本主义以个人的自我实现为目标的狭隘认识，迈向以研究人类心灵与潜能的终极价值和真我完满实现为目标。人本主义心理学理论形态包括以奥尔波特、马斯洛、罗杰斯等人为代表的自我实现理论、以罗洛·梅和布根塔尔等人为代表的自我选择论和以马斯洛和萨蒂奇等人为代表的自我超越论。

(6) 精神分析心理学。

精神分析(psychoanalysis)由奥地利著名医生弗洛伊德于19世纪末创立，它既是一种治疗心理疾病的方法，又是一种潜意识的心理学说。精神分析最初是从神经症治疗实践中产生的，逐渐发展成为现代西方心理学的一个主要流派，被称为西方心理学的“第二势力”。自20世纪20年代以来，精神分析逐渐超越了心理学的范围，扩展到社会科学的诸多领域，开创了一场人类思想文化运动。可以说，精神分析心理学是西方心理学史上绵延最长、影响最大、分支派别最多的一个心理学流派。

自从弗洛伊德创建精神分析理论以来，精神分析运动已经经历了百年的发展历程，其发展循着内部和外部两条路径。内部发展路径指的是精神分析内部的不断分裂与重组、演变与发展。其逻辑线索是，弗洛伊德所倡导的驱力模式，经过荣格、阿德勒等人的过渡之后，进一步演化为自我模式、关系模式和自体模式，分别对应着以安娜、哈特曼和埃里克森等人为代表的自我心理学，以克莱因、费尔贝恩和克恩伯格等人为代表的客体关系学派和以科胡特等人为代表的自体心理学等，它们从学科内部推动着精神分析运动向前发展。外部发展路径指的是弗洛伊德之后的精神分析从外部学科，如医学、社会学、文化学、哲学、语言学等积极汲取养分，一些精神分析学家把传统精神分析学与其他学科相结合，分别出现了以霍妮、沙利文、卡丁纳和弗洛姆等人为代表的社会文化学派，以宾斯万格、鲍斯、罗洛·梅、莱因等人为代表的存在分析学，以赖希、马尔库塞和弗洛姆等人为代表的马克思主义精神分析学，以拉康等人为代表的后现代精神分析学等，它们推动了精神分析运动向外发展。

精神分析百年运动的发展历程是一个不断分裂与整合的过程。其整合过程就是不断地克服片面性、极端性从而逐渐地走向互相吸收、融合的历程，表现在它的不同发展阶段之间、其内部的各种模式之间以及它与外部诸多学科之间的相互吸收与融合。精神分析运动的整合逻辑与其发展逻辑相一致，也循着内部整合与外部整合两条路径。内部整合路径是指精神分析内部的各种模式之间的整合，即对驱力或本能、自我、客体关系与自体模式之间的不断整合，包括雅可布森的自我理论整合、克恩伯格的客体关系理论整合、科胡特的自体理论整合和米契尔的关系理论整合等。外部整合路径是指精神分析与外部邻近学科，如社会学、文化学、哲学、语言学、医学和神经科学之间的整合，包括社会文化学派的文化理论整合、存在精神分析的人本主义理论整合、拉康的语言学理论整合和神经科学的科学化整合等。无论是内部整合还是外部整合都推动了精神分析运动不断向前发展。

三、现代心理学流派的当代效应

20世纪80年代以来，西方心理学进入“后体系时代”(postsystem era)①。尽管一些学派和思潮如行为主义心理学、认知心理学、精神分析心理学、人本主义心理学等依然存在，但是，学派纷争日益淡化，学派界限日趋模糊，大多数心理学家更倾向于具体问题的研究，提出一些微观理论模型，而不大关心学派建设。就宏观理论观点而言，当代心理学也出现了一些新的研究趋势。这些新趋势一方面延续着科学主义心理学与人文主义心理学的分野。例如，联结主义认知心理学、认知神经科学、生态心理学、进化心理学等主要体现了科学主义心理学精神，后现代心理学、女性主义心理学、叙事心理学、文化心理学、积极心理学等主要体现了人文主义心理学精神。同时，这些新趋势在一定程度上也体现了科学主义心理学和人文主义心理学之间相互吸收和融合的新特点。当代出现的这些心理学的新趋势，只能看成是新的心理学研究取向，还不能视为严格意义上的心理学派别，而且，它们各自的代表人物也没有打算创立什么新的学派。

1. 科学主义心理学流派的当代效应

以自然科学为价值定向的科学主义心理学的当代趋势主要有：联结主义认知心理学、认知神经科学、生态心理学和进化心理学等。表面上看来，虽然不断有新的特征纳入到这些趋势中，比如多学科的交叉性以及研究方法的多元化，但是这些趋势在总体上却都反映出了诸如坚持经验证实原则、强调量化研究等科学主义心理学所固有的研究特征。

(1) 联结主义认知心理学。

联结主义认知心理学(connectionist cognitive psychology)是联结主义模型研究于20世纪80年代在认知心理学领域的复兴。它的复兴既逢信息加工论认知心理学遭到怀疑与困难之时，又得益于脑科学和神经科学的飞速发展。1986年，鲁梅尔哈特和麦克里兰编辑出版的联结主义“圣经”《并行分布加工：认知结构的微观探索》一书，标志着联结主义认知心理学进入发展的鼎盛时期。联结主义认知心理学以“心理活动像大脑”为隐喻基础，把认知过程类比为神经网络的整体活动，把认知系统看做是简单而大量的加工单元的联结网络，网络中的每一单元在某一特定时刻总是处在某种激活

① Brennan, J. F. (2003). *History and systems of psychology*. New Jersey: Pearson Education, p. 280.

水平上，其实际的激活水平与来自环境和其他与之相连的单元有关。在联结主义看来，知识并不存在于特定的地点，而是存在于单元之间的联结之中，学习就是建立新的激活模式或改变单元之间的联结强度，因此，不同的激活模式能够解释不同的认知过程。相对于信息加工论认知心理学，联结主义认知心理学所研究的人工神经网络与大脑的功能方式更为一致，因为人脑就是由大量神经细胞以复杂方式联结起来的。联结主义认知心理学为处于危机中的认知心理学带来了新的生机，被称作“在认知解释方面的一场哥白尼式的革命”①，但它以对大脑的同构型或同态型模型为研究对象本身就具有一定的局限性。

(2) 认知神经科学。

认知神经科学(cognitive neuroscience)是20世纪80年代末出现的一种主要研究趋势。这一趋势重在研究和探讨人类心理及其活动的脑基础，以便揭示出人类心理和大脑之间的关系。认知神经科学融合了多个学科，比如脑科学、认知科学、神经科学等。这一新趋势有两点基本主张：一是认为脑结构与脑功能具有多层次性的特点；二是认为虽然人脑的结构是脑功能的基础，但在结构和功能之间并非简单的对应关系。这一趋势以传统认知心理学的行为实验研究方法为基础，主要采用脑功能成像技术进行研究。这其中主要包括基于脑代谢或脑血流变化的正电子发射断层扫描技术(PET)、功能性核磁共振成像技术(fMRI)和基于脑电或脑磁信号的脑生理功能成像的事件相关电位技术(ERP)、脑磁图技术(MEG)。认知神经科学将认知科学中的精细、严密的实验设计和现代神经科学中的先进技术相结合，丰富了心理学的研究，促进了人们对心理学中的一些重要主题研究的深入。有观点甚至认为认知神经科学正取代认知心理学成为心理学发展的新阶段。② 虽然这一新的趋势目前还正处于进一步发展和完善之中，但相信它会给心理学研究带来更多的借鉴和突破。

(3) 进化心理学。

进化心理学(evolutionary psychology)是在20世纪80年代末期出现于心理学研究领域中的一种新的研究趋势，其主要代表人物有巴斯、考斯麦茨、巴库等人。进化心理学主要受到本能心理学、认知科学和精神分析理论的影响，在方法论上主要运用生物学的进化理论来探讨人类心理的起源和

① Andy Clark & Rudi Lutz(1992). *Connectionism in context*. Springer-Verlag, p. 9.

② 索拉索编，朱滢、陈烜之等译：《21世纪的心理科学与脑科学》译者前言，北京大学出版社2002年版，第12页.

本质，并尤其强调自然选择的机制。这一趋势的基本观点主要包括：理解心理机制的关键在于过去；功能分析是理解心理机制的最主要途径；人类在解决问题的过程中逐渐演化出心理机制；心理机制具有模块性；人类的行为和表现是外部环境和心理机制相互作用的结果。进化心理学的研究主要建立在多种方法和数据来源的基础之上，通常采用比较法和实验法对所提出的假设进行检验，数据资料主要来源于观察资料、自我报告、生活史、考古学记录、狩猎采集社会的数据等。进化心理学把心理学的研究融进了生命科学的研究范围之中，拓宽了心理学的研究领域，并对人性等问题做了深入探讨。虽然进化心理学目前尚存在诸多争议，但是它无疑启发并促进了心理学的深入研究和纵深发展。

(4) 生态心理学。

生态心理学(ecological psychology)是在20世纪80年代末最终确立并得以发展的心理学新趋势之一。它受到科学、哲学和心理学等多个学科的影响，但以心理学的影响为主。在心理学领域中，生态心理学既受到机能主义心理学、行为主义心理学、认知心理学等这些主要的科学主义心理学流派的影响，又受到格式塔心理学、精神分析心理学和人本主义心理学等人文主义心理学流派的影响。从这些影响中，我们可以看到生态心理学这一新趋势在总体上反映了科学主义心理学和人文主义心理学的融合迹象。生态心理学的特征主要包括：强调人类心理的整体性；主张心理学的研究应面向生活世界；主要关注生态危机。在研究方法上，生态心理学虽然倡导多元化取向，但在实际研究中往往以注重生态效度的实验法、以行为抽样记录为主的自然观察法、以背景评估为主的测量法以及档案法为主。由于生态心理学的发展处在以科学主义为主导的当代心理学氛围下，不可避免地对经验和实验尤为注重，这也在一定程度上限制了生态心理学的发展空间。

2. 人文主义心理学流派的当代效应

以人文社会科学为价值定向的人文主义心理学的当代趋势主要有：后现代心理学、女性主义心理学、叙事心理学、文化心理学、积极心理学等。它们主要以现象学为哲学基础，以质化描述和个案分析方法研究现实生活中人的整体经验世界，关注人的价值、尊严、情感的理解和体验等主题，重视社会和文化因素对人的心理的影响。

(1) 后现代心理学。

后现代心理学(postmodern psychology)是在20世纪80年代中后期，受到后现代文化思潮的直接影响，在西方主流心理学面临困境与危机的情势下产生的一种心理学新趋势。它直接缘起于在心理学界处于非主流地位的人文科学定向的心理学思想。它以批判和消解科学主义心理学，并从后现代视野重新审视和重构心理学为基本特征。后现代心理学反对把心理学视为一门自然科学，从总体上倾向将心理学划为人文科学阵营；反对只研究可观察的对象，主张扩大心理学的研究对象；反对以实证方法为中心和量化分析，主张质化研究；反对原子论、还原论、客观论、决定论，倡导整体论、建构论、去客观化、或然论；反对追求普适性真理、价值中立和把人视作机器的观点，主张淡化对普适性真理的追求，关注事实与价值的融合，张扬人性；反对将知识视为客观实在，主张把知识放到社会背景中，视其为人际互动和社会建构的结果。后现代心理学作为后现代文化思潮的重要组成部分，体现出人文科学的精神，对人文主义心理学领域具有积极意义。

(2) 女性主义心理学。

女性主义心理学(feminist psychology)产生于20世纪60年代末以来的西方女性主义思潮背景之下。其发展逻辑体现为三种研究取向：20世纪六七十年代出现的经验论女性主义心理学，20世纪80年代出现的立场论女性主义心理学和20世纪90年代出现的后现代女性主义心理学，其中后现代女性主义心理学占据主流地位。女性主义心理学的主流观点是：消除心理学中男性中心的偏见，建立“性别公平”的“好科学”；反对实证霸权，主张采用适于女性的多元方法，如质化方法；反对传统心理学的客观和价值中立的研究模式，提倡在社会文化背景下对女性的主观经验如价值、情感和信念的深度理解；主张从社会性别视角革新咨询关系，尊重女性能力、尊严及价值，强调赋予自我决定的治疗目标，建立平等的咨询关系。女性主义心理学对我们全面认识人类心理和关注女性心理起到独特作用。

(3) 叙事心理学。

叙事心理学(narrative psychology)诞生于20世纪80年代中期，它受到后现代文化思潮的影响，是现代文学中的叙事分析与社会心理学相结合的产物。它是通过分析神话、民间故事、小说等虚构文本来探讨和理解我们精神世界的意义系统和结构的一种人文主义心理学取向。叙事心理学以自我叙事表征心理过程的核心特征，主张用话语分析等质化方法研究人的意义、价值、情感和人格，研究人的生活故事，其目标是理解，而非实证和解释；它强调人的心理的情景性和生成性，既关注日常生活世界中人的发展过程的连续性，又注重对人生链条上每一个故事内容的分析；它认为心理问题产生的原因在于外界事物导致个体生活故事的连续性遭到破坏，心理治疗的目的是帮助个体“修复故事”或重构一个新故事。叙事心理学以其独特的研究方法和视角，启示我们重新审视传统心理学的目标和方法。

(4) 文化心理学。

文化心理学(cultural psychology)是20世纪末产生的一种心理学取向,是对主流心理学困境与危机的一种反应和结果。它主要通过人文科学模式研究特定文化中人的心理或行为,重视实际语境,强调生态学研究方法,重视主位研究、同文化研究和本体论解释学研究。它强调文化与心理的创生关系和互动关系,力图改变传统文化与心理学领域研究中的文化决定论模式。文化心理学主要有三种取向:符号理论取向、活动理论取向和个人主义理论取向。它对科学主义心理学进行了全面的批判和建构:反对物性,张扬人性;反对经验—理性理论模式,主张文化研究范式;反对传统心理学的本体论和普遍知识观,坚持文化相对主义与建构主义;反对二分主义和以此为基础的本质主义、基础主义和归因主义,倡导整体主义、非本质主义、非基础主义。文化心理学重视人性,突出心理学的人文科学性,弥补了科学主义心理学的不足。

(5) 积极心理学。

积极心理学(positive psychology)是利用心理学目前已比较完善和有效的实验方法与测量手段,来研究人类的力量和美德等积极方面的一种心理学思潮。它产生于20世纪末的美国,是相对于主流心理学中的“消极心理学”而言的。它反对传统心理学以消极、问题、障碍、病态心理为研究重点,反对本能驱力论、环境决定论和悲观人性论,强调对主观幸福感、美德、力量和潜能等积极品质的研究;反对心理学研究只关注对“问题”的修补,主张心理学关注和鼓励人保持积极心理品质。积极心理学的主要研究内容包括:积极情感体验,如主观幸福感、满足和快乐等;积极人格,如自尊、虔诚、宽恕、善良、爱、正直、感恩等;积极的社会组织系统,如工作制度、家庭关系和学校管理等。积极心理学虽然沿用了实证主义的研究方法,但也逐渐尝试借鉴质化研究方法,更重要的是它继承和发展了人文主义心理学的人性观与心理观,其目标在于寻求人类的人文关怀和终极关怀,它在总体上属于人文主义心理学,同时也体现了科学主义心理学与人文主义心理学的融合迹象。

在当前西方心理学中,科学主义心理学与人文主义心理学逐渐开始对话与交流,出现了相互融合的新迹象。例如,上述生态心理学和积极心理学两种研究趋向就表现出这种融合的特点。又如,精神分析心理学通过借鉴认知神经科学的研究方法和成果向科学主义心理学融合。神经精神分析学(neuropsychoanalysis)是一门将传统精神分析学与神经科学的理论和方法相结合的新研究领域。其领军人物马克·索姆斯指出,神经精神分析学“联系心理与大脑，以详细探究因不同大脑结构受损而带来的人格、动机和情绪变化的内部心理结构。如此，我们可以辨别引起这些症状和症候群的多重潜在因素，并将它们与其解剖的'活动场景'联系起来"①。1999 年《神经—精神分析学》杂志创刊，2000 年国际神经—精神分析学协会创建，标志着神经精神分析学的正式建立。神经精神分析学试图通过结合精神分析学与神经科学的理论与方法，实现精神分析的科学化，被称为 21 世纪精神分析研究的新范式。再如，认知科学通过借鉴现象学的方法向人文主义心理学融合。1996 年，认知科学家瓦雷拉提出神经现象学(neurophenomenology)构想，试图将认知科学与现象学结合起来。② 神经现象学是研究意识体验的神经科学，在理论上寻求对意识的神经生理层面进行具身化(embodied)与大规模(large-scale)的动力学研究；在方法上广泛而严格地使用现象学的第一人称主观经验报告策略，来量化和描述意识的大规模的神经动力活动。神经现象学鲜明地体现了实证方法与现象学方法的结合。

四、现代心理学流派的理论特征

现代心理学流派的发展与演进并非杂乱无章，而是有其内在的理论逻辑。这种理论逻辑从心理学的科学观、对象论、方法学和理论观等方面体现了科学主义心理学与人文主义心理学的分歧与争论。心理学史学家华生③、科恩④、金布尔⑤等人都曾对此进行过研究。我们在这里分别从科学观、对象论、方法学和理论观方面总结科学主义心理学和人文主义心理学的不同理论特征，以进一步深化对现代心理学流派的理解。

1. 科学观

心理学科学观是指心理学家关于心理学的学科性质、定位及其建构方式的理论观点，体现为心理学家对心理学研究对象的理解、对心理学研究方

① Kaplan-Solms, K. & Solms, M. (2000). *Clinical studies in neuropsychoanalysis*. London: Karnac, p. 62.

② Varela, F. J. (1996). Neurophenomenology: A methodological remedy to the hard problem. *Journal of Consciousness Studies*. 3(4), pp. 330～50.

③ Watson, R. I. (1967). Psychology: A prescriptive science. *AmeriICcan Psychologist*. 22(5), pp. 435～443.

④ Coan, R. W. (1979). *Psychologist: Personal and theoretical psthways*. New York: Irvington Publishers, Inc.

⑤ Kimble, G. A. (1984). Psychology's two cultures. *Ameriiccan Psychologist*. 39(8), pp. 833～839.

式的确定以及对其理论本身的表述。心理学家持有什么样的科学观，决定着他们怎样看待心理学，怎样研究心理学，致力于将心理学建构成什么样的科学。科学主义心理学与人文主义心理学在科学观上表现为自然科学观与人文科学观的差异。

科学主义心理学自冯特起，就确立了心理学的自然科学观，以物理学、生理学和生物学等自然科学为模板，反对旧的思辨的形而上学心理学，将心理学打造为自然科学的一个分支。这种科学观遵从 17 世纪以来流行于物理学等学科中的数学和机械观点，将世界视作遵循物理规律的自然物的世界，力图通过客观的实验研究发现自然物的成分及其运动规律。铁钦纳将冯特的内容心理学观点推向极致，认为心理学类似形态学，它通过类似于"活体解剖"的工作发现心理的元素及其结合规律。行为主义者华生曾明确宣称："心理学是自然科学的一个分支，它将人的活动及产物作为主题。"①华生将心理学的研究对象限定在可观察的行为范围内，同时将心理排除在心理学大门之外。认知心理学虽然实现了心理的复归，但仍将可客观操作的信息符号作为研究对象，来发现其中的运转规律。科学主义心理学通过采用自然科学模式，极大地推动了心理学的发展，但同时也存在过于强调自然科学观点、忽视心理的原本面目的不足。心理学史学家科克对此批评说："物理学的语言成了心理学的理想术语。科学的脸面远比真知灼见更具魅力。心理学史成了对自然科学的模仿史。"②

与科学主义心理学不同，人文主义心理学自布伦塔诺起，就确立了心理学的人文科学观，将心理学打造为人文(社会)科学的一个分支。这种科学观重视人的世界的整体性与独特性，将世界视作有意义的世界，力图在忠于心理现象原本面目的前提下，通过描述和理解阐发其中所蕴含的意义与价值。人文主义心理学强调心理的整体性、主观性、动态性和独特性，主张以人文(社会)科学的理论模式来研究心理学，以达到对人的心理生活的理解。狄尔泰通过区分描述心理学(descriptive psychology)与说明心理学(explanatory psychology)，明确提出人文科学的心理学观点。格式塔心理学提出"整体大于部分之和"的口号，强调心理现象的整体性。精神分析心理学力图通过理解与解释来考察人类心灵深处的潜意识现象。"第三势力"心理学则明确自己的人文科学立场，通过研究人的存在、潜能、意义、价值等主题，

---

① Watson, J. B. (1919). *Psychology from the standpoint of a behaviorist*. Philadelphia: J. B. Lippincott Company, p. 1.

② Koch, S. (1959). *Psychology: A study of a science* (vol. 3). New York: McGraw-Hill, p. 783.

彰显心理现象的整体性与独特性，揭示其中的意义源泉。人文主义心理学采用人文科学模式，丰富了心理学的主题和领域，推进了心理学的发展，但在方法落实等方面存在着不足。

2. 对象论

心理学的对象论是指心理学家在研究对象上的主张与阐释，它对于心理学的研究主题和领域等具有重要的指导意义。科学主义心理学与人文主义心理学在对象论上表现为人性观和心理观两个具体层面上的分歧。

人性观是指对人的本性的理解。科学主义心理学在人性观上坚持自然科学的立场，表现出自然化倾向。这种人性观把人从各种背景中隔离出来，视其为纯粹物理世界中的自然存在。冯特在创立科学主义心理学时，就将人和物等同，通过考察心理的元素及其结合规律，把人降为自然的化合物。行为主义将人和动物等同，通过考察刺激—反应的联结来推断人的适应行为，把人降为大白鼠。认知心理学将人视作物理符号系统，通过计算机模拟来推导人的内部心理过程，把人降为机器。科学主义心理学的人性观有利于掌握人的心理机制和规律，但忽视了人的自身独特性及其社会性。而人文主义心理学在人性观上坚持人文科学的立场，强调人在世界中的独特地位，提倡从社会、历史、文化和精神的视角去理解人。格式塔心理学重视具体情境中的人，精神分析心理学侧重从人的生活史考察人的内心世界，存在心理学则从人在世界中的存在来展现人的精神面貌。人文主义心理学拓展了心理学对人性的丰富性理解，但对人的自然属性重视不够。

心理观是指对心理学研究对象的看法。科学主义心理学将研究对象视作具有物理特征的自然物，尤其强调研究可观察的对象，如认知、行为等，而那些不能观察或无法实验证实的经验都被排斥在心理学的研究对象之外。冯特的内容心理学和铁钦纳的构造心理学都将各种复杂的心理过程分析为基本的心理元素，结果导致严重脱离实际的“砖块和水泥”的心理学。华生和斯金纳等人的行为主义心理学因为排除了意识和心理而成为“无头脑”的心理学。信息加工论认知心理学从信息的输入与输出来推论人的内在认知加工的规律。而人文主义心理学重视研究心理的主观体验，如情感、潜能、创造、价值等，强调心理学研究对象的主观性、意义性、整体性以及与情境的独特关联。布伦塔诺通过提出心理的意向性本质，强调了心理现象与对象的关联性。精神分析强调过去经验的独特意义，由此来发掘潜意识的奥秘。现象学心理学力求从人所体验到的生活世界出发，来考察心理的本质。人本主义心理学关注人的内在体验，如潜能、需要和自我实现等。

3. **方法学**

从方法学上看，科学主义心理学与人文主义心理学无论在哲学方法论上还是在具体研究方法上都存在较大的分歧。科学主义心理学以实证主义为哲学基础，使用自然科学的研究方法，如实验室研究、量化研究和共同规律研究；人文主义心理学以现象学为哲学基础，使用人文（社会）科学的研究方法，如现场研究、质化研究和特殊规律研究。

（1）实证主义与现象学。

科学主义心理学与人文主义心理学在哲学方法论上存在分歧。科学主义心理学以实证主义为哲学方法论。实证主义坚持客观立场，强调研究对象的可观察性，提倡通过经验的验证来发现心理现象的机制和规律。实证主义包括孔德的激进实证主义、马赫和阿芬那留斯的经验实证主义以及维也纳学派的逻辑实证主义三代，它们分别为华生的行为主义、铁钦纳的构造主义以及新行为主义提供哲学方法论。在实证主义哲学的影响下，科学主义心理学提倡实验、测量等量化方法，力求得出心理的本质。人文主义心理学以现象学为哲学方法论。现象学从生活世界出发，强调忠于心理现象本身，提倡通过经验的描述和理解，来揭示心理现象的原本面目。现象学包括胡塞尔现象学、存在主义和解释学三代，它们分别为格式塔心理学、人本主义心理学、现象学心理学、存在心理学和精神分析提供哲学方法论。在现象学哲学的影响下，人文主义心理学提倡个案、现场等质化方法，力求理解心理的意义。

（2）实验室研究与现场研究。

科学主义心理学强调严格控制的实验室研究，而人文主义心理学注重日常生活的现场研究。科学主义心理学深受自然科学观和实证主义哲学的影响，信奉实验方法，主张通过精巧的实验设计、严格的变量控制来研究心理现象。例如，冯特把生理学和心理物理学的实验方法引入心理学，并把传统的内省法改造为实验的内省法，对感知觉、联想等进行了大量实验研究。行为主义更是笃信客观实验法，认为只有运用严格的实验程序与仪器设备，才能进行科学的心理学研究。信息加工论认知心理学也主要是在实验室内进行研究，运用反应时实验、眼动实验和计算机模拟等方法，并在使用中特别强调实验变量及其控制。与之相对，在人文科学观和现象学哲学的影响下，人文主义心理学认为心理学研究应当走出实验室，走进日常生活情境，采用访谈和自然观察等现场研究方法。精神分析心理学在临床背景下探究人的潜意识，对梦、口误、笔误、遗忘和疏忽等现象进行分析。格式塔学派主张采用实验现象学和自然观察法来研究人的直接经验。人本主义心理学采用个案、访谈等方法揭示个体的独特性。

(3) 量化研究与质化研究。

科学主义心理学侧重量化研究，而人文主义心理学突出质化研究。科学主义心理学关注研究的精确性，强调定量分析。铁钦纳说过："在科学中，一切解释对我来说，都是依存变量和独立变量的相关性。"①行为主义心理学通过数量分析来确定刺激与反应或环境与行为之间的关系，这在赫尔的逻辑行为主义和斯金纳的操作行为主义中表现得尤为突出。认知心理学用反应时作为感知觉、记忆、思维和语言等多种心理现象的主要指标，任何复杂的心理活动都可以转化为反应时指标或测验分数。而人文主义心理学并不排斥量化方法，但对科学主义心理学过于追求量化的倾向进行了批评，大力倡导质化研究。布伦塔诺以内部知觉方法研究心理的活动，精神分析心理学运用自由联想和梦的分析揭示潜意识的意义，格式塔心理学通过实验现象学方法揭示心理的本质，人本主义心理学和现象学心理学通过现象学方法发掘经验的意义。

(4) 共同规律研究与特殊规律研究。

科学主义心理学坚信客观的普适性原则，认为通过经验观察和实验就能归纳出适合所有人的共同规律，以此对心理与行为进行统一性解释。例如，行为主义者认为心理学可以发现人类行为的一般规律，并据此对人类的行为进行预测和控制。华生指出，心理学"在某种程度上成为探索人类生活的基础……为所有的人理解他们自己行为的首要原则做准备……应该使所有的人渴望重新安排自己的生活"②。认知心理学通过严格控制的实验室研究，得出人类认知的一般规律。而人文主义心理学主张，普适性的共同规律并没有多少意义，心理学研究不应离开特定的个体和具体的情境，而应重在发现适合个体的特殊规律。精神分析心理学从临床案例观察出发，得出适于某类病症的理论解释。人本主义心理学采取折中融合的方法论原则，马斯洛和奥尔伯特等人坚持在共同规律研究之外，一定要运用特殊规律研究法对个案进行深入研究。

4. 理论观

(1) 客观论与主观论。

科学主义心理学将实证主义哲学的实证性原则贯彻到心理学中，追求客观化，强调以量化方法研究可观察的对象。例如，机能主义心理学把人的

① 郭本禹主编：《西方心理学史》，人民卫生出版社 2007 年版，第 350 页。

② 华生著，李维译：《行为主义》，浙江教育出版社 1998 年版，第 304 页。

心理整体视为一种机体有效适应生活条件的活动过程，使心理学的研究重心转移到有机体与客观环境的适应关系中，进行开放、客观的研究。行为主义心理学是客观心理学的典型代表。华生反对把心理封闭在主体之内，主张以客观可观察的行为作为心理学的研究对象，以严格的客观法代替主观内省法。斯金纳把自己的新行为主义体系定性为："从科学的角度看，这个体系是实证主义的。它的任务以描述为限，不企图提出解释，它的一切概念都由直接观察的结果来给以定义，不涉及身体部位或生理的特点。"①信息加工论认知心理学也信奉客观主义，强调在严格控制的实验条件下，使用精密仪器观察自变量与因变量之间的关系。人文主义心理学则受现象学哲学的影响，认为心理学要抓住统摄经验的有意义的结构，以现象学的方法研究主体的意识活动。布伦塔诺以直接体验为方法研究人的内在的意动。格式塔心理学主张采用实验现象学方法与自然观察等方法研究人的直接经验，反对人为的抽象和元素分析。而人本主义心理学则突出了人的主体性和主观性在心理学中的地位，倡导以整体分析法、现象学方法研究人性、价值、创造性和自我实现等高级心理过程。

(2) 方法中心论与问题中心论。

科学主义心理学认为，要想使心理学真正成为一门实证科学，就必须采用曾经使自然科学获得巨大成功的研究方法和研究范式，坚持"以方法为中心"的研究思路。马斯洛指出："方法中心就是认为科学的本质在于它的仪器、技术、程序、设备以及方法，而并非它的疑难、问题、功能或者目的。"②方法中心论根据研究方法确定研究问题。这种观点在行为主义心理学那里表现得最为突出。华生宣称，行为主义的目的在于方法论的革命，并以研究意识和心理缺乏科学的方法为理由而将其赶出了心理学。信息加工论认知心理学尽管不像行为主义那样极端，但也具有方法中心论的倾向，强调以实验法和计算机模拟法研究人的信息加工过程。而人文主义心理学则反对方法中心论的倾向，主张以问题为中心，根据研究问题选择方法，既可采用实验法等定量分析的方法，也可采用个案、自陈、描述等定性的方法。例如，精神分析心理学为了研究潜意识心理，抛弃了实验室研究，而使用自由联想、梦的分析、日常生活分析等方法。人本主义心理学家马斯洛也明确指出，方法和手段是为目的服务的，其意义为问题所规定，心理学应以对个人或社会有意义的问题，如潜能、价值和自我实现为中心，然后才是选择适当的研究方

① 章益辑译：《新行为主义学习论》，山东教育出版社 1983 年版，第 295 页。
② 马斯洛著，许金声等译：《动机与人格》，华夏出版社 1987 年版，第 14 页。

法。

（3）元素论与整体论。

科学主义心理学继承了联想主义心理学的传统，采用元素论来研究心理现象，认为确定心理现象的构成元素及其结合规律是心理学的首要任务。冯特最早提倡对心理进行元素分析，铁钦纳也坚持这种观点，并且分析得更为精细，提出意识是由感觉、表象和感情三种元素构成的。古典行为主义虽然在研究对象上反对冯特和铁钦纳，但在元素观上与他们保持一致。华生把复杂的行为简单化，将其视为刺激与反应的联结。信息加工论认知心理学继承了行为主义的元素分析传统，将心理视为信息及其符号单元。而人文科学心理学则更多地受到现象学方法的影响，主张对人的心理现象进行整体描述，认为整体不是部分或属性的机械相加，整体不为部分所决定，相反还决定部分。格式塔心理学是整体论心理学的典型代表。格式塔心理学家苛勒指出："我们所需要的是那些可用以了解我们的直接经验的概念，至于感觉之类的分子，我们凭自己的观察没有发现这些分子。"①人本主义心理学也反对将人的心理和行为肢解为统计数字或数学公式的定量分析，强调将人作为一个整体来把握，如奥尔波特主张对人格进行整体的研究，马斯洛主张用整体分析法研究人的心理。

（4）因果决定论与自由意志论。

科学主义心理学把人的心理现象看做自然现象，认为人的心理与行为都遵循因果决定论。决定论的观点认为，所有的心理事件都是有原因的，都是由某种先行的因素决定的，因而我们可以依据先前的心理事件来解释心理活动。科学主义心理学的创始人冯特指出，作为自然科学家，"我们必须把每一种行为中的变化都追溯到一种唯一可观察到的同一种东西，即运动。"②在后来的心理学发展中，行为主义在这方面的表现最为典型。行为主义强调行为分析的目的就是发现行为的原因，从各种各样的环境刺激中确定反应的决定因素，以便为预测和控制行为服务。尽管新行为主义包含着中介变量和行为目的等概念，但这些概念主要是对行为的刺激反应的操作化，与自由选择的意图和追求无关。与此相反，人文主义心理学强调人的自由意志和自由选择，认为人可以独立自主地做出决定，不受外在环境的干扰。存在心理学和人本主义心理学都坚持人具有自由意志，能够进行自由选择。如罗洛·梅指出，一个人若没有自由，他身上起作用的就只有达尔文

① 高觉敷：《高觉敷心理学文选》，江苏教育出版社1986年版，第314页。

② Ernst Cassirer(1950). *The problems of knowledge*. Yale University Press, p. 88.

的决定论原则了;心理治疗的目的是使人重获自由。弗兰克尔也指出,意志自由属于经验的直接性,即便是身体被囚禁了,人的精神也是自由的,意志自由赋予人新的生命体验。

(5) 机械论与生机论。

科学主义心理学固守“人是机器”的信念,主张研究物的范式同样适用于研究人的心理,并以机械论的观点解释一切心理事件。行为主义者华生认为,心理学的任务就是帮助和指导人这架机器能更快地适应新的环境、更好地运作下去。他公开宣称:“我们要把一个人之各方面的行为,完完全全地合拢起来,并把这样一个人看作一个复杂而又活动着的有机的机械。”①信息加工论认知心理学同样将人设想为机器,把人脑比作计算机,用计算机的信息加工过程来模拟说明人对外部世界的认知过程。与此相反,人文主义心理学则坚持生机论的观点,强调心理现象的有机性,重视人类意识的积极性和主动性,认为对于心理与意识的机械分析无助于对其本质的揭示。例如,格式塔心理学强调整体、组织作用、结构等在知觉过程及高级心理过程中的作用,注重人们对感觉信息输入的组织和解释的主动性。人本主义心理学肯定了价值、目的、意义等在人的心理活动和行为反应中的作用,认为个体的需要具有多种层次,人具有自主选择成长的倾向,在适宜的成长条件下会积极努力实现自己的潜能和价值。

(6) 价值中立论与价值负荷论。

在自然科学的研究中,许多人都信奉价值中立,主张科学只研究事实、知识,回答是不是的问题,不研究价值、意义,不回答该不该的问题。科学主义心理学以自然科学为模板,坚持价值中立论,其典型特征是强调心理研究的客观性,认为心理学研究探讨的是意识和行为的一般、共同的事实与规律,不掺杂任何个人的态度、情感,不涉及任何主观倾向和价值观念。例如,铁钦纳主张对人的心理进行纯粹客观的研究,并通过这种研究找到不受任何文化影响的一般心理元素及其结合规律。华生把人的行为看成客观的自然现象,认为可以对其进行严格的实验研究和价值中立的理论描述。信息加工论认知心理学因循了行为主义心理学追求实证性和价值中立的研究方式,试图通过计算机模拟揭示人脑的信息加工过程的普遍事实与规律,而不太考虑社会、文化、历史等因素的影响与制约。而人文主义心理学则采取了价值负荷论的立场,认为心理学的研究与所处社会的价值取向、意识形态有着密切的关系,心理学不能超越社会文化价值取向而进行纯客观的研究,心

---

① 华生著,陈德荣译:《华生氏行为主义》,商务印书馆 1935 年版,第 427～428 页。

理学研究必然负荷着所处社会的文化价值观。如人本主义心理学强调对人的需要、尊严和自我实现等的研究,这些经验体现人类真正的本性。马斯洛就曾指出:“科学过去不是,现在不是,并且也不可能是绝对客观的,科学不可能完全独立于人类的价值。”①

总之,现代心理学流派的百年历程是科学主义心理学与人文主义心理学各自的相对独立发展,其间表现出长期冲突与纷争的局面。两者之间的张力在促进科学心理学长足发展的同时,也使心理学陷入分歧的困境。尽管当代心理学出现了科学主义心理学与人文主义心理学相互融合的某些迹象,但两者的分野在未来相当长的时间内仍会继续存在。虽然我们也希望两者走向统合,但这种统合之路漫长而艰巨,绝非简单地用一种主义叠加或消解另一种主义。历史已经证明,企图将两种主义合二为一的做法是不成功的。例如,二重心理学对内容心理学和意动心理学的调和,正像波林所指出的,只是一种“懒汉的做法”。当前,我们对两者的分歧应持尊重和包容的态度,也欢迎不同心理学研究取向之间的对话与交流。对科学主义心理学与人文主义心理学的融合,我们将拭目以待!

郭本禹

2008 年 12 月 18 日

于南京师范大学

① 马斯洛著,许金声译:《动机与人格》,华夏出版社 1987 年版,第 21 页。

导　言

一、行为主义心理学的界定与分类

1. 行为主义心理学的界定

稍微了解心理学的人对行为主义应该不会感到陌生，即使不是耳熟能详，或许也能略述一二。但究竟什么是行为主义？如何准确恰当地对它进行界定？这恐怕并非易事。首先面临的问题是采取哪种方式来界定行为主义。威廉·奥多诺休(W. O'Donohue)和理查德·基奇纳(R. Kitchener)认为，对行为主义进行界定大致有三种方法。① 第一种方法是，采用经典的古希腊下定义的策略，即"属加种差"(genus et differentia)的方法。这种方法需要先确定所有心理学范式共有的特征即"属"概念，再找出行为主义与所有其他范式的不同之处即"种差"。然而，用哪个概念作为行为主义的"属"概念最好，这个问题很难确定。第二种方法是运用原型理论。例如，可以将华生(J. B. Watson)的行为主义作为原型——因为华生是行为主义的奠基人，他的行为主义出现最早，我们也比较熟悉其主要特征——看看其他形式的行为主义在主要特征上是否与华生的行为主义相似，是否在不同程度上符合这一原型。但这种方法的问题是：用什么作原型？华生的行为主义是否可以作为原型？在什么维度上可以判断两种范式是相似的？第三种方法是引用维特根斯坦(L. Wittgenstein)的家族相似性概念。为此，我们必须阐述复杂的相似性系统，即提出行为主义的一些相似特征，例如，认为心理学是自然科学的分支，心理学应该用实证方法研究外显的行为，心理学应该抛弃内省法，等等。但有时在行为主义取向与非行为主义取向之间也存在

① O'Donohue, W., Kitchener, R. (1999). *Handbook of Behaviorism*. San Diego: Academic Press, pp. 2～8.

某些家族相似性。例如，弗洛伊德也认为所有行为都是由过去事件和当前情境共同决定的；认知心理学家也强调实验研究，并将外显行为作为因变量；生理心理学家也强调数据的客观性以及对行为的预测和控制。

在本书中，我们主要采用原型理论的方法，对行为主义的典型特征进行描述，以尽可能地将其主要的特征呈现出来。

行为主义(behaviorism)是20世纪初产生于美国的一个重要心理学派别，是20世纪70年代之前实验心理学中最有影响的运动①，被称为心理学的第一大势力。1913年，行为主义的创始人华生在《心理学评论》上发表了《行为主义者心目中的心理学》一文，抨击了传统上研究意识的内省心理学，批判了构造主义心理学和机能主义心理学，并声称心理学应该抛弃内省法而采用客观的实证方法研究可观察的外显行为。这篇论文被称为行为主义的宣言，标志着行为主义心理学的诞生。由此，行为主义作为一种新生的力量登上了心理学的历史舞台，其浩大的声势很快席卷了美国，并几乎遍及全世界，也几乎波及心理学的绝大多数的分支领域，成为心理学史上著名的"行为主义革命"。自此，绝大多数心理学家都自觉或不自觉地站到行为主义阵营中来。在20世纪60年代认知科学问世之前，华生的观点代表了最有影响和最重要的行为主义形式。②

在行为主义宣言中，华生明确阐述了行为主义者的基本信条。他开宗明义地定下了基调："行为主义者心目中的心理学是自然科学纯客观的实验分支。它的理论目标是对行为的预测和控制。内省不是其方法的主要部分，其资料的科学价值也不依赖于这些资料是否容易用意识的术语来解释。行为主义者认为人兽之间不存在分界线，通过努力可以得到动物反应的一元公式。"③

这是心理学最常引用的篇章之一。在这短短的几句话中，华生坚定地将心理学归入了自然科学范畴，清楚地表述了科学心理学的明确目标，彻底否定了其大多数同行以内省为基础的研究，完全接受了行为的进化模式。

在心理学的科学观即学科性质上，华生否定了传统的心理学界定，即把心理学界定为研究意识或心理现象的科学，而主张心理学应该成为自然科学的纯客观的分支。他明确指出："行为主义是一门自然科学。这门自然科

① Craighead, W. E., Nemeroff, C. B. (2004). *The concise Corsini Encyclopedia of Psychology and Behavioral Science*. (3rd edition) Hoboken, New Jersey: John Wiley & Sons, Inc. p.113.

② 黎黑著，李维译：《心理学史》(下)，浙江教育出版社1998年版，第569页。

③ Watson, J. B. (1994). Psychology as the behaviorist views it. *Psychological Review*, 101(2), pp.248～253.

学把人类适应的整个领域作为它的对象。”[①]他认为,心理学必须被界定为行为的科学,心理学的出发点是可观察的事实,即有机体(人和动物)使自身适应其环境的事实。

因此,在心理学的研究对象上,华生主张心理学应该研究有机体适应环境变化的各种身体反应的组合,即适应的行为,而非意识的内容。这些行为包括肌肉收缩和腺体分泌,它们都可以被分解成刺激—反应(S－R)单元。这样,心理学就可以用刺激、反应、习惯形成、习惯整合等术语来描述所有的人类行为和动物行为,而不必采用心灵主义的术语。因而,华生指出,心理学必须抛弃意识、心理状态、心灵、内容、内省证实、意象等术语。

在心理学的目标上,华生指出,行为主义心理学的理论目标在于预测和控制行为。他说:“行为主义者对人类所作所为的兴趣要比旁观者(spectator)对人类的兴趣更浓,如同物理科学家意欲控制和操纵其他自然现象一样,行为主义者希冀控制人类的反应。行为心理学的事业是去预测和控制人类的活动。为了做到这一点,它必须搜集由实验方法得出的科学数据。唯有如此,才能使训练有素的行为主义者通过提供的刺激来预示将会发生什么反应,或者通过特定的反应来陈述引起这种反应的情境或刺激。”[②]华生的这段话清晰地表达了他为行为主义所确定的目标和任务。

在心理学的研究方法上,行为主义反对传统的内省法,而主张采用客观的观察法、测验法、条件反射法、言语报告法等实证方法。华生从经验、哲学、实用三个层面批判了内省法。他指出,首先,从经验上看,内省无法界定它确信能够回答的问题,甚至未能回答意识心理学中最基本的问题,例如,究竟有多少种感觉?感觉有多少种属性?其次,从哲学上看,内省不喜欢自然科学的方法,它不能提供可重复、可检验的结果,因此不是一种科学的方法。再次,从实用的角度看,内省无法满足实用的检验。在社会领域,内省心理学无助于解决人们在现实生活中面临的问题,它缺乏应用的领域,对此华生早就心怀不满。作为行为主义的开创者和推广者,华生推崇的是心理学的应用领域,例如,教育心理学、心理药理学、心理测验、心理病理学、法律心理学、广告心理学等。在他看来,这些领域是最兴盛的,因为它们很少依靠内省。

在批判了传统的内省法之后,华生指出,客观的观察和测验是行为研究的必要基础。观察和测量的对象是被试对刺激情境所做的反应,其结果应

① 华生著,李维译:《行为主义》,浙江教育出版社 1998 年版,第 12 页。

② 华生著,李维译:《行为主义》,浙江教育出版社 1998 年版,第 12 页。

作为行为的样本，而不是对心理品质的度量。条件反射法是行为主义正式创立两年之后才被采纳的。华生掌握了条件反射法之后，便获得了完全客观的分析行为的途径，从而把行为分解为最基本的单元即刺激—反应联结。这就为在实验室中研究人的复杂行为提供了简便易行而又客观可靠的方法。言语报告法是引起争议最多的一种方法。华生一方面反对内省，另一方面又认为行为主义者可以通过被试的言语报告来研究其行为，并认为言语报告比其他客观的方法更为简便实用。这实际上意味着他从前门把内省赶了出去，又以“言语报告”的名义把它从后门请了进来。

华生从心理学的科学观——自然科学、研究对象——外显行为、理论目标——预测和控制行为、研究方法——客观实证方法上对行为主义心理学做了明确而清晰的界定。华生的行为主义规定了心理学的基本特征和范式，构成行为主义的原型，其他形形色色的行为主义不管其表述形式如何，但其主要特征都要符合华生的行为主义界定，否则就不成为行为主义了。所以，我们可以华生的行为主义为原型对行为主义进行分类。

2. 行为主义心理学的分类

在英文表达中，一提到“behaviorism”（行为主义），通常使用的都是它的单数形式。这种表达方式似乎表明只存在唯一的一种行为主义，并且所有的行为主义者（behaviorists）在一些基本问题上所持的观点一致，然而实际并非如此。历史上曾涌现出许多有影响的行为主义者，他们建立了各具特色的行为主义分支派别，并且在许多问题上存在实质性的分歧。

行为主义有许多种类型，它并不是一种单一的、整体的（monolithic）方法或取向，不同的学者往往采取多种角度或方式来对行为主义（behaviorisms）进行分类。

(1) 肖罗霍娃的分类。

前苏联科学院哲学研究所心理学部的肖罗霍娃在其主编的《资本主义国家现代心理学》一书中，将行为主义分为两个时期：第一时期（1910—1930），包括哲学行为主义（培里、霍尔特和辛格尔）和华生的行为主义；第二（现代）时期（1930—至现在），包括斯金纳的描述行为主义、赫尔的假设演绎论和托尔曼的完形—行为主义。①

新实在论者霍尔特，尤其是培里（Ralph Barton Perry），在拟定行为主义纲领这件事上，走出了决定性的一步。他们把心理现象划分为精神活动和

① 肖罗霍娃主编，孙名之译：《资本主义国家现代心理学》，湖南省心理学会和湖南师院教育系 1984 年印，第 42～109 页。

意识内容，并把精神活动与没有意识到的躯体反应等同起来，再把意识内容与客观现实等同起来。霍尔特指出，意识中的事物是物理客体的一个真实部分。培里坚持认为，精神活动虽说是由个体产生的，但是并不为个体所感觉、不为个体所“体验”，精神活动是一种纯物理的、躯体的活动。培里还提出了关于刺激和反应的联系这个行为主义的论点，并把这种联系作为科学研究的单位，用来揭示意识的本质。不过新实在论者的“刺激”与行为主义者的含义有所不同。行为主义者的“刺激”指物理的刺激，而从新实在论的观点来看，刺激具有心理现象和物理现象的双重性质。它不仅可以被另一个观察者加以观察，还可以由本人通过内省加以观察。辛格尔(E. A. Singer)的哲学观点与新实在论观点相接近，他在华生的理论出世之前就提出了心理与行为完全等同这种粗犷的行为主义观点。辛格尔宣称，意识不是根据行为而推论出来的某种东西，它就是行为。但辛格尔没有对这个论点加以具体的分析。华生否定脑在行为中的作用，把心理学规定为行为的科学，反对应用内省法。

斯金纳认为自己的主要任务是，从操作上来给高级神经活动学说的概念下定义。他在进一步发展实证论的操作主义观点时，对条件反射、需要、强化、消退等概念下了定义。赫尔理论的实质在于，对各种中介变量做出一个复杂的公设。赫尔把自己理论的任务看成是，建立各种中介变量之间的内在联系，以及揭示它们同自变量和因变量之间的关系。同赫尔一样，托尔曼也竭力想建立一个中介变量体系，以间接方式表明外界客体的影响。但是，托尔曼采用了内省心理学的意图、愿望、预期、假设这一类概念，来补充他在格式塔心理学的直接影响下创造出来的一系列术语。而且，托尔曼采用的中介变量不是表明动物的动作，只是表明这些动作(预期、愿望、假设)的未来结果。托尔曼的理论是一种行为目的理论，其学习论亦有“认知论”之称。

(2) 奥多诺休和基奇纳的分类。

奥多诺休和基奇纳在他们合著的《行为主义手册》中将行为主义分为哲学的行为主义和心理学的行为主义。哲学的行为主义主要有维特根斯坦的行为主义(Wittgenstein's behaviorism)、赖尔的行为主义(Ryle's behaviorism)、逻辑行为主义(logical behaviorism)、奎因的行为主义(Quine's behaviorism)；心理学的行为主义主要有华生的行为主义(Watsonian behaviorism)、坎特的交互作用行为主义(interbehaviorism)、托尔曼的目的行为主义(purposive behaviorism)、赫尔的行为主义(Hull's behavirism)、斯金纳的激进行为主义(Skinner's radical behaviorism)、经验行为主义(empirical behaviorism)、目的论行为主义(teleological behaviorism)、理论行为主义(theoretical behaviorism)、生物行为主义(biological behaviorism)、情境论行为主义(contextualistic behaviorism)[①]。

维特根斯坦从他关于哲学问题产生于语言混乱,通过语言分析可以消除哲学问题等基本观点出发,提出了分析的哲学行为主义。维特根斯坦否认不同于身体活动的纯粹心理活动的存在,认为人的身体内并没有一种作为独立实体的心或心灵,也没有一种与身体的外部行为截然分离的心理活动,没有一种作为外部行为的原因的心理现象。但是,他也主张不能简单地把心理现象归结为或者还原为它们在身体方面的表现,心理现象与外部行为并非完全等同,外部行为是相应的心理状态的一种尺度。维特根斯坦经常把心理现象与外部行为加以对照,认为心理现象的特征与外部行为的特性是相似的。他强调研究行为中的细微差别具有重要意义,甚至主张心理学直接研究的对象不是心理现象,而是外部行为。在维特根斯坦那里,"行为"这个概念的含义非常广泛,不仅指人的面部表情、行为举止,而且包括人在当时所处的整个环境,他认为可以把环境看作人的面部表情、行为举止的诱因。[②] 维特根斯坦强调对外部行为的研究,并没有因此而轻视对心理现象的研究。

英国分析哲学牛津学派的创始人和主要代表吉伯特·赖尔(Gilbert Ryle)在他所著的《心的概念》(1949)一书中,运用以"范畴错误"为核心的归谬法(reduction to absurdity)对笛卡儿的心身二元论进行了全面的逻辑分析和大胆抨击,并得出了自己的行为主义精神哲学。赖尔对精神概念作了行为主义的分析,对内省进行了描述,并给这些描述贴上了"回忆"的标签。[③] 他研究了"记忆、知觉、想象、理智、意志"等许多表示心理属性的概念,并试图证明正是由于人们的行为方式才使我们认为人们具有这些心理属性,这是并不涉及任何纯属个人世界的存在。赖尔认为,一切表面上关于心的描述其实都是关于身体行为的描述,并不存在一种只有本人才能知道的内心生活,有关每个人的心理生活的问题从原则上说都可以通过长期观察个人的身体行为来加以说明。所谓心身之间的关系不过是行为与行为方式之间的关系。在英美哲学界,不少哲学家都把赖尔关于心的问题的观点称为行为主义,他自己也在其代表作《心的概念》一书中提到:"人们无疑会无恶意

① 奥多诺休和基奇纳的分类存在一定缺陷。例如,他们忽略了新的新行为主义,即以班杜拉等人为代表的第三代行为主义。

② 涂纪亮著:《维特根斯坦后期哲学思想研究》,江苏人民出版社 2005 年版,第 204～209 页。

③ 莱昂斯著,江振华译:《行为主义者反对内省的斗争》,《世界哲学》,1989 年第 5 期,第 71～78 页。

地把本书的总的倾向轻蔑地说成是'行为主义的'。"[1]他还认为,行为主义者的方法论纲领对心理学纲领产生了革命性的影响,更为重要的是,这一纲领已成为从哲学上批判了把两个世界论即身心二元论看作神话的重要源泉之一。

基奇纳指出,逻辑行为主义属于语义行为主义(semantic behaviorism),它为心理学的行为主义提供了哲学基础。卡尔纳普(Rudolf Carnap)等逻辑行为主义者持有物理主义的观点。所谓物理主义,就是主张把物理语言作为科学的普遍语言,并在物理学的基础上,应用行为主义心理学的方法,从语言方面把"物理的"和"心理的"这两者统一起来。[2] 也就是在卡尔纳普等人看来,每一个心理学的句子都可以被转换为用物理语言表达的句子,每个心理学的概念都可以用物理学术语来界定,因而每个心理学概念都等同于物理学概念。与物理主义命题紧密联系的是科学统一这个命题。该命题的基本含义是:经验科学的各个分支仅仅是由于分工的实际需要才被分割开来,它们从根本上说只不过是一门无所不包的统一科学的若干部分。逻辑实证主义者纽拉特(Otto Neurath)、卡尔纳普等人认为,要实现科学的统一,关键问题在于各门科学要有一种统一的语言,这种语言就是物理学语言。卡尔纳普在分析了物理学语言之后,又相继对生物学、心理学以及社会科学的语言进行了分析。他认为,科学语言上的这种统一具有重大的实践意义。逻辑实证主义为新行为主义提供了方法论基础,因而它的科学统一运动影响了新行为主义者赫尔、托尔曼等人,他们曾试图在心理学领域建立一种宏大的整合理论。

奎因(W. V. Quine)深受行为主义心理学理论的影响,提出了行为主义语言意义论和行为主义语言学习论。奎因把语言学习看作是社会群体中发生的"刺激—反应"的自然过程,"刺激"是社会共享的,"反应"是外在的,是社会可观察的。他指出,当人们在面对感觉证据的情况下,是通过询问—同意—反对的语言游戏方式来习得语言和理解语言的。他曾宣称,一个人可以选择是否成为心理学中的行为主义者,但不可以选择是否成为语言学中的行为主义者。因为人们是在主体之间可感知的情境下通过观察他人的行为而习得语言的。

华生的古典行为主义主张客观地研究行为,否定心理过程和内部状态,力图用刺激—反应公式解释所有的心理学问题,认为心理学的目的是对行

① 赖尔著,徐大建译:《心的概念》,商务印书馆 1992 年版,第 365 页。
② 涂纪亮著:《分析哲学及其在美国的发展》,武汉大学出版社 2007 年版,第 191 页。

为的预测和控制。

坎特的交互作用行为主义提出了一个完全自然主义的客观的心理学假设系统，它研究有机体的所有适应行为，并采用行为的交互行为场分析方法，即把有机体和刺激物之间在功能上的交互作用置于一个还包括接触媒介、情境因素以及有机体和刺激物先前的交互作用史等因素的广阔空间即交互作用场，从而考察有机体的行为。坎特指出，要研究心理学中的所有心理学问题，既要研究动物和人类的简单行为，又要研究人类的各种复杂行为。

托尔曼的目的行为主义的研究对象是目的性行为即整体行为，他将中介变量引入心理学，在实验室中研究白鼠走迷津，认为学习就是在某一环境中逐步形成假设、预期、信念、认知地图的过程，并在学习与操作之间做出了重要的区分。他的理论影响了后来的认知心理学。

赫尔比托尔曼更为广泛地使用中介变量，但是对他来说，中介事件主要是生理性的。赫尔发展了一种开放的、自我修正的、高度复杂的假设演绎理论，包括 17 条假设和 133 条公理。他提出了驱力—降低的强化理论，把习惯强度操作性地界定为刺激与反应之间结对强化的数量，把反应势能视为习惯强度的数量与当前内驱力的数量之函数。赫尔的理论在 20 世纪 40 年代到 50 年代影响极大，同时由于他的门徒如斯彭斯等人的努力，其理论的影响延伸至 20 世纪 60 年代。

斯金纳的操作行为主义区分了由已知的刺激引起的应答性行为与由有机体发出的操作性行为。斯金纳运用行为的实验分析法，对动物的操作性行为进行了大量研究，并为此设计了斯金纳箱。斯金纳极力主张研究行为与环境之间的机能性关系。他认为，强化是改变反应率或反应可能性的任何事物。他对强化的种类、强化的性质、强化程式等问题进行了系统研究，并指出强化与惩罚并不对称，即得到强化的行为更有可能会加强，而被惩罚的行为未必会削弱。因此，关键是安排好强化依随，强化良好的行为，不强化不良的行为；改变强化依随，就会改变行为。

由悉尼·比茹(Sidney W. Bijou)等人提出的经验行为主义试图为心理学提供一种科学哲学。他们认为，尽管斯金纳的激进行为主义与坎特的交互行为主义的术语不同，各自强调的是心理学的不同方面，但他们的观点在本质上是一致的，因而可以将二者结合到一个体系之中，即他们所谓的经验行为主义。在比茹看来，经验行为主义可以整合心理学，并使心理学在自然科学中占有一席之地。在经验行为主义的指导下，比茹与华盛顿大学儿童发展研究所的同事们一起对正常、异常儿童发展进行了系统研究。

霍华德·拉克林(Howard Rachlin)提出了目的论行为主义,它利用目的因(final causes)提供了对行为进行预测和控制的途径,它也像生理心理学或认知心理学那样为心理术语提供了潜义(potential meaning)。目的论行为主义关注广泛的时间范围内外显行为及其结果即强化依随的模式,避免将行为归因于个体内部的认知、神经或遗传机制的作用。它根据行为的成本与收益来分析个体行为,在本质上是将经济学方法运用于对个体行为的分析。

理论行为主义是受古典行为主义和赫尔的假设演绎行为主义的影响而产生的。它与古典行为主义一样,认为只有通过行为才能了解有机体,但是,它反对心理学仅仅关注刺激与反应。理论行为主义也探讨诸如"意识"这样的心理学问题,将内部状态看作基于过去信息的纯粹的理论建构。它不再区分机体内与机体外的事件,认为行为研究的最终目标是探讨行为机制(mechanisms)的起源,在行为与大脑之间建立理论关联。

生物行为主义的目标是将研究行为的许多形式包括在一个广泛的取向之中,既吸取传统的以操作为中心(manipulation-centered)的行为主义的优点,也有效地处理其局限。生物行为主义基于以动物为中心(animal-centered)的观察和实验,试图分析和说明动物与环境之间复杂的因果结构,这种因果结构表现为行为系统的形式,既包括知觉—运动结构,也包括多种动机过程。在阐明并保留了传统行为主义贡献的同时,生物行为主义一方面与遗传学、个体发生学、生理学建立了更好的潜在联系,另一方面与动机的、生态的、进化的功能建立了更好的联系。

吉福德(E. V. Gifford)和海斯(S. C. Hayes)提出了"contextualistic behaviorism"(情境论行为主义)一词。他们认为,在行为分析中存在机械论取向和实用主义取向,而情境论的核心特征是实用主义的。情境论又分为功能情境论(functional contextualism)和描述情境论(descriptive contextualism),前者是行为科学的实用主义哲学,当然也是行为分析的哲学。行为分析与实用主义在美国文化传统中有着共同的根基,在二者之间建立联系会使其发挥更大的作用。在情境论与行为分析的实用主义取向之间存在许多共同之处。例如,它们都提出功能认识论(functional epistemologies),认为实用主义的目标是基本的;在分析中遵循灵活的、动力的、交互作用的、有目的的取向。

在本书中,我们主要探讨心理学的行为主义,因而如果不作特别说明,"行为主义"一词就是代表"心理学的行为主义"。

(3) 黎黑的分类。

在科尔西尼(Raymond J. Corsini)主编的《心理学百科全书》"行为主义"这一条目①下,黎黑(T. H. Leahey)指出存在着多种行为主义,可以有多种方式对行为主义进行界定和分类。作者也提到了行为主义有哲学的行为主义与心理学的行为主义之分,并指出该词条主要是关于心理学的行为主义而非哲学的行为主义。

从历史的角度来看,对各种行为主义进行的最重要的分类就是分成两大类:一是华生最初的经典行为主义,二是由华生激发的各种更为复杂的体系,可以共同称为新行为主义。如前所述,华生在他的行为主义宣言里清楚地说明了所有行为主义者的基本信条。而且,他列出了行为主义与心灵主义(mentalism)最重要的差别在于:心理学的研究对象是行为,而非心理或意识;心理学的方法是客观的,应该摒弃内省法;不应该参考心理过程而对行为做出解释。

从哲学的角度看,一个人在拒绝心灵主义而选择行为主义时必须区分两个主要的理由:方法论的行为主义(methodological behaviorism)和形而上学的行为主义(metaphysical behaviorism)。方法论的行为主义者承认心理事件和过程是真实的,但是它们不能被科学地加以研究。他们认为,科学的资料必须是所有研究者能够观察到的公开事件。然而,意识经验必定是私下的;内省可以描述它(经常是不准确的),但无法使其公开以便让所有的人都能观察到它。因此,心理学要成为一门科学,必须研究外显的行为并抛弃内省法。不管意识是多么地真实、多么地吸引人,也无法成为科学心理学的主题。

形而上学的行为主义者提出了更彻底的主张,认为正如物理科学拒绝了魔鬼、灵魂、上帝等虚构的事物一样,心理学必须拒绝心理事件和心理过程,因为它们是不真实的。我们能够描述宙斯,并能说出人们相信他的原因,但我们仍然认为宙斯这一名称从来不涉及任何存在的事物。同样,我们可以描述人们运用"观念"或其他心理概念的情形,解释为什么他们相信自己有心理现象,但我们仍坚称,可能除了涉及某些行为和刺激之外,"观念"或"心理"等概念并没有谈到任何存在的事物。因此,心理学必须是行为主义的,因为不存在可供研究的心理,即只存在行为。

华生本人曾坚定地从方法论基础上捍卫行为主义,但在其后来的著作中,他也提出了形而上学的行为主义主张。可以说,华生既是方法论的行为主义者,也是形而上学的行为主义者。

---

① Corsini, R. J. (1984). *Encyclopedia of psychology*. John Wiley & Sons, Inc., pp. 113~116.

在华生之后的新行为主义主要可以分为：① 形式的行为主义（formal behaviorism），包括赫尔的逻辑行为主义（logical behaviorism）、托尔曼的目的行为主义或称为认知行为主义（purposive or cognitive behaviorism）；② 非形式的行为主义（informal behaviorism），主要是指“二战”后的新赫尔学派行为主义（neo-Hullian behaviorism）；③ 激进的行为主义（radical behaviorism）[①]，包括坎特的交互作用行为主义和斯金纳的操作行为主义。前两者属于方法论的行为主义，而激进行为主义者支持形而上学的行为主义。

在逻辑实证主义和操作主义的影响下，形式的行为主义者根据理论来解释可观察的行为，而这些理论是由不可观察的实体组成的。然而，这些实体并不是在个体内实际发生的心理过程，有可能通过内省获得，而是被界定为在理论上的行为（behavior theoretically）。也就是说，根据对动物的操作、其刺激环境的某些方面或可测量的行为，对某些不可观察的理论建构进行操作定义。因此，形式的行为主义者希望通过接受方法论的行为主义而获得科学的地位。赫尔及其同事的逻辑行为主义是最充分发展的形式行为主义。他提出了适用于所有哺乳动物的假设演绎学习理论。托尔曼的目的或认知行为主义反对华生和赫尔的机械的肌肉抽搐主义（muscle-twitchism），认为行为必然是有目的的，因此动物总是趋向或远离某些目标；学习肯定是认知性的；行为的目的不是对刺激做出反应，而是了解其所处的环境。

非形式的行为主义指的是“二战”之后的新赫尔学派行为主义，即赫尔的追随者对赫尔理论的发展，也被称为自由化的刺激—反应理论（liberalized S-R theory）。其主要特征是，更少关注公理式的宏大理论，更愿意讨论人类较高级的心理过程。因此，形式的行为主义变得不是严格意义上的那种形式了，而是更加灵活地对待诸如思维、记忆、语言、问题解决这些重要的人类现象，把它们看作习得的刺激—反应联结的隐蔽部分。这样就扩大了用刺激—反应术语可解释的行为范围。其中，值得注意的结果是由新赫尔行为主义与精神分析结合而产生的社会学习理论。非形式的行为主义者包括米勒（N. Miller）、伯莱恩（D. E. Berlyne）、肯德勒（H. Kendler）、肯德勒（T. Kendler）。

行为主义最纯粹的形式是斯金纳的激进行为主义。它与坎特的交互行为主义在本质上是一样的。斯金纳反对方法论的行为主义，赞成形而上学行为主义更为激进的主张，即心理和有关心理的讨论是文化神话，应该被破

① 这种分类同奥多诺休和基奇纳的分类存在同样的缺陷，忽略了新的新行为主义，即以班杜拉等人为代表的第三代行为主义。

除和抛弃。但是,激进行为主义并不拒绝有机体的私人世界,而是对之进行科学的研究。同华生一样,它反对心理,而以对行为的预测和控制为目的。实质上,激进的行为主义是所有新行为主义中最接近华生经典行为主义的。

(4) 多数人的划分。

科尔西尼主编的《心理学百科全书》中的"行为主义"条目对行为主义的分类维度存在一定的交叉。例如,形而上学的行为主义和激进的行为主义、本体论的行为主义(ontological behaviorism)几乎完全是一回事,是同一个维度。其实,我们可以从激进的行为主义与温和的行为主义来进行分类。激进的行为主义坚持用客观的方法研究可观察的外显行为,拒绝一切心灵主义概念,如华生、郭任远、魏斯、亨特、斯金纳等人。所以,激进的行为主义是一种形而上学的行为主义或本体论的行为主义。温和的行为主义坚持用客观的方法,既可以研究外显的行为,也可以研究内隐的内部心理过程(如认知变量),如托尔曼、赫尔、罗特、米契尔、班杜拉等人的行为主义,这是一种方法论的行为主义。我们还可以从正统的行为主义(orthodox behaviorism)和非正统的行为主义(unorthodox behaviorism)来进行分类。不言而喻,大多数激进的行为主义者与温和的行为主义者都属于正统的行为主义者。非正统的行为主义者一般指具有行为主义倾向或曾经提出过行为主义观点,但并没有提出正式的行为主义体系的心理学家,如早期行为主义心理学家霍尔特[①]、策动心理学家麦独孤(W. McDougall)、儿童心理学家格塞尔(A. L. Gesell)、社会心理学家米德(G. H. Mead)、人格心理学家卡特尔(R. B. Cattell)等人。

即使按照以上提出的维度来划分行为主义者也存在一些交叉的问题,因为一位行为主义者的理论可能同时具有几种维度的特征。例如,早期行为主义者霍尔特既是早期激进论的行为主义者,也是一位非正统的行为主义者;再如,新行为主义者托尔曼既是一位方法论的行为主义者或温和的行为主义者,也是一位形式的行为主义者。

可见,关于行为主义分类的标准和维度并没有达成统一看法。不同的学者根据不同的标准和维度提出不同的分类方法。对此,我们不再详细讨论。在本书中,我们赞同大多数学者的分类方法。大多数研究者采取的对行为主义进行分类的方法是,从时间发展的维度将行为主义分为早期行为

① 《弗洛伊德的愿望及其在伦理学中的地位》(1915,唐钺译为《愿望与道德》,见:《唐钺文集》,北京大学出版社 2001 年版,第 143～256 页)是霍尔特最受欢迎、影响范围最广的一部著作。霍尔特在书中运用弗洛伊德的原理来解释行为,这种方法如此新奇以至于许多人都把这本书看作是霍尔特的"愿望"论,而且正是由于其对愿望的强调将他从正统的行为主义阵营中分离出来,成为非正统的行为主义者。

主义或经典行为主义、新行为主义和新的新行为主义三类，它们分别可以代表第一代行为主义（1913—1930）、第二代行为主义（1930—1960）和第三代行为主义（1960—至今）。在下文的“行为主义心理学的产生与演变”部分，将对这三种行为主义进行较详细的界说。

二、行为主义心理学的产生与演变

行为主义的发展经历了第一代行为主义（古典行为主义）、第二代行为主义（新行为主义）、第三代行为主义（新的新行为主义）三个阶段，而且行为主义的三个阶段分别表现出了各自不同的特点。

1．第一代行为主义

在行为主义作为一个正式的心理学派诞生之前的很长一段时间内，行为主义思想就已经萌芽了。实证主义、新实在论、实用主义等哲学思想，以及动物心理学和俄国客观心理学的发展，再加上自然科学特别是进化论的突飞猛进，这些都为行为主义的客观研究准备了适宜的土壤。但是，行为主义的创立还要归功于华生，当他还在芝加哥大学做安吉尔（J. R. Angell）的博士生时，就研究了动物的迷津学习。他也曾向导师安吉尔提出过纯客观的人类心理学的观点，但是他的建议当时令人闻之战栗。对华生来说，研究意识与预测动物乃至人类的行为无关。然而，华生凭借自己的努力，于 1903 年完成了博士学位论文即《动物的教育：白鼠的生理发展及其与神经系统发育相关的实验研究》，成为一名领先的动物心理学家之后，他便鼓足勇气去公开拓展他的客观心理学领域。

1913 年 2 月 13 日，华生接受卡特尔的邀请，到哥伦比亚大学开设了有关动物心理学的系列讲座。此时，华生认为自己已具备了足够的实力来宣布他坚持了至少 10 年的信念，即心理学从研究意识的内省心理学转向行为心理学的时机已经来临。在《心理学评论》编辑沃伦（Howard Warren）的鼓励下，华生以《行为主义者心目中的心理学》这一煽动性的标题发表了他的演讲稿。他在这篇充满挑战语调的论文中为新心理学提出了行为主义宣言。这篇论文吹响了行为主义革命的号角，标志着行为主义学派的正式诞生。

华生是第一个旗帜鲜明地倡导行为主义的心理学家，是第一代行为主义最主要的代表人物，他的观点也常常被视为典型的行为主义理论。在研究对象上，华生坚持研究客观的、可观察的行为，认为动物和人之间没有分界线，主张通过研究动物的外显行为来推测人类的行为。他要求把动物和人放在客观的环境中去考察，提出了由刺激—反应单元组成的行为规律。与此同时，华生将诸如心理、意识等带有主观色彩的传统心理学名词全部剔除了其研究视野。华生曾声明，行为主义的目的在于方法论的革命，排除内省的自我观察，主张客观的方法。因此，在研究方法上，他强调心理学应该像自然科学那样，废除一切与“主观”、“内省”有关的方法，运用客观的、可验证的方法。正如黎黑所言：“华生对传统心理学的实质性批评是它的方法即内省法的弱点和不可靠性。他觉得正是这种方法否定了心理学在科学中的地位，行为主义能够通过使用一种新的方法即客观行为研究的方法而保证这种地位。”[1]华生强调的方法客观化是行为主义的重要特征。

华生还认为，行为主义的目标在于预测和控制人类的行为。因此，他持有环境决定论的观点，否认任何先天的性格特征或先天官能的存在。对华生来说，一切复杂的行为都是从简单的先天反应中产生的。在对待思维问题上，华生持的是典型的外周论。在他看来，思维是全身的肌肉特别是喉头肌肉的内隐活动，在本质上与打球、游泳等其他身体活动没有什么区别，他完全否定了大脑的生理基础作用，走向了中枢论的反面。在探讨行为的因果关系时，华生采取了过于简单化的做法，将行为简化为刺激—反应单元，并提出直线性关系，即知道了刺激就可以推论出反应，知道了反应便可推论出刺激。

但是，在华生创立行为主义学派之后，心理学并没有像想象得那样一帆风顺，迅速地从意识的准科学转变成一门真正的行为科学。其原因主要在于，行为主义宣言发表之后，华生的行为主义并未立即受到欢迎，心理学界对其最初的反应更可能是冷漠或批评而不是支持。在美国，大多数心理学家只是忙于各自的事业，内省研究也仍在继续。然而，由于华生持之以恒的宣传和说教，20 世纪 30 年代初期，行为主义开始在美国心理学界受到广泛的重视。

从 1913 年到 1930 年出现的以华生为主要代表的第一代行为主义，又称古典（或早期）行为主义。与华生同时代的其他学者，例如郭任远、梅耶、魏斯、霍尔特、亨特、拉施里等人，也对行为主义的形成及其被心理学界广泛接纳做出了贡献。第一代行为主义的绝大多数代表坚持心理学只能研究行为而非意识，强调以绝对客观的而绝非主观的方法研究心理学，用刺激和反应解释行为等。这种人兽不分、客观主义、外周论、环境决定论、直线性等观

① 黎黑著，刘恩久等译：《心理学史——心理学思想的主要趋势》，上海译文出版社 1990 年版，第 363 页。

点使行为主义遭到了诸多诘难，使其理论很快陷入了危机与困境，从而导致早期行为主义必须做出修正和变革。为了捍卫行为主义的基本立场，在行为主义内部以赫尔、托尔曼、斯金纳为代表的第二代行为主义者异军突起，以其极具创造性的观点改良了行为主义。

2. 第二代行为主义

从20世纪30年代至60年代，古斯里、托尔曼、赫尔、坎特、斯金纳几位孜孜不倦、极具创造性的实验心理学家脱颖而出。他们对华生等人的极端简单化的观点和方法不满，开展了自己的一系列研究，形成了各具特色的新体系。这几位心理学家的出现、公众对行为主义前景所抱有的极高热情、学界对操作主义和逻辑实证主义的普遍接受，这三种因素共同促进了第二代行为主义或称新行为主义（neobehaviorism）的产生。尽管这些新行为主义者在术语名称、基本观点、概念体系等方面各不相同，甚至在许多问题上存在巨大的差异，但其行为主义的基本立场却是一致的，他们之间仍然存在一定的共识。

首先，所有的第二代行为主义者都赞同物种之间具有连续性的进化论假设，即适用于某一物种的行为法则，至少在某种可标准化的程度上，也应该适用于其他物种。因而第二代行为主义者都使用非人类的动物作为研究对象，并将其研究结果推论至人类。在这一点上，他们与华生等第一代行为主义者的观点一致。

其次，他们接受了逻辑实证主义和操作主义的指导，坚持可被观察原则，认为只要有可被观察的事实作为基础，通过逻辑演绎而得到的命题和概念也是可以接受的，并且主张将意识经验还原为行为操作。因此，第二代行为主义者在研究可观察行为的基础上，推测有机体的内部过程。

第三，为了克服第一代行为主义的种种弊端，第二代行为主义者修改了华生的行为公式，在刺激和反应之间加入了中介变量，涉及了个体内在的心理过程，使简单的S—R变成了S—O—R。这样，行为不再是外界刺激的直接函数，而是和一系列中介变量有关。中介变量包括目的性和认知，是把先行的刺激情境和观察到的反应联结起来的内部过程，是行为的实际决定因素。曾被华生痛斥过的、与意识现象相联系的某些概念，又被托尔曼以较客观的形式纳入到行为主义的体系中来。这表明行为主义学派中出现了向认知方向转变的趋势。从现代认知心理学的观点来看，托尔曼的主张是一个进步。

第四，第二代行为主义者都强调学习对于理解行为至关重要，其研究和理论的重点都集中于学习发生的方式。第二代行为主义者严重倾向于先天一后天连续统一体的后天因素，认为要知道人们行为的原因，需要对如何习得行为的基本原则进行彻底分析。对于第二代行为主义者而言，我们所生活的世界即环境塑造了我们特有的行为方式。除了宣布学习的重要性之外，第二代行为主义要做的另一件事则是要明确了解这些学习是如何发生的。这一基本问题在他们中造成了最尖锐的分歧，但最终也产生了关于各种学习现象的重要知识。所以，诸如古斯里、赫尔、托尔曼、斯金纳这几位具有代表性的第二代行为主义者都是杰出的学习理论家。

虽然第二代行为主义在第一代行为主义的基础上对行为主义理论做出了修正，但它仍然不可避免地存在一些不足。例如，尽管托尔曼和赫尔研究了刺激和反应之间的中介变量，但他们对中介变量的阐述是从严格的行为主义立场出发的，在解释中介变量时使用的是物理学的术语。他们最终将内驱力、目的、认知、能力、习惯强度等还原成可观察的行为，并非真正重视行为的内部因素，很难超越有机体是受环境摆布的被动受体。另一方面，20世纪40年代以后，第二代行为主义的哲学基础——逻辑实证主义也面临着新一代科学哲学家的挑战。这些科学哲学家指出，传统科学哲学信奉的所谓“客观知识”只不过是一种幻觉，根本就不存在。一切知识都依赖于观察者，不可避免地带有个人主观色彩。科学哲学的转变动摇了第二代行为主义的方法论基础，不可避免地导致第二代行为主义的危机。

3. 第三代行为主义

从20世纪30年代至50年代，行为主义一直占据着美国心理学的主导地位，既包括应用领域也包括理论领域。但到了60年代，随着第二代行为主义者古斯里、赫尔、托尔曼的过世，只有斯金纳等少数人仍坚持激进的行为主义观点。大约在1960年之后，对行为主义的批评之声不绝于耳，尤其是随着信息时代的到来和新兴学科的兴起，心理学中的“认知革命”对行为主义产生了前所未有的冲击。认知心理学将行为主义抛弃的概念，如感知觉、注意、思维、记忆、表征等重新纳入心理学的研究范围。与此同时，20世纪60年代兴起的人本主义心理学也旗帜鲜明地反对行为主义的机械还原论和人兽不分的生物学化倾向，批评行为主义的人性悲观论。在这种形势下，以班杜拉、罗特、米契尔等为代表的第三代行为主义者采取了更加温和的态度，大胆引入刚刚兴起的认知术语来说明人的行为，强调行为与认知的结合，对行为主义进行认知心理学改造，从而导致了第三代行为主义又称新的新行为主义（new neobehaviorism）的产生。

第三代行为主义的特征主要表现为：第一，在研究对象上，第三代行为主义大胆使用被传统行为主义所摒弃和拒绝的心理学概念，探索认知、思维、意象、自我等在行为调节中的作用。在研究方法上，第三代行为主义者仍坚持客观主义的态度。尽管他们探索了心理过程，强调了行为调节中心理因素的作用，并毫无顾忌地使用了带有主观色彩的心理学概念，但其最终目的还是要说明人类的行为。

第二，第三代行为主义强调行为和认知的结合。一方面，人类的行为是以认知为中介的，通过思维、信念和期待等认知过程可预测人类的行为，也可以通过改变认知来改变人类的行为。另一方面，通过行为的改变也可以改变人的信念、期待等认知过程。

第三，第三代行为主义从传统的行为主义学习理论转向社会学习理论。早在20世纪40年代前后，米勒和多拉德就已经提出了社会学习概念。后来的罗特、班杜拉和米契尔等人进一步发展了社会学习理论。早期的社会学习理论家都具有行为主义的传统素养，从动物行为研究的模式中去推论人的社会行为，企图使之成为可被实验证实的客观性描述。罗特、班杜拉和米契尔等社会学习理论家虽然各自理论体系的侧重点不同，但都突破了传统行为主义的理论框架，从认知和行为联合起作用的观点去看待社会学习。正是由于对认知因素及其过程的承认，才保证了第三代行为主义者们所提出的学习理论体系的社会性质。这就使他们的社会学习理论突破了传统学习理论的局限性和狭隘性。

第四，第三代行为主义强调自我调节的作用。在对待"自我"的问题上，激进的行为主义者要么否认自我的存在，要么认为自我对行为的影响无足轻重，要么把自我看作刺激与反应之间的内部联结成分，完全忽视了行为的自我调节作用。第三代行为主义既不认为自我是行为的动因，也不认为自我是环境的奴隶，而是认为自我的影响部分决定着一个人的行为过程，对行为起着调节作用。

此外，第三代行为主义把心理过程看作是积极主动的，强调把行为主义同建构论结合起来。

总之，行为主义是在反对传统心理学的基础上产生的。与传统心理学不同，行为主义反对心理学中心灵主义的概念、方法、哲学和内容，主张研究行为；反对内省，主张采用客观的方法；反对本能论和遗传决定论，主张环境决定论，重视学习在个体行为发展中的作用等。在传统的意识心理学占统治地位的情况下，行为主义的这些主张的确令人耳目一新，对推动心理学摆脱哲学和宗教的束缚，走上客观的研究道路，起到了积极的作用。葛鲁嘉指出："强调客观的研究方法被华生看作是行为主义的方法论革命，也被人称之为方法论的行为主义。行为主义者把冯特的实验内省法中的内省去掉以后，大大推进了实验法的发展。行为主义的功绩之一是使心理学在客观实验方法上走向了成熟和精致。”[①]行为主义者在学习理论上的建树，对心理学的发展也做出了一定的贡献。然而，行为主义加剧了心理学中科学主义心理学和人文主义心理学两种文化的分野，它是科学主义心理学的重要组成部分，在一定程度上助长了科学主义心理学的发展。当今心理学中以方法为中心的做法，过于注重方法的客观化、量化等风气的形成，行为主义难辞其咎。所以，舒尔茨在肯定了行为主义的巨大影响之后，也不得不承认“行为主义作为一个正式学派已经死亡”[②]。行为主义的积极方面与消极方面都强烈影响了美国心理学的演变与发展。无论行为主义的支持者与反对者是否意识到，行为主义的主要观点已经被吸收到了所有的科学心理学中，[③]其影响一直持续至今。

三、行为主义心理学在中国的传播和影响

虽然中国是世界心理学思想最早的策源地之一，但是中国的现代心理学不是由中国古代心理学思想直接演化来的，而是从西方心理学传入和发展而来的。同样，作为心理学流派之一的行为主义也是从西方传入的。行为主义在中国的传播大致可以从两个阶段来阐述：一是在 1949 年之前，中国学者将行为主义思想介绍到中国，主要是翻译了相关的著作，也有一些介绍行为主义观点的专著；二是在 1949 年之后，中国学者对行为主义的理论体系进行系统、详尽的研究，主要是较为全面地评述或比较，研究其发展的内在轨迹与历史意义。行为主义在中国的传播或中国学者对行为主义的介绍和研究有三个高峰时期，一是 20 世纪 20～30 年代，二是 20 世纪 60 年代，三是 20 世纪 80 年代以后。

1. 1949 年之前行为主义心理学在中国的传播和影响

中国现代心理学的先驱之一陈大齐在 1918 年所著的中国第一本大学心理学教科书《心理学大纲》中提到了行为学派，认为“行动学之定义，为近时一派学者所主张；但此义过泛，易于与生理学之对象相混淆，故亦未得一

① 葛鲁嘉著：《心理文化论要：中西心理学传统跨文化解析》，辽宁师范大学出版社 1995 年版，第 78～79 页。

② 舒尔茨著，沈德灿等译：《现代心理学史》，人民教育出版社 1981 年版，第 280 页。

③ Harzem, P. (2004). Behaviorism for new psychology: what was wrong with behaviorism and what is wrong with it now. *Behavior and philosophy*, 32, pp. 5～12.

般学者之称许”[①]。同年,陈大齐在其著名的学术讲演《现代心理学》中开始具体介绍华生使用“迷路盘”(即迷津)进行的动物实验。1922 年 1 月,中华心理学会会刊——《心理》杂志出版,这是中国的第一种心理学杂志。在《心理》杂志上曾介绍过华生行为主义的文章。[②]

20 世纪二三十年代是我国主要集中翻译和出版行为主义著作的第一时期。在这个时期内,行为主义代表人物华生的许多著作被翻译出版,在当时的中国心理学界产生了广泛而深刻的影响。这些译著主要有:《行为主义的心理学》(臧玉淦译,1925)[③]、《一九二五年心理学》(谢循初等译,1928)[④]、《行为主义的儿童心理》(徐侍峰译,1930)[⑤]、《行为主义的幼稚教育》(章益、潘硌基译,1932)[⑥]、《情绪之实验的研究》(高觉敷译,1934)[⑦]。

郭任远(Zing-Yang Kuo,1898—1970)是早期激进行为主义的代表人物之一,是至今在国际心理学界最具影响力的中国现代心理学家。他的心理学思想在 20 世纪 20 年代初期初露锋芒,1972 年,一向只刊载科学实验报告的《比较与生理心理学杂志》在郭任远逝世两年之后,特别破例刊登了一篇纪念他的传记文章,称赞“他以卓尔不群的姿态和勇于探索的精神为国际学术界留下了一笔丰厚的精神财富”[⑧]。

在翻译行为主义著作的同时,一些中国的心理学者也开始进行深入研究,甚至著书立说,以另一种方式传播行为主义。中国心理学家郭任远是早期激进行为主义的代表人物之一,参与了行为主义的早期发展。郭任远早于 1921 年就在美国《哲学杂志》发表了第一篇论文《取消心理学中的本能说》[⑨],批判麦独孤的策动心理学,挑起了关于本能问题的论战,轰动了美国心理学界,并引发了一场声势浩大的反本能运动。此后,郭任远又发表了一

① 陈大齐著:《心理学大纲》,商务印书馆 1928 年第 5 版,第 3 页。

② 王坚:《中国现代心理学的先驱——蔡元培、陈大齐》,《赣南师范学院学报》,1998 年第 4 期,第 64～67 页。

③ 华德生著,臧玉淦译:《行为主义的心理学》,商务印书馆 1925 年版。

④ 瓦特孙等著,谢循初等译:《一九二五年心理学》,文化学社 1928 年版。

⑤ 华真著,徐侍峰译:《行为主义的儿童心理》,新世纪书局 1930 年版。原书名为:*Psychological care of infant and child*。

⑥ 华震著,章益、潘硌基译:《行为主义的幼稚教育》,黎明书局 1932 年版。本书为 *Psychological care of infant and child* 一书的另一译本。

⑦ 瓦特生著,高觉敷译:《情绪之实验的研究》,商务印书馆 1934 年版。

⑧ Gottieb, G. (1972). Zing-Yang Kuo: radical scientific philosopher and innovative experimentalist (1898—1970). *Journal of comparative and physiological psychology*, 80(1), pp. 1～10.

⑨ Kuo, Z. Y. (1921). Giving up instincts in psychology. *Journal of Philosophy*, 18, pp. 645～664.

系列论文和著作，坚决否认本能的存在，提倡建立一种实验的无遗传心理学，力图使心理学成为一门精确的自然科学。他的这一思想在世界心理学史和中国心理学史上都产生了重要的影响。他的环境决定论比华生更趋极端，被后人称为“中国的华生”或“超华生”。例如，1923 年，郭任远的《人类的行为》(上卷)出版，这是中国最早论述行为主义的著作。他出版的关于行为主义的专著还有：《行为学的基础》(1927)、《行为主义心理学讲义》(1928)、《行为主义》(1934)、《行为学的领域》和《行为的基本原理》(1935)等。陈德荣也是较早传播行为主义思想的心理学家。他不仅将华生的《行为主义》(1930 年修订版)翻译为《华生氏行为主义》并于 1935 年出版，[1]还于 1933 年出版了全面介绍华生心理学思想的专著《行为主义》，[2]该书是我国较早的一部比较全面、系统地介绍和评述行为主义学派的著作。高觉敷也曾发表题为《行为主义》(1930)[3]、《客观的原子心理学》(1934)[4]、《行为主义的一个新转向》(1934)[5]等论文，主要介绍了华生、拉施里和郭任远等人的思想。此外，还有一些学者如陆志韦、汪敬熙、朱光潜、汪震等人也发表过评介行为主义心理学的专文和著作。而且，在行为主义学派的影响下，我国有的心理学者开展了不少动物行为的研究。[6] 我国心理行家杨清曾概括指出：“瓦特生(即华生)的忠实信徒郭任远在国内对行为主义心理学就进行过大力的宣传。其他许多由美国归来的留学生也曾在国内到处传播过行为主义心理学。当时在国内所通用的各种心理学课本，几乎毫无例外地都采纳了瓦特生的行为公式和某些重要观点。因此，瓦特生的行为主义心理学在解放前的中国是颇为人们所熟悉的。”[7]

在行为主义学派的影响下，我国一些心理学者开展了不少有关动物行为的研究。20 世纪 20 年代《心理》杂志共发表了 7 篇动物心理方面的文章，涉及对鸦、鸽和蚁等动物心理的研究。《心理》杂志还介绍了其他杂志刊登的有关动物心理的文章共 4 篇，涉及鱼、鸟、昆虫的心理活动。20 世纪 30 年代，有关动物心理比较有影响的研究有：唐钺、秦拱、臧玉淦的《素食对白鼠

---

① 华生著，陈德荣译：《华生氏行为主义》，商务印书馆 1935 年版。

② 陈德荣著：《行为主义》，商务印书馆 1933 年版。

③ 高觉敷：《行为主义》，见：《高觉敷心理学文选》，江苏教育出版社 1986 年版，第 18～24 页。

④ 高觉敷：《客观的原子心理学》，见：《高觉敷心理学文选》，江苏教育出版社 1986 年版，第 52～68 页。

⑤ 高觉敷：《行为主义的一个新转向》，见：《高觉敷心理学文选》，江苏教育出版社 1986 年版，第 69～76 页。

⑥ 赵莉如、许其端：《中国近现代心理学史研究》，见：王甦、林仲贤、荆其诚主编：《中国心理科学》，吉林教育出版社 1997 年版，第 289 页。

⑦ 杨清著：《现代西方心理学主要派别》(第 2 版)，辽宁人民出版社 1986 年版，第 190 页。

学习能力之影响》(1932,1934)、郭任远的《鸟类胚胎行为之发育》(1934)、夏云的《吗啡对于白鼠学习能力、一般活动及体重之影响》(1936)等。

2. 1949 年以后行为主义心理学在中国的传播和影响

新中国成立之后,行为主义在中国的传播主要集中在 20 世纪 50 年代末到 60 年代中叶和 80 年代以后。

在 20 世纪 50 年代末到 60 年代中叶,我国学者礼瑞翻译了美国学者斯蒂拉(Eliot Stellar)对拉施里论文选的评论,[①]向国内研究者介绍了拉施里的神经心理学。方同源、谢循初分别翻译了国外介绍新行为主义的资料,如托尔曼的新行为主义[②]、赫尔的新行为主义[③]、斯金纳的新行为主义[④]。刘范、曹传咏、荆其诚等人翻译了普莱西、斯金纳、克劳德等著的《程序教学和教学机器》[⑤]。

我国学者如倪中方(1957)、王文新(1962)、荆其诚(1964,1965),曾撰文对早期的行为主义进行过评论。倪中方首先分析了华生行为主义心理学的产生及其“风行一时”的原因,接着他从物质和意识的关系、动物心理和人类心理的关系、思维和语言的关系三个方面批判了华生行为主义心理学。[⑥] 王文新在《华生行为主义心理学》一文中论述了行为主义心理学的创立和传播,分析了华生行为主义心理学的内容和实质、思想根源等问题。[⑦] 荆其诚在《行为主义产生的历史背景》一文中,从三个方面分析了行为主义的思想根源和时代背景,包括实证主义哲学思想、自然科学和技术进步的影响、动物心理学和心理学的客观方向。[⑧] 荆其诚在另一篇论文《华生的行为主义》中,较为全面地介绍了华生的基本主张,分析了行为主义与巴甫洛夫学说的主要分歧点,并对华生行为主义进行了简评。[⑨] 高觉敷在 1959—1961 年期

① 斯蒂拉著,礼瑞译:《拉希莱的神经心理学:拉希莱论文选》,《国外社会科学文摘》,1961 年第 11 期,第 34 页。

② 克罗奇菲尔德著,方同源摘译:《美国新行为主义者陶尔曼》,《国外社会科学文摘》,1961 年第 7 期,第 29~31 页。

③ 华尔曼、希尔加特著,谢循初译:《赫尔的新行为主义》,《国外社会科学文摘》,1962 年第 3 期,第 17~22 页。

④ 华尔曼著,谢循初译:《斯金纳的新行为主义》,《国外社会科学文摘》,1962 年第 3 期,第 22~26 页。

⑤ 普莱西、斯金纳、克劳德等著,刘范、曹传咏、荆其诚等译:《程序教学和教学机器》,人民教育出版社 1964 年版。

⑥ 倪中方:《华生行为主义心理学的初步批判》,《心理学报》,1957 年第 2 期,第 194~200 页。

⑦ 王文新:《华生行为主义心理学》,《西北师大学报》(社会科学版),1962 年第 1 期,第 28~35 页。

⑧ 荆其诚:《行为主义产生的历史背景》,《心理科学通讯》,1964 年第 2 期,第 1~8 页。

⑨ 荆其诚:《华生的行为主义》,《心理学报》,1965 年第 4 期,第 361~374 页。

间编写的《心理学史讲义》中也系统地介绍了行为主义心理学。

20 世纪 80 年代之后，我国有一些研究生在导师的指导下研究行为主义理论，并作为学位论文的选题。例如，乐国安在潘菽和王景和的指导下完成硕士学位论文《论新行为主义者 B. F. 斯金纳关于人的行为原因的研究》(1981)，骆大森在高觉敷指导下完成硕士学位论文《斯金纳的行为分析体系研究》(1981)，叶浩生在高觉敷的指导下完成博士论文《论班图拉的观察学习理论：行为主义与认知心理学的综合》(1991)，杨涛在陈泽川的指导下完成硕士学位论文《罗特强化内外控制点研究的产生与发展》(1995)，谢冬华在郭本禹的指导下完成硕士学位论文《坎特的交互作用行为主义研究》(2001)，修巧艳在高峰强指导下完成硕士学位论文《米契尔的认知社会学习理论研究》(2003)，王志琳在郭本禹的指导下完成硕士学位论文《心·脑·行为——拉施里心理学思想研究》(2004)，隋美荣在高峰强的指导下完成硕士学位论文《罗特的社会行为学习理论研究》(2004)，修巧艳在郭本禹的指导下完成博士学位论文《试论斯塔茨的心理学整合观——兼谈心理学的分裂与统一问题》(2006)，等等。

此间，我国学者对行为主义的新发展关注较多，尤其是斯金纳的操作行为主义理论、坎特的交互作用行为主义、班杜拉等人的社会学习理论以及斯塔茨的心理行为主义等，并对行为主义理论的发展演变进行了较为系统的分析。

较早对斯金纳的操作行为主义理论进行系统研究的是乐国安，他在潘菽和王景和的指导下写成了硕士论文《论新行为主义者 B. F. 斯金纳关于人的行为原因的研究》，并在此基础上相继发表了四篇论文：《论新行为主义者斯金纳关于人的行为原因的研究》(1982)[①]、《斯金纳的心理学研究方法》(1982)[②]、《从华生到斯金纳：新老行为主义者的比较》(1982)[③]、《论斯金纳的"行为技术学"》(1982)[④]。他分析了斯金纳的环境决定行为论及其来源，评价了斯金纳的研究方法，对斯金纳的新行为主义理论与华生的老行为主义理论进行了比较，并对斯金纳提出的"行为技术学"的科学性和应用价值提出了质疑。

---

① 乐国安：《论新行为主义者斯金纳关于人的行为原因的研究》，《心理学报》，1982 年第 3 期，第 335～341 页。

② 乐国安：《斯金纳的心理学研究方法》，《心理科学》，1982 年第 2 期，第 1～5，64 页。

③ 乐国安：《从华生到斯金纳：新老行为主义者的比较》，《外国心理学》，1982 年第 3 期，第 26～29 页。

④ 乐国安：《论斯金纳的"行为技术学"》，《心理学探新》，1982 年第 2 期，第 43～47 页。

骆大森在高觉敷指导下写成了硕士论文《斯金纳的行为分析体系研究》(1981)。骆大森(1982)还介绍了斯金纳行为主义科学哲学中的科学语言学,指出它怎样师承了操作主义的科学语言学,以及如何把那种科学语言学移植到心理学的领域中。①

其他人对斯金纳进行的研究主要有:王景和(1981)分析了斯金纳意识论的基本论点,②并运用马克思主义观点,对1967年斯金纳与布兰沙德关于意识问题的争辩进行了分析整理,提出了自己的意见;③陈大柔(1982)评析了操作行为理论的哲学根源、师承关系、论点及其应用,指出了它的特点与缺点,以及对发展心理科学的意义;④杜云波(1983)分析了操作主义的产生及其广泛而持久的影响,他认为受布里奇曼操作主义观点影响最大的是心理学,并分析了操作主义对心理学的影响;⑤石远(1986)从伦理学角度评价了斯金纳的"行为技术学";⑥陈维正(1987)介绍了斯金纳最重要的著作之一《超越自由与尊严》的主要内容,并分析指出了斯金纳行为理论存在的偏颇之处;⑦张永(1989)认为斯金纳是西方行为技术伦理学派最重要的代表人物之一,他分析了斯金纳的方法论原则即"超越人的自由与尊严"的思想及其伦理学结论;⑧高建江(1990)根据伦丁(R. W. Lundin)的《行为主义:操作强化》编译成《斯金纳的个性理论要点》一文,介绍了斯金纳个性理论的目的和要点;⑨伍麟、车文博(2001)指出,斯金纳激进行为主义的一个理论特色是包容对私人事件(语言、意识、思维)的研究,体现了斯金纳激进行为主义的特有认识论立场及独特的行为分析理论和行为解释原则。⑩ 与此同时,斯金

---

① 骆大森:《斯金纳行为主义科学哲学中的操作主义观点》,《心理科学》,1982年第5期,第18～22,64页。

② 王景和:《评B·F·斯金纳的意识论》,《心理学探新》,1981年第3期,第7～12页。

③ 王景和:《论斯金纳与布兰沙德关于意识问题的公开辩论》,《心理学报》,1983年第4期,第389～394页。

④ 陈大柔:《斯金纳操作行为理论若干问题的剖析》,《心理学报》,1982年第2期,第157～164页。

⑤ 杜云波:《操作主义的产生及其影响》,《自然辩证法通讯》,1983年第4期,第11～18页。

⑥ 石远:《简评斯金纳的道德理论——"行为技术学"》,《道德与文明》,1986年第4期,第36～37,8页。

⑦ 陈维正:《从行为研究到文化设计——斯金纳〈超越自由与尊严〉译后》,《读书》,1987年第10期,第22～31页。

⑧ 张永:《斯金纳的方法论原则及其伦理学结论——兼评〈超越自由与尊严〉一书》,《社会科学家》,1989年第3期,第90～93页。

⑨ 高建江:《斯金纳的个性理论要点》,《心理科学》,1990年第4期,第61～63页。

⑩ 伍麟、车文博:《斯金纳激进行为主义的一个理论特色及其反思》,《心理学探新》,2001年第4期,第12～15,19页。

纳的许多著作也被翻译出版，例如，《行为主义的〈乌托邦〉》(1974)①、《超越自由与尊严》(1988)②、《科学与人类行为》(1989)③等。另外，陈泽川(1979)还翻译了斯金纳的自传，并对其做出了简要评价。④ 总的来看，我国学者对斯金纳操作行为主义的评论主要集中于操作行为理论本身、行为技术学、机器教学、文化设计、斯金纳新行为主义的哲学基础和意识论等问题。

除了研究斯金纳的操作行为主义之外，我国学者还比较全面、系统地介绍了其他新行为主义者的思想。章益先生辑译的《新行为主义学习论》(1983)是当时较早介绍新行为主义的译著。该书主要呈现了奚嘉德对葛漱里(古斯里)、斯金纳、赫尔、托尔曼四位新行为主义代表人物学说的评介，以及新行为主义四家的论著选译。此外，郭本禹指导谢冬华写成的硕士学位论文《坎特的交互作用行为主义研究》，对新行为主义者坎特心理学思想进行了系统的评介，包括交互作用行为主义的思想渊源、交互作用行为主义的假设系统、作为心理事件的交互作用场、交互作用行为的发展、心理事件的交互作用分析、交互作用行为主义的理论特征和交互作用行为主义的评价。谢冬华、郭本禹还发表了《坎特的交互行为主义述评》⑤一文。

高觉敷主编的《西方近代心理学史》(1982)也分别列单章介绍了行为主义与新行为主义；作为该书的补充读物《西方心理学家文选》(1983)收录了华生、拉施里、魏斯、托尔曼、赫尔、斯金纳、史蒂文斯等人的重要文章。⑥ 陈泽川(1983)分析了联想—行为主义学习理论和格式塔—认知派学习理论之间的基本分歧和相互影响。⑦ 彭聃龄(1984)则系统梳理了行为主义的产生、演变和没落的发展历程。⑧ 刘翔平(1988)分析了行为主义的哲学基础。他指出，实证主义对行为主义产生了巨大影响，为其提供了建构理论体系的科学观。他将行为主义阵营分为两种倾向：一为激进的行为主义，包括华生的古典行为主义和斯金纳的操作行为主义，二者受马赫和孔德实证论影响较大，坚持彻底的客观观察，坚决反对不可直接观察的心理过程；另一倾向以

---

① 史基纳著，文荣光译：《行为主义的〈乌托邦〉》，志文出版社 1974 年版。

② 斯金纳著，王映桥、栗爱平译：《超越自由与尊严》，贵州人民出版社 1988 年版。

③ 斯金纳著，谭力海等译：《科学与人类行为》，华夏出版社 1989 年版。

④ 斯金纳著，陈泽川译：《斯金纳(B. F. Skinner)(自传)》，《河北师范大学学报》(哲学社会科学版)，1979 年第 3 期，第 77～100 页。

⑤ 谢冬华、郭本禹：《坎特的交互行为主义述评》，《常州工学院学报》(社科版)，2006 年第 6 期。

⑥ 张述祖等审校：《西方心理学家文选》，人民教育出版社 1983 年版。

⑦ 陈泽川：《试论西方两派学习理论的基本分歧和相互影响》，《河北师范大学学报》(哲学社会科学版)，1983 年第 4 期，第 83～89 页。

⑧ 彭聃龄：《行为主义的兴起、演变和没落》，《北京师范大学学报》(社会科学版)，1984 年第 1 期，第 15～23,39 页。

赫尔、托尔曼为代表，受逻辑实证主义影响较大，对心理学理论术语和中介过程持较温和的态度。他进一步分析了实证主义对激进的行为主义、逻辑实证主义对新行为主义的影响。[①] 叶浩生(1992)分析了行为主义的演变，以及新的新行为主义的产生、主要特征、面临的主要问题。[②] 高峰强(1997)则分析了行为主义学习理论发展的三个阶段、三种理论的基点、分歧及内在发展轨迹。[③]

到 20 世纪 80 年代末，我国学者开始逐渐关注班杜拉等人的社会学习理论。例如：1982 年台湾学者廖克玲译著的《社会学习论巨匠：班度拉》[④]出版；梁宁建(1984)分析了班杜拉的社会学习人格理论，认为其主要探讨了人格的形成过程和人格的结构问题，并特别强调认知过程在其中的作用；[⑤]计文莹(1985)介绍了班杜拉的观察学习及其过程、社会学习理论对攻击性的研究以及该理论对我们的启示意义；[⑥]蒋晓(1987)概要介绍了班杜拉及其社会学习说，[⑦]略述了观察学习的几个理论问题、观察学习的基本概念、观察学习理论的主要观点及其地位和影响，[⑧]分析指出社会学习说在理论建构上的一大特色是，吸收了认知心理学和人本主义心理学的影响，不仅强调环境因素对人类学习的重要作用，而且强调认知因素、自我调节、自我效能在社会学习和行为调节中的作用，[⑨]蒋晓还论述了班杜拉社会学习理论的教育意义。[⑩] 李伯黍(1988)分析了班杜拉对决定行为的先行因素和后继因素的论述，[⑪]陈欣银、李伯黍(1989)翻译了班杜拉的重要著作《社会学习理论》[⑫]。叶浩生在高觉敷的指导下撰写了题为《论班图拉的观察学习理论：行为主义

---

① 刘翔平：《实证论与西方心理学的科学观——论实证主义对西方心理学的影响》，《南京师大学报》(社会科学版)，1988 年第 3 期，第 24～29 页。

② 叶浩生：《行为主义的演变与新的新行为主义》，《心理科学进展》，1992 年第 2 期，第 19～24 页。

③ 高峰强：《行为主义学习理论进展的内在轨迹》，《外国教育研究》，1997 年第 3 期，第 1～6 页。

④ 廖克玲译著：《社会学习论巨匠：班度拉》，允晨文化实业股份有限公司 1982 年版。

⑤ 梁宁建：《班都拉的社会学习人格理论》，《心理科学》，1984 年第 3 期，第 60～62 页。

⑥ 计文莹：《班图拉的观察学习述评》，《心理科学进展》，1985 年第 4 期，第 11～14 页。

⑦ 蒋晓：《A·班杜拉及其社会学习说》，《国外社会科学》，1987 年第 2 期，第 61～63 页。

⑧ 蒋晓：《略述班杜拉的观察学习理论》，《比较教育研究》，1987 年第 2 期，第 51～54 页。

⑨ 蒋晓：《班杜拉社会学习说述评》，《社会科学》，1987 年第 1 期，第 72～74 页。

⑩ 蒋晓：《试论班杜拉社会学习理论及其教育意义》，《华东师范大学学报》(教育科学版)，1987 年第 1 期。

⑪ 李伯黍：《班图拉对决定行为的先行因素和后继因素的论述》，《上海师范大学学报》(哲学社会科学版)，1988 年第 4 期，第 140～143 页。

⑫ 班图拉著，陈欣银、李伯黍译：《社会学习理论》，辽宁人民出版社 1989 年版。该书的另两个译本是郭占基等译：《社会学习心理学》，吉林教育出版社 1988 年版；周晓虹译：《社会学习理论》，桂冠图书公司 1995 年版。

与认知心理学的综合》(1991)的博士论文，并在此基础上发表了《观察学习的概念与应用》(1991)[①]、《论班图拉的观察学习理论的方法论特征》(1992)[②]、《论班图拉观察学习理论的历史意义》(1992)[③]、《论班图拉观察学习理论的特征及其历史地位》(1994)[④]等系列文章。高建江阐述了班杜拉自我效能的内涵及本质，辨析了与自我效能有关的概念，[⑤]并综合论述了班杜拉自我效能的形成与发展。[⑥] 班杜拉的两本重要著作被译成中文，林颖等译的《思想和行动的社会基础：社会认知论》和缪小春等翻译的《自我效能：控制的实施》分别由华东师范大学出版社于 2001 年、2003 年出版。此外，郭本禹和姜飞月的《自我效能理论及其应用》[⑦]是我国专门研究班杜拉开创的自我效能理论及其应用的第一本系统著作。

我国学者还对社会学习理论家罗特、米契尔进行了研究。例如，王登峰在陈仲庚的指导下完成的博士论文《责备与辩解的心理控制源影响及在对精神障碍临床研究中的应用》(1990)中，采用大学生被试对罗特的心理控制源量表进行了修订。此外，王登峰还发表了《罗特心理控制源量表大学生试用常模修订》[⑧]、高峰强发表了《罗推尔社会行为学习理论述评》[⑨]、郭本禹发表了《罗特尔的社会学习人格论》[⑩]等论文。隋美荣(2004)在高峰强的指导下完成了硕士论文《罗特的社会行为学习理论研究》，对罗特社会学习理论的产生、基本假设、罗特的动机观和人格结构观、社会学习理论的应用研究等进行了系统梳理和评价。高峰强(1990)在刘恩久的指导下完成的硕士论文《西方人格心理学中认知结构的研究》中介绍过米契尔的五种认知个体变量，后来高峰强又指导他的研究生修巧艳(2003)完成了题为《米契尔的认知社会学习理论研究》的硕士论文，对米契尔的认知社会学习理论做了系统的

---

① 叶浩生：《观察学习的概念与应用》，《应用心理学》，1991 年第 2 期，第 59～63 页。

② 叶浩生：《论班图拉的观察学习理论的方法论特征》，《南京师大学报》(社会科学版)，1992 年第 1 期，第 32～36 页。

③ 叶浩生：《论班图拉观察学习理论的历史意义》，《心理科学》，1992 年第 4 期，第 43～45 页。

④ 叶浩生：《论班图拉观察学习理论的特征及其历史地位》，《心理学报》，1994 年第 2 期，第 201～207 页。

⑤ 高建江：《自我效能的内涵及其概念辨析》，《心理学探新》，1992 年第 3 期，第 18～21 页。

⑥ 高建江：《班杜拉论自我效能的形成与发展》，《心理科学》，1992 年第 6 期，第 39～43 页。

⑦ 郭本禹、姜飞月著：《自我效能理论及其应用》，上海教育出版社 2008 年版。

⑧ 王登峰：《罗特心理控制源量表大学生试用常模修订》，《心理学报》，1991 年第 3 期，第 292～298 页。

⑨ 高峰强：《罗推尔社会行为学习理论述评》，《山东师范大学学报》(社会科学版)，1996 年第 1 期，第 55～59,62 页。

⑩ 郭本禹：《罗特尔的社会学习人格论》，《江苏教育学院学报》(社会科学版)，1997 年第 2 期，第 29～32 页。

评介，主要包括满足延宕研究、认知社会学习个体变量、认知原型方法、人格的认知—情感系统理论、认知社会学习理论的应用等。修巧艳和高峰强还发表了《米契尔关于满足延宕的研究》[①]、《CAPS 理论与人格心理学的整合》[②]、《米契尔的认知社会学习理论述评》[③]等论文。此外，于松梅和杨丽珠发表了《米契尔认知情感的个性系统理论述评》[④]一文。

我国学者也对第三代行为主义重要代表人物斯塔茨进行了研究。修巧艳(2006)在郭本禹的指导下完成了博士论文《试论斯塔茨的心理学整合观——兼谈心理学的分裂与统一问题》，修巧艳和郭本禹还发表了《斯塔茨与心理学的统一》[⑤]、《斯塔茨多水平的理论与方法》[⑥]等系列论文。

另外，在世纪之交我国出版界纷纷推出了各类心理学丛书，其中有许多著作涉及行为主义理论。例如，1998 年浙江教育出版社策划了“20 世纪心理学通览”丛书，该丛书以 20 世纪心理学中具有重大影响的一派、一家、一人、一说为选题原则，选取重要心理学家的重要著作重新翻译，其中包括了华生的《行为主义》[⑦]和托尔曼的《动物和人的目的性行为》[⑧]；1997 年台湾东华书局和浙江教育出版社共同推出了“世纪心理学”系列丛书，由海峡两岸心理学各分支学科学术带头人以专著形式编撰，涵盖 22 个心理学主要分支学科，其中包括张厚粲的《行为主义心理学》，该书对行为主义心理学的产生、发展直至衰落的过程以及主要代表人物，进行了较为全面系统的介绍与评述，是目前为止较为详尽评介行为主义的专著。1999 年湖北教育出版社出版了“20 世纪西方心理学大师述评”丛书，该丛书由车文博主编，国内十几位中青年心理学后起之秀分别撰写，共 15 部著作，其中三部著作分别介绍

① 修巧艳、高峰强：《米契尔关于满足延宕的研究》，《心理科学》，2005 年第 1 期，第 238～240 页。

② 修巧艳、高峰强：《CAPS 理论与人格心理学的整合》，《南京师大学报》(社会科学版)，2005 年第 2 期，第 89～93 页。

③ 修巧艳：《米契尔的认知社会学习理论述评》，《山东师范大学学报》(人文社会科学版)，2004 年第 6 期，第 113～116 页。

④ 于松梅、杨丽珠：《米契尔认知情感的个性系统理论述评》，《心理科学进展》，2003 年第 2 期，第 197～201 页。

⑤ 修巧艳、郭本禹：《斯塔茨与心理学的统一》，《南京航空航天大学学报》(社会科学版)，2007 年第 4 期，第 84～88 页。

⑥ 修巧艳、郭本禹：《斯塔茨多水平的理论与方法》，《江苏教育学院学报》(社会科学版)，2007 年第 6 期，第 62～67 页。

⑦ 华生著，李维译：《行为主义》，浙江教育出版社 1998 年版。

⑧ 托尔曼著，李维译：《动物和人的目的性行为》，浙江教育出版社 1999 年版。

了华生的行为主义[1]、斯金纳的新行为主义[2]和班杜拉的社会学习理论[3]。在杨鑫辉担任总主编、郭本禹主编的《心理学通史·第四卷·外国心理学流派(上)》中,用一篇三章近20万字,系统介绍了新老三代行为主义心理学思想。其中,在《早期行为主义心理学》一章中,重点介绍了华生行为主义心理学的历史背景和理论体系,同时还介绍了梅耶的生理行为主义、魏斯的生物社会行为主义、霍尔特的非正统行为主义、亨特的人类行为学、拉施里的大脑机制论。在《新行为主义心理学》一章中,包括了古斯里的接近联想行为主义心理学、托尔曼的目的行为主义心理学、赫尔的假设演绎行为主义心理学和斯金纳的操作行为主义心理学。在《新的新行为主义心理学》一章中,主要介绍了新行为主义的新发展以及班杜拉的社会学习理论和罗特的社会学习人格论。

除了上述有关行为主义研究的成果之外,无论是我国学者翻译的国外心理学史类著作,还是他们自己撰写的心理学史著作或教科书,其中都不乏对行为主义理论的介绍和评论。这里不再一一列举详述。

总而言之,从我国学者对行为主义各家学说或理论的翻译、介绍、评价、研究的成果不难看出,行为主义作为一个重要的心理学流派在中国产生了长期而深远的影响。行为主义的精神或精髓已经渗透到许多研究者的思维方式之中,我们对行为主义的关注,哪怕是对其进行的无情批判,也足以证明其理论的持久魅力。

---

① 高峰强、秦金亮著:《行为奥秘透视:华生的行为主义》,湖北教育出版社2000年版。
② 乐国安著:《从行为研究到社会改造:斯金纳的新行为主义》,湖北教育出版社1999年版。
③ 高申春著:《人性辉煌之路:班杜拉的社会学习理论》,湖北教育出版社2000年版。

第一章

华生:行为主义的“旗手”

华生是公认的行为主义心理学派的创始人。他旗帜鲜明地指出了心理学的自然科学性质,将心理学的研究对象限于人和动物的外显行为,提出心理学的理论目标是预测和控制行为,并试图用刺激—反应联结来解释一切心理现象。同时,他也为心理学在广告业、儿童教育、心理治疗等领域的应用做出了不懈的努力。

第一节　早期行为主义的兴起

早在华生举起行为主义革命的大旗之前,各方力量就在为行为主义思想被美国心理学家认可为正统心理学而不懈努力。早期行为主义的兴起有其社会背景、哲学背景、自然科学背景和心理学背景。

一、社会背景

美国是行为主义的发源地和大本营。行为主义于20世纪初产生于美国并不是空穴来风,而是有着其适宜的社会环境,它是当时美国社会生产、民众生活乃至政治生活等发展需要的产物。

首先,20世纪初期的美国刚刚开始开发其大量的资源,并刚刚开始在国际社会上发挥力量,此时也正值资本主义进入垄断阶段。资本主义的本质就是追求剩余价值,因而,资本家为了充分挖掘工人的潜能、提高劳动生产率，纷纷寻找各自最有效的方法。为此，在当时的心理学中亦出现了一种趋势，即心理学家开始研究人的行为活动。这是因为在工业技术和机械方面已达到了最高效率，若要再提高产量，必须更透彻地了解工人；心理学家要帮助和鼓励工业去解决这个问题，并研究工人总体活动的效果。可见，探索和掌握人类身体动作、行为的规律，预测和控制人的行为，加强组织生产和管理，是美国资本主义机器大生产、稳定社会秩序的迫切需要。行为主义的研究恰好迎合了美国资本主义社会的这一需求。

其次，行为主义是美国民众在理想世界中所追求的。美国是在新大陆上新建立起来的国家，没有封建等级制度，没有悠久传统的束缚。只要肯于付出，每个人都有可能在这块荒凉的土地上发迹。美国人认为个体是可塑的，他们宁可相信人的性格特点和成就是由环境而不是遗传基因决定的；他们持有乐观的、乌托邦式的世界观；强调简单的、直接的交往；美国农业的耕种特征，使他们倾向于认为必须理解、喂养甚至训练动物；强调机械技能，而这在动物研究中是必需的。行为主义的许多主张与美国价值观是一致的。华生提出了一个在实验室中发现而且能够应用于人类实际生活的科学原则，并在此基础上探索了理想世界的可能性，当然深受美国人民的欢迎。

第三，行为主义是进步主义的产物。进步主义运动实质上是在美国自身的工业化和城市化跃进到另一层次，美国资本主义发展到另一阶段这一特定转型时期，围绕工业化、城市化和垄断资本主义化所带来的种种社会弊端等特定问题而展开的全方位调整，归根结底是美国资本主义体制的一种自我调节和完善。当时流行的社会信念是，通过人的主观努力可以推动社会的进步。20 世纪初的进步派正是抱着这种坚定信念登上历史舞台，承担起改革使命的。进步主义改革所采取的利用国家政权力量调节社会、经济生活的做法，也为日后“罗斯福新政”更大规模的国家干预提供了先例、借鉴和最直接的思想渊源。① 对许多革新者来说，行为主义似乎向他们提供了能够合理地、有效地管理社会的科学工具。通过行为技术进行社会控制是一种最富有生命力的革新思想。

第四，美国的反理智运动为行为主义的产生提供了适宜的土壤，这种运动脱离理论，而赞成联系实际。美国是一个注重实际的民族，极端推崇有用的知识。他们坚定地认为知识应当为人的需要服务，应当是实用的，而不是形而上学的。他们推崇技术，赞美机器。华生总想改进教育、商业以及类似

① 王春来：《转型、困惑与出路——美国“进步主义运动”略论》，《华东师范大学学报》(哲学社会科学版)，2003 年第 5 期，第 71～78，86，123～124 页。

的实践。行为主义超出了精神的或理智的作用，就是说意识是没有用的，在心灵上是不起任何作用的，甚至是不可能存在的。可见，行为主义也助长了反理智运动。

二、哲学背景

1. 机械唯物主义

黎黑曾指出，行为主义的另一个来源至少得追溯到18世纪对人的行为的机械态度。[①] 18世纪，随着资本主义的飞速发展和自然科学研究的进步，力学脱颖而出，成为当时自然科学中占统治地位的学科，因而受自然科学影响的哲学思潮就是机械唯物主义。例如，笛卡儿认为自然界的一切物质事物都服从于机械运动的规律，动物包括人的肉体是一种非常复杂的自动机，以机械的方式对外部刺激做出反应，因而提出了“动物是机器”的论断。他第一次描述了被后人所称的反射，他对反射性行为的机械分析可以被看作刺激—反应心理学和行为主义心理学的开端。[②] 笛卡儿之后的一些哲学家发展了他理论中的机械部分，认为人类无非就是机器，心灵的概念没有必要。其中最典型的就是拉美特利，他把机械论的思想贯彻到底，主张完全地、唯物地、机械地理解人的行为和精神生活，提出了“人是机器”的思想。他在著作《人是机器》中指出，人与非人的动物只有复杂程度上的区别，两者都是机器。显然，这些观点对华生的行为主义思想产生了影响。

机械决定论者霍尔巴赫(Paul Holbach)认为，人的善恶是外部环境造成的，人的本性无善恶，只是教育、榜样、言语、交际、灌输的观念、习惯和政府等外部环境造就了人的品格。[③] 霍尔巴赫的环境决定论与华生的环境决定论如出一辙。此外，行为主义者相信环境在行为塑造中的重要性的观点与英国经验主义的主张即经验是人的思想和性格十分重要的决定因素相一致。行为主义者的刺激—反应的联结与联想概念也有相似之处。

2. 实证主义

实证主义是影响古典行为主义的另一重要哲学思潮。正如著名心理学史家黎黑所言：“整个行为主义的精神是实证主义的，甚至可以说行为主义

---

① 黎黑著，刘恩久等译：《心理学史——心理学思想的主要趋势》，上海译文出版社1990年版，第372～373页。

② 赫根汉著，郭本禹等译：《心理学史导论》，华东师范大学出版社2004年版，第170～181页。

③ 赵敦华著：《西方哲学简史》，北京大学出版社2001年版，第254～255页。

乃是实证主义的心理学。"[①]实证主义是西方哲学史上第一个明确提出要以实证自然科学的精神来改造和超越传统形而上学的流派,19世纪30年代最早出现于法国,40年代出现于英国,其主要代表人物有法国哲学家孔德、英国哲学家穆勒和斯宾塞。奥古斯特·孔德(Auguste Comte)是实证主义的创始人,他认为"实证"一词包含四层意思:一是与虚幻相对的真实,二是与无用相对的有用,三是与犹疑相对的肯定,四是与模糊相对的精确。[②] 实证主义强调要按照实证词义的要求对自然界和人类社会作审慎缜密的考察,以实证的、真实的事实为依据,找出其发展规律。实证主义者认为,一切科学知识都只能建立在可观察到的事实的基础之上,实证方法是最科学的认识方法;存在于经验范围之外的一切都是不能证实的,不是实在的东西。自然科学只应该研究具体的事实。华生认为意识是无法证实的,把它排除在心理学研究范围之外,只承认能够直接观察的东西是科学的事实;他废除了内省法,只采用观察法、实验法等客观实证的方法。从根本上说,这就是实证主义的哲学观点,是实证主义哲学思想渗透到心理学领域的结果。心理学家墨菲说:"孔德还以现代行为主义精神极力贬斥内省方法;假如他曾提供一个研究方案,他本来可以被公正地称之为第一个行为主义者的。"[③]由这句话我们也不难看出实证主义与行为主义之间的密切联系。

3. **新实在论**

新实在论与实证主义、马赫主义等哲学流派一脉相承,都拒绝形而上学问题,企图超越主客、心物等的对立,强调"科学方法"和"认识关系"的研究,其代表人物有培里、霍尔特、蒙塔古等人。

新实在论者认为,物质和精神都不是最根本的存在,它们都是某种更根本的非心非物、亦心亦物的"中性实体"以不同的关系所构成的。中性实体按照某种方式排列组合,就成为物理学所研究的材料,按另一种方式排列组合,就成为心理学所研究的材料。所以,心物之间的区别只是关系上的区别,并非质料或实在的差别。在认识论上,新实在论者提出了"直接呈现论",认为人们关于对象的认识并不是关于对象的观念,而是对象本身;或者说,当人们认识某一对象时,并不是在人们的意识中形成了关于这一对象的观念,而是对象直接进入了人们的意识之中。这些观点为古典行为主义混

① 黎黑著,刘恩久等译:《心理学史——心理学思想的主要趋势》,上海译文出版社1990年版,第416页。

② 孔德著,黄建华译:《论实证精神》,商务印书馆2001年版,第29～30页。

③ 墨菲、柯瓦奇著,林方、王景和译:《近代心理学历史导引》,商务印书馆1982年版,第200页。

淆意识与行为的界限，把内在的心理活动看作行为，提供了哲学理论基础。

在方法论上，新实在论者自称要根据科学的精神、采取科学的方法来讨论哲学问题，提出了逻辑分析方法。他们认为，哲学的任务就是通过进行逻辑的概念分析，帮助人们把含糊而复杂的问题弄得更加明确，更加清楚，消除人们理智上的困惑。这种方法论已为古典行为主义的许多心理学家所接受，特别是在既是新实在论者又是古典行为主义者的霍尔特的理论中体现得最明显。

4. 实用主义

20 世纪初实证主义传播到美国，并深刻地影响了实用主义。实用主义是第一个产生于美国本土的哲学，也是现代美国各派哲学中对该国社会生活和思想文化影响最大的哲学流派。因而，实用主义对行为主义的影响也更为直接和深刻。实用主义在美国学术思想中居于统治地位，它产生于 19 世纪末，最主要的代表人物是皮尔士、詹姆斯和杜威。实用主义区别于其他西方哲学流派的最主要特点在于，它更强调哲学应立足于现实生活，主张把确定信念作为出发点，把采取行动当作主要手段，把获得效果当作最高目的。实用主义哲学家把哲学和科学研究的对象限定于人的现实生活和经验所及的范围内，他们认为实践和行动概念在哲学中应具有主导地位，甚至宣称自己的哲学是一种实践哲学、行动哲学、生活哲学。实用主义的英文是 pragmatism，源自希腊文 pragma，原意就是行为、行动。

行为主义以可观察的行为为研究对象，以方法为中心，以预测和控制人类行为作为心理学的根本目的，把行为的实际效果作为考虑的出发点。这些都带有明显的实用主义色彩。难怪英国哲学家罗素把杜威也列入行为主义学派。他曾说：“有一个心理学派叫做‘行为论者’，其中的主角是约翰霍布金司大学的前教授瓦特孙（即华生的旧译——引者注）。就大体讲，杜威教授也属于他们一起，他是实验主义三个创造者之一，其他二人为詹姆士和席勒尔（Schiller）博士。”① 罗素这里讲的“实验主义”就是指的实用主义。

三、自然科学背景

波林认为，“科学心理学”是哲学家的心理学和科学家的心理学自然融合的结果。因此，行为主义的产生不免也受到了自然科学的影响。

---

① 罗素著，李季译：《心的分析》，商务印书馆 1963 年版，第 14 页。

1. **物理学**

西方近代科学以哥白尼、开普勒、伽利略、牛顿的物理学革命为标志。牛顿创立的物理学研究方法很好地实现了分析与综合、归纳与演绎的统一，成为其他学科纷纷效仿的楷模和顶礼膜拜的对象。当然，心理学对物理学取得的辉煌成就也是仰慕已久。华生的行为主义心理学就是试图运用刺激与反应之间遵循机械因果论的原理，达到预测并控制行为的目的，以使心理学获得更快、更好的发展。

2. **生物进化论**

达尔文的生物进化论在行为主义的产生与发展中也起了重要作用。按照进化论，习得的特性具有遗传性，种族后代从遗传获得新质，从而不断发展演化。自然选择使一切身体上的和精神上的禀赋不断趋于完善；人类与高等动物心理能力的差异只是程度上的，而非种类上的。达尔文认为，动物有心理，其心理特点可以遗传，而要研究动物的心理，必须从观察动物的行为着手。达尔文的研究推动了动物心理学的发展。他把动物心理和人类意识用一根线贯穿起来，指出了人类意识的发生、发展问题的解决途径。这些观点为古典行为主义的发展提供了基础。此外，达尔文把自然科学的观察方法应用到心理学中。他记录动物的情绪表现，观察儿童活动，并建立了记录档案。这种儿童行为的客观研究方法成为儿童心理学的宝贵遗产，其影响涉及到心理学的全部领域。他所采用的观察法、表情判定法、调查法、传记法等研究方法，为动物心理学和行为主义研究者广泛采用。这也是内省法逐渐为观察法和实验法所代替的开端。

3. **生理学**

生理学界关于反射的研究为行为主义的产生提供了思想基础。反射概念是一个相当古老的术语。最早由笛卡儿对之进行过描述，他把动物和人类与环境的相互作用说成是反射，并用反射的观点来解释机体的活动。1903 年英国的谢灵顿(C. Sherrington)出版了他的名著《神经系统的整合作用》，对于脊髓反射的规律进行了长期而精密的研究，丰富了反射活动的神经生理学知识。

1863 年，俄国的“生理学之父”伊凡·M·谢切诺夫(Ivan M. Sechenov)出版了《脑的反射》一书，提出了大脑的反射理论，他试图根据反射的兴奋和抑制来解释所有的行为。伊凡·彼得罗维茨·巴甫洛夫(Ivan Petrovitch Pavlov)继承并发展了谢切诺夫的大脑反射学说和客观研究方法。巴甫洛夫从对消化液分泌机制的研究，转到以唾液分泌为客观指标对大脑皮层的生理活动规律的详尽研究，提出了著名的条件反射概念和高级神经活动学说。条件反射法成为华生行为主义心理学的重要研究方法。弗拉基米尔·M·别赫切列夫（Vladimir M. Bekhterev）是与巴甫洛夫同时代的心理学家，他与巴甫洛夫几乎同时开始研究条件反射。1907年，别赫切列夫在他出版的著作《客观心理学》中试图用反射来解释人的行为。他把人的意识和行为机械地还原成反射的总合。也就是说，人的一切心理活动和社会活动都是反射的适当的配合，人的反射和动物的反射在质的方面没有任何区别。别赫切列夫把反射的研究列为一门独立的科学，称为"反射学"。根据这个理论，人的活动是直接由外因决定的结果，没有机体内部作用参加，反射也仅具有物理机械的性质。这种观点也为行为主义所接受。行为主义的创始人华生甚至明确宣称，行为主义的"最亲密的科学伙伴是生理学……行为主义之所以不同于生理学，仅仅在于它们的问题归类不同，而非在于基本原理或特定观点。"①行为主义与生理学的关系由此可见一斑。

四、心理学背景

1. 意识心理学的危机

科学心理学建立之初，一直以意识为研究对象，因而称为意识心理学。但是关于"什么是意识"、"如何研究意识"等问题，心理学家之间存在分歧，形成了学派纷争的局面。首先是内容心理学与意动心理学的对立，接着是构造主义与机能主义的争论。这些学派论争使人们对意识能否成为心理学的研究对象、心理学能否成为一门科学产生了怀疑，有越来越多的人认为直接研究意识是徒劳无功的。更重要的是，以意识为研究对象，难以适应当时美国社会对心理学的需要。面对当时美国社会所急需解决的诸多问题，深居象牙塔内的意识心理学束手无策。因而，学术上的持续纷争和实践上的无能为力使得意识心理学陷入了危机的境地。

20世纪初期，美国心理学界几乎都对意识心理学不满。诚如武德沃斯（Robert Woodworth）所说："从1904年开始，越来越多的人以温和的方式表达了将心理学界定为行为科学的偏爱，而并不试图去描述意识。"②波林也指

① 华生著，李维译：《行为主义》，浙江教育出版社1998年版，第12页。

② Woodworth, R. S. (1943). The Adolescence of American Psychology. *Psychological Review*, 50, pp. 10～32.

出:“意识在目前的心理学中已经无疑地过时了,为这些操作的代用品所取代。”[1]麦独孤第一个将心理学界定为行为科学,1905 年他就提出心理学是研究行为的实证科学。在 1908 年的《社会心理学导论》中,他再次表达了同样的观点。1912 年他出版了《心理学:行为的研究》一书,其主张由书名即可见一斑。1904 年,詹姆斯·麦基恩·卡特尔(James McKeen Cattell)在圣·路易斯(St. Louis)世界博览会上作了一次演讲,他当时就主张,心理学不该局限于意识经验的研究,而且内省也不必成为心理学家使用的主要方法。甚至连铁钦纳早年的学生皮尔斯伯里(Walter Pillsbury)也在 1911 年出版的书中将心理学界定为人类行为的科学。这种更加客观性的趋势令许多美国心理学家对实验心理学的现状,尤其是实验心理学对内省过程的依赖感到失望。

可见,意识心理学的危机必然导致心理学的研究对象从意识转向行为,其内省法也即将为更加客观的方法所取代。华生正是顺应了这一时代潮流,举起了行为主义的大旗,发起了心理学史上的行为主义革命。

2. 俄国客观心理学的奠基

对行为主义影响更为直接的要属俄国的客观心理学。几位俄国人的研究先于华生的行为主义,却又在精神上与其类似。[2] 谢切诺夫、巴甫洛夫、别赫切列夫是俄国客观心理学中影响较大的三位研究者。

伊凡·M·谢切诺夫(Ivan M. Sechenov)是俄国客观心理学的创立者。他最初学习工程学,后来转向了生理学,曾在柏林跟随 J·缪勒、杜波依斯—雷蒙德、赫尔姆霍茨学习,通常被公认为俄国生理学的创始人,是巴甫洛夫的直接影响者。谢切诺夫试图根据联想主义和唯物主义来解释所有的心理现象,体现出柏林生理学家的实证主义对他的影响。他强烈否认思维引起行为,而坚持认为是外部刺激引起所有的行为;但他并不否定意识或意识的重要性,坚持认为意识并没有什么神秘的,并试图用外部事件引起的生理过程来解释它。在 1863 年问世的《脑的反射》一书中,他提出的最重要的概念是抑制。正是由于谢切诺夫发现了大脑中的抑制机制,才使得他坚信可以根据生理学来研究心理学。在《脑的反射》一书中,谢切诺夫试图根据反射的兴奋和抑制来解释所有的行为。他还坚定地认为,运用传统的内省分析法来理解心理现象是徒劳的;心理学的科学取向要以生理学方法为基础,生理学方法为理解心理现象提供了最大的保证。埃斯珀认为,谢切诺夫是提

① 波林著,高觉敷译:《实验心理学史》,商务印书馆 1982 年版,第 710 页。
② 赫根汉著,郭本禹等译:《心理学史导论》,华东师范大学出版社 2004 年版,第 567 页。

出“客观心理学”的第一人，这使得他成为当代第一个“行为主义者”。① 谢切诺夫的观点和方法影响了在他之后的生理学家。

伊凡·彼得罗维茨·巴甫洛夫继承并发展了谢切诺夫的大脑反射学说和客观研究方法。巴甫洛夫在对心理学产生兴趣之前，花了多年时间从事消化系统的研究，并因此而获得了 1904 年的诺贝尔生理学奖。在这期间，他发现了著名的条件反射，并认为可以根据神经回路和大脑生理学来解释条件反射。每一个了解心理学的人对巴甫洛夫的条件作用研究似乎已耳熟能详，也许还会在脑海中出现狗流口水的形象。巴甫洛夫的这项研究最终为美国行为科学家提供了一个重要的模式，尽管事实上巴甫洛夫本人一向坚持认为他是一位生理学家而不是一位心理学家。巴甫洛夫在他生命的最后三十多年里，几乎倾其全部精力用条件反射法研究大脑皮质的功能，提出了高级神经活动学说。

巴甫洛夫认为，神经活动由兴奋和抑制构成；这两种基本过程以不同的方式分布在不同的气质类型中；气质差异与学习过程是相互作用的。在巴甫洛夫看来，由条件作用形成的暂时性联系正是心理学家所说的联想，因而研究条件反射可以让他进入心理学领域。除了研究经典条件作用中无条件刺激和条件刺激之间的暂时性联系之外，巴甫洛夫还对消退、自主恢复、去抑制、刺激泛化和分化等领域进行了开创性研究，提出了第一信号系统和第二信号系统。他的条件反射学说激发了 20 世纪对学习问题的研究，当然也为古典行为主义对学习问题的研究奠定了科学基础。与谢切诺夫一样，巴甫洛夫对心理学的评价很低。他反对心理学，不是因为它研究意识，而是因为它使用内省法，这也直接影响了华生。

弗拉基米尔·M·别赫切列夫是巴甫洛夫的竞争对手，他们几乎同时开始研究条件反射。别赫切列夫曾分别跟随冯特、杜波依斯—雷蒙德、沙可（法国著名的精神病医生）工作过。1885 年别赫切列夫在喀山大学建立了俄国第一个心理学实验室；1907 年创建了精神神经病学学院，即后来的别赫切列夫大脑研究学院，该机构致力于教育学、法学、犯罪学、医学和实验心理学的研究。别赫切列夫早在 1885 年就提出客观心理学，1907—1912 年出版了三卷本《客观心理学》，1917 年出版了《人类反射学的基本原理：人格的客观研究导言》。根据反射学的观点，别赫切列夫认为，要对人类行为进行严格的客观研究，以理解环境和外显行为之间的关系。在他看来，如果所谓的精神活动存在，那么必定会在外显行为中表现出来，因此，只研究行为就可以

① Esper, E. A. (1964). *A history of psychology*. Philadelphia: W. B. Saunders, p. 324.

避开“精神领域”。别赫切列夫还将其反射学扩展至对集体或群体行为的研究。他关于厌恶性无条件刺激(休克)的开创性研究工作,促进了后来关于逃避和回避学习实验范式的确立。1928 年,别赫切列夫注意到美国出现了向客观心理学发展的趋势,并宣称他是这一趋势的发起者。

的确,与巴甫洛夫对分泌的研究相比,别赫切列夫的研究主要集中于机体的外显行为,与古典行为主义的关系更密切。① 华生最初也更多的是受到了别赫切列夫的影响。别赫切列夫研究的是运动条件作用而不是唾液分泌条件作用。在运动条件作用中,肌肉运动对各种刺激都建立了条件关系。这就使其更容易符合华生对外显行为的兴趣。

3. **动物心理学的发展**

除了心理学中研究行为的趋向,动物心理学的发展也促进了行为主义的产生。华生曾宣称,行为主义是 20 世纪前十年动物行为研究的直接结果。

动物心理学和比较心理学以及人和动物的心理进化的概念,都是在达尔文的影响下先发端于英国,后来转移到了美国并得到了蓬勃发展。波林曾指出:“进化论导致了现代的动物心理学。”②达尔文的《人和动物的表情》(1872)一书证明了人和动物的心理连续性,亦开创了动物心理学的近代世纪。③

达尔文的朋友乔治·约翰·罗曼尼斯(George John Romanes,1848—1894)将达尔文的工作又推进了一步,他的著作主要有《动物的智慧》(1882)、《动物心理的进化》(1884)、《人类的心理进化》(1888)。罗曼尼斯的材料大都取自动物行为的科学的及通俗的传说,具有趣闻轶事的性质。因此,他的方法以“故事法”见称于世。不过,罗曼尼斯也深知采用故事传说的危险,因此,他规定了几条严格的规则。遗憾的是,罗曼尼斯通常犯有拟人化的错误,即从人的主观经验去臆测动物的心理。例如,罗曼尼斯认为鱼有愤怒、恐惧、嫉妒之类的情绪;认为鸟有爱、同情和骄傲之类的情绪;认为狗狡猾,具有敏锐的推理能力。④

故事法的危险为摩尔根(C. L. Morgan,1852—1936)所深悉。他建议在行为的基础上发现意识必须慎重,提出了“节省律”(law of parsimony),反对动物心灵的解释中拟人论的趋势。该节省律应用于动物心理学时便称“摩尔根法则”。这个法则规定:如果一个动作可被解释为较低级的心理历

① 赫根汉著,郭本禹等译:《心理学史导论》,华东师范大学出版社 2004 年版,第 583 页。
② 波林著,高觉敷译:《实验心理学史》,商务印书馆 1982 年版,第 535 页。
③ 波林著,高觉敷译:《实验心理学史》,商务印书馆 1982 年版,第 712 页。
④ 赫根汉著,郭本禹等译:《心理学史导论》,华东师范大学出版社 2004 年版,第 544 页。

程的结果，那么它就不得被解释为一种较高级的心理能力的产物。也就是说，在由行为推测意识时，必须经常选择最可能简单的心理学术语。此外，摩尔根还描述了在桑代克的研究中十分重要的尝试—错误学习。[①] 他认为动物在学习中只是进行一些杂乱的运动，失败的运动逐渐被消除，成功的运动被保留下来。

摩尔根保守的观点为雅克·洛布(J. Loeb，1859—1924)所赞同。1890年他提出向性(tropism)的学说，证明了可以把低级有机体的行为解释为由刺激自动引起的。正如行星围绕太阳运转，是因为这就是它们的构造方式，因而，动物由于它们的生物构造，会以某种方式对某种刺激做出反应。根据洛布的观点，在这种趋向性行为中，不包含任何心理活动，只是刺激和有机体的生物构造问题。洛布把这种观点运用于植物、昆虫和低级动物。后来，华生又把这种观点运用于人。[②]

1908年，玛格丽特·弗洛埃·沃什伯恩(M. F. Washburn，1871—1939)出版了《动物心灵》一书。沃什伯恩是第一个师从铁钦纳攻读博士学位的人，并在1894年成为第一个获得心理学博士学位的女性。在《动物心灵》中，和摩尔根一样，沃什伯恩的主要兴趣在于，推测所有种系发生水平上的动物的意识。摩尔根和沃什伯恩使比较心理学比罗曼尼斯的更为客观。沃什伯恩是在控制的条件下研究动物学习的，不过她这样做是为了理解动物的意识。只有到了桑代克才用正式的实验研究的方法研究动物的行为。

桑代克(E. L. Thorndike，1874—1949)为了系统研究摩尔根所描述的尝试—错误学习，使用了迷箱。桑代克认为，感觉印象和反应通过神经联系联结起来。他还认为，在某一特定感觉事件(刺激)出现之时，某种反应的概率取决于刺激和反应之间神经联系的强度。为了解释其研究结果，他提出了心理学的第一个重要的学习理论，即著名的练习律和效果律。桑代克的刺激情境—联结—反应理论以及效果律正是以后行为主义的刺激—反应、条件反射的强化等理论的原型。桑代克是一个过渡性人物，他的研究代表了机能主义学派向行为主义学派的过渡。[③] 波林也指出，桑代克在关键时刻指引了历史前进的道路。[④]

由此可见，动物心理学研究者和内省主义者之间的张力产生了一种氛围，行为主义沿袭和发展了动物心理学客观化的研究取向，并呈现出革命特征。

---

① 赫根汉著，郭本禹等译：《心理学史导论》，华东师范大学出版社2004年版，第546页。
② 赫根汉著，郭本禹等译：《心理学史导论》，华东师范大学出版社2004年版，第586页。
③ 赫根汉著，郭本禹等译：《心理学史导论》，华东师范大学出版社2004年版，第544页。
④ 波林著，高觉敷译：《实验心理学史》，商务印书馆1982年版，第716页。

4. **机能主义的助推**

机能主义是由进化论和美国时代精神相结合而产生的，它从来就不是一个界限分明的思想派别，也没有一个公认的领袖或一致的方法论。虽然机能主义并不是完全客观的心理学派，但在行为主义产生之前，机能主义的确比它之前的心理学更能代表心理学的客观化趋向。在芝加哥大学读书期间，华生是机能主义集大成者安吉尔(J. R. Angell，1869—1949)的学生，他也听过杜威的哲学课，同时又因为安吉尔是詹姆斯的学生，安吉尔经常介绍詹姆斯的学说，因此詹姆斯的思想对华生也产生了影响。

詹姆斯在其著作《心理学原理》中明确提出，要把心理学看作一门自然科学，更具体说是生物科学，他把心理过程看作是生物体维持和适应自然界的有用的机能活动。他反对构造主义和经验内省，认为心理学是关于心埋生活的科学，心理生活是一种流动的、变化的整体经验。詹姆斯进一步提出了"意识流"的概念，认为意识是一条川流不息的主观生活之流，它是不断变化的、连续的、有选择性的。詹姆斯的意识流理论直接影响了华生的动作流理论。詹姆斯对情绪和习惯问题的研究也影响了华生，正是詹姆斯的情绪理论引起了华生对情绪问题的广泛关注；詹姆斯提出了习惯可以连接成一组刺激—反应反射的观点，对华生的习惯系统理论也有一定的影响。总之，詹姆斯的《心理学原理》不仅发动了机能主义，而且也指向了行为主义。

杜威的《心理学中的反射弧概念》一文通常被认为给机能主义心理学提供了基本概念和理论基础。杜威主张应把反射弧看作整合连续的活动，它遵循的是一个循环的连续系列。虽然杜威对反射弧的分析暗含着对刺激—反应心理学的批判，但他却使行动或行为成为心理学的中心问题。

华生的导师安吉尔在1904年出版了《心理学》，系统阐述了机能主义心理学的基本立场。他认为心理学属于生物类的自然科学，主张用动物学的客观观察法来补充内省所得不到的资料。1913年，在华生发表行为主义宣言之前，安吉尔在一篇论文中指出，意识即将从心理学中消失，对于这个变化他是欢迎的，只是略有保留。在一个出版补充的脚注中，安吉尔宣布自己"由衷地赞同"华生那种有建设性的、积极的、客观的心理学方法。他认为机能主义者逐渐降低了意识的作用，他们最终把意识看作不过是反射弧的中间环节。这样，向行为主义迈进就变得容易了，因为心理学家只需要抛弃隐藏的心理术语。安吉尔甚至怀疑心理学这个名称是否还合适，因为"心理"正在逐渐从心理学领域中被排挤出去。[①] 可见，安吉尔自己也预测到心理学

① 黎黑著，刘恩久等译：《心理学史——心理学思想的主要趋势》，上海译文出版社1990年版，第372页。

正在向行为主义的方向发展。

卡特尔是具有哥伦比亚大学特色的机能主义的关键人物，也是美国 19 世纪 90 年代心理测验的主要鼓动者。他没有排除意识于心理学之外，但是他觉得意识没有多大功用。[①] 这些观点为行为主义提供了重要的心理学基础。所以华生后来宣称，行为主义是唯一始终一贯而合乎逻辑的机能主义。[②]

第二节 华生传略

一、行为主义者

约翰·布鲁德斯·华生(John Broadus Watson，1878—1958)是行为主义心理学的创始人，被誉为在 20 世纪上半叶的心理学思想史上仅次于弗洛伊德的重要人物。[③] 华生于 1878 年 1 月 9 日出生在美国南卡罗来纳州格林维尔附近的一个农庄。华生的母亲艾玛勤劳、有责任心，是一名虔诚的基督教徒，她希望华生长大了能够成为一名牧师。华生的父亲皮肯斯则懒散、固执、游手好闲、放荡不羁。不过在华生小的时候，有时间他还会教华生骑马、学做木工活等。华生 9 岁时就会使用一些工具、钉前鞋掌、挤奶，12 岁时他就是一个相当好的木工了，而且他一直喜欢做木工活。1909 年和 1910 年夏天，他照着设计图建造了十间房子，54 岁时他建了一座灰泥车库，55 岁时他还利用周末时间建了一座铜顶的灰泥大农舍。

约翰·布鲁德斯·华生(John Broadus Watson，1878—1958)

1890 年，华生 12 岁时他们全家搬到了格林维尔，在那里他读完了公立

① 波林著，高觉敷译：《实验心理学史》，商务印书馆 1982 年版，第 638 页。

② 华生：《行为主义者所看到的心理学》，见张述祖等审校：《西方心理学家文选》，人民教育出版社 1983 年版，第 159 页。

③ Bergmann，G. (1956). The contributions of John B. Watson. *Psychological Review*，63，p. 265.

小学、初中和高中。华生说，关于这些年他几乎没有什么愉快的记忆。①1891年，皮肯斯突然离家出走。父亲的不辞而别让华生感到极度失望与伤心，他也开始表现出皮肯斯身上的一些陋习，变得懒散、倔强甚至叛逆，粗话连篇，喜欢喝酒，寻衅打架。他曾经两次被逮捕，一次是因为玩"黑人"打架的游戏，另一次是因为他在城区开枪。

1894年，华生遵照母亲的意愿，到浸礼会创办的伏尔曼大学学习宗教。在伏尔曼大学，对他最有影响的老师是穆尔(Gordon B. Moore)，穆尔讲授生理学和心理学。按照浸礼会的标准来说，穆尔是一名非常正统的牧师。他在课堂上警告说，如果谁不按时上交期末考试论文，就要不及格。华生未能按时交课程论文，因而他在伏尔曼学了五年，于1899年获得文科硕士学位而不是学士学位。毕业之后，华生在格林维尔的一所单栋校舍的小学教书。在他的母亲去世之后，华生决定继续求学。

1900年9月，华生只带着50美元来到芝加哥大学，他没有其他经济来源。为了维持生计，他曾在膳宿处做服务员、为心理学实验室看门、为实验室照看白鼠。1901年，华生做出了重要的决定——主修实验心理学，同时在杜威的指导下兼修哲学，在唐纳森的指导下兼修神经学。在此期间，华生还跟随洛布学习了生理学。在安吉尔和唐纳森的指导下，华生研究了白鼠的学习过程，他对动物行为的兴趣逐渐形成了他对心理学的信念。1903年，他以题为《动物的教育：白鼠的心理发展》的博士论文，获得实验心理学的哲学博士学位，成为芝加哥大学最年轻的博士学位获得者。在芝加哥的影响下，华生的兴趣转向生物学，而且他总是遗憾自己除了哲学博士学位之外没能完成学业并取得医学博士学位。②

从1903年至1908年，华生在芝加哥大学先是做安吉尔教授的助手，后来成为教师，讲授动物和人类心理学。在此期间，他开始树立起作为一名优秀教师和严谨科学家的声誉。他在这一时期最重要的研究包括对迷津中老鼠的研究，这项研究是与哈维·卡尔(Harvey Carr，1873—1954)共同完成的。卡尔当时是芝加哥大学的研究生，后来成为机能主义运动的重要人物。华生和卡尔研究的目的是要确定老鼠学习迷津需要哪些感觉。在研究中，他们系统地排除了动物在解决迷津时运用其感觉的能力，显示了华生精湛的外科手术技巧。他们发现，分别摘除了三组老鼠的眼睛、中耳、嗅球之后，

① Watson, J. B. (1936). *John Broadus Watson*. In: Murchison C (Ed.) A *history of psychology in autobiography*. Worcester, MA: Clark University Press, p. 271.

② Skinner, B. F. (1959). John Broadus Watson, Behaviorist. *Science*, 129(3343), p. 197.

老鼠仍能轻而易举地学会迷津，而且，去除老鼠的胡须或是麻醉老鼠的脚也都不能明显地阻碍其学习能力。动物学会的是将肌肉运动的次序与迷津中各个拐角联系起来。

华生在实验室外继续进行了一系列自然研究。1906年夏天，应卡内基学会海洋生物站的邀请，华生到佛罗里达州基维斯特的卡内基中心观察几种燕鸥的行为。与华生后期贬低本能的重要性的观点相反，这项研究看起来像是一种早期的习性学研究，这类研究后来的代表人物有康拉德·洛伦茨(Konrad Lorenz)和尼科·廷贝亨(Niko Tinbergen)[①]等人，他们强调本能行为对物种生存的重要性。华生详细记录了鸟岛上燕鸥的交配、筑巢、守卫领地以及在孵化前后与抚养后代有关的行为。他还观察到，新近孵化的鸟经常会在岛上跟着他走。这正是后来洛伦茨所说的印刻现象。华生的这次研究经历使他成为美国早期的习性学家之一，也为其后来的行为主义研究奠定了基础。

到1907年为止，华生在动物心理学领域已经享誉全国。1908年，华生受聘于约翰·霍普金斯大学，担任心理学教授和心理学实验室主任。同年12月，霍普金斯大学心理系主任鲍德温在一家妓院被人发现，被迫辞职。华生由此成为心理学系主任，接任《心理学评论》的主编。1913年，华生应邀到哥伦比亚大学做一系列演讲，借此机会又一次公开阐明了他关于心理学的观点。这篇演讲稿以《行为主义者心目中的心理学》为题发表在《心理学评论》上，通常被作为行为主义心理学创立的标志。1914年，他出版了第一部著作《行为：比较心理学导论》，系统阐述了行为主义心理学的体系。1915年，他当选为美国心理学会主席。第一次世界大战期间，华生参加了后勤服务工作，制订了许多知觉和运动测验、美国空军军官选拔测验，为心理学走向应用做出了重要贡献。1918年，他对幼童进行了研究，这是对人类婴儿进行实验的最早尝试之一。1919年，华生出版《从一个行为主义者的观点看心理学》，对行为主义观点做出了最全面、系统的阐述。

1920年，罗莎莉·雷纳协助华生进行了著名的阿尔伯特实验。同年，正是由于华生与雷纳的婚外恋引发的离婚风波迫使华生辞职，终止了他如日中天的学术生涯。从那以后，华生致力于心理学的普及工作，例如，为通俗杂志撰写稿件，出现在广播电台的许多谈话节目中。他也修订了早期的许多著作，并试图在心理学领域中再次获得一个学术职位，但离婚丑闻使他未

① 有许多学者将之译为尼科·廷伯格。根据《世界人名翻译大辞典》，Tinbergen为荷兰人名，故译为廷贝亨。

能如愿，没有哪个学校肯收留他。

二、广告商人

1921年，华生在托马斯(William I. Thomas)的帮助下进入智威汤逊公司(J. Walter Thompson Company)。他准备重整旗鼓，迎接这个陌生领域的一切挑战，并宣称自己要做一个"真诚、善良的雇佣广告人"。华生被介绍给公司的总裁里索(Stanley Resor)先生，里索派华生去考察密西西比河沿岸从伊利诺斯州的开罗到路易斯安那州的新奥尔良的橡胶靴市场。这次经历使他认识到，在市场上销售商品并不要求依靠理性，而是取决于情绪条件作用和欲望的激发，这与当今的概念——说服的中心路线和周边路线相似。华生把他对科学方法的同样热情投入到了全新的职业生涯中，而这种热情是其学术生涯的特色。例如，他在自传中声称，看到新产品销售曲线的增长，就如同看到动物或人的学习曲线一样让人兴奋。[①] 华生细心研究了广告应该如何激发人们的购买行为。他做的品牌市场调研的一个范例是研究香烟的"品牌忠诚"。他发现粗心的吸烟者并不能区分不同品牌的香烟，对某种品牌的偏好建立在与各种品牌名称相联系的商品形象基础上。换句话说，有时人们不是在购买商品本身，而更多的是在购买一种感觉、一种气氛；对于许多产品来说，与之相关的情感、联想至关重要，因为它可能是身份、地位、品位等的象征。所以华生推断，巧妙地处理与各种品牌相联系的商品形象，可能会影响销售额。根据这个策略，华生提高了强生婴儿香粉、旁氏冷霜、麦斯威尔咖啡等产品的销售额。1924年，华生凭着出色的业绩荣任智威汤逊公司副总裁。1936年，他成为威廉·艾斯蒂广告公司(William Esty and Company)的副总裁，一直到67岁退休。华生的介入改变了美国广告活动的中心，为其发展提供了适当的刺激，在美国乃至世界广告史上功不可没。

在从事广告业期间，华生仍不忘以各种方式宣传他的行为主义。1925年，他出版了《行为主义》一书，该书成为最广为人知的对华生思想的阐述。《纽约时报》评论认为，它将会开创人类思想史的一个新纪元。正是这本书让年轻的B·F·斯金纳对行为主义思想产生了兴趣。1928年，华生在雷纳的帮助下出版了《婴儿和儿童的心理护理》，此书包含了华生关于如何使行为技术对儿童抚养产生影响的最强硬的观点。后来华生也遗憾这本书并未

① Watson J. B. (1936). *John Broadus Watson*. In: Murchison C (Ed.) *A history of psychology in autobiography*. Worcester, MA: Clark University Press, p. 280.

得到数据的充分支持。然而，它的确影响了许多美国家庭的儿童抚育方式。

1957 年，为表彰华生在心理学界的卓越成就，美国心理学会决定授予他一枚金质奖章，并把他的工作誉为“构成现代心理学形式和实质的重要决定因素之一。他发动了心理学思想上的一场革命，他的作品是富有成果的研究工作延续不断的航程的起点”[①]。尽管他要从康涅狄格的家赶到纽约参加会议，但是却在最后一刻宣布不去参加颁奖典礼，而是让儿子代替了他。根据其传记作者的观点，华生是害怕会在那一刻激动得不能自已，害怕行为控制的倡导者会崩溃而哭泣。1958 年 9 月 25 日，华生在康涅狄格州的伍德伯里去世。[②] 1979 年 4 月 5 日至 6 日，伏尔曼大学为纪念华生诞辰 100 周年举行了专题研讨会，参加研讨会的共有来自全美的 2000 多人，其中的演讲者包括麦克奈尔(James V. McConnell)、凯勒(Fred S. Keller)、斯金纳(B. F. Skinner)。伏尔曼大学心理学实验室也是以华生的名字命名的。1981 年，美国心理学会全国学术年会还组织了一次以“华生的生活、时代和研究”为主题的讨论会，以纪念华生对心理学的贡献。1984 年，华生的事迹开始在南卡罗来纳州的科技馆永久展示。美国 276 高速公路在距离华生的家乡不远的路段上竖起了一座纪念碑，以让过往的行人记住这位心理学界的伟大人物。

第三节　行为主义的基本观点

一、心理学的科学观

华生想把心理学改造成一门自然科学，使心理学与生物学、物理学、化学居于同样的地位。他在被后人誉为行为主义宣言的《行为主义者心目中的心理学》一文中，开宗明义地写道：“在行为主义者看来，心理学是自然科学的纯客观的实验分支。其理论目标在于预测和控制行为。内省并不是心理学的主要方法，其资料的科学价值也并不依赖这些资料是否容易运用意

① 亨特著，李斯译：《心理学的故事》，海南出版社 1999 年版，第 336 页。

② Woodworth, R. S. (1959). John Broadus Watson: 1878—1958. *The American Journal of Psychology*, 72(2), p. 301.

识的术语来解释。"①因而,华生指出,正是由于传统心理学以意识为研究对象、采用内省的方法,才使得心理学白白浪费了几十年光景,无法成为一门自然科学。他甚至批评说,心理学家们多年来一直在维护着由冯特所创建的伪科学(pseudo-science)。在他看来,冯特及其学生所完成的一切工作,不过是用"意识"一词取代了"灵魂"一词。他主张抛弃一切主观的术语,诸如感觉、知觉、意象、愿望、意念,甚至被主观界定的思维和情绪。华生曾宣称,要么放弃心理学,要么使它成为一门自然科学,没有第三条路可走。在他看来,作为自然科学的行为主义心理学与生理学有着密切的联系。他主张把行为分析为刺激和反应,将反应又分为肌肉收缩和腺体分泌。这样,行为主义就成了研究肌肉收缩和腺体分泌的自然科学,同生理学几乎没有什么差别。但华生又特别强调行为主义心理学与生理学之间的不同在于,生理学主要研究动物器官的功能,而行为主义却更关注机体的行为,甚至希望能够控制人类的行为。正是在这种自然科学观的指导下,华生彻底颠覆了传统心理学的概念,在心理学的研究对象、研究方法等问题上开始了其大刀阔斧的改革。

二、心理学的对象论

华生曾明确指出:"若不放弃心理,便无法使心理学成为一门自然科学。"②而且,"取消意识状态作为研究的适当对象这种建议本身就会消除心理学与别种科学之间所存在的障碍。"③可见,为了保证心理学作为自然科学的学科性质,消除心理学与其他科学之间的障碍,心理学必须放弃心理,放弃对意识状态的研究。因为在华生看来,只有直接观察到的东西才能成为科学研究的对象,而意识不能被直接观察,所以就不能成为科学心理学的对象。华生认为,传统心理学是在安乐椅上想出来的,如感觉、表象、情感、意志等是一大堆无用的概念,毫无保留的价值。华生的行为主义主张从可以观察的刺激和反应方面去研究心理学,并寻求预测和控制行为的途径。他在行为主义宣言中宣称:"时机好像已经到来了,心理学必须放弃所有提到意识的地方;心理学没有必要设想把心理状态当作观察的对象再去欺骗自己。我们已经纠缠在许多空论的问题上,如关于心理元素、意识内容的性质[例如,无意象思维;态度和识态(bewusseinglage)等]问题,因此,作为一位

① Watson, J. B. (1994). Psychology as the behaviorist views it. *Psychological Review*, 101(2), p. 248.

② 华生著,李维译:《行为主义》,浙江教育出版社 1998 年版,第 5 页。

③ 华生:《行为主义者所看到的心理学》. 见:张述祖等审校:《西方心理学家文选》,人民教育出版社 1983 年版,第 169 页。

实验学家，我感觉我们的前提，以及从这些前提得出的问题种类，总好像有什么东西是错了。”①

在华生看来，“‘意识’既非可界定的，又非一个有用的概念；它不过是远古‘灵魂’(soul)说法的另一种表达”②。抛弃意识，就意味着脱离旧心理学而建立一种新的心理学。他指出，“我们所需要做的是在心理学中从头工作，把行为而不是意识当作我们研究的客观对象。在行为的控制方面，的确已经有了足够的问题，够我们所有的人工作几辈子，而没有时间让我们去想到意识本身。只要一旦投入这种事业，我们不久就会发现，我们自己脱离一种内省心理学，就好像目前的心理学脱离了官能心理学一样。”③可见，在华生看来只要我们搁置对意识本身的研究，把可观察的行为作为心理学的研究对象，就会使心理学获得突飞猛进的发展。

华生的行为主义研究的是用刺激和反应的术语客观地描述的动作、习惯的形成、习惯的整合。在他那里，行为的本质是人和动物对外界环境的适应，刺激和反应是所有行为的共同要素。刺激是引起有机体反应的外界环境或身体内部的变化；反应是由特定刺激作用于机体而引起的内隐或外显的机体变化。

为了更好地描述机体的行为反应，华生对反应进行了分类。首先，可以按常识将反应分为外部反应(external response)和内部反应(internal response)，或者可以更恰当地说是外显反应(overt response)和内隐反应(implicit response)。外部的或外显的反应指人类通常所表现的可见行为，例如弯腰捡网球、跳舞、开车，等等，这类行为不需要借助仪器来观察。内部的或内隐的反应难以观察，是借助于仪器才可以观察到的身体内部变化，如内脏的运动、腺体的分泌等。其次，可以根据反应的来源将反应分为习得的反应(learning response)和非习得的反应(unlearning response)。习得的反应是指由后天的条件作用而形成的各种行为模式，包括一切复杂的习惯和一切条件反应；非习得的反应是个体在条件作用和习惯形成之前于婴儿早期所作的一切反应，类似于本能或巴甫洛夫所说的无条件反应。华生认为，在这种分类中先有非习得的反应，再有习得的反应。在上述两种分类的基础上，华生将反应分为四种类型：外显的习得反应，如说话、打字、踢球；内隐的习

---

① 华生：《行为主义者所看到的心理学》，见张述祖等审校：《西方心理学家文选》，人民教育出版社1983年版，第157页。

② 华生著，李维译：《行为主义》，浙江教育出版社1998年版，第1页。

③ 华生：《行为主义者所看到的心理学》，见张述祖等审校：《西方心理学家文选》，人民教育出版社1983年版，第167页。

得反应,如看见牙医的钻头而心跳加速;外显的非习得反应,如眨眼、打喷嚏;内隐的非习得反应,如内分泌和血液循环上的变化。在华生看来,个体所做的每一件事情,包括思维,都属于这四种类型中的一种。最后,可以用纯逻辑的方式即根据引发反应的感觉器官对反应进行分类。我们可能有视觉的非习得的反应(visual unlearning response),例如,刚出生的婴儿把眼睛转向光源。与此相对应的是视觉的习得反应(visual learning response),例如,对打印出来的乐谱或文字、图片的反应。此外,还有动觉的非习得反应(kinaesthetic unlearning response)、内脏的非习得反应(visceral unlearning response),等等。①

总之,华生将心理学的研究对象限定为人和动物的行为,大胆地将一切心理学问题简化为刺激—反应(S—R)公式,使心理学专注于寻求刺激与反应之间联结的规律,以便可以根据刺激预知机体的行为反应,或者根据已知的反应推测其有效刺激,从而达到预测和控制机体行为的目的。华生将意识排除在心理学研究对象之外,而关注肌肉、骨骼运动和腺体分泌,势必矫枉过正,使心理学成为"无头脑"、"无心理"的科学。

三、心理学的方法学

华生的行为主义是对传统心理学的猛烈抨击和反叛,其攻击的矛头一是指向传统心理学的研究对象即意识,二是指向传统心理学的研究方法即内省法。在华生创立行为主义之前,内省法一直是研究人的心理的一种重要方法。"内省"一词的德文原意指自我观察,内省法是对自己的内心活动予以观察、体验和陈述,以研究人的心理活动的一种研究方法。经典的内省法是冯特和铁钦纳在实验室中所采用的,机能主义心理学也承认内省法的合理性和有效性。

华生从经验的、哲学的和实用的三个方面批判了内省。从经验上看,内省无法界定它试图回答的问题,甚至未能回答意识心理学中最基本的问题。例如,究竟有多少种感觉?它们的属性有哪些?对于这类问题,不同的人通过内省会做出不同的回答,各种观点之间很难相互沟通、验证并达成一致。所以华生指出:"我确实相信,二百年后,除非放弃内省法,心理学对于某些问题还是会有分歧的。"②从哲学上看,内省不喜欢自然科学的方法,因此它

① 华生著,李维译:《行为主义》,浙江教育出版社1998年版,第17~18页。

② 华生:《行为主义者所看到的心理学》,见张述祖等审校:《西方心理学家文选》,人民教育出版社1983年版,第158页。

不是一种科学的方法。在自然科学里，好的技术和方法能够提供可以重复的结果，如果做不到这一点，实验的条件就会遭到抨击。然而，在传统的意识心理学中研究的是观察者的意识这一私人世界。当结果不清楚时，心理学家抨击的是内省的观察者，而不是抨击实验条件。从实用角度看，内省无法满足实用的检验。特别是在社会领域，内省心理学无助于解决人们在现实生活中面临的问题，没有应用的领域。所以，华生推崇极少依赖于内省的应用心理学领域。他说：“有一个事实使我有了希望，认为行为主义者的立场是可以辩护的，这一事实是：心理学中有某些分支，早已部分地脱离了实验心理学本源，因而就极少依赖于内省，可是这些分支却处于最繁荣的状态。实验教育学、药物心理学、广告心理学、法律心理学、测验心理学和心理病理学，这些都在茁壮成长。”①

华生明确宣称：“照行为主义者看来，心理学是自然科学的一种纯粹客观的、实验的分支，它需要内省就好像化学和物理科学需要内省一样少。”②在华生那里，只有客观的方法才是科学的方法，传统的内省法并不能提供客观的事实材料，所以不能作为科学心理学的方法。他很羡慕医学、化学、物理学等科学领域取得的进步，因为在这些领域，每一项新的发现都具有极其重要的意义；在一个实验室里被分离出来的每一个新要素，都可以在另一个实验室里被分离出来，即他们采用的是客观的、可验证的方法。

在华生看来，“我们的心理学已经被歪曲了五十多个年头，这五十多个年头都是用来研究意识状态的，所以我们只能用一种方式来看待这些问题。对这种情况，我们应当公正地说，我们还不能够在所有这些战线上，统统要用目前所通用的行为方法进行研究。退一步说，我想要请大家注意上一段我所提到的一点，就是内省法本身在这些研究中，已经走到一条死胡同。许多题目由于处理得过多，而变得乏味，最好还是暂时搁置在一边。当我们的方法发展得更好一些的时候，我们将有可能进行形式愈来愈复杂的行为研究了。现在被搁置在一边的许多问题，将来会又成为不可避免的，但是这些问题可从它们新的发生角度和更具体的背景上来看待。”③从这段话中，我们不仅可以看出华生主张抛弃内省法，将心理学从专注于意识状态的狭窄研

① 华生：《行为主义者所看到的心理学》，见张述祖等审校：《西方心理学家文选》，人民教育出版社1983年版，第162页。

② 华生：《行为主义者所看到的心理学》，见张述祖等审校：《西方心理学家文选》，人民教育出版社1983年版，第168页。

③ 华生：《行为主义者所看到的心理学》，见张述祖等审校：《西方心理学家文选》，人民教育出版社1983年版，第166页。

究中扩展开来，似乎还可以看出，华生认识到了当时通用的行为方法也存在局限性，并不能研究所有的问题，因而要把有些问题搁置起来，留待研究方法发展得更好时，再重新来研究它们。由此看来，华生当时舍弃意识而专攻行为研究，为心理学发展方向所做出的选择还是很明智的，这种“避虚就实”、“顾此失彼”的做法带来了心理学的飞速发展。他所搁置的那些问题，为后来的行为主义者以及认知心理学家重新揣度。

总之，我们可以明显看出，华生决定丢弃具有某种神秘性的内省法，采用客观的实证方法。在他看来，行为主义心理学的研究方法主要包括以下几种。

1. **观察法**

华生认为，观察法是科学研究最基本的方法。观察法可分为无帮助的观察和借助仪器的观察，即我们通常所说的自然观察和实验控制的观察。无帮助的观察即不需要借助仪器的控制而完成的观察。用这种方法，我们能够发现个人或群体活动中引起反应的部分刺激与外显反应，以及儿童和动物的普通行为、情绪和本能活动的某些方面。华生提醒人们，不要将科学的不用仪器控制的观察与未经过训练的人做出的肤浅混乱的观察相混淆。他同时也明确指出，无帮助的观察不能充分科学而有效地控制某些条件，往往缺乏准确性，因而是比较简便而粗糙的方法。

借助仪器的观察即实验控制的观察，也是通常意义上的实验法。华生认识到，心理学要更精确地研究比较复杂的行为，只有借助于符合其研究目的的精确仪器设备，控制和任意改变被试所处的环境。

2. **条件反射法**

条件反射法是巴甫洛夫和别赫切列夫在生理学研究中使用的方法，也是华生行为主义心理学最重要、最能体现其理论特色的研究方法。心理学家广泛使用条件反射法应该归功于华生。①

条件反射法是行为主义正式创立两年之后才被华生采纳的，他在1913年的行为主义宣言中并没有提及它，1914年他只是略微提到巴甫洛夫的条件作用实验，并怀疑这种方法能否运用于灵长类动物。1915年华生在当选为美国心理学会主席时的致辞《条件反射及其在心理学中的地位》中明确指出，条件反射法应该代替内省法。从此之后，条件反射法便成为其主要研究方法之一。该方法的核心在于，用一个条件刺激取代另一个无条件刺激（或

---

① 高峰强、秦金亮著：《行为奥秘透视——华生的行为主义》，湖北教育出版社2000年版，第102～103页。

条件刺激)从而形成条件反应，所以华生用刺激替代(stimulus substitution)来描述条件反射法。华生把条件反射法分为两类：一类是用来获得分泌条件反射的方法，用于腺体反应，例如巴甫洛夫在狗身上做的唾液分泌条件反射实验；一类是用来获得运动条件反射的方法，可用于肌肉反应，例如别赫切列夫用它证明了随意肌和平滑肌都能加以控制。华生认为，当研究对象是动物、婴儿、聋、哑或某些类型的病人而无法采用言语报告法时，条件反射法独具优势；条件反射法还可以与言语报告法结合使用，以检验言语报告的真伪。华生本人还运用这种方法对儿童情绪反应的产生及消除进行过系统研究，著名的小阿尔伯特实验就是其经典范例。

华生掌握了条件反射法之后，便获得了一条完全客观的分析行为的途径，将行为分解为最基本的刺激—反应联结，为研究复杂的行为提供了简便易行而又客观可靠的方法。难怪华生在欣赏条件反射法的同时又表达了他对内省法的拒斥："这一领域(刺激替代实验即条件反射方法——引者注)完全处于内省主义者的领域之外，他们无法控制这类反应。这又一次证明了内省充其量只能产生十分贫乏的和不完整的心理学。我将试图说明'内省'不过是谈论正在发生的人体反应的另一个名称而已。归根结底，它不是一种真正的心理学方法。"①

3. **言语报告法**

华生认为，行为主义者可以通过被试的言语报告来研究他的行为，并认为言语报告法比其他客观的方法更为简单实用。言语报告法又称口头报告法，即由正常人报告其体内的变化。华生认为，人类是一种独特的动物，常用最复杂的语言去进行反应。几乎每个正常人都有觉察自己身体内部变化，并将之口头报告出来的能力。在很多情况下，语言甚至是唯一可观察到的反应。换句话说，个体在适应各种情境时使用语言比用其他运动机制的动作更为常见。如果忽视人类的发音行为，那真是愚昧、偏执之至。因此，行为主义采用言语报告不仅是可能的，而且是必需的。

由于华生强烈反对内省法，因而他在实验室中采用言语报告法着实引起了不少争议。反对者指出，华生采用言语报告法是对内省法的妥协，他从前门把内省法赶了出去，又从后门改头换面地把它请了回来。华生自有论辩，他强调行为主义研究的是个人整个的或全体的活动，而不仅仅是肌肉和腺体的变化。语言反应就像打棒球一样也是一种客观行为，听取别人的口头报告和观察其身体动作一样，都是客观观察，因而对行为主义是有意义

① 华生著，李维译：《行为主义》，浙江教育出版社 1998 年版，第 42 页。

的。华生似乎在玩弄概念游戏，这说明行为主义心理学仍不是彻底的客观心理学。不过，他也承认言语报告法是不完善的，并不能令人满意地代替客观观察，在有仪器时，言语报告可以与仪器测量的结果相互补充。华生将言语报告法严格限制在可以验证的情境之中。

4. 测验法

在华生看来，测验不仅是心理学中纯粹应用的技术方法，也是一种行为主义研究方法。不过，对他来说，测验并不是测量智力或者人格，而是测量被试对刺激情境的反应。华生指出，在 20 世纪头 20 多年，尤其是在美国，心理测验像雨后春笋般兴起。心理学家似乎一下子都成了测验狂。雨后春笋般的测验往往热闹了几天，就被下一个测验加以修正了。许多测验逐渐消失，而另外一些测验则逐步发展并标准化。心理测验一旦被设计出来，便成为一项工具。置于所有这些测验背后的主要目的是根据个体的表现水平，根据年龄及其诸如此类的情况，找出把大量个体进行分类的测量标准；表明缺陷和特殊能力、民族和性别差异。华生进一步指出，在测验问题上已经形成了两种相当不切实际的想法：一是已经宣称存在一种本质上作为“一般”智力的东西；二是存在着能使任何人从后天获得的能力中区分出“天生的”能力来的一些测验。对于行为主义者来说，测验仅仅意味着对人类表现进行分级和取样的手段。①

华生认为，已有的测验法存在一个较大的缺陷，即大多都依赖人们的言语行为，这极大地限制了其应用范围。因而，他主张设计并运用不一定需要语言的、测量外显行为的测验。

第四节　行为主义的主要理论

一、本能论

随着理论的发展，华生的本能论也发生过明显的变化。最初，他沿用了

① 华生著，李维译：《行为主义》，浙江教育出版社 1998 年版，第 43～44 页。

传统心理学中的本能概念，并在1912年发表的关于动物本能行为的文章中，将动物的本能行为分为三类。1914年，本能在他的理论中有着突出的作用，他将本能界定为在适当刺激作用下系统展现出的先天性反应组合。1919年，华生指出，本能是一种遗传模式的反应，其个别元素主要是横纹肌的运动。他认为本能存在于婴儿那里，但习得的习惯很快就取代了它们。

1925年，华生在《行为主义》一书中，用了两章篇幅讨论本能问题即人类的本能是否存在。华生认为，人是生来就具有特定结构的动物。由于这种结构，人生来便能用某种方式对刺激做出反应。一般来说，这类反应对我们每个人来说都是一样的。当然，我们并不否认存在某些变异，特别是结构上的变异。当人类在几百万年之前第一次出现时，已经有了现今的这类反应及其变异，华生把这类反应称为"非习得的行为"（unlearned behavior）。他进一步指出："在这些相对简单的人类反应中间，并不存在与当今心理学家和生理学家称之为'本能'的反应相一致的东西。这样一来，由于对我们来说不存在本能，所以我们并不需要这个心理学术语。今日，我们称之为'本能'的东西大多是训练的结果——属于人类的'习得行为'（learned behavior）。"[①]由此可以看出，华生明确否认本能的存在，而强调后天学习对行为的塑造作用。

在此基础上，华生倾向于认为并不存在所谓能力、才能、气质、心理构造和性格的遗传。他认为这些都是摇篮时期训练的结果。他举了一个有趣的例子。他说，行为主义者不会说："他继承了父亲的剑客能力或才能。"而是会这样说："这孩子有他父亲一样的体格，眼睛长得也很像。太像他父亲了。——他父亲很爱他。在他1岁时，他父亲就给了他一把小剑，在指导他学步时就教他剑术的语言，如何攻击如何防守，等等。"[②]可见，华生对能力、才能、气质、心理构造等的遗传也持否定态度，强调早期生活、早期环境、早期训练的作用。不过，另一方面华生又承认个体之间确实存在形式上、结构上的遗传差异。但是只有在特定的环境之中，给予特定的刺激，或加以特殊的训练，遗传的某些结构特征才可能表现出来。他说，我们的遗传结构可以有成百上千种表现方式，究竟哪种方式得以表现则取决于孩子在什么环境中长大。

华生沿着否定本能、遗传而强调生活环境、早期训练这条路线往前走，最终走向了环境决定论。以下这段心理学史上最著名的宣言经常被引用，

① 华生著，李维译：《行为主义》，浙江教育出版社1998年版，第87～88页。

② 华生著，李维译：《行为主义》，浙江教育出版社1998年版，第88页。

以证明华生激进的环境论观点："给我一打健康的婴儿，并在我自己设定的特殊环境中养育他们，那么我愿意担保，可以随便挑选其中一个婴儿，把他训练成为我选定的任何一种专家——医生、律师、艺术家、小偷，而不管他的才能、嗜好、倾向、能力、天资和他祖先的种族。不过，请注意，当我从事这一实验时，我要亲自决定这些孩子的培养方法和环境。"①

此外，华生还研究了对数百名从出生到30天婴儿的日常观察资料，以及对少量婴儿第一年生活的观察资料，并得出结论认为，我们不可能再容纳本能的概念。他进而指出，每种行为具有其发生史(genetic history)。以微笑为例，虽然新生儿会笑，但这不是一种本能，而是由机体内的刺激和外部接触引发的。很快，母亲的面容、声音刺激、图片刺激、语言等都可能引发微笑，形成条件反射。人们通常错误地把这种条件反射叫做本能。就这样，机体的一些极简单的反应在刚出生时便表现出来，通过条件反射作用而逐渐复杂化，成为各种行为习惯。

二、动作流学说

为了说明行为主义的一个中心原则，即一切复杂的行为均来自简单反应的成长或发展，华生提出用"动作流"(activity stream)的概念取代詹姆斯的"意识流"。其意思是：行为的发展好比一条河流永无休止，发源极为简单，即开始于受精卵，最初只有一些简单的非习得行为，以后分支数量逐渐增多，内容日益复杂。如图1－1② 所示。动作流图解表明了某些人类活动系统日益增加的复杂性。黑色的实线表示每一活动系统非习得的开始(unlearned beginning)，虚线表示每一系统如何通过条件作用而变得复杂起来。

有些行为在动作流中只占一点点时间，在刚出生时表现出来，然后就从动作流中永远地消失了，例如非习得的抓握动作、巴宾斯基反射等；有些行为在生命的某一时期才出现，并一直保持下去，如眨眼；有些行为在生命后期才出现，且只持续一段时间，如月经、射精。华生通过绘制动作流的图解，形象地把各种行为出现的时期以及行为的展开过程呈现出来，该图涉及了心理学的全部范围。他指出，行为主义者研究的每一个问题都可以在这张明确的、具体的、可以实际观察的事件流中找到；动作流图也提供了行为主义者的基本观点，即为了了解某个人，必须了解他行为的发展史；而且，动作

① 华生著，李维译：《行为主义》，浙江教育出版社1998年版，第95页。

② Watson, J. B. (1925). *Behaviorism*. London: Kegan Paul, Trench, Trubner & Co., Ltd., p.106.

流图最有说服力地表明心理学是自然科学，肯定是生物学的一部分。① 不过，华生也承认，这个图既不完整也不精确，只有在进行了更多详细的发生学研究之后，才可以将之作为不同年龄阶段儿童行为发展状况的标尺。

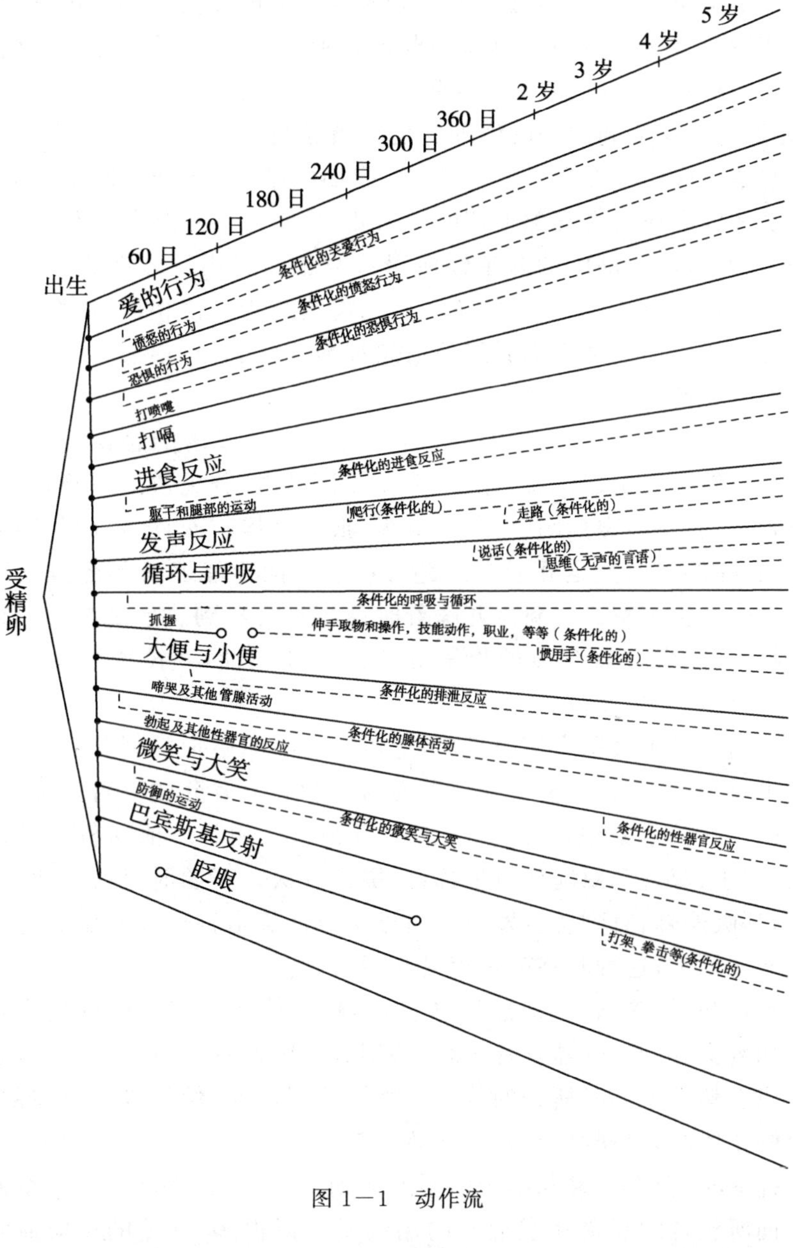

图 1—1 动作流

① Watson, J. B. (1925). *Behaviorism*. London: Kegan Paul, Trench, Trubner & Co., Ltd., p. 107.

三、情绪论

对华生来说，情绪只不过是对特定刺激的生理反应。华生声称，每一种基本的情绪都有一种由适当刺激引起的内脏和内分泌反应的特征模式，也有一种与之相联系的外显的反应模式。因而，完全可以根据引发情绪的刺激、外显的身体反应和内部的生理变化来描述情绪。他指出，尽管事实上在所有的情绪反应中存在着外显的因素，诸如眼睛、手臂、腿、躯干的运动，但内脏和腺体因素还是占支配地位的。因此，情绪是一种内隐行为。

华生指出，成人反应的复杂性使得行为主义者不可能在成人身上开始其情绪研究，他不得不从发生的角度研究情绪行为。他相信，在新生儿中可以由三种刺激引出三种不同形式的情绪反应——恐惧、愤怒、爱。它们各有其发生的主要情境及典型表现。

巨大的声响几乎总在刚出生的婴儿身上产生显著的恐惧反应。例如，用锤子敲打钢条会引起惊跳、惊起、呼吸停顿，紧接着更快地呼吸，伴随着明显的血管运动，眼睛突然闭合，握紧拳头，抿起嘴唇。而且，不同年龄的婴儿会有哭叫、摔倒、爬行、走开或者逃跑等反应。同样能够唤起恐惧反应的另一种刺激是失去支持。当新生儿睡着时最容易观察到这一现象。如果孩子从床上跌落，或者裹着身体的毯子突然被猛地一抽，并拉着婴儿一起移动时，肯定会出现恐惧反应。

身体运动受阻会引发愤怒反应，这可以在呱呱坠地的婴儿身上观察到，而且在出生 10～15 天的婴儿身上更容易看到。当婴儿的手臂被强迫分开，当婴儿的双腿被紧紧地抓住时，发怒的行为就开始了。他的整个身体会变得僵硬，双手、双臂和双腿随意地挥舞，屏住呼吸。开始时没有哭叫，嘴巴张到最大，呼吸停顿，直到脸色发青。当母亲或保姆给孩子穿衣服时有点粗手粗脚或匆匆忙忙，这种状态就很容易被观察到。

抚摸皮肤、挠痒、轻轻地摇晃、轻拍等则会使婴儿产生爱的反应。通过刺激诸如乳头、嘴唇、性器官等区域，特别容易唤起这种反应。而且，婴儿身上的反应有赖于他当时所处的状态。当婴儿哭叫时，给予爱的反应的刺激，婴儿会停止哭叫，出现笑容，甚至出现咯咯的笑声。6～8 个月大的孩子，当他们被挠痒时，会有手臂和躯干的剧烈运动，伴随着大笑。华生这里使用的“爱”一词所包含的意义比它通常的用法要广泛得多，其爱的反应通常带有“密切的”、“善良的”、“和蔼的”的意思，也包括了成人两性间的反应。

现实生活中有许多儿童害怕黑暗，有的人害怕蛇、蜘蛛、老鼠，等等。华生指出，情绪附着于许多几乎是每天都使用的普通物体上，恐惧存在于人所处的情境之中。这些情绪的依附是如何发展的呢？那些开始没能唤起情绪的物体后来怎么又唤起了情绪，并且因此大大地增加了情绪生活的丰富性和危险性呢？从 1918 年起华生开始研究这个问题。在进行这项研究之前，华生似乎也有点犹豫。他说：“起先，我们很不愿意做这类实验，但是这种研究是如此的必要，以至于我们最终决定对婴儿身上建立恐惧的可能性进行实验，嗣后再研究消除这些恐惧的办法。”①

华生相信，绝大多数情绪联结都会通过条件作用发生。为此，他开展了心理学史上一项经典的实验。1920 年，华生和雷纳选择了 11 个月大的阿尔伯特为研究对象，其第一个实验目的是，建立对小白鼠的恐惧反应的条件反射。② 如图 1—2 所示。首先，通过重复的实验证明，对这个孩子来说，只有巨大的声响和失去支持才会引起恐惧反应。用木匠的斧头敲打一根直径 1 英寸、长 3 英尺的钢条，产生了最明显的恐惧反应。为了描述建立条件反射的情绪反应的过程，我们摘取他们的实验记录如下：“十一个月零三天大：(1) 他已经玩了 3 天的白鼠，突然之间，白鼠被从篮子里拿出来(通常的程序)，并呈现在他面前。他开始伸出左手想触摸白鼠，正当他的手刚触摸到白鼠时，钢条即刻在他脑后敲起。婴儿猛烈地跳起，向前摔下，将他的头埋进垫子里，但他没有哭。(2) 正当他的右手刚触摸到白鼠时，钢条又开始敲起，他又猛烈地跳起，向前摔倒，并开始哭泣。”③

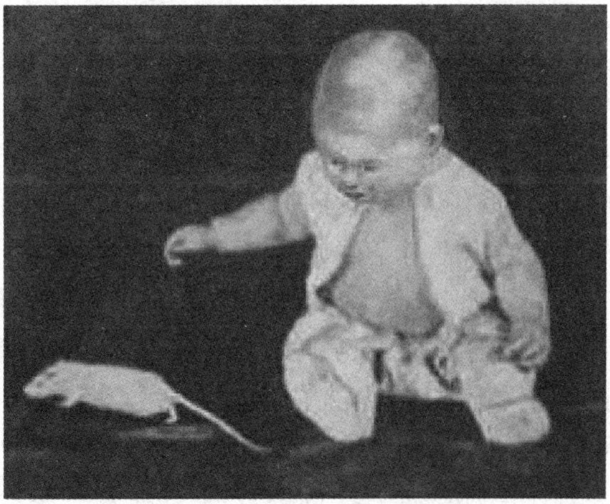

图 1—2　条件作用之前

如此反复，呈现白鼠和响声的组合刺激，以至于最后：“(8) 白鼠单独出现。一俟白鼠出现，婴儿马上哭泣。几乎同时，他一下子转向左

① 华生著，李维译：《行为主义》，浙江教育出版社 1998 年版，第 149 页。

② Watson, J. B., Rayner, R. (1920). Conditioned emotional response. *Journal of Experimental Psychology*, 3, pp. 1～14.

③ 华生著，李维译：《行为主义》，浙江教育出版社 1998 年版，第 150 页。

边，扑倒在地，在地板上匍匐前行，速度如此之快，以至于差不多爬到垫子边上时，才让大人赶上。”①

可见，通过条件作用过程，阿尔伯特已经对白鼠形成了恐惧的情绪反应。随后，华生又研究了条件性情绪反应的泛化或迁移。他们发现，阿尔伯特对白鼠的恐惧情绪反应从原有条件刺激物（白鼠）泛化到其他刺激物，如兔子、狗、海豹皮衣、圣诞老人的面具等。如图1—3所示。

图1—3 阿尔伯特害怕圣诞老人面具

华生认为，成人所有诸如此类的恐惧、厌恶和焦虑都是在儿童期通过条件作用形成的，并非像弗洛伊德所说的那样，起源于无意识冲突。在华生看来，这仅仅是情绪领域最初步的研究。心理学界早就注意到这一研究存在的方法论缺陷和伦理问题。例如，在仅仅使用了一个婴儿做被试的基础上，就得出关于恐惧条件作用的普遍结论是不恰当的。在20世纪20年代和30年代，几个试图产生条件情绪反应的研究都没有得出明确的结论。但是华生等人的研究结果仍被接受为科学证据，在很大程度上不失为心理学界一笔巨大的财富，它令人信服地证明了情绪行为可以通过简单的刺激—反应手段成为条件反应。这一发现对于开创行为主义学派功不可没。② 实际上几乎所有的心理学教科书或有关行为与学习的书籍都会引用这一研究，阿尔伯特也成为心理学专业者耳熟能详的名字。

小阿尔伯特的研究不能被认为是对条件作用原理的普适性的结论性证明。为什么它会如此出名呢？有研究者认为，一个是政治原因。为了让行

① 华生著，李维译：《行为主义》，浙江教育出版社1998年版，第151页。

② 哈克著，白学军等译：《改变心理学的40项研究——探索心理学研究的历史》，中国轻工业出版社2004年版，第99页。

为主义成为美国科学心理学中公认的重要势力，需要有条件作用威力的实例。华生所要做的一件事就是宣扬行为主义，但是还需要证明其有效性。小阿尔伯特的研究似乎很符合需要，华生和其他支持行为主义的人后来对它进行描述时，忽略了方法上的弱点，使其最终获得了“起作用的条件作用”的确切例证的地位。该研究普及的第二个原因与第一个有关，就是它对身负生活重任的人具有一定的吸引力和适用性，它预示了我们该怎样抚养孩子。如果儿童所遇到的经历会对其生活造成如此显著的影响，那么控制儿童的环境就成了塑造儿童未来的重要途径。因此，小阿尔伯特的研究在使新的行为主义取向能在十年内名正言顺地成为美国心理学的主导力量中发挥了重要的作用。

后来，当华生准备回去消除阿尔伯特的恐惧情绪反应时，他已经从那家医院搬走了。就在这个时候，华生在约翰·霍普金斯的工作也中断了。众所周知，华生没能消除阿尔伯特的恐惧。直到 1923 年秋天，当时劳拉·斯皮尔曼·洛克菲勒纪念馆给了师范学院的教育研究所（Institute of Educational Research of Teachers College）一笔奖金，其中部分用于继续进行儿童情绪生活的研究。华生作为顾问，花了许多时间帮助设计实验，由雷纳的朋友玛丽·科弗·琼斯（Mary Cover Jones）主持了所有的消除儿童恐惧的实验。[①] 华生指出，在消除恐惧而使用的方法中，所能发现的最成功的方法是“重建条件反射”（reconditioning）或“无条件反射”（unconditioning）。[②]

他们研究的一个案例是消除彼得的恐惧。彼得是个活泼而精力充沛的男孩儿，约三岁，他害怕白鼠、兔子、毛皮大衣、羽毛、棉花、羊毛、青蛙、鱼和机械玩具。与阿尔伯特不同，彼得的恐惧是在家里形成的。琼斯等人采用了示范、直接的条件作用（the method of direct conditioning）等方法，使彼得的恐惧减弱或消除了。[③] 这项研究被认为是行为矫正的先驱。

四、思维论

华生的思维观和语言观是联系在一起的。他认为，思维就是不出声的言语，二者都是整个躯体的机能。在《人类行为的非言语化》这篇论文中，华

---

① Jones, M. C. (1924). The elimination of children's fears. *Journal of Experimental Psychology*, 7, pp. 382～390.

② 华生著，李维译：《行为主义》，浙江教育出版社 1998 年版，第 163 页。

③ Jones, M. C. (1924). The elimination of children's fears. *Journal of Experimental Psychology*, 7, pp. 382～390.

生指出，一个学习打高尔夫球的人通常同时也学习谈论高尔夫球。而且，对于商人来说，谈论高尔夫球、打猎、钓鱼等话题比实际上在这些方面表现出娴熟的技能更为重要。商人可以总是拒绝去打高尔夫球，拒绝去打猎或钓鱼，但是他不能拒绝谈论这些业余爱好的技术要点，并保留在爱好体育运动的群体中。[①] 可见，华生认为言语能成为行为或对象的替代物，即言语对行为或对象具有可替代性或等值性效用。

华生指出，随着个体的成长，他能够对外部环境中的每个物体和情境建立条件化的词语反应。词语不仅能够唤起其他的单词、词组和句子，当人类被恰当地组织起来时，它们可以唤起人类所有的操作活动。言语习惯的建立与手的操作习惯的建立一样。华生将言语习惯或组织与在钢琴上弹奏一首曲子所进行的动觉组织进行了比较。刚开始时，我们必须看着乐谱上的每一个音符，小心翼翼地依次在钢琴上找到相应的键。我们所面对的是一系列的视觉刺激，我们的反应就是按照这个序列组织起来的。但是当练习了一段时间之后，最初作为刺激物的音符或别人的一句话就能够激发整个反应链，而且即使拿走乐谱或者在黑暗中都照样可以弹奏。类似地，我们的言语行为也是这样。经过几次反复之后，一首诗或一个童话的开头一行就可以唤起对整个篇章的重复。

华生相信，当我们学习讲话时，也就学习了肌肉习惯。所以，说话不仅是一个中枢过程，还是一个外周过程。我们说话是由于大脑和肌肉组织相互作用的结果。在讲话过程中涉及到的主要肌肉组织是那些与喉相连的肌肉组织，但是华生发现，切除了喉，我们仍旧可以窃窃私语。因此，他认为，我们实际上是在用我们的整个身体讲话，包括双手、肩膀、舌头、面部肌肉、咽喉、胸膛，等等。大脑并不能脱离身体的其他部位单独发挥功能。

在华生看来，思维不过是我们同自己交谈。而且，在我们外显的言语习惯形成以后，我们不断地同自己交谈(思维)。华生把思维还原为不出声的言语，认为思维包含了所有各种无声进行的言语行为，它与外显语言一样，依赖同样的肌肉运动习惯。思维也是整个躯体的机能，是中枢系统和边缘系统共同作用的结果，它涉及动作的、言语的和内脏的组织。华生指出，组成喉的大量软骨负责思维，就像是说构成肘关节的骨头和软骨形成了打乒乓球所需的主要器官。因而，华生认为我们是用整个身体来思维和计划。

在《行为主义》一书中，华生告诫读者，他们曾经被训练说，思维是独特

① Watson, J. B. (1924). The unverbalized in human behavior. *Psychological Review*, 31(4), pp. 273～280.

的非肉体的东西，它无法触摸，非常短暂，属于一种特殊的心理现象。他还进一步告诫说，存在一种强烈的倾向，要把你不能看见的东西与神秘联系起来。但是随着新的科学事实的发现，不能被观察到的现象越来越少，相应地，关于思维的科学实验研究可能会越来越多。华生指出，行为主义提出关于思维的一个自然科学理论，使得思维就像打乒乓球一样简单，它不过是生物过程的一部分。

华生思维理论的证据的主要线索来自于对儿童行为的观察。他描述了从外显的言语到内隐的言语（思维）的发展。当儿童独处时，他不停地说话。3 岁时，他甚至出声地计划一天的事。当我们把耳朵凑近育儿室门外的钥匙孔上时，这种事情经常被进一步证实。他出声地说出他的祝愿、他的希望、他的惊恐、他的烦恼、他对保姆或者双亲的不满。不久，社会以保姆和父母的形式加以干涉，要求儿童不要出声说话，不要自言自语。于是，外显的言语减弱成低声细语，一个熟练的唇读者依旧能够读出儿童关于世界和他自己的想法。在不时施加的社会压力影响下，绝大多数人都要发展到第三个阶段。儿童被要求不对自己小声低语，不动嘴唇阅读。以后，这个过程被迫在嘴后面发生。在这堵墙后面，你可以用你能够想到的最坏的名称来叫一个最大的恶霸，而不带一丝笑容。你能告诉一个惹人厌烦的女性她实际上是多么可怕，而随后又面带笑容，对她进行口头恭维。①

华生还指出，即使没有言语，思维也能发生。可以根据条件化的言词替代（conditioned word substitute）来思维，用诸如耸肩或在眼睑、眼的肌肉甚至视网膜中发现的其他一些身体反应来代替思维。例如，聋哑人在交谈时是用手势代替言词，其思维照常发生。

虽然有一些实验者支持华生的思维完全由无声的语言构成的论点，但这一论点却受到了普遍的反对。确定思维的性质及其与行为的关系，这个问题就像心理学一样古老。华生没有解决这个问题，其他人同样也没有解决这个问题。诚如美国心理学家查普林和克拉威克所言：“当我们进而审查 J·B·华生的思维观时，我们面对的是他的全部学说中最有特点、最富挑战性、最引起争论的观点之一。我们指的是他的著名的‘边缘思维论’。”②思维的确向否认心理事件存在的行为主义心理学提出了一个难题。

① 华生著，李维译：《行为主义》，浙江教育出版社 1998 年版，第 234～235 页。
② 查普林、克拉威克著，林方译：《心理学的体系和理论（下册）》，商务印书馆 1984 年版，第 19 页。

五、人格论

华生给人格下的定义是："通过对能够获得可靠信息的长时行为的实际观察而发现的活动之总和。换言之，人格是我们习惯系统的最终产物。我们研究人格的过程是制作和标绘活动流的一个横截面。"[①]行为主义者进行人格研究，其目的是，证明一个人适合于做什么，不适合于做什么，什么东西不适合他，并预言一个人将来的能力，以便为社会无论何时需要这样的资料提供服务。

华生指出，所有健康的个体从出生开始都是平等的，是在其出生以后发生的事情，使得一个人或成为干苦活的人，或成为外交家，或成为成功的商人，或成为著名的科学家。可见，华生在人格的影响因素问题上也是否认遗传因素的作用，赞成环境决定论。

华生认为，可以通过制作和标绘动作流的一个横截面来研究人格，根据在横截面上占支配地位的习惯系统，来判断其主要的人格特征。[②] 图 1－4 标绘了个体 24 岁时动作流的横截面。在该图中，制鞋是占支配地位的职业

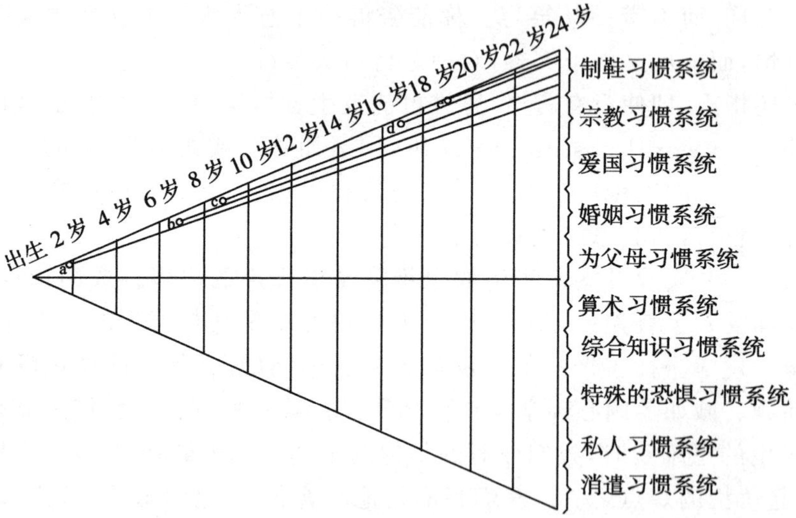

图 1－4　24 岁时的人格略图

性习惯系统，而制鞋习惯系统是由 a、b、c、d、e 等各自独立的习惯所构成的。所有这些独立的习惯都是形成于不同的年龄。其他一些习惯系统，如宗教

① 华生著，李维译：《行为主义》，浙江教育出版社 1998 年版，第 271 页。

② 华生著，李维译：《行为主义》，浙江教育出版社 1998 年版，第 267～273 页。

习惯系统、爱国习惯系统等，为了使之完整，也可以绘出类似的路线，追溯至个体的青春期、少年期、幼年期。但为了清晰，我们将之省略了。①

华生指出，在这些活动中间，在动作领域（如职业的）、喉部领域（大演说家、善于讲故事的人、沉默的思想家）以及内脏领域（害怕别人、害羞、易怒、生气等我们称之为情绪化的东西）都有占据支配性的系统。这些支配性的系统易于观察，是我们大多数情况下快速判断个体人格的基础。我们对人格进行分类所依据的就是这些少量的支配性系统。②

华生指出，要研究一个个体的人格，我们必须在日常进行的复杂活动中对他进行观察，不是在某一瞬间，而是一星期又一星期，一年又一年，观察他在压力下、在诱惑中、在物质丰富或贫乏条件下的行为。也就是说，长时期对行为进行细致观察是我们判断人格的唯一方法。那种以表面观察为基础，根据个人好恶和倾向，对他人的人格做出快速判断的做法，经常会给人们带来严重伤害。华生主张根据实践的、常识的、观察的方法来研究人格，并提出了几种具体的人格研究方法：

① 研究个体的教育图表。通过绘制一个人的教育经历图表，可以获得个体人格的周全资料。例如，他是否读完了小学？是否在 12 岁时中途退学？他为什么退学？是因为经济压力？还是因为寻求冒险？他是否高中毕业？他是否继续攻读大学直到毕业？不管他的才智如何，如果他能坚持到底，就证明他的工作习惯很好。

② 研究个体的成就图表。华生认为，判断一个人的人格、特点和能力的最重要因素之一是个体每年的成就史。通过绘制个体在他各种职位上任职时间的长度，以及他每年工资收入的增长来客观地衡量。因为在他看来，每年职位的提高和每年工资的增长在个体进步中是最重要的因素。

③ 运用心理测试。华生指出，通过心理测试可以很快地测出一个人在某一方面的特殊能力，许多不同的职业测试正处在日益完善的过程中，他期待看到这类测试的进步。但同时华生又警告说，必须记住职业测试只能表明在特定时间完成一些事情的全部能力，它有特定的误差，做某些事情的全部能力不能告诉我们个体“系统的工作习惯”。

④ 研究个体的业余时间和娱乐活动。每个人都有自己偏好的娱乐或消遣形式，例如有的人喜欢阅读，有的人喜爱运动，有的人热衷于朋友聚会、喝酒，而有的人宁愿选择与家人在一起。华生认为，运动和娱乐是很外露的东

① Watson, J. B. (1925). *Behaviorism*. London: Kegan Paul, Trench, Trubner & Co., Ltd., p. 221.
② 华生著，李维译：《行为主义》，浙江教育出版社 1998 年版，第 271 页。

西。一个没有能力赚钱的人要想同时精通一项娱乐活动是比较困难的;同样,对于一个不友善的、难以与人和睦相处的人来说,精通运动也是很难的。因此,运动和娱乐这一线索值得研究,它可能预示人格。

⑤ 研究个体在实际情境中情感的特征。华生指出,我们对诸如个体的受教育经历、工作成就、业余活动等有关因素的研究,都不能勾勒出整个人格的特征。一个人可能在他的工作习惯以及身体和语言方面很成功,但他可能也是一个卑鄙的、吝啬的、不友善的、傲慢的、令人讨厌的人。因此,这就需要我们进一步观察他的情感特征。我们可以观察他有多少朋友,这些朋友关系维持了多久。有一点可以肯定,如果他没有很大的朋友圈子,没有保持时间很长的朋友,他将始终是一个难以相处的人——不管他工作得如何出色。在判断一个人的道德品质时,必须扩大观察的范围,查阅个体的经历,考察他最近的生活。

另外,华生指出,我们能够从私人访谈中获得个体的一些情况。但是,私人访谈必须加以扩展,而且必须通过不止一次的访谈。在访谈期间,个体的声音、姿势、步法和外表,所有这些都是相当重要的。而且,衣着在许多方面也能够反映一个人的行为,例如显示他是否有干净整洁的个人习惯。这些都可以作为人格研究的捷径。同时,华生尖刻地批评了将正统的心理学家所创立的理论过度地用于人格研究之中的现象,并无情地揭露了这些人所惯用的伎俩。

华生还讨论了成人人格的一些弱点、病态人格以及人格改变的问题。他认为,可以利用"非习得"的东西和新习得的东西来改变人格。但是,彻底改变人格的唯一途径就是,通过改变个体的环境来重塑个体,以形成新的习惯。我们改变环境越彻底,人格也就改变得越多。这又一次体现了华生的环境决定论。但是,华生也认识到这种方法并不是万能的,其中,语言是一个困难,也就是很难禁止个体以言语和手势的形式来使用其旧的内部环境。

第五节　行为主义的实际应用

华生坚信心理学的目标就是预测和控制人的行为。他从刺激—反应线性公式出发认为，知道刺激就可以推知反应，已知反应就可以推论出刺激，由此我们就可以预测并有目的地控制、调节人的行为。华生主张将行为主义原理应用于社会生活，解决各种实际问题。尤其是在离开霍普金斯大学之后，他一直不遗余力地宣传普及行为主义心理学，并在广告界取得了巨大成功，为商业广告的发展做出了重要贡献。

一、行为治疗

华生虽然没有明确提出“行为治疗”这一概念，但他在行为治疗领域的“功绩是不可磨灭的”[①]。他在 1916 年发表的《行为与精神疾病的概念》一文奠定了行为治疗的理论基础，这是华生首次公开发表的与精神病学有关的文章。他对精神病学家使用的“精神”（mental）一词提出了质疑，认为应该用人格疾病、行为疾病、行为障碍、习惯冲突等来代替精神障碍、精神疾病这些术语。他指出，无人能对社会结构中存在的各类行为障碍做出合理的分类，诸如早发性痴呆、躁狂抑郁型精神错乱、焦虑型神经症、偏执狂、精神分裂症等分类毫无意义。华生指出，我们完全可以用行为主义的术语来描述精神疾病，用习惯系统来解释精神疾病。在他看来，神经症是由不良条件作用形成的条件反射，是一种习惯障碍（habit disturbances），即适应不良（maladjustments），应该根据病人在日常生活中对物体和情境的不当反应、错误反应、完全缺乏反应来描述。[②] 为了表明其行为主义立场，华生还设想了一只精神变态的狗，描述了狗的异常行为表现，以及如何通过条件作用来矫正狗的行为。[③]

华生和雷纳对阿尔伯特的恐惧条件反射实验很好地说明了恐惧症的形成。这一经典性研究现在已经成为精神病学、临床心理学教科书的常规内容。[④] 1923 年，在劳拉·斯皮尔曼·洛克菲勒纪念馆的资助下，华生指导琼斯进行了最早的关于恐惧的无条件作用研究。[⑤] 他们尝试用于消除恐惧反应的方法主要有：① 通过长时间停止使用刺激来消除恐惧反应（elimination

---

① 张厚粲著：《行为主义心理学》，浙江教育出版社 2003 年版，第 460 页。

② Watson, J. B. (1916). Behavior and the concept of mental disease. *The Journal of Philosophy, Psychology and Scientific Methods*, 13(22), pp. 589～597.

③ 华生著，李维译：《行为主义》，浙江教育出版社 1998 年版，第 299～301 页。

④ 高峰强、秦金亮著：《行为奥秘透视：华生的行为主义》，湖北教育出版社 2000 年版，第 258 页。

⑤ Viney, W., King, D. B. (2004). *A history of psychology: ideas and context*. (3rd ed.). Beijing: Peking University Press, p. 299.

of fear responses through disuse)。一般认为，长时间的刺激消除会使儿童或成人“忘记他的恐惧”。我们常听到这样的话：“让他远离它，他就会摆脱它，他会忘记所有与它有关的一切。”但该方法并不像通常认为的那么有效。② 言语组织法(method of verbal organization)。该方法对儿童的语言能力要求比较高，并且只有与身体和内脏适应联系起来才能奏效；言语组织法类似于现在的支持疗法。③ 引进社会因素的方法(method of introducing social factors)，通常称作社会模仿(social imitation)，即利用榜样的示范作用，实际上就是米勒和多拉德后来发展的示范疗法。使用这种方法的困难在于，有时未对物体产生恐惧反应的儿童会受到对物体产生恐惧反应的儿童的影响，从而产生恐惧的条件反射。④ 重建条件作用或无条件作用的方法。这是消除恐惧反应最成功的方法，琼斯就用该方法消除了彼得的恐惧反应。他们的做法是：用餐时间，在一个长约 40 米的房间里，让彼得坐在小桌旁的高椅子上。正当他开始吃午餐时，一只放在宽网状结构的笼子里的兔子出现了。第一天，只把兔子放在足够远的地方，不至于打扰他用餐，效果很明显，彼得照常用餐。第二天，兔子越放越近，直到他刚感到被打扰时为止。第三天及随后的几天，同样的过程继续进行，最终兔子可以放在桌子上，而后可以放在彼得的膝盖上，接着容忍变成了积极的反应，后来他竟可以一只手吃饭，另一只手去与兔子玩耍。华生认为，这证明彼得的内脏与手一起重新得到了训练。

华生指导琼斯所做的消除彼得恐惧情绪的研究具有重要的意义。它不仅显示了运用行为矫正改变个体行为的潜在价值，而且常常被认为开了系统脱敏(systematic desensitization)行为治疗技术之先河。在华生之后，人们对行为治疗技术的兴趣激增。诸如《行为研究与治疗》、《应用行为分析杂志》、《行为治疗》等学术杂志相继创刊，像行为治疗进展学会、性虐待者行为治疗学会、行为分析学会、行为医学协会等科学和专业组织也纷纷成立，促进了人们在行为治疗领域的思想交流。①

二、儿童教育

美国威斯康星—密尔沃基大学的研究者南斯(R. Dale Nance)将华生与霍尔(G. Stanley Hall)进行了比较，认为华生是儿童研究领域重要的先驱人

① Viney, W., King, D. B. (2004). *A history of psychology: ideas and context*. (3rd ed.). Beijing: Peking University Press, p. 299.

物，至少在实验室研究这种形式上，在一定程度上开创了科学的儿童心理学阶段。① 华生在儿童心理学上的观点主要体现在《婴儿和儿童的心理护理》(1928)一书中，该书总结了他和妻子雷纳关于儿童教育的思想和方法。

在亲子关系问题上，华生主张父母不应该向孩子表达太多的爱。他认为，家庭成员之间互相表达太多的爱是有害的，而且向孩子表达母爱会慢慢地使孩子无法应对周围世界。如果父母认为“一定要”亲吻孩子，那么应该限制到一天一次，而且应该在互道晚安时亲吻孩子的额头。他主张把孩子当成小大人来对待，反对父母为孩子提供太多的玩具。

华生和妻子雷纳就是严格遵循《婴儿和儿童的心理护理》中的原则来抚养两个儿子的。他们的儿子詹姆斯·华生(James B. Watson)曾回忆说，华生“不会表达和应对他自己的情感体验，我认为，他肯定在无意中剥夺了我和哥哥的情感基础(emotional foundation)。他深信，任何慈爱或情感的表达都会对我们产生不良影响……他极其轻视表达和表露情感，这是他关于儿童教养理论的核心。”②他们晚上就寝时都是和父母握手道别，从来没有在身体上亲近父母。南斯指出，父母和孩子之间应该尽量少地进行情感交流，这种观点在实际中会受到每个人的怀疑，并遭到大多数人的反对。③

在遗传—环境问题上，华生主张环境决定论。他非常注重培养孩子的独立性。在詹姆斯眼里，“父亲人生观的核心就是独立，特别是在家庭关系中”④。华生曾向儿子声明，除了正常的照顾和抚养之外，他们的家庭不会为孩子提供依赖的机会。因此，他非常注重训练孩子的行为习惯，让他们从小就学会做很多力所能及的事情。

在性教育问题上，华生的思想很开放。他在孩子很小的时候就对他们进行性教育。詹姆斯回忆认为，这种训练太早了，也太经常了，当时对他们几乎没有什么太多的意义。并且，不是早期性教育本身不好，而是它过分强调性才带来了问题。大约从詹姆斯七岁时起，华生就经常公开声称，如果社会法律允许，他会为两个儿子找情人。华生曾明确指出，青少年和儿童手淫是完全正常的，但成人这样做是不能被接受的。华生在性问题上的主张与

---

① Nance, R. D. (1970). G. Stanley Hall and John B. Watson as child psychologists. *Journal of the History of the Behavioral Sciences*, 6(4), pp. 303～316.

② Hannush, M. J. (1987). John B. Watson remembered: an interview with James B. Watson. *Journal of the History of the Behavioral Sciences*, 23(2), pp. 137～138.

③ Nance, R. D. (1970). G. Stanley Hall and John B. Watson as child psychologists. *Journal of the History of the Behavioral Sciences*, 6(4), p. 314.

④ Hannush, M. J. (1987). John B. Watson remembered: an interview with James B. Watson. *Journal of the History of the Behavioral Sciences*, 23(2), p. 145.

弗洛伊德有很多相同之处。

詹姆斯认为，华生关于情感和性的观点对他和哥哥比尔产生了相当大的创伤。他们不会有效应对人类的情感，既不会接受爱也不会表达爱，而且降低了他们在以后生活中的自尊，最终导致了比尔的自杀和自己严重的抑郁危机。①

三、商业广告

华生将教育、商业和工业领域视为其心理学专业知识的主要受益对象(beneficiaries)。在进入广告公司之后，华生很快全身心地投入其中，并取得了巨大成功。20世纪20年代，美国的广告业开始逐步发展起来。广告业界人士试图向商人证明——广告能够提供系统高效的营销方法，即使这种方法不一定科学。广告商指望科学尤其是心理学能够提供一些技术，以使分配和营销过程合理化，他们希望出售的产品就是受控制的、可预测的消费者主体。为了有效地开拓用户市场，广告商竭尽全力去发现、解释消费行为背后的动机的普遍原理。在智威汤逊公司，华生扮演着双重角色：第一，华生作为证据，向企业界证明智威汤逊公司在承担寻求科学解决市场问题的义务上态度认真；第二，华生作为广告心理学家，其任务是发动一场能吸引公众的运动，以为大量生产的产品创造可靠的市场。②

在进入公司之后不久，华生就被派去推销公司代理广告的产品，他挨家挨户地推销雨班咖啡(Yuban coffee)，很快学到了许多宝贵的经验。华生发现，消费者与生产者、百货公司和广告公司的关系类似于池蛙与心理学家的关系。对广告心理学家来说，市场是他们的实验室，消费者就是实验对象，消费即购买行为是可以被控制的活动。广告的目的不是散布关于某种产品或服务的信息，而是创造消费者群体，并实现对消费行为的控制。广告心理学家不仅要研究消费者目前的需要，还要利用这些需要激发其对其他产品和服务的欲求。华生认为，是情绪因素触发并激起了人们的社会行为，包括消费行为。因此，要吸引消费者并使之做出消费行为反应，只需要使之面对基本的或条件化的情绪刺激即可。华生建议，在广告中可以向消费者传达能够引起恐惧、激起愤怒、唤起爱的反应、触发深层的心理或习惯需求的信

---

① Hannush, M. J. (1987). John B. Watson remembered: an interview with James B. Watson. *Journal of the History of the Behavioral Sciences*, 23(2), pp. 138～139.

② Buckley, K. W. (1982). The selling of a psychologist: John Broadus Watson and the application of behavioral techniques to advertising. *Journal of the History of the Behavioral Sciences*, 18, p. 211.

息。这些隐蔽的、潜在的行为根源是心理状态强有力的“妖魔”(genii)。华生强调，不能随意地运用行为技术来偶然发现适宜刺激，以便获得想要的反应，而是需要在实验条件下确定消费者的反应。广告商必须从消费者总体中选取样本作为研究对象，科学地改进其方法，直到感觉有把握瞄准目标并精确实施，才可以付诸实践。华生的心理学进入广告界带来了销售活动理念的根本转变和发展。①

在将行为主义方法转变为销售技巧时，华生的一项重要策略是运用人口统计学信息。例如，在销售强生婴儿爽身粉时，他将主要的消费群体定位在年轻的、白人中上阶层，并建议广告商推销与产品有关的思想，而不仅仅是宣扬产品本身。例如，强调婴儿爽身粉的“纯净”、“清洁”，使用爽身粉的好处，以及不使用强生婴儿爽身粉可能会使婴儿面临感染的威胁，等等。这样，就会使年轻母亲怀疑自己是否有能力应对婴儿的健康问题，唤起她们焦虑或恐惧的情感反应。同时，华生还引用医学专家来证实广告中所暗含的信息，这既证明了产品符合“科学”的标准，也使专家充当了婴儿抚养和保健的权威。

华生在广告活动中使用的另一个策略是运用证言广告(testimonial advertising)。运用该策略，他成功地进行了培贝科牙膏(Pebeco toothpaste)的广告策划。② 此外，华生还用实验法研究了香烟的“品牌忠诚”。③ 总之，华生在商业广告领域做出了不可小觑的业绩，影响了美国乃至世界广告业的发展。

四、性行为问题

第一次世界大战期间，应征去欧洲作战的士兵经常出入于妓院，不少士兵因感染性病而面临死亡的威胁，极大地削弱了美军的战斗力。美国国防部先后推出了两部抵御性病的教育影片，希望借此来教育士兵。1919 年，在联邦内务部社会卫生局的资助下，华生与拉施里(K. S. Lashley)一起对性教

① Buckley, K. W. (1982). The selling of a psychologist: John Broadus Watson and the application of behavioral techniques to advertising. *Journal of the History of the Behavioral Sciences*, 18, p. 213.

② Buckley, K. W. (1982). The selling of a psychologist: John Broadus Watson and the application of behavioral techniques to advertising. *Journal of the History of the Behavioral Sciences*, 18, p. 216.

③ 高峰强、秦金亮著:《行为奥秘透视——华生的行为主义》，湖北教育出版社 2000 年版，第 245～246 页。

育影片的效果进行了大规模调查。① 这在心理学史上被认为是第一次严肃的性态度调查。该项调查主要从三个方面展开:第一,观众在多大程度上能记住影片所提供的信息;第二,影片能唤起观众怎样的情绪,这些情绪是否是影片期望唤起的情绪;第三,影片是否具有实际的指导作用,即看过影片的人是否更少去妓院或参与色情娱乐,或者说看了影片是否使这些人更道德。

华生和拉施里在分析了影片教育内容的细节之后,对看过影片的三个城镇的观众进行了调查。他们采取了问卷、访谈与实地追踪相结合的研究方法,先给每位观众发放问卷,对回收的问卷进行分析,并对其中的部分观众进行访谈,从问卷中选取一个小样本对其行为进行追踪调查。有70%的观众认为他们已经掌握了影片的细节及其传递的信息;48%的观众认为他们从影片中获得了新知识;89%的观众知道性病会传染,因此不应该同妓女及其所用物品有任何接触。影片唤起了观众对性病感染的恐惧,但没有达到病理性的强烈程度。华生和拉施里认为,影片没有唤起官方所期望唤起的情绪。他们的追踪调查表明,影片没有使观众的性行为更加节制。②

华生对性问题的研究也引起了一些争议。③ 不管怎样,华生与拉施里的这项性态度调查的意义和价值是不容怀疑的。

五、社会改良

华生认为,社会控制是心理学的主要应用领域。心理学家不仅预测人类行为,而且还系统阐述一些原理,以使"有组织的社会"(organized society)控制人类行为。心理学家合理地代替了牧师和政治家。传统的通过教会和政治程序来维持社会秩序的做法主要是借助于"尝试错误",而行为主义则将人类行为置于科学的控制之下,大大提高了效率,从而替代了那种过时的方法。④ 华生所倡导的社会实验法表明,行为主义的刺激—反应原理的最终目的是实现对社会的控制和管理。在某种程度上,社会实验法就是华生的

① Watson, J. B., Lashley, K. S. (1920). A consensus of medical opinion upon questions relating to sex education and venereal disease campaigns. *Mental Hygiene*, 4, pp. 769～847.

② 高峰强、秦金亮著:《行为奥秘透视——华生的行为主义》,湖北教育出版社2000年版,第252～256页。

③ Benjamin, L. T., Whitaker, J. L., Ramsey, R. M., et al. (2007). John B. Watson's Alleged Sex Research: An Appraisal of the Evidence. *American Psychologist*, 62(2), pp. 131～139.

④ Buckley, K. W. (1982). The selling of a psychologist: John Broadus Watson and the application of behavioral techniques to advertising. *Journal of the History of the Behavioral Sciences*, 18, p. 208.

行为主义原理(即刺激—反应公式)在社会问题研究中的应用。华生指出，在所有的社会实验中，具有两种一般的程序：一是在社会情境中做出改变，考察将会由其带来什么样的变化。我们无法肯定情况将会好转，但总会比目前的情况要好。第二种程序可以描述为：我们想要这个人或这批人做某件事，但是我们不知道如何安排一种情境使他做这件事。也就是，反应是已知的而且为社会所认可，反过来考察引起该反应的社会情境或刺激。操纵刺激不是为了看将会发生什么情况，而是为了引起特定的行为。

我们可以举战争作为上述第一种程序的社会实验的例子。当一个国家卷入战争时，没有一个人能够预言该国采取的反应将会发生什么变化。华生还形象地说，当儿童辛辛苦苦搭建起来的积木被随手推倒时，这也是盲目操纵刺激的一个例子。美国禁酒运动的失败也证明了它是对社会情境的盲目的重新安排。华生将这类问题用一般图式归纳如下：

所给的刺激	反应——结果——过于复杂而无法预测
S———————————R	
推翻君主制，成立苏维埃政府	?
战争	?
禁酒令	?
轻率的离婚	?
没有任何婚姻	?
双亲在无知中抚养的孩子	?
宗教心理为道德标准所替代	?
财富的平均化	?
取消世袭遗产等	?

华生指出，在这种社会实验中，社会并不通过小规模实验手段摸索着寻找出路，往往会深深陷入困境。

与第一种程序相似，社会实验也在第二种程序中进行着。关于这种程序，可以用下述图式表示：

S——R	
?	现代财政压力下的婚姻
?	难以进行社会控制的大城市里的自制
?	加入教会
?	诚实
?	按照特殊路线迅速获得技能
?	正确的放逐等

这种社会实验包括建立一组组刺激，直到从刺激的正确群集中得到特定的反应为止。

关于社会实验，华生最后指出："行为主义者相信，他们的科学对社会的结构和控制是基本的，因此他们希望社会学能够接受它的原则，并以更加具体的方式重新正视它自己的问题。"[①]可见，行为主义采用社会实验法的最终目的还是预测和控制人的行为，以更好地管理和控制社会。

第六节 对华生行为主义的评价

一、主要贡献

第一，华生通过直接攻击内省心理学，揭露其致命的弱点，即缺乏客观性，促使心理学逐渐从直接意识经验的研究转向了行为的研究。通过将可观察的、可测量的行为而不是内省报告作为因变量，华生扩展了传统心理学的研究范围，最终促使心理学领域植根于更加坚实的科学土壤之中。在华生行为主义之前，心理学流派的主要研究对象和范围大都局限于意识或经验。例如，内容心理学的研究对象是意识的内容，意动心理学的研究对象是意识的活动。虽然后来有麦独孤、皮尔斯伯里等研究者明确提出心理学是研究行为的科学，但他们并没有将之精心设计成一场有明确目标的活动，对

① 华生著，李维译：《行为主义》，浙江教育出版社1998年版，第47页。

当时的心理学并未产生广泛而深刻的影响。唯有华生旗帜鲜明地赋予行为如此之高、如此之显要的地位，他大张旗鼓地提出心理学是一门行为科学，要摒弃对意识的研究。这种主张使华生的行为主义从一开始就带有革命的特征，志在弥补以往心理学在研究对象上的不足。

华生的行为主义致力于心理学的一些基础研究，使动物心理学、儿童心理学、特别是实验心理学和学习心理学取得了重大进展，从而拓展了心理学的研究领域。华生行为主义与动物心理学有着非常密切的关系。华生本人在正式提出行为主义理论之前就是一个出色的动物心理学家，可以说他的行为主义理论就是在动物心理学研究的基础上发展而来的。当他还是一个动物心理学家的时候，华生就感受到被心灵主义压制的苦恼。当时，由于研究中的拟人化倾向使动物心理学不能取得合理地位。华生在芝加哥大学期间曾与卓越的动物学家和生理学家洛布有联系，并完全了解桑代克 1898 年的《动物智慧》专题论文的主要论点。华生从桑代克等人关于动物学习的实验研究中得到启迪，研究了白鼠、燕鸥等的行为。1908 年，华生为动物心理学界定了一个纯客观的、非心灵主义的研究方法，宣传动物心理学是一门探讨动物行为的独立领域。毫无疑问，他的主张促进了动物心理学的发展。

华生对儿童心理学的客观化也做出了重要贡献。他对儿童情绪的产生、发展以及特定情绪下的行为特点进行了客观观察和实验研究，丰富了儿童心理学的研究成果。华生在退出学术界之后，虽然无法继续其实验室研究，但仍念念不忘与公众分享他关于儿童心理的思想。华生与雷纳撰写的《婴儿和儿童的心理护理》，为众多年轻的父母提供了育儿指导，这部著作直到 20 世纪 40 年代还被当作抚育儿童的指南。

华生是实验心理学的倡导者，提倡在良好控制条件下获得对行为的度量。行为主义者强调，心理学应采用科学的方法，基于行为的精确观察和度量进行研究。直到目前，这种观点仍为大多数心理学家所接受。按照华生的行为主义理论，学习主要是通过条件作用形成简单的刺激—反应联结，几乎所有人类行为都依赖于环境因素，因为遗传只有很小的作用或根本没有作用。用华生自己的话来说：“根本不存在所谓能力、才能、气质、心理构造和性格的遗传。这些都是摇篮时期训练的结果。”①华生关于学习的观点影响了其后的许多心理学家，行为主义学习理论也成为学习理论中重要的组成部分。

第二，华生行为主义竭力主张废除主观的内省法，而采用系统、客观的

① 华生著，李维译：《行为主义》，浙江教育出版社 1998 年版，第 88 页。

方法，为心理学带来了方法学上的革命，使心理学在研究方法上具有自然科学的特征，获得了与其他自然科学一样的客观性，提高了研究成果的可靠性，加速了心理学的科学化和精确化，对心理学的健康发展起到积极的推动作用。在行为主义诞生之前，心理学只限于研究意识，内省分析使其只能成为哲学的附庸，无法与自然科学相提并论。采用客观的方法研究可观察的行为，可以使不同的心理学家依据共同的研究对象交流经验，彼此验证研究结果。这不仅加速了心理学的科学化进程，也极大地促进了心理学的快速发展，对心理学产生了深远的影响。

华生因对其观点强有力而反复的论证使行为主义在20世纪30年代中叶成为美国实验心理学的主流，不愧为行为主义的"奠基人"这一称号。高觉敷在其主编的《西方心理学的新发展》一书中指出："华生把心理学的研究对象从意识改变为行为，导致行为主义的产生。他的行为主义的影响不仅席卷美国，而且几乎遍及全球。虽然当时的心理学家不一定都承认自己是行为主义者，但心理学界公认的心理学研究成果，至少就方法论来说，绝大多数是在行为主义观点的指引下取得的，可见行为主义的影响在当时是十分强大的。"[①]波林认为，在20世纪的20年代，"似乎整个美国变成行为主义者了。每一个人（除了少数与铁钦纳合作者外）都是行为主义者"[②]。可见，在研究方法的客观化方面，行为主义的影响极其广泛而深远。

第三，华生对心理学经久不衰的重要意义来自他对其坚定信念的传播。在他的努力下，心理学的视野从理论研究拓展到应用领域，有效地跨越了基础心理学和应用心理学之间的鸿沟。诸如条件作用和迷津学习等领域的实验室研究越来越具有科学的严密性，从而实现了科学心理学的目标。与此同时，华生对应用性问题的兴趣是不言而喻的。

在华生之前的机能主义者就希望心理学是一门实用的科学，而不是一门纯理论的科学，并且他们试图运用自己的发现改善个人生活、教育、工业等。华生在这一点上沿袭了机能主义的传统，并将之发扬光大。他在行为主义宣言及其他地方，对行为主义付诸于应用以提高生活质量的能力进行了大肆渲染。他将行为主义心理学的目标确定为预测和控制人的行为，他曾说："如果心理学要采取我所提议的方法，只要我们能够用实验来获得这些资料，教育家、医生、法官和商人，都可以把我们的资料用于实际。那些有机会实际应用心理学原理的人们，会发现没有必要像他们现在那样老是埋

① 高觉敷主编：《西方心理学的新发展》，人民教育出版社1987年版，第23页。

② 波林著，高觉敷译：《实验心理学史》，商务印书馆1982年版，第737页。

怨，去问医生或法官，去问科学心理学在他的日常生活中是否占据一种实际地位，而你会听到他们不承认实验室心理学在他的工作计划中有任何地位可言。我认为这个批评是极端公平的。使我不满意心理学的最早的情况之一就是，觉得运用[心理]内容的术语所建立起来的原理并无应用的场合。"① 由此可见，华生创立行为主义的初衷之一就是，要为他的理论找到应用的场合，即扩展行为主义心理学的应用范围。

可以说，1920 年华生离开霍布金斯大学是其职业生涯的分水岭。在这之前，他主要从事基础心理学的实验研究，而在走出象牙塔之后，华生则致力于将其行为主义思想运用于实际问题的解决。借助于行为主义的独特视角，他不仅在广告业声名鹊起，取得了他人难以企及的辉煌成就，而且在如何使用行为技术抚育儿童等问题上也提出了独特见解，为年轻的父母提供了育儿指南。华生借助于通俗杂志、无线电广播等与普通大众交流，宣传普及他的行为主义思想，志在使人们在行为主义的指导下快乐而幸福地生活。他的《行为主义》(1924/1930)和《婴儿和儿童的心理护理》(1928)在美国广为人知。

简而言之，华生反复强调的行为主义心理学的应用性结出了丰硕的果实。他的行为主义思想最终对广告心理、儿童抚养、教育、工业，甚至心理治疗产生了影响。可以说，当今心理学的应用范围之广，涉及领域之多，不能不说其中有华生的功劳。

二、主要局限

第一，在研究对象上，华生的行为主义矫枉过正，顾此失彼，它在竭力主张研究动物和人的外显行为的同时，忽视了对心理、意识的研究，甚至于完全排除心理的概念。这样，不仅难以真正客观地研究动物和人的行为，反而可能限制其研究，使心理学成为没有心理的心理学。同时，华生过分强调人和动物的同一性，否定人的中枢神经系统在行为中的重要作用，丧失了人的主体性和能动性，又使心理学成为无头脑的心理学。这些极端的做法难免使心理学犯客观主义的错误，在很大程度上窄化了心理学的研究范围，使得心理学在相当长的一段时间内忽视了对人的需要、动机、尊严、价值等的研究。

① 华生：《行为主义者所看到的心理学》，见：张述祖等审校：《西方心理学家文选》，人民教育出版社 1983 年版，第 162 页。

第二，华生行为主义源于对动物心理的研究，强调研究的客观化，践行摩尔根的吝啬律而避免了动物心理研究中的拟人化倾向，但过于极端则难免走向人性生物学化的道路。华生把注意力完全集中于客观方法的使用，意味着改变了心理学实验中人类被试的地位和作用。在冯特和铁钦纳的构造主义研究方法中，被试既是观察者，又是被观察者；他观察自己的意识经验，同时又是研究者观察的对象。而在华生的行为主义方法中，被试不再进行观察，而只是被动地做出反应，成为研究者观察的对象；真正的观察者设计实验条件，并观察被试如何对这些条件做出反应。如此一来，人类被试的地位就下降了，他仅仅是对刺激环境进行应答反应，充当被观察者的角色。这意味着人类被试主体性、主动性的丧失。

华生行为主义倡导采取实证主义的立场，强调客观的、可证实的方法，在一定程度上是唯科学主义心理学的始作俑者。我国学者葛鲁嘉分析指出，行为主义对实证方法的迷信和对理论努力的贬低，在相当程度上导致了盲目的实证研究和严重的理论贫弱；它对描述事实的客观知识的迷恋和对其他心理学理论传统的排斥，使科学心理学的理论发展缺少了必要的高瞻远瞩、博大的包容胸怀和丰富的文化滋养。[①] 的确，单凭实证的方法或实验的方法，并不能够确定心理学的科学性质。换句话说，凭着由实证方法获取的事实积累，并不能够筑成心理科学的大厦。研究对象本身的复杂性决定了心理学应该利用所有可能的方法，包括华生所拒斥的内省法、自由联想法、释梦法等。

美国心理学家黎黑分析认为，在华生时代，越来越多的心理学家怀疑似乎就是内省的方法构成了妨碍心理学科学地位巩固的原因，从安吉尔到桑代克，越加确信只有经过实证主义证明的客观方法才能够解释科学的心理学。心理学中出现了关于方法和研究对象的危机。华生所做的正是通过采用一种新的名称、新的方法和新的实证课题与过去作最后的决裂。黎黑犀利地指出，华生从来就不是一个富有创造性的思想家，他对他所发动起来的这场运动无论在理论内容上或者在方法论改革方面都是毫无贡献的。[②] 他只是把他人已经提出过的关于心理学研究对象和方法的观点推向了一个极端，并加以论辩和宣传。

第三，华生行为主义否定生理和遗传对心理的作用，忽视刺激—反应之

① 葛鲁嘉著：《心理文化论要：中西心理学传统跨文化解析》，辽宁师范大学出版社 1995 年版，第 6～7 页。

② 黎黑著，刘恩久等译：《心理学史——心理学思想的主要趋势》，上海译文出版社 1990 年版，第 383～387 页。

间的内部因素，把人看成一架被动的机器，认为只要给以适宜的刺激就可以塑造相应的行为反应，反之亦然。因此，华生行为主义在解释人的行为时犯了机械的环境决定论错误。另一方面，华生否定人的内部心理活动，将人的一切行为都归结为刺激—反应，进而还原到肌肉收缩和腺体分泌等生理活动。这种把人的心理和行为还原为生理现象的做法是典型的还原论。华生设想的给予刺激，能够预测反应的宏伟蓝图从未实现过。他的大多数理论都难以获得经验证据的支持，即数据无法证明其极端的主张。因此有研究者指出，在某种意义上，华生的行为主义是一个伟大的失败。

三、主要影响

第一，华生的行为主义影响了整个心理学领域，它革新了心理学，带来了心理学领域的一场革命。虽然最初在心理学内部受到了冷遇，但由于华生的鲜明立场和主张迎合了美国社会的普遍价值观，点燃了美国民众的热情，在随后的几年里，他的行为主义不断得到修正和发展。在其基础上发展起来的第二代、第三代行为主义继承了华生行为主义的主要精神，并不断发展壮大，使行为主义统治了整个美国心理学界达半个世纪之久，成为心理学中当之无愧的第一势力。华生行为主义对动物行为的研究方法，特别是在他之后的行为主义者对学习和记忆过程的研究，对神经科学领域关于动物行为的大脑基质的研究产生了深远而持久的影响。在行为主义与现代认知心理学和认知神经科学领域之间，特别是它们在“心理”和“意识”的问题上，存在的分歧并非不可调和。① 换句话说，行为主义影响了现代认知心理学和认知神经科学。

在应用心理学领域，华生也做出了许多积极的探索。华生后期关于情绪条件作用的研究对行为疗法的产生具有直接的影响。华生在提出行为主义宣言的时候，其研究对象在很大程度上还局限于动物。因此，当有机会对婴儿进行研究时，华生将之视为应用行为主义的一次重大机遇。以这种方式不但可以说服怀疑者，而且更重要的是，可以在心理学原则应用于改良社会方面确保华生作为领导者的地位。

华生的条件性情绪反应实验的巨大影响一直延续至今。它不仅显示了行为主义原则使人类的情绪建立条件作用的力量，还证明了弗洛伊德的心

① Thompson, R. F. (1994). Behaviorism and Neuroscience. *Psychological Review*, 101(2), pp. 259～265.

理学理论——我们的行为来自无意识——是错误的。华生在1920年发表的文章一直被许多研究所引用,这些研究涉及的范围很广,从心理治疗到广告设计等。乔杜里和巴克的研究采用了华生的条件反射理论,考察了广告在不同媒介中所产生的不同心理效应。① 研究者发现,印刷广告容易引起人们理智的、具有分析性的反应,然而电子广告(指电视)则更多产生条件反射性的情绪反应。换句话说,当你看电视广告时,你就是小阿尔伯特,而电视就是敲击金属棒的锤子。这一结果强有力地证明:对广告人来说,决定他们是否能达到预期效果的最重要因素是媒体(电视或印刷品)的选择。

恐惧情绪发展到极端形式能产生严重的消极后果,即恐惧症。华生的情绪研究被很多关注恐惧症产生原因和治疗方法的最新研究所采用。许多心理学家认为,恐惧症是通过条件反射形成的,类似于阿尔伯特对有毛动物的恐惧的形成过程。华生的观点当然是认为环境或后天因素在恐惧形成中起主要作用,人们因此认为恐惧症是习得的。肯德勒等人的研究却表明:虽然恐惧症可以通过个体的环境经验形成,但在恐惧症中,家庭在生理学方面的作用比环境方面的影响要大得多。② 也就是说,恐惧症的发展可能包括大量遗传因素的作用。

华生更为持久的影响是,将科学思维应用到了销售领域,以及为销售人事部门发明了培训方案和生产率评估方法。例如,华生较早使用人口统计学资料来锁定某些顾客;他还发现,人们是根据其需要和动机来购买产品的。除了购买产品自身外,人们还购买与产品相联系的思想观念。因此,成功的广告机构要展示出某种产品是如何能满足人的基本需要的,如安全、冒险、名誉。遗憾的是,华生对广告心理学和销售心理学的贡献程度仍未得到充分的重视。

总之,华生行为主义影响了广告心理学、心理测量、心理治疗、比较心理学、学习心理学、发展心理学等众多研究领域。

第二,华生行为主义影响了其他学科领域。由华生倡导的行为主义所引起的学术骚动波及到了其他一些学科,诸如文学、哲学、政治科学、精神病学和社会学等。而且,在这样一些学科的内部,行为主义仍具有持续的影响力。在20世纪80年代后期,行为主义仍是《哲学家索引》中诸多条目的头条主题。同时,它也是其他一些诸如《人文科学索引》、《社会学文摘》等标准

---

① Chaudhuri, A., Buck, R. (1995). Media differences in rational and emotional response to advertising. *Journal of Broadcasting and Electronic Media*, 39(1), pp. 109~125.

② Kendler, K., Karkowski, L., Prescott, C. (1999). Fears and phobias: reliability and heritability. *Psychological Medicine*, 29(3), pp. 539~553.

参考资源的头条主题，尽管所列条目并不多。

第三，华生行为主义影响了美国社会，乃至人们的生活。行为主义开始是一种心理学体系，但事实证明，远远不止如此。就像进化论思想一样，华生的行为主义抓住了公众的眼球，并成为通俗杂志、评论、书籍以及演讲中最受欢迎的话题。华生在普通大众中享有盛誉表明，他的思想与美国人产生了共鸣。他认为调整环境可以塑造人们未来发展的思想与美国人认为通过对儿童进行适当的抚养和教育，人能够追求任何目标的观念相一致。20世纪20年代，它尤其具有吸引力，此时正是美国的繁荣时期，普通美国人对其未来满怀信心，根本不知道30年代的大萧条近在眼前。华生本人就是具有这种态度的鲜活榜样，这位贫穷的农场主的儿子两次达到了职业的顶峰——一次是在心理学，一次是在商业界。这一讯息对普通美国人而言要比他们从心理测验者那里得到的更具诱惑力得多。心理测验的倡导者鼓吹的是建立在智商基础之上的精英教育，而智商在很大程度上被认为是天生的。

总之，华生的许多通俗文章和讲座增进了大众对心理学的了解和认识，他关于婴幼儿保健和教育的思想也影响了许多家庭的教养方式。不过，华生的行为主义虽然博得了其拥护者的高度忠诚，却也引来了其诋毁者的苛刻抨击。诸如："是人还是机器"①、"行为主义者有大脑吗"②等标题，都暴露出诋毁者和道德家们的关注所在。

---

① McDougall, W. (1926). Men or robots? *Pedagogical Seminary*, 33, pp. 71～102.

② Johnson, W. H. (1927). Does the behaviorist have a mind? *Princeton Theological Review*, 25, pp. 40～58.

第二章

其他早期行为主义者(上)

郭任远、霍尔特和亨特都属于早期激进的行为主义者。郭任远在20世纪20年代挑起了关于本能问题的论战,轰动了美国心理学界,并引发了一场声势浩大的反本能运动。行为主义创始人华生受其影响,也毅然放弃了关于“本能的遗传”的见解,转变成为激进的环境决定论者。郭任远明确提出心理学应该以人类或动物的行为或动作为研究对象,坚决主张抛弃心理学中一切主观性的名词术语,甚至宣称可以取消“心理学”这个名词而代之以“行为学”。郭任远因此被称为“超华生”的行为主义者。霍尔特以新实在论为基础阐述了自己的哲学行为主义的系统观点。他赞同心理学研究行为,也研究意识,认为心理活动就是身体活动,感觉、观念是客观实在的。霍尔特的新实在论心理学思想为华生行为主义的问世作了思想上和舆论上的准备,为其传播扫清了道路。亨特赞同行为主义者的观点,主张重新建立一门新的学科,以客观的方法研究可观察的人类行为,以体现客观的人类行为事实与规律的研究。他建议用“anthroponomy”(人类行为学)一词来取代“psychology”(心理学),甚至像“心灵”(mind)、“精神”(mental)、“经验”(experience)这些词都不应在关于人的行为的研究中出现。他的这些激进的建议在当时产生了很大的轰动效应,引起了美国心理学界的瞩目。

第一节　郭任远:中国的华生

郭任远(Zing-Yang Kuo,1898—1970)是早期激进行为主义的代表人物之一，是至今在国际心理学界最具影响力的中国现代心理学家。他的心理学思想在20世纪20年代初期初露锋芒，1921年他在美国《哲学杂志》发表第一篇论文《取消心理学中的本能说》，挑起了关于本能问题的论战，轰动了美国心理学界，并引发了一场声势浩大的反本能运动。此后，郭任远又发表了一系列论文，坚决否认本能的存在，提倡建立一种实验的无遗传心理学，力图使心理学成为一门精确的自然科学。他的这一思想在中国心理学史和世界心理学史上都产生了重要的影响。1972年，一向只刊载科学实验报告的《比较与生理心理学杂志》在郭任远逝世两年之后，特别破例刊登了一篇纪念他的传记文章，称赞"他以卓尔不群的姿态和勇于探索的精神为国际学术界留下了一笔丰厚的精神财富"①。

一、郭任远传略

郭任远字陶夫，广东潮阳市铜钵盂村人。他于1898年出生在一个富商家庭，从小便受到了良好的家庭教育。1916年郭任远考入私立复旦大学，1918年大学肄业后远赴美国加利福尼亚大学伯克利分校深造。在哲学与物理学之间徘徊了一段时间后，他选定心理学为专业。由于勤奋好学、善于思考、勇于质疑权威，郭任远深得他的老师、著名心理学家托尔曼(E. C. Tolman)的赏识。1920年秋，在加利福尼亚大学举行的教育心理学研讨会上，22岁的郭任远作了《取消心理学中的本能说》的学术报告，批评的锋芒直指当时心理学界权威麦独孤(W. McDougall)。同年冬，他将根据该报告整理的论文寄给美国权威刊物《哲学杂志》，不过由于文章观点的"出格"，该杂志直到1921年11月才将其发表。文章刊出后，立即震惊了美国心理学界，麦独孤也作出了回应，将郭任远称为"超华生"的行为主义者。虽然当时有一些学者对本能说产生了怀疑，但因迟迟找不到证据或摄于传统的权威，都没有勇气站出来表明自己的观点。因此，郭任远后来曾自豪地说："在1920至1921年间，虽然有几篇内容相近的、反对和批评本能的论文发表，但是在反对本能问题上，

郭任远(Zing-Yang Kuo，1898—1970)

① Gottieb, G. (1972). Zing-Yang Kuo: radical scientific philosopher and innovative experimentalist (1898—1970). *Journal of comparative and physiological psychology*, 80(1), pp. 1～10.

我就敢说，我是最先的和最彻底的一个人。”①在这之后，郭任远又陆续发表了《我们的本能是怎样获得的》、《反对本能运动的经过和我最近的主张》和《一个无遗传的行为科学》，明确提出否认本能、取消遗传的观点。

1923 年，郭任远修完哲学博士所必需的全部学业后返回中国。在归国之前，他已经接到北京大学校长蔡元培邀请他担任北大心理学教授的聘书，但后来由于蔡元培因故辞职，加上复旦大学学生代表的恳请，郭任远便留在母校任教。翌年，他出任副校长，并代理校长之职。在主持校务期间，郭任远进行了一系列改革，为复旦大学带来了一股不同以往的清新之风。1925 年，郭任远创办了复旦大学心理学系，同时开始筹建心理学院。他从其族人郭子彬处募得一笔巨款，并争得美国庚子赔款教育基金团的补助，兴建了一座 4 层大楼供心理学教学与实验之用。该楼建成后被称为“子彬院”，其规模位居当时世界大学心理学院第三位，仅次于苏联巴甫洛夫心理学研究所和美国普林斯顿心理学院。在郭任远的领导下，复旦心理学院呈现出一派生气勃勃的景象。他招揽了国内顶尖的学者，如唐钺、蔡翘、蔡堡、许襄、李汝祺等人到学院任教，他们中 7 位具有博士学位，加上郭任远共 8 位博士，在当时全国教育界享有“一院八博士”之誉。那时的心理学院，一时群贤毕至，英才济济。一个学院聚集着如此之多的心理学家，是当时中国任何一所大学都无法抗衡的。在教学和科研中，郭任远推广了一种全新的教学方式，即研究性学习。他将阅读英文原著、小组报告、提出己见结合在一起，使学生自由探索，受益匪浅。在这样的教学方式下，心理学院培养出了一批杰出的学子，如心理学家胡寄南，胚胎生物学家童第周，生理学家冯德培、沈霁春、徐丰彦，神经解剖学家朱鹤年等。此外，为培养学生的实践能力，郭任远还创办了复旦大学实验中学作为实验基地。

1926 年，为专心从事科研，郭任远辞去复旦大学副校长一职，并先后在上海、杭州、南京建立了 4 个动物心理实验室，积极开展实验研究。他首先设计了著名的“猫鼠同笼”实验，以说明猫捉老鼠不是本能而是后天学习的结果。他还研究了激素、营养、环境、训练等诸多因素对各类动物搏斗行为发展的影响及种间共存问题，但这些实验的研究成果直到 1960 年才得以正式发表。郭任远这一时期最为重要的一项研究是，他通过观察小鸡胚胎行为的发生与发展，证明有机体除受精卵的第一次动作外，别无真正不学而能的反应。他发明了一种独特的方法，即在蛋壳上开一“天窗”，在不干扰胚胎正常发育的条件下对其行为进行不间断的观察。这一实验技术与成果使郭

① 郭任远著：《心理学与遗传》，商务印书馆 1929 年版，第 237 页。

任远跃升为国际上具有特殊贡献的心理学家,他创用的小窗技术也被称为“郭窗”(Kuo window)。

1929年,郭任远出任国立浙江大学生物系主任。1931年,他又应南京政府教育部长的邀请前往南京中央大学任教。同年,他还与陈鹤琴、郭一岑、艾伟、肖峥嵘等9人发起组织了中华心理学会,并在上海召开了一次筹备会议,后因“九·一八”事变,此事被搁置下来。1933年,郭任远作为政府任命的校长二度任职于浙江大学。上任伊始,他就开始推行改革,但其改革措施并不受学生欢迎。“一·二九”学生运动爆发后,郭任远禁止学生离校参加爱国游行,这进一步激化了他与学生之间的矛盾。因此,不久之后浙大便发生了所谓的“驱郭运动”,并愈演愈烈。1936年2月,他被迫辞去浙大校长职务。辞职后的郭任远二次踏上了赴美之旅,在其博士生导师托尔曼的帮助下,先后到伯克利的加州大学、罗切斯特大学、耶鲁大学的奥斯本动物实验室及华盛顿卡内基研究所进行胚胎学研究,还曾赴英国、加拿大等国开设讲座。郭任远的科学成果获得了西方学术界的好评,但这并未为他赢得一份稳定的职业,因而他于1940年又回到了中国。郭任远第二次正式离美宣告了他作为一名活跃于科研一线学者身份的终结。此后的三十余年间,除1963年曾协助戈特利布(G. Gottieb)完成部分小鸭胚胎实验方法的电影制作工作外,他再也没能有机会在实验室中开展他的研究。回国后,郭任远在重庆任中国生理心理研究所所长,后受命主持筹办由教育部与中英庚子赔款董事会合办的中国心理研究所。

1946年,为躲避即将爆发的内战,郭任远举家迁往香港定居。这一时期,他对自己早年的心理学研究工作进行了总结,并把自己的体会写成了《行为发展之动力形成论》。此外,晚年的郭任远还致力于中国国民性的研究,著有《中国人行为之剖析》一书。1970年8月14日,郭任远在香港因病逝世,享年72岁。鉴于他在心理学研究领域所做出的杰出贡献和声誉,美国《比较与生理心理学》杂志于1972年刊载了题为《郭任远:激进的科学哲学家和革新的实验家》的悼念文章。

郭任远的学术成果丰硕,著作等身。他一生出版了很多专著,其中在国内发表著作近10部,在国外以英文发表的论文、出版的著作更多,仅在欧美发表的学术论文就有40多篇。这些论著中比较著名的还有:《人类的行为》(1923)、《一个心理学革命者的口供》(1926)、《心理学的真正意义》(1926)、《心理学里面的鬼》(1927)、《行为学的基础》(1927)、《行为主义心理学讲义》(1928)、《郭任远心理学论丛》(1928)、《心理学ABC》(1928)、《心理学与遗传》(1929)、《行为主义》(1934)、《行为学的领域》(1935)、《行为的基本原理》

(1935)等。

二、心理学的研究对象

作为一位激进的行为主义者,郭任远认为,心理学是一门建立在实验基础上的精确的自然科学。因此,他坚决主张抛弃心理学中一切主观性的名词术语,明确提出心理学应该以人类或动物的行为或动作为研究对象。他甚至宣称,可以取消“心理学”这个名词而代之以“行为学”。

1. 旧式心理学研究对象存在的问题

郭任远认为,一切自然科学的对象都是客观的、具体的和机械的。天文学、地质学、物理学、化学、生物学和生理学等学科研究的都是客观现象,只有心理学不符合这一标准,因为它以心灵(mind)或意识(consciousness)为其研究内容。在郭任远看来,近代心理学虽然脱离了哲学的怀抱而成为一门独立的学科,但它在研究对象和研究方法上还是哲学的而非科学的。因此,近现代心理学本质上仍然是两千余年前亚里士多德的灵魂(soul)科学,只不过将灵魂观念转变为心灵或意识的观念而已。具体地说,现代心理学的研究对象具有四个特点:第一,心灵或意识是一种精神现象,不是物质的东西;是抽象的,不是具体的;是主观的,不是客观的。第二,心灵或意识可分为知、情、意,或可分析为种种元素,如感觉、感情和意象等。第三,有的心理学家认为精神现象是身体行动的主宰,有的则认为精神活动与身体活动相平行。第四,有的心理学家认为精神现象只能够经验,不能够实验,也不是一种机械的现象。郭任远指出,从上述几个特点可以看出,所谓的心灵或意识与原始人的神鬼思想和亚里士多德提出的灵魂观念没有多大的差异,现代心理学与古代哲学心理学之间只是形式的更换,而非内容的改变。因此,他将行为主义产生之前的现代心理学称作“旧古董”心理学,意思是现代心理学虽然外面挂着一个科学的招牌,但就其内容而言,仍是古希腊的遗物。郭任远甚至还将心理学称之为“鬼学”,将心理学家称为“鬼学大王”。他在《心理学里面的鬼》一文中指出,鬼学里面有大鬼八个,小鬼十七个,新鬼层出不穷。这八个大鬼是:心灵、自我、意识、下意识、大脑、智力、本能和力必多。十七个小鬼是:思想、想象、感觉、感情、情绪、情操、暗示、人格、记忆、观念、概念、知觉、欲望、意志、注意、冲动和意向。

在郭任远看来,旧古董心理学或鬼学一直面临着一个无法回避的两难问题:如果人真有主观的意识或心灵,那么心理学就不能成为真正的自然科学;如果心理学可以算作自然科学之一,那么它的对象一定不是心灵的、精神的或主观的,因为意识与科学二者不可兼得。为了解决这一难题,近十几年来,心理学内部发生了一个革命运动,即行为主义运动。行为主义运动的主要目标是,改造心理学的根本观念和方法,使心理学和其他自然科学立于同等的位置,不再有物质科学和精神科学的分别。由于行为主义将心理学视为研究行为的科学,并采用客观的实验法来观察行为,因此郭任远主张取消"心理学"这个名词,而以"行为学"来指称心理学这门学科。他说:"宇宙之中有一种有特殊的组织而且有生命的物体,名叫有机物,因为环境的不绝的刺激,常常发生种种运动,以应付刺激,而适应环境。研究这类运动的科学,就是行为学。"①

2. 行为及其性质

郭任远主张:"心理学是研究人类或其他动物的行为或动作的科学。……我们所谓行为,就是包括人类和其他动物的起居饮食及隐于内或形于外的种种动作。单就人类方面而言,我们每日关于自身或对社会的一切感情思想,或其他行动皆在行为范围之内,皆是心理学研究的材料。"②他坚信,宇宙间只有物理现象的存在,并无精神现象的存在,所谓精神的科学是"无成立之可能的"。心理学的立足之地应该与物理学、化学、生物学、生理学等相同,都是一种客观的科学。而心理学的当务之急就是将其研究精确化为数学的计算与测量,将研究的重心置于客观的现象,即行为之上。郭任远所说的行为含义很广,不仅指道德行为,而且包括日常生活中的言语动作、喜怒哀乐等。不过,他认为,心理学应该只研究行为的性质和定律,而不应涉及行为在道德上的价值。除此之外,郭任远还将旧式心理学中的思想、语言、记忆、梦等纳入到行为的范畴之中,把它们称作"潜伏行为"(implicit behavior)。潜伏行为是一种微妙精细的身体动作,这种动作因为微细的缘故,外人不容易直接观察,所以被看作是"潜伏"的。潜伏行为与外显行为的区别只是程度上的不同,而非性质上的差异,因为二者从本质上说都是一种生理活动。

郭任远认为,行为有两个方面或两种类型:一方面是生理的,另一方面是社会的。当客观刺激作用于有机体的时候,感官因受到刺激而产生神经冲动。神经冲动通过末梢神经传导到中枢神经系统,并在这里进行加工,然后再经由神经末梢传达到肌肉,引起肌肉的收缩。肌肉收缩的结果就形成了运动,而运动的表现就是他所谓的行为。在人的整个身体构造中,与行为

① 郭任远著,黄维荣辑译:《郭任远心理学论丛》,上海开明书店 1928 年版,第 4 页。
② 郭任远著:《心理学 ABC》,上海世界书局 1928 年版,第 23~24 页。

关系最直接且最密切的器官是肌肉、腺体、神经和感官。感官专司接收外界的刺激；神经是联络感官和肌肉及腺体的传导组织；肌肉和腺体都是运动的器官。因此，从生理方面来看，一切行为都是生理的变化，行为不过是神经和肌肉的变动而已。他指出："老实说，行为学是生理学之一种，行为的问题就是生理的问题。"[①]在郭任远看来，生理学和心理学的区别只是一个分工和侧重点的不同，性质上并没有什么差异。生理学研究各种器官的作用，而心理学则重在探究各种器官与环境的种种关系。除了生理方面，行为还有社会性的一面。例如，读书固然是生理的，但是对于书中意义的理解、读书速度的快慢、所读的书是否有价值、读书的方法是好还是坏以及其他诸如此类的问题，都是一种社会问题。也就是说，单从行为的动作本身看，行为是一个生理现象，但是从行为所发生的社会效果看，行为则是一个社会问题。正因为如此，虽然心理学是一门生理的科学，但和普通的生理学却不完全相同。

关于行为的影响因素，郭任远特别强调刺激和情境的作用，指出我们的一切行为都是复杂的刺激及情境相互作用的结果。当环境及自然的变化与有机体相接触时，能使有机体发生反应的就是刺激。对郭任远来说，行为就是有机体对于刺激所发生的反应，一切行为皆为刺激所唤起，如果没有刺激，行为也就不能发生了。从这个意义上说，行为是被动的，刺激是原动力；行为是反应，是被刺激逼迫而动的，不是为心灵、意识、本能等所指使的。情境则是由多个刺激组合而成的，但它的作用与简单的刺激不同。性质及强度相同的两个刺激，在两个不相同的情境之下，常常引起相异的行为。由此可见，行为不但为刺激物所决定，而且为有机体的周围情境所影响。

此外，郭任远还对心理学如何研究行为提出了自己的看法。第一，心理学应该以客观的实验为根据，关于行为的一切问题都应通过实验来加以解决，从根本上革除哲学式的空谈；第二，要使旧古董心理学家信服行为主义者取消心理学中的意识和遗传行为的观点，明了行为的真正起源、进化的程度及其生理变化，心理学就必须从行为的发育和进化以及行为的生理等方面进行实验研究；第三，心理学不仅要构建一个与旧式心理学没有任何关系的精密的理论体系，而且还必须无条件地舍弃从前所用的一切名词，采用一套真正的行为学术语。郭任远相信，如果能够做到上述三点，那么心理学一定可以变成一门真正的自然科学，与物理学、生物学等学科并驾齐驱。

---

① 郭任远著：《心理学 ABC》，上海世界书局 1928 年版，第 36 页。

3. 意识概念在心理学中的位置

在旧式心理学家眼中,行为主义心理学能够成立的最大困难要算是“意识的问题”。如果行为主义者不能对意识问题作出圆满的解释,那么行为学就将破产。郭任远认为,从历史上和发生上看,意识从来都不是一种实际的存在,它只不过是心理学中的一个大迷信,“是从社会学习得来的空名词,是社会教我们用来替代某类行为的鬼语”①。在社会生活中,人们逐渐学会了用迷信的语言来描述他们的行为。例如,成人会不断地告诉儿童,当手被灼伤而收缩的时候,如果视线同时集中在手被灼伤的部位和手的收缩运动,那么我们就会“觉出”手痛,就“知道”手的运动。由于天天听这样的或与此类似的话,儿童逐渐学会了在类似的情形下用这样的语言来描述自己的经验。久而久之,儿童便认为对于某种行为自己是“知道的”或“有意识的”,对于其他的行为自己是“不知道的”或“没有意识的”,以至于最后忘记了“意识”的来源,而以为“意识”是身体里面本来就有的精神活动,不承认它是一个空洞且毫无疑义的名词。郭任远进一步指出,通常所说的意识有两个方面,即知(knowing)和所知(known)。“知”就是觉知、意识到。也就是说,当我们描述某动作是有意识的、某动作是无意识的时候,实际上等于是在说我们对某动作是知道的、对某动作是不知道的。因而,平常所谓意识是我们误用它来代表某种行为,所谓有意识的或无意识的仅指某种行为得到了表现或未表现。“所知”是指知的对象或意识的内容。它包括两大类:一般人能够共同直接经验的内容和个人自己经验的内容。声音、颜色、树木的摇动、动物和人的动作等属于第一类,它们是客观的事实,这是人人所公认的,没有讨论的必要。而一般心理学家所谓的感觉、意象、感情则属于第二类。在郭任远看来,第二类知的内容同样是客观的现象,它们都是身体的动作或生理的变化所唤起的感官反应,完全可以用内部的生理变化来解释。然而,由于这种变化起源于内部,他人不容易观察,因而一些心理学家误以为这种现象属于精神世界。

郭任远认为,如果意识确实存在的话,那它应当是一种物理现象,可以用客观的实验法来直接观察和用数学的方法来计算。他强调,在行为主义者看来,意识不过是隐伏于体内的运动,是各种行为中的一种,并没有什么特异的地方,凡是可以解释其他行为的原理和原则都可以用来解释意识。例如,思想就是一种潜伏的行为,它与外显行为在性质上没有什么差别,都是身体的活动,只不过比较微妙和精细,又因为是内部的,所以不为人觉察

① 郭任远著,黄维荣辑译:《郭任远心理学论丛》,上海开明书店 1928 年版,第 23 页。

与知晓;注意是有机体行为的指向或者反动的反应姿势,即行为的准备,这种准备经常决定身体活动的方向并且安排一定的反应姿态。在未遇到适当的刺激之前,这个姿态仅是一种很微弱的运动,故不易观察到,待得到适当的刺激时,它才变为可观察的行为。

三、心理学的研究方法

由于旧式心理学的研究对象即意识是一种主观和抽象的现象,因而其研究方法也就难以做到客观公开。这种不能公开的方法就是内省法。郭任远指出,行为主义者不仅否认旧式心理学的根本假定,而且认为在心理学界流行数十年的内省法并不是一种科学的方法。首先,从理论上看,内省法是说不通的。在进行内省时,内省的客体是人的意识,内省的主体是人,而描述内省结果的工具是语言。人是一个由物质组成的有机体,语言则是一种身体上的动作,是客观的物质化的东西。这里便出现了一个问题:由于精神和物质之间没有沟通的媒介物,那么物质世界的人何以能够观察精神世界的意识;客观的语言如何能够描述主观的意识现象。对于这个问题,旧式心理学家没有办法解决。其次,从实践上看,内省法也是不适用的。原因主要有以下几点:内省法观察的对象是个人私有的,他人难以对之进行直接观察,而且内省者所报告的并不是其观察的材料,而只是他观察的结果;不仅他人不能重复一个人的内省过程,就是内省者本人也难以办到,因为意识就像流水一样,一去不复返;由于内省法以语言为工具,因而不能应用于儿童和精神病人身上;内省常常会妨碍主要行为的进行;自然科学最注重仪器的观察和数学的计算,内省法既不能使用仪器,所得的结果也不能进行数量化的整理。

郭任远认为,既然心理学是一门物理科学而非精神科学,那么它的研究方法就应该与其他自然科学相一致。在《一个心理学革命者的口供》中,他指出,自然科学所用的方法有几点值得我们特别注意:(1) 重事实而轻理论,一切理论都以事实为归宿和解决所有问题的基础;不注重演绎法而以归纳法为探讨自然界真理的真正工具。(2) 以实验室实验法为根本方法,而仅以普通观察法为辅。(3) 一切方法都是客观的,所以一切实验都是公开的,每一个人都可以用同样的方法进行同样的实验,以证明他人报告的正确性。(4) 在研究自然现象时,为了弥补感官的不足以及增加观察的精密性,应多辅以精密的仪器观察;实验越精细,仪器越复杂。(5) 因为注重精确和细微,所以应多用数学来作为叙述的工具;科学越进步,应用数学的地方也越多。

(6) 五官当中,以目最为有用,所以科学的观察用眼的地方多,用他种感官的地方少。在郭任远看来,上述六点既是自然科学方法的基础,也是他坚持的心理学或行为学研究的方法基础。

根据心理学研究方法的这六个要素,郭任远具体描述了研究行为生理方面的四种方法:(1) 解剖法。郭任远认为,有机体的行为是被它的构造决定的,如没有翼就不能飞,没有足就不能跑,没有手就不能拿东西。不同个体的行为之所以不同的根本原因就在于身体构造不一样,有什么构造就可以有什么动作。对心理学来说,可以用解剖的方法分析有机体的各个器官的构造,找出行为与身体构造之间关系的确切证据。例如,分析眼的各部分的构造,就可以发现与视物动作有关的结构。(2) 病理法。它是用来研究身体构造上的损伤或丧失对行为所造成的影响的一种方法。人类或动物的行为有时会因身体某部分的缺失或丧失作用而发生改变,因而通过这一方法同样可以断定身体某部位与某一具体行为之间的关系。(3) 发育法。所谓发育的方法,就是研究身体生理上和解剖上的发育和行为的发育相互间的关系。有机体在出生前和出生后,其行为的发育进步都是身体上的构造或神经及肌肉发育的结果。也就是说,行为是随着身体构造的发育而变化的。(4) 生理法。它是指一切关于行为生理方面的特殊的实验。例如,假如要考察内分泌系统和某种行为有什么关系,可以把产生这种内分泌的腺体割除,或给动物注射这种内分泌素,观察割除腺体和注射后行为所发生的变化。

四、实验的发生心理学

1923 年,郭任远在《东方杂志》上发表了一篇题为《反对本能运动的经过和我最近的主张》的论文,他在这篇文章中指出:"(1) 我根本反对一切本能的存在,我以为一切行为皆是由学习得来的。我不但说成人没有本能,即是一切动物和婴儿也没有这样东西的。(2) 我的目的全在于建设一个实验的发生心理学(experimental genetic psychology)。"① 由此可见,郭任远的目标不仅是要取消心理学目下流行的本能说,更重要的是要在客观的和行为的基础上建立一种新的心理学解释,并最终开拓一个新的实验的发生心理学。

1. 本能的意义及其在心理学中的地位

要理解郭任远反对本能的目的及理由,必须先了解他对本能的看法。郭任远曾指出,本能是一切实验心理学尤其是发生的心理学发展的巨大障

① 郭任远著,黄维荣辑译:《郭任远心理学论丛》,上海开明书店 1928 年版,第 113 页。

碍，他否认本能的主要动机就在于要把心理学从“安乐椅中的玄想”(arm-chair speculation)中解放出来。为此他对本能概念作了历史的追溯与分析总结。

郭任远认为，在进化论流行之前，本能并不受心理学家的重视。考证本能这一概念，最早指的是动物的一种特殊能力。上古与中世纪的人们均相信动物恃本能而生，人类恃理智而生。即使在19世纪中叶，人类心理学上讨论本能的学说也不多。直到达尔文(E. Darwin)和斯宾塞(H. Spencer)两人提倡进化论后，本能在人类行为中的重要性始为一般人所注意。不过，这时的许多学者认为，人类的本能终将为理智所驱除，因为它是一种非理性的和不正当的行为形式。只是到了19世纪末期，一切行为的动机皆归源于本能的主张才开始在心理学中占有重要地位。例如，詹姆斯指出，所有极不可解、极神秘的行为都是本能作用的结果，认识了本能，懂得了我们先天的性质，我们平时所说的神秘而不可思议的行为就非常容易理解了。而且，人类的本能要比动物的本能多，因而其行为也比动物的复杂得多。自此以后，“本能”两个字几乎在心理学中成为流行的嗜好了，一切人类的行为、社会组织的起源、宗教的动机以及其他种种活动莫不以本能来加以解释。例如，妈妈为何要照顾小孩？因为有母爱的本能；人类为何有战争？因为人类有战争的本能；等等。

郭任远认为，近代心理学家虽然人人崇信本能，人人承认本能的重要性，但对于本能的界定并没有一致的主张。概括地说，对本能的意义主要有两种不同的理解。一派认为本能是一种从遗传而来的内部动力或生命力(vital force)，它只能由个人自己经验而不能进行实验。这种遗传力决定着行为的目的，我们身体的动作、一切外显的行为都是为本能所驱使的。换句话说，本能常常利用身体，使其发生种种动作以实现生命力的目的。根据这种观点，本能是一种精神作用而非客观的行为，客观的行为是本能的表现，不是本能本身。内省主义者多持这种观点。另一派则认为本能是一种遗传的行为和客观的事实。这种遗传的行为由各种简单的行为组合而成，其生理基础，如神经及肌肉的构造是与生俱来的，不是由学习得来的。本能与习惯的区别不在性质的差异而在起源的不同。两者都是由简单的动作组成的，但前者的组织得自先天遗传，后者则是在出生后获得的。桑代克、华生等人都持这种观点。

2. 反对本能的经过及理由

郭任远终生致力于反本能的心理学，发表了大量的著作与论文来阐述自己的观点。在《反对本能运动的经过和我最近的主张》一文中，郭任远自述其关于本能的思想变化有三个时期,可以分别用他的三篇文章来概括:1921年发表的《取消心理学中的本能说》代表第一个时期,1922年发表的《我们的本能是如何获得的》代表第二个时期,1924年发表的《无遗传的心理学》则是第三个时期的标志。在第一个时期,按郭任远自己的说法,他对本能有破坏和建设两方面的意见。破坏方面是指他论证了我们平常所说的本能都是习得的行为即习惯;建设方面则是指他提出了反动单位(units of reaction)的概念。在此阶段,他仍然承认获得的行为和不学而能的行为的区别,承认遗传行为的存在。不过,他所承认的是小本能,即极简单和无条件的本能,却否认大本能,即复杂和组织完善的本能。第二个时期是一个过渡阶段,这时他对本能产生了怀疑,提出不学而能的行为是否能证明本能的存在、反动单位是不是遗传的这样的问题。但由于缺乏实验的证据,他还不敢断定反动单位是遗传的或是学习的,也不敢断定哪一种是学习的,哪一种是天生的。到了第三个时期,郭任远的观点日趋极端。他认为,行为不应该有遗传的与非遗传的之区别,一切行为都是有机体应对环境的活动,是有机体与环境相互作用的结果,必须将所谓遗传的行为都摒弃于心理学范围之外。

由以上关于本能思想发展的三个时期可以看出,郭任远对于本能的认识是不断发展和深入的。概括地说,郭任远主要从四个方面对心理学中的本能观念进行了分析和批驳:

(1)所谓本能并非一种遗传的倾向,而是后天或习惯倾向,即在一定情境下发生一定的动作。例如,新生的婴儿在受到外界刺激时,常常会产生许多纷乱的动作。如果其中的某项动作得到了满意的结果,以后在类似的情境下必然会重复这一动作;反之,该行为就不再出现。经过多次尝试之后,凡不适用的动作就会取消,而适用的动作则被保留下来。此种选择的动作经过同样的刺激或替代的刺激而再次发生,那么在不知不觉之中就形成为习惯倾向。郭任远还进一步指出,所谓道德、良知的本能也不过是在各种社会因素影响下形成的习惯倾向而已。儿童周围环境中的一些权威力量往往先从外部影响儿童,然后渐渐地变为一种内部的权威,从而产生个体的道德感和良知。例如,成人经常叮嘱儿童不要做某件事,如果儿童作了就会受到成人的责罚。儿童最初不敢做这件事只是因为他害怕受惩罚,但经历过几次之后,便成了一个习惯。儿童觉得不做这件事是他的本分,不管外界是否责罚,他都不会去破坏他的习惯。在郭任远看来,那些持有本能是人类行为原动力的科学家在观察儿童的行动时,往往不去考虑那些动作习惯的倾向来源,这实在是令人费解。

(2)一些心理学家认为本能具有目的性,即一定的反应会产生一定的结果，如果这种反应在先前未经训练的条件下就能成功，那么它就是一种本能。例如，一只小鸟从未学习过或看见过其他的鸟造巢，那么它所造的第一个巢就是本能的结果。但是郭任远指出，这最后一个反应（本能）本身包含着许多机械的组织或其他的附属动作。在这些机能的组合成熟之前，本能绝不会产生效果。例如，心理学家都认为行走是个体的一种本能，但是只有在头部、躯干以及四肢的机能成熟后，走的动作才可能发生。因此，既然本能没有自己预备好的机能的组合，我们又如何能够将之称作遗传的本能？

（3）各种研究本能的方法也不足以令人相信。郭任远认为，研究本能的方法主要有三种。第一种是发生法（genetic method）或来历法，它是一种用来观察婴儿反应的方法。刚出生的婴儿如果具有某种可以起到一定特殊作用的行为，那么就可以把它称作特殊的本能。发生法虽然比其他方法便利得多，但是没有几个可以证明所得到的是本能的结果。因为，从婴儿身上发现的动作是无数没有组织的、不合理的动作，并不存在什么特殊的本能。第二种方法是观察法，即通过观察同类生物中的个体是否具有某种普遍的行动，以证明本能的存在。如果此类生物有一种足以代表其特性的行为，那么可以将其视作本能。例如，所有的猫都有捕鼠的特性，因而捕鼠就是猫的本能。在郭任远看来，这种方法也不太适当。因为某类动物虽然有同样的反应，但这并不是因为它们具有由遗传得来的同样的本能，而是由于他们处于同样的环境之中。当两种动物的过去经验与那时的生理状态相同，它们在同样的环境中必定会做出相同的反应；而随着环境的变化，它们的反应也自然会发生改变。第三种方法是实验法，即在限制性的情境下观察躯体自身的动作，如果有机体能够表现出某种不学而能的行为，那么这必定是本能的结果。但郭任远认为，即使一个生物可不借先前的教育成就某种结局的效果，但产生这个结果的成分动作却是后天获得的，因而不能以此证明本能的存在。例如，有心理学家做过小鸟飞翔的实验。将刚出生的小鸟关在笼子里，不许它展开双翅，也不让它看见其他的鸟飞翔。当其他的鸟到了成熟期可以飞翔时，放飞实验笼中的小鸟。结果是，这只小鸟飞得很好。郭任远解释说，从这个实验结果得出鸟有飞翔的本能这个结论是完全错误的，因为小鸟之所以不经学习而能飞翔，是由于它的机能的组合已经成熟的缘故。只要机能的组合一样成熟，环境的要求又一样，一定的反应自然就会出现。换句话说，不经学习的动作并不是先天适应的表现，不过是新的环境与所以产生这种动作的机能成熟的结果罢了。

（4）大量的实验证据表明心理学中的本能说是站不住脚的。为了打破当时心理学界流行的“动物本能说”，并为自己的非本能理论寻找证据，郭任远设计了一系列精巧的实验,其中最著名的有两个。20世纪20年代末,郭任远指导学生做了一个"猫鼠同笼,大同世界"的实验。他们将猫和老鼠从小关在一起,它们和睦共处,互不相犯。等到猫稍大些,有时猫想触犯老鼠,这时就在猫鼠之间安个小电网,猫一伸爪,就会触电,于是立刻把爪缩回去。过一段时间之后再把电网去掉,猫再也不去抓老鼠了,猫和鼠之间又相安无事了。这个实验证明,猫吃老鼠不是生下来就具有的"本能",而是后天学习的结果。30年代,郭任远又以独创的方法观察和研究了小鸡的胚胎行为发展。他首先在蛋壳上开一个"天窗",然后进行孵化,并观察孵化过程中小鸡胚胎的活动情况。结果发现,蛋内的雏鸡由于呈蜷卧姿势,雏鸡的每次心脏跳动都会推动它的头点一下,由此形成了小鸡点头的习惯。小鸡孵化出来后,初期这一点头的习惯还继续保持着,当它点头时嘴碰到地面偶然地啄到米粒时,这就受到了强化,由此形成了小鸡啄米粒的条件反射。因此,郭任远认为,本能派证明本能存在的证据,即动物出生后就能行动是不能成立的。因为这种不学而能的行为的发展可以追溯到胚胎期,可能是动物在胚胎内的即有经验所致。

3. 无遗传的心理学

遗传一直是心理学中最重要的概念之一,心理学家总是把解释不了的心理与行为问题都归之于遗传或本能。但是,在郭任远看来,遗传不过是一个性质神秘而非实验的假设,是实验心理生理学和发展心理学进步途中的大障碍。遗传概念使心理学研究止于开启行为发展机制的门前,封闭了用实验的发展观具体分析生物行为形成的研究道路。事实上,如果假定遗传是行为的一种解释,那么我们还必须解释关于遗传反应的神经肌肉模型和细胞中的根源,这样解释自身也需要进行解释。因此,遗传并不能说明心理与行为现象,它只是把问题掩蔽起来,遗传本身仍是一个问题。

郭任远认为,遗传与意识一样都是心理学中的大迷信。但是,行为主义者对两者的看法却大不相同:他们坚决将意识排除在心理学门外,却没有完全否认遗传,仍采用遗传概念来解释有机体的一些心理现象,只是把从前心理学关于意识或心理的遗传改头换面为行为的遗传而已。他指出,一般行为主义者之所以不能摆脱行为遗传的迷信,一方面是因为,遗传的观念是晚近心理学家从生物学中抄袭过来的,而行为主义者对于生物学又极其重视,由于不敢轻易批评生物学的事实或观念,因而对于心理学所"窃取"的遗传概念也就完全接受而没有丝毫怀疑;另一方面则是因为,在行为主义运动兴起时,行为主义者完全专注于对意识和内省法的批判,而无暇顾及其他的问题。在郭任远看来,承认遗传是心理学史上的污点,要洗涤这一污点就必须进行进一步的革命。因此,他极力提倡取消一切关于遗传行为的观念。他说:"传统的遗传观念在心理学上,尤其是在行为学上是一个无益而有害的东西。因此我们就提倡一个无遗传的心理学,或无遗传的行为学。"①

郭任远首先提出了否认心理的遗传的主要理由:心理遗传说没有一个客观的衡量标准,对于什么是遗传的,只随心理学家个人的意见而定,意见很不一致,容易造成思想混乱;许多本能都是习惯,动物没有不学而能的行为,行为从受精卵时期就已经开始了;在近代心理学的研究中,所谓的遗传与本能的分类只不过是旧有的官能心理学的分类,两者的名词术语基本相同;自进化论提出后,人们想当然地认为生物学上既然有身体上的遗传也必然有心理或精神上的遗传,这实质上是一种典型的心身二元论。

接着,郭任远又详细地阐述了否认行为遗传的依据:

(1) 心理学是一门实验的科学,关于行为的一切观念都应以实验为根据。遗传的行为既没有直接证据,也没有实验的可能。遗传观念简直就是心理学家偷懒的不二法门,借用它可以遮蔽心理学家不懂行为起源的弱点。

(2) 行为是腺体、神经和肌肉等活动的结果,因此要证明遗传行为的存在,应以生理的事实为基础。也就是说,一定的遗传行为应有一定不易变化的生理条件。但事实并非如此,同一种行为在某个时候有某种生理变化,在其他时候则可能有其他的生理变化;反之,同一种生理变化往往会成为两种或多种不同行为的成分。例如,畏惧本能就没有一定的身体动作,有时表现为逃跑,有时表现为藏匿或其他的行动。在郭任远看来,通常所谓行为的生理或基因基础都牵强附会得很。许多事实已经证明,神经结构不是预定的,而是在发育的过程中刺激和反应相互作用的结晶品。因此,他说:"反射运动的神经结构的形成是由环境的刺激所决定,而不是由遗传所预定,是很显然的了。"②

(3) 假使遗传行为都有固定的生理变化,但是也无法证明这种生理变化是遗传的结果。虽然近年来生理学有了很大的发展,但仍不能确定身体上哪一种构造或哪一种作用是遗传的产物,哪一种是环境刺激的结果。因此,所谓遗传行为不但没有生理的根据,即使有这种根据,现在的细胞学和胚胎学也不能断定它是不是得自遗传。

(4) 研究本能的学者通常把"普遍性"(universality)和"不学而能"(unlearnedness)作为遗传的两个最重要的标准。依第一个标准,凡为一类动物

① 郭任远著:《心理学与遗传》,商务印书馆1929年版,第292页。
② 郭任远著:《心理学与遗传》,商务印书馆1929年版,第292页。

所共同具有的动作都属于遗传的行为;依第二个标准,凡不须经过教育或学习而获得的行为也都是遗传的。郭任远承认,它们是有机体行为表现的事实,不能否认,但普遍性和不学而能与遗传并没有什么关系。理由前面已经提及,这里不再赘述。

在否认了心理与行为的遗传之后,郭任远提倡建立一种无遗传的心理学。首先,他强调遗传不是一种实体,特性是不能遗传的。他认为,可以遗传的只是一种可能性,一种物质,一种反应系统,一种倾向。他说:"实在的是不遗传的,遗传的不是实在的。形态是刺激和反应相互作用的结晶,而遗传的可能性就是借刺激和反应相互作用过程而变成实在的。但是,像这样的'遗传现象'在行为学上又有什么作用呢?"①因此,从行为的定义看,行为是刺激唤起反应,有刺激才有反应,抛开了刺激就没有行为可言。刺激包括过去的和现在的以及身内、身外的刺激。行为包括过去的经验,它是过去行为的历史,现在的构造。知道一个有机体的构造、其行为的历史和眼前的刺激,我们就能知道它此时应该有什么行为和行为对未来的影响。其次,他反对遗传决定论,明确提出了环境决定论。这是郭任远行为心理学的全部归宿。他指出,我们的日常行为从根本上说全部是环境要求的结果,我们行动的倾向也都是躯体和环境相互接触的结果,而且这个原理对于一切生物来说都是对的。例如,大慈大悲的佛与茹毛饮血的人当然不同,但这个不同主要是由于习惯的与后天的性情,而非由于原始的组织之故。从以上两点可以看出,郭任远所要建立的无遗传心理学实际上是一种激进的行为主义心理学,其反对遗传的根本目的是为了强调一种行为的机能主义,最终也使他成为一个环境决定论者。

4. 本能说的替代理论:反动单位

在否定旧式心理学中的本能说、反对遗传心理学的同时,郭任远提出了自己的建设性的意见,即反动单位理论。他认为,反动单位是新生或出生不久的婴儿身上每部分的肌肉运动。例如,打喷嚏、哈欠、呃噎、咽物运动、啼哭以及其他喉咽运动,躯干、臂、腿的运动,手指和足趾的弯曲、抓握以及对声、光、温度的感受性等都是反动单位。从生理的角度看,这些反动单位各有不同的复杂性和不同的神经联合,并且其所含的肌肉及神经弧(neural arcs)的数目也各不相同。但从心理的行为方面来说,新生儿几乎没有什么可以称作适应环境的动作。这即是说,反动单位不是有组织的、有生物目的的反应,它是无目的的或非适应的。关于反动单位究竟是先天的还是后天

① 郭任远著:《心理学与遗传》,商务印书馆1929年版,第292页。

的问题，郭任远最初承认反动单位是遗传的动作，但后来又指出，个体的一些习惯早在胚胎时期就已经养成了，因而许多反动单位多半是有机体原始的、最简单的习惯。然而，这只是一种推测，由于我们关于胎儿心理生活的知识太幼稚，以至于不能够断定新生儿的原始动作的来历。他强调，与其现在对这个问题下一武断的结论，不如等待日后实验提供的证据。

郭任远认为，新生儿的无目的的、凌乱的动作即反动单位，是构成我们反应系统的原料，各种简单或复杂的行为都由此发展而来。反动单位的最大特点是具有可塑性和组合的多样性，它们可以根据环境的需要组合或重组成有用的习惯。在郭任远看来，一切有组织的反应，无论是大思想家的思维作用还是日常的习惯动作都源于这些原始的动作。换句话说，习惯养成就是组合原始动作做有规则的反应，或在人出后由旧习惯重新组成新的习惯。因此，实验的发生心理学的研究必须从探讨这些凌乱无序的动作入手，追踪它们怎样由环境的要求而组合或重组为各种反应系统。他说："现在我相信，研究出生小孩中反动单位的性质及其因环境和有机体间的相互关系所组合的历程是启示人生奥秘的宝论。"[①]郭任远根据成人习惯形成的过程把反动单位的组合分为两大类。

(1) 同时性组合(simultaneous integration)。同时性组合是指反动单位直接或间接地合成一个单一而有组织的反应。在我们日常生活中，一切有组织的单一的反应都来自于反动单位的同时性组合，如获得字句的习惯、拿食物到嘴里、用手握物、起立和坐下等。同时性组合又有三种不同的形式：① 原始的反动单位成为单一的反应，如学习手眼调节、起立等。② 综合已经组合的动作成为更复杂的举动，这种形式在成人期比在儿童期更常见。例如，儿童学习写字时，他所有简单的眼、手和指头的联合还不能使他写字。除了能够一手紧握笔杆以外，另一只手还必须同时能压住纸头，小臂、大臂和头都要参与其中，躯干也要维持身体的姿态，而且眼睛要跟着手一起动作。上述动作都需要同时进行操作，并且这些比较简单的成分动作本身又都是已经统一的动作，在这种情况下新习惯便从旧习惯中组织起来。③ 当新的学习的性质与已获得的习惯不相符时，旧习惯对于新习惯不但毫无用处，而且有时还会阻碍新习惯的习得。例如，在学习语言时，原有的方言会成为新语言学习的障碍。此时，只有把互相抵触的习惯拆散并重新加以组织，才能够解决问题。

(2) 连续性组合(temporary integration)。行为并不单独发生，各种动

① 郭任远著，黄维荣辑译：《郭任远心理学论丛》，上海开明书店 1928 年版，第 83 页。

作总是有其他动作在先或在后跟随着。郭任远把这种多少有规则的、按次序表现的动作称之为连续性组合。连续性组合可以分为预备反应(preparatory reaction)和终局反应(consummator reaction)两种类型。郭任远强调,这样分类只是为了科学叙述的方便,并不是指某种生命力对有目的的反应具有推动作用,也不含有生物一定是觉察到目的和效果的意义。他指出,要将不同的动作综合成连续的行为,心理学家必须采取某种客观的标准,而最便利的方法就是把动作按所成就的效果来分类。因此,郭任远把那些从外观上看去有内部关系的动作称作预备反应,它与终局反应即外显反应相对,类似于托尔曼的目的性行为。

在郭任远之前,已有一些心理学者提出过与预备反应类似的概念,如动力(drive)、决定性顺应(determining adjustment)、推动的顺应(driving adjustment)、决定性倾向(determining tendency)等。但这些术语常常被误解为是一种内部势力(inter force),似乎有一个自动的东西在指挥着有机体的一切行动。这很容易使人联想到麦独孤和弗洛伊德学派的生命主义概念,乃至被责难为这是个有目的的行为概念。因此,郭任远指出,为避免误解,用一个较好的名词对预备反应加以更具体、更客观的解释是目前的急务。他提出以行为的安排(或行为定势)(behavior-sets)来替代预备反应。所谓行为的安排只是指反应的姿势或预备的态度而言。它不是一个推动的势力,也不是一个冲动、一个内部的兴奋或热欲或一个驱力,更不是一个积极动因(active agency)。它也不控制或激发各种行动,它只是一个反应的姿势,别无其他。有机体在任何时候所产生的行为都是由许多因素决定的,除了背景的影响、刺激的性质与强度、有机体与刺激之间过去的关系、机体反应系统的性质之外,行为的安排对于有机体产生何种动作以及何种刺激会引起反应具有极其重要的作用。它使有机体产生了一个趋向确定终局反应的反应姿态或倾向。这种趋势一方面可以把与终局反应有关系的感觉刺激的阈价(threshold value)降低,把别的干扰刺激的阈价增高;另一方面它倾向于促进某个个别的反应,而阻止其他的反应进行。这种现象可以从动物的外表行为间接地推论出来。例如:我们时常可以看到一只狗在一段较长的时间中未被喂食物便显得不安,它的动作似乎在寻求什么东西。它往常对之发生反应的刺激,这时也不反应了。但在给它食物之后,这些特殊的反应就都消失了。因此我们便可以推论,在那个时候可以把这只狗的行为安排唤作寻食。这里需要指出的是,郭任远提出行为的安排并不是要否认托尔曼等人的目的性行为概念,而只是要以纯粹机械客观的名词对其进行描述和解释。但郭任远不同意托尔曼的目的性行为是先天的观点,而认为有目的的行为是后天习得的。他以因饥渴而饮食的行为为例解释:饥渴引起体内的骚动,因骚动引起不安,经过饮食后,这种骚动为食物中和,因此也停止了有机体不安的表现。他说,没有食物经验的新生儿,在第一次饥饿时,他的饥饿反应运动和有了经验后的姿势是不同的,因为后者是条件反应形成之后的行为,是后天获得的。所以行为只能是后天的,是经验的结果。

连续性组合在学习上具有很大的心理价值,学习主要是把由反动单位组合而成的单一而有组织的动作按新的次序加以重新组织,成为各种连续的反应。例如,在老鼠学习走迷津中,从老鼠被初次放进迷津到它的学习固定下来,老鼠在迷津内表现的个别动作都是先前所获得的。我们说一只老鼠已经学会了走迷津,意思就是指那只老鼠从许多先前组织过的单一的反应目录单中选择了某个个别的动作,并将其连成一个连贯的次序。如果就个别的动作而言,它并没有获得什么新的东西。因此,一个平常的成人可能有千百个不同的习惯,但若将其连续的习惯分析为单一的或个别的动作,其数目就不如我们想象的那样大了。也就是说,一个人若要养成许多习惯,他不必有很多单一的动作,同样的单一的动作可以组织成不同的次序而生成不同的效果,如语言习惯就是一个最好的例子。

五、简要评价

1. 主要贡献

郭任远一生都在倡导建立一种科学的心理学,因此,无论是反对本能、反对心理学上的遗传,还是批驳各种心理学中的神秘概念,他的根本目的都"是在排斥反科学的心理学,不使非科学的谣言重污心理学之名,是在努力做一种清道的功夫,把心理学抬进自然科学——生物科学——之门,完全用科学的方法来研究它"①。尽管此举有些片面之嫌,但是他的新心理学思想动摇了旧观念、旧体系,对中国心理学界具有重要的启蒙作用。

第一,反对本能,创立了反动单位理论。作为一位激进的行为主义者,郭任远坚决反对本能的存在,提出实验的无遗传的心理学。这一思想在20世纪20年代初的美国心理学界掀起了一场声势浩大的反本能运动。行为主义创始人华生受其影响,也毅然放弃了关于"本能的遗传"的见解,转变成为激进的环境决定论者。同时,郭任远提出反动单位理论作为其非本能说的起点。反动单位概念的提出表明,他在由反对心理本能说到反对遗传心

① 郭任远著,黄维荣辑译:《郭任远心理学论丛》,上海开明书店1928年版,第10页。

理学的道路上，比其他行为主义者走得更远，对旧心理学批判的力度更大，这对行为主义运动的进一步发展起到了重要的推动作用。

第二，胚胎行为研究开拓了心理学与生理学的新领域。郭任远关于鸟类胚胎行为的发生与发展以及非脊椎动物社会行为发展的实验，“开拓了西方生理学、心理学新领域，尤其是对美国心理学的新的理论研究开了先河，有着不可磨灭的贡献”①。郭任远认为，对某一行为的研究必须将胚胎学、解剖学、生理学、个体的发展史及当时行为的环境状况相结合，任何谈及行为的理论，若不将上述诸项全部考虑进去，都不能算是一种完美的行为理论。这种强调胚胎行为与生理研究的观点对与其同时代的学者产生了深远的影响，受到国际心理学界的高度评价。例如，著名的比较心理学家雪尼尔拉(T. C. Schneirla)自1935年出版教科书《动物心理学原理》到1966年在《生物学评论季刊》发表一篇综述为止，连续使用“郭窗”技术长达30年之久；戈特利布、亨特(J. Hunt)等人也在自己的著作中专辟一章详细介绍郭任远的实验及理论观点。

第三，促进了心理学在中国的传播。郭任远始终站在唯物主义立场上，为心理学的革新奋斗了数十年。他坚持以行为为对象，否认意识、否认本能，反对唯心主义心理学思想，倡导新的行为主义心理学，为行为主义在中国的传播做出了不朽的贡献。在当时传入中国的诸多心理学流派中，行为主义的影响是最大的，这与郭任远的极力宣传和所做的大量工作是分不开的。他在国内出版了许多介绍行为主义心理学的中文著作，如《一个心理学革命者的口供》、《行为主义心理学讲义》、《行为学的基础》、《行为学的领域》、《行为的基本原理》等，这些著作在中国心理学界引起了极大的反响。在心理学传播过程中，郭任远不仅是一名理论家，也是一名实干家。在创办中国第一个心理学院过程中，身为校长的郭任远亲自与其他教师一起编写教学讲义，亲自授课，培养了中国第一批生理学、心理学人才，其中许多人后来成了知名的学者和教授。

2. 主要局限

第一，理论观点具有机械论的色彩。作为行为主义在中国的代表，郭任远曾试图以行为学来替代心理学。他认为，行为学的使命就是把心理学机械化、具体化、实验化、物理化和生理学化。这在当时虽反映了他要求摆脱唯心论哲学的羁绊，使心理学成为一门严格科学的思想，但他认为世界上存

① Gottieb, G. (1972). Zing-Yang Kuo: radical scientific philosopher and innovative experimentalist (1898—1970). *Journal of comparative and physiological psychology*, 80(1), pp. 1～10.

在的只有物质，只有原子与电子，完全否定精神和意识，并进一步把心理学归结为物理的科学，这种极端的思想使郭任远完全成为了一名行为主义的机械唯物论者。

第二，思想比较激进和偏激。由于过分地相信自己，郭任远常常一味地贬低或否认其他学者的观点，而没有加以客观地分析和借鉴。例如，他曾激烈地抨击诺贝尔奖获得者洛伦茨(K. Lorenz)倡导的用自然观察法研究动物习性学，而且他对赫尔与斯金纳等新行为主义者提出的动物学习理论也大不以为然，称他们是误入极端的行为派，无法了解到行为的全貌。

第三，存在还原论的错误。郭任远是行为主义激进派的主要代表人物，他所提出的理论同样不可避免地具有行为主义心理学的缺陷和不足。郭任远像其他行为主义者一样，主要以动物为被试来获得实验结果，然后以此推及人类，用于解释、预测和控制人类的行为，这难免有简单化、片面化的嫌疑以及还原论的倾向。

第二节　霍尔特：非正统的行为主义

霍尔特是美国著名的新实在论哲学家和行为主义心理学家，他以新实在论为基础阐述了自己的哲学行为主义的系统观点。他赞同心理学研究行为，也研究意识，认为心理活动就是身体活动，感觉、观念是客观实在的。霍尔特的新实在论心理学思想为华生行为主义的问世作了思想上和舆论上的准备，为其传播扫清了道路。霍尔特属于早期激进论的行为主义者，也是一位非正统的行为主义者。

一、霍尔特传略

埃德温·比塞尔·霍尔特(Edwin Bissel Holt，1873—1946)于 1873 年 8 月 21 日出生于麻萨诸塞州的温彻斯特。他的父亲是一位公理会牧师，但是在他很小的时候就已去世，他的母亲是一位知识女性，重视对霍尔特的教育。霍尔特的中小学教育都是在温彻斯特完成的，1892 年，他考入了阿姆赫

埃德温·比塞尔·霍尔特
(Edwin Bissel Holt,
1873—1946)

斯特学院。一年后,他转学到哈佛大学,并于1896年以优异的学业成绩获得了文学学士学位。从1897年至1898年,霍尔特进入哈佛艺术与科学研究生院学习。然而美国—西班牙战争的爆发迫使他中断自己的学业,参加了美国志愿军麻萨诸塞州炮兵团,他是哈佛大学第一个参军的学生。战后,霍尔特曾赴德国弗莱堡大学医学院留学一年,之后回到美国哥伦比亚大学并在詹姆斯·卡特尔(James Cattell)的指导下于1900年获得了文学硕士学位。1901年,霍尔特又在威廉·詹姆斯(William James)指导下从哈佛大学获得了哲学博士学位,之后留校任教,讲授哲学和心理学。

霍尔特是詹姆斯最杰出的学生之一,虽然他不是一个实用主义者,但他却在自己的实在论中坚持了詹姆斯的哲学精神,继承了詹姆斯的彻底的经验论和多元本体论,承认意识的客体包括各种实体。在哈佛大学,对霍尔特影响较大的另一个人是哈佛心理学实验室主任闵斯特伯格(H. Münsterberg),他指导霍尔特留校后先成为一名讲师,然后于1905年晋升为助理教授,霍尔特担任这一职务直到1918年辞职。1910年至1911年间,由于闵斯特伯格返回柏林,霍尔特曾代理哈佛大学心理实验室主任。霍尔特发起和组织了一个名为“威希特俱乐部”(Wicht Club)的社会小组,小组成员经常开会讨论一些哲学问题。在霍尔特的领导下,该小组出版了一本名为《什么是重要的》(Was Wichtiges)的文集。

第一次世界大战期间,由于年龄太大,同时为了照顾自己的母亲,霍尔特没有服现役,而是自愿在华盛顿一个政府部门工作,领取象征性的薪水,生活不是很顺利。1919年1月,霍尔特在母亲逝世后辞去了哈佛大学的教职。此后几年,霍尔特集中精力从事著述,先后在新英格兰、加利福尼亚和哥伦比亚等地居住,通常是与朋友在一起,有时是一个人。1926年,霍尔特应邀成为普林斯顿大学社会心理学访问教授,条件是非全日性工作。他在该校心理系任教了10年,这几年是他工作最得意、最感人生乐趣的时期。1936年,由于健康欠佳,霍尔特退休,全心全意致力于历史研究和心理学课题。在朋友的帮助下,霍尔特来到缅因州定居,并组建了一个家庭,在此之前他一直没有结婚。霍尔特在这里开始写作《动物的驱力与学习过程》的第二卷,但由于身体原因和第二次世界大战的爆发,这项工作未能如愿完成。1944年,霍尔特在波士顿进行学术交流时感染风寒,回到缅因州后便不得不卧床静养,直到1946年1月25日逝世。

霍尔特一生发表的作品不多，在 1932 年的《心理学年鉴》中，列在其名下的论文有 30 篇以及几部著作。《意识的概念》是霍尔特的代表作，1908 年成书，1914 年出版。这本书旨在阐明“我们的经验并不表明知识内容与知识对象的二重性，内容就是对象”①这个论点。该论点在心理与神经系统关系的问题上为行为主义提供了哲学依据。《弗洛伊德的愿望及其在伦理学中的地位》②(1915)是霍尔特的最受欢迎、影响范围最广的一部著作。霍尔特在书中运用弗洛伊德的原理来解释行为，这种方法如此新奇以至于许多人都把这本书看作是霍尔特的“愿望”，而且正是由于其对愿望的强调，将他从正统的行为主义阵营中分离出来，成为非正统的行为主义者。1931 年，霍尔特出版了他最著名的著作《动物驱力与学习过程》。该书是当时从机械论或唯物论的角度对人类心理所做的最完整、最科学的说明。此外，霍尔特的著作还有《反应与认知》(1915)、《社会心理学与人类的怪异境况》(1935)等。

二、心理观

霍尔特是西方新实在论的创始人之一、哲学行为主义的主将。他从新实在论的本体论立场出发，在认识论上奉行彻底的经验论，其心理学思想就是以此作为哲学基础的。他把心理等同于行为，主张同时研究心理或意识，但认为心理或意识要通过行为来理解。

1. 行为主义的哲学基础——新实在论

新实在论是 20 世纪初产生于美国的一种哲学思潮，它是作为对传统哲学的一种反抗兴起的，或者说是作为一种论战的姿态而出现于哲学舞台上的。1910 年 7 月，以霍尔特为代表的六位学者在《哲学、心理学和科学方法》杂志上发表了题为《六位实在论者的方案与初步纲领》的文章，首次使用“新实在论”(new realism)这一术语。1912 年，他们又联合出版了《新实在论》一书，该书第一章绪论是他们的集体创作，代表了他们的共同观点。其中由霍尔特执笔的一章为《虚幻的经验在实在论的世界中之地位》，该文的写作目的是回应唯心主义阵营提出的挑战，解释有关错觉、幻觉和一般的错觉经验在新实在论理论中所处的地位问题。

新实在论者反对唯心主义关于认识对象存在于意识之中的命题，主张事物的存在独立于意识，认识对象的存在独立于认识活动，在我们还没有认

① Holt, E. B. (1914). *The concept of consciousness*. London: Allen, p. 149.

② 唐钺译为《愿望与道德》，见：《唐钺文集》，北京大学出版社 2001 年版，第 143～256 页。

识到它们的时候,它们就已经存在了。这种观点虽然有其合理之处,然而新实在论者并没有站在唯物主义的立场上与唯心主义划清界限,进而将认识对象的本质看作是物质的。新实在论者认为,物质和精神都不是最根本的存在,它们都是某种更根本的非心非物、亦心亦物的“中性实体”以不同的关系所构成的。所以,心物并非根本不同的两种实体,不过是具有不同组织关系的同一种中性实体而已。也就是说,心物之间的区别只是关系上的分别,并非质料或实在的差别。从这种本体论立场出发,新实在论者在认识论上主张“直接呈现说”,反对“摹本说”或“反映论”。他们认为,人们获得关于某一对象认识的时候,并不是在人们的意识中形成了关于这一对象的映像或摹写,而是该对象直接进入到人们的意识之中。霍尔特指出,新实在论在认识者和被认识者之间的关系中提出一种原始的、常识性的新理论,这种常识“相信一个独立于对它的认识而存在的世界,同时相信这个独立的世界能够直接呈现在意识中,而不仅仅只是被观念所表征或摹写而已”①。这样,新实在论者就把认识与被认识的对象等同起来,抹杀了认识的主体与被认识的客体或者意识与存在之间的区别。

作为新实在论在心理学中的代表,霍尔特的非正统行为主义正是以该理论作为其哲学基础的。他从新实在论的哲学观点出发,阐述了有关心理实质、心理学对象、身心关系等问题的基本观点,从而为行为主义提供了一个哲学框架。霍尔特否认客观事物与关于客观事物的主观映像的区别,他指出:“事物除其本身外,没有任何别的东西可以作为它的代表。”②因此,“意识或心灵不存在于头脑之中。……我们所知觉到的一切东西……都存在于恰好是它们被看来所在之处”。③ 为此,霍尔特反对洛克关于客体的第一性的质和第二性的质的区别,并认为只有如此才可以使认识得到解脱而皈依对物的朴素观点。在此基础上,他还竭力反对神经特殊能说,认为神经系统在行为和适应中并不起任何特殊的加工功能,而只具有传递信息的作用。他说:“生理学家并未发现神经流通过大脑皮层时,被一漏筛过滤而进入不可见的心理世界,或者在这里受到任何意志力的支配。它们穿过大脑两半球这个迷津,并不比穿过低级的脊髓有更多的神秘性。”④在心理或意识问题上,霍尔特还认为,意识以外的客体和意识以内的客体具有同样的性质,认识并没有创造出现于经验中的性质,只不过使它们同有机体的生活发生联

① 霍尔特等著,伍仁益译:《新实在论:哲学研究合作论文集》,商务印书馆 1980 年版,第 16 页。
② Holt, E. B. (1914). *The concept of consciousness*. London: Allen, p. 142.
③ Holt, E. B. (1914). *The concept of consciousness*. London: Allen, p. 181.
④ Holt, E. B. (1914). *The concept of consciousness*. London: Allen, p. 199.

系而已。

2. **心理是人对某一客体的运动性反应**

霍尔特认为，人在梦中生动地出现色、声、热等现象，是由于神经系统未受外界刺激时，也能在本身发出具有那种频率的神经冲动流，其密度因素与在通常身体表面刺激中的密度因素相同，即人在做梦时神经流的频率和密度因素与原来在那些刺激作用下所引起的神经流相同，只是这里没有外来刺激引发而已。换句话说，梦幻或心理都只不过是身体的运动，这种运动也就是行为，它不是观念，也不是对外界事物的表征或摹写，它是刺激频率和密度的位移、移动。霍尔特进一步指出，心理或意识实质上就是神经系统特别地对一个空间中的物体做反应，因而所谓的意识或心理世界，不过是人对某一客体的特种感觉运动顺应，意识状态就是把一个客体带到同有机体的一种特殊关系中来，这种特殊关系就是一种对客体的肌肉顺应。因此，意识仅仅是使感觉运动过程适应于物理对象的一个标志，环境事物与意识在本质上相同，意识也具有环境事物的物理属性。

3. **心理活动的动因——食物的化学能**

霍尔特在把心理归结为身体的运动性反应后，进一步提出了这种活动的原因是什么的问题。他指出，在研究是什么推动动物活动时，我们发现流行着两种不同的观点："有些人认为，食物产生的化学能是一切活动的源泉；另一些人则认为活动的源泉是情感、情绪、欲望或者某种类似的东西。"[①]在霍尔特看来，后者是传统的官能心理学思想，而前者才是现代行为主义的观点。官能心理学是早期心理学对推动人类和其他有意识动物去活动的原因的一种解释，它把各种心理看作是灵魂的某种能力，"官能"是一切活动的源泉。进入现代以后，一些心理学家又以本能作为有机体活动的源泉，认为个体的活动是由其本能推动的。对于本能论者来说，不存在如何解释活动原因的问题，因为每一种活动只要能够命名，同时也就能够解释自身。霍尔特尖锐地指出，人们普遍轻视官能心理学，但本能仅仅是官能的一个代名词，这不过是一种语词魔术(word magic)罢了。

霍尔特认为，行为主义作为心理学中的一场现代运动，做了大量工作来清除心理学中的这种不良影响，它成功地避免了官能论的任何陷阱，并勾画出了非官能的客观心理学的轮廓。他明确表示自己完全同意行为主义的做法，并提出了食物的化学能是一切活动的源泉的观点。他说："只要心理学

① Holt, E. B. (1931). *Animal drive and the learning process*. New York: Holt, p. 7.

坚持否认有责任描述动物的活动与其吞咽的食物之间的关系，那么它当然会不断地碰到令人伤脑筋的动物驱力的问题。”[1]从行为主义的立场出发，他认为，如果把“动物驱力”看作是一种能量进行严格解释的话，那么它就应该是包含在食物中的化学能，贮存在感觉器官、神经和大部分肌肉当中。动物消耗的食物使其维持着使感觉器官接受刺激产生兴奋、神经传导这一兴奋、肌肉在兴奋到达时就收缩的准备状态。不过，霍尔特也指出，若从另一个角度理解“驱力”，那么它应该是引起能量释放的动因，即所有那些能够刺激易兴奋的内部或外部感官，并使其释放导致肌肉收缩的一连串能量的刺激物。因此，在严格意义上说，任何有机体总是被某种外力推动的，但同时毫无疑问也受到贮存在其组织特别是肌肉组织中的食物能量的制约。环境的力量可以刺激感官释放出贮存的能量，这些能量反过来又会激发神经和肌肉。

三、行为观

霍尔特赞同华生的观点，认为心理学家应该研究行为，但是他的行为观比华生的行为观更广阔、更富哲学性。首先，他不否认意识和心理现象的科学合法性，认为行为包含着意识，同时强调行为不是随意的或是毫无目的的，而是有目标指向的，并且指向的是基于目的、愿望和计划之上的目标。其次，他的行为主义关注的是有机体在其所处的环境中做出什么样的行为，强调行为大于刺激—反应联结的总和，反对华生的原子式的心理学或“肌肉抽搐”的心理学。第三，在行为的描述上，霍尔特比华生走得更远，他完全从自然科学出发来描述有机体的行为及其发展过程的种种图式，最后用连华生也未曾用过的一系列生物学术语，勾勒出一个有机体从随机运动成长为一个能自由探索的统一体的路线。正是由于霍尔特新实在论哲学行为主义的上述特点，以及其观点只有理论阐释而缺乏当时盛行的实验印证，使其思想通常被人们称之为“非正统的行为主义”。

1. 随机运动是行为的前提

霍尔特认为，人从出生开始，在内外环境刺激下就会出现一些随机运动(random movement)，即最初由刺激引起的漫无目的的运动。人类一切简单和复杂的行为习惯都是这种随机运动在各种条件作用下形成的不同的反射或连锁反射(chained reflex)。他指出，生物学家的研究已经证明，胚胎的早期运动都是不协调的，婴儿出生后尽管已经形成了一些反射，但他们的大

① Holt, E. B. (1931). *Animal drive and the learning process*. New York: Holt, p. 8.

多数活动仍然是随机地蠕动、翻滚和扭动。在霍尔特看来，个体发展的这一阶段出现这种情况的原因主要是：首先，由末梢与感觉器官相联系的传入纤维构成的神经到达中枢神经系统，但其末端在这里与其他神经元暂时还不具有确定的机能联系；其次，由中间神经元构成的神经系统全部位于中枢神经系统之中，与其他神经元任何一端都无联结；第三，由运动神经元构成的神经系统与中枢神经系统中的其他神经元也不存在确定的联结。正是由于传入神经元、中枢神经元和运动神经元之间没有任何“预成的”或通过遗传获得的联结，所以当任一感觉器官获得充分发展，能够发送冲动沿着传入神经传导时，这些到达传入神经末端的冲动就会不知不觉地在中间组织中扩散，并且沿着与那些树枝状末梢距离最近的神经元传导。当然，这种冲动最终会到达哪一块肌肉就是偶然的事了，因此，有机体最早的一些运动完全是一种随机运动。不过，霍尔特又指出，随机运动并不是真正的“随意”运动，他说：“早期的随机运动当然不是不受因果关系决定的，它们甚至不是完全杂乱无章的或无任何模式的。”①胚胎和胎儿运动的随机性质仅仅是指，旁观者既不能预知胎儿的下一个动作是什么，也不能预知作用于确定感觉区的刺激会引起何种运动。

2. **条件反射**

霍尔特认为，人和动物的行为包括人的复杂的智能行为和简单的随意行为，都是在无条件反射的基础上形成的条件反射(conditioned reflex)。条件反射在个体的整个一生中都能够不断地习得，它是个体的教育和发展过程。霍尔特赞同巴甫洛夫关于条件反射的界定，他说：“如果任何一个偶然或无关紧要的刺激碰巧一次或几次与引起确定先天反射的刺激同时出现，那么该刺激本身就开始产生那些先天反射的结果。按照特定的条件序列，联想必定会以一种适当的方式形成。……我们把这两种反射及引起它们的刺激分别称作无条件性的(先天的)和条件性的(习得的)。”②条件反射的这个定义指明了获得新的反射应该具备的条件，或者更具体地说，一个其传入或感觉通路与运动通路之间尚未建立任何中枢联系的刺激要如何去获得这种联系。

霍尔特提出了两条条件反射原理：一是，如果一条感觉传入通路已经与一条释放的运动通路建立了联系，那么与该传入通路同时或几乎同时受到刺激的另一条传入通路就会倾向于获得相同的释放的运动通路；二是，同时

---

① Holt, E. B. (1931). *Animal drive and the learning process*. New York: Holt, p. 168.

② Holt, E. B. (1931). *Animal drive and the learning process*. New York: Holt, p. 24.

发生的兴奋经过几次重复后，第二条传入通路的刺激就足以单独刺激同一个运动通路产生相同的肌肉收缩。关于第一条中的“几乎同时”的提法，霍尔特做出了进一步的解释。他指出，巴甫洛夫及其同事曾认为，如果两个刺激作用是完全同时出现的，那么它们将被条件化，即将获得一个新的运动通路的刺激或传入冲动必须在时间上先于已经获得运动通路的冲动；反之，如果它在后面的冲动已经终止之后出现，那么它就不能获得新的运动联结。霍尔特不赞同这种观点，他认为可以用任一顺序来呈现刺激，当“无条件”刺激先于“条件”刺激时，条件反射至多在某种程度上更加难以建立或更不持久而已。这就为反射链(reflex chain)的组织提供了更大的空间，它意味着特定的刺激在某一时刻仍然可以与一段时间后才开始的动作联结在一起。

3. **反射环**

反射环(reflex-circle)概念最早见于威廉·詹姆斯(William James)的著作，他的《心理学原理》(第二卷)对反射环作了描述。霍尔特非常重视反射环的作用，认为它从个体生命的早期为个体准备了大量的反射，使其出生后就能够应付刺激，重复或再现刺激作用。

霍尔特指出，每一块肌肉中都包含有感觉器官，当肌肉收缩时其本体感受器就会受到机械压力的刺激，这时肌肉、肌腱或相关关节的感觉细胞发出的神经冲动就会沿着它们的传入神经传导到中枢神经系统。但是，这一兴奋冲动只有在随机冲动已经找到从中枢神经系统到肌肉的路径之后，才能到达肌肉，而且随后的神经兴奋也将沿着随机冲动刚使用过的痕迹寻找出路。也就是说，从一块肌肉发出的神经冲动将返回来再一次收缩该肌肉。因此，这一过程重复几次之后，从这一肌肉发出的传入神经元就开始与同一肌肉发出的运动神经建立突触联系，这时反射环也就建立起来。而且，经过一段时间后，该肌肉中发生的一切将出现在其他肌肉中，最终反射环将在所有的肌肉中形成。因此，反射环不同于环形反射(circular reflex)，环形反射只是反射环的一级，是它的特例。反射环总是从无目的的、偶然的肌肉神经支配开始，而以反射的建立结束，这种反射通常是一种明确指向刺激且具有目的性的反应。霍尔特指出：“在我看来，很明显每一个反射环本质上都是一种使有机体获得更多诱发刺激的反射。”①

反射环原理对行为的形成和学习过程至关重要。在霍尔特看来，不仅一些先天反射，如抓握、嘴唇和颌骨的闭合等反射的形成有赖于反射环，而且儿童出生后大量行为的习得也都是通过反射环实现的。霍尔特指出，反

① Holt, E. B. (1931). *Animal drive and the learning process*. New York: Holt, p. 40.

射环在行为习得过程中之所以重要就在于，它导致了一种普遍的重复率：儿童重复自己的任意一种随机动作，该动作同时又会以不管多么间接的方式去刺激自己的任一感觉器官，从而为更高级的反射奠定了基础。

4. 连锁反射就是行为

连锁反射这一术语是由埃克斯纳(S. Exner)在其著作《心理现象的生理学解释》中首次使用的。霍尔特认为，连锁反射指的是一系列在机能上相互联系的反射通路。反射通路就是一个或多个感觉器官与传入纤维相联结，传入纤维与更远的传递纤维相联结，最终与各种通向并与肌肉相连的传出纤维联系在一起。这样，一个人最后的动作就会刺激下一个动作的起点，如此循环往复。连锁反射之所以会产生，是因为当神经流经过神经系统时，突触区会产生一种类似紧张的暂时状态，这种状态虽不可能一直持续下去，但却可以保持数秒左右的时间。因而，将被条件化而适应一个新的运动通路的传入冲动与已经能够刺激该通路的冲动即使相隔数秒出现，仍然可以产生条件作用。

对霍尔特来说，反射通路特别是连锁反射通路是许多颇为简单和基本的习惯的解剖学基础，而大量更为复杂的行为习惯，如艺术或手工技能、身体协调活动及日常生活习惯等在很大程度上都是建立在这些反射基础之上的。正如詹姆斯在谈到“联结成串的习惯”时所说的：“在活动中生长习惯，促使每一块新的肌肉收缩并依照规定次序发生的动因，不是思维或知觉，而是刚刚结束的肌肉收缩引起的感觉。”霍尔特在这里特加注明：“我应该说是传入冲动。”[①]他认为，所有的连锁活动看起来都像是行为，可以说，对于一个有机体的全部活动，包括最高级的心理活动，最后分析的结果都是反射。因此，行为、反射、心理在霍尔特的心目中的含义是同一的。他嘲笑传统心理学的记忆概念，认为从神经联结的观点看，它纯粹是一个“官能”的代名词。他还批判了联想心理学，认为传统心理学家的联想律不能使我们确切地知道在生理上究竟是什么与什么联结在一起。

5. 反射传导与整合的因素

霍尔特指出，反射的传导和整合(conduction and integration)形成有机体的统一体，当一个有机体学会对环境的趋近或逃避反应时，就表明该有机体对那个环境已经完全适应。这些反应是以“本能”行为，甚至某种更简单的行为形式的机制为基础的。在开始时只能是一种随机运动，后来通过学

① Holt, E. B. (1931). *Animal drive and the learning process*. New York: Holt, p. 86.

习过程出现于有机体中的这种行为是“突发性进化”现象的一个明显例证，它是通过合成综合(synthesis)产生的新事物。在这种情况下，这个新事物就是行为。合成综合的要素是感觉器官、神经和肌肉，它们被综合在生活于环境中的有机体内。通过学习过程出现的另一些现象是知觉、意识和心灵，它们也是合成综合的产物。如果不能实现这些综合的产物，那么我们就不能进一步推进学习过程。霍尔特认为，整合包含四种因素或四个步骤。

第一，反射的客观参照(objective reference)。霍尔特指出:“客观参照在于:有机体是参照环境的某个对象或事实而行动的。”[①]一切学会的反应，无论如何熟练地形成习惯，可以自动地随意作出反应，但作为一种反应归根结底是由刺激即外部参照引起的。他说:“通过趋近和回避的反应学习，一个有机体在他的环境中总是按固定的参照对象而活动”[②]，这就像地球的轨道随太阳而转变一样。而且，在霍尔特看来，一些外部世界的、有时很远的客体同变动的有机体一样都是行为过程的组成部分。因此，不参照有机体外部环境中的某个或某些因素(物体或能量)，就不能对这些运动加以描述。

第二，反应的共同总和与抑制。霍尔特将各种习得反应之间的机能上的相互关系作为有机体整合的第二步。这些相互关系主要是指同时受到刺激的反应之间相互增强或相互削弱的过程。也就是说，反应之间存在一种简单的代数和规则。由于学会的反应总是复杂的反应动作，它是由几种简单反应共同组合形成一种总和的力量作出的，而一切整合的动作不外为趋近或回避。趋近即做出这一总和的反应动作；回避则抑制它。因而，作用于某一运动的所有冲动的总和，要么会增加该运动的力量和速度，要么则产生拮抗作用而彼此抑制。

第三，同时发生的具有残留自由之所(residual locus of freedom)的持续反应。尽管有机体总是参照环境中固定的对象而活动，但是许多不确定的刺激随时会作用于有机体，通常这时有机体仅以一个或几个确定行为对其中的某些刺激做出反应。这种选择和统一的趋势，即整合第三步的主要线索在于，每一个接近趋向都倾向于通过反射环来维持自身，并获得更多的刺激。霍尔特认为，形成反射环的有机体，其行为具有一定的自由度，因为反射环是能独立自主且比较自由的，而这种自由又往往和同时发生的持续反应有关。他举例说，当婴儿用手抓着球时，他每根手指的指尖与球保持接触，同时手指会弯曲或伸直，因而在某种程度上手指可以在球的表面滑动。

① Holt, E. B. (1915). *The Freudian wish and its place in ethics*. New York: Holt, p. 55.
② Holt, E. B. (1931). *Animal drive and the learning process*. New York: Holt, p. 214.

更明显的是，当婴儿用手去触摸一些更大、更不易移动的客体，如婴儿床的边沿、椅子的腿等时，手在与之保持接触的同时还会沿着客体表面一直滑动到手臂够不到的地方，然后再向回移动。霍尔特认为，这种摸索行为实际上是一种带有持续反应（接近趋向）的随机运动，它限定了一个地方，即自由之所，随机运动只有在这里才具有活动的自由。在上例中，自由所在地或范围就是所接触客体的表面，它将随机运动限定为“探索”客体表面。因此，自由之所同时也是自由的局限之地，在霍尔特看来，这种局限性的确切含义是，它要有利于有机体行为的统一和整合。一般来说，每个持续接近反应都规定了一个有限的随机运动的自由之所，但当几个接近反应同时发生时，实际的自由之所也就被限制在更小的范围，即几个持续反应自由之所的公共部分。霍尔特认为，对于生物个体来说，这一点非常重要。因为每一个同时发生的其他反应都会使自由之所变小，因而有机体的行为才会越来越精确。

第四，交叉—条件作用。如果一个反射环具有自主性，能够维持自身不间断，那么其他反射环也必然如此，这样同时发生的若干持续反应相联结，其活动范围就相当大了。例如，由于人类婴儿的双手容易彼此接触，因此每一只手和另一只手便学会相互趋近；因为眼睛不可避免地要看手，因而它们很快便学会了追随着手转动，而手也随着眼睛运动。这一过程意味着，在接触中本体感受器传入的冲动可以由手或眼的运动中的任何一种运动产生，而成为控制其他运动通路的拓通通路的条件，即发生了交叉—条件作用。通过这种方式，婴儿的双手和两条视线汇聚到空间中的某一点。因此，作为感觉器官的眼和手接受来自同一客体的冲动，并做出具有动态成分的反应，这些反应是对同一客体的反应。在这种情况下，只要婴儿双手持球，他的双眼几乎必然会注视着这个球；如果球的表面因手指和手的进一步运动而有自由的随机运动的余地，那么它同样是进一步同时发生的双眼运动的自由之所。显然，这时儿童的活动即注意集中将倾向于保持球。因此，交叉—条件反射可以使不相干的传入冲动之间形成广泛的条件作用，这样在最初的刺激源消失之后，传入冲动所引起的行为仍然能够频繁地再次出现，而且它还可以作为在活动部分受阻的情境中神经溢流（overflow）的一条已准备好的独特路径。没有交叉—条件作用，研究者就几乎不能解释为什么当前出现的完全不相干的刺激可以对有机体当下进行的行为过程发挥神经支配作用。

四、学习观

霍尔特的行为主义把有机体的成长发展看作学习过程，认为二者是统一的，这是从桑代克以猫为被试，通过尝试错误和偶然成功的动物学习和联想实验开始证实的。他赞同桑代克的学习是一种尝试错误过程的观点，但他特别重视障碍问题，提出障碍是学习的开始。

1. 学习与生长

霍尔特相信生物进化论的观点，他指出，依据获得性遗传学说，从解释有机体的生成开始，再进一步说明有机体的成长和发展只靠遗传是不够的，他认为生长发展主要在于学习(learning)。在生长(growth)与学习的关系上，霍尔特认为二者是合而为一的，在任何时候都仅仅是整个人生发展过程中的某一个阶段。虽然生长与学习的次序先后不同，学习是继生长之后的统一过程，但是它们归根结底都是身体的代谢活动。霍尔特强调，心理学的领域主要集中于发展性的学习或机能这一部分。

(1) 细胞原初物质和外部环境是生长的必要条件。

霍尔特认为，受精卵的原初物质对于有机体模型(pattern of the organism)是非常重要的。任何物种中的某一个体在结构、化学和生理上都与同一物种的其他个体相类似，这是一种基本的生理学事实，而这一现象的生理学基础要在合成有机体的化学过程的特殊性质中去寻找。霍尔特发现，与作为整体的有机体特征相一致的化学特征实际上是通过其构成物蛋白质表现出来的，而且也只能通过这些组成成分才能体现。蛋白质是有机体组织的基础，它在成体和胚芽中从化学上看可能都是相同的，甚至会以某种相似的方式在空间中分布。从这个意义上说，胚芽和成体之间与形态的连续性相一致的化学的连续性可能也是存在的。然而，这种化学特征不能自行充分保证发展中个体具体的、正常的或任何形式的生长和机能，因为生长需要环境的“恒定和适当”。霍尔特认为，有机体的生长不仅仅是从内部展现的过程，如果有机体不能够稳定地从外部获得各种维持生命所需的温度、水分、光线等条件，以及不能经常从周围的环境中摄取一些特殊的营养物质的话，有机体就难以生长，甚至不能够继续生存下去。事实上，每一个活体细胞都与其最接近的环境存在着紧密的联系，也就是说，每一刻的能量与物质的交换对于生命成长和每一个细胞的每一种功能来说都是不可缺少的。因此，在霍尔特看来，生长与机能不只是一种“展现”(unfolding)，特定的外部条件与细胞的原初物质一样，对于决定特定的结果来说都是必需的。

(2) 机能与结构的相互增长是生长和学习的过程。

霍尔特认为,有机体发展机制的基本事实是:"生命机体中结构和机能的现象从来就不是彼此独立的。"①发展是机能结构相互增长的过程,即由特定的结构和机能开始,机能的持续作用不断地改变结构的基础,反过来它又进一步改变机能,如此循环往复。但他也指出,要放弃生长是潜在的、内含特征的表现的观念,应该坚持机能结构发展的过程主要是由外界的环境动因所维持的观点。在霍尔特看来,机能结构过程与我们所称的学习过程并无原则性的区别。就机体发展来说,生长不仅仅是体积的增加,它与学习是一个连续过程,只不过是因为我们给予这一过程的早期和后期阶段以不同的名称而已。他说:"发展性的生长或学习正如我们所看到的,可能主要是一种分解代谢(katabolism)的过程,这一过程是由外界刺激激发的。"②

(3) 发展过程是生理上的学习过程。

个体在成长过程中可以获得其先辈在形态学或机能上的特征,然而要想使儿童或其他有机体继承这些特征,只有孕育这些特征的受精卵是不够的,还必须将儿童置于实现其特定潜能所必需的特定环境之中。因此,子代继承父代某种特征的问题也就是要解释在新一代个体中重复出现的特征的获得机制问题。在霍尔特看来,遗传的原因首先应该在环境的不变性中来寻找。根据这一观点,发展的整个过程是一种生理上的学习过程,即适应环境的过程。这一过程的一般图式(scheme)似乎是合成代谢(anabolism)或化学作用的结构过程,它是通过催化活动实现的。在环境能够为有机体提供维持其生命所必需的良好条件的情况下,生殖细胞中的各种催化剂,即有机酶是促进个体发展更具体、更具活性的动因。所有的合成代谢过程一直受到有机酶的调控。霍尔特认为,在任何真正的意义上说,它们是遗传的唯一基础。对于生长,这些酶需要环境提供的物质(食物),同时它们也从可获得的物质中进行选择,以决定如何将其综合成更高级的有机混合物,从而最终形成构成有机体的物质。在这里,环境的力量印入到生命的单位中,它刺激已有的实体作出分解代谢或释放能量活动,而能量释放又会影响到随后的合成代谢阶段。环境不是在出现第一次心跳或可观察的肌肉拉动时发挥作用的,它是在第一次细胞分裂,甚至更早时就已经开始起作用了。因此,有机体不可避免地多少要适应它的环境,而这种适应性似乎都是符合"目的论"的。

① Holt, E. B. (1931). *Animal drive and the learning process*. New York: Holt, p. 12.

② Holt, E. B. (1931). *Animal drive and the learning process*. New York: Holt, p. 12.

2. 障碍是试误学习的开始

霍尔特认为，试误学习或尝试错误学习(trial-and-error learning)是学习的一种重要形式，对于理解智慧本身有着重要的启发意义。试误学习是从遇到障碍开始的，他说："有句有影响的谚语：只有经历过艰难和障碍的儿童才会成为强壮和智慧的。"[①]在霍尔特看来，这句话只是对于那些曾经遇到和克服了大量障碍，并从中发展出良好的随机应变能力或实践智能的动物和人来说，才确实是正确的。

(1) 障碍的含义。

霍尔特从常识的观点出发，把对有机体实现某种需要或欲望起妨碍作用的人和事都看作是一种障碍。他认为，任何一种生物只要在面对外界事物时采取积极的态度，就不会遇上克服不了的障碍。霍尔特主张用生理学的术语如实记录实验中动物的状态或遇到的问题，反对以"需要"、"欲望"等心理学术语来代替对障碍具体过程的描述，他认为这样做可能会产生两个不良后果：一是使我们失去有机体贮存食物能量与其生命历程之间联系的线索，二是不能理解当有机体活动受到阻碍时会发生什么以及为什么发生。

一个生物体只有在它活动时才会遇到障碍。当生物体的一些感觉器官受到外部或内部刺激物的刺激时，这些被刺激的感受器就会发送冲动，沿着已为先前的学习所拓通[②]的神经通路传导到不同部位的肌肉上，接着被激活的肌肉就会推动生物做出我们所观察的动作。霍尔特认为，这种动作基本上有两种类型，即趋近或回避引起该动作的刺激物，有时也可能会出现接近一个刺激同时回避另一个刺激的情况。在霍尔特看来，通过仔细观察动物在做什么，我们可以弄清许多激发有机体活动的外部刺激，通常这一点对于理解障碍更加重要。一般来说，生物的反应总是趋向或远离当时刺激它的客体的。霍尔特指出，某些障碍非常简单，只需要向着稳定的可见目标所在的方向前进就能够加以克服。但是，当动物与可见的障碍过于接近时，就会使动物做出回避反应，不过这只能暂时限制由可见目标维持的趋近反应。动物回避过于接近障碍的活动方式都是从动物早期冲撞、跌倒和敲打等经验，即先前的过度刺激(overstimulation)中学会的。动物这时所采取的行为将产生两种运动倾向性的后果：一种是几何学的后果，它似乎是由神经冲动

---

① Holt, E. B. (1931). *Animal drive and the learning process*. New York: Holt, p. 151.

② 拓通(canalization)是霍尔特提出的一个概念，指神经冲动从某一感官或感官群向某一肌肉或肌肉群传递，几次之后，从那种感官或感官群到那种肌肉或肌肉群的低阻力的反射通路就被建立起来的过程。

代数和所产生的自然结果;另一种倾向则是障碍使原来很积极的驱前运动或多或少地有些停顿。霍尔特认为,学习即从这里开始,这种学习就是试误学习。

(2) 试误学习的过程。

霍尔特引用桑代克的迷笼实验来说明试误学习的过程。他指出,一只饥饿的猫在没有看到食物时会四处张望、舔吮嘴唇或空嘴作出咀嚼动作,饥饿和栅栏外的食物都会刺激猫产生趋近食物的反射,而两者所维持的对食物的趋近成为一种占优势的活动。因此,猫会坚持趋向食物所在的方向,无论坐或卧都保持"朝向食物"的状态。如果饥饿的缺失刺激相当强烈,那么它将引起一种普遍的不安宁活动,即猫出现随机试误。不过,霍尔特也指出,朝向食物的优先趋向在运动水平上可能会被抑制,因为一些对象(刺激)常常会产生干扰而使猫作出其他的反射,并且如果压力很大的话,将由于过度刺激而出现直接的回避反应。

霍尔特认为,过去对试误学习的神经通路的分析太简单,忽略了神经通路更加细微的局部解剖学特征。因为行为的观察表明,任何一个生物遇到障碍时,其主要活动就会暂停下来,而且立即开始与此间接有关的、更加随机的活动,这些活动现在被称为"试误"。因为猫的需要、欲望、意愿、目的、倾向、渴望或志愿都是为得到食物,所以如果在这里得到食物,就是获得了成功。这里面的关键问题是,在这一过程中猫是如何学会的呢?许多研究者花费了大量的精力试图从数学角度来探寻这一问题的答案。1914 年,华生(J. B. Watson)提出了频因率(law of frequence)来解释动物最终使有效动作得到保持巩固、无效动作减弱消失的过程。他指出,当动物被置于存在障碍的情境中时,它必定会一次又一次地尝试,直到成功地克服障碍,而不会做出任何随机试误。在这一过程中,动物所做的盲目尝试和错误的开始都会越来越少,最后当把它放入该情境时,动物就会直接逃脱,这是因为动物学会了以正确的顺序做出正确的动作。霍尔特认为,华生的解释比大多数的解释都更加清晰,具有一定的说服力,但是他将一种生理过程变为一种纯粹的频率数字图式则过于抽象化了,忽视了该过程的许多重要方面。使我们更接近这一问题答案的是心理学家沃什伯恩(M. F. Washburn)的重要研究,他指出:"实验表明,在迷宫学习中,最早学会的就是那些最趋近成功的运动。"①这意味着如果在学习中克服一种或一系列障碍,那么后果必然是许多正确的运动以某种正确的次序连接在一起。霍尔特认为,这种连续运

① Holt, E. B. (1931). *Animal drive and the learning process*. New York: Holt, p. 157.

动就是连锁反射,它是由后来的神经末端冲动返回而建立的学习。换句话说,从生理学观点看,试误学习还需从它的起源,即连锁反射问题上去着手解决。

霍尔特指出,必定是导致学习的因素在生理上将"成功的"动作区分出来。他说:"我认为,这就是紧随成功的随机运动之后,与食物趋近倾向有关的反射和姿势的抑制状态突然得以解除。"①这意味着,来自肌肉的一系列本体感觉传入冲动摆脱了抑制状态,沿着产生成功运动的运动出路传递。也就是说,当实验中的动物确实知道自己作出了正确的行为并跑向食物时,来自被解除抑制的食物趋近运动的本体感觉传入冲动就会在恰当的时刻返回传导到其中枢神经系统,这时动物所学到的就是:来自趋近食物的运动和姿势的本体感觉冲动将直接激发运动,从而导致"成功",即拨开门闩并推开门。霍尔特认为,从实验中可以看到,只有最后一步可能是"成功的",且只有"成功的"一步才能被习得。"由于这种成功,在生理学上从所有其他随机试误中区分出了某种确定的动作,并且创造了形成一种特殊条件作用的可能。"②

五、简要评价

1. 主要贡献

首先,为行为主义提供了一个哲学框架。波林(E. G. Boring)在他的《实验心理学史》中指出:"他(华生——引者注)在哲学上是幼稚的,行为主义虽已降生,却没有一种理论基础。但不久就有哲学修养好的心理学家著书立说,为行为主义奠定了这个基础。"③霍尔特便是其中比较重要的一位哲学家,他从新实在论的哲学观点出发,认为宇宙是由非心非物的中性材料构成的。为了证明这一命题,他否认客观事物与其主观印象的区别,反对洛克关于客体的第一性的质与第二性的质的区别,反对神经特殊能说,从而为行为主义在心理与神经系统的关系问题上提供了哲学依据。他还信奉实用主义的认识论,认为意识不是什么在头脑中累积的东西,而仅仅是对某一客体的特种感觉运动顺应。在他看来,所谓意识、心理世界,只不过是由人的特定反应所规定的环境事物。环境事物具有多方面性,人们所意识到的就是事

---

① Holt, E. B. (1931). *Animal drive and the learning process*. New York: Holt, p. 158.

② Holt, E. B. (1931). *Animal drive and the learning process*. New York: Holt, p. 161.

③ 波林著,高觉敷译:《实验心理学史》,商务印书馆 1982 年版,第 576 页。

物本身所具有的某个或某些方面。就这个意义说，意识的内容就是意识的客体。这样，霍尔特就为行为主义将心理等同于行为，进而否认心理活动与身体过程有任何区别的观点提供了哲学依据。

其次，重视环境在行为习得中的作用，影响了"后成论者"。在人的行为模式问题上，霍尔特认为遗传在人类行为的形成中只起不太重要的作用。人的行为模式是通过两条途径发展起来的：基本途径是学习，其次是通过成年时代对童年时代行为模式的保持。在霍尔特这种观点的影响下，一些"后成论者"，如郭任远①、施奈尔拉（T. C. Schnierla）等人主张行为的发展是后成的过程，认为除了对刺激源的几种基本的新生儿反应倾向和几种在经验中作为种属特点的定向倾向外，行为发展中没有什么由遗传或本能所决定的东西。

第三，强调行为的整体性和学习的内部动因，影响了后来的新行为主义者。像其他早期行为主义者一样，霍尔特认为心理学应该研究行为或他所谓的"特定反应关系"。但是，与华生的原子论心理学或"肌肉抽搐"心理学不同，他把反应系统看作一个整体。在他看来，整体行为指的是较大的行为单元，它不能分解为刺激—反应等基本单元，其主要特征是具有目的性或目标指向性。霍尔特这一思想日后由他的学生托尔曼（E. C. Tolman）和奥尔波特（G. W. Allport）加以发展，形成了托尔曼的目的性行为主义和奥尔波特的人格特质论。此外，霍尔特还认为，动物和人的学习的起因在于对内部动因与外部动因的反应，外部动因同刺激的外部形成有关，内部动因则涉及内部需要或内驱力，如饥、渴等。霍尔特对内部动因在行为与学习中的重视，对后来的赫尔等人的学习理论产生了重要影响。

2. 主要局限

首先，理论存在明显的主观唯心主义色彩。霍尔特在哲学本体论上奉行中性一元论，其实质是柏拉图客观唯心理念论的现代形式；他在认识论上鼓吹的经验论，也就是詹姆斯的彻底经验论。他以这两种理论为基础建立

① 1920年秋，年仅22岁的郭任远在加利福尼亚大学举行的教育心理学研讨会上，不避讳与众多教师不同的学术观点，作了《取消心理学中的本能说》（*Giving up instincts in psychology*）的学术报告。次年，同名论文在美国《哲学杂志》上发表，掀起了美国心理学界的反本能运动。当时郭任远认为："在反对本能问题上，我就敢说，我是最先和最彻底的一个人。"后来他得知霍尔特提出对本能的反对意见的时间要比他早，只不过直到1931年，才在出版的《动物的驱力和学习过程》一书中正式提出来。于是，郭任远与霍尔特经常以书信的方式联系，霍尔特表示特别赞成郭任远的主张，但霍尔特也承认自己所提出的主张没有郭任远的早，也没有郭任远的详细。可见，郭任远与霍尔特之间的关系是亲密的，同时也反映出霍尔特的大度以及对青年学生的爱护与提携，并且对来自中国的郭任远丝毫没有偏见。

起来的行为主义心理学,本质上是一种主观唯心主义心理学。主要表现为,他把心理仅仅看作是躯体,包括神经系统、肌肉和腺体的运动性反应,排除了外界物体在心理的产生与发展中的作用。他虽然否认本能决定论,主张环境决定论,但否认主体和客体间的中介观念,却将精神和物质等同起来,声称认识是有机体对客体所做出的一种反应、活动,是客体向主体内部的移动。这种混淆意识与物质、心理与行为的观点,实质上是一种主观唯心主义的心理观。

其次,在意识问题上具有矛盾性。在意识问题上,霍尔特不同意华生完全否认意识和心理现象的观点,认为行为包含意识而不排除意识,主张意识应归属于认识论的现实主义,即使我们不能知觉它们,它们也是存在的。但另一方面,霍尔特又认为意识现象不需要单独的意识概念,意识可在脑中存在,也可以不在脑中存在,我们可以根据物理和生理过程从整体上加以说明。在他看来,认识者认识事物只是这种事物或共相、理念移入神经系统而包含在脑中。正是由于外部客体引起了有机体神经系统的反射性反应,因而才成为意识的内容或"意识里的东西",而"意识里的东西"就是物理客体的现实部分。这样,霍尔特通过把意识移到外部世界,并把它同物理客体混为一谈,从而使具有反应能力的有机体同意识脱离开来,错误地把人的认识降低为一种动物性的活动,而且把意识排除于心理科学研究的范围之外。

第三节 亨特:人类行为学

亨特是一位早期行为主义者,他赞同行为主义者的观点,但并没有放弃自己的立场。他主张重新建立一门新的学科,以客观的方法研究可观察的人类行为,以体现客观的人类行为事实与规律的研究。为了避免大众的误解,他建议用"anthroponomy"(人类行为学)一词来取代"psychology"(心理学),①甚至像"心灵"(mind)、"精神"(mental)、"经验"(experience)这些词都不应在关于人的行为的研究中出现。他这一激进的建议在当时产生了很大

① Hunter, W. S. (1925). General anthroponomy and its systematic problems. *America Journal of Psychology*, 36, pp. 286~302.

的轰动效应，引起了美国心理学界的瞩目。

一、亨特传略

沃尔特·撒母尔·亨特(Walter Samuel Hunter，1889—1954)是美国心理学家，也是心理学界杰出的领导者。1889 年 3 月 22 日生于美国伊利洛伊斯州的迪凯特，1954 年 8 月 3 日卒于罗德岛州的普罗维登斯。

沃尔特·撒母尔·亨特(Walter Samuel Hunter，1889—1954)

亨特少年丧母，父亲带着他移居萨吉诺。前后有四年，亨特都只能在冬天的六个月里，就读于当地一所只有两间房子的学校，夏天则要在农场随父亲劳作。亨特很早就显示出了对人类智慧成果的兴趣。在其父亲的鼓励下，他开始阅读大部头的英文经典著作，如达尔文的《物种起源》、《人类的由来和对性关系的选择》等，这对亨特后来的兴趣影响深远。

15 岁时，亨特参加了电子工程学函授课程的学习，并开始显示出他的主动性、组织和领导能力。例如，他在萨吉诺组织了雅典文学协会并担任第一任会长，且同时担任《南福特沃斯报》的当地记者。也正是在这一时期，他在同学的介绍下开始接触心理学，特别是在读了詹姆斯的心理学著作后，深受触动，于是决定转向心理学。1908 年，亨特转入得克萨斯大学，开始集中精力攻读心理学，并很快获得了学士学位。

1910 年，亨特从得克萨斯大学毕业后，开始在芝加哥大学攻读硕士学位。受达尔文思想的影响，亨特选择了师从机能主义者安吉尔和卡尔，醉心于比较心理学研究，尤其是延迟反应问题的研究。1912 年获得了博士学位后，亨特回到了得克萨斯大学担任教师。在得克萨斯大学任职期间，他先后开展了包括视动后效、白鼠的听觉分化、延迟反应等研究。这一时期，亨特的经历可谓大喜大悲，先是 1913 年 1 月与克利夫兰女子凯瑟琳(P. Katherine)结婚，接着女儿出世，工作上也出类拔萃，备受欣赏。然而，没有多久，他的妻子突然去世，这让他遭受了青年丧妻的巨大悲痛。

1916 年，亨特前往堪萨斯大学任教，担任该校教授和心理学系主任。1917 年，亨特再婚，娶了他在得克萨斯大学时的研究生阿尔达·格雷斯·巴伯(Alda Grace Barber)。1919 年，他出版了《人类行为》一书，并出版了教材

《普通心理学》[1]。1923 年,他再次修订了《人类行为》一书。这其间,他还服兵役 16 个月。在服役期的大部分时间里,他担任卫生营首席心理督导员,他与另一位心理学家的研究表明了团体心理测验的价值,影响了华盛顿政府继续开展心理测验项目的决策。而且,亨特对测验资料的态度也影响了当时军方对来自不同民族的军人测验资料的处理。当时军方的测验往往体现了北欧人的相对优越性,而没有考虑移民的特性,而这些资料又常被用于证明北欧人优越的证据,这使亨特大为恼火,他称之为"野蛮的种族论",这使得军方开始慎重考虑测验资料的使用。

1925 年 9 月,亨特移居马萨诸塞州的伍斯特市,开始担任克拉克大学遗传心理学斯坦利·霍尔(G. Stanley Hall)首席教授职位。在这一时期,他开始赞同行为主义者的观点,但并没有放弃自己的立场。为了避免大众的误解,他建议用"anthroponomy"(人类行为学)一词来取代"psychology"(心理学)。[2] 他这一激进的建议在当时产生了很大的轰动效应,引起了美国心理学界的瞩目。在克拉克大学期间,他还接受了《心理学索引》的主编之职,出版了《人类行为》的最新修订本(1928),创办并开始编辑出版《心理学文摘》(1927),并当选为美国心理学会主席(1930—1931)。此外,他还当选为美国艺术与科学院院士(1933)和美国国家科学院院士(1935)。

1936 年,亨特带着全家移居普罗维登斯,开始在布朗大学担任心理学教授和心理学系主任,同时,继续担任《心理学文摘》的编辑,一直到 1946 年。他还担任了美国研究委员会人类学与心理学分会的主席,前后共 10 多年的时间(1936—1938)。二战开始后,他又参与了诸多事务,在短时间内当选为多个委员会的主席。如在 1943 年到 1945 年间,亨特担任了美国国防部研究委员会应用心理学专门小组的主席,通过心理学的应用为政府和军事部门做出了很多贡献。亨特的贡献使其获得了美国总统勋章,称赞他"对与战争有关的人类心理与生理能力测验工具的研究,为更有效地利用军事人员和设备做出了重大贡献"[3]。尽管亨特将其大量的时间和精力放在各种事务性工作上,但他期望能重返其原来的研究工作。1954 年,亨特 65 岁生日时,他辞去了布朗大学心理系主任一职。至此,他实现了自己的心愿。

在亨特的一生中,他承担了众多角色,无论是作为研究者、教师、编辑、专业学会的服务者,还是政府和基金会的委员会主席,他都做出了重要贡

① 该书已由我国心理学家陆志韦翻译出版(《普通心理学》,商务印书馆 1936 年版)。

② Hunter, W. S. (1925). General anthroponomy and its systematic problems. *America Journal of Psychology*, 36, pp. 286～302.

③ Hunt, J. McV. (1956). Walter Samuel Hunter. *The psychology Review*, 63(4), p. 215.

献。然而，这些贡献并不是亨特职业生活的全部。许多学生和年轻同事都认为，亨特既具有科学良知，也具有专业信心，是与他人辩论和批判他人的关键人物。对同事和朋友，他是宽容的、鼓励的；对论敌，他又是攻击性的。他的座右铭就是，作为一位学术管理者，其成就在于“使其下属成为伟大人物”[①]。他在堪萨斯时期的一位同事就评论说，亨特重建了她对人的信念。[②]正因为如此，以亨特为中心，并没有发展出某种特殊的思想流派，因为其团队中的每个人都可以自由地解决其问题，发展自己的理论。然而，亨特的亲和力、组织和领导能力以及其多产性，使得其团队在20世纪50年代到70年代闻名于世。

二、人类行为学基本原理

亨特反对传统的心理学观点与体系，主张重新建立一门新的学科，以体现客观的人类行为事实与规律的研究。这里先阐述其提出的人类行为学及其基本设想。

1. 人类行为学的提出

尽管亨特以机能主义者为师，接受了机能主义心理学的严格训练，但其心理学观点却逐渐走向了行为主义观点。他与华生一样，倾向于放弃机能主义的心理学路线，走一条不同于传统心理学的道路。他认为，应放弃传统心理学的观点和概念体系，建立起一门新的学科，以客观的方法研究可观察的人类行为。这门新的学科不应再用“psychology”（心理学）来指称，而应用“anthroponomy”（人类行为学）来替代，因为该词可以非常好地指称人类行为事实与规律的研究。“anthroponomy”来源于希腊语“anthropos”和“nomus”，“anthropos”的意思是“人”，而“nomus”的意思是指“控制人的行为的规律”。“人类行为学”与“心理学”相比，能更直接地表征人自身就是研究的中心问题。在亨特看来，流行的所谓“心理学”一词，源于希腊语“psyche”，通常被解释为“灵魂”。采用这一词，那就表明心理学这一人性科学研究的主要对象是“灵魂”，而灵魂现象存在与否及其本质永远都与哲学问题联系在一起。甚至像“心灵”（mind）、“精神”（mental）、“经验”（experience）这些词都不应在关于人的行为的研究中出现，因为这些词表征的内容都是与灵魂紧密联系在一起，其意涵都来源于哲学理论，而客观的人类行为研究方法不

① Hunt，J. McV.（1956）. Walter Samuel Hunter. *The psychology Review*，63(4)，p. 215.
② Hunt，J. McV.（1956）. Walter Samuel Hunter. *The psychology Review*，63(4)，p. 215.

应该与哲学强加给它的内容并存。如果被迫使用这些术语,那会不可避免地产生哲学争论,会阻碍这一学科的发展。因此,如果这一学科真要以客观的方法关注人类行为事实及其规律,那就应该尽量避免使用这些术语。

亨特还从人类行为研究的历史视角说明了应采用人类行为学概念的理由。他认为,多年来,行为问题已得到心理学家和生物学家的广泛研究,只是早期的研究与一些哲学假设纠缠不清,到了19世纪下半叶,一些研究者才开始采用科学的方法来研究人类行为问题,试图摆脱这种纠缠不清。如德国的韦伯、费希纳、赫尔姆霍茨、海林、冯特等人,很早就开始了这种研究。到了20世纪初,行为主义者华生进一步推进了这种做法,认为心理学应直接研究行为本身,而不是其心灵意义,并应将其命名为"行为主义"。这些行为研究的事实和行为主义观点,使亨特更坚信采用"人类行为学"一词的合理性。

2. **人类行为学的研究对象**

人类行为学的研究对象是行为,但这种行为不仅仅是指人类的外部行为表现,而是指有机体的肌肉和腺体分泌活动,如恐惧、散步、说话等中的表现。因此,人类行为学家不仅要研究容易观察的外部行为,也要研究血液循环、呼吸作用和血液容量变化中不太引人注意的内部反应。与情绪相关的重要行为,即内分泌的腺体活动;与饥饿有关的重要行为,即胃部肌肉收缩以及控制它们的神经活动,都应得到研究。这些行为不仅在人类身上存在,在低于人类的动物身上同样存在。

亨特指出,为了便于实验,多数有关行为的研究都是利用那些可以直接确定感受器的大刺激,被观察的行为通常也存在着明显的变化,但是却忽略了有机体的感官(刺激作用的部位)与效应器(行为展现的地方)之间发生了什么。实际上,在感受器和效应器之间存在着神经联系系统,它起着传递能量的作用,有时也能起到协调作用。对行为的研究也需要从这种神经条件中寻找解释。

因此,人类行为学不仅要研究人类的行为和反应,而且要研究低于人类的动物的行为和反应,不仅要研究行为和反应本身,而且也要研究所有的控制条件,以及由此而产生的解释。

3. **人类行为学的研究方法**

人类行为学的目标是要描述和解释行为,在实现这一目标的过程中,涉及行为资料的收集、行为分析和行为解释,相应地也就有着不同的方法。

(1) 行为资料收集法。

在人类行为学中，主要有三种行为资料收集方法：实验法、现场观察法和临床观察法。

人类行为学的实验方法与所有其他科学的实验方法一样，都包括人为控制、确保条件的可重复性以及现象描述。在实验室中，可以生成很多行为，可以观察到它们，也可以改变条件使其产生各种变化。因此，这种方法在正常成人人类行为学、个体和系统发生学人类行为学研究中得到了极为广泛的运用，在变态和社会人类行为学领域也得到了小规模的运用。但亨特也提出，人性的有些层面，它们要么无法以实验的方式生成，要么因为社会伦理道德不能进行实验。因此，人类行为学家不能仅仅依靠实验的方法。

现场观察法和临床观察法都是非控制性的、质的研究方法。现场观察是借用自生物学的特殊观察法，它是在被试处于自然生活环境中，在没有实验干扰的自由状态下进行的观察。在人类行为学研究中，这种方法的意义在于它对特定问题的启发性，以及其研究的历史性、系统性和文化视角，可以用于个体行为和变态行为研究中案例史的收集。

临床观察法不同于现场观察法，它发生在特定环境中，观察者是主要决定因素；既可以对被试行为进行直接观察，也可以借助于测量方法进行间接观察。但临床观察更易受偏见的影响，是一种典型的个体观察法。

亨特建立人类行为学的初衷是想采用科学手段客观地研究人类行为，使心理学摆脱与哲学的纠缠，成为一门新的科学。但临床观察和现场观察所具备的质的资料收集特性无疑使人类行为学的发展存在精确性和客观性上的不足。

(2) 行为分析法。

在人类行为学中，分析行为的方法主要有言语法和非言语法。在亨特看来，行为既可以是言语的也可以是非言语的。非言语行为主要是指动作行为，出现于散步、吃饭等活动中；言语行为包括谈话、写作、手势语等，它还可以进一步分为有声言语和无声言语两大类。言语行为尤为关键，不仅因为它是人的特征，而且还因为它提供了一种非常便捷、非常经济的人类行为分析方法，用于人类行为分析时，可以节省大量时间和精力。言语法具有很多优势，但它并不比非言语方法更精密、更敏锐。另外，言语反应在每个个体生活中，都会有特别复杂和不确定的时期，存在言语反应的模糊性和不确定性。因此，仅凭这种方法来分析行为经常难以评估所获得的结果。通常，只有在能很好地评估言语分析方法时，才会建议使用言语分析法，否则使用非言语分析法可能更好。

(3) 行为解释法。

在人类行为学研究中,无论涉及什么现象都要给出解释。通常有三种解释法:分析构成要素的解释、阐述发生条件的解释、参照感受器—介质—效应器机制的解释。

这三种解释的可行性存在一定的差异。依据个体行动系统的第三种解释方法更接近终结。科学发展使感受器—介质—效应器活动获得物理—化学的解释成为可能。亨特认为,尽管就当时的神经科学知识而言,即便要对中等复杂程度的行为做出第三种解释,而不是提出应用建议,都很难,但他预期,随着科学的发展,这种方法会被更多地用到。但假如要解释风俗,那么第三种解释法可能就不合适。对风俗就需要分别根据分析反应构成和根据起源来做出解释。亨特希望引起重视的是,人类行为学的解释大部分都是发生性的,需要根据其起源来做解释。

亨特所提出的三种行为解释法,严格来说,只是对行为解释的三种分类,不能称之为研究方法,这里将其视为达成其人类行为学目标的手段,故在形式上仍将其列为研究方法。

4. 人类行为学与其他学科的关系

亨特认为,人类行为学脱胎于其他学科,这不是一种原理上的承继,而是在历史内容上的承继,且由实践决定的。亨特对各学科之间关系的考察,是通过考察各领域的研究者的活动,而不是通过分析各个领域所使用的术语来确定。

第一,人类行为学与社会学、教育学的关系。人类社会行为也是社会学的研究领域,但社会学主要是通过观察方法来收集经验资料;就社会行为的解释而言,社会学是根据人类行为的基本特性来寻找,因此,社会学依赖人类行为学。社会学家在解释社会现象时要利用像本能、模仿、思维等这些由人类行为学揭示的因素。但是,如果这些基本范畴的精确性逐渐增强,那么社会学家能直接利用的就极少了。

教育学与人类行为学在对课堂条件下人类本性的研究以及在研究学校科目培训中的评价问题方面有着交叠部分。后一领域在教育测验与测量的名义下得到了很好的发展,它与个体和工业人类行为学领域的方法尤其是个体差异的测验与测量方法有着密切的关系。前一领域在当时还几乎没有得到清晰的界定,但与正常成人人类行为学相关联。但在实践中,有些人类行为学的资料不能直接应用于教育。如,在实验室条件下,某种学习方法是最有效的,但在教室中就未必如此了。

第二,人类行为学与生物学的关系。在亨特看来,动物生物学涉及到人及其以下的动物,涉及到有机体的结构和行为。结构和行为可以从成人有机体或者从个体发生学和系统发生学角度来说明。在系统发生学中，那就是遗传科学的出现。但亨特认为，它与结构遗传学有关，却忽视了行为遗传学。人类生物学在医学领域有着极好的体现，它重视人类解剖学等，却几乎不考虑行为的个体发生学问题，除非行为与各年龄段的疾病有关。当各年龄段的特定行为发生时，就是人类生物学家收集其资料时，但可能是在医学名义指导下进行的，相应地就容易忽略个体适应环境时直接涉及的行为，以及从发展的角度收集到的资料的一致性。因此，他们以适合支持、诊断和治疗障碍行为的形式留下资料，而不是以适合解释人类本性的形式留下资料。

由人类生物学家的研究活动可发现，尽管人类行为学与人类生物学不同，但却紧密相连，甚至交叠。人类行为学对人类行为各个阶段的研究，也为人类生物学所涉及。人类行为学与生物学一样，其发展都依赖于实践基础而非哲学基础，只是它们在一些问题上的投入精力不同。例如，思维、习俗等对人类行为学家似乎有着神圣性，但人类生物学家并不怎么看重。

三、人类行为学的具体研究领域

就亨特的人类行为学的具体研究领域而言，主要包括系统发生学人类行为学、个体和应用人类行为学、变态人类行为学、社会和种族人类行为学、正常成人人类行为学。

1. 系统发生学人类行为学

系统发生学人类行为学主要研究低于人类的动物行为，以揭示人类行为的某些属性。它可以研究简单的行为主题，还可研究未受习俗、时尚和语言影响的行为，且可以随意操作，而不必考虑安全和社会道德。

(1) 主要研究主题。

系统发生学人类行为学的研究主题可分为三类：第一类涉及感受器过程的问题，包括感受器活动方式的研究。第二类问题涉及反应、动作和腺体活动，这些构成了有机体的行为。研究的主要是学习问题，如习得行为的保持和非习得行为的保持，以及特定习惯的形成和各种习惯之间存在的相互关系。第三类问题涉及在行为决定中发挥作用的因素，它们是刺激信息与感受器的中介，也是感受器与效应器的中介。对神经系统结构与功能的研究，以及确定神经系统中非习得联结的存在及其性质的努力都可归入此类问题的研究。

(2) 核心概念和主要研究。

第一，本能。本能一词是用于说明那些不经练习就能做出的反应形式，这里主要是指那些低于人类的动物的活动，如进食、性、筑巢等。亨特根据实验观察，认为本能是一种复杂的、有组织的、非习得的反应模式，对特定的生物而言，都是以典型的方式出现。

亨特认为，没必要假设这些活动都是强烈欲望驱动的，也没必要假设它们在神经系统中存在联结，因为非习得的（本能）和习得的（习惯）反应都无需根据神经系统就能做出区分。就非习得性而言，这些可观察到的行为本身就是本能。有些遗传的、非习得的反应形式似乎出生时就已有了，而有些如性则出现得相当迟。习得行为是通过对遗传的反应形式的修正或重组而获得的，多少具有条件反射过程中典型化加工的模式。在亨特看来，绝大部分关于非习得行为方式的知识都是来源于对动物研究的结果，因为对于人类而言，由于社会控制、高级的学习能力以及思维的能力等使得能够研究的人类本能极少。

第二，感受器过程。人类行为学通常以动物走迷津为工具来研究肌肉和内部器官活动所产生的感受器过程。人类行为学的研究发现，白鼠要走完迷津，获得食物，可以依据其动觉（来自肌肉、关节和腱的神经冲动）和内部器官感受器过程学会解决这一问题，听觉、视觉和嗅觉都变得多余。后来的实验还表明，皮肤刺激也是必需的。如在迷津问题学会解决之后，白鼠可以达到自动地、确定地走完迷津，这种反应主要受动觉和皮肤觉感受器的指导。白鼠开始学习时，如果嗅觉、触觉和视觉差异足够突出，那么它还是有可能利用，但随着反应变得自动化，白鼠开始越来越受肌肉和皮肤感觉的控制，直到最后其他感觉线索都失去其功能。

此外，人类行为学对动物的色觉现象也很感兴趣，研究了动物对单色光的反应。但没有获得有足够说服力的证据证明动物存在颜色感受性。

第三，学习。在发生学人类行为学中，有关学习问题的研究主要在于探究习惯的形成，探明学习的定律、遗忘的规律、在哪些条件下才能获得最高的学习效能等问题。亨特认为，通过动物实验研究，即便这些问题不能得到最好的回答，也能得到很好地回答。例如，阿尔里奇（J. L. Ulrich）用白鼠做实验，以确定最占优势的、最经济的学习方式。从学习曲线来看，尝试的频率越小，尝试的次数就越少，但学习需要的天数就越多。哪种方法更经济取决于个体重视保持、时间还是尝试的价值。① 沃登（C. J. Warden）用白鼠走迷津的研究表明，要形成任何特定的习惯，必须考虑：休息间隔之间尝试次

① Ulrich, J. L. (1915). Distribution of effort in learning in the white rat. *Behavior Monthly*, II (10).

数的变化;间隔时间的长度。① 研究发现,最佳的条件安排可能要随形成习惯的不同而不同,但是,就其所用迷津而言,12 小时的休息间隔接着 1 次、3 次或 5 次的尝试,要比间隔 6 小时接着 1 次、3 次或 5 次的尝试效果更好。

至于习惯之间的关系,亨特认为,某种习惯既可能有助于其他习惯的形成,也可能阻碍其他习惯的形成(训练的迁移与习惯的相互干扰)。例如,特定习惯的形成可以大大干扰对立习惯的形成,在听觉习惯和视觉习惯之间可发生迁移,与由听觉和视觉分别唤起的两种习惯之间的迁移相对应。

第四,模仿。亨特将模仿简单地界定为一种动物受到另一种动物表现出来的动作的刺激而表现出同样的动作操作。在人类行为学中,有许多研究者如桑代克、华生等人对动物的模仿及其性质做过研究。亨特认为,在模仿中,一种动物对另一种动物施加的影响是一种社会影响,是对逐渐增加的、产生学习行为活动的一种特殊诱因。这种观点无疑是社会学习理论的先驱。但亨特也指出,没有明显证据表明,动物模仿是语言加工过程的结果。

第五,延迟反应。亨特认为,延迟反应是指在需要做出反应而刺激不在场时动物所做出的反应。延迟反应的出现需要以一些条件为前提:① 必须用到某种刺激,这种刺激能够呈现给动物,且在延迟的时间间隔里收回;② 在用于确定动物反应的设备中,必须没有次级刺激物留下;③ 有选择因素存在,必须至少有两种反应形式可供选择。

在延迟反应中,正确反应的能力本身能否意味着动物拥有符号能力呢?亨特认为,动物是否拥有符号能力必须在延迟期间的动物行为中去寻找证据。动物和儿童在延迟反应期间失去了目标方向,仍能做出正确的反应。亨特认为,这是由于其肌肉动觉在指导他们做出正确反应。其机能是一种符号性的,因为这种符号能使动物对不在场的客体以一种选择性的方式做出反应,即便线索没有持续存在。这意味着我们将符号界定为一种替代过程,能够唤起选择性反应。如果它终止了又再现,那么能重新唤起反应,但在低于人类的动物身上,这种情况并不频繁发生。这种符号能力或替代过程在人类被试身上的发展使得诸如道德和科学等领域的发展成为可能,这也是人类行为与兽类行为的区分。

在亨特的所有实验研究中,延迟反应的研究可能是其最负盛名的成果,也使得亨特能不自觉地突破早期行为主义者的视野,发现人类的符号化能

① Warden, C. J. (1923). The distribution of practice in animal learning. *Comprehensive Psychiatry Monthly*, I(3).

力，这对后来的社会学习理论和认知心理学的产生无疑具有启发意义。

2．个体人类行为学和应用人类行为学

（1）个体人类行为学。

个体人类行为学主要着眼于个体差异的研究，其活动集中在个体差异的行为测量，即心理测验。它表明人类个体样本的活动是可以测量的，且对日常生活中的复杂行为有预测价值。这些测验分为一般智力测验、特殊能力测验和当前成绩测验。

① 一般智力测验。一般智力测验试图给出个体天赋学习能力在人群中的相对等级，即调节自己适应新环境的天生能力。一般智力测验中，最为有名、使用最为广泛的是比纳—西蒙量表。法国心理学家比纳为了调查巴黎学校的学生，以确定哪些学生属于低能者，于 1904 年设计了该量表，1905 年第一次出版。该量表的主要特征如下：儿童行为年龄的确立依据是该年龄其他儿童的平均成绩；为每个年龄的儿童提供了一组共 4 到 5 个测验；除了为成人服务的 5 个测验之外，主要为 3 到 15 岁的儿童提供服务；所有测验都要求有语言理解力；完成测验的时间是从 30 分钟到 1 小时。该量表在美国已经推出了多个修订版本，如哥达德（H. H. Goddard）、推孟（L. M. Terman）和叶尔克斯（R. M. Yerkes）等人对该量表的修订。

② 特殊能力测验。特殊能力测验试图评估的是与个体非习得的完成特殊操作的能力有关。在特殊能力测验中，贡献卓著的是心理学家西肖尔（G. E. Seashore）。西肖尔开发了一系列特殊能力测验，著名的有肌肉能力测验和音乐能力测验。特殊能力测验在科学的职业指导中有很重要的应用。在特殊能力测验的基础上，可以对那些渴望得到合适训练的个体给出非常有价值的职业和非职业建议。但是，亨特也指出，完成个体能力的诊断不能仅仅依靠测验的结果，在获得被试完整的未来图景的过程中，像物质吸引性、坚持性、抱负和早期历史都必须考虑到。

③ 当前成绩测验。当前成绩测验是评估个体完成给定行业活动的技能。当前成绩测验的重点不是要评估个体是否能成为老练的工程师或机械工，而仅仅是了解个体现在已拥有多少技能。美国军方在斯科特（W. D. Scott）指导下开发的商业测验中就有这种方法的科学应用，并已在全国范围内进行了标准化测验。这种测验将军事组织内那些需要技能的职业个体划分为新手、学徒和专家。如果要将合适的人分配到合适的岗位上去，那么这种程序是必需的。这些测验在公民生活中最大的实践价值在于它们能为雇主雇用熟练的劳动力所用。

（2）应用人类行为学。

应用人类行为学与人类行为学的其他领域难以截然区分开，因为应用人类行为学是将人类行为学其他领域的知识付诸于实际应用。因此，应用人类行为学涵盖了人类行为学与医学、法律、教育和商业之间的关系。

第一，人类行为学与医学。行为科学和医学在某些主题上是紧密结合在一起的，如“变态行为”的讨论。对人类本性基本事实的一般理解肯定对医学有帮助。然而，亨特认为，行为障碍的治疗主要是帮助来自于以下两点的理解和正确评价。一是医生应熟悉行为主义者在各种感觉器官测验中所使用的方法，如在色盲、触觉缺陷的诊断中需要采取一些特殊的预防措施。二是行为科学为医学提供的对人类内隐力量的分析。如弗洛伊德所研究的一些被遗忘的行为或在情绪压力下已消除的行为，这些受压抑的行为（情结）某种程度上是形成许多行为障碍的原因。

第二，人类行为学与法律。人类行为学对法律的贡献更为深刻，因为要在广泛的意义上来理解法律，就必须正确评价社会的属性和那些支配人的力量的属性。而这些材料的大多数都可以在社会行为的研究中获得。例如：① 确定有效证词的标准和测量证词在不同条件下的变化。如，在较短的时间间隔里给被试呈现照片或事件，接着要求被试报告出他们看到了什么。不管结果怎样，被试报告的都不过是经验使其产生的期望，而且主试在指出证词情境的复杂性时也在解释。尤其是研究发现，证词的精确性与数量在某种程度上是呈反比的。② 对罪犯一般智力的诊断是行为科学为法律所能提供的最有价值的帮助。

第三，人类行为学与教育。如果说个体的教育过程就是调节个体适应环境的过程，那么可以说人类行为科学就是“教育人类行为学”。因为人类行为科学研究的就是强调环境适应功能的行为。如此，要开展教育工作就应了解行为原理，因为它们是所有经由经验的行为矫正都必须依靠的基本原理。此外，教育者还应彻底了解学习的事实，以及对一般能力和特殊能力测验的综合理解。从另一角度来看，对教育的强烈需求和对学生教育的热情使上述领域已经有了许多有价值的材料，而这些都是一般人性领域研究的构成部分。如果没有对教育问题感兴趣者的帮助，人性研究是不会得到很快发展的，更不会一直在发展。就教育可使人性特殊化，或者就教育可对人性做出独特修正而言，特殊领域的教育人类行为学就会涉及人类本性。在教育人类行为学领域中，一般的问题主要有：数学、拼写、地理等特殊的学习过程是什么；在各行业培训中，应如何评分和评估能力；在课程学习中，决定个体进步的因素是什么等问题。这些问题正在被研究并得到解决。

第四，人类行为学与商业。在亨特时代，从行为主义者的立场来研究和分析商业问题在逐渐增加,而且众多大企业对此工作的兴趣和信心使其得以成功地持续下去。如,那些雇用了很多人的大公司希望能设计出某种测验工具,可以有效地鉴别人员,避免人力、财力的浪费。人类行为学就可以提供这种测验,它包含特定商业所要求的习惯和能力测验,如电信工作、销售工作等。通过测验,它能使雇主在较短的时间里,以最小的代价来认识一个人,了解其能否在未来的工作中称职。商业不仅对个体能否成为称职的职业人员感兴趣,而且还对借助于广告媒体进行销售感兴趣。广告是对反应的一种刺激,因此需要进行细致的行为主义分析。

3. 变态人类行为学

变态人类行为学涉及许多不常见的行为问题,即严重偏离了正常或一般的行为,如歇斯底里等。

(1) 变态行为的成因。

亨特认为,人的变态行为实际上就是协调行为瓦解成不协调的反应群。既然所有行为都受神经系统的控制,那么这种瓦解的解释在某种程度上就存在于所涉神经过程的分裂。但是,为了使理由更充分,还必须追寻个体行为障碍的生活史或起源。

人类个体正常与否是根据其适应环境的能力判断的。当提到个体的行为障碍时,主要是指个体缓慢的环境不适应。在许多情况下,神经系统可能与行为混乱紧密相关,如神经系统的结构缺陷。但是,很多变态行为也都涉及神经功能问题,如歇斯底里、简单性痴呆等。亨特认为,有诸多因素会干扰神经系统的正常机能,导致行为障碍,例如,传染性疾病、某些职业的中毒性事件、道德冲突、极度疲劳等。但个体对这些因素的抵抗性存在很大差异。同样的因素可能导致某些人的行为障碍,但对另一些人并不构成影响。

某些身体和社会遗传性也会成为特定行为障碍的决定因素。身体遗传的作用取决于个体遗传基因的变异。个体周围的社会条件很大程度上将决定着障碍行为的复杂性质,但潜藏在整个现象背后的将仍然是假设的神经组织的遗传缺陷。亨特也指出,我们要谨慎解释遗传的作用,不能因为存在社会遗传缺陷就教条地认为,父母亲的影响会扭曲儿童出生后的行为。

尽管亨特在分析变态行为的成因时,考虑到了神经结构因素、神经功能性因素。他甚至指出,生理遗传性缺陷会影响到个体的神经结构与功能,造成个体的行为差异,但是社会因素的作用并不是亨特所说的遗传,而是通过社会化作用对个体行为产生不同的影响。

(2) 防御机制。

个体的行为从常态到变态是一个逐渐转变的过程,其中个体的防御机制起着非常重要的作用。如，当个体追求的自尊、超越和价值感的行为受到任何个人或社会行为的干扰时，都可能唤起恐惧、羞愧、悔恨以及其他类似的情感。这些情境会使个体产生逃离反应。但有时逃离冲突是没用的，也是不可能的。为了保护自己，个体或多或少都在有意识地构建一套防御机制，这些防御机制会让人不去回忆令人不愉快的行为。这些防御机制可以采取精巧的思维象征系统。例如，为了回避承认自己无能，个体会建立起受所有人迫害的错觉。但个体也可能采取一些简单的方式，如遗忘。例如，当个体的回忆行为会唤起羞愧、自尊缺失等个体潜意识中希望逃避的事件时，个体会选择遗忘，形成日常生活中许多奇怪的健忘症。

尽管亨特反对人类行为学对主观意识的研究，但他对防御机制的讨论，不可避免地会受到弗洛伊德的影响，涉及到意识和潜意识问题。

4. 社会和种族人类行为学

(1) 社会人类行为学。

刺激之间以及多个有机体同时在场时产生的社会行为事实，就构成了社会人类行为学的主题。它试图描述和解释所有的风俗、传统、时尚、流行、习俗、人群、公众和乌合之众等现象。而且，为了简要说明和评价这些种族属性的行为基础，它还分析法律、宗教、道德、语言和艺术。因此，推进这些研究的主要先决条件就是对社会关系中的个体本性的理解，这种理解来源于对普通人类行为学资料的研究。社会人类行为学的具体内容包括所有有助于解释个体社会行为的资料，从作为群体一员的个体研究之中产生的人性概念，到强调社会生活环境中人类生活的重要性。

(2) 种族人类行为学。

种族人类行为学主要涉及行为的种族差异性和相似性，强调的重点是建立在学习、语言反应、交互刺激与反应、行为测验四个基本主题的研究基础上。毫无疑问，社会行为肯定受到种族身份的限制。个体有行为、偏见、先入之见和理想的标准，这些标准是来源于种族的历史观念，限制了他们对他人的行为反应。但是，亨特认为，无法确定的是，种族身份在多大程度上是通过遗传的神经机制来决定行为的。这些种族行为的主题与人类行为学、人种学有着极为密切的关系。在早期研究中，其多数事实的揭示和理论都不是人类行为学家的研究结果。当行为测验在某种程度上应用及推广后，亨特认为，可以预期未来与遵循严格科学标准的行为测验有关的事实将大量积累，特别是一般能力的种族差异资料将大量出现。已经出现的且值得信赖的资料包括：① 对不同种族的经济、地理和社会因素的描述；② 显示出头颅容量和形状明显不同的身体测量（人体测量）。此外，原始风俗和文化是一个巨大而又诱人的研究领域,其研究将推动社会行为的解释。

5. **正常成人人类行为学**

正常成人人类行为学主要研究正常的一般成人的行为。其研究涉及神经系统、习得行为和非习得行为、感受器过程等。

(1) 神经系统。

神经系统的功能是协调感受器和效应器以及随后的行为控制。刺激的结果是在感受器中产生神经冲动,然后通过神经元传递到效应器。最终的行为如何就取决于所激活的效应器。反过来,这又取决于神经冲动沿着神经元传递的特殊通路。神经元通过突触彼此联系,正是在这些突触处,由于阻抗而产生的变化决定了神经冲动所唤起的效应器。在某些情况下,突触处的阻抗是由遗传因素决定的。例如,步行时,脚碰到钉子就会突然收回脚。这种收缩行为反应就是由神经系统中预先确定好的通路决定的。但在某些情况下,神经元的阻抗是由学习决定的。如钉子刺到成人的脚会导致喊"痛",而在婴儿身上则没有这种结果的产生。

亨特对行为的神经系统的阐释并不局限于外周神经系统,而是深入到了中枢神经系统,如脑部的神经系统。这比其他行为主义者对行为的解释更全面、更科学。此外,他还说明了行为的神经过程可通过学习来改变,并导致相应的行为差异。

(2) 非习得行为。

非习得行为主要有两种:第一,反射。反射是行为的初级机制。亨特将反射活动界定为一种简单的、受神经系统控制的遗传反应模式。这种反应的遗传性来自于突触联系,最终决定了行为的性质。在反射弧中,每个运动神经元都与来自皮肤的感觉神经元有突触联系,皮肤可以受到有害客体的刺激。当有害客体的刺激引发了某种感觉神经冲动时,由于这种突触的阻抗相对较低,这种冲动即刻掩盖了另一种神经元的冲动,于是该反应产生而另一反应被阻止。正是这种突触中的阻抗具有遗传性,所以反射活动也具有遗传性。但是,即便是在极为简单的情况下,活动都不受限于一个反射弧。任何反射弧都不是独立于其他反射弧的。即便是最为简单的活动都包含着多种反射弧的协调。亨特所说的遗传的反射,实际上主要是指无条件反射。但是,即便是通过学习与训练而形成的条件反射也是以无条件反射为基础,具有某种遗传的性质。

第二,本能。本能是遗传的反射行为的协同活动,即主要是一种非习得的共济运动。这两种形式的遗传反应,即反射和本能,可彼此转化,并主要在复杂性上存在差异。当把本能界定为遗传的反射行为的协同活动时,在很大程度上强调的是,本能是遗传的反射行为的结合。例如,人的生气,如果不加以控制,就包括握紧拳头、威胁的态度、面部肌肉的变化、呼吸和心率的变化。这些都是本能反应,包含有一系列的反射行为,这些反射行为并不是孤立的,而是协调运作,共同构成了人生气时的本能反应。确定某种行动是否是本能,其主要依据或实践标准是:① 反应出现时的相对完美性;② 反应在同类生物成员中的普遍性。这些标准能使我们从一系列活动中区分出哪些是本能活动。但判断某些反应是本能还是习惯,还要看这种反应是遗传还是实践的相对量多些。

(3) 感受器过程。

在发生学人类行为学中,已对动物行为的感受器过程进行了阐述,由于感受器过程对于人类行为的理解极为重要,所以在正常成人人类行为学中继续研究感受器过程,如存在于感受器和刺激之间的适应问题、刺激作用于感受器的方式、感受器感受性的范围等。实际上,所有这些问题的回答都是就肌肉和腺体行为而言的。为了确定感受器是否受到刺激的影响,在非正式情况下,只能是直接考察感受器。由于感受器的功能取决于其结构,所以也需要了解所有有关其粗大的和精微的解剖构造。

在研究方法上,人类感受器过程的研究都是采用言语反应法,要么是有声言语反应法,要么是手势言语反应法。言语反应对刺激的描述不会多于非言语反应的描述,但由于言语反应在人类身上得到了高度发展,因此,人类被试通常具有对刺激做出更完整的言语反应的技能。人类行为学正是有鉴于此,才提倡在人类感受器过程的研究中更多地使用言语反应法。

(4) 习惯。

亨特将习惯界定为一种习得的特定形式的言语反应或非言语反应,如写作、阅读、走迷津等。因此,习惯是通过学习所获得的反应。亨特还进一步指出,这种反应只有在某些刺激或各种刺激联合作用于感受器时才会被唤起,是遗传反应和习得反应的协同作用,可能包含着多种反射和多种习惯,也可能包含的仅是一种反射和一点点习惯。

亨特将习惯视为习得反射的协同活动,就像将本能描述成一种遗传的、反射反应的协同活动一样。在习惯之下和使习惯条件化,就必须有一种习得的神经过程的联系。因此,当我们想到习惯,就会想到手和腿的运动,就像写作和跳舞,但其实言语也是一种习惯,将一种言语反应(猫)与另一种言语反应(狗)联系在一起,习惯的形成几乎就等于将跳舞中不同的舞步联系起来。当有两个或更多的尝试时,即在联系可以建立起来之前,必须呈现两种或更多的刺激。为了使学习得以完成,必须接触早期尝试中所学到的东西。因此，非常有必要保持某些习惯，也有必要加强对习惯保持的研究。亨特认为，大多数关于习惯的实验研究一般都是用两种程序来做言语反应的，一是用诗歌、无意义音节、散文等作为刺激，进行联想性言语反应实验研究；二是用其他感觉材料（气味、声调等）进行有声言语反应与手势言语反应的实验研究。这两类问题都涉及到真实的习惯，都有同等程度的技能获得性。

（5）思维。

亨特将思维视为一种习得的行为，与低于人类的动物相比，人类思维行为的特殊性有三，即语言、教化和工具的使用。在这三者中，前者是根本，是后两者的基础。没有语言，教化和工具的使用就不可能。语言是一种符号化过程，思维是借助语言展开的。

人类思维主要可分为两类：一类是像走迷津，不是凭借符号过程来解决问题。这种思维实际就是动作思维或具体思维。第二类是像学习规则、利用公式、设立方程等问题解决。这类问题要不断检验假设与事实、符号过程与要控制的行为等，这些做得越好，问题解决才越有效。这类思维是亨特所说的科学思维，实际上就是抽象思维或推理性思维。

亨特认为典型的思维行为有六个步骤：① 有机体遇到环境适应的问题；② 问题借助于语言展开；③ 习得的行为和非习得的行为恢复，这部分是当前外部刺激的结果，在某种程度上也是语言行为的推动和抑制的结果；④ 失败的反应结果会导致语言行为的改变；⑤ 如果最后取得成功，要么唤醒旧的反应，要么形成足以关注该问题的新行为；⑥ 形成能够指导未来具有同样特征的问题解决的语言反应。这种思维过程实际上也就是问题解决过程，由于亨特十分重视语言在思维中的作用，所以这种过程总是与自我提示的语言反应的发展密不可分。

四、简要评价

亨特的学术生涯稍晚于美国著名心理学家华生，当亨特开始其学术研究时，华生正处于其学术生涯的高峰期。他们二人在学术思想上都深受芝加哥机能心理学的影响，但都不满于机能心理学仍对意识恋恋不舍的做法，彻底地放弃了意识，专注于行为的研究。尽管亨特赞成华生的行为主义观点，亨特本人就是个行为主义者，但他也有诸多观点不同于华生，这主要表现在：一是思想上不像华生那样极端，如华生是彻底的环境决定论者，但亨特并不否认遗传和本能以及神经系统的作用；二是认为新的、有别于传统心理学的学科应该叫人类行为学，它更能表征人自身就是这一人性科学的研究中心；三是创立了不同于华生行为主义的更为完整的心理学体系。

尽管亨特对心理学的贡献没有华生大，在心理学界的学术威望也没有华生高，但他创立的行为心理学体系——人类行为学，对推动心理学的发展却有着诸多积极意义和影响。

第一，推动了心理学的科学化。亨特赞成华生的观点，认为心理学应放弃传统的观点和概念体系，建立一门新的学科，以客观的方法研究可观察的行为，而不是研究心灵、精神等意识内容。不过，他认为，应该称这门新的学科为“人类行为学”，因为人类行为学可以非常好地指称人类行为事实与规律的研究。他也建立了自己的人类行为学体系，用客观的方法研究可观察的行为，替代了对意识的主观分析研究，这推动了心理学的科学化发展。

第二，建立了比较完整的心理学体系。亨特的学术成就之一就在于他建立起了比较完整的心理学体系，即其所谓的人类行为学。亨特的人类行为学对心理学各分支领域有着相当详细且明确的分类，使其包括发生学的人类行为学、个体人类行为学、应用人类行为学、社会人类行为学、种族人类行为学、变态人类行为学、正常成人人类行为学。这些心理学分支领域的研究既涉及正常成人心理的研究，也涉及变态心理的研究；既涉及个体心理的研究，也涉及社会心理的研究；既涉及动物心理的研究，也涉及人类心理的研究，构成了一个相当庞大的心理学体系。这无疑对后世心理学各分支学科的创建有着积极的作用。

第三，促进了心理学的应用。亨特十分重视心理学的应用，与华生不同的是，他既重视心理学原理在实践中的具体应用，又重视对心理适应性本质的阐述和总结，以及开辟应用心理学的学科分支。例如，他强调心理的适应性作用，认为学习就是个体调节自己适应环境的过程，个体正常与否的实践判断标准就在于他能否成功地适应环境等。为了进一步突出心理学的应用性，他在其人类行为学体系中开辟出了应用人类行为学和变态人类行为学等，他利用个体人类行为学的有关原理，设计出测验工具，直接为社会和军队服务，发挥了心理学在人才任用中的优势。在其人生的最后 20 年，他更是直接参与了应用心理学组织机构的建立，发挥着领导作用。因此，无论是在理论和实践上，还是在组织工作上，亨特的作为都促进了心理学应用的发展。

第四，丰富了心理学的研究方法。在亨特的人类行为学中，他像其所赞成的行为主义者一样，主张心理学应该采用实验法和观察法来收集资料。但是除了实验法之外，他所强调的客观观察包含了现场观察和临床观察。

他认为这两种观察都是质性的研究方法,[1]不同于实验法对量化和控制的强调。他可能是心理学中最早将研究方法划分为量化方法和质性方法的心理学家。除此之外,他还强调对行为的分析方法和解释方法,如他提出行为的分析方法有言语分析法和非言语分析法,对行为的解释法有分析构成要素的解释、阐述发生条件的解释、参照感受器—介质—效应器的机制的解释。尽管对行为的解释不能称之为研究方法,而只是一种分类,但他对行为作感受器—介质—效应器的解释,在形式上无疑会对新行为主义者有启发作用。这些无疑丰富了心理学的研究方法。

除上述贡献之外,亨特在延迟反应和思维的研究中,对人类心理符号化过程的发现,以及重视社会性因素对人类行为的影响,无疑对认知学习理论和社会学习理论有启发意义。

第五,人类行为学本身存在固有的缺陷。尽管亨特构建了体系完整的人类行为学,推动了心理学的发展,但其心理学也有自身固有的缺陷,那就是对人类的意识的忽视。心理学家们常说,人类行为学家是行为的学生,在其研究中未能考虑意识。[2] 亨特正是如此,他说他自己越是对心理学进行研究,越是反思人类本性问题,越是确信根据意识来研究是无效的。[3] 他认为,心理学研究心灵、经验和精神,包含太多的神秘因素,这些与哲学有着割不断联系的因素无法为科学证实。因此,心理学应该以人类行为为研究对象,不能以意识为研究对象。这有助于推动心理学的科学化和独立,但这也使心理学研究的只能是没有意识的有机体。除此之外,亨特的人类行为学在许多方面只是简单地用一种术语取代另一种术语,实质内容并没有太多的变化,而且亨特在其人类行为学体系中吸收其他心理学家的某些观点时,常常与自己的主张相矛盾,有时被迫强行改造。

① Hunter, W. S. (1928). *Human Behavior*. The University of Chicago Press, pp. 4～7.
② Hunter, W. S. (1928). *Human Behavior*. The University of Chicago Press, p. 14.
③ Hunter, W. S. (1928). *Human Behavior*. The University of Chicago Press, p. 14.

第三章

其他早期行为主义者(下)

作为早期行为主义者，梅耶、魏斯和拉施里都赞同华生的行为主义，也都采用生物学和生理学研究取向，分别提出了生理行为主义、生物—社会行为主义和行为的大脑机能论。梅耶是德裔美国心理学家，也是美国最坚定、最激进的客观主义者之一。他比华生早两年就在专著中论及了心理学的客观方法，提出心理学仅仅应研究人类实际上能做什么。他的生理行为主义被认为是第一次对“人类行动的完全行为主义的解释”。[①] 魏斯提出了一种最为纯粹而又异常严格的行为主义。魏斯明确主张物理一元论，把宇宙万物看作是一种物质运动的连续体，认为物理、生物、社会三大因素集于人的一身：人不仅是生物的，而且也是社会的，每个人类个体的行为都带有社会因素。因此，魏斯将自己的行为主义心理学理论称为生物—社会行为主义(bio-social behaviorism)，属于早期激进论的行为主义。拉施里坚持行为不仅仅是可观察到的机体反应，或 S－R 的联结，他认为行为是有序列顺序的长的计划单元，这些单元的展开是极为迅速的。他所从事的实验研究就是为了发现行为之下的神经基础。拉施里毫不怀疑心理学是一门科学，是关于脑和行为的实验室导向的、严格的物质主义的科学。他是方法论的行为主义者，将“意识”引入心理学，认为意识是可以科学研究的，相信可以将意识还原为其生理化学基础。

① Pillsbury, W. B. (1929). *The History of Psychology*. New York: Norton, p. 290.

第一节 梅耶:生理行为主义

梅耶是德裔美国心理学家,在20世纪初的十几年时间里,一直是美国最坚定、最激进的客观主义者之一。他比华生早两年就在专著中论及了心理学的客观方法,提出心理学应研究人类实际上能做什么。客观主义以及致力于在神经系统特性中寻找人类行为的基本解释构成了梅耶心理学的基石,因此,他的生理行为主义被认为是第一次对"人类行动的完全行为主义的解释"①。

一、梅耶传略

马克斯·弗雷德里克·梅耶(Max Frederick Meyer,1873—1967)于1873年6月15日出生在德国的但泽。他的父亲是一个生意失意的金匠,脾气暴躁。梅耶对童年并没有多少幸福的回忆。16岁时,梅耶在但泽市立图书馆偶然读到了拉扎勒斯·盖格(Lazarus Geiger)的《论语言的起源》,这本书对他产生了很大的影响,帮助他确立了自己未来的思考方向。他说:"盖格认为,所有的思维都是内部言语,对于人类来说,说话起源于肌肉协同活动所必需的机制。我赞同这种观点。既然一切骨骼肌活动都是由神经调控的,那么,我认为所有的思维也是以语言为中介而为神经所控制的。"②1892年,梅耶进入柏林大学,成为一名主修神学的学生。但是,他并没有选修神学课程,而是学习了哲学、数学、物理学、生理学等课程。大学二年级时,梅耶对自己的能力产生了深深的怀疑,于是他参

马克斯·弗雷德里克·梅耶(Max Frederick Meyer,1873—1967)

① Pillsbury, W. B. (1929). *The History of Psychology*. New York:Norton, p. 290.

② Esper, E. A. (1966). Max Meyer: The making of a scientific isolate. *Journal of the History of the Behavioral Sciences*, 2, p. 344.

加了艾宾浩斯(Hermann Ebbinghaus)开办的心理学研究班。在艾宾浩斯的影响下,梅耶开始从神学转向心理学,但是他并没有从艾宾浩斯那里获得自己迫切需要的鼓励与支持。1894 年艾宾浩斯离开柏林后,梅耶对自己的能力彻底丧失了自信,甚至想到了自杀。幸运的是,他在这时遇到了斯顿夫(Carl Stumpf)。斯顿夫给了梅耶一份工作,并使他相信自己在生活中仍然是有用的。梅耶是斯顿夫在柏林的第一个学生,并在他的指导下于 1896 年获得了哲学博士学位。像斯顿夫一样,梅耶的大部分研究都集中在听觉与音乐心理学领域,他发表过几篇关于音乐心理学和耳蜗在听力中的机能性质方面的重要理论文章,并且还进行了主音美学、乐音音准和四分音的实验研究。然而,由于在对斯顿夫有关"音乐失调—和谐"概念数据的解释上存在分歧,两人的关系于 1898 年破裂。在柏林大学学习期间,理论物理学家马克斯·普朗克(Max Plank)也对梅耶产生了重要影响。梅耶从普朗克那里接受了仅通过细致的推理也能够洞察自然现象特征的观点,他就是以这种方式提出神经机制的抽象理论模型的。此外,在普朗克的影响下,梅耶还对生理学和心理学做出了严格的区分。他认为,尽管心理学可以产生有关心理状态的直接的、个体化的知识,但是这些心理状态只有通过外部行为表现才能够为他人所了解。生理学则可以根据神经过程为人们提供一种关于行为的令人满意的解释,同时又不用假设任何特殊心理力量参与其中。

与斯顿夫决裂之后,梅耶不得不离开柏林大学。由于在德国缺少合适的学术职位和学术关系,他先去了伦敦,7 个月后又因同样的原因而移居美国。到美国后,梅耶先在克拉克大学做了一年无薪水的研究员,然后于 1900 年 6 月被密苏里大学聘为实验心理学教授,开始了他在密苏里大学长达 30 年的学术生涯。梅耶在这里继续进行听觉机能与音乐心理的实验研究,并为争取密苏里州听力受损人群的利益开展工作。此外,他还研究了学习、注意和情感过程的神经机制、学习的条件、美学等问题。同时,他还承担了繁重的教学工作,讲授包括变态心理学在内的各门心理学课程。

1929 年,梅耶的学生莫勒(O. Hobart Mowrer)为完成社会学系的课程而编制了一份调查问卷。该问卷的内容涉及对婚前性行为、离婚、习惯法婚姻以及妇女参加工作对经济的影响等问题的态度。梅耶曾就问卷中的几个问题的措辞为莫勒提出建议,并向他提供信封以降低其邮资。这份问卷在保守的哥伦比亚大学和密苏里大学引起了争议,新闻报纸刊登了有关问卷的煽动性评论,以及要求将梅耶及莫勒所选社会学课程的主讲教授解雇的请愿书。一年后,梅耶被解雇。梅耶的许多同事抗议学校解雇这样一位为密苏里大学做出如此多贡献的人,赫什(I. J. Hirsh)宣称:"这整个事件给密苏里大学的管理者们所带来的羞耻要多于给梅耶本人所带来的羞耻。”[①] 1932年后,梅耶在迈阿密大学任访问教授,继续其听觉、聋儿教育、学习和情绪等课题的研究。他生命的最后岁月大部分都是在这里度过的,1967年3月14日梅耶逝世,享年94岁。

梅耶是一位多产的学者,他一生发表了大量的学术论文,其中多集中在听觉和音乐心理学方面。比较重要的有:《心理旋律理论的要素》、《对音乐心理学理论的贡献》、《音乐心理学中的实验研究》、《内耳机制导言》、《控制内耳机能的液压原理》、《适应沉默的世界:生命最初的六年》、《耳蜗的工作模式》等。1911年,梅耶在华生著名的行为主义宣言发表的前两年出版了一本题为《人类行为的基本规律》的著作,这本书是最早在其书名中使用行为这一术语的著作之一。在该书中,梅耶强调要以神经活动的规律和模式来解释意识经验和行为的事实。《他人心理学》(1921)是梅耶的第二本专著,他在书中极力主张心理学应该抛弃主要研究自己的传统观点,强调对他人测量的重要性。他说:“现代科学将其成功都归功于这一事实,那就是它已学会约束自己仅仅描述那些可以测量的事物。”[②]此外,他还出版了几本心理学教科书,如《心理学演示简明手册》(1922)、《变态心理学》(1927)、《初级实验室心理学》(1927)、《音乐家的算术》(1929)和《我们如何听,音调如何成为音乐》(1950)等。

二、梅耶对传统意识心理学的批判

梅耶是早期第一个完全用行为主义主张来说明人类行为的人。他在《人类行为的基本规律》一书中宣称,在过去几十年中,人们逐渐相信,由于种种限制,传统意识心理学已不配叫做科学,心理学只有采用与物理学相似的客观方法才能成为一门科学。他认为,要想了解人类行为在个体生活和社会生活中的意义,必须研究行为及其神经机制,而不是去探讨个体意识的成分或心理结构。人们通常认为,心理或观念最重要的特点和机能就是综合或抽象的能力,但是在梅耶看来,这只不过是一种普遍的运动,而不是别的什么东西,也不是在这种运动之外再加上别的东西。所谓普遍性的运动就是一个单独的反应,这个单独的反应可以代替许多别的单独的反应。例

① Hirsh, I. J. (1967). Max Frederick Meyer: 1873—1967. *American Journal of Psychology*, 80, p. 645.

② Meyer, M. (1921). *The psychology of the other one*. Columbia, Mo.: Missouri Book Co., p. 3.

如,如果这个普遍的运动原来是一个外部肌肉上的运动,那么它可以被一个舌头上的运动即说的运动所代替。这个舌头上的运动就是外部肌肉运动的符号。于是,我们口中说出来的一个字的声音,就能够代替我们所看到的东西,而我们所看见的东西原来可以引起外部肌肉的运动,现在这个字的声音也能激起同样的运动。梅耶指出,在传统心理学那里,所有这类机能通常都是用内省方法来研究,用意识的方式来叙述的,而现在我们同样可以用客观的方法来研究,用运动或行为的方式来叙述。

然而,在对意识和内省的看法上,梅耶不如华生那样激进,他强调自己是方法论的行为主义而不是形而上学的行为主义。一方面,梅耶没有否认个体意识的现实,只是将心理状态视作复杂神经过程操作的速记,反对对其进行解释性的应用。另一方面,他也没有完全抛弃通过内省获得的数据,而只是认为内省的科学价值仅仅在于"这一事实,即它有助于我们发现神经机能的规律"①。

三、行为的生理基础

在将行为还原为神经系统活动方面,梅耶比华生更为激进,他认为传统意识心理学所谓的心理状态实际上与特定的神经过程具有确定的关系,之所以将它们视作行为的原因,仅仅是因为它们与作为行为充要条件的神经过程相伴随。他批评了麦独孤(W. McDougall)在《身体与心理》一书中将意识作为刺激与反应等式中连接二者的未知因素再次引入心理学,认为必须在主观术语与客观术语之间建立一种确定的关系,这样就可以将一个转变为另一个,而不会将它们混同在一起;同时,也必须尝试为心理和社会科学在描述人类时,似乎不能省略的所有特定心理状态或心理机能提供一种明确的神经机制。

1. 神经系统

梅耶认为,不管是主观的个体意识还是客观的行为活动都完全或至少相对地依赖于个体神经系统的机能,或以其为发生的条件。神经系统对于个体的存在、所做、所思都有着重要的意义。他将有机体内的神经系统结构比作一座城市甚至一个国家的电话系统,它使一个人可以在一个地方发出指令而在另一个地方接收和执行。从根本上说,神经系统是由神经细胞和无数类似细线的结构所构成,这些线非常细且相对较长。它们虽然数量众

① Meyer, M. (1911). *The fundamental laws of human behavior*. Boston: R. G. Badger, p. 239.

多,但并非无序地混在一起,而总是依照确定的规则排列。组成神经系统的类似细线成分的主要特征是,它们具有良好的传导性(conductivity)。这种传导机能对于所有比较高级的生物来说都是必需的,因为在漫长的演化过程中,动物物种为了更好地适应环境,逐渐将身体上受刺激点与收缩点分离开来,即身体上的每一个感觉点通过传导线与身体中一个确定的运动点相连。这样,兴奋就可以从受刺激点传导到另一个地方,在那里引起所希望的收缩。梅耶指出,动物出生时这种联系就非常发达,或者至少带有由遗传预设的未完全发育的器官,从而可以在早年生活中发展出这种联系。反之,如果动物出生时不具有这种联系,那么它们就不可能习得行为,更不可能生存下去。

2. 反射弓

梅耶指出,身体上每一个感觉(即兴奋)点必定通过导线与身体上确定的运动(即收缩)点相连。他用图 3－1[①] 来表示这种神经联系,并将其称作反射弓(reflex arch)。图中的 S 代表感觉点,M 代表运动点,弓形线代表连接感觉点和运动的传导体(conductor)。Sa 和 Ma 被称作对应点(corresponding points),两者之间的距离最短,神经通路的阻力最小。梅耶对为什么将这些弓形称作反射弓进行了解释。他指出,反射成为生理学术语已经有几个世纪的时间,早期生理学家主要是用它来表示某种动作的速度与确定性。例如,你将手指突然逼近坐在你对面的人的眼睛时,他一定会迅速地闭上眼睛。这一动作就可以称之为反射。然而,现代生理学逐渐不再强调反射反应的迅速性,而更多地强调它的确定性。例如,咳嗽、呕吐或肠的蠕动等反射不一定有多快,但却具有很大的反应确定性。他说:"现在我们可能更自然地将确定性看作是由这样一种事实决定的,即在众多的兴奋通路中,只有一条路径优于所有其他的,它的长度最短,阻力最小。"[②]这样的通路可以用图 3－1 中的一条弓形表示,因为每一条弓形都给予每一种感觉以唯一一条阻力最低的运动通路,因此,他将这些弓形称作反射弓。

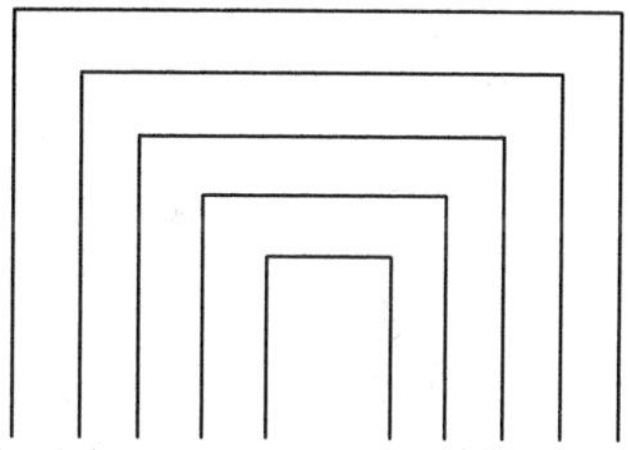

图 3－1 反射弓

梅耶进一步指出,在比较高级的有机体活动中,对应点之间的联系是比较少的,身体上所有的或至少部分感觉点也必然会与其他的收缩点,即非对

① Meyer, M. (1911). *The fundamental laws of human behavior*. Boston: R. G. Badger, p. 21.

② Meyer, M. (1911). *The fundamental laws of human behavior*. Boston: R. G. Badger, p. 48.

应点相联系，否则任何一致的行动都不可能。当然，非对应点之间的联系要比对应点需要更长的传导体，而且阻力也更大。因此，在组织完全分化以执行特殊机能的高等动物身上，神经联系实际上是所有的感觉点和运动点之间的相互联系。由于图 3－1 仅表示反射弓中对应的感觉点和运动点之间的直接连接，所以梅耶又提出了一种更复杂的反射弓模型（如图 3－2①），以表示每个感觉点与那些非对应的运动点之间可能的联系。在图 3－2 中，水平线表示标准长度和阻力的神经元，带箭头的线段表示神经兴奋的传递方向，即神经兴奋只能从箭头端传入，而不能由此传递出去。因此，神经传导体是一种单向的管道，并且总是从感觉点向运动点传递。这样，每一个反射弓都必须是由三个或多个神经细胞构成。此外，从某一确定的感觉点发出的神经冲动可以到达任一运动点，但所需要的传导体的长度和阻力不同。其中，连接对应点的传导体的长度最小，阻力最低。例如，Sa 到 Ma 要经过 S^1a 和 M^1a，距离有三个标准单位；从 Sa 到 Mb 最短的路径是经过 S^1a、S^2ab、M^2ab 和 M^1b，这条路线有五个长度单位，而对应点 Sb 和 Mb 之间的连接只需三个长度单位。梅耶认为，有机体一切简单和复杂的行为习惯都是以这种反射弓为基础在各种条件作用下形成的不同的反射。

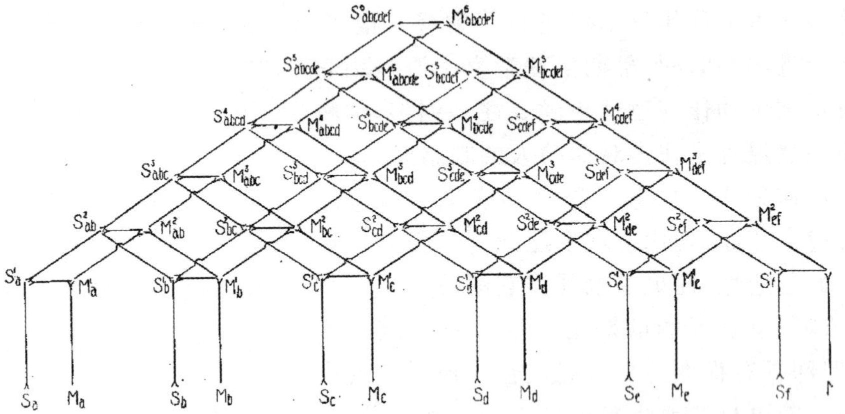

图 3－2　复杂的反射弓模型

四、学习及其相关问题

梅耶指出，动物的活动主要是在反射和一组被选择的反射即本能的支配下进行的，他将之统称为遗传活动。这些活动都是在某一特定刺激之后

① Meyer, M. (1911). *The fundamental laws of human behavior*. Boston: R. G. Badger, p. 44.

跟随着一个特定的反应,并且它们完全是由个体从其祖先那里得到的生物遗传所严格决定的,与特殊的地理、物理环境和社会环境没有任何关系。梅耶由此将个体在生活过程中,由特殊的地理、物理环境和社会环境所塑造的行为模式称为学习或习惯。在他看来,学习与习惯是同义的,它们是人类或动物个体行为塑造的不同方面。学习主要是与社会机构、各级各类学校相联系,而习惯则更多地与完全偶然的环境有关。他发现,个体所属的物种越高级,学习或习惯行为的数量就越多。

1. **学习的神经机制**

梅耶作为行为主义学派早期一位激进的还原论者,他从神经生理学的角度探讨了学习的机制问题。他认为,神经系统是由神经组织本身即传导组织和支持组织构成的。在支持组织中,细胞分裂可以发生在任何年龄,但是神经组织本身的细胞分裂即神经元的增加在个体出生后便停止了。研究发现,大约出生前三个月,个体具有的神经元数量就与他出生后的一样多,不过这些神经元的绝大部分还处于一种不成熟的状态,因为它们不具有任何分支通路,因而对于兴奋的传导也就没有什么价值。然而,它们在生命的不同阶段会逐渐发展成为完善的传导体。一些发展的早些,以满足个体生存的需要,如吮吸、吞咽等;另一些则会在随后的儿童期或青年期发展,甚至到了老年期也还有一些神经元没有发育成熟。在梅耶看来,正是这些未发展的神经元使其拥有者能够不断地获得某种新的神经机能,从而使个体在生命的任何时候都能够进行新的学习和适应,获得新的有用的习惯。

另一方面,神经元的感受性为神经通路的变化提供了基础,从而也使新的学习成为可能。梅耶指出,神经传导体的感受性主要表现在,它们的阻力因神经流的通过而降低,并且阻力降低的过程会在神经流停止后持续很长一段时间。然而,这一过程不会一直持续下去,随着时间的推移,任何神经传导体被降低的阻力都会非常缓慢地回升到最初的水平。梅耶将阻力的降低称作积极感受性(positive susceptibility),它是对发挥机能的一种反应;将阻力的升高称作消极感受性(negative susceptibility),它是对机能缺乏的一种反应。在梅耶看来,学习过程就是积极敏感性的结果,它取决于两个因素,即神经过程的强度及其持续时间;消极敏感性则导致学习的对立面即遗忘。

2. **学习的过程**

梅耶指出,在一个持续不间断的学习过程中,反应效率的提高是一个不平衡的过程。最初,效率提高的速度非常快,然后会逐渐变慢。例如,在持续一个半小时的学习中，开始的几分钟对于行为的习得最有价值，接下来的一段时间学习效率会越来越低，而最后几分钟对于学习结果几乎没有什么价值，因为这时学习过程可能已经停止。在梅耶看来，造成学习过程不平衡的原因主要是，神经流在传导体中不能一直保持同一种强度水平，尽管刺激的强度没有减弱，但是随着神经流强度的减弱，神经元对其变得越来越不敏感。

梅耶还考察了学习过程的两个对立面，即抑制（inhibition）和遗忘（forgetting），认为它们与学习一样都是实际生活中普遍存在的现象。抑制与学习所包含的新的反应比旧的反应更有用这一含义相对立，即指新的反应不如旧的反应适合我们的需要。也就是说，个体没有做想让他做或害怕他做的事，而做了另外一件事情，至于他实际做了什么并不是研究者关注的要点。梅耶认为，从单纯的神经学观点来看，术语“抑制”是多余的。然而，从社会的角度来看，它却具有重要的意义。因为没有这个概念，许多重要的社会制度就不能发挥作用。例如，对于刑事法来说，阻止犯罪并不是防止犯罪行为的问题，而是用具有社会价值的反应代替某种引起社会伤害反应的刺激的问题。遗忘则是新的神经通路没有被固定而逐渐消失的过程，它是消极感受性的结果，主要与时间因素有关。梅耶强调，遗忘并不是在学习后立即开始的。一般来说，在刚刚结束学习的几秒或几分钟内，记忆效率不会明显降低，只是在这之后才迅速地遗忘，然后遗忘的速度又逐渐变缓。

3. 学习的结果

梅耶认为，学习可以使感觉兴奋与运动反应的连续体发生变化，并且这种变化能够固定下来，从而以后会再次出现。一旦主要的兴奋流获得了一条与感觉点和运动点之间最短的遗传连接不同的路径时，这种连续体的变化就成为可能。而固定意味着神经传导体对于在其中通过的兴奋产生了某种程度的敏感性。这样，就能够解释为什么兴奋会选择一条特定的路径，原因就在于它以前曾在这条路径中通过。梅耶区分了三种由学习引起的行为变化。

第一种行为变化是反应变化（variation of response）。它是一种最简单的行为变化形式，即运动反应发生在与被刺激的感觉点不相对应的运动点；或者非对应感觉点受到刺激却产生了与对应感觉点受到刺激时出现的相同的运动反应。例如，将少量啤酒倒入婴儿口中，啤酒中带有苦味的物质会刺激儿童嘴里确定的感受器，从而通过脸部和其他一些肌肉的运动反应将啤酒吐出来。然而对于习惯喝啤酒的成人来说，则会产生一种完全不同的运动反应，即吞咽。在梅耶看来，成人获得这一习惯仅仅是通过反应的变化及其固定实现的。这是同一种刺激引起了不同反应的例子,而不同的刺激也可以利用反应的变化与固定引起同一种反应。例如,在婴儿出生三到六周期间,当听到突然的噪声时,婴儿会闭上眼睛,但用手指或木棍逼近婴儿张开的双眼时则不会出现闭眼动作,除非真正接触到他的眼睛。然而,几个月后,这种情况就完全改变了。噪音几乎不再引起眨眼反应,相反将物体接近眼睛时则出现了这一动作。这是因为神经通路发生了变化,视觉刺激取代了听觉刺激,而运动反应则没有改变。

第二种行为变化是感觉凝缩(sensory condensation)。它指的是在神经传导体系统的感觉末端,神经流不再扩散而是被压缩成一条狭窄的通道,这时被简化的刺激或一个单独感觉点的刺激引起了复杂的反应。梅耶认为,这种习惯化的神经活动有点类似于本能,因为简单的刺激引起复杂的反应是本能的一个特征。例如,在钢琴上弹奏一首乐曲,在乐曲的某个特定位置,每一个手指都必须做出确定的动作,这样才能奏出优美的曲调。初学者为了正确地弹出乐曲会看着每一个音符,但是,练习一段时间后,甚至在擦去或改变一些音符的情况下,他也能够准确地弹奏复杂的琴键。显然,这些音符不再是反应所必需的了。此时,更简单的刺激也可以引起相同的运动反应。打字、阅读、校对、编织等技术性的活动都可以通过这种神经通路的变化来解释。

第三种行为变化是运动凝缩(motor condensation)。它指的是在神经传导体系统的运动末端,神经流不再扩散而是被压缩成一条狭窄的通道。也就是说,反应被极大地简化或变成了在一个运动点上的反应。例如,观察儿童第一次接受写字训练时常常会发现,儿童并非像成人写字那样,只有肩膀、腕关节和指关节的适度运动,他们除了写字这只手关节的过度运动之外,另一只手的手指也会弯曲,甚至出现头和脚的扭动,似乎没有这些动作就不能写字了。这时,儿童写字的动作是笨拙的。随着各种无关动作的逐渐消失,儿童写字的动作变得越来越优美自如。这种自如的动作的获得就是一种凝缩的过程。

五、简要评价

作为一位早期行为主义者,梅耶的许多研究都是关于内耳机制和音乐心理学的,但是他对心理学学科的更为广阔的视野却具有坚定的行为主义倾向,促进了客观心理学的兴起。正如他在其生涯早期所说:“从本质上说,我是实证主义哲学每一条路线的追随者。”①然而，在心理学历史发展过程中，梅耶的理论并未受到应有的重视，他是“最坚定和最被忽视的行为主义者”②。著名心理学史家波林(E. G. Boring)在其《实验心理学史》第一版中，只是在讲到斯顿夫的学生时偶然提到了梅耶。在1950年第二版中，波林仍然没有对梅耶进行专门的介绍，但在一条注释中承认，梅耶“有时被认为是华生之前的行为主义者”，他的“观点是一种很好的行为学和操作实证主义”。③ 除此之外，几乎没有心理学史家注意到梅耶对心理学一般理论及在其专业领域中所作的贡献。

造成这种状况的原因一方面与梅耶的个人和文化因素有关，另一方面也与其理论本身存在的问题有关。梅耶在美国的职业生涯一直游离于美国主流心理学，甚至是行为主义之外。这并不奇怪，因为梅耶在27岁之后才移居美国，他的理智基础主要植根于德国实验心理物理学和感官心理学，而非当时处于行为主义舞台中心的动物行为的研究。而且，他的学术旨趣更多地集中于德国实验心理学的纯科学取向，对于华生提出以预测和控制行为作为心理学理论目标的美国式的应用取向则毫无兴趣。尽管梅耶提出并系统地阐述了人类行为的基本规律，但是由于他坚持极端的还原论，事实上并没有为人们理解儿童行为及人类的神经系统提供多少新的知识。另外，在实际研究中，梅耶也偏离了1913年之后美国心理学和行为主义的主线，他像铁钦纳一样专注于心理学的实验室研究，忽视了心理学在现实生活中的价值，因而不符合美国的时代精神。

梅耶对美国心理学最主要的影响表现在，他培养出了魏斯这个在行为主义学派发展中有较大影响的学生。梅耶在其主要著作《人类行为的基本规律》和《他人心理学》中提出了一种客观心理学，这种心理学将行为还原为神经系统的活动，意识等心理概念则被排除在外，除非可以将这些术语理解为真实的生理事件。魏斯继承了梅耶的这种思想，将其发展成为生物—社会行为论的客观心理学。

---

① Esper, E. A. (1966). Max Meyer: The making of a scientific isolate. *Journal of the History of the Behavioral Sciences*, 2, p. 347.

② Esper, E. A. (1966). Max Meyer: The making of a scientific isolate. *Journal of the History of the Behavioral Sciences*, 2, p. 341.

③ 波林著，高觉敷译：《实验心理学史》，商务印书馆1982年版，第759～760页。

第二节 魏斯:生物—社会行为主义

魏斯是美国早期行为主义的代表人物之一,他提出了一种最为纯粹而又异常严格的行为主义。魏斯明确主张物理一元论,把宇宙万物看作是一种物质运动的连续体,认为物理、生物、社会三大因素集于人的一身:人不仅是生物的,而且也是社会的,每个人类个体的行为都带有社会因素。因此,魏斯将自己的行为主义心理学理论称为生物—社会行为主义(bio-social behaviorism),属于早期激进论的行为主义。

一、魏斯传略

艾尔伯特·保罗·魏斯(Albert Paul Weiss, 1879—1931)于1879年9月15日出生在德国西里西亚的斯坦格隆,童年时全家移居到美国的圣路易斯。他的父母都是路德教派的教徒,父亲是一位建筑师,其家庭成员经常积极参与当地的文化活动。年轻的魏斯曾加入过一个定期集会讨论哲学问题的俱乐部,这种对哲学的早期兴趣或许是使他对自己选择雕刻职业感到不满意的一个原因。因此,他在27岁时考入了密苏里大学。

艾尔伯特·保罗·魏斯
(Albert Paul Weiss, 1879—1931)

在转向心理学之前,魏斯学习了物理学、数学和哲学,这对他后来所提出的心理学理论产生了重要影响。魏斯与心理学结缘完全出于偶然。一天,他不经意走进梅耶的实验室,看到梅耶正在调试一台复杂的仪器,但没有成功,而他很快就解决了问题。于是,梅耶雇用魏斯做自己的实验室助手。魏斯于1910年获得了文学学士学位,1916年在梅耶的指导下以《声音强度的仪器与实验》的论文获得哲学博士学位。魏斯是梅耶培养的第一个也是唯一一个博士,梅耶的思想对魏斯产生了很大的影响。梅耶是德国心理学家斯顿夫(C. Stumpf)在柏林大学的学生，像斯顿夫一样，梅耶的研究也主要集中在听觉和音乐心理学方面。尽管理论问题不是梅耶的主要研究方向，但是他的理论取向，如客观主义、生理还原论、对主观术语进行客观界定、强调行为的社会意义以及对语言和思维的分析等都对魏斯产生了持久的影响。在早期的文章中，魏斯追随梅耶研究音调强度和发声能力，并将梅耶的耳朵与神经系统的液压说运用于感觉辨别和学习研究。在后期，他扩展了梅耶提出的两个哲学或者更确切地说是方法论观点，即心理学应该研究客观材料，而且只能够研究具有社会意义的行为。梅耶曾指出："我对美国心理学有很少或几乎没有什么直接的影响，但或许许多都是通过魏斯的学生间接起作用的。"①梅耶只培养了魏斯一个哲学博士，而魏斯则培养了25个博士。

1912年，魏斯获得俄亥俄州立大学教职，同时继续定期回到密苏里大学跟随梅耶进行博士研究。除了母校之外，俄亥俄州立大学是唯一一个与魏斯的学术活动有关的地方，他在这里度过了较短的学术生涯。1916年魏斯被任命为助理教授，1918年晋升为教授，1912—1931年兼任《发生心理学》编辑。此外，他还在1922年担任了俄亥俄科学院主席，1929年担任美国中西部心理学学会主席。在逝世前，魏斯仍然是美国心理学会董事会成员和国家研究委员会下设的公路心理学委员会主席。他的学术生涯因心脏疾病而被迫中断，这使得他丧失了劳动能力。三年后，即1931年4月2日魏斯逝世。

魏斯一生发表了40多篇论文，出版了两本著作。他早期曾发表过几篇关于教育主题和感觉过程心理学的论文，后者主要是关于听觉的仪器和实验方面的内容。在后期则主要集中于理论心理学领域。但是，他对自己早期研究过的问题从未失去过兴趣，即使在忙于写作理论文章之时，他仍然花大量时间来鼓励和指导研究生进行广泛的实验研究。魏斯的理论文章主要有《构造主义和行为心理学的关系》、《机能主义和行为心理学的关系》、《意识行为》、《生理心理学和行为心理学的关系》、《心理和人本身》、《行为和中枢神经系统》、《行为主义心理学的一套假设》等。魏斯在1925年出版了以《人类行为的理论基础》命名的论文集，这是他的主要代表作。在这本书中，他尝试研究了许多被华生忽视或曲解了的复杂的人类活动，奠定了自己作为一位重要的早期行为主义者的地位。1929年他将该书扩充修订为第二

① Esper, E. A. (1967). Max Meyer in America. *Journal of the history of the behavioral sciences*, 3, pp. 113～114.

版,对此前针对1925年版的许多批评做出了回应。魏斯的另一本著作是《汽车驾驶的心理学原理》(1930),这是早期研究人—机系统的经典著作之一,它使魏斯成为研究人—机相互作用的一位重要先驱者。魏斯还研究过儿童发展,发表过《儿童行为测量》等文章,也制定过儿童发展和学习的研究计划,但因他过早地去世,计划没有得以实现。

二、对构造主义和机能主义的评论

魏斯与其他早期行为主义者一样,也是在分析批判构造主义和机能主义之后提出自己的心理学思想体系的。1917年,他在《心理学评论》上连续发表了两篇文章,论述行为心理学与构造主义、机能主义的关系。他在文章中对行为心理学和构造主义、机能主义进行了比较,指出了后两种心理学的缺点和行为心理学的优点,以及放弃这两种心理学而创设行为心理学的原因。

1. 构造主义与行为心理学

魏斯指出,要说明构造主义者所研究的问题并不是一件简单的事情,因为构造心理学家之间在理论观点上存在着很大的差异。然而,构造主义学派有一些为其成员所普遍接受的基本概念,主要是心理或意识的结构和内省法,因而可以由此入手对构造主义心理学与行为心理学进行比较和分析。

随着构造主义心理学被广泛运用到各种应用领域,如教育、医学等,有关意识状态与行动之间的关系的问题便产生了,越来越多的心理学家相信,感觉、意象、情感等意识元素是人类某种行为形式的原因或不变的前提。魏斯反对这种观点,认为不管行为是什么,都不能将意识视为行为的前提。他从以下几个方面对之进行了论述:第一,意识是一种单纯的个体经验,如果不能以某种形式的行为,如言语表现出来,那么它们对个体和社会来说就毫无科学价值或效度;第二,许多行为形式,如反射、自动反应等,在发生时并没有能够加以明确分析的意识相伴随,因此意识不是所有行为的机能;第三,与某一特定行为相伴随的意识在不同的内省者中会发生变化,甚至在不同时间对于同一个人来说也会有所不同;第四,复杂的心理过程,如推理或创造,远比其被分析成的心理状态包含有更多的东西,它们具有任何数量的内省都无法揭示的社会参照(social reference),这种社会参照可以通过比较个体的行为与其一般行为或他人的行为来加以测量。因此,魏斯认为,不表现于行为的意识并不存在,感觉、情感、意象等只不过是从接收器—效应器活动中推论出来的结果或是其特例。意识分析到最后,行为才是唯一能够被划分出来的东西。

关于内省问题，魏斯认为，从行为主义者的角度来看，构造心理学家使用的内省不过是能够以语言进行反应的习惯。行为主义者致力于确定神经—肌肉系统的特征和法则，而内省即言语—运动反应则是其中的一部分。魏斯强调，感觉、意象和情感并不是构造主义者体验到的，而是从内省被试的言语反应中推论出来的，构造主义者不能从内省报告中引申出比报告本身所描述的更多的东西。例如，如果问我“7×16 等于多少”，我可能简单地说出“112”这个数字。如果让我给出我的内省，我会接着说道：“我有一个数字 7×10 的视觉表象，之后是写在黑板上的数字 70 的表象；接着是听觉表象——7×6……42……；然后，由于言语机制的动觉我产生了听觉表象——70……40……110……2……112……最终，112 的视觉表象出现在了黑板上。”在魏斯看来，心理学观察与自然科学观察的唯一区别就在于，内省反应在心理学中被当作一种主要反应，而在自然科学中，它只是一种次要反应或者可以完全被忽略。因而，心理学要成为一门自然科学就必须抛弃内省观察，或者将其限定为使用心理学术语的言语反应。

2. 机能主义与行为心理学

随着心理学的发展，需要一种比构造心理学家对心理性质的描述和系统分析更具动力性的原理，以解释人类行为。在这种背景下，机能主义便应运而生，它主要研究意识如何在人类的行为中发挥作用。机能主义者认为，反射、本能等简单的动作不需要意识的参加，而在复杂的心理行为，如在智力或意志行动中，意识是行为的机能，它控制着人的行为和行动。在魏斯看来，机能心理学的这一观点实质上隐藏着官能心理学的思想，它不过是官能心理学的一种修正形式，即以心理或意识概念代替官能这一术语。官能心理学把每种心理现象都看作是灵魂的官能或功能，这与强调意识在行动中具有机能作用的机能心理学并无本质的区别。魏斯认为，机能主义存在的另一个问题是，机能心理学家从来没有明确地阐述过意识过程是怎样或以什么方式控制行为的。尽管他们认为是心理活动而非心理构造对行为具有直接的意义，但是要证明这一主张是科学的就必须确定意识与行为之间存在何种关系。在这个问题上，机能主义者坦承，他们不知道二者是如何相互作用的。

魏斯清楚地看到了机能主义的上述问题，并指出机能心理学家与行为心理学家的显著区别在于，行为心理学家忽略了机能主义者所谓的意识实体。然而，这并不意味着行为主义者忽视行为中与意识有关的问题，相反，他们把人视为一个有机体，相信即使对于最复杂的问题也不需要通过假设存在还没有被科学承认的原因来进行描述和解释。行为主义者主要对人的行动感兴趣,不管这种行动是使身体从一个地方移动到另一个地方的骨骼肌活动,还是创作交响乐的活动。他们将神经—肌肉系统看作是有机体使自己适应其环境的一种手段,就像心脏、肺、消化道是使有机体生存下去的手段一样。对行为主义者来说,真正有价值的对象不是神秘主义者提出的令人激动的、迷人的假问题,而是人类持久的、可测量和可描述的适应行为。

三、生物—社会行为主义的基本观点

在比较、批判构造主义和机能主义过程中,魏斯发现构造心理学脱离了人的实际生活和应用,机能心理学虽然强调了心理功能,但其心理活动具有官能心理学的特征。他认为,只有行为主义心理学才能摆脱构造心理学的唯心论和机能心理学的二元论,坚持唯物论的一元论。在此基础上,他阐述了自己的生物—社会行为主义的理论基础和基本观点。

1. 人是宇宙进化中的一个插曲

魏斯从物理一元论出发主张,物理学家把宇宙看作是由电子—质子集合体(electron-proton aggregates)以及在其中发生的运动所组成的一个物理连续体,而行为主义者相信人是宇宙的一个插曲,是从现有的许多电子—质子模式中分化出来的一种模式。他说:"科学愈发展,似乎越清楚地看到人和其他物质系统不过是在复杂程度上有所不同而已。"[①]正像由太阳和其他行星所组成的太阳系可以看作是宇宙总体结构的一个插曲一样,地球上的人也可以看作是地球生命史的一个插曲。一个人就是由一些相对持久的系统,如原子、分子、身体组织等所组成的有机体,他的营养、繁殖、顺应等生命过程都是一种能的互换过程,这些互换不仅包括人自身,而且还包括在此互换中的远近环境,甚至可以追溯到包括事物的起始在内的连续不断的变化。更进一步地说,人的神经过程、大脑过程、运动过程、消化过程、分泌过程以及人作用于环境和其他人的各种活动的效应,都是发生在电子和质子之间的一系列连续变化,这些变化不以人为始,也不因人而终。与此相反,传统的精神或者心理概念则将宇宙看作是从人所具有的某种非物质的心理特性中建立起来的一种理论构想。其根本问题在于,在把人的那些生物物理和生物社会的反应看作是由于一些心理元素交互作用而引起的基础上,把心灵分析成为一些元素和心理组合。在魏斯看来,这种过分强调人的重要性,

① Weiss, A. P. (1929). *A theoretical basis of human behavior*. Columbus, OH: Adams, p. 62.

把人当作事物中心的观点，使人们的见解偏颇；而行为主义把人当作宇宙的一部分，就导致个体间感觉—运动的更多互换性，以及电子—质子组织的更大可变性与复杂性。

2. **电子和质子是行为的终极元素**

魏斯认为，宇宙万物，小到细胞，大到国家，无不是由电子和质子组成的。电子和质子组成原子（atom），原子组成分子（molecule），分子组成蛋白质，蛋白质组成细胞，细胞组成器官和组织，进而形成人；人组成集团、部落、国家、民族。总之，一切都是由电子和质子组成的，人类的心理和行为当然也不例外。他指出："当人类行为被当作一种运动形式来研究时，行为主义就假定一种物理一元论的理论体系，在这一体系中把电子和质子视为终极元素（ultimate elements）。"①在他看来，这种假设除了有助于推翻职业形而上学家提出的诸如物自体、生命力等终极实在之外，它还具有如下一些优点：第一，行为可以用业已形成的最有效的数学语言反应来加以描述；第二，可以发现一切事物的最基本的成分，找到事物的共同基础；第三，个体间可以用它来交流，从而对反应的一致性进行验证，避免主观臆断；第四，可以利用表达电子—质子集合体内部因果关系的方程式，来改变包括像拼字活动、服从、去教堂和战争等活动在内的一切人类活动，或是在社会组织中确立个人地位的那些个人—社会活动。魏斯对此进行了解释，指出被视作宇宙连续体中一个轨迹的人类个体活动，即人类行为，在数学意义上是所有其他电子—质子集合体中发生着的各种变化的函数。他说："在某一特定时刻作为这个轨迹断面的人类活动，既是先行条件变化的结果，也是后继变化的原因。"②

从把电子和质子看作是终极和唯一元素的物理一元论基本假设出发，魏斯宣称，行为主义者所主张的公式可以作这样的表述，即"一切人类的行为和成就可简化为只是：按对称的或几何图形的结构去描述的各种不同的电子—质子集合体；同时，当一种结构的或动力的形式转变成另一种时所发生的那些运动。换句话说，我认为，关于通常所说的人格和社会组织的科学研究，可以由这个假定来加以统率，即物理—化学连续体是唯一的实在物，电子—质子集合体的总和就是我们生活于其中的宇宙。"③

由于持有这种观点，魏斯必然会排斥任何与物理的电子—质子实体截

① Weiss, A. P. (1924). *Behaviorism and behavior*. Psychological review, 31, p. 38.

② Weiss, A. P. (1929). *A theoretical basis of human behavior*. Columbus, OH: Adams, p. 57.

③ Weiss, A. P. (1924). *Behaviorism and behavior*. Psychological review, 31, p. 39.

然不同的意识或心理实体的假设，正如埃利奥特(R. M. Elliott)所指出："没有一位行为主义者能够比魏斯更热衷于或是更彻底地从心理学中清除主观的范畴，同时还持有这样一个基本信念，即数学和科学的方法能够记录并界定物理物质的一元论。"①他以那些发生在太阳中的变化为例，来说明人的内部和外部活动都只不过是一种电子和质子运动。发自太阳能的光，以一定的光波热能的形式作用于人视网膜上的棒状细胞和锥体细胞，视神经细胞将这种光能转换成神经冲动，它沿着神经纤维传导到大脑，继而又传导到言语机制中的肌肉，这些肌肉收缩就产生一些空气波，从而说出"太阳是热的"。这些声音会传入另一个人的耳朵，那人便躲到阴凉处以防中暑。如果没有中暑，则可能使别的一些刺激发生作用，从而引出一个人多年来所积蓄的神经系统中的模式反应。结果他可能写出一篇关于热机的论文。书页上的文字再刺激某个工程师的眼睛，他可以设计出一种新式的热机，使交通运输以及燃料资源的分配掀起一场革命，并由此而引起千万人参加的战争，等等。显然，在魏斯看来，心理或意识在人的行为中没有任何地位，行为最终都是通过电子和质子之间发生的一系列连续的传导和运动实现的。

这里需要指出的是，在讨论意识问题时，魏斯赞同行为主义创始人华生提出的将心理学界定为意识的科学会陷入困境的观点。他认为，心理学要想成为一门科学就必须抛弃任何作为某种非物质力量或实体的意识概念，因为这种意识概念虽然不具有物理特点，却能以某种未知的方式作用于人的神经系统，进而又以某种符合目的论计划的方式控制人的行为。然而，魏斯又与华生有所不同，他没有完全拒斥意识概念或意识事实本身，相反，他承认存在着心理术语所表示的那些情况，但极力以其客观的对应物来表示它们。他说："行为主义者认为，如果把心理或意识过程看作至今未知其构成成分的特殊类型的化学或物理过程，那么只需要假设一种实体或事件系统"，②意识不过是"一个人在心理学实验室里学会的一系列语言习惯"③。当接受这种限制性含义时，内省的意识在科学研究中就具有了这样一种作用，即"现在，这种类型的术语与内省方法和技术有助于确定模糊刺激和感觉—运动条件，并对之加以描述，它要比物理学家使用精密的仪器更有效"④。

---

① Elliott, R. M. (1931). Albert Paul Weiss: 1879—1931. *American Journal of Psychology*, 43, p. 708.

② Weiss, A. P. (1925). *A theoretical basis of human behavior*. Columbus, OH: Adams, p. 234.

③ Weiss, A. P. (1925). *A theoretical basis of human behavior*. Columbus, OH: Adams, p. 240.

④ Weiss, A. P. (1925). *A theoretical basis of human behavior*. Columbus, OH: Adams, p. 245.

3. **人的行为是生理物理的，更是生物社会的**

(1) 生物物理反应与生物社会反应的区分。

在魏斯看来，当一种反应根据物理学上的厘米、克、秒等单位来加以归类时，能够做这样分析的其他个体的反应将会相对一致。但是，当一个反应根据它在别人身上引起的个人或社会的效应加以归类时，那么这些效应则要依赖以下的个人因素：① 由遗传和过去功能所决定的感觉—运动情况的各种变化；② 各种社会条件和特殊训练；③ 年龄和社会地位；④ 团体、种族和国家等的各种历史和文化先行条件。从此基础上选择出来的反应中，就发展出诸如合作、政治组织、道德、历史影响、民主和宗教等基本社会范畴。因此，在行为主义者看来，刺激并不限于那些假想的发生于反应之前的非感觉—运动条件，反应本身也可以看作是一种改变其他个体或个体自身行为的刺激。也就是说，存在着两类不同的刺激，即生物物理刺激和生物社会刺激。与此相应，也有两类不同的反应或行为。生物物理刺激直接作用于有机体，引起了导致生物物理反应的一连串生物事件，如神经肌肉的抽动；生物社会刺激则是诸如语言刺激这样的具有社会意义的生物物理刺激，它产生了具有社会意义的生物社会反应，它对其他人或对自己的一些后续反应具有刺激作用。

魏斯认为："如果人类行为研究想要获得科学地位，并作为宇宙运动连续体的一部分来加以研究，那么生物物理的与生物社会的特点都必须加以考察。"①他强调，尽管每一种生物社会反应也是一种神经肌肉效应，但是生物社会分析不能被还原为生物物理反应。而且，生物物理与生物社会的特点并不是指同一事物的两个方面，对生物社会方面的类似反应的划分并不需要生物物理方面也具有相似性。例如，假设我收到了居住在另一个城市的朋友共进晚餐的邀请，我至少可以以四种不同的方式接受邀请：电话、电报、捎信和写信。作为神经肌肉的联合活动，这四种反应之间是不同的，但作为对我朋友施加的刺激，它们实际上具有同样的效果。换句话说，四种接受邀请的方法在社会意义上是完全一样的，因为四种方法中的任何一种作为一个刺激都可以产生相同的反应。从这个例子中可以明显地看到，同一种生物社会效应可以通过生物物理上完全不同的反应产生，而生物物理上相同的反应在生物社会意义上也可能会有所不同。

(2) 生物社会反应是独特的人类反应。

魏斯强调，生物物理反应是生理学的研究对象，心理学主要研究生物社

① Weiss, A. P. (1924). *Behaviorism and behavior*. *Psychological review*, 31, p. 44.

会事件。他相信,行为应根据生理、社会的要素进行理解,对这两组决定因素都应给予足够多的关注。正如埃利奥特所说:"魏斯同时使用他的生理学和社会学来为同一个目的服务,即从行为科学中驱除掉心灵的魔鬼。"①不过,在他看来,有机体只有在婴儿早期才是一个生物实体。随着他的发展和成熟,有机体的行为在他和其他有机体的相互作用中,遇到了社会力量的强大作用,而出现了适合于社会的行为。因此,心理学需要研究生理的和社会的过程,它的基本任务就是追寻人类从婴儿发展为社会成人的过程。

魏斯进一步指出:"与反应所对应的对他人的刺激特征相比,人的行为所涉及的神经肌肉因素相对来说并不重要,前者才是人的行为中显著的人的因素。"②因而,在对个体进行分类时,不能以物理的或生物的特点为依据,而应根据他在其所属的社会组织中的合作地位来划分。此外,行为的生物社会性对人类的重要意义也表现在,它将人与动物显著地区分开来。动物在整个生命周期内,只能对现实的环境条件作出反应,并且只能在自己的感官空间范围内实现。与其相比,人是唯一发展出有机体之间接收器—效应器的可交换性(interchangeability)原则的动物,大多数成人的反应都已经习得并表现出遗传的感觉—运动条件与社会刺激条件之间的交互作用。如果了解了社会刺激条件,那么就能够对反应进行分类。个体借助语言反应已经成为整个条件系统的一部分,这些条件使个体的环境在事实上不再局限于时间和空间,因为时间和空间的易变性对个体感觉—运动机能的限制通过社会环境得到了弥补。这样,社会发展便代替了机体或个人的发展。而且,更重要的是,由于生物社会反应是作为社会化的刺激起作用的,可以引起其他个体的反应,因而通过它孤立的个体神经系统就被联系在一起,人们才可能取得各种成就,并且还可以对社会组织产生影响。尤其是语言的使用,使得个体之间具有了"感觉—运动的交流能力",这样个体神经系统便与过去、未来以及空间上不存在的越来越多的物体和事件建立了联系。

(3) 传统心理概念的行为主义解释。

魏斯坚信,行为主义不用意识的概念也能够比传统心理学利用这个概念对整个人类行为作出更加全面和更加科学的说明,从而使传统心理学含糊地归于意识的或心理成分的各种因素完全消失,成为行为主义所分析出的生物和社会的成分。他主要依据内隐反应和无声言语的生物社会结果对

---

① Elliott, R. M. (1931). Albert Paul Weiss: 1879—1931. *American Journal of Psychology*, 43, p. 709.

② Weiss, A. P. (1924). *Behaviorism and behavior*. *Psychological review*, 31, p. 46.

传统心理学中的重要心理概念，如思维（thinking）、目的（purpose）和动机（motive）等进行了重新界定。

首先，魏斯从行为主义者的立场出发认为，思维过程中发生的许多事情都与无声言语反应有关。在他看来，思维是对产生比较经常化结果的问题情境做出的一种相对标准化的反应或更合适的一系列反应。换句话说，思维是根据问题答案的生物社会性质来定义的。他说："个体的刺激—反应系列不断地被老师……父母……同事标准化，因此，在生物社会刺激条件下，我们形成了惯常和标准化的反应。……社会许多成员都或多或少地具有这种反应。"①因此，从根本上说，思维是一种产生具有生物社会意义的生物社会产物的生物社会过程。其次，魏斯根据内隐反应及生物社会结果对目的进行了界定。他指出，特定个体的各种反应之间具有一种组织结构，它与惯常的或常规的次序相一致。例如，当医生或律师按照合乎其身份的方式行动时，他们就是在以一种目的性的方式做事。这种顺序形成了更长的行为生活史系列的各个部分。该顺序的最后反应就被命名为先前活动的目的或目标。最后，魏斯还从行为的生物社会角度对动机作了类似的考察。他认为："动机行为的行为主义概念可以将自身还原为下述生物物理与生物社会的条件：① 一种复杂的刺激条件；② 产生了可供选择的内隐行为系列；③ 某一特定系列的增强是已经被增强的生物社会范畴的基本前提。"②因此，所谓动机就是被任意指定为最终结果的行为。

4. 反应类型

作为一位激进的行为主义者，魏斯强烈地认为，心理学必须像自然科学那样工作，研究可观察、可测量的行为。他将行为界定为有机体对其环境的反应或与这些环境的交互作用，行为是反应系统的整体，它使个体在其所属的社会组织中能够确立个人的地位。在这个定义中，魏斯排除了"神经活动"，从"社会意义"的角度来看待行为。对他来说，人的适应过程是一个社会过程，它不依赖于通过中枢神经活动形成的刺激的特殊反应模式。这不是因为魏斯害怕保留"神经活动"可能会暗示存在着某种初始意识（initiating consciousness），而是他发现，不管神经学观点如何完美都无法解释诸如民主概念所涉及的行为情境如何形成之类的问题。当然，这并不意味着行为主

---

① Weiss, A. P. (1925). *A theoretical basis of human behavior*. Columbus, OH: Adams, pp. 324～325.

② Weiss, A. P. (1925). *A theoretical basis of human behavior*. Columbus, OH: Adams, pp. 365～367.

义者不应该研究神经系统,而只是表明在生物社会分析出现之前,神经学甚至不能解释最简单的社会交互作用。

魏斯认为,人的行为包括个体在教育、职业、娱乐、管理以及身体等方面的活动,而反应则是这些活动的成分之一。在他看来,反应是一组统一标准的肌肉收缩,这些肌肉收缩作为一种运动形式形成了不同个体之间的合作性接收器—效应器交换的基础。他将反应大致划分为下述三种类型。

(1) 生物物理反应。

生物物理反应主要是指感觉—大脑—运动的结构与过程,其成分包括感觉器官、外周和联结及运动神经元、收缩和分泌的效应器以及伴随这些结构的机能所出现的生理过程。这些结构和过程的某种集合体便形成了控制人类反应的各种固定的机制,主要包括感觉适应和身体姿势机制、机体调节机制、本能机制、定位与扩散的张力机制、中枢或脑机制及身体反应机制。它们分别控制着人的诸如倾听、呼吸和血压、反射、肌肉收缩性的增加与抑制、学习和走路等活动。从某种意义上说,它们代表着人类行为的所谓"肌肉—抽动"阶段。魏斯认为,生物物理反应主要是把人的感觉运动机能作为解剖—生物现象进行研究的严格生物科学的对象,它不是行为主义心理学关注的重点。

(2) 内隐反应。

内隐反应指的是那些发生在个体内部,并且只有个体自己能够指出或描述的模糊感觉运动机能。魏斯指出,在研究生物物理反应尤其是内部运动模式时,我们发现,观察者能够记录的运动仅仅是自我观察者可以描述的行为的一小部分。自我观察者通过对真实的内部运动模式进行定位或描述,可以扩大反应的范围,使其包括一些已经消失或现在在一般条件下不会再出现的更早的神经肌肉成分,即内隐反应。因此,在他看来,内隐反应仅仅是在大多数其他次要反应消失很久后仍然存在的感觉运动效应,它在最初刺激条件不存在的情况下,会以外部观察者不能辨别的强度再次发挥作用。个体在整个一生中会不断地习得新的反应,而原有的反应则会消失、发生改变或被取代,但是残留的效应并没有像新反应的获得那样迅速地消失,它只是随着个体成长变得越来越微弱和缺少细节,或者显得越来越不相关。魏斯反对将内隐反应视作随后发生的外显反应的必要前提,认为它们在新反应形成过程中只是一些残余效应,而非因果因素。对行为主义者来说,内隐反应之所以产生,就在于在新的外显反应学习中出现了附属反应(auxiliary response),这些附属运动过程在任何时候都不能被定位或描述出来。

(3) 外显反应。

外显反应就是魏斯所说的生物社会反应，它是社会科学的起点或根本基础。在社会科学中，人被看作是社会组织的一个元素，对人的反应的研究主要是考察他们的合作效应（cooperative effectiveness），并将其视作对其他人的一种刺激。魏斯用外显反应这个术语来表示那些在个体所属社会组织中建立个人的合作地位的活动或运动效应。简单地说，生物社会反应就是其他个体可以观察到的一组活动或这些活动的效应，它的形式多样，主要有自记反应（recording response）、辨别反应、系列反应、关系反应、泛化与抽象等。针对一些学者批评他的生物社会行为不过是以行为范畴、社会组织等术语代替其所否认的心理实体而已，魏斯指出，所有形式的社会活动或成就最终都可以还原为电子—质子的交互作用，它们与一切物理的或化学的过程一样都是机械的。这种社会范畴的基本特点有三：① 反应的神经肌肉特点与其作为其他个体的刺激所产生的效应相比，相对来说并不重要；② 以卡、瓦、尺、磅表示的物理测量单位相对来说不足以测量这种刺激效应；③ 区分个体的依据不是物理的或生物的特征，而是根据其在他所属的社会组织中的合作效应。

四、行为主义心理学的地位

魏斯在阐述其生物社会行为理论的基本观点后指出，人是宇宙连续体及其诸运动形式的一个插曲，由于宇宙运动连续体的轨迹是在个体的感觉—运动系统中的，其性质必然取决于感觉—运动组织，因此这种运动特性就称为人类反应。它的刺激从物理科学来说，是一些不受个体的感觉运动组织所支配的电子、质子条件；从社会科学来说，刺激不限于那些物理条件，还需把反应本身看作一种改变他人行为和自己行为的一些后继反应的刺激。这样，根据是否依存于感觉运动组织及其参与程度的不同，世界上已出现两种不同的研究类型，即物理科学和社会科学。前者研究独立于个体感觉运动组织的运动连续体性质；后者研究依存于感觉运动组织变更的运动连续体性质。

行为主义心理学站在中间地位，一方面从感觉运动机能研究物理条件的效应；另一方面从社会组织研究感觉运动机能的效应。魏斯将自己的理论命名为"生物—社会行为主义"也说明了这一点，即行为主义心理学一方面应与生物科学接近，一方面也应与社会科学毗连。在魏斯看来，行为主义心理学对一般科学的贡献，在于它在物理科学和社会科学之间架起了一座桥梁，在于按照物理学和数学的方法论阐明了社会组织和个人成就，因而就产生了把人类活动加以归类的两个标准,即他所说的生物物理的与生物社会的活动。然而,由于魏斯认为人的行为、意识及人格都和世界上的万事万物一样,最后都能分解为化学、物理的要素,直至电子、质子的运动,因此心理学归根结底是物理学的一个分支。不过,他同时强调,行为主义者即使把自己看作是物理学家,采纳物理学的基本概念,他也必须制定一些可以说是适合他特殊需要的特殊物理方程,也就是要进行个人和社会的测量。

五、简要评价

魏斯是行为主义学派早期最激进、最坚定的学者之一,他最主要的功绩在于为我们提供了一种广泛而彻底的客观心理学。他终生致力于建构一个彻底的物理一元论,以清除心理学中旧有的精神性概念及相关的论述,使心理学与诸如物理学和化学等科学达成一致。与其他早期行为主义者不同的是,魏斯在研究行为时更强调行为的生物社会性。在他看来,社会因素影响了人类行为的形成,从研究这些生物社会因素开始要比将其归之于驱力、格式塔或心理因素能够更清楚地了解人类行为。他通过考察以社会性为基础的动机,修正了还原论的反射学,使得心理学能更好地处理复杂的活动形式。因此,这极大地增强了行为过程的科学研究在心理水平上的完整性。而且,魏斯的客观心理学对其后的新行为主义者也产生了一定的影响。他对于生物社会反应和生物物理反应的区分,与古斯里心理学中行为(acts)和动作(actions)的区别有某种类似之处,它预示了斯金纳激进行为主义对刺激和反应的机能而非其物理形式的强调。然而,古斯里和斯金纳都拒绝了还原论,而魏斯则将其推向极致,至少是在概念上把行为还原到了原子水平。到了20世纪60年代,交互行为主义心理学家坎特(J. R. Kantor)仍将魏斯看作是心理学史上的一个关键人物,他的体系中暗含着魏斯的生物物理与生物社会的区分,并且重视魏斯提出的心理学与其他科学具有明确联系的系统假设。

但是,魏斯是一位典型的物理学还原主义者,他将人及其行为、意识、人格看作是宇宙运动连续体的一部分,认为世界上的一切归根结底都是物质及其运动的形式,都可以还原为电子和质子,只有这样才是真正的一元论。这无疑抹杀了人的心理过程特点,最终把人等同于机器,这也是早期行为主义的通病。另外,魏斯虽然强调人的社会属性,并且提出了"生物社会的"这个术语来说明人类行为的特点。但是,对于人的社会性质,对于社会力量的影响和人们之间的关系,他同样是以还原论的观点来看待。他认为社会因素同样不是超物理的东西，而这些影响的社会性质的差异，也只不过是这些影响所能引起他人反应的不同而已。这样，由于否认了社会生活这种物质运动的高级形式的质的特殊性，不仅人的行为的社会性质成了空话，连社会生活本身的存在也实质上被否定了。

第三节　拉施里：行为的大脑机能论

作为一名早期行为主义者，拉施里不但接受了华生的客观方法，还接受了他关于心理学应该研究行为的主张。但是拉施里坚持行为不仅仅是可观察到的机体反应，或 S—R 的联结，他认为行为是有序列顺序的长的计划单元，这些单元的展开是极为迅速的。他主张对于行为顺序如何产生的问题应该是神经心理学家和生理学家首要关注的焦点，可以根据数学和物理学的概念对行为进行描述，而最复杂的行为应该是思维与活动的逻辑与顺序排列。拉施里所从事的实验研究就是为了发现行为之下的神经基础。而且，他的遗传决定论立场也影响了他对行为控制的看法。他认为行为是受遗传决定的，在神经基础上则是中枢神经系统独立于环境而调节行为，行为的序列是在大脑中组织起来的。拉施里毫不怀疑心理学是一门科学，是关于脑和行为的实验室导向的、严格的物质主义的科学。正如加德纳所言："拉施里站在心理学和神经学的十字路口，恰如车辆开始轰鸣。"[①]拉施里是方法论的行为主义者，将"意识"引入心理学，认为意识是可以科学研究的，相信可以将意识还原为其生理化学基础。

一、拉施里传略

1. 生平与著作

卡尔·斯宾塞·拉施里（Karl Spencer Lashley，1890—1958）于 1890 年

① Weidman，N. M.（1999）. *Constructing scientific psychology：Karl Lashley's mind-brain debates*. Cambridge：Cambridge University Press，p. 4.

6月7日出生在西弗吉尼亚的戴维斯。拉施里的童年生活丰富多彩，1898年，拉施里一家加入克朗代克河的淘金浪潮，这一经历给他留下了持久的影响。

卡尔·斯宾塞·拉施里
(Karl Spencer Lashley，1890—1958)

1905年，拉施里进入西弗吉尼亚大学学习。正如人们所常说：偶然的事件会改变人的一生。偶然的机会，拉施里听了著名神经学者约翰斯顿(J. B. Johnston)的生物学课程。经过几个周的听讲，他找到了毕生要从事的事业。他自己认为，之所以做出这个决定，一方面是对于动物研究的兴趣，另一方面是他初步形成的唯物主义信仰。

1910年，拉施里获得学士学位，并在匹兹堡大学谋得一个教职。在匹兹堡期间，他开始对实验心理学着迷。随后，他进入约翰·霍普金斯大学学习，与詹宁斯(H. S. Jennings)一起进行草履虫的遗传性研究，他的才华和气质引起行为主义创始人华生和另一位早期行为主义代表人物梅耶的注意。1912年，他在《动物行为杂志》发表了其首篇论文《白化鼠视觉辨别的大小和形式》。在20世纪三四十年代，他继续做了一系列动物实验研究，探索动物的视觉机制及其机能。

1915年在约翰·霍普金斯大学师从华生获得动物学哲学博士学位后，拉施里下定了终生从事心理学研究的决心。他受过多年的动物学训练，进行过相当数量的解剖学和生理学研究，这促使他坚持以实验的方式检验中枢神经系统传导的方向、特征和最终结果。其后几年，拉施里被这种兴趣所驱使，做了关于动物归巢行为、燕欧类筑巢活动以及动物视觉的研究，并将注意力转移到射箭技能的习得上。在跟随弗朗兹(S. I. Franz)做博士后研究时，他开始研究大脑的损毁对习惯的习得和保持的影响，从此开始其一生中最重要的探索。

1918年，拉施里和华生一起在华盛顿研究公众对于性问题的态度和认识，两人共同研究人类性动机的基础。拉施里认为人类的性行为是心理学的重要主题，并发表过《力比多的生理学分析》，探讨性行为的内在动力问题。

20世纪20年代，拉施里进行了一系列卓有成效的实验探索，力求发现中枢神经系统关联的线索和联系、与感觉辨别相关的机能，以及动物习惯的形成和保持。在1929年美国心理学会的主席演说中，拉施里对行为主义的某些观点(如认为一切行为都来自于反射活动以及反射活动的集合)进行了攻击。同年，他出版了一生中唯一的著作《大脑机制与智力：对脑损伤的量化研究》，总结其对于智慧行为的神经机制及其机能的研究。

在此期间，拉施里还在行为主义学派与传统心理学就“意识”问题进行辩论时，发表《意识的行为主义解释》和《行为的基本神经机制》等文章，对大脑结构与心灵、行为的关系进行了阐释。

在随后的时间里，直至 50 年代，拉施里主要致力于他早期的研究兴趣——视觉机制，并且将之与学习的脑机能研究紧密联系。在被任命为耶基斯灵长类动物实验室主任后，他将注意力转移到动物行为的智力方面，关注动物在不同操作水平（如简单迷津）下的表现，并尝试探究“高级心理过程”领域。沿着这条路线，他发表了重要的论文《记忆痕迹的探索》，总结了终其一生精力的脑切除研究。拉施里于 1955 年退休，后来迁居法国，于 1958 年 8 月 7 日逝世于巴黎。

拉施里一生勤于研究，善于著述。除了前述《大脑机制与智力》一书外，还发表过 100 多篇文章，涉及到神经心理的各个研究领域。此外，在他身后，他的学生精选其 31 篇论文，以《拉施里的神经心理学》（1960）为题出版。

拉施里曾担任过美国心理学会主席，以及其他多个学术组织的领导人或会员，涉及到生理学、动物学、哲学等诸多领域。他一生共获得五个荣誉学位和三枚奖章，如瓦伦心理学奖章（1937）、埃里奥特动物学奖章（1943）、巴利生理学奖章（1953）等。

2. 思想渊源

在拉施里的学术生涯中，其一生的职业是不断变化的，从细菌学到动物学和发生学、比较心理学，到最后关注学习等的神经基础。在他思想形成的过程中，深受华生、詹宁斯及弗朗兹的影响。

(1) 华生的行为主义。

华生对拉施里的影响是最为直接的。可以毫不夸张地说，是华生促成了拉施里对心理学的兴趣，将其注意力从发生学转向行为。而且，拉施里的许多研究主题（如反射研究和动物行为）也都得自于华生。

拉施里与华生有过多年的动物研究和实验室研究的共同经历，他基本上接受了华生的行为主义立场，但他从来不是华生意义上的那种行为主义者。虽然他也认为心理学应该研究客观行为，否定仅仅通过内省获得的各种意识活动，但并不完全反对传统心理学和内省，而是主张以科学的方法和客观的表述加以改造。

拉施里认为，华生将心理学仅仅界定为行为的研究不足以发现足够的方法去处理心灵问题。而且，他认为行为主义者应该停止怀疑内省资料是否值得科学研究，并且他提出过一些对其进行解释的机械和生理的原则。

至于心理学的目的，除了控制和预测行为，更重要的是建立意识(心灵活动)与神经系统机能之间的关联。行为公式也不仅仅是空洞的黑箱产生的S—R联结，而是由刺激激发组织，由组织引发反应。关于环境与遗传对于行为塑造的重要性，拉施里与华生相反，他更倾向于遗传对于行为的控制作用。

(2) 詹宁斯的遗传论。

詹宁斯是美国机能主义心理学的推动者，以研究原生动物著称。他促使拉施里对华生的行为的预测和控制提出异议，并使得拉施里最终脱离了华生的严格S—R原则而转向更为生物学化的行为概念。可以说，詹宁斯塑造了拉施里的基本理论观点，不仅给予他对于“生机论的极度厌恶”，而且促使其对过分简单的机械陈述感到反感。

在拉施里跟随詹宁斯进行研究之前，詹宁斯已经做了很多独立于行为研究的遗传研究。在其论文《低等有机体的行为》中，他认为所有的行为都是可以调节的。在他们一起进行草履虫的研究时，拉施里接受了这一观点。他相信，智力行为甚至高等动物和人类的行为都是由遗传控制的。

尽管布鲁斯(D. Bruce)认为，“詹宁斯对于拉施里的直接智力影响是难以确定的”，而且似乎拉施里“吸收了詹宁斯对于生机论以及对洛布(J. Loeb)观点的反对”①，但显然詹宁斯的观念对于拉施里的影响更为具体和全面。如拉施里采纳了詹宁斯对于意识的态度，他从不认为意识是不科学的，而且相信可以将意识还原为生理化学的基础。詹宁斯强调低级有机体的自发性，坚持认为“有机体是活动的”，其行为的动机来自于内部而不是环境。与詹宁斯相一致，拉施里也相信：有机体的神经系统事实上处于连续的活动状态，刺激从不指向静态系统，大脑总是不断组织其周围环境。而且，詹宁斯看到的在原生动物和人类智力之间的调节行为的连续性，也在拉施里关于基本生物机能和高级心理过程的分析中得到体现。拉施里还比较了成长中的胚胎的调节行为与脑的补偿能力。同时，拉施里也认为，行为和智力的来源是内在的，本质上是遗传的。他也采纳了詹宁斯控制环境因素使之保持恒定以研究遗传的多样性的策略。

(3) 弗朗兹的脑切除技术。

拉施里在弗朗兹的指导下进行博士后研究，在他的影响下，拉施里采用切除法(即通过系统的损毁大脑皮层的不同区域，来测量对于行为的影响)研究学习和辨别的脑机制，力求发现特殊行为的基质基础。

---

① Bruce, D. (1986). Lashley's shift from bacteriology to neuropsychology. *Journal of the History of the Behavioral Science*, 22(1), p. 30.

1915年,拉施里听了弗朗兹关于前额叶切除之后对习惯保持的影响的研究之后,决定和弗朗兹一起研究。他们研究白鼠的行为,以确定将习惯还原为脑的皮层下表征所需要的训练量。两人于1917年发表《论大脑损坏对白鼠习惯的形成和保持的影响》。此后,拉施里继续进行研究,以白鼠为被试并记录脑组织损坏对智力(学习迷津时的速度和错误)和感觉辨别的影响。

弗朗兹曾训练脑损伤病人以帮助其恢复正常生活,称这一过程为"再训练"。他强调脑损伤病人与正常人之间的相似性,相信可以用训练学生的方式对脑损伤病人进行再训练,他认为"再训练是针对不正常的人,而训练是针对正常人的——实际上就是一个习惯的获得问题,可以使个体确立其在工作、游戏和社会生活中的位置"①。与行为主义者一样,弗朗兹也认为学习就是习惯的形成或者是刺激反应之间联结的巩固或断裂。环境的变化可以影响习惯的形成,再训练不依靠天生的能力,而是被置于适宜刺激的影响下的过程。拉施里在动物学习与辨别的研究中,也曾切除动物皮层的不同部位,待其恢复后测验其习惯的保持能力。

从弗朗兹那里,拉施里不仅学到了外科手术技术,而且接受了对病人进行再训练的观点。他曾写到:"最近的偏瘫、失语症、精神性失用症病人的再训练研究表明,大脑皮层的损失不是持久的,无约束(unlimited)的思想获得代理的机能是可能的。"②他更多是运用再训练方法训练大脑损毁后的白鼠,以测验其习惯保持的能力。

二、学习与记忆的大脑机能研究

拉施里之前,最早开创脑机能研究的是加尔(F. J. Gall)的颅相学,其后有弗卢龙(P. Flourens)的大脑机能统一说。布罗卡(P. Broca)发现布罗卡区,将机能定位向前推进了一大步,希奇格(E. Hitzig)和弗里奇(G. Fritsch)则通过电刺激法发现了前中央皮层内的运动区。拉施里将动物脑损伤和学习实验相结合,为脑机能的研究开辟了新的途径。

拉施里一生致力于大脑机能的研究,探索学习与记忆的脑机制。最初,拉施里信奉桑代克的联结主义,认同巴甫洛夫的条件反射说,并以此作为其

---

① Weidman, N. M. (1999). *Constructing scientific psychology: Karl Lashley's Mind-Brain debates*. Cambridge: Cambridge University Press, p. 50.

② Lashley, K. S. (1920). Studies of cerebral function in learning, *Psychobiology*, 2, p. 126.

神经心理研究的理论基础。但是许多事实与这两者不相符，这引起他的怀疑。另外，在用适宜刺激和条件反射来说明迷宫和问题箱习惯时，他发现简单的机械论不足以解决这一问题。

1. 大脑机能的理论探索

1920年，拉施里首次发表关于学习的脑机制研究的论文。他认为，关于学习的神经机能最重要的神经概念是所有行为的反射特征，这个问题不是确定机能定位在脑的哪一位置的问题，而是"有机体的每一反应都是经由反射通道传播的冲动，不同之处在于细胞的数量和感受器与反应器之间起干涉作用的组织的复杂性"①。在一系列实验中，他发现学习过程中没有大脑的哪一部分是比其他的部分更重要，大脑似乎是"完全等功(equipotentiality)"的，而且即使多达一半的大脑皮层被破坏，也不影响动物的学习能力。他总结认为，包含在习惯之中的反射联结可能存在于皮层的任何部分。实验中破坏的不仅是运动区域，还有感觉区域。可见，他反对的不仅仅是反射弧的成分。大脑弥补损失区域的能力没有受到影响，而且证明所谓的反射弧不存在，那些实验给出了一些解释，即习得反应是通过条件反射弧的过程调节的。

拉施里从实验中得出的结论是反定位的，是描述大脑皮层的分散机能或者是等功原则，即大脑皮层作为一个整体是由习惯调节的。他认为，这样一种机能的等值依赖于传递向不同区域的大量纤维的存在，以至于每一条件反射都是由大量的等功弧和传导冲动调节，它们综合了某一特定活动的表现之和。

拉施里运用切除技术对白鼠的活动进行取样研究，来确定活动与活动之间的各种相关，并且测定神经变量对它们的影响，并希望能在皮层上找出条件反射弧的痕迹来。因为简单反射的脊髓通道似乎已经在脊髓内找到了踪迹，然而实验结果却证明习惯的整体性，不能把学习说成是反射的一种联结，而且在机能上有大量神经组织的参与，而不仅仅是有限的传导通路的建立。

在用适宜刺激和条件反射来说明迷宫和问题箱习惯时，拉施里发现，学习的简单机械说是远远不能解决这个问题的。随意动作、联结和保持只不过组成作为这种习惯基础的整个过程的一小部分而已，即使在白鼠学习迷宫的情况下，也有迹象表明，对于学习过程直接的适应性反应和某种概括过程具有同样的重要性。因此，他认为把动物学习解释成一种简单的条件反

① Lashley, K. S. (1920). Studies of cerebral function in learning. *Psychobiology*, 2, p.126.

射作用是难以成立的。

拉施里设计了十个问题进行研究，在不同的情境中观察同一白鼠的行为，因为只有这样才能测量不同情境中由相同的损伤所引起的影响。这十个问题中有三个用迷宫来测定问题的复杂性对于衰退程度的影响，第四个迷宫来测定缺陷的永久性。同时，为了在感觉成分上有所差异，又采用了明度习惯与倾斜箱。对于这两个迷宫和习惯明度的保持力测验，以及对于一种习惯代替另一种习惯的容易程度的测验，就构成了全部实验序列。

2. 学习与记忆脑机制的实验研究

拉施里采用周密的实验设计，通过白鼠大脑损毁后对学习能力的影响的实验来验证其观点。其中最主要的实验研究了大脑切除后迷津习惯的保持以及对学习能力的影响(习惯的最初形成)。他对学习(行为)问题的理论分析也来自于实验，包括大脑损伤对保持力的影响，并将学习能力简化为感觉和运动缺陷的关系。而且，他将白鼠和其他动物以及人类进行了比较，也考虑了适应行为的神经机制理论。最具代表性的实验如下。

(1) 大脑损毁对于习惯形成和记忆的影响。

拉施里想解决两个问题：其一，不同部分的损坏对于习惯形成和保持的影响；其二，习惯形成所必需的大脑皮层的决定情况，即研究机能定位的可靠性问题。他所使用的工具是迷宫和倾斜箱，如图 3—3。

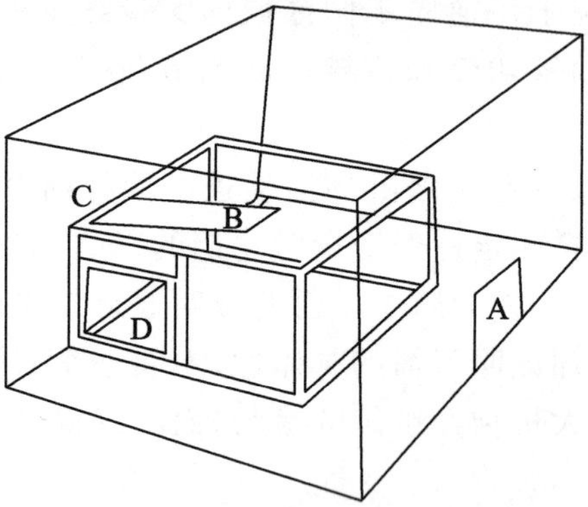

图 3—3 倾斜箱

根据研究结果，拉施里认为，为了完全保持倾斜箱习惯，额叶区必须是完好无损的，但是保留哪一特殊部分是无关紧要的。在习惯的保持作用上，额叶区的不同部分是等功的。

(2) 学习的大脑机能实验。

本实验所使用工具为双踏板箱(又称拉施里跳台，如图 3—4)。实验结果表明,不同组的白鼠在大脑任意部分被损毁后,对于双踏板箱问题的学习不产生影响,这显然与拉施里的预期相反。他据此以为,大脑受损伤的动物不及完好组的动物活泼,不像正常的白鼠那样跳动、活跃甚至爬上箱子乱动。成绩优异是由这些偶然因素造成的,而不是实际能力的反应。而完好组与经过手术的白鼠在双踏板箱问题上的学习能力也许是相等的。

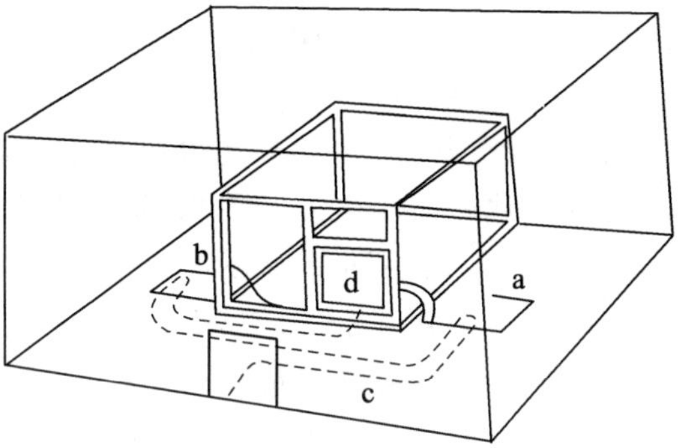

图 3—4 双踏板箱

(3)视觉实验研究。

首先是视觉辨别的研究。拉施里使用耶基斯(R. M. Yerkes)辨别箱(如图 3—5),对与感觉器官相关的学习问题进行研究。在一个长方木箱里设置两个通道,其中一个通道有灯光照明,另一个是黑暗的。白鼠走进光明的通道可以得到食物作为奖赏,走进黑暗的则没有,并会受到电击。光明和黑暗两个通道的位置是时常任意变换的。总之,白鼠依靠视觉所获得的明或暗的线索得到食物,以完成学习。

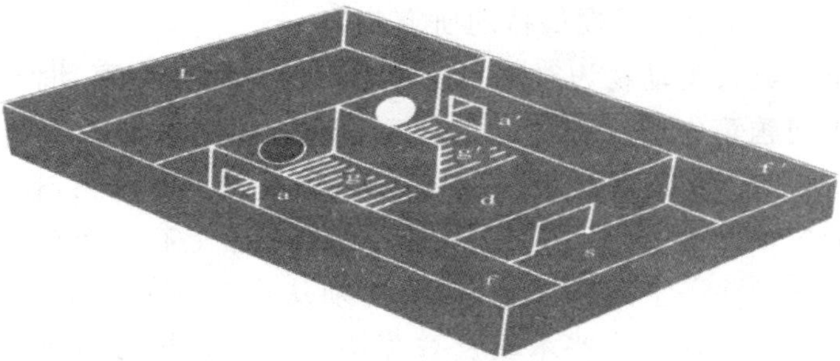

图 3—5 耶基斯辨别箱

实验结果表明:在额叶及顶叶区损坏后,各组白鼠辨别光明和黑暗的习惯依然保存,而切除枕叶的白鼠完全丧失对问题的记忆,这可以证明视觉习惯与枕叶区的关系。同时，拉施里又发现一个事实，即有的白鼠在切除枕叶区丧失记忆之后，经过一定时间又重新学会了视觉辨别问题。所以，他认为枕叶区在视觉习惯的形成过程中，虽然通常发生作用，但不是绝对的。

其次是视觉区域破坏后补偿作用的实验。拉施里发现，大脑完整的白鼠学习辨别问题之后，将视觉区域切除则习惯完全丧失。反之，先切除视觉区域然后练习辨别问题，则习惯依旧可以形成，而且花费的时间和正常白鼠没有很大差别。拉施里认为，枕叶受损的白鼠，大脑的其他部分似乎取代了原有枕叶部位的作用，所以他致力于发现专司这种代理作用的区域。

他对“代理”有三种解释：第一，视觉机能可以被手术未损及的大脑区域所代替；第二，学习时的视觉习惯是由大脑皮层低级中枢所支配的；第三，大脑有弥散全部的功用，而皮层的不同部分在习惯的形成中都是等功的。所以，枕叶切除后，只要保留了大脑其余的任何一部分，视觉习惯仍能保持。

(4) 练习对大脑机能分区影响的研究。

某些习得的动作经过长时间练习后逐渐成为自动的，原来所必需的意识或注意会失去作用。在辨别箱实验中，拉施里发现，学会了明暗辨别问题的白鼠的枕叶区受损后就会丧失记忆能力。但是，过度训练之后，习惯是否就可以降低到皮层下组织呢？拉施里将进行视觉辨别达到标准的白鼠加以过度的练习，再切除枕叶皮层，发现白鼠的视觉习惯丧失了。

拉施里也曾经用其他白鼠进行辨别实验的过度练习，然后破坏顶叶区皮层，数天后白鼠依然保持着原有的辨别明暗习惯。这与人的情形相似，病人在开刀后因出血过度或休克往往会神志不清，这种状态经过短时间就可以恢复。这说明，一般认为的习惯巩固后不受大脑控制而进入大脑皮层下的说法是难以成立的。

(5) 运动区损毁后习惯保持的研究。

拉施里以灵长类动物为对象来证明运动区是否是有意动作的中枢。他将猴子置于问题箱中接受训练，问题箱有三种：第一种是拉箱，猴子被关在箱内，须拉动一根棒子才能开箱得到食物。第二种是弯轴箱，猴子须转动突出在箱前的弯轴才能开门。第三种是搭钮箱，在箱上有一个搭钮，猴子开箱时须拔掉搭钮。除了上述问题箱，猴子还须从许多立方体木块中挑出与木块同样颜色的香蕉块。这些木块及香蕉块放在隔有相当距离的玻璃下面，猴子须隔着玻璃看准之后伸手到玻璃下面捡取。这个问题实际上也是在测验猴子的辨别能力。

猴子学会了问题箱之后，两个月后进行测验(初期记忆测验)，然后把猴子的运动区破坏，再过两个月进行测验(术后记忆测验)。结果发现，大脑区被损毁的猴子复原以后，依然保持着问题箱的习惯，而且视觉辨别习惯也没有因手术而丧失。由此可见，运动区的损坏对于习惯动作不产生影响。而且，拉施里发现纹状体与运动区是没有代理作用的。

拉施里总结谢灵顿(C. S. Sherrington)、沃尔什(F. Walshe)、亨特(W. S. Hunter)等人的研究，认为运动区的作用在于"润色"或者促成有意或适合的习惯动作，而运动区本身却不是运动的中枢。

3. 脑机能研究的理论总结

(1) 大脑结构对于学习的非特殊性——等功原则。

拉施里认为，对于大脑结构与学习的关系，大脑皮层所有部分的机能具有等功性。在进行整体关系的研究时，他希望从不同区域的损伤中获得不同的结果，即发现损伤对于学习速度的不同影响，表现为动物所采用的解决方法的质的差异。但是，却发现各种习惯在大脑损伤后出现了选择性的影响，而且手术后进行的测验，似乎表明不同区域损伤的影响在质的方面是等同的，即使是特殊的机能限定于特定的区域，大脑的各个机能区域似乎也没有不同的机能分区。大脑机能区域的任何部分受损后，学习效率的减退以同等程度渗透到任务的每一部分中去。在各不同区域的相等损伤之后，学习效率的减退在质量和数量上是等同的。

这些事实似乎意味着学习效率随皮层数量的增加而增加，而不是由于不同的机能(视觉的、听觉的和运动觉的意向)的积累。

拉施里认为，缺乏特殊性并不意味着皮层的机能不是整合的，对于每一特殊的活动不是高度分化的，而是意味着机能的分化既与宏观的结构分化无关，也与微观的结构分化无关。他认为，皮层的特定部位从其对于任务的功效来说本质上与另一部分相等。因此，切除大脑皮层的不同部位对动物的学习效率并不产生不同的影响。

(2) 大脑机能中的整体因素——整体活动原则。

拉施里在实验中发现大脑受损面积与习惯机制操作之间的相关。他认为，白鼠在迷宫中的学习速度可以认为是神经组织物质总量的一个函数，而且习惯的保持也是以此为条件的。在明度辨别习惯中，总体的影响限于习惯习得后的执行，且位置限于皮层后部的 1/3，而不是整个大脑内。

拉施里认为，对于明度习惯的虚假相关，其来源可能在于盲点的产生。迷宫内感觉机能的控制似乎也排除了类似的可能性，而使得这种关联成为皮层联合机制所发生的实际干扰作用的表现。这只能用大脑组织数量同它的效能作用之间的关系来说明。

在最初对于整体因素的讨论中，拉施里指出，这可能是由于皮层不同部分的大量等值的条件反射弧参与的结果，或者是不具有特殊性的某种动力机能的表现。假定随着习惯的改进，越来越多的相同联结在元素之间形成，它们转而又使得习惯的执行增加了效能。那么一旦一些联结被破坏将使习惯丧失，丧失的程度与导致失去机能的联结数量成比例。

拉施里的证据是，既然线性损伤没有影响，那么加倍重复的联结就不会经过皮层，而且已习惯的复杂性及损伤不能分为其所构成的组成部分。这一论据不能用来反对在皮层不同部分中有相同传导系统的存在。为了得到结论，拉施里又进一步反对加倍重复的假设，他认为这一证据反驳了相关是由于相同反射弧的假设，因此不得不假设在整个的大脑皮层上分布着某种机能，而且能够由整体而不是特殊的整合作用促进各种活动。

拉施里将他的发现总结为整体活动（mass action）原则，即切除大脑皮层对学习的影响是以切除的分量为转移的，且切除分量越多，影响越大，且受影响的大小随活动的复杂程度而不同，活动越复杂，受到的影响越大。

（3）学习的皮质定位——记忆痕迹

在《大脑机制与智力》一书中，拉施里认为，迷津习惯的记忆并不定位于大脑皮层的某一小部分，而是必须通过大部分的皮层复制产生。这促使他通过学习过程的脑机能的实验研究，解决记忆痕迹的定位问题。实际上，拉施里的记忆痕迹概念也可以称为一种“联结主义”。当然，这一“联结主义”用的不是现代意义的解释，可以理解为表明输入和输出神经元之间序列的线性联结。[①] 这一解释对于拉施里来说则有多种意义：学习是建立在从一个神经元到另一个神经元的联结；联结作为在某些突触上的神经元变化的结果可能有阻抗力的减少，这可以归于突触间重复的冲动；一种习得习惯类似于反射弧，由来自于感受器经过大脑皮层到达肌肉的神经路径构成。

拉施里提出记忆痕迹的初衷是为了取代反射理论，在学习的皮质定位问题上，他与巴甫洛夫有过争论。巴甫洛夫就经典条件反射形成的机制提出了“暂时联系接通”概念，他认为条件反射的形成过程是条件刺激与无条件刺激的皮层代表点之间的联系接通的过程。因此，条件反射的形成就意味着在大脑的不同部位之间建立新的机能联系。而拉施里通过大脑局部切除或损毁法探讨皮层区域对于学习和保持明暗辨别条件反射及通过复杂迷津取食的影响。他认为，反射理论不再有任何价值，不论是对于问题的形

① Hebb, D. O. (1949). *The organization of behavior: A neuropsychological theory*. New York: Wiely, p. 32.

成,还是对于整合现象的理解。①

拉施里的记忆痕迹研究发现了几个事实。首先,对于运动皮层的损毁,没有任何迹象表明它对于学习和记忆的一系列任务是有作用的。其次,跨皮层传导的研究表明,广泛损毁皮层以及皮层下组织可能有助于解释各种视觉习惯和迷津学习的跨皮层联结。这是拉施里关于痕迹研究的主要事实,他也承认没有关于痕迹本质的发现。他认为,在回顾记忆痕迹定位的证据时,仅仅依靠学习是不够的,也难以设想一种合适的机制。但他还是认为可以直接限定一些对于学习和保持起作用的神经机制的本质,并得出了一些一般性结论。

拉施里致力于分析记忆痕迹的复制之后,又引入了兴奋波的反响和扩散的类比,以及它们之间的冲突模式。他最早指出反响回路可以用于维持皮层活动,反响回路可以视为拉施里对于神经心理学理论的最后贡献。

三、行为的序列顺序研究

拉施里在1948年的希克森(Hixon)研讨会上作了关于序列顺序问题的演讲,1951年发表了《行为的序列顺序问题》一文。他认为,对于行为顺序如何产生的问题应该是神经心理学家和生理学家首要关注的焦点。他相信,行为和心灵现象最终可以根据数学和物理学的概念加以描述,而最复杂的行为则是思维和活动的逻辑与顺序排列,所以,他选取了他认为是最复杂行为类型之一的言语进行研究。而且,他认为应先解决的是神经机制的输入条件和暂时转换问题,而不必考虑系统内正在发生的其他一切。

拉施里认为,输入不是进入一个静止或静态系统,而是进入活跃的激发或组织的系统。在这个交互作用系统中,行为是来自于任意特定刺激的输入在兴奋背景内的交互作用的结果,因此,只有理解兴奋背景的一般特征才能理解特定输入的效应。

为了解决运动的顺序现象,他认为对于概念的界定是解决问题的重要一步。因此,至少必须对三种事件的状态进行解释。首先是表达元素的激活(个体的言语和适应性行为),但是他并没有将暂时关系包括在内。其次是决定趋势、定势或观念,尽管在心理学中命名不一,但它们都来自于特定行为约束的干涉。最后是动作的排列,它可以描述为与表达元素相关的习

① Lashley, K. S. (1930). Basic neural mechanism in behavior. *Psychological Review*, 37, pp. 1~24.

惯顺序或模式;整合的一般模式或图式,可以施加于宽范围和多种类的特别行动。这些就是序列顺序的基本问题,行动的一般性图式的存在决定了特别动作的顺序,而动作本身和其联合却没有暂时诱发力。

1. **决定倾向**

拉施里认为,序列行为的产生包括一系列行动的并行激活,它们一起构成许多"块",以至于反应可以在外部产生之前先内部激活。这种激活本身不包括这些动作的序列顺序,所以假设这一激活是某种独立的序列系统,即"动作的图式",由这些图式选择被激活的反应。

对于是什么决定了顺序这个问题,拉施里认为,在一般意义上是动作的意向性或者欲表达的观念决定了序列。而以铁钦纳为代表的构造主义学派坚持观念是由心理表象构成,通常是词语的听觉表象,而意义只不过是这些表象的序列。所以,不需要思考,只要听一下自己的内部声音,或者联想的声音表象的联结就可以了。而行为主义者则相信语言的外周链理论。据此,拉施里认为行为主义是胜过内省心理学的,因为不需要去听自己内部的声音。

但是,在拉施里看来,这样的解释实际上没有解决暂时整合的问题。即使是联想反射理论也是难以立足的,因此他求助于符兹堡学派的无意向思维。符兹堡学派认为,一些组织先于可以用客观或主观手段发现的任意表达方式。虽然既没有肌肉收缩也没有意象,但还是可以被推断为一种"决定倾向"。也就是说,不必区分正在说的语言,因为通常没有可以被回忆起、能更好地表达思想的词语。

2. **顺序图式**

拉施里认为,运动的排列(即所谓的顺序的图式)是一种普通的模式,而决定运动单元的序列(即获得机制)是相对独立于运动单元和思维结构的。为了强调这一观点,拉施里特别提到了书写和打字错误(特别是预料中的错误)、演讲中的错误以及以不同的方式表达的观念。这一系列的序列行为都可以视为是有层次组织的。

3. **表达单元的启动**

拉施里认为,先于句子的内部和外部发音、词语单元的聚合部分被刺激,并且相当迅速。[1] 他的证据依然是言语或者书写的"倒错"现象。最常见

① Lashley, K. S. (1951). The problem of serial order on behavior. In: Jeffress L. A. (ed.). *Cerebral mechanism in behavior: The Hixon Symposium*. New York: Wiley, p. 119.

的打字错误就是可以预料的，正在被敲打的词语中包含词语或词语结构的某些部分，它们都可以正确地出现在句子的随后部分里。

口头言语中的"斯本内现象"也表明了同样的倒错。拉施里认为这种"倒错"现象发生的频率是随着急促性、分心事物、情绪紧张状态、不确定性以及与最好的表达方式有关的冲突而变化的。在某些失语症的例子中，颠倒词语的趋势是增加的，而且，在极端的例子中，讲话的努力容易导致混乱的语法组织的缺失。在这些倒错中，如果词语的聚合处于部分兴奋的状态，就会抑制检查语法结构的要求，但却是准备激活的最普遍的路径。

拉施里还将自己的观点与弗洛伊德的理论进行了比较。弗洛伊德在《日常生活中的心理学》中给出了一系列言语领域之外的类似的动作失误的例子。它们同样也是打字的错位、共存的表征倒错、动作的决定趋势等顺序的错乱。而且这种倒错可以归因于动作成分之间的联想联结的相对强度的差异，因此没有这些成分预先激活的证据。

拉施里还举了反应启动的例子。其中之一是限制了对特别策略的反应的一般性定势。例如，在词语联想测验中，可以先给予被试一个词，这个词如与刺激词对立或者与之相似，反应的速度因此会加快。就是说，序列的后面部分先于应该的顺序而发生了。

4. 序列行为的神经机制

关于序列行为的神经机制，拉施里提出了与行为的时间方面相适应的理论。他最主要的主张是：刺激冲动不能进入静止的神经系统，而是进入处于兴奋和有组织的系统之中。而且，有很多相关联的神经元的精细系统实际整合了影响许多充分间隔的感受器成分。虽然承认神经兴奋的空间分布能产生暂时信息，但拉施里观察到，它很像神经活动和行为的时间方面服从于空间知识。这些表征——空间和时间的——是初级的、不清晰的。最后，拉施里以比喻说明大脑的神经活动，认为其就像湖水表面的交互作用波，有不同的周期、振幅、复杂性和方向。

四、遗传与智力的关系研究

魏德曼(N. M. Weidman)将智力看作拉施里最重要的研究主题之一，并一直致力于探索拉施里研究的深层动机。她将拉施里视为一名发生决定论者，并视他的科学为他的种族主义政治观的一部分。在魏德曼看来，拉施里对智力的兴趣源于他对于发生决定论和种族差异的信仰。她指出："终其一生，拉施里坚定地认为行为的基础是遗传的，智力是由遗传决定的。”①她认为，拉施里对整体活动和等功的强调，表明了其对于智力观研究的局限性。

1. **智力能否提高——与邓拉普、巴甫洛夫的论争**

拉施里对于大脑机能——作为整体还是分散能力的集合——的争论，最终转向了智力是否可以提高的问题。他在等功大脑与智力的遗传决定之间作了明确的联系。他认为，既然大脑是作为整体起作用，所有的神经元都包含在反应中，因此没有提高的余地。大脑总是在它们的能力极限内操作，有些人的表现可能会比其他人好。这一观点与赞同环境主义观点的学者产生了冲突。

邓拉普(K. Dunlap)认为，大脑大量过剩、不经常使用的神经元可被改善，或者至少改变大脑的能力。邓拉普和拉施里的冲突是对待大脑和看待事物的两种不同方式的表现。拉施里认为，所有的脑细胞必定处于连续的活动中，不论是被激活的还是抑制的。邓拉普则坚持，在每个人的大脑中都有超过实际功能运转需要的过量神经元。对拉施里而言，坚决反对机能定位而支持等功、连续激活的大脑意味着这样的观点：即人类是被放置在遗传分配给他们的位置上的。而邓拉普则认为，静止脑细胞巨大的存储器的表征能力有提高的机会，并坚决反对能力的先天抑制。在邓拉普进行的思维实验中，他设想将儿童的大脑互换。因为大脑没有先天的差异，故而可以将个体的特征带入移植的身体中。

对于心理能力是否可以提高的问题还可以在拉施里与巴甫洛夫的争论中看到。拉施里认为巴甫洛夫的反射观点过于简单且成为发展的障碍。他认为，重要的脑机制研究是斯皮尔曼(C. E. Spearman)关于一般智力的概念，以及“对海绵体和水螅虫组织的类比”。这一类比即拉施里解释等功和整体活动现象的方式——和大脑组织一样，胚胎组织能在部分被毁坏后恢复全部功能。损伤后功能消失的事实使拉施里相信，脑的总体自主性与其活动的能力几乎没有联系：功能似乎并不依靠结构的存在或缺少。而结构与功能的联系则是巴甫洛夫条件反射研究的目标。

实际上，两人争论的焦点是人类是否是可以发展的生物问题。虽然巴甫洛夫相信组织人类行为的反射系统可以描述人类和机器之间的密切类比，但他还是在其机械模型中给能力的改变留了位置。虽然反射联结是人类行为的基础，那些联结还是可以通过环境的变化被改变的。而拉施里则

---

① Weidman, N. M. (1999). *Constructing scientific psychology: Karl Lashley's mind-brain debates*. Cambridge: Cambridge University Press, p. 22.

拒绝环境的影响,认为先天的遗传因素已经决定了大脑的结构和整体机能,智力是固定和不可改变的。

2. **智力的机械类比——与赫尔的论争**

拉施里与赫尔的冲突主要在三个层面上。在最明显的层面上,是关于神经系统的结构和机能。拉施里认为脑的机能是作为整体的等功系统,一定数量的脑组织对于适当的机能是必要的,而不论它们的位置。对于赫尔而言,神经系统是冲动和反应之间的分散联结的集成线路。每一个特别的联结都因冲击而被刺激激活。

在学科层面上,他们的争论是关于心理学与其他学科的准确关系。对拉施里而言,心理学完全可以还原为大脑的生物学,并与神经学和胚胎学紧密联系。而赫尔相信心理学是最基本的社会科学,应该致力于它们的统一,不必考虑"分子的"科学。

在最基本的层面上,则是遗传和环境在决定行为和智力的相对重要性的问题。对拉施里而言,行为的控制是中枢的,即脑的先天构成决定行为;赫尔认为行为的控制是外周的,有机体的行为可以随环境而改变。

拉施里与赫尔对于遗传和环境的基本争论是通过对智力测验使用不同的方法来阐述的。回应斯皮尔曼的学说,拉施里相信智力是与机能性大脑组织的数量相应的一个特殊因素。对于赫尔,则没有一般智力这一概念。在赫尔的概念里,智力仅仅是分散和特别的能力倾向的平均,每一种倾向都是由遗传和环境共同决定的。因为一般智力成了障碍,赫尔完全否认了它,他甚至不情愿称他所测的是"智力",宁肯说是不同的"能力倾向"。他认为,"在智力测验专家中,有一种扩大的倾向,就是承认通常所谓的'一般智力'测验是学业能力倾向的现实测验,如学习不同学科的各种能力的平均"。他认为智力测验的概念是非科学的,"认识到一次测验有任何特别价值,它就必定会使我们预测一种或一组特别的能力倾向而不是测量一些假设的或半形而上学的才能,这包含着巨大的进步"。①

赫尔反对根据所拥有"智力"的数量对个体进行非线性的排列,或者将人分为两组——有才智的和低能的。他相信,能力倾向和生理数据之间的相关是既不必要也不可能的。他用一种机械的类比来帮助他在心理学和生理学之间插入一个锲子。自笛卡儿以来,许多心理学的理论都被机械类比

① Hull, C. L. (1928). *Aptitude testing*. New York: World Book Company, p. 19.

所影响，如早期联结主义的交换机模型。[1] 赫尔也相信人类身体像机械设备一样运转。神经系统像电话交换机，自动在输入线和输出线之间连接。对于赫尔而言，能够做出智力活动的有机体没有任何特别之处，这种活动可以被没有情绪的机器简单地模仿。所以他设计一种机器以表明机械学习的现象，另一种则根据条件反射的原则工作。赫尔视他的整个理论体系为可以从中演绎出机械智力的机器，[2]至于这种机器是机械性的还是理论性的则是无关紧要的，它们都能有效解决心灵与物质的关系这一问题。

赫尔强调要建构并行的机制，因为即使是从无生命材料中得来，它们也能真正显示智力的性质。实际上，赫尔认为建构"心理机械"可以提供理解心灵的物质基础的捷径。他认为通过建构一种机制也可以精确显示行为表征的原则。赫尔与化学、物理学家们合作设计能执行活的有机体机能的机器。他先后建构过的模型有条件反射的并行机械模型、电化学模型、尝试—错误学习的机械模型等。

与赫尔相对立，拉施里反对这种机械类比。拉施里相信对于心灵问题的解答在于生物学，而赫尔则认为生物学对于心灵不是至关紧要的，智力机器就是他的证据。这样，赫尔实际上也中断了拉施里的生物学和心灵的连续性，也质疑了智力对于遗传的依赖性。拉施里对神经系统的电话交换机类比进行了批驳。作为反射理论的象征，交换机被用于强调反应的自动特征。但在拉施里看来，这一类比在两个方面值得质疑。首先，自动联结的不可变系统不能解释拉施里在神经系统中所观察到的机能的可塑性。而等功、整体活动、代理机能以及功能的暂时性变化都与交换机的刻板系统不相一致。其次，拉施里认为交换机类比不能解释他相信存在于大脑中的解剖定位。他认为，交换机不需要去复制它所联结的部分的位置分布。中央交换机不可能完全扰乱那些关系，而是仍能正确地起作用。而且，拉施里坚持大脑皮层保持感觉表面的局部解剖关系，如视网膜上的表征。

在与赫尔的论争中，拉施里反对了一切的机械类比。到后来，他不但反对机械的类比，而且反对理论本身的应用。

总之，拉施里与赫尔的争论主要体现在三点：大脑的机能和结构、脑机能与心灵的关系、是否可以机械类比来解释智力。他们之间的争论意在说明辨别学习和刺激泛化的连续与非连续问题、量化和数学的心理学理论的

---

① O'Donohue, W., Kitchener, R. (1999). *Handbook of behaviorism*. San Diego: Academic Press, p. 122.

② Smith, L. D. (1986). *Behaviorism and logical positivism*. Stanford: Stanford University Press, p. 168.

发展及其与神经生理数据的关系问题。归根到底还是一个基本的问题,即遗传与环境在智力和行为中究竟谁更重要的问题。这种争论还是来自于拉施里对联结主义的反对。[①]

五、简要评价

20世纪上半叶,拉施里回忆他最初如何走进神经系统这个错综复杂的迷宫时说:"作为一个实验助手,我在废箱中发现了一些经高尔基染色法处理过的蛙脑。我提出……如果找到细胞之间的所有联系,我们也许就能了解蛙是如何活动的……从此,我再也没有摆脱这个问题。"[②]拉施里在动物学上的修养极大地帮助了他在神经心理方面的成就,他凭借独特的思想、先进的手术方法以及不倦的意志,对神经心理学上的重要问题加以实验研究,在抨击旧学说的基础上提出了新颖的观点,对美国神经心理学发展起到了极大的促进作用。在20世纪一百位最著名的心理学家最新排名中,拉施里位于第61位,在行为主义阵营中排在斯金纳(第1位)、华生(第17位)、赫尔(第21位)、托尔曼(第45位)之后。[③]

1. 主要贡献

首先,极大地推动了对于大脑机能的研究。拉施里之所以闻名于世,首先在于他的实验方法——脑切除技术以及训练和测验动物的方法。他对白鼠及其他动物作脑切除手术,即用外科手术的方法判定在特定部位受到损伤后哪些行为会被削弱和破坏,从而推论出特定行为归因于大脑的特定部位。他对神经区域与神经联系的重要性提出了严厉的质疑,甚至对于相同刺激做出两个类似的反应是否意味着涉及到相同的神经元和突触,也表示怀疑。在回顾皮层切除后所做的迷津实验后,他总结道,学习走出迷津的能力有赖于机能性皮层组织的数量而不是皮层的解剖学位置。拉施里的实验结果与认为学习依赖于突触结构变化的理论和假定神经整合取决于专司整合的解剖通路的理论不一致。他认为,整合的机制存在于神经系统各部分间的联系之中,而不是存在于结构分化的各种细节之中。拉施里的研究结论对神经学界的大脑机能定位的观点提出了挑战,使神经科学给予发现特

---

① Bruce, D. (1998). The Lashley-Hull debate revisited. *History of Psychology*, 1, p. 84.

② 加德纳著,张锦等译:《心灵的新科学(续)》,辽宁教育出版社1991年版,第106页。

③ 孙晓敏、张厚粲:《二十世纪一百位最著名的心理学家》,《心理科学》,2003年第2期,第343页;第3期,第525页。

定行为专门之神经基础的人们以希望。毕竟，发现能控制特定动作、思维和行为序列的神经中枢具有更高的价值。他对机能的定位——特定行为由特定部位的神经控制——的观点提出了质疑，认为皮层机能的定位是暂时的和不严格的，而支持大脑机能的整体机能和等功原则，这是对弗卢龙的共同作用和替代机能思想的发展。通过这些，他驳倒了把学习和其他一些心理过程与大脑皮质定位结构区域关联的观念，给大脑建立了一种新的概念。他也因此成为神经心理学的奠基人之一。

其次，突破了华生的行为主义立场。尽管在思想形成过程中从华生处获益颇多，但拉施里认为自己不是华生意义上的行为主义者，甚至在很多时候，他都不以行为主义者自居。华生否认意识，反对内省，反对一切不能客观观察的现象，认为心理学的目的就是控制和预测行为，行为是 S－R 反应的联结。拉施里是方法论的行为主义者，重视对于行为观察数据的分析。他大胆将意识引入其心理学，并采纳詹宁斯对于意识的态度。他从没有认为意识是不科学的，而且相信可以将意识还原为其生理化学基础。他认为华生将心理学界定为行为的研究不足以找到足够的方法解决心灵问题。他还认为，意识仅仅是“我们身上正在进行着的这样或那样的生理过程”①。所以，他主张行为主义者应该停止怀疑内省资料是否值得科学研究，并指出一些对其进行解释的机械的和生理的原则。至于心理学的目的，除了控制和预测行为，更重要的是建立意识(心灵活动)与神经系统工作之间的关联。拉施里反对行为主义的刺激—反应以及学习的联结概念，关注语言、内部心理过程，认为行为的公式不仅仅是空洞的黑箱产生的 S－R 的联结，而是刺激激发组织，由组织引发反应。从这一点上看，拉施里坚持了中介组织的调节作用。另外，他还拒绝了行为主义的极端环境决定论，给予遗传在行为控制中以重要地位。总之，拉施里既坚持了华生行为主义的原则，又不忽视对有机体内部过程的研究，在某种意义上具有新行为主义的色彩。

第三，对认知科学发展产生积极影响。除了对简单的机能定位观的批评，拉施里还使研究者认识到，提出一种可行的神经系统模型是困难的。在 1948 年的希克森研讨会上阐述行为的序列问题时，他发人深省地提出了神经生物学家所忽视的问题。借助语言、行走等例子，他指出，行为序列有较长的计划单元，这些单元的展开极其迅速，不可能在“现场”得到改变或纠正。因此，为解释刺激在最后表现出来的效应，必须对神经系统模型进行修

① Lashley, K. S. (1923). The behavioristic interpretation of consciousness I & Ⅱ. *Psychological Review*, 30, p. 272.

正。在学者们将大脑与计算机进行类比时,他认为神经元像开关和阀门,或者打开,或者关闭环路,除此之外没有更多的相似性,大脑是模拟机器而不是数字计算机。对大脑综合性活动的分析可能需要采取统计学的手段。拉施里认为 S—R 模型以及反射弧的概念无法解释行为。他描述行为,如无反馈条件下的长行为序列,但他又不要求在心灵水平上解释行为,这表现了他的行为主义化。拉施里的实验以及对于"计划单元"、"结构"、"序列"的讨论,为皮亚杰(J. Piaget)的心理操作、西蒙(H. Simon)的符号系统、米勒(G. A. Miller)的 TOTE 模型系统以及乔姆斯基(N. Chomsky)对规则和表征的发展研究清除了道路。所以说,他有力地促进了对行为和思维研究的认知科学的探讨。在提出问题和引入科学争论的关键概念方面,拉施里在相当时间内支配并影响着认知和行为研究的神经科学工作。拉施里还为在大脑与行为交叉点上的实验研究者提出了一个问题,即行为和思维的表征问题。许多行为科学家认为,解释人类行为和思维的最佳途径是根据神经系统的结构和机能。他的观点影响了相信机能主义的认知论者,使他们相信思维和行为必须在表征水平上得到解释,必须根据表征、符号和其他心理学术语进行说明。

第四,培养了一批优秀的神经心理学家。拉施里除了自己出色的研究外,还培养了一批优秀的科学家。尽管他对教学不感兴趣,也很少授课,但他愿意在实验中指导学生和助手,帮助他们在研究过程中成长。其中所谓的"芝加哥五人小组",包括比奇(F. A. Beach)、赫布(D. O. Hebb)、克里奇(D. Krech)、迈尔(R. R. F. Maier)和施内拉(T. C. Schneirla),他们都是拉施里在芝加哥大学工作时的助手和学生,都在心理学的不同领域做出了贡献,而他们的研究主题所体现出的方法都可以追溯到在芝加哥大学的经历。其中,最出色的是赫布。赫布在其经典著作《行为的组织》中提出,行为模式是通过特定的细胞组(细胞集合)间的联结建立起来的,随着时间的推移,更复杂的行为在一系列的细胞集合上形成,即阶段序列。此外,诺贝尔奖获得者斯佩里(R. Sperry)也曾经跟随拉施里做博士后研究,他在拉施里的指导下进行动物皮层切除的实验,研究运动操作和视觉的缺陷。

2. 主要局限

首先,坚持极端遗传决定论,拒绝环境因素的影响。拉施里在与詹宁斯的共同研究过程中坚定了他的遗传论思想。他相信,智力、行为,甚至高等动物和人类的行为都是由遗传控制。所以,魏德曼认为拉施里的"遗传论信仰驱使他去探索习得行为与本能最基本的相似性,去研究性行为的生物学基础”[1]。这样，拉施里认为心理学最终会被包容在生物学之中，发生因素决定生理和心理的特质，动物的模式适应于人类。拉施里坚持遗传论的立场，自然就反对环境因素的影响，尤其是社会环境，他只是赋予他的环境一种理想化的特殊地位，认为他的实验室和实验设计中已经基本排除了环境的影响，可以充分考察先天因素对智力、行为的影响，这也是他的反革新计划的一部分。

第二，以动物实验的结果类比人类心理。拉施里用白鼠、类人猿作为实验对象，对其行为进行研究，力图发现行为的神经基础。通过对动物的明暗辨别、迷津操作习惯的形成和保持资料的分析，得出了一系列的结果，对智力与大脑结构的关系、记忆痕迹及复制、行为的中枢控制等提出了有创见的观点。但是，拉施里的生物学背景使他过于相信动物实验，他关于脑机能和智力的研究集中在非人类的动物学习研究中。因为他认为动物实验的结论完全可以移植到人类身上，动物的模式完全适用于人类。但是，以有限的动物进行研究得出的普遍规律而用以描述和控制人类的行为，不免有点简单化和片面化的嫌疑。白鼠的皮层的分层组织尚未充分发展而完善，以未完善的动物脑来完全类比完善的人脑是有缺陷的。

第三，对高级心理过程研究不足。拉施里从行为主义的立场出发，采用严格的方法和程序进行研究，这决定了他不可能完全脱离行为主义的禁锢，尽管他不像华生那样完全拒绝内省、经验、意象等概念。但是，他主张采用生物学的、遗传的方法进行研究，在实验中尽量排除环境的影响。他以动物作为主要研究对象，这使得他主要的精力放在了对感知觉等低级心理过程的研究上，尽管也涉及了言语、记忆等高级心理过程，但是他把这些过程归结为外周神经和发音器官的活动结果，主要探索这些过程之下的生理机制，对过程本身没有阐述。而且，他以动物作为研究对象，不可能进行想象、推理等高级心理过程的研究。

第四，重视实验研究，忽视理论建构。拉施里一生都在利用切除法破坏白鼠的大脑皮层进行研究。他利用和设计各种仪器，如拉施里跳台、迷宫、明暗辨别箱，对白鼠进行明度辨别、迷津学习的实验。他是一位反理论的科学家，一生专心致力于实验研究，而不重视理论的建构，更忽视将理论和实验研究结合。所以，拉施里的思想有些零散。

---

① Weidman, N. M. (1999). *Constructing scientific psychology: Karl Lashley's Mind-Brain debates*. Cambridge: Cambridge University Press, p. 16.

第四章

古斯里:接近联结行为主义

华生创立的行为主义自1913年问世以来,受到众多心理学家的欢迎和拥护,发展到20年代末期,已成为美国最具影响和最有势力的心理学流派。这一时期的行为主义也称为早期行为主义、古典行为主义或第一代行为主义。自20世纪30年代至60年代约30年的时间里,古斯里、托尔曼、赫尔、坎特、斯金纳等人对华生等人早期行为主义的极端简单化观点和方法不满,开展了自己的一系列研究,形成了各具特色的新体系。尽管这些新体系在基本观点、概念体系、术语名称等方面各不相同,甚至在许多问题上存在巨大的差异,但其行为主义的基本立场却是一致的,因此它们被统称为新行为主义(neobehaviorism)或第二代行为主义。本章将先讨论新行为主义的兴起,然后讨论激进的新行为主义者古斯里及其接近联结行为主义。

第一节　新行为主义的兴起

新行为主义的兴起,就社会条件而言,第一次世界大战给行为主义的发展带来了契机;就哲学背景而言,新行为主义主要受到了操作主义思潮和逻辑实证主义的影响;就内在原因而言,早期行为主义心理学存在的固有缺陷和美国机能主义心理学的进一步发展则直接为新行为主义心理学的诞生提供了必要性和可能性。

一、社会背景

自从华生发表行为主义宣言以来，虽然赞成者不少，但也不乏反对者。有些批评家认为，心理学必须保留对意识的内省研究。例如，琼斯(A. H. Jones)曾指出："我们依然可以确信，不论什么心理学，它至少是一种意识的学说。否认这一点，就等于把孩子和洗澡水一起倒掉。"[①]铁钦纳也针对华生的《行为主义者心目中的心理学》一文发表了评论，认为华生的宣言会导致心理学忽视普通心理学所关注的人类经验模式，特别是反对心理学的内省法。他指出，行为主义与心理学并不是一回事，从逻辑上来看，行为主义与内省心理学无关。因此，无论是从逻辑上还是在实质上，行为主义都不可能取代心理学。[②] 第一次世界大战中断了关于行为主义的这种争论，却也给心理学带来了重要转机。在"一战"中，大量心理学家参与战时的后勤服务工作，心理测验被广泛用于军官选拔、士兵筛选与分类等工作。战后，以行为主义为代表的心理学也被广泛应用于生产、教育、司法等领域。一时间，心理学的知名度大增，其在人们心目中的地位和形象也大大提高。正是在这样的背景下，行为主义作为心理学的主流，才得以乘胜而进，迅猛发展，并最终统治美国心理学达半个世纪之久，成为心理学的第一大势力。

二、哲学基础

1. 逻辑实证主义

实证主义是一切新老行为主义心理学的共同哲学思想基础。只不过在不同的年代，实证主义有不同的变种，相应地也就被不同形式的行为主义心理学所吸收。孔德创立的第一代实证主义强调只有可直接观察实证的东西才是真实的思想，受到华生行为主义心理学的推崇并被其所吸收。之后，马赫提出了经验实证主义。虽然马赫的经验实证主义带有浓厚的现象学色彩并被符兹堡学派吸收，为该学派提出的反省的实验观察法提供了思想基础，但它仍坚持对心理学的客观研究立场。20世纪早期，孔德的激进实证主义

① Jones, A. H. (1915). The Method of Psychology. *The Journal of Philosophy, Psychology and Scientific Methods*. 12(17), pp. 462～471.

② Titchener, E. B. (1914). On "Psychology as the Behaviorist Views It". *Proceedings of the American Philosophical Society*, 53(213), pp. 1～17.

和马赫的经验实证主义的目标，即科学只涉及可直接观察到的事实，被认为是不现实的。到 20 世纪 20 年代，奥地利哲学家维特根斯坦发表《逻辑哲学导言》。与此同时，维也纳大学出现“马赫小组”，后人亦称之为“维也纳小组”或“维也纳学派”。这些都标志着第三代实证主义即逻辑实证主义（logical positivism）的问世。

维也纳学派将孔德和马赫的旧实证主义与形式逻辑相结合，提出了一种新的科学观即逻辑实证主义。他们仍然坚持经验证实的标准，但对于经验证实的范围做了宽泛的解释，用“可证实性”代替了“证实性”。就是说，检验命题的意义标准不在于是否已经被证实，而在于是否有被证实的可能性。如果抽象的理论术语能够在逻辑上与经验观察联系起来，也是可以使用的。费格尔（H. Feigl）作为维也纳小组中的一员，不但给逻辑实证主义命名，还最大程度地将之介绍给美国心理学界。在美国心理学家中，史蒂文斯（S. S. Stevens）首先指出，如果心理学按照逻辑实证主义的要求进行研究，最终能够成为与物理学平起平坐的一门科学。逻辑实证主义对心理学产生了巨大的影响，它使得第二代行为主义在不失客观性的前提下，得以探讨有机体内部的中介变量，使心理学进入了科克（S. Kock）所谓的“理论的时代”。30 年代后期，逻辑实证主义在美国实验心理学中占据了主导地位。可见，维也纳学派逻辑实证主义的诞生为新行为主义心理学的产生提供了思想基础。

逻辑实证主义在坚持可观察证实的实证主义基本原则方面没有变化，但它特别强调对经验进行逻辑分析的方法。其确切含义是：一切科学命题皆源于经验，对经验进行逻辑分析就是要把命题分解为各个概念，之后将各个具体概念归结为更基本的概念，将各个具体命题归结为更基本的命题。一个科学命题是否科学、有意义，取决于它是否能为经验所证实。最简单的方法就是将命题直接与经验相印证，如果二者相符则命题为真，是有意义的，反之则命题为假，是无意义的。但在某些情况下，这种直接证实受到许多局限，因而也可采取间接证实的办法。例如，将该命题以逻辑推理的方式演绎为另一能直接证实的问题，通过对后一命题的证实或证伪来间接证实前一命题的真或伪。这一间接证实方法的提出拓展了科学研究的途径和可能性。尤其是许多心理现象，如意识、情感、动机等皆难以直接证实，早期行为主义心理学就是因此认定它们都是一些无意义的概念或命题，并将它们排除在心理学的大门之外。但假如它们可以通过间接证实的方法来证实，那么心理学研究就应该接纳它们。新行为主义心理学就是在这一点上吸收了逻辑实证主义的思想，形成了与早期行为主义的最大区别。因此说，正是逻辑实证主义为早期行为主义向新行为主义转变打开了方便之门。

2. **操作主义**

“操作主义”(operationism)一词最初来源于物理学领域。1927年,美国物理学家布里奇曼(P. W. Bridgman)出版《现代物理学的逻辑》一书,着重探讨和提出了确定科学概念的方法,即操作思维的方法,后人据此而称布里奇曼是操作主义的始作俑者。布里奇曼是美国著名物理学家、哈佛大学教授,曾获得诺贝尔物理奖。他在其《现代物理学的逻辑》及其他有关著作中,提出操作主义思想。严格说来,操作主义并不是一种哲学流派,布里奇曼本人甚至不承认自己是一个操作主义者。操作主义哲学在20世纪50年代流行于西方其他国家。但毫无疑问,操作主义的观点、思想确实影响和推动了新行为主义的兴起。

操作主义认为,科学家的主要任务应该是探讨有关科学概念的精确定义标准,而操作正是一切概念的基础。操作主义所说的操作,起初主要指实验室的操作,后来也包括纸和笔的操作及言语操作等。在操作主义者看来,所谓操作是一种原始、最基本、非分析的概念,是客观的、可以观察到的事实。从某种意义上说,科学概念与其相应的操作是两个同义词。正如布里奇曼所说:“一般地,我们所说的任何一个概念,只不过意味着一组操作,概念是与相应的一组操作同义的……如果概念是物理的,例如长度,操作就是实际的物理操作,即测量长度的操作;如果概念是心理的,例如数的连续,操作就是心理的操作,即确定数量大小的连续操作。”[①]这就是说,如果一个概念或命题不能用客观的、可观察的操作来验证,那么它在科学上就是虚伪的、没有意义的。借此,布里奇曼希望改变传统上根据客观事物的性质来确定概念的方法,以保证科学概念的稳定性。因此,操作主义者认为,语词和概念如果要有明确的意义,其“指谓”就必须是一组操作。操作主义者还认为,一旦某个科学体系确定了概念间的操作式定义以后,继之就必须描述这些概念所代表的变量之间的函数关系,而体系的真假应根据其实际效用来判断。[②] 布里奇曼否认有脱离操作的客观真理,认为一个体系的真假完全地取决于按照体系的假设行动而获得成功的可能性。

操作主义与逻辑实证主义一样,在其产生之后几乎立即受到了心理学界的欢迎。1930年,维也纳学派的代表人物之一费格尔受邀来到哈佛大学,给美国心理学界带来了逻辑实证主义,并将逻辑实证主义与操作主义融合,

① Bridgman, P. W. (1927). *The logic of modern physics*. New York: Macmillan, p. 5.

② 骆大森:《斯金纳行为主义科学哲学中的操作主义观点》,《心理科学通讯》,1982年第5期,第18～22页。

形成了他的操作实证论。哈佛心理学家史蒂文森和波林等人将这些思想和观点引进心理学，使得心理学界出现了操作主义思潮。通过操作性定义，可以将意识、驱力、情感等理论术语转化为经验事件，去掉其形而上学内涵，从而就可以接受它并加以研究。行为主义正是在这一点上迎合了操作主义的观点，充当了操作主义的传播工具，使自身得以巩固并发展到第二代行为主义即新行为主义。虽然新行为主义的代表人物赫尔、托尔曼、斯金纳等对操作主义并没有完全一致的看法，但是都认为操作主义原则有助于把心理学建立在客观操作的基础之上，认为那些反映某些心理现象的概念如果能够操作化也是可接受的，如意识、焦虑、智力等。这样的原则无疑也为新的新行为主义在吸收认知变量观点的同时又不违背行为主义的客观性原则提供了理论依据。难怪高觉敷先生指出："新行为主义者就是操作主义者。"①

三、心理学内部发展的矛盾

1. 早期行为主义的困境与危机

虽然华生倡导的早期行为主义为心理学开创了新的发展方向，开拓了一片广阔的新天地，也创造了心理学的辉煌，从而为心理学的发展和进步做出了历史性的贡献。俗话说："盛极必衰"。华生行为主义登峰造极的时候也是它由盛转衰的开始。事实上，自从华生的行为主义宣言发表之后，批评之声一直不绝于耳。面对同行的批判，华生也曾做过反思和让步，例如他接受了言语报告法。其他早期的古典行为主义者如拉施里、魏斯、亨特等人也都对华生的某些观点提出批评、修正和补充。

可见，种种迹象都表明华生行为主义的体系远未严密、完善和正确，相反，其缺陷和不足是非常明显的，主要表现在：其一，从心理学的研究对象上说，全盘否认意识，认为它难以客观研究和证实，因而不予研究。其实，意识是人类最重要的心理现象之一，是客观存在的，心理学不能因为它难以研究而回避它、排斥它。其二，忽视有机体内部条件的研究，贬低大脑中枢神经系统在心理活动中的重要作用，使心理学产生了"无头脑"的倾向，将人的心理活动降低到动物心理的水平。事实上，脑是人类心理活动产生的最高级的物质基础，心理学应该正视这个事实。其三，过于强调外在刺激对行为的意义，忽视了人的主观能动性，忽视了人的行为动机，使得人们对行为的理解过于简单。事实上，人的行为不仅受外在刺激的影响，也许还受个体对这

① 高觉敷主编：《西方近代心理学史》，人民教育出版社1982年版，第275页。

些成绩意义评估的影响，受个体内在动机的影响。心理学只有正视这一点，才能理解人类行为的复杂性和多样性。

以上几点表明，华生行为主义如果不作修正和变革，将使其自身也将使整个心理学陷入困境。有鉴于此，行为主义内部也在酝酿对它进行改革。这样，新行为主义的出现就是迟早、不可避免的事情，是行为主义心理学内在发展的需要和必然。

2．机能主义的影响

如前所述，古典行为主义与机能主义是一脉相承的，后者在研究对象和研究方法上都对行为主义产生了深远的影响。同样，在古典行为主义面临重重困境和众多批评责难时，机能主义心理学再次为行为主义拨开迷雾提供了极具价值的启发和支持。

具体来说，机能主义者的某些思想和观点给新行为主义者提供了巨大启示，并为后者所吸收。其中，尤以武德沃斯的动力心理学思想对新行为主义者的影响最为典型。1918 年，武德沃斯正式提出以 S－O－R 的公式取代华生的 S－R 的公式，试图弥补和克服早期行为主义心理学无视有机体内部状态的缺点。新行为主义者正是由此受到启示，提出并使用“中介变量”的概念，探讨而不是回避有机体行为背后的机体内部因素。1940 年，武德沃斯再次修正了他的公式，提出新公式 W—S—Ow—R—W，其含义是有机体(O)在外在环境(W)的刺激(S)作用下，对环境进行调节而产生定势或定向(Ow)，然后做出反应(R)并最终适应环境(W)。这一关于情境和定势的思想被新行为主义者托尔曼吸收。同时，武德沃斯的学说可以说是一种动机学说。他提出以机制和驱力两个概念来解释人类行为是怎样发生的，以及发生的原因是什么。后来的新行为主义者，尤其是赫尔，提出驱力的概念假设，并着重研究它与行为的关系，从中可以看出武德沃斯动力心理学思想的影响。此外，武德沃斯在生理学与心理学的关系问题上的思想，亦对新行为主义心理学产生了影响。他认为二者之间的关系不是平行的，而是分层次的，因而不能相互替代，对行为的心理学研究不能以生理学的描述取而代之。这一思想促使新行为主义者注意克服早期行为主义是关于“肌肉收缩”和“腺体分泌”学说的缺点，而注重对行为本身的研究。如托尔曼强调要研究整体行为而非分子水平的行为，斯金纳强调对行为进行直接描述等。

此外，从总体上说，机能主义心理学承认生物进化论思想，认为心理是有机体适应环境的机能，而环境适应乃是一种学习过程，学习能力代表着适应环境水平的高低，因此心理学应该着力研究学习过程，只有这样才能把握人类学习的规律，并最终达到预测和控制人类行为的目的。受此影响，新行为主义者大多以动物的学习行为为研究领域。希望借对动物行为的精确研究来推断人类的学习行为，托尔曼是如此，赫尔、斯金纳、古斯里等皆是如此。

第二节　古斯里传略

一、学术生平

埃德温·雷·古斯里(Edwin Ray Guthrie，1886—1959)于1886年1月9日出生在美国内布拉斯加州林肯镇的大草原上。在五个兄妹中，他排行老大。古斯里的父亲在镇上经营着一家钢琴行，同时兼卖自行车和家具。他的母亲在结婚前曾经当过中学教师。

埃德温·雷·古斯里
(Edwin Ray Guthrie，
1886—1959)

1899年1月，古斯里从林肯公立学校(the Lincoln Public Schools)的语法学校毕业。1903年6月，从林肯高级中学毕业。同年，他还被当地的天主教教会指派为领读经文的信徒。古斯里(1959)后来在给美国著名心理学家西格蒙德·科克(S. Koch)的信中说，在八年级时他就与朋友一起阅读了达尔文的《物种起源》和《人类和动物的情绪表达》。在高中时，他的高年级论文条理清楚，以至于他的高中校长、曾为冯特学生的沃尔夫(H. K. Wolf)与他面谈以确定它并非抄袭而来。这也说明他很早就表现出了学术上的天赋和兴趣。

在1903年秋天，古斯里进入位于林肯镇的内布拉斯加大学学习。这所大学在当时没有必修课这一要求，唯一的要求是在大学期间获得足够的学分。在这种自由的学习环境中，古斯里选修了拉丁文、希腊文、微积分学、误差理论(接近于现代统计学)以及几门哲学课程，但仅仅选修了心理学概论课。在校期间，古斯里获得了美国大学优秀生全国性荣誉组织ΦBK联谊会(Phi Beta Kappa)的金钥匙奖。1907年，他大学毕业并获得数学学士学位。

同年，古斯里进入内布拉斯加大学研究生院继续深造，他主修了数学、哲学和心理学。在1907—1910年的三年中，他同时还在林肯镇的一所高中教数学。古斯里与他的高中校长伍尔夫一起参加了研究生的研讨会，并受到后者的影响。另外，在博尔顿(T. L. Bolton)的指导下，古斯里花了一个冬天的时间用触觉计来观察两点阈(the limen of twoness)，这极大地满足了他对生理心理学的兴趣(生理心理学是当时心理学实验室中的首选问题)。古斯里的硕士论文题目是《数学对希腊哲学的影响》(*The Influence of Mathematics in Greek Philosophy*)。他在论文中提到，为了训练逻辑严密性而进行数学教学并不是从近代开始的事情。很多古希腊的哲学家都接受过一些数学训练，并且这种训练影响了这些哲学家的思维方式和理论。他还认为，柏拉图是第一位认识到哲学论述需要形式推导和严格证据的人，因此，柏拉图就试图寻找一门具有数学的确定性的知识。“他(指古斯里——引者注)的论文是其思想发展中的一个里程碑。”①

1910年，古斯里获得内布拉斯加大学的哲学硕士学位。当年，他又进入宾夕法尼亚大学继续攻读博士学位。第一年，他将主要精力集中在古希腊哲学上，参加了纽博尔德开设的关于亚里士多德和柏拉图哲学的讨论会。也就是在这一年，古斯里对行为主义的热情由于聆听了辛格教授的“作为可观察对象的心理”的演讲而被点燃了。25年之后，古斯里回忆说，辛格的发言是“我学术生涯中最激动人心的事件”②。辛格认为，心灵是对在存在性孤独的焦虑和原始的“累加”本能会合中而想象出的一个误会。他引入了一个热的物体和一个生命体来类比说明这个问题。热的物体就是在一个物体上加进了热，生命体就是在一个躯体上加进了生命。对于热的物体而言，热仅仅是分子的运动；而对生命体而言，心灵或意识也仅仅是躯体的运动。这次经历使古斯里“在研究生院的时候，就已成为一位热心地对心理学进行行为主义探索的人；对于这种探索，他从未动摇过。他深信，科学只应研究客观的、可以观察的情况与事件”③。古斯里(1959)在后来的回忆中还提到当年对辛格演讲的着迷，并且在其整个学术历程中他还经常引用辛格的论文。这都反映了辛格对古斯里的影响是巨大的。对古斯里的另外一个重要影响就是他在其博士论文中对符号逻辑的深入研究。其博士论文题目为《罗素的悖论及简史》(*The Paradoxes of Mr. Russell With a Brief Account of*

① Clark, D. O. (2005). From philosopher to psychologist: The early career of Edwin Ray Guthrie, Joural of *History of Psychology*, 8(3), p. 239.

② Guthrie, E. R. (1935). *The psychology of learning*. New York: Harper & Brothers. p. ii.

③ 舒尔茨著，沈德灿等译：《现代心理学史》，人民教育出版社1981年版，第255页。

Their History)(1915 年出版)。这种对逻辑的研究使得古斯里非常重视其理论体系的内部一致性,因此,这种特征后来成了他理论的一大优点。1912 年,古斯里获得宾夕法尼亚大学的哲学博士学位。之后,他又来到位于费城的男子高中(Boys Central High School)教数学。

1914 年,古斯里到华盛顿大学担任了全职哲学讲师的职务,从此开始了其学术生涯。1919 年,古斯里从哲学系转到心理学系,直到 1956 年退休。需要指明的是,古斯里在转向心理学系之前,仅接受过一点非常有限的心理学训练。他自己解释了转系的唯一原因。他说自己曾与刚建立的工商管理学院院长、经济学家帕克(Carleton Parker)有过一面之交。由于后者的劝说,古斯里在 1917 年接受了一项访问军营中伐木工人的任务,另外在 1918 年,他还在步兵和炮兵军官训练学校中呆过一段时间,这种经历"使得注意力从书本转向了人"(1959)。除此以外,古斯里没有对为什么要从哲学系转到心理学系做过更详细的解释。然而,克拉克(David O. Clark)认为,古斯里的这个解释也仅仅是一个似是而非的原因,而另外一个更重要的原因,就是他与史蒂文森·史密斯(Stevenson Smith)的友谊。正是史密斯给古斯里提出了一个理论问题和成为一个心理学家的机会。史密斯是一位训练有素的心理学家,于 1917 年建立了华盛顿大学心理学系,并担任系主任直到 1948 年退休为止。他与古斯里在 1918 年末到 1920 年间合作编写了《普通心理学篇章》,并于 1921 年出版。这是古斯里第一次涉足心理学的研究。古斯里(1951)认为,史密斯对心理学的影响将通过选修其儿童心理学和临床心理学课程的数千学生而体现出来。既然如此,古斯里无疑也认为他自己就是史密斯最优秀的学生之一了。

1924 年,古斯里与妻子海伦·古斯里去法国旅行时拜访了法国精神病学家皮埃尔·让内(Pierre Janet),并与妻子合作将让内的《心理治疗原理》翻译成英文。这部著作对古斯里的思想产生了很大影响。1928 年,古斯里升任心理学教授。在 20 世纪 20 年代后期,古斯里主要研究了音程的融和、内倾性和外倾性的测量、心理学的目的和机制等问题,并发表了一系列相关的论文。从 30 年代以后,古斯里才将研究重点转向了学习心理学问题。

第二次世界大战时古斯里应召入伍。1941 年,古斯里担任某部海外分部的首席顾问。1942 年,又改任战事情报局海外分局首席心理学家。在 1943—1952 年期间,古斯里担任了华盛顿大学研究生院院长一职,在任期间他首创了一种评价教职人员教学情况的制度,作为对教职人员的薪水、提升、任期的根据。虽然古斯里担任过研究生院院长,但遗憾的是他本人并没有培养过自己的研究生。1947 年他成为该大学的执行官员。这些行政职务毋庸置疑限制了他对心理学的贡献。

由于其对心理学的特殊贡献,古斯里于 1945 年当选为美国心理学会主席。1956 年,从华盛顿大学退休。1958 年,获美国心理学会颁发的第三块金质奖章。1959 年 4 月 23 日,古斯里因心脏病突发于西雅图去世,享年 73 岁。①

纵观古斯里的学术生涯,我们可以把他的思想发展分为三个阶段:第一阶段是从他读大学到硕士研究生毕业。这一阶段古斯里只对数学和哲学感兴趣。第二阶段是从 1910 年读博士到 1918 年与史密斯相识。在这个阶段中,古斯里受到了辛格教授的影响,从此开始对行为主义心理学感兴趣,在思想上为以后真正开始心理学研究和著述打下了基础。这一阶段古斯里没有关于心理学问题的作品,而仅是思想上的一个过渡和准备期。第三阶段是从 1918 年古斯里与史密斯合作写作《普通心理学篇章》并受史密斯的邀请转到心理学系直到其去世。这一阶段是古斯里完成其接近联结行为主义心理学体系的时期。古斯里在科学哲学、异常心理学、社会心理学、教育心理学和学习理论上都做出了贡献。但他在心理学史上的影响主要还是体现在接近联结的行为主义学习理论上。

二、主要著作

古斯里的著作不多。心理学著作主要有如下几种:《普通心理学篇章》(与史蒂文森·史密斯合著)(1921)是古斯里的第一部心理学著作。本著作基本上是根据华生行为主义的观点阐述心理学问题的,同时辅以条件作用作为基本原理。古斯里(1922)曾在一封信中说:"这是第一部系统的行为主义立场的教科书。"②由于史密斯强调儿童心理学的临床问题,而古斯里的基本关注点是他的本科生。正是这两种不同的目的使得这本教科书集中于探讨理论的实际应用问题。《学习心理学》(1935)是古斯里的理论框架和基本观点成型之作。古斯里提出了有自己特色的刺激—反应(S—R)接近学习理论。这个理论认为,学习是由作用于有机体的刺激模式(S)和暂时与刺激模式接近的反应(R)所构成的联结构成的。在《学习心理学》(1952)的第二版中,古斯里对新行为主义心理学家赫尔、托尔曼、斯金纳的学习理论分别作

① 为了纪念古斯里,华盛顿大学于 1973 年建立了一座教学楼并命名为古斯里大楼(Guthrie Hall)。现在的华盛顿大学心理学系就位于这座大楼中。——作者注

② 转引自舒尔茨著,沈德灿等译:《现代心理学史》,人民教育出版社 1981 年版,第 248 页。

了讨论。《人类冲突心理》(1938)，这部著作反映了其对临床心理学的长期兴趣。《心理事实和心理理论》(1946)，本文是古斯里于 1945 年当选为美国心理学会主席时的就职演讲。《迷箱中的猫》(1946)是古斯里与霍顿(George P. Horton)合作的唯一一个实验研究的报告。从 1936 年，他们就开始对猫从迷箱中逃跑的行为进行系统观察，并且拍摄了大约 800 幅关于猫逃跑行为的照片。这个试验证明了接近联结原理的真实性。《接近联结》(1959)是古斯里去世那年完成的一篇论文。古斯里在本文中对接近联结原理作了适当的修正，将接近联结界定为“被注意之事成为被进行之事的信号”。这说明古斯里开始重视有机体对刺激的主动选择机制了。但他还没有来得及对这个新的修改做深入的展开研究就溘然长逝了。此外，他还与他人合著了《教育心理学》(1950)。

古斯里的写作风格流畅、幽默。他不喜欢使用专业术语和数学公式，而是喜欢运用朴素的逸闻趣事来说明其思想。此外，他有这样一个信念，即科学规律若要有用，就必须接近真理，但也必须表达得通俗易懂，应该阐述得便于大学一年级学生理解。

第三节　接近联结行为主义原理及其实验

我们可以将联结概念的发展分为三个阶段：第一个阶段是心理主义的，包括从亚里士多德开始直到英国联想主义心理学家，他们只讲观念或心之间的联结，即联想。第二个阶段是从心理主义向客观主义过渡的阶段，主要指桑代克。他建立了联结主义心理学，认为联结就是刺激和反应之间的联结，同时还保留了心理主义的成分。第三阶段是客观主义阶段，包括巴甫洛夫、华生和古斯里。他们完全摒弃了心理主义的成分，而只强调客观的刺激和反应之间的联结。

古斯里作为这个发展链条上最新近的一位心理学家，他不仅抛弃了早期阶段关于心理、观念等主观要素，而且也抛弃了诸如效果律和准备律具有主观特色的联结方式。这样，古斯里就认为，联结只存在于可以客观观察的刺激和反应之间，并且仅仅是刺激和反应两者在时间和空间上接近就可建立联结。同样作为第三阶段的心理学家，古斯里与巴甫洛夫、华生等认为，学习的实质就是刺激和反应之间的联结，而不同的是他们对刺激、反应以及刺激和反应联结规则的理解不同。

一、刺激与反应的联结

古斯里认为，学习就是刺激和反应的联结。在阐述联结原理之前，我们看一下他是怎样理解刺激和反应的。

1. 刺激

古斯里对刺激做出了自己独特的解释。人们通常是将整个刺激情境看作一种或一个刺激。而古斯里认为，刺激情境是由时刻都在变化的大量刺激要素构成的一个刺激群。有机体并不是对整个刺激情境做出反应，而仅仅是对其中的一小部分刺激要素做出反应。也就是说，与反应建立联结的不是整个刺激情境，而是其中的一小部分刺激要素。1959 年，古斯里认识到有机体在选择刺激要素时起着主动的作用，因而对刺激概念作了修正，开始强调注意机制的作用。但遗憾的是，古斯里在提出这个修正的当年就去世了。需要注意的是，古斯里的这种认识与桑代克的选择性反应学习律是一致的。

古斯里认为刺激分为外部刺激和内部刺激两种。外部刺激指来自于外部世界的物理刺激，如声、光、色等。内部刺激来自于两方面，一方面是由诸如内分泌、糖原控制、血压等有机体的生理变化所带来的刺激，如饥饿、口渴等；另一方面是关节、肌肉、肌腱等的运动所产生的刺激，如人在行走时肌肉、关节的运动所产生的刺激成为继续行走的刺激，这种刺激也被称为动作性刺激（movement-produced stimuli）。古斯里认为，两种内部刺激都是可观察测量的，都遵循着可观察证实的原则。在古斯里的体系中，动作性刺激相当于中介变量。但他认为这些变量就像自变量和因变量一样客观，所以不愿意使用中介变量的称呼。

2. 反应

古斯里认为，反应就是对刺激的回答，并且只限于肌肉的收缩和腺体的分泌，如行走时肌肉或肌腱的收缩，唾液的分泌等。也就是说，他关心的是分子反应，而不是整体行为。他认为整体反应是无限复杂的，并且既没有名称又无法描述。虽然我们观察到的是有意义、有结果的整体行为，但这个有意义的整体行为实质上是由一系列肌肉和腺体的反应构成的。古斯里说：

"我们是从一个无限复杂的整体反应中选出某一突出细节，称之为反应。我们讨论实际行为时，只能选出我们感兴趣的可以给以名称的某一细节来讨论。……我们永远应该记住，所记录下来的、所观察到的那个细节是从整体反应中抽象出来的。"①例如，一位儿童在写字的同时，他还可能做了无数其他的事情，也许把舌尖顶在腮帮，把右腿缠在桌腿上，边写字边念着字母。另外，如果使用现代仪器也许还会发现他写字时总是用口唇不发声地做出字母的口形，等等。在这位儿童的众多行为中，我们只是关注他写字的动作，而不关注其他的动作。所以，在古斯里看来，心理学只能研究那些微观而具体的反应，而不是整体行为，更不是行为的结果。

二、接近律与两条副律

在明确了刺激和反应的性质后，那么刺激和反应又是怎样联结起来的呢？为此，古斯里提出了他唯一的学习律——接近律——来回答这个问题。

1. 接近律

古斯里(1935)将接近律解释如下："刺激的某一组合，如果曾伴随过某一动作，那么当这种刺激组合再次出现时，还倾向于引起同一动作。"也就是说，如果你在某个特定的情境中曾经做过某件事情，那么下一次你在这个情境中还倾向于做同一件事情。一般地说，接近就是两个事件在时间上和空间上紧密地在一起发生。在这里，接近就是一个刺激和一个反应在一起或近乎一起发生。接近并不包含刺激是引起反应的原因，而仅仅是刺激出现时，反应也恰好出现了。引起反应的必然原因是什么，这对古斯里来说并不重要。

在1959年，古斯里将接近律修改为"被注意之事成为正在被进行之事的信号"②。需要注意的是，被注意之事与被进行之事之间也没有必然的联系，也即前者并不是后者的直接原因。仅仅是两个事件偶然地同时出现在了有机体身上而已。"注意"强调了有机体对物理刺激的一种主动而积极的选择。当然，在古斯里看来，注意也仅仅是能够使感觉器官朝向某种刺激的一系列反应，如扫描、搜寻动作。一旦某个刺激被知觉到了，注意反应也就停止了。"信号"并不是指前者是后者的原因，而仅仅表明两者会伴随出现。

① 转引自章益辑译：《新行为主义学习论》，山东教育出版社1983年版，第216页。

② Guthrie, E. (1959). *Association by contiguity*. In: Koch, S. (ed.). *Psychology: A study of a science*. Vol. 2. New York: McGraw-Hill. p. 186.

这次修改在保留原定义内涵的基础上，特别强调了刺激情境是由无数的刺激构成的，而有机体仅仅是有注意地选择其中一小部分刺激做出反应，并且仅同这部分刺激建立联结。

对古斯里的接近律，我们要注意三点：第一，与刺激组合建立联结的是特定的动作（movement）而不是活动（act），动作是这一原理的基本成分和原料（后文将对动作和活动作详细的区分）。第二，由于刺激组合包括环境刺激和有机体跨情境携带的内部刺激，因此刺激情境非常复杂并难以确定。这样就有多种彼此冲突或不协调的动作被引发的倾向，所以原来的动作仅仅是倾向于发生，而不是必然要发生。第三，古斯里在两次对接近律的解释中都没有提到强化、令人愉快的效果等主观性术语，而只是重视可测量的反应和动作。

2. 两条副律

作为对接近律的补充说明，古斯里又提出了如下两条副律：

副律1：一次尝试学习（one-trial learning）。从最早的亚里士多德直到近代的桑代克、斯金纳和巴甫洛夫等，都认为联想或联结的强度决定于联想或联结发生的次数，随着次数的增加，联想或联结的强度就增加。这就是所谓的频因律。古斯里完全反对频因律。他说："一个刺激模式在第一次与一个反应配对出现时就获得了全部联结强度。"①这条副律表明，刺激和反应只有一次接近就建立了联结，并且其联结强度达到了最大程度。这是一个全或无的过程，而不是一个程度的问题，也即不存在中间过渡的情况。所以说，学习是一次性完成的，即要么学会，要么学不会。这个观点不同于他之前的学习理论家，是其理论的独特之处。

副律2：近因律（recency principle）。古斯里还不得不回答这样一个问题，即一个人在一个情境中通常会做出很多的反应，那么在下一次将会是哪个反应出现呢？古斯里认为，是最后那个反应将在下次出现。这就是所谓的近因律。近因律指一组刺激呈现时，最后发生的那个反应将在这组刺激再次出现时发生。也就是说，我们在某个情境中最后所做的事情，如果再遇到同样的情境时，我们还倾向于再次做同样的事情。假设一个人正在尝试各种反应来解决一个机械难题。如果他最后做出了正确反应，那么下次面对这个难题时倾向于还做出同样的反应；假如他放弃并把难题放到一边，那么下次看到这个难题时就倾向于将其放到一边。古斯里认为，不管在哪种

---

① Hergenhahn, B. R., Olson, M. H. (2004). *An Introduction to Theories of Learning* (Seventh Edition). Englewood Cliffs, NJ: Prentice Hall. p. 213.

情况下，一个人总是习得了最后做出的那个反应，并通过这个反应解除了机械难题带来的刺激。

三、古斯里—霍顿实验

古斯里和霍顿合作进行了唯一一项与学习有关的实验。实验从 1936 开始，直到 1946 年结束。他们一共观察了大约 800 次猫从迷箱中逃跑的反应。霍顿负责实验和摄像，古斯里负责记录。实验结果于 1946 年以《迷箱中的猫》为名出版。

1. 实验装置及程序

古斯里和霍顿的实验是为了记录猫的动作细节。他们所使用的实验装置与桑代克的迷笼非常相似，称为迷箱(puzzle box)。在迷箱的后部有一个暗室，暗室与迷箱中间隔一道门。实验之前，将猫放在暗室中。当一切就绪时，拉动一条绳索，就会将中间的小门开启，这样猫就可进入迷箱中。门打开的同时，一架电子钟表也开始计时。迷箱的前面是玻璃做的，以便于对猫的活动进行观察以及摄像。玻璃墙的中间是一扇门，以供猫从迷箱中逃脱出来。另外在迷箱内有一根固定在半圆形底盘上的柱子。当从任何方向对柱子施加轻微的力时，箱门就会立即打开。在柱子移动的同时，摄像机也开始工作并记录下猫逃出迷箱时的动作。最后，在迷箱外还放着一盘鱼，猫在任何时候都可看到鱼。通过这样的装置，实验者可充分观察猫逃出迷箱之前的动作，并可用照相机记录下猫从迷箱中逃出时一刹那的动作。

古斯里和霍顿用了很多猫来做被试。每只猫开始都有三次预试，预试之后就进行正式实验。正式实验时，实验者将猫从暗室进入箱中的行为记录下来，照相机摄下猫触动柱子的确切时间和猫的身体位置。

实验发现，大多数猫尤其是处于饥饿状态的猫都会在迷箱中无休止地走动，并且会在箱的边界处以及具有突出特征的部位逗留大半的时间，如门、地板与墙的接缝处。这些猫会抓、咬、推、探索，这样活动一段时间后，它们还会停下来对自己进行一番修饰或者是躺下来小睡一会。这一类探查行为差不多要延续 15 分钟。但大多数猫最后都通过如下某种方式移动了柱子，并打开了前门而从迷箱中逃脱出来，如撞柱子 、抓柱子、用鼻子顶柱子，或者是“无意”(即没有看到柱子)地用身体擦了柱子、后退时用屁股撞了柱子、躺倒时压了柱子，等等。伴随开门声音的是猫对门的注视，然后猫通过门离开迷箱。

2. **实验结论**

古斯里和霍顿发现,每只猫被再次放进迷箱中时会重复第一次进入迷箱并从迷箱中逃出的全部行为。比如从暗室进入迷箱的行为、走向门口的行为、抓的行为、在箱中打转的行为、触动柱子的行为、从门口逃出的行为。尤其是最后导致逃脱的动作更是被精确地重复着。如果一只猫是由于咬柱子逃离迷箱的,以后它每次就会咬柱子;如果是由于退到柱子上导致逃脱,以后它每次都会都退到柱子上,等等。这完全如古斯里预料的那样,猫在第一次尝试中学会了的逃跑方法,以后就会一次又一次地重复。但也有猫并不重复上次动作的例外情况。古斯里解释说,这是因为猫进入迷箱的方式不同导致了刺激模式不同;或者是由于猫长时间在箱中没有用原来的动作方式逃脱而被另外的新动作代替了。但不管怎样,最后导致猫逃离迷箱的动作是最可能成为刻板行为(stereotyped behavior)的事实是符合古斯里的新近性原理的。

古斯里和霍顿通过对一只猫整套行为的分析,得出了如下几条规则:(1) 这只猫被放进箱中后,其行为和其他猫的行为基本相同。如稍有不同,那是因为以前的学习经历不同。(2) 当猫第二次被放进迷箱中时,最大的可能就是将第一次从进入到出去的一整套行为重复一次。(3) 猫在箱中停留的时间越短,其行为越符合上述规则;相反,在箱中停留时间越长,违反上述规则的可能就越大。(4) 导致逃出迷箱的最后行为是最容易预测的。(5) 如果猫能从箱中逃出,那它只经过第一次逃出就永远学会了逃出。许多猫在以后的尝试中总是重复它们第一次逃出的方式。(6) 通过多次尝试,猫能取得进步。表现为将某些无用动作淘汰,在箱中停留的时间缩短。这种进步依靠偶然及当时的情况。(7) 一般来说,猫学会的是动作习惯,而不是技能。例如,当柱子的位置变动后,猫还是重复以前的动作来逃走,结果是逃不出去。这时,猫要重新学习,它的新的逃出方式可能与原来的逃出方式完全不一样。(8)如果猫是通过有意地对柱子反应来逃跑的,就有可能出现迁移。但迁移的条件是,猫能注意到变动位置后的柱子并立即对柱子做出反应。

上述现象有力地支持了古斯里的观点是正确的。他们说:"鉴于这一系列实验的结果,我们的结论是:要预言一个动物在某一时刻会做出什么事,最可靠的依据是当上一次出现那同一情境时动物曾被观察到做过的事情的记录。这显然是以联结为依据的预测。"①

① 转引自章益辑译:《新行为主义学习论》,山东教育出版社 1983 年版,第 31 页。

虽然这是通过动物实验得出的结论，但古斯里却认为，这个原理完全可用来理解人的行为。在他看来，人和动物的区别仅仅在于用人做被试比用动物做被试更难于控制而已，其间并没有本质的差别。他说："我们把猫的行为的记录硬塞给志在研究人的教育的读者，这种做法，据我看来，是无需寻找什么借口来替它辩护的。因为，若不是难于像控制猫的行为那样控制人的行为，我们也能让人表现出实质上相同的行为。我有把握，只要你给我充分的设备费，我能把任何一间小学教室变成进行同等研究的工具。凡是读过我这篇记叙猫的报告的教师一定能够体会到，解释猫的行为的一些理论也适用于小学生。不论对人也好，对动物也好，学习的一般性质是完全相同的。"①

第四节　对各种学习现象的解释

根据接近联结的学习原理，古斯里对诸如练习与遗忘、奖赏与惩罚、动机与意图、习惯的破除与改变等各种学习现象作了不同于常识及传统观点的全新解释。

一、练习与遗忘

1. 练习

常识以及传统的学习理论认为，练习或复习是通过重复而加强一项活动。没有练习或复习，学习结果就很难巩固下来。而古斯里根据接近学习和一次尝试学习的原理，对练习现象进行了微观的分析，对练习做出了全新的解释。首先，他认为，练习之所以能够促进学习，不是因为它是对同一学习内容机械重复的结果，而根本上在于每次练习都是不同刺激条件下的刺激和反应的联结，而反应与每一特定刺激的联结只需一次接近便足够。所以，认为练习是纯粹重复的观点是错误的。

---

① 转引自章益辑译：《新行为主义学习论》，山东教育出版社 1983 年版，第 239 页。

为了回答练习对学习的促进作用，古斯里对动作（movement）、活动（act）和技能（skill）做了区分。动作是对特定刺激形式的特定反应。具体说，动作就是一种肌肉反应或腺体反应，是活动的一个模式或细节。动作经过一次尝试就可形成足够强度的联结，也即动作是一次性获得的。活动则是由一系列动作组成的复合体。活动通常是根据其所达到的结果来界定的。如打字、吃饭、投球、读书、买车等都是根据其结果命名的一种活动。其他学习理论家关注的是活动的最后总成绩或总结果，而古斯里关注的是构成活动的细微动作。其他学习理论家只是在享用着练习的好处，而错误理解了练习之所以能够带来进步的真实原因。如果说桑代克关心被试完成作业的分数，如习得的单词数、打字的页数等，那么古斯里关心的是有机体精巧运动的细节，而不管错误还是成功。正是古斯里的这种对行为的微观分析，使他看清了练习的本质。

总的说来，任何能够实现某一目的的或达成某一结果的活动都是由若干动作构成的。我们要想掌握这项活动，首先必须掌握构成活动的每项动作。而动作的掌握仅仅是将其与活动发生时所处的各种可能环境刺激通过一次尝试建立联结即可。这样的话，动作不需要重复，所以由动作构成的活动也不需要重复。纯粹地对同一动作的重复是多余的、浪费的。练习的作用是使构成活动的各项动作都与一定的具体刺激一一形成正确的联结。所以说，动作不需要练习，是活动需要练习，并且练习也不是简单的重复。古斯里说："活动的学习不同于动作的学习，前者的确需要练习。之所以如此，是因为活动需要组成它的动作与不同的线索相联结。"①某一活动所包括的动作越是多种多样，和这些动作构成联系的刺激越是多种多样，就需要越多的练习。

另外，古斯里认为技能（skill）是由很多活动（act）构成的，因此也是由成千上万的动作构成的。所以对技能的掌握同活动的掌握一样，也是需要通过一性次尝试来建立无数的动作和刺激的联结对，从整个过程来看就表现为需要大量的练习。例如学习打字、打高尔夫球、驾驶汽车等技能都需要大量的练习。

2. 遗忘

常识和传统的学习理论认为，遗忘是反应强度随着时间的流逝自然衰退的结果。例如，巴甫洛夫认为，当一个反应未受到持续的强化时，这个反应最后就归于消失。古斯里反对这种观点，并根据其接近原理做出了不同

① 转引自叶浩生著：《现代西方心理学流派》，江苏教育出版社1994年版，第86页。

的解释。

古斯里首先提出了一个联结性抑制(associative inhibition)的概念，即在原来的刺激和反应之间插入了其他反应，使原来的刺激与新插入的反应形成了新联结，这样，新反应就抑制了原反应并取代了原反应的位置。所以，新反应也可称为抑制性反应(inhibitory response)。古斯里说："遗忘以往学习过的内容，可能仅仅是由于后来又学习了其他的内容。"这样的话，遗忘也就很容易理解了，从现象上看是原有的线索(即原刺激)不能唤起预期的行为(即反应)，而本质上是由于形成了抑制原有联结的新联结而造成的。所以，遗忘与经过的时间长短无关。之所以产生时间流逝是遗忘的原因这种假象，是由于时间为形成新的替代性联结提供了机会，时间越久，形成替代性联结的机会越多、可能越大，所以遗忘的现象也就越容易发生了。假如一个刺激—反应联结没有被新的刺激—反应联结所取代，它就会无限期地存在下去。例如，在实验室中建立的联结在某些方面显得很脆弱，但往往很能抵抗遗忘，因而能够保持很长时间。原因是实验室中的刺激条件比较特殊，很少能在日常生活中出现，所以受到干扰的可能性很小；相反，许多在日常生活中建立的联结，由于受到其他反应干扰的机会增加，所以遗忘就很容易发生了。

另外，与学习一样，遗忘也是一次性就完成了，即要么遗忘了，要么没有遗忘。因此，遗忘是一个全或无的问题，而不存在遗忘速度和程度的问题，因此也就不是常识或传统上说的是一个缓慢衰退的过程。

从以上的分析可以看出，古斯里的遗忘观实质上是一种干扰说，即所有的遗忘都是由于干扰而引起的。没有干扰，就没有遗忘。即遗忘就是以前的旧学习受到了后来新学习的干扰所致。所以，在古斯里看来遗忘也就是倒摄抑制(retroactive inhibition)。

上述分析说明，练习和遗忘在表面上是两个相对抗的过程。但从微观机制上看，它们遵循的是同样的规则，都涉及到联结的形成。练习是在人为地建立联结，而遗忘是应该保持的联结被其他联结偶然地代替了。

二、奖赏与惩罚

1. 奖赏

在 20 世纪 30 年代，几乎所有的学习理论家都强调强化和奖赏的作用，认为强化或奖赏能够加强行为，使之更牢固，而不会被遗忘或消退，如桑代克认为强化能够带来满意的效果，所以有机体倾向于重复同一行为。古斯里也承认强化对学习有影响，但不同意行为的结果能够加强行为，而是根据接近学习原理对强化的影响机制做出了不同的解释。

奖赏通常被安排在行为链的末尾，如刺激 S_0—反应 R_0（刺激 S_1）—反应 R_1（刺激$_2$）—反应 R_2……刺激 S_{i-1}—最后反应 R_i—奖赏—（刺激 S_i）。古斯里认为，奖赏或强化物都仅仅是出现在符合目的的反应之后的一种机械性安排。这种安排没有在联结中加进什么新的因素。因此，所谓的效果律是没有什么根据的。唯一可能的解释是，这种安排改变了有机体所面临的刺激格局，也就是奖赏后的刺激（刺激 S_i）不同于奖赏前的刺激（S_{i-1}）了。另外，由于目的反应（R_i）总是最后出现，所以在目的性反应之后再不会有其它反应与原来的刺激（S_{i-1}）建立联结。由此看来，奖赏没有加强行为，它只是通过改变刺激格局保护了最后的目的性行为，避免了其它行为与原刺激建立联结。所以奖赏就是即时地终止了行为无限制地联结下去，从而保护了所希望的行为。假设有一个实验情境（S_0），动物在这个情境中做出了一个特定的反应（R_0），并因此获得了食物。这样，因为吃了食物，动物内部原来由饥饿引起的刺激消失了，不再处于原来的刺激情境（S_0）中，而是处于一种新刺激情境（S_1）中了。根据接近学习原理，因为动物的最后一个反应（R_0）使刺激情境（S_0）发生了急剧的变化，使得其它可能的反应再没有机会与反应（S_0）建立联结，从而保护了反应（R_0）。当动物再次处于情境（S_0）中时，它还继续倾向于最后的反应（S_1）。古斯里说："通过第一次逃跑，动物就学会了逃跑。这一学习之所以不易遗忘，是因为逃跑这一行动使动物离开了原来的情境，这个情境以后没有获得新联系的机会。"①打个比喻，奖赏的作用类似于标点符号的作用。标点符号就是标志着一个文字链的结束，它并没有加强最后一个文字的强度，而仅仅保护了最后一个文字，使其不再被其它文字所跟随，因而也就终止了文字串无限制联结下去的可能。所以，在古斯里看来，奖赏或强化能够加强最后反应的强度完全是一个假象。

2. **惩罚**

传统的观点认为，惩罚之所以能够消除一个反应，是因为惩罚给有机体带来了痛苦的感受，抑或是减弱了反应的强度。古斯里认为这种用主观效果来解释惩罚的观点是没有根据的。他说："不是惩罚引起的感受，而是惩罚引起的那个特定行为决定了一个人学会什么。……认为感受决定学习是

① 转引自鲍尔、希尔加德著，邵瑞珍等译：《学习论——学习活动的规律探索》，上海教育出版社 1987 年版，第 135 页。

一种错误的认识。”[1]

在古斯里看来，惩罚的目的是要用合意反应代替厌恶反应。要达到这个目的，首先是要破坏原来的刺激—反应联结，并用一个新的刺激—反应联结代替之。我们先来看一下惩罚的反应链：刺激 S_0—反应 R_0（刺激 S_1）—反应 R_1（刺激 S_2）—（刺激 S_{i-1}）—最后反应 R_i—惩罚（刺激 S_i）—反应 R_{i+1}。在反应链中，最后的反应 R_i 就是意欲消除的厌恶反应，惩罚通常是作为一个新引进的刺激被安排在厌恶反应之后。这样，惩罚就与原刺激 S_{i-1} 组成了一个新的刺激 S_i，此时，使有机体做出另外一个反应 R_{i+1}，并使之与 S_i 建立联结，结果就是我们用新的联结（刺激 S_i—反应 R_{i+1}）取代了旧联结（刺激 S_{i-1}—最后反应 R_i）。由于刺激 S_i 保留了一部分与 S_{i-1} 相同的刺激要素，所以反应 R_{i+1} 还会泛化到刺激 S_{i-1} 中，并能有效地与原来的反应 R_i 相抗衡。

按照上面的分析，引导出的新反应 R_{i+1} 既有可能是合意反应，也有可能仍是厌恶反应，那么怎样才能保证惩罚后的反应是合意反应而不会是厌恶反应呢？所以，惩罚怎样实施才能引导出合意反应也是需要考虑的问题。对此，古斯里认为必须巧于安排惩罚，其中最关键的有两点：一是要使受罚后的新反应与被罚的反应互不相容；二是惩罚必须与引发受罚反应的刺激同时匹配使用。

古斯里用了一个例子来说明这个问题：假设你有一条狗喜欢跟着汽车跑，现在你想通过惩罚使它不再跟着汽车跑。那么你首先开动汽车，让狗跟在汽车旁边跑，这时你对狗的惩罚就是拍打狗的鼻子，狗就会停下来不再追踪汽车了。相反，如果狗跟着跑时你拍打了它的屁股就不会达到你的目的。我们能肯定的是拍打鼻子和拍打屁股的疼痛程度是一样的，但两种惩罚的结果不一样，这就排除了惩罚是通过其主观效果来起作用的可能。唯一的区别是拍打鼻子倾向于让狗停下来，而拍打屁股倾向于让狗继续朝前跑，甚至跑得更快。这个例子说明惩罚只有引起了与原反应相矛盾的反应才是有效的，如果引起的反应与原反应不是矛盾的甚或是一致的就是无效的。

谢菲尔德（1949）曾将古斯里的惩罚观概括为如下三条规则[2]：(1) 只有对受罚情境做出的最后反应与招致惩罚的反应互不相容时，惩罚才是有效的。(2) 只有当不相容的反应进行时呈现的线索，在惩罚反应进行时也呈现出来，惩罚才是有效的。(3) 只有产生情绪兴奋的惩罚，才倾向于使受惩罚

① Guthrie, E. R. (1952) *The psychology of learning* (Revised Edition). Harper Bros: Massachusetts. p. 132.

② 转引自鲍尔、希尔加德著，邵瑞珍等译：《学习论——学习活动的规律探索》，上海教育出版社 1987 年版，第 140 页。

的反应固定下来。

赫根汉等(2004)将古斯里的惩罚观概括为如下四条规则[①]:(1) 对惩罚来说,重要的不是它给有机体带来的痛苦,而是它使有机体做了什么事情。(2) 要达到效果,惩罚必须引起与不受欢迎行为相矛盾的行为。(3) 要达到效果,惩罚必须在引起受罚行为的刺激出现时实施。(4) 如果条件 2 和 3 不能满足,惩罚将是无效的,它甚至会加强不受欢迎的行为。

总之,惩罚要达到目的,它必须引导有机体做出其它相反的反应,同时,原来引起不受欢迎反应的刺激仍然存在。并且,当这个刺激下次再出现时,它们倾向于引起一个受欢迎的而不是不受欢迎的反应。

另外,古斯里认为,传统上所说的奖赏和惩罚是道德术语,而不是心理学术语。它们并没有揭示对有机体产生影响的具体机制,而仅仅是从实施者的目的上来界定的。

三、动机与意图

动机和意图传统上是用来解释行为原因的心理主义概念。古斯里认为,一切行为都是由刺激引起的,刺激是行为的唯一原因。所以,动机和意图这两个概念也完全可以用刺激和反应这样的行为主义术语进行解释。

1. 动机

为了解释动机,古斯里首先提出了维持性刺激(maintaining stimuli)的概念。所谓维持性刺激,就是指持续地作用于有机体并使有机体处于持续的活动中,直到有机体做出了某个反应而使刺激本身结束为止,这样的刺激就是维持性刺激。维持性刺激既可来自内部,也可来自外部,关键是刺激具有时间上的持久性特征。例如,由饥饿产生的刺激一直会持续到吃饱食物为止。将一个纸袋绑到猫脚上,猫将处于不安和兴奋的状态,这种状态要持续到猫的某个动作将纸袋抛掉为止。"任何一个持久的刺激源,不管它是内部的还是外部的,都可提供维持性刺激。"[②]

古斯里认为,动机实质上就是来自有机体内部的维持性刺激。这样的话,动机就是指如下两种刺激:一种是有机体的生理变化,如内分泌、糖原控

---

① Hergenhahn, B. R., Olson, M. H. (2004). *An Introduction to Theories of Learning* (Seventh Edition). Englewood Cliffs, NJ: Prentice Hall. p. 225.

② Hergenhahn, B. R., Olson, M. H. (2004). *An Introduction to Theories of Learning* (Seventh Edition). Englewood Cliffs, NJ: Prentice Hall. p. 226.

制、疲劳产物的排除、血压、新陈代谢等。另一种是运动性刺激，即由身体的运动所产生的刺激。如听到电话铃声响起而朝电话机走去，但在走的途中电话铃声已经停止了，而我们还仍然会继续走，就是因为走动所带来的机体动觉作为内部刺激而使我们继续走。

由于古斯里把动机仅仅看作是来自机体内部的一种刺激，所以不同种类的动机或某种动机的不同强度，都只不过是不同的内部刺激状态而已。因此，尽管有时看不到外部刺激的明显变化，但有机体仍然会行动不止。这样的话，动机的作用就是提供持续的刺激，使有机体在达到目标之前活动不止。目标一旦实现，维持性刺激就可消失，活动也就终止了。

古斯里说："动机就是刺激。通过过去的联系引起持久行为的持久刺激，是人们做出指向于过去的成功的动作的原因。"①意思是说，在过去曾经解除了一种持久性刺激的行为，在以后同样的维持性刺激再次出现时，还倾向于由同样的行为来解除。也就是说，动机行为可解释为刺激和反应的联结。古斯里用酗酒行为来说明这个问题。假设一个人感到紧张和焦虑，紧张和焦虑就提供了维持性刺激。如果此人此时饮了一点酒，那紧张和焦虑就会减弱。这样，紧张的减弱就保护了紧张和喝酒之间的联结。那么，这个人以后就逐渐地倾向于喝酒甚至酗酒了。

2. 意图

传统及常识的观点认为，人们的行为是由一个主观目的引导的，在行动之前先要制定一个计划，并且随后的行动也是被按照目的组织成序列的。但古斯里认为："把一切行为都假定为有目的的，这是一种幼稚的思想方法。"②他根据自己的立场对这个问题作了专门讨论。

受谢灵顿和武德沃斯的影响，古斯里把一个所谓有意图的行为看作是由准备性反应和完成性反应组成的序列，准备性反应为完成性反应的顺利实现作好了准备。古斯里还认为一个意向性行为可分为如下四个成分：(1) 存在着一个维持性刺激使有机体处于活跃状态；(2) 由某物阻止了能够当即解除维持性刺激的直接行为；(3) 肌肉准备做出某种反应；(4) 肌肉为行为结果作好了准备。这些行为似乎存在着内部的必然联系和逻辑顺序，所以行为看起来好像是有意图、有目的的。但实质上，看起来有意图的行为仅仅是准备性反应与维持性刺激建立了稳固的联结之故。

意图也是以过去经验为基础的。古斯里(1935)说："意图的实质是一组

① 转引自章益辑译：《新行为主义学习论》，山东教育出版社 1983 年版，第 251 页。
② 转引自章益辑译：《新行为主义学习论》，山东教育出版社 1983 年版，第 253 页。

维持性刺激，它们可能包括也可能不包括不安定的原因，如渴、饥饿，但总是包括在过去经验中被条件化了的行为倾向，即说话的准备、阅读的准备。在上述每一情形中的准备不仅是对于行动的，而且也有对曾经经历过的行动之结果的。这些准备并不是完成的行动，但他们存在于将要参与完成行动的肌肉的紧张状态之中。"①例如，如果一只处于饥饿状态的白鼠在第一次偶然地沿着跑道跑到终点并获得了食物的话，那么这只白鼠在以后饥饿时就会重复这个行为。此时，白鼠的奔跑行为看起来好像是为了获得终点的食物，似乎白鼠是有目的、有意图的。事实上这是因为奔跑行为已经与由饥饿产生的内部刺激和来自跑道的外部刺激建立了稳固的联结，此时这些刺激就是一种维持性刺激。一旦在终点获得食物，内外刺激即消失，行为也就结束了。古斯里总结说："不是我们想要到达的目标使我们作出某些动作，而是我们过去的成功对于联系性学习的效果使我们作这些动作。"②

四、习惯的破除和改变

所谓习惯就是一个与很多刺激建立了联结的反应。能够引起这个反应的刺激越多，习惯就越牢固。例如，经过多年的尝试后，抽烟行为就与成千上万种的刺激建立了联结。只要这众多刺激中的一种出现了，马上就会引起抽烟行为，所以抽烟成了一个非常顽固的习惯。另外，当与一个反应联结的刺激出现时，由于惯性的作用这个反应势必要表现出来，如果反应被阻止则会带来干扰，相关的肌肉就会变得紧张，并且会感到不安和焦虑。

1. 破除习惯

在我们的习惯系统中，有一些不良习惯是需要破除的。破除习惯(breaking habits)就是当引发不良反应的刺激出现时，设法用良好反应代替不良反应，这样刺激就与良好反应建立了联结。当刺激再次呈现时，引发的是良好反应而不再是不良反应了。关键是良好反应在强度上要超过不良反应。所以，破除习惯就是用一个较强的良好联结代替一个不良联结的过程。

古斯里提出了三种破除习惯的方法：

(1) 阈限法(threshold method)，也称忍受法(toleration method)。这种方法是将引发某反应的刺激以极其微弱的强度呈现，而不致引起反应，然后

① 转引自鲍尔、希尔加德著，邵瑞珍等译：《学习论——学习活动的规律探索》，上海教育出版社 1987 年版，第 134 页。

② 转引自章益辑译：《新行为主义学习论》，山东教育出版社 1983 年版，第 251 页。

缓慢地增加刺激强度，并使之不超过个体所能忍受的水平。古斯里举例说，为了让一位父亲接受送其女儿上一所昂贵学校的建议，那么一开始就仅仅偶尔提起这所学校的优点，而不直接提出建议。这样缓慢地接近最终的建议的话，就不会引起他的强烈抵制了。等父亲准备好了时，再向他提出建议他就不会大吵大闹了。这时，他已经习惯了这个想法，因此不再会有剧烈的反应了。

(2) 疲劳法(fatigue method)，也称消耗法或过量法(exhaustion or flooding method)。这种方法就是不断重复刺激，直到它所引起的反应疲劳为止。此时，就会有新反应与刺激建立联结而形成新的行为习惯。美国西部在驯养野马时使用的就是这种方法。给野马快速地戴上马鞍，同时骑手也上了马背，直到马疲劳得不能再跳跃起来将马鞍和骑手摔下时，马就被驯服了。最后马只能安静地接受被骑的结果，而不再是跳跃不止了。按照新近性原理，马最后对马鞍和骑手做出的反应就成了它以后对待马鞍和骑手的反应。

(3) 不相容反应法(incompatible response method)，也称对抗性条件作用法(counterconditioning)。这是所有三种方法中最重要、应用最广泛的方法。这种方法的目标就是寻找并建立一个新的受欢迎的反应。首先，要求这个新反应与旧的习惯性反应是相对抗的；其次，这个新反应也要与引起旧反应的刺激建立条件作用；再次，要求新反应在强度上要超过旧反应，以抑制旧反应的出现。例如，儿童对一个猫熊玩具的初始反应是害怕和逃避，而对其母亲的反应是安静和放松。使用不相容反应法就可使儿童不再对猫熊玩具害怕和逃避。首先，使猫熊玩具和母亲同时出现在儿童面前，那么害怕和逃避与安静和放松这两种对抗性反应就倾向于同时出现在儿童身上，但由于母亲和猫熊相比是一种更占主导性的刺激，所以儿童最终会表现出安静和放松反应，而不是害怕和逃避反应。此时，安静和放松反应就代替了害怕和逃避反应而与猫熊建立了新的联结。以后，当单独呈现猫熊时，儿童也就会表现出安静和放松的反应了。这种方法后来被发展成了心理治疗上的系统脱敏法(下文将详细论述这种疗法)。

上述三种方法的理论根据都是接近反应原理，其基本模式也是相同的，即首先明确引起不良反应的刺激，然后在这些刺激出现时施行一个预期的反应，这样的结果就是良好习惯代替了不良习惯。古斯里(1938)说："所有这三种方法其实只是一种方法。每一种方法都是设法在呈现刺激时保证不让不受欢迎的反应发生。”①

2. 改变习惯

古斯里认为,改变习惯(sidetracking habits)与破除习惯是不同的。破除习惯是在不改变刺激的情况下用新的、良好的反应代替旧的、不良反应,其根据就是联结性抑制。而改变习惯是通过回避原来引起不良反应的刺激情境以消除原有的不良行为。这种方法最极端的例子就是干脆离开原来的环境而进入一个新环境中,这样不仅可以避免旧习惯,而且还会形成新习惯。所以,这种方法也可称作改变环境法(change-of-environment method)。如果一个人怕狗,那就将其环境中的所有狗都消除掉,那么这个人怕狗的反应就会完全消失。但这种做法显然是不实际的。反过来,我们可以让这个人进入一个没有狗的新环境中来改变怕狗的反应。但古斯里也认识到,这样的方法对某些反应来说也是不合适的,因为改变环境也不能彻底脱离原来的旧刺激。一是位于体内的内部刺激会随着我们一起进入新环境中,而有很多不良习惯恰恰是由内部刺激引起的;二是大多数新环境与原来的旧环境有很大一部分刺激是相同的或相似的。尤其是对某些习惯来说更是这样,如社交焦虑症就是如此。因为上述两种刺激的存在,当我们进入新环境中时,仍会有旧的不良反应出现。例如,大学刚入学的新生尽管在新的环境中建立了很多新习惯,但也带来了原来的一些旧习惯,原因就在于刺激并没有完全改变。

因此,在如下两种情况下环境改变法可能是有效的:一是引起不良反应的刺激在新环境中出现的频率和强度都低于在旧环境中出现的频率和强度;二是引起不良反应的刺激只在旧环境中存在。

五、迁移

古斯里认为,刺激情境是由时刻发生变化的大量刺激要素构成的集合体。所以,训练情境和测验情境的相似性问题其实就是两种情境之间所具有的共同要素的多少问题。如果两个情境具有的共同要素越多,则两个情境的相似程度越高。反之,则越低。假如有机体是在一个有 100 万个不同刺激要素构成的训练情境中做出反应,而在测验情境中包含了 50 万个相同的刺激要素,那么反应概率就会下降一半。如果测验情境只包含了 25 万个

① Hergenhahn, B. R., Olson, M. H. (2004). *An Introduction to Theories of Learning*. (Seventh Edition). Englewood Cliffs, NJ: Prentice Hall. p. 222.

相同的刺激要素，那么反应概率就会进一步下降。也就是说对两个不同情境做出同一反应的概率取决于两个情境之间的相似程度。因此，在古斯里看来，情境的相似性其实质就是情境之间的局部共同性。

另外，古斯里认为有机体不可能与所有刺激要素建立联结，而仅仅是有选择地对其中一部分刺激做出反应。有机体所正在做出的行为也仅与这一部分刺激建立联结。因此，只要两个刺激情境之间具有共同的要素，在一个情境中联结的行为就可迁移到另一个情境中。所以，古斯里的迁移观实质上与桑代克的共同要素说是相同的。但古斯里强调新旧情境的共同点体现于所唤起的共同反应，因为对于各种不同的刺激物所作的反应能产生极为相似的运动性刺激，并足以唤起共同的条件反应。对运动性刺激的强调是古斯里对桑代克的补充。

但事实上，古斯里并不相信有迁移的可能。他采取了一种极端的看法，即要想在新情境中产生你所希望的行为，唯一可靠的办法是在新情境中也练习这个行为。要想在多种多样的情境中完成同一行为，你就得在多种多样的情境中练习这个行为。

第五节　接近联结学习原理的应用

古斯里非常重视对其接近学习原理的应用。在其著作中，他列举了大量的轶事及日常生活中的事件来例证其学习原理。“古斯里著作的动人之处，在于它和日常生活紧密联系，为解决动物训练、儿童教养和教育学问题提供了有趣而令人信服的建议。”①这种写作思路充分地反映了他重视应用的态度。下面主要介绍其理论在教育和心理咨询两个领域中的应用。

一、一般原则

下面是从古斯里的理论中推衍出来的有关学习或行为矫正的一般原

① 鲍尔、希尔加德著，邵瑞珍等译：《学习论——学习活动的规律探索》，上海教育出版社 1987 年版，第 144 页。

则：

(1) 如果你打算鼓励一个人的某种良好行为或阻止某种不良行为，那么首先必须知道是什么线索引起了这种行为。然后，如果要鼓励，就安排一种情境促使良好行为在线索出现时发生；如果要阻止，就安排情境并抑制不良行为在线索出现时不发生。奖赏和惩罚的诀窍就在于此。

(2) 由于每种日常行为都是对复合刺激物的复合动作反应，所以应该用尽可能多的刺激来支持良好行为。与良好行为形成联系的刺激越多，这种行为受到分心刺激物和对抗行为干扰的可能性就越小；反过来说就是，引起良好行为的线索越多，良好行为就越是巩固。练习的作用就在于此。从这个原理可引申出如下规则：以后以什么形式做出行为，现在就必须以完全相同的形式来练习这个行为。

(3) 要养成注意的习惯，就应强迫自己始终不停地做出反应，绝不让任何差错出现。当习惯自动化后，就不需意志努力也可出现。在这个过程中要严格要求自己，而不能放任自己的旧习惯破坏现在的行为程序。

二、在教育中的应用

1. 家庭教育

在家庭教育上，古斯里认为父母的特点决定着儿童建立什么样的适应方式。和父母相比，儿童的智力和体力总是要逊一筹，但儿童也必须使自己能适应父母较高的智力和体力。儿童在适应父母的过程中所形成的行为方式就是其在日后应对新情境时的基础。父母的有些特点具有广泛性，因而使儿童的某些反应方式也具有广泛性。儿童在家庭中习得的经验将决定他或她用什么反应方式来应对他人。如果在家庭中学会的解决方法是缠磨、啼哭、求情或者撒娇耍赖、大哭大闹，那么这些方法在上学后就会被用到教师身上。同样，一个人幼年时期学会怎样对待自己的具有权威的父亲，到其成年时就会用同样的方式对待国家机构。他对待权威的态度是在家庭中养成的，他将成为一个叛逆还是一个安分的公民，取决于他在家庭中的早期经验。一个人喜欢控制别人还是喜欢受别人控制，是由其社会经验和习惯决定的。

2. 学校教育

学校教育的实质就是采用某种手段来引起我们希望学生做出的某一动作模式，如全身动作、手眼动作、言语动作等。学生所要做的就是在给定刺激面前做出恰当的反应而已。学生能学到什么，在于其做了什么，也即只有从做什么中才能学到什么。学生学会的不是教师讲授的东西或书本里的东西，他学会的只是老师的讲授或书本指引其所做的东西。古斯里说："无论教师的任务是传授知识和技能，还是纠正不良行为，问题永远是，必须采用这样或那样的手段引导学生把你希望他今后和某一情境形成联系的行为，此刻就在那情境中先做一番。"①

由于古斯里并不相信迁移，因此，他认为如果希望学生在今后什么样的情境下做好某件事，就让学生在什么样的情境下练习它，这样的练习才是有效的。如果准备在各种不同的情境中展示一个行为，就必须在准备展示的各种不同情境中练习。最佳的学习情境就是将来接受检验的那个情境。他举例说，在黑板上进行 2 加 2 的运算不能保证还能在座位上完成同样的运算。

练习是必要的。练习是用同一种反应与各种各样的不同情境建立联结。这样就可使反应变得越来越稳固，被再次引发的机会也越多。

三、在心理治疗中的应用

古斯里的接近联结原理对心理治疗也产生了影响。他的关于破除习惯的方法被现代心理治疗学家们改造成了系统脱敏法和暴露疗法。这两种方法现在成了常用的行为主义治疗技术。

1. 系统脱敏法

系统脱敏法（systematic desensitization）主要是用来帮助来访者克服不良情绪和行为障碍的一种方法，如对考试、坐飞机、动物、当众演讲等情境产生的严重不安和恐惧。治疗包括如下四个步骤：第一，治疗者首先根据各种引起恐惧的情境与事件在来访者心理上的接近程度将其按照由弱到强的次序排列出来。第二，治疗者教给来访者一些肌肉放松技术。如如何使肌肉放松，如何用语言来控制放松；能分辨出什么时候放松，什么时候紧张，以及紧张的程度。第三，将极限法和对抗性条件作用法结合，以减弱病人在想象刺激序列中的各种情境时的恐惧反应，同时用对抗性放松反应覆盖或替代之。如此按次序进行，直到完成所有项目。第四，如条件允许的话，引导来访者进入现实生活情境以进行实地演习，以加强和巩固疗效。

整个程序中要注意两个关键：一是以极微弱刺激引起恐惧反应；二是使

① 转引自章益辑译：《新行为主义学习论》，山东教育出版社 1983 年版，第 251 页。

想象的线索与高度放松相联系。

2. **暴露疗法**

暴露疗法(exposed therapy)也称满贯疗法(flooding therapy),也是一种用来治疗恐惧的方法。这种方法正好与系统脱敏法由弱到强的程序相反,而是使来访者一步到位地直接面对或暴露在所恐惧的情境或事物中。同时鼓励来访者坚持下去,直到恐惧反应消失为止。

第六节 对接近联结行为主义的评价

从其发生的时间上来说,古斯里的理论应属于新行为主义,但因为其理论风格与早期行为主义更加接近,所以有的心理学史家将其归到早期行为主义之列。古斯里深受桑代克、巴甫洛夫和华生等人的影响,他批判性地接受了桑代克的联结律、巴甫洛夫的条件反射、华生的客观主义等思想,在此基础上创造性地建立了自己的行为主义体系。

一、主要贡献

第一,唯一原理,简约一致。一个好的理论应该符合简约性的标准,即能用较少的概念解释较多的现象。显然,古斯里的理论符合这个标准。古斯里认为,像桑代克、斯金纳、赫尔、巴甫洛夫及华生等人的理论太过复杂和繁琐了,他们制定了很多的规则,如强化、效果律、频因律等,其实这都是多余的和不必要的。相反,他仅用一个刺激—反应接近的原理就解释了众多的学习现象,如遗忘和练习、奖赏和惩罚、动机和意图,等等。看似简单,但有很强的说服力。古斯里用大量日常生活中的事例印证了其理论即使简单但很有效的特性。美国著名心理学史家舒尔茨说:"伽思里(即古斯里——引者注)体系的巨大的吸引力,可能是由于它在许多年内的一致性和它的极大的简明性。如果把他的体系和其它较为复杂的学习理论,尤其是赫尔的理论加以比较，那么它的确是一种极易理解的体系。”①简约性是古斯里理论最鲜明的特色和最吸引人的地方，这在心理学史上也是绝无仅有的简约典范。当然，理论形式上的简单并不等于其内容也是简单的。“尽管这一体系就古斯里（同大多数学习理论家比较）很少运用形式定律的意义说似乎很简单，但就它试图概括的现象范围说，就古斯里以他自己的观点同其他杰出理论家较量时所做出的细致考虑说，它却绝不简单。”②这种形式简单而内容复杂的反差更说明了古斯里理论的简约特征。另外，古斯里的整个理论体系还保持着内部的一致性，这也是古斯里理论的一个优点。

第二，抛砖引玉，后继有人。启发性也是一个好的理论所应具备的特征。古斯里的理论在这方面也显示出了很强的优势，他的理论激起了后人大量的相关研究，著名的如谢菲尔德（Frederick Duane Sheffield）和埃斯蒂斯（William Kaye Estes）。我们在前文已提到，虽然沃克斯也针对古斯里的理论展开了深入的研究，但她主要是对古斯里理论缺陷的弥补，而谢菲尔德和埃斯蒂斯更多的是沿着古斯里的路线向前发展。谢菲尔德提出了感觉反应（或称表象）的概念，试图用接近联结理论来解释表象的学习问题。他还提出了驱力诱导的理论，并与罗比合作进行了一项经典性的实验，表明强化并不是以驱力降低的形式起作用的，而是以强化物被消耗所激起的兴奋的形式起作用的。更能够代表古斯里接近学习原理新发展的是埃斯蒂斯的刺激抽样理论，接近律、一次性学习构成了埃斯蒂斯理论的核心和基础。另外，古斯里运用接近学习原理来解释生活现象的风格也使不少优秀青年学生被吸引到心理学领域中来，“单说这一点，也就是他不容忽视的贡献。……现有不少具有良好基础的青年心理学家们倾心于古斯里的学说，愿意负起责任来将他的理论体系从现有的成就再大力推进”③。

第三，关注现实，强调应用。任何理论的终极目的都是要解决实际问题的。无疑，这也是古斯里在创建其理论时自觉考虑的问题。这体现在两方面，一是古斯里喜欢应用日常生活现象来举例说明其理论。这种写作风格不仅便于别人理解其理论，而更重要的是反映了其理论贴近现实、具有可应用性的品格。二是古斯里提出的习惯改变法、奖赏和惩罚等方法被用在了教育、心理治疗、行为矫正等领域中。一种理论被后人所重视和应用的程度本身就是其重要性的最好证明。

① 舒尔茨著，沈德灿等译：《现代心理学史》，人民教育出版社 1981 年版，第 257 页。
② 查普林、克拉威克著，林方译：《心理学的体系和理论》（上册），商务印书馆 1983 年版，第 322 页。
③ 章益辑译：《新行为主义学习论》，山东教育出版社 1983 年版，第 49～50 页。

二、主要缺陷

第一,轻视实验,偏重理论。古斯里在其一生的学术生涯中,更偏爱于理论思考和写作,而不喜欢实验研究。他用大量的著作来阐述其理论,而仅仅与人合作进行了唯一一个实验来佐证其理论。这种一多一少的鲜明对比真实地反映了古斯里的学术选择。这说明古斯里是一位理论家,而不是一位实验家,尽管他不否定实验研究。“作为一个理论家,他更感兴趣于寻求规则来描述学习,而不是建立一个正式的研究程序。”这种对理论的偏好不仅反映在他的学术活动中,而且也通过他的言论自觉地反映出来。古斯里在当选为美国心理学会主席时的就职报告中(1945)指出,除非心理学家对理论保持兴趣,否则心理学将逐渐成为一个单单对未经整理的事实的搜集。他坚信理论比事实对心理学更为重要,理论是持久的,而事实不是。这反映了古斯里认为理论在逻辑上要先于实验。在研究之前,我们先要把持着一个理论,在理论的指导下去搜集和整理事实。其实,这作为一个心理学家对理论和事实之间关系的认识并没有什么不妥。关键的问题是,他的这种选择导致了他在实际的研究中更重视理论的建立,而忽视了实验研究。

第二,阐述模糊,难于证实。古斯里的理论在简洁性上走到了极致,但这也不可避免地带来了一个缺陷,即由于阐述得过于简洁而使整个理论显得模糊不清,导致别人很难对其理论进行实验上的证明。这一点古斯里本人也是承认的。所以,有人认为古斯里理论的简约性仅仅是一个假象,“毫无疑问,在心理学文献中许多有关古斯里的评论都错误地把不完整当作简明扼要了”[①]。这种假象具体表现在其理论与实验研究之间还需要其他更可操作的假设来补充和完善。小缪勒和舍恩菲尔德一针见血地指出了这个缺陷:“虽然他阐述的条件作用原理似乎有朴实无华的特点,这在行为原理的理论阐述中是令人满意的,但仔细分析一下便可看出,如果要使他的理论在实际上应用于任何实验资料,还需要大量的补充假设和假想的理论结构。”[②]也正因为上述原因,沃克斯对古斯里的理论进行了系统化的概括,并且还根据其概括出的有关假设进行了实验研究。沃克斯的工作正好反证了古斯里理论确实具有这种简陋的缺陷。

---

① 转引自章益辑译:《新行为主义学习论》,山东教育出版社 1983 年版,第 48 页。

② 转引自鲍尔、希尔加德著,邵瑞珍等译:《学习论——学习活动的规律探索》,上海教育出版社 1987 年版,第 155 页。

第三，忽视机体，强调外周。从原则上来说，古斯里并不否定遗传和成熟在行为中所起的作用。他说："我们不能认为所有的刺激—反应联结都取决于条件作用。神经系统的成熟看起来是许多行为的决定因素。"①但在论述其学习原理时，古斯里并没考虑遗传和成熟的作用。另外，古斯里也忽视对生理学和解剖学细节上的研究，这进一步使得他所研究的行为脱离了有机体这个物质基础。古斯里只是从现象上说学习是刺激和反应一次性接近的结果，而忽视了刺激和反应之所以建立联结的必然的因果关系。这样，古斯里忽视了三个关键问题：一是反应最初是怎样发生的？二是刺激为什么与反应仅仅是通过接近就成为反应发生的信号了？它们的实质联系是什么？三是为什么刺激和反应仅通过一次接近就达到了最大联结强度？这样，古斯里的注意力仅仅停留于有机体所表现出的行为本身，而不去追究行为的生物学来源和行为存在的生物学基础（当然他也不关注行为的结果）。因此，古斯里成了一个"纯粹"的行为主义者。在这一点上，他比其他任何一个行为主义理论有过之而无不及。这使得他的理论成了行为主义传统中最彻底的行为主义理论。

① 转引自施良方著：《学习论》，人民教育出版社 2002 年版，第 70 页。

第五章

托尔曼：目的行为主义

托尔曼是一位温和的行为主义者，或者称之为方法论的行为主义者。他提出的目的行为主义，在坚持行为主义客观原则的基础上，把行为看作一个整体。托尔曼最突出的理论贡献在于，他在华生的刺激—反应之间引入了中介变量，以说明整体行为的目的性和认知性，这反映出他的逻辑实证主义和操作主义的哲学立场，也表明其理论从行为主义向认知心理学的过渡，体现了行为主义与认知心理学的初次结盟。

第一节　托尔曼传略

一、学术生平

爱德华·蔡斯·托尔曼(Edward Chace Tolman，1886—1959)于1886年4月14日出生在马萨诸塞州牛顿市一个上流的中产阶级家庭。他的父亲是麻省理工学院的第一批毕业生，后来成为一名成功的商业主管。年少时，他从父亲那里学到了百折不挠、艰苦奋斗的美德。母亲是贵格会教徒，她教给托尔曼生活要简朴，情操要高尚，要以强烈的道德原则来反思生活。中学毕业后，托尔曼考入了麻省理工学院，于1911年获得电化学专业的理科学士学位。据他自己说，他进入麻省理工学院并非是想成为一名工程师，

爱德华·蔡斯·托尔曼
(Edward Chace Tolman,
1886—1959)

而是由于他在中学时非常擅长数学和理科，以及出于家庭的压力。[①] 托尔曼的哥哥理查德·托尔曼(Richard Tolman)比他年长五岁，同样比他早五年就读于麻省理工学院，后来成为著名的理论化学家和物理学家，对第二次世界大战期间原子弹的研发做出了重要贡献。父亲希望他和哥哥都能够进入父亲的行业。但是，他们兄弟俩都逃避了家庭的期望，选择了学术生涯而没有进入工厂，不过这并没有产生任何家庭争吵，并且他们一直得到了来自家庭的经济支持。这充分说明他们从小就生长在充满爱和温暖的家庭环境之中。

托尔曼在大学四年级时阅读了威廉·詹姆斯的《心理学原理》，遂想成为一名哲学家。1911 年，托尔曼刚从麻省理工学院毕业就参加了哈佛大学的两个暑期班。一个是哲学课，由哲学家佩里(Ralph Barton Perry)执教，另一个是心理学导论课，由罗伯特·耶基斯(Robert M. Yerkes)授课，当时他们都是哲学与心理学系年轻的助理教授。不过，当时托尔曼就认定自己不具备哲学家的头脑，心理学却更接近他的能力和兴趣。在他看来，心理学似乎就是哲学和科学的完美折中。

1911 年秋天，托尔曼开始在哈佛大学读研究生，他曾在雨果·闵斯特伯格的实验室工作过一段时期。闵斯特伯格是冯特早期的学生，在实验心理学上颇有创造，受到美国心理学家詹姆斯的看重。当时的美国心理学由铁钦纳和詹姆斯统治，心理学仍被视为对意识经验的研究，这个事实令托尔曼感到苦恼，他说："把心理学界定为对私人的意识内容的考察与分析，在某种意义上是一个逻辑难题。怎么能够根据对私人的、无法传达的元素的界定来建立一门科学呢？"[②]尽管托尔曼没有立即转向行为主义的立场，但是他将行为主义视为传统内省心理学的另一有趣选择。他逐渐开始倾向于华生的行为主义。

1912 年夏天，为了准备德语考试，托尔曼来到德国吉森大学。在这里，他结识了年轻的心理学家考夫卡(K. Koffka)，这是托尔曼第一次接触格式塔心理学，虽然当时他只对格式塔心理学形成了一点模糊的印象，但为他后来接受格式塔思想做好了准备。"一战"之后，韦特海默(M. Wertheimer)、

① Tolman, E. C. (1952). *Edward Chace Tolman*. In: Boring, E. G., et al. (Eds.). *A History of psychology in autobiography*. Vol. IV. Worcester, Massachusetts: Clark University Press, p. 323.

② Tolman, E. C. (1922). A new formula for behaviorism. *Psychological Review*, 29, pp. 44~53.

苛勒(W. Kohler)、考夫卡的著作被介绍到美国,人们对格式塔心理学有了更充分的了解。1923 年秋天,托尔曼又回到吉森大学学习格式塔心理学,这极大地影响了其后来的思想。格式塔的“整体”概念在托尔曼的行为理论中发挥了重要作用。

在闵斯特伯格的指导下,托尔曼研究了无意义材料的学习,他的博士学位论文是关于倒摄抑制的研究。1915 年,托尔曼在哈佛大学获得了哲学博士学位后,到西北大学执教了三年。在这期间,行为主义的观点并没有真正融入他的血液。他发表的论文涉及的都是诸如倒摄抑制、无意象思维、联想时间等前行为主义的(pre-behavioristic)问题。

对托尔曼产生重大影响的还有他在哈佛大学期间的另一位老师,即早期行为主义者埃德温·霍尔特(Edwin Holt),霍尔特的行为主义学习理论融入了目标和目的观念。霍尔特认为,华生的行为主义太过简化,不能将行为还原为简单的物理刺激和肌肉或腺体的反应。相反,他主张应该更加宽泛地将行为界定为服务于某一目的的动作。也就是说,行为是有目的的、目标指向的。这些思想后来成为托尔曼学习理论的核心。霍尔特在关于认识论的专题讨论会上提出的“新实在论”,也令当时的托尔曼感到异常兴奋。

在美国加入第一次世界大战期间,托尔曼撰写文章,表达其和平主义观点。1918 年,他因“缺乏教学成就”而被解雇,不过,这更有可能是他鲜明的反战立场导致的后果。幸运的是,同年他在加州大学伯克利分校谋到一职,并在这里度过了其以后的学术生涯。托尔曼来到伯克利大学不久就获得了开设一门新课程的机会,他想起了耶基斯的课程和华生那本提出“比较心理学”的教科书,正是这个机会,使托尔曼最终走上了行为主义方向。在上课的过程中托尔曼开始研究一些小型的动物迷津学习,很快就吸引了有才能的研究生到其实验室来。最初,他们为华生的观点所吸引,即反对效果律,主张动物学习的频因律和近因律。但是,后来托尔曼也发现自己不喜欢华生关于刺激—反应的过于简单化的观点,他不喜欢华生将每个单一的刺激和每个单一的反应看作孤立的现象,与其他刺激和其他反应没有任何实际联系。实际上,这时托尔曼就开始受到格式塔心理学的影响,认为在迷津中奔跑的老鼠一定学习了某种布局或模式,而不仅仅是孤立的刺激和孤立的反应之间的联结。

就是最初在加利福尼亚的这段时间里,托尔曼开始提出其基本的理论设想,他越来越相信,真正有用的行为主义并不是像华生的纯粹的“肌肉抽搐主义”(muscle-twichism)。托尔曼认为,反应不是用生理的、肌肉的或腺体的细节来界定的,而是通过有机体与环境或有机体与其内部状态之间的某种重新组织来界定的。这时，托尔曼开始模糊地感到有一种可以叫做“作为行为的行为”(behavior qua behavior)，它不同于纯粹的肌肉收缩和腺体分泌，也不同于在这种行为下面的点状的感官刺激。

在这一时期，托尔曼还花了大量精力将一些熟悉的前行为主义概念(如感觉、情绪、思想、意识)转化为新的、非生理学的行为主义术语，并开始用“克分子的”(molar)这一术语来修饰“作为行为的行为”，而与“分子的”(molecular)这一术语相对应。“克分子的”、“分子的”这一对术语是当时伯克利的研究生威廉姆斯(Donald C. Williams)向托尔曼提出的。① 后来，托尔曼将上述观点加以扩充，并最终在《动物和人的目的性行为》一书中详细阐述。

如前所述，托尔曼是在贵格会教徒家庭中长大的，和平主义是他生命中永恒的主题。1942 年他出版了《导向战争的驱力》一书，从精神分析的观点指出，是人类的驱力导致了战争。他强烈反对战争，并希望消除战争，因为在他看来，战争是愚蠢的、破坏的、不必要的、极端恐怖的。然而，当这本书出版时，美国已经卷入了第二次世界大战。战争的残忍甚至战胜了托尔曼强烈的和平主义，在征得他的哥哥理查德的同意之后，托尔曼在战略勤务局服务了两年。

“二战”后，托尔曼的社会良知又一次受到考验。20 世纪 50 年代早期，在麦卡锡主义的影响下，加州大学要求其全体教员签署一份忠诚誓约。托尔曼领导一批教员，宁愿辞职也不签署誓约。他们认为，这种要求侵犯了他们的公民自由权和学术自由。因为此事，托尔曼在加州大学的职务被暂停，他便在芝加哥大学和哈佛大学任教了一段时间。最后在法庭的支持下，他的教席得以恢复。1959 年，托尔曼退休。在他去世前不久，加州大学授予他名誉博士学位，象征性地承认了其主张在道义上的正确性。同年 11 月 19 日托尔曼在伯克利去世。

20 世纪 20 年代早期，托尔曼开始创建其独一无二的行为主义模式，发表了题为《行为主义的新公式》② 的论文，接受把行为作为心理学的适当主题，但拒绝华生极端的刺激—反应体系，提出了真正的非生理学的行为主义，将主观现象也纳入心理学的研究范围。1932 年他出版了重要著作《动物和人的目的性行为》，在总结前期主要观点的基础上，提出了整体行为的概念，系统阐释了整体行为与分子行为的主要区别，形成了目的性行为主义理

---

① Tolman, E. C. (1952). *Edward Chace Tolman*. In: Boring, E. G., et al. (Eds.). *A History of psychology in autobiography*. Vol. IV. Worcester, Massachusetts: Clark University Press, p. 331.

② Tolman, E. C. (1922). A new formula for behaviorism. *Psychological Review*, 29, pp. 44～53.

论体系。同时,托尔曼提出了需要为整个心理学领域寻找一个全面的理论或框架的想法。

托尔曼在他的晚年回顾自己的学术生涯时说,他的理论体系"可能禁不起所有科学方法的最终标准的检验。但是我不是特别在意。我喜欢用已经证明是适合于我的方式来思考心理学。因为所有科学尤其是心理学,仍旧是充满了极大的不确定性和未知因素,任何一个科学家特别是心理学家,能够做到的最好的就是追随自己的理想,凭兴趣爱好做事,而不管他所做的会是多么地不充分。实际上,我认为这就是我们大家现在所做的。最终,唯一确定的标准就是从中获得乐趣,而且我已经从中得到了乐趣"①。

托尔曼是一位和蔼而真诚、出色而热情的教师,是一位思想开放、易于接受心理学的新趋势和新思想的学者,是深受学生和同事爱慕与钦佩的人。1937 年,托尔曼当选美国心理学会第 45 届主席,1957 年获得美国心理学会杰出科学贡献奖,嘉奖词如下:"就创造性地并不懈地追求心理学多方面资料的理论整合,而不只是它们较受限制的与可修正的方面的整合而言;就在不丧失客观性与规律性的前提下,推动了理论从心理学的机械与边缘,进入心理学的核心而言;就通过主张把有目的的整体行为作为分析单位,从而把[人]还给心理学而言,都在他的目的—认知学习理论中得到了最明确的阐释。"②

二、思想渊源

1. 早期行为主义

在一定程度上,托尔曼的目的行为主义是在批判华生行为主义的基础上提出来的,作为行为主义的新发展,托尔曼的理论不可避免地受到了华生、霍尔特等人的影响。托尔曼在哈佛大学读研究生时听了耶基斯的课,其中一门课以华生的《行为:比较心理学导论》作教材,可见,托尔曼从一开始就受到了华生的影响。在托尔曼看来,华生是按照严格的物理的和生理的"肌肉抽搐"来对行为下定义的。他把华生的理论称为"抽搐主义",认为这种心理学集中于对特定刺激的孤立的反应,也许这种批评不太确切,但足以表明他对华生体系的不满。20 世纪 20 年代早期,对学习存在两种主要的解

---

① Tolman, E. C. (1959). *Principles of purposive behavior*. In: Koch, S. (Ed.). *Psychology: A study of a science*, New York: McGraw-Hill. Vol. 2., pp. 92~157.

② Scientific Contribution Awards 1957. (1958). *American Psychologist*, 13(4), p. 155.

释：一种是华生的近因律和频因律，一种是桑代克的效果律。一方面，托尔曼等人支持华生不赞成效果律，另一方面，他们也不赞成华生过分简化的刺激和反应概念。

托尔曼曾经指出，华生实际上摇摆于两种不同的行为概念之间：一方面，他用行为所依据的严格的、基本的物理学和生理学细目，也即根据感受器过程、传导器过程和效应器过程本身来给行为下定义，我们将这种定义称为行为的分子(molecular)定义；另一方面，华生开始模糊地认识到，行为不仅仅是它的生理部分的总和，而且也不同于这个总和，具有自身的描述性和规定性特征，我们将这种定义称作行为的克分子(molar)定义。① 不过，华生主要还是根据刺激—反应原理来研究复杂的人类行为的，也就是他主要关注于分子行为。在将行为作为心理学的研究对象这一问题上，托尔曼与华生的观点一致，只是托尔曼认为华生关注于错误的行为类型。

托尔曼指出，应该特别向克分子定义的其他一些支持者，如霍尔特、魏斯、坎特表示感谢。② 在哈佛大学读书时，虽然托尔曼主要受到了闵斯特伯格的教育，但是很明显，霍尔特对他有着决定性的影响。③ 霍尔特强调行为的整体性和学习的内部动因。在他看来，整体行为不能被分解为刺激—反应等基本的单元，其主要特征是目的性或目标指向性。霍尔特的这一思想成为托尔曼目的行为主义的直接来源。托尔曼还从霍尔特和佩里那里学习到，在不牺牲科学的客观性的前提下，能够研究行为的目的。④ 也就是在行为自身中发现行为的目的，而不是从行为中推论出目的。

在托尔曼看来，有目的的行为主义与严格的行为主义一致的地方在于，它们坚持认为，有机体的行为和环境的条件与有机体的条件(即产生行为的条件)都有待于研究。它与华生、魏斯、梅耶严格的行为主义的区别在于，对有目的的行为主义来说，克分子行为具有它自身的描述特性，即行为是有目的的、认知的和克分子的，也就是"格式塔"的。有目的的行为主义是一种克分子行为主义(molar behaviorism)，而不是分子行为主义(molecular behaviorism)，但它仍然是行为主义。⑤

2. 格式塔心理学

托尔曼不仅继承了霍尔特等人的行为主义思想，同时也接受了格式塔

---

① 托尔曼著，李维译：《动物和人的目的性行为》，浙江教育出版社1999年版，第4～7页。

② 托尔曼著，李维译：《动物和人的目的性行为》，浙江教育出版社1999年版，第9页。

③ 波林著，高觉敷译：《实验心理学史》，商务印书馆1981年版，第829页。

④ 赫根汉著，郭本禹等译：《心理学史导论》，华东师范大学出版社2004年版，第632页。

⑤ 托尔曼著，李维译：《动物和人的目的性行为》，浙江教育出版社1999年版，第476～477页。

心理学的影响,因为他研究整个有机体的整体行为(total action),即克分子行为(molar behavior),而不是反射学的分子行为(molecular behavior)。托尔曼认为,在迷津中奔跑的老鼠肯定学会了某种布局,他将之称为认知地图,这就是在用格式塔的术语解释行为主义实验。认知地图类似于格式塔的知觉场。托尔曼曾断言:"我们将骄傲地被接纳进他们(指格式塔心理学家——引者注)的信仰队伍中去。"①即使是单从托尔曼创造的"符号—格式塔"、"手段—目的—场"等术语来看,似乎也容易让人联想到其理论与格式塔心理学的关联。

具体来说,托尔曼的理论借鉴了勒温的场论和生活空间的概念。托尔曼在自传中指出,可能就是勒温的"生活空间"及其中的"心理个体"(psychological person)的概念,以及研究群体现象的心理学家和社会学家的影响,使他使用行为空间这一术语。② 托尔曼指出,手段—目的—关系基本上是场关系(field relations),手段—目的—场的概念看上去与勒温的"拓扑学"(topologie)概念十分相似,这两种学说实际上相互支持和强化。③ 勒温受格式塔心理学的影响,认为有机体所处的动力环境场就是一种拓扑学。位于这个场中的物体,由于它们的"引力特征"(invitation-characters)或"效价"(valency)而发出吸引力或排斥力。同样,托尔曼也认为,环境的呈现具有积极的和消极的"引力特征"或"效价"。④ 托尔曼对环境场的这种分析就是吸收了勒温的场论。而且,在学习问题上,托尔曼和勒温⑤都否认学习需要重复的强化,他们都认为,如果有强烈的动机,单有一次的知觉就可以学会了。⑥

托尔曼对苛勒的动物实验很感兴趣,他在论述其理论体系时,曾多次引用苛勒的实验研究。例如,在说明不同物种的手段—目的—能力时,托尔曼就用了苛勒的具体例子。⑦ 托尔曼将苛勒的"顿悟"概念与手段—目的—能力的概念进行了比较。他认为,苛勒使用顿悟的方式与他们用于手段—目的—能力中的方法并无二致。从这个意义上说,顿悟不过是位于某些活动

① 托尔曼著,李维译:《动物和人的目的性行为》,浙江教育出版社 1999 年版,第 477 页。

② Tolman, E. C. (1952). *Edward Chace Tolman*. In: Boring, E. G., et al. (Eds.). *A History of psychology in autobiography*. Vol. IV. Worcester, Massachusetts: Clark University Press, pp. 332～333.

③ 托尔曼著,李维译:《动物和人的目的性行为》,浙江教育出版社 1999 年版,第 201 页。

④ 托尔曼著,李维译:《动物和人的目的性行为》,浙江教育出版社 1999 年版,第 43 页。

⑤ White, R. K. (1943). The case for the Tolman-Lewin interpretation of learning. *Psychological Review*, 50(2), pp. 157～186.

⑥ 波林著,高觉敷译:《实验心理学史》,商务印书馆 1981 年版,第 850 页。

⑦ 托尔曼著,李维译:《动物和人的目的性行为》,浙江教育出版社 1999 年版,第 207～209 页。

后面的能力，它使这些活动成功。它是位于成功的符号—格式塔—期望背后的能力，它是手段—目的—能力。[①] 托尔曼认为，关于创造性观念的经典描述也可以在苛勒对他的黑猩猩的行为描述中发现。[②]

总之，托尔曼不仅与考夫卡有过直接而长期的交往，而且他在与勒温和苛勒相互交流的过程中，难免对他们的格式塔理论有所借鉴。

3. 麦独孤的策动心理学

麦独孤把行为看作是目标定向的，是由一些本能的动机，而不是由环境事件引起的。他认为，忽视行为的目的性的任何行为主义者，都没有看到行为最重要的方面。他称自己的理论为策动心理学。关于策动心理学与托尔曼的目的行为主义的关系，波林指出，麦独孤应用目的(purpose)一词于行为，托尔曼更加强了麦独孤的观点；[③]麦独孤和托尔曼二人都是目的行为主义者，虽然目的行为主义一词创始于托尔曼；[④]麦独孤的目的心理学在系统上与霍尔特及托尔曼的行为主义有关。[⑤] 而且，波林认为麦独孤和托尔曼的理论都是动力心理学。[⑥] 赫根汉则将托尔曼和麦独孤都划归为方法论行为主义者，因为他们都认识到认知过程的存在，及其对决定行为有影响。[⑦]

麦独孤将一切行为主义者分为三类：严格的行为主义者(strict behaviorists)、接近的行为主义者(near behaviorists)和目的的行为主义者(purposive behaviorists)。托尔曼认为，他的体系归功于麦独孤的分类，并归属于他的最后一个类别，[⑧]而且他认为要将“目的性行为”(purposive behavior)这个标题归功于麦独孤教授。[⑨] 托尔曼指出，麦独孤的学说至少表面上看来与他们的学说十分相似，[⑩]但是，麦独孤是一个心理主义者。对麦独孤来说，目的是藏在客观现象背后的某种“心理的”、“精神的”、“主观的”东西，它不同于而且超出于它在行为中出现的方式，只有通过内省才能最后认识。这可能是托尔曼的目的观与麦独孤的目的观之间的主要区别。

---

① 托尔曼著，李维译：《动物和人的目的性行为》，浙江教育出版社 1999 年版，第 224 页。
② 托尔曼著，李维译：《动物和人的目的性行为》，浙江教育出版社 1999 年版，第 248 页。
③ 波林著，高觉敷译：《实验心理学史》，商务印书馆 1981 年版，第 825～826 页。
④ 波林著，高觉敷译：《实验心理学史》，商务印书馆 1981 年版，第 828 页。
⑤ 波林著，高觉敷译：《实验心理学史》，商务印书馆 1981 年版，第 529 页。
⑥ 波林著，高觉敷译：《实验心理学史》，商务印书馆 1981 年版，第 796 页。
⑦ 赫根汉著，郭本禹等译：《心理学史导论》，华东师范大学出版社 2004 年版，第 634、767 页。
⑧ 托尔曼著，李维译：《动物和人的目的性行为》，浙江教育出版社 1999 年版，第 476 页。
⑨ 托尔曼著，李维译：《动物和人的目的性行为》，浙江教育出版社 1999 年版，第 26 页。
⑩ 托尔曼著，李维译：《动物和人的目的性行为》，浙江教育出版社 1999 年版，第 16 页。

4. 武德沃斯的动力心理学

和所有机能主义心理学家一样，武德沃斯对人们做什么和为什么做感兴趣——特别是对为什么。换句话说，他主要对动机感兴趣，强调动机在行为中的作用，所以他称其独特的心理学为动力心理学。在哈佛读研究生期间，佩里的伦理学课曾给托尔曼留下很深的印象，使他后来对动机产生了兴趣。武德沃斯和托尔曼的心理学都属于动力心理学。[①] 托尔曼在阐述基本的驱力理论时指出，一切行为的最终激发者都是某些天生具有的爱好和厌恶，这种理论不仅来自于克莱格(W. Craig)和麦独孤，也受到武德沃斯的许多影响。[②]

为了强调有机体的重要性，武德沃斯选择用 S—O—R(刺激—有机体—反应)公式来表达自己的理论。在他看来，有机体的内部条件激发有机体的行为。这与托尔曼强调认知中介变量的观点是一致的。

在论述手段—目的—层次时，托尔曼指出："人们主要应感激 R·S·伍德沃斯(R. S. Wood Worth)，他提出了完美的(consummatory)和预备的(preparatory)概念和术语，或者正如我们把它们称之为高级的和次级的那样，我们还要感激他的反应倾向(reaction tendency)概念，后者看来与我们的手段—目的—准备状态概念密切相关。"[③]可见，武德沃斯的确在动机、有机体内部条件等问题上对托尔曼产生了一定影响。

第二节 目的行为主义体系

一、心理学的研究对象

在研究对象上，托尔曼赞同心理学应该研究行为，他进一步地扩展了华生的行为主义。托尔曼在分析了华生的行为观之后指出，华生实际上摇摆

① 波林著，高觉敷译：《实验心理学史》，商务印书馆 1981 年版，第 796 页。
② 托尔曼著，李维译：《动物和人的目的性行为》，浙江教育出版社 1999 年版，第 311～331 页。
③ 托尔曼著，李维译：《动物和人的目的性行为》，浙江教育出版社 1999 年版，第 111 页。

于两种不同的行为概念之间，尽管他本人并不清楚两者之间有多大的区别。① 一方面，华生根据感受器过程、传导器过程和效应器过程本身来给行为下定义。另一方面，他开始模糊地意识到，行为不仅仅是其生理部分的总和，而且也不同于这个总和。这种行为是一种“突创”(emergent)现象，具有自身的描述性和规定性特征。托尔曼将华生的前一种定义称为行为的分子(molecular)定义，将后一种定义称为行为的克分子(molar)定义。

由于受到他的格式塔朋友和哈佛大学的导师霍尔特的启发，托尔曼反对根据严格的物理的和生理的“肌肉抽搐”来界定行为，他认为心理学应该研究与分子行为相对的克分子行为或整体行为。潜在的分子元素，无论是神经的、肌肉的还是腺体的过程都不足以解释整体行为。在其主要著作《动物和人的目的性行为》(1932)中，他将整体行为视为一种统一而完整的动作，是指向某一目标的行为的广泛模式。托尔曼进一步举例说明：“一只老鼠在迷津中奔跑；一只猫从问题箱(a puzzle box)里逃出；一个男人驾车回家用餐；一个孩子躲开陌生人；一个女人洗东西或打电话与人聊天；一个学生做智力测验的试卷；一个心理学家背诵一份无意义音节(nonsense syllables)表；我的朋友和我彼此讲出各自的思想和感情——这些都是行为(就克分子行为而言)。但必须指出，在谈论以上任何一种行为时，我们从未提及它涉及哪些确切的肌肉、腺体、感觉神经和运动神经。说来也难为情，关于这些生理过程，我们知之甚少。”②

在托尔曼看来，整体行为具有下列描述性特征：第一，整体行为具有目标指向性。有机体的行为似乎总是具有“趋向”或“离开”一个特定目标物或目标情境的特征。也就是说，有机体的一切行为都是由目的指导的。例如，在白鼠的“走迷津”行为中，第一个也许是最重要的可辨认特性就是“趋向”食物这一事实；在桑代克的小猫设法逃出迷笼的行为中，首先一个可辨别的特征就是猫要“离开”迷笼的囚禁这一事实，或者可以说是为了“趋向”笼外的自由这一事实。对行为的最重要描述在于说明有机体正在做什么，目的是什么，指向何处。只有研究整体行为，才可把有机体所追求或回避的目的确切地描述出来。这里，托尔曼显然受到了进化论思想的影响，目标指向的行为具有适应性，因此对物种而言具有生存价值。作为一个术语，托尔曼将“目的性”用作描写性的，而不是因果关系的。也就是说，当饥饿的白鼠不断地穿越迷津直至到达食物时，这一术语仅仅是给从行为观察中推导出的东

① 托尔曼著，李维译：《动物和人的目的性行为》，浙江教育出版社 1999 年版，第 7 页。

② 托尔曼著，李维译：《动物和人的目的性行为》，浙江教育出版社 1999 年版，第 8～9 页。

西贴上标签。这个行为的原因还要从动物的特定学习史及其本能行为等其他方面来探寻。

第二,行为利用环境作为达到目的的手段和方法。有机体"趋向"或"离开"的行为,不仅以目标物的特性或趋向它或离开它的坚持性为特征,而且其行为活动总是涉及一种特定的模式,即与某种中介对象进行交流,以作为趋向或离开的一种方式。也就是说,产生行为的环境充满着各种途径、工具和障碍,有机体为了达到目的,必须利用某种方式作为中介的手段。例如,白鼠的奔跑是为了"趋向"食物,这种行为表现为一种特定模式的奔跑,即在某一条路径中奔跑而不在另一条路径中奔跑;桑代克的小猫的行为不仅表现为逃离迷笼,而且也表现为对迷笼咬、啃、抓等特定的行为模式。有机体的这个过程具有一定的选择性,因而使整体行为带有认知色彩。所以,有人把托尔曼的理论称为认知—目的理论①或目的行为主义②。

第三,整体行为借助于目的性和认知性,必然会表现出一定的活动原则,托尔曼称之为最小努力原则(principle of least effort),即有机体更倾向于选择较容易的或较短的手段—活动(means-activities),而不采用困难的或较长的手段—活动。例如,如果向白鼠提供两条可供选择的通向特定目标物的空间路径,一条路径较长,另一条路径较短,那么白鼠将在一定范围内选择较短的、更省时的路径。因此,托尔曼认为,在白鼠身上表现出的这种情况,无疑会以同样的方式或更确切的方式在高等动物甚至人类身上表现出来。也就是说,有机体对于手段—对象(means-objects)和手段—路径(means-routes)的选择是与目标物的手段—结果(means-end)的方向和距离相关的。当向动物呈现出选择的情形时,它迟早会选择较短的路径而使自己达到目的地。

托尔曼的整体行为取向不是还原论的,从坚持整体性水平的角度出发,他认为还原论会导致纯粹的心理水平的丧失,而且基于分子元素的解释是不充分的。因此,在托尔曼看来,整体行为大于分子元素之和。他将其理论称为场论(field theory),以区别于更为分子性的刺激—反应模式的取向。他将后者比作电话交换台,认为学习并不只涉及呼入电话(刺激信息)和呼出电话(运动反应)之间联结的增强和削弱。相反,他认为,大脑更像"一张操控空间的地图,而不是一台老式的电话台",而且在学习的过程中,动物形

---

① 高觉敷主编:《西方近代心理学史》,人民教育出版社 1982 年版,第 280 页。
② 赫根汉著,郭本禹等译:《心理学史导论》,华东师范大学出版社 2004 年版,第 632 页。

成了一张“环境的场地图”。[1]

二、心理学的研究方法

托尔曼像许多其他行为主义者一样，坚持客观原则，强调心理学研究方法的客观化和可行性。他不主张心理学研究意识，强烈反对构造主义的内省。他一生孜孜以求，精心设计了许多富有创意的实验，从实验材料中获得客观事实，然后加以综合归纳、甚至是小心地推论，概括出科学的概念、定理、法则和理论体系，为心理科学做出了重要贡献。

在托尔曼看来，行为是一种整体现象，可以不问心理意识而从行为的反复出现、经常表现出来的趋向和所涉及到的环境—客体(即行为时使用的工具、操作的对象等)，确定有机体行为的目的性和认知性，且可以重复其过程的结果等。托尔曼说，行为的目的性可以用非常客观的行为的名词来解释，而毋需诉诸内省或有机体是怎样“感觉到”经验的。这是典型的操作主义和逻辑实证主义的立场。托尔曼正是在这种科学哲学的方法论指导下，在不牺牲客观性的前提下，研究了刺激与反应之间的中介变量，从新的视角探讨了动物学习的规律。

三、中介变量说和行为公式

托尔曼在《选择点上的行为的决定因素》[2]一文中以白鼠跑迷津为例，论述了决定行为的各种因素。他指出，影响动物学习曲线的因素包括环境变量和个体差异变量。其中，环境变量包括：① 保持时间表(Maintenance Schedule，简称 M)，表示动物自上次进食、饮水、性活动、分娩等活动之后间隔的时间，也就是通常所说的驱力状态；② 目标—对象的适当性(Appropriateness of Goal Object，简称 G)，即迷津终点提供的强化物是否符合动物的需要；③ 提供的刺激物的类型与模式(Types and Modes of Stimuli Provided，简称 S)，即迷津所提供的刺激的特定类型与模式；④ 所必需的运动反应类型(Types of Motor Response Required，简称 R)，即动物在迷津中必须做出的特定行为反应类型；⑤ 前后迷津单元的模式(Pattern of Preceding and

---

① Tolman, E. C. (1948). Cognitive maps in rats and men. *Psychological Review*, 55, pp. 189～208.

② Tolman, E. C. (1938). The determiners of behavior at a choice point. *Psychological Review*, 45(1), pp. 1～41.

Succeeding Maze Units，简称 P)，即迷津的一般模式，它前后单元的数量和类型等，例如迷津转弯的多少和方向等。个体差异变量包括：① 遗传特点(H)；② 年龄(A)；③ 以往接受的训练(T)；④ 特殊的激素、药物和维生素所维持的生理状态(E)。他认为，行为的最初原因是由五种自变量组成的：环境刺激(S)、生理内驱力(P)、遗传(H)、过去的训练(T)和年龄(A)。因此，行为就是这些自变量的函数：

$$B = f_x(S, P, H, T, A)$$ [①]

托尔曼指出，刺激、遗传、过去的训练和瞬间起始的生理状态是最终独立的行为原因，介于这些行为原因与行为本身之间的是一组中介变量(intervening variables)。这些中介变量是决定行为的重要因素，可以分为四类：① 个体中被视作最终遗传因素和训练因素的能力。这些能力具有天生的和获得的“储备”性质，而且在数量上是十分众多的，每一种能力相对而言在特征上是较次要的。② 直接的反应要求或需要的能力，如辨别能力、操作能力、手段—目的能力、保持力、创造力等。③ 内在的有目的的和认知的决定因素，即需求、手段—目的—准备状态、辨别期望和操作期望、手段—目的—期望。④ 在一般的实际行动中的独特替代或中断，也就是来回奔跑的行为和来回奔跑的行为顺应。[②]

著名新行为主义者坎特认为，中介变量这一概念源自托尔曼的阐述，其目的是为内在的心理过程寻找一席之地；詹姆斯把心理过程描述成机体获得印象与机体对外界反应的中介，詹姆斯的观点也影响了托尔曼的中介变量的概念。[③] 在行为主义者看来，刺激条件即自变量，由实验者直接控制；而行为即因变量，由实验者精确地测量。托尔曼提出的中介变量是不可直接观察到的假设因素，介于刺激和行为之间，可以从界定自变量和因变量的方式中推导出来，并以某种方式影响学习。例如，“饥饿”是一个中介变量。虽然我们永远无法直接观察到它，但是可推断出它的存在，我们可以通过创造某种刺激条件，如不允许动物进食达 12 个小时，或者通过测量动物为获得食物而表现出的某种行为，来推断动物的饥饿程度。

我们知道，白鼠可以学会走迷津，但关键的问题在于它是怎样学会的。托尔曼对此的解释是心灵主义的，他运用了假设、期待、信念、认知地图等中介变量以丰富其理论。例如，当把白鼠首次放在一个 T 形迷津的起点时，这

① 舒尔茨著，沈德灿等译：《现代心理学史》，人民教育出版社 1981 年版，第 251 页。

② 托尔曼著，李维译：《动物和人的目的性行为》，浙江教育出版社 1999 年版，第 471 页。

③ Kantor, J. R. (1957). Events and constructs in the science of psychology, philosophy: banished and recalled. *Psychological Record*, 7, pp. 55～60.

种经验对它来说是全新的，因而没有来自先前经验的知识可资利用。当它穿过迷津，遇到选择点时，有时会向右转，有时会向左转。假设实验者安排白鼠向左转就会得到食物强化，那么在某一时刻，白鼠就会得出一个未经充分论证的假设，即转向某一个方向会得到食物，而转向另一个方向得不到食物。在假设形成的早期，白鼠会在选择点停住，好像在“考虑”选择哪条路。由于这种“考虑”不是以外显行为的方式表现出来，而是在其内心进行的，因而托尔曼称之为替代性尝试—错误。如果白鼠早期形成的假设“如果我向左转，就会得到食物”得到了证实，那么它就会产生一种期待：“当我向左转，将会得到食物”。如果期待总是被证实，白鼠就会产生一种信念：“在这种情形下，我每次向左转，都会找到食物。”逐渐地，当它遇到迷津的各个部位时，它就会知道，一定的环境线索（视觉的、嗅觉的或触觉的等）与一定的结果相联系。托尔曼用符号—格式塔（sign-Gestalt）这一术语来指称这些线索与动物对如果它选择了路径 A 而不是路径 B 将会发生什么的预期之间的习得关系。在这个过程中，白鼠最终形成了迷津整体的场地图或“认知地图”（cognitive map），即意识到在某一情形中所有可能发生的事，以指导其未来的目标指向行为。

假设、预期、信念、符号—格式塔、认知地图这些中介变量不仅可以描述有机体的行为，还可以对之做出解释。认知地图是托尔曼创造的一个术语，它既是影响个体行为反应的一个重要的中介变量，也是有机体学习的结果。托尔曼指出，处在迷津中的白鼠形成了迷津的认知地图，了解了迷津的空间关系，即它知道如果看到一个刺激（S_1），第二个刺激（S_2）就会随之而来。他一方面接受了古典行为主义的主要观点，即某些类型的学习的确包括刺激—反应联结，但也强调对刺激之间关系的学习，复杂的刺激—刺激联结是托尔曼认知地图概念中极其关键的要素。所以，托尔曼的观点有时也被称为 S—S 理论，而不是 S—R 理论。

中介变量一经提出，立即为当时的心理学家所接受，新行为主义者赫尔就采纳了它。只不过对赫尔来说，中介变量主要是生理性的，但对托尔曼来说则主要是认知性的。正如“目的性”术语强烈暗含着似乎与行为主义思想相违背的主观性一样，“期待”、“信念”、“认知地图”等中介变量也是如此。然而，托尔曼精心地将这些抽象的理论术语（即中介变量）与操作界定的刺激情境和行为联系了起来，从而反映了逻辑实证主义的宗旨。中介变量概念的提出代表着托尔曼对心理学所做的独特贡献。

四、强化观

托尔曼抛弃了桑代克等人对于学习的解释，认为学习不是由强化形成的，而是一个独立的过程。他认为，白鼠在迷津终点发现的食物并不会直接影响到学习；它只会影响动物尽可能快而准确地跑完迷津的动机。也就是说，我们需要区分"学习"与"行为表现"，强化影响的是后者而不是前者。每当动物穿越迷津时，即使没有在目标箱内找到食物，对迷津整个布局的学习或多或少也会自动发生。由于它是"在表面以下"发生的，也就是说，没有立即在动物行为上明显地表现出来，因而托尔曼将这一现象称为潜伏学习(latent learning)。潜伏学习的经典实验说明了托尔曼对强化、学习和行为表现之间关系的观点。

1930 年，托尔曼和亨泽克(C. H. Honzik)进行了白鼠潜伏学习的实验研究。他们用三组被剥夺了食物的白鼠作被试，每天测试一次。第一组白鼠在成功穿过迷津后，总是得到食物奖赏，用 R 表示；第二组白鼠在穿过迷津后从来得不到食物强化，即无奖赏组，用 NR 表示。正如我们所能预料的那样，在两周的时间内，这两组的错误次数存在明显差异，无奖赏组(NR)的错误很多，而奖赏组(R)的行为表现有稳定的提高。然而第三组是关键的一组，其代号是"NR—R"，表示在前期(如前十天)不给这组白鼠食物奖赏，但是从第 11 天开始，它们到达终点时会在目标箱中发现食物。按照以往的强化理论即强化是学习发生的必要条件的观点，可以推断第三组白鼠在第 11 天获得奖赏的强化之后才开始学习，这时其穿过迷津的错误才呈现出逐渐减少的趋势。但是在该实验中，托尔曼的假设是，所有的实验被试都学会了如何通过迷津，即使是在前期没有奖赏的情况下，第三组白鼠仍然学习了走迷津。

结果如图 5—1 所示：经常得到奖励组的白鼠穿过迷津的速度提高很快，出错次数逐渐减少，在接受实验的 17 天中进步比较稳定；无食物奖赏组的白鼠也表现出一定程度的进步，但其穿越速度提高不是很明显，错误反应的次数仍较多；第三组白鼠在第 11 天获得强化后进步非常显著，其穿越速度很快提高，出错次数明显减少，甚至其行为表现优于第一组。由此，托尔曼认为，无奖励组的白鼠在获得食物强化前已经存在着学习，只是处于一种潜伏状态，直到出现一个诱因使有机体有理由将之表现出来。这就是潜伏学习。由此可见，托尔曼明确地区分了学习和表现。

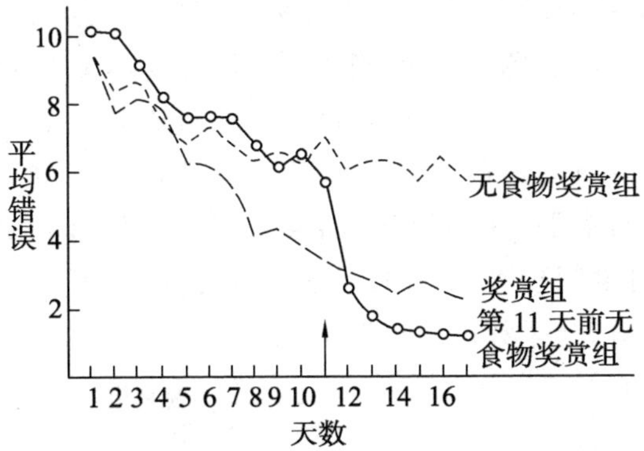

图 5－1　托尔曼和亨泽克关于潜伏学习的实验结果

五、学习理论

托尔曼从其目的行为主义的立场出发，反对联结主义学习观，提出了学习的符号理论，亦称符号—格式塔理论(sign-Gestalt theory)。托尔曼的学习理论与早期行为主义学习理论的不同之处在于，后者以刺激—反应解释学习，认为有机体在一定刺激的作用下学会了某种反应模式；而托尔曼认为有机体是根据指向目标的一些符号，通过学习获得达到目标的手段和途径的知识，形成一种新的认知组织，即犹如获得了一幅认知地图。换句话说，有机体学会的是行为的途径，而不是动作模式。托尔曼提出了三个概念，即期待、位置学习、潜伏学习来支持其符号学习理论。

1. 期待

期待是有机体对未来事件的假设或信念，通常是关于目标物的意义的知识或信念。托尔曼认为，学习的一个结果是产生一定的预期。在迷津终点找到过食物的白鼠会期待将来还在那儿找到食物。而且，有理由假设它们期待的是某一特定类型的食物。埃利奥特(M. H. Elliott)在托尔曼实验室中用一个巧妙的实验验证了这一假设。

在这个实验中，实验者安排一群白鼠在干渴的驱力下跑迷津，每天跑一次。最初的九天里，出口箱里放着水作为目标—对象。到第十天，他们把内驱力从干渴改为饥饿，同时把所提供的目标—对象从水改为食物。在第十天也就是在改换的这一天，白鼠是第一次处于饥饿状态，虽然它们有过喝水的经验，但从没有在迷津中获得食物的经验，这一天白鼠跑迷津出现的错误和所花费的时间都显著上升。这说明白鼠的行为在一定程度上是受着以往在认知上对于水的期待所指导的。但在饥饿时，水就不像食物那样能满足动物的需要，也构不成动物所要求的目标。因此，在这天白鼠的行为有些紊乱。但当白鼠这天最后跑到目标箱里时，它们实际上找到的不是所期待的水，而是食物。看来，只需对这个新的目标—对象有过一次经验就足以使它们的期待转变为对新的目标—对象即食物的期待。因为到第二天它们的曲线又下降到先前的水平，并且从此以后继续下去，仿佛什么事情也没有发生过。这就是说，白鼠们现在又在期待着一个能够满足其新的内驱力的目标了。实验结果如图 5—2 和图 5—3 所示。

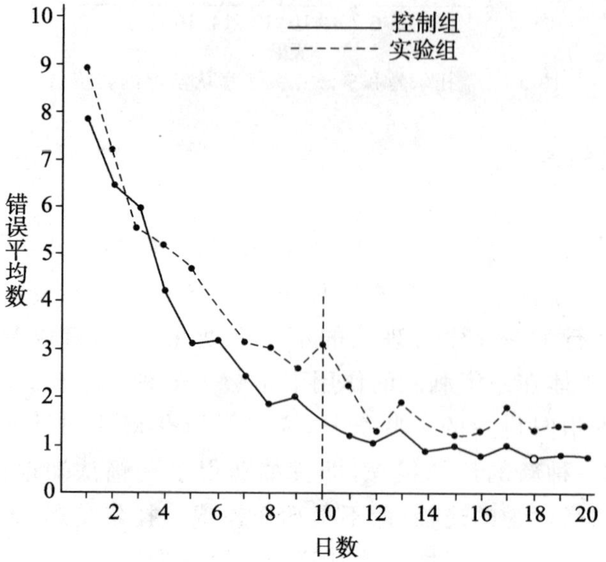

图 5—2　白鼠的期待学习(1)

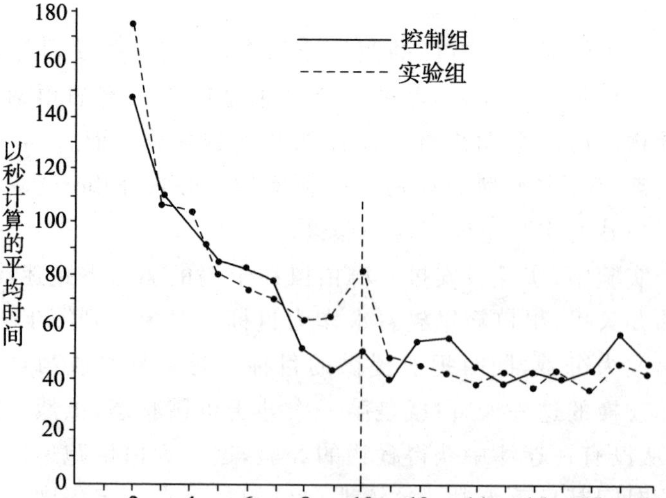

图 5—3　白鼠的期待学习(2)

托尔曼还引用了埃利奥特的另一个实验来说明期待学习的存在。在这个实验中，实验组在目标箱中发现了糠糊，而控制组则在那里发现了葵花籽。在研究的最初九天里（即九个实验，每天一个），两组都有了提高，尽管喂糠糊的实验组表现得更好。第十天，埃利奥特改变了实验组白鼠的奖赏——现在它们在目标处发现的是葵花籽而不是糠糊。在改变目标以后的几次尝试中，埃利奥特观察到白鼠们表现出一种凌乱的、探索性的行为。用托尔曼的话说，它们原本期待的是糠糊；当这一期待遭到破坏时，它们的行为就会发生变化。托尔曼强调，应该把这种“探寻”即凌乱看作在实验上证明了并界说了动物具有内在的对先前曾经吃过的糠糊的期待。①

总之，期待是介于刺激和反应之间的一个过程，但是它又与明确界定的实验刺激特征和观察到的、易于测量的行为密切相关。期待学习的实验表明，动物在达到目标之前对于目标已有一种预先的认知或推测。若这种预先的认知或推测不符合现实的结果，则会造成行为紊乱的现象。这种现象是刺激反应学习解释不通的。

2．位置学习

托尔曼认为，有机体不仅能够习得目的物的意义，还能够获得刺激情境的意义，他把后者称为位置学习。他坚持认为学习在本质上是位置学习，即了解事物的地点，知道环境中什么符号将会导致什么结果，而不是学会对特殊的刺激做出特殊的反应。

为此，托尔曼列举了一个简单的实验来证实他的观点。他们采用了一个十字形的高架迷津（如图 5－4），把白鼠分成两组即反应学习组和位置学习组。反应学习组中的八只白鼠有时从 S_1 处开始跑，有时从 S_2 处开始跑，但无论从何处开始，它们都必须在转弯 C 处向右转才能获得食物。也就是说，从 S_1 出发时必须右转弯到 F_1 才能获得食物，从 S_2 出发时也必须右转弯到 F_2 才能得到食物。位置学习组的八只白鼠也是随机从 S_1 或 S_2 出发，但无论从何处开始，总是在同一地点得到食物。例如，若食物一直都是放在 F_1 处，为了得到食物，白鼠从 S_1 出发时要向右转，从 S_2 出发时要向左转。实验持续了 12 天，每天尝试 6 次，共 72 次。学习的标准是连续十次跑迷津不出现错误。结果发现，位置学习组的白鼠在八次尝试后全部达到了学习标准，能顺利找到食物；反应学习组的学习效果却没有这么好，八只白鼠中只有三只在 15～22 次尝试后学会了走迷津，而其他五只经过了 72 次尝试也未能

① 托尔曼：《对于目标—对象和手段—对象的期待》，见章益辑译：《新行为主义学习论》，山东教育出版社 1983 年版，第 346 页。

学会。这说明学习的实质并不是简单的对刺激物的反应，而是一种更复杂的对刺激物空间关系和位置的学习，而且位置学习似乎更容易，效果更好。换句话说，动物跑迷津时是受内在的认知和目的指导的，而不是受特殊的刺激—反应的联结指导的。

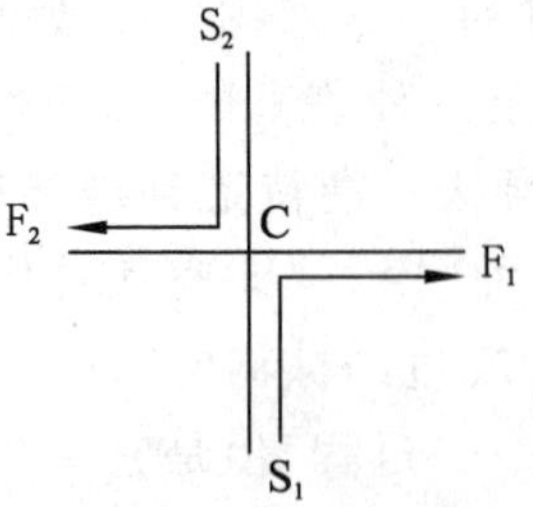

图 5—4 白鼠的位置学习实验

为了进一步证实位置学习的存在，1930 年，托尔曼和亨泽克共同设计了著名的迂回路径实验。据说，这一实验证实了白鼠的推理性预期或顿悟。迂回路径实验中迷津安排的主要特点如下：从最短到最长有三条通道并有相应的优先选择顺序（如图 5—5）。在预备训练中，当通道 1 在 A 处被堵时，

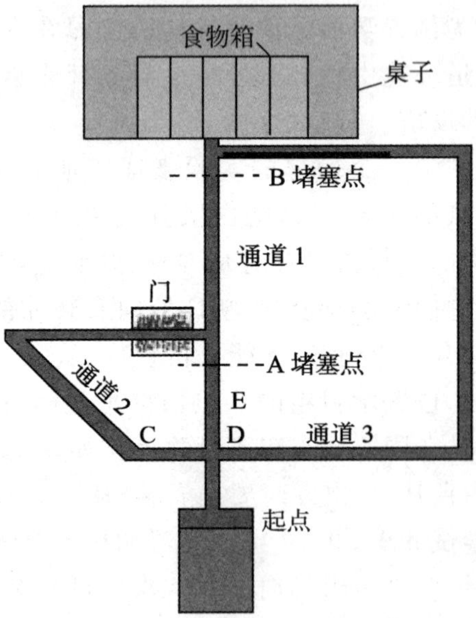

图 5—5 迂回路径实验

另一较好的通道是通道 2 和通道 3 之间较短的一条，仅当通道 2 也被堵时，白鼠才跑回通道 3。在预备训练中，实验者使白鼠熟悉了所有三条通道，并使它从 1、2 和 3 的顺序确定了优先选择顺序。这一迷津设计的一个重要特

点是，通道 1 和 2 具有共同通向目标的部分，这对测验是关键的。先堵塞这一共同通道前面的延长部分 A 处，白鼠从堵塞处返回后转向通道 2。接下来在关键的测验中将堵塞点进一步向前移到通道的共同部分 B 处。问题是：白鼠将再次返回选择通道 2 并受挫，还是将“推断”通道 2 也被堵？结果，白鼠避免走通道 2，选择最长、最不愿意走的通道 3，这是在 B 点被堵后唯一开放的路线。该实验再次证实了这一假设，即白鼠是按情境地图而不是按盲目的习惯行动。也就是说，白鼠不是按由选择点的刺激所引起的、自动进行的习惯做出反应，而是按照情境的“地图”去选择路径的。这再一次证明，位置学习的过程也是形成认知地图的过程。

托尔曼的另外一个关于空间定向的实验也支持了他的位置学习说。首先，白鼠学习图 5－6 所示的简单迷津。它们进入迷津的入口，穿过圆台面进入引导通道，经过一条迂回曲折的路线，走到有食物奖励的出口，即按照 ABCDEFG 的顺序跑向终点。这是一个相对简单的迷津，白鼠经过 12 次实验几乎就能准确无误地完成整个走迷津任务。

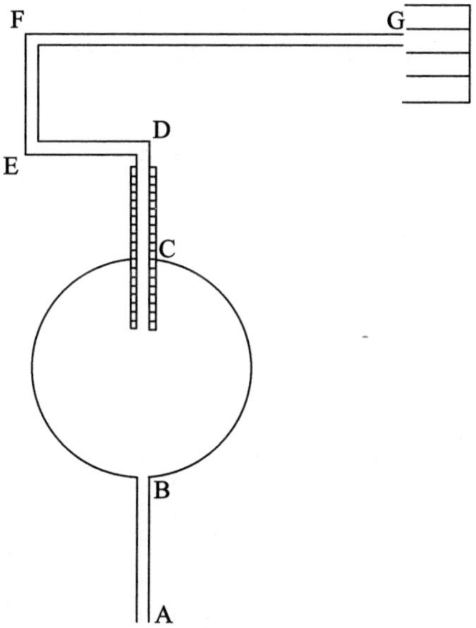

图 5－6　空间定向实验：简单的迷津

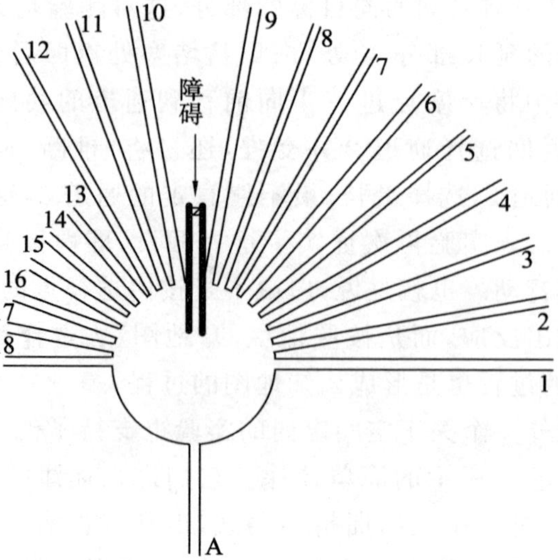

图 5—7　空间定向实验:光芒四射状的迷津

然后,把迷津改为图 5—7 所示的光芒四射状。现在,当受过训练的白鼠试图走它们过去的路线时,发现道路被堵住了,它们只能回到圆台面上,在那里它们必须在 18 条可能的路线中做出选择以便到达先前放有食物的

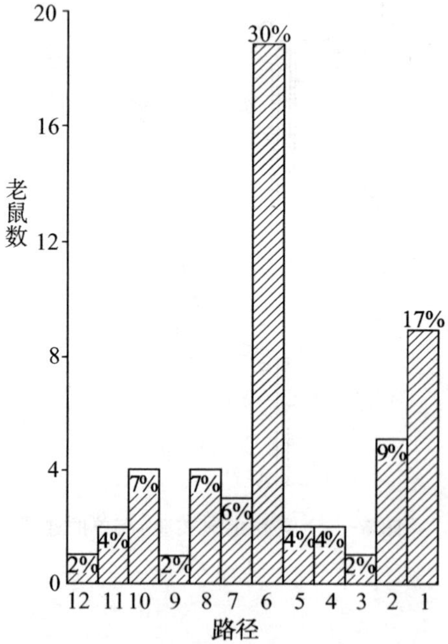

图 5—8　空间定向实验:选择各条路线的白鼠数量

迷津出口处。图 5—8 列出了选择各条路线的白鼠数量。根据反应学习理

论，当原来的路线被阻塞后，白鼠应选择最接近于原路的通道。但事实上，白鼠选择最多的是路线 6，占 36%。接近原路的路线 9 和路线 10 分别仅占 2% 和 7.5%。这一实验结果再一次印证了托尔曼的位置学习说，也就是说，经过走迷津训练的白鼠掌握的不只是使它能够按特定路线找到食物的带状地图，而是掌握了食物出现的空间位置及其在迷津内的具体方位的更广泛的综合性地图。该实验也同样证实了最小努力原则。

托尔曼的认知地图包括方位感、关于特殊客体的空间布局以及许多可能连接各个客体的路径，可以说它包含了对我们所生活的世界的认知表征。这就像我们参照一个城市的地图去找到目的地。认知地图的概念极富独创性和吸引力，引发了许多后人的研究。

在其 1948 年的《白鼠和人的认知地图》论文的最后部分，托尔曼详细阐述了内涵单一的带状地图与更为广泛综合的认知地图之间的区别，并试图表明所有这些如何适用于人类行为。根据托尔曼的观点，对社会环境所形成的综合地图对人类而言是有益的，而内涵单一的带状地图则可能会使人陷入消极状态之中，如心理疾病或偏见和歧视等。他发现，当白鼠有过分强烈的动机（如过于饥饿）或者受到过多挫折（如盲巷太多）时，它们倾向于形成内涵单一的带状地图而不是综合的认知地图。托尔曼承认他不是临床心理学家或社会心理学家，但他仍然把他的上述观点看作是对某些社会问题的一种合理的解释。托尔曼论述道："过分强烈的动机或极度的压抑状态使人类一而再、再而三地误入盲目仇视外来者的歧途。他们对外来者的仇视表现在方方面面，从对少数民族的歧视到世界大战的爆发，形式多样。以上帝或心理学的名义，我们该做些什么呢？我唯一的答案就是重申理性的力量，也就是综合的认知地图……我们不该让自己或他人过于情绪化、过于饥饿、过于衣衫褴褛，动机过于强烈，这些只能形成狭隘的带状地图。我们所有人……必须保持平和的心态，吸收充足的营养，以便形成真正的综合性的认知地图。……简言之，当我们的孩子或我们自己来面对人类世界这一上帝赐予的大迷津时，我们必须使我们的孩子和自己（正如友善的实验者让其白鼠）适应于具有中等动机和没有不必要的挫折的最佳情境。"①

如前所述，托尔曼等人还通过实验证明了白鼠中存在潜伏学习，通过潜伏学习证明了强化并非学习的必要条件，并区分了学习与行为表现。这里不再赘述。

托尔曼在进行与学习理论有关的大量实验之外，还花了相当多的时间

① Tolman, E. C. (1948). Cognitive maps in rats and men. *Psychological Review*, 55(4), p. 208.

和精力来研究和改进实验工具,如标准化迷津学习的程序。20 世纪 20 年代早期,心理学家开始质疑迷津作为一项研究工具的信度。只有当重复测验能够产生几乎相同的结论时,测量才是可信的,这个问题对于迷津实验同样很重要。自从维拉德·斯莫尔(Willard Small)采用了汉普顿王宫的设计以来,迷津在形状和尺寸上都有了各种各样的发展。然而,不同的迷津经常会产生不同的结论,有时甚至同样的迷津都会得出不一致的数据。在大量的系列研究中,托尔曼及其学生开始关注并研究迷津学习的标准化问题,确定了降低信度的因素,并研发了可以确保最佳信度的标准化的迷津学习程序。在研究的基础上,他们建议使用错误记分,而不是时间完成量记分;而且迷津要有统一的选择点(例如,“T”型的左右选择点)、多个选择点(例如,一个有 14 个单元的 T 型迷津),还要设计有门,一旦动物做出正确的选择就要关上门以防止动物后退。他们甚至还发明了一种自动装置,便于将动物从住的笼子运送到迷津的起点,再从终点移走,从而消除人为搬运白鼠的影响因素。

正是在确立了提高迷津学习数据信度的程序的基础上,托尔曼及其学生深入探讨了与学习理论有关的发人深思的问题。

3. 顿悟在学习中的作用

“顿悟”这一术语被广泛地用于动物学习的讨论中。自从桑代克的先驱性著作发表以来,顿悟就经常被用来比较两种学习方法:一种是盲目的“尝试错误”学习,另一种是所谓的运用“理解”或“顿悟”的学习。那么,究竟什么是“顿悟”呢?在托尔曼看来,对这个问题不会有明确的答案。那些首先使用这个术语并把它与学习联系起来的作者,似乎从未为弄清楚这个术语的真正含义而操心过。但是,托尔曼分析指出,可以把顿悟假设为对场关系(field relationships)或场规律(field rules)的某种形式的“有意识掌握”(conscious grasping)。[①] 掌握场关系的能力就是托尔曼所说的手段—目的—能力,即能与路径、通道、障碍物以及某一区域的各种时间空间特征进行智力交流的、先天的和习得的能力。

托尔曼认为,苛勒曾多次把“顿悟”用于某种独特的“内部发生的事件”。例如,苛勒发现一种可以推论的突然的心理启发(mental illumination),即每当动物经过一段时间的犹豫和直接的但无效的尝试与错误以后,便表现出一种突然的、正确的、相对来说间接的解决办法。从这个意义上说,获得新的解决办法的动物有赖于对现象场中项目之间关系的一种新的“经验的确

① 托尔曼著,李维译:《动物和人的目的性行为》,浙江教育出版社 1999 年版,第 225 页。

定”,即依靠顿悟。无论何处,当发现类人猿解决一个相对复杂的场原理问题时,苛勒便倾向于认为该动物表现出许多顿悟。托尔曼指出,苛勒使用“顿悟”这一术语的方式和他们用于手段—目的—能力中的方法并无二致。从这个意义上说,顿悟不过是位于某些活动后面的能力,它使这些活动成功。它是位于成功的符号—格式塔—期望背后的能力,是手段—目的—能力。在这种能力的意义上,一切学习都将包括“顿悟”。

虽然托尔曼总体上避免了由格式塔心理学家使用的顿悟一词,但他对该术语的意义大体上还是接受的。他认为绝大多数学习不属于在桑代克的早期经典著作中所讨论的盲目的尝试错误类型。托尔曼和格式塔心理学家一起反对学习是一个连续的、渐进的、机械的过程这一观点。

六、目的行为主义的理论总结

托尔曼认为他的目的行为主义是一种完整而全面的心理学,并为其勾勒了一幅图解,如图 5—9 所示。该图引用了一些新的特征,需要加以解释。

首先,在图的右上方引入了一个新的独立变量 P,意指起始的生理状态(initiating physiological state,简称 P)。在 P 的下面是一系列天生的或获得的手段—目的—准备状态(means-end-readiness),用一系列 D 来表示,即需求的目标物(goal-object)类型。可见,在目的行为主义中,提出了第四种独立的行为原因,即起始的生理状态。也就是说,个体最终的行为不仅是刺激(S)、遗传(H)和过去的训练(T)的函数,也是当时很活跃的起始的生理状态(P)的函数。有机体靠起始的生理状态激发其天生的或获得的手段—目的—准备状态,产生高级的或次级的需求(D),这些需求中的一个或几个使有机体向特定的、作为呈现一种合适的手段—对象(means-object)的刺激(S)做出反应。这些尚未满足的需要控制了整个 S—R 过程。

其次,在图 5—9 下方的刺激—反应序列中,从刺激(S_1)到最后的实际行为(R_1)之间存在大量的中介变量。通过在多种感觉规律下的辨别(d)和操作(m),再加上某种需要的手段—目的—目标类型(D),引起辨别—操作—预期(MS_1)。辨别—操作—预期与手段—目的—能力(me)共同起作用,进行知觉—记忆—推断,得出第一个符号—格式塔—预期($O_1 \rightarrow O_2$,表示有机体状态的变化)。为了便于说明,托尔曼举出了一个例子。在该事例中,最初达到的符号—格式塔—预期相对来说是不确定的。这种不确定性会使意识和观念作用能力(ci)发挥作用,使有机体来回奔跑或者对之做出调整。经过反复的行为调整(Bf),有机体强化了它的刺激,使 S_1 变为 S_2,即新的刺激。依靠 S_2，有机体达到了新的符号—格式塔—预期（第二次的 O_1—O_2）。最后，这种符号—格式塔—预期将与释放出的低级或高级需要相结合，最终做出反应（R_1）。

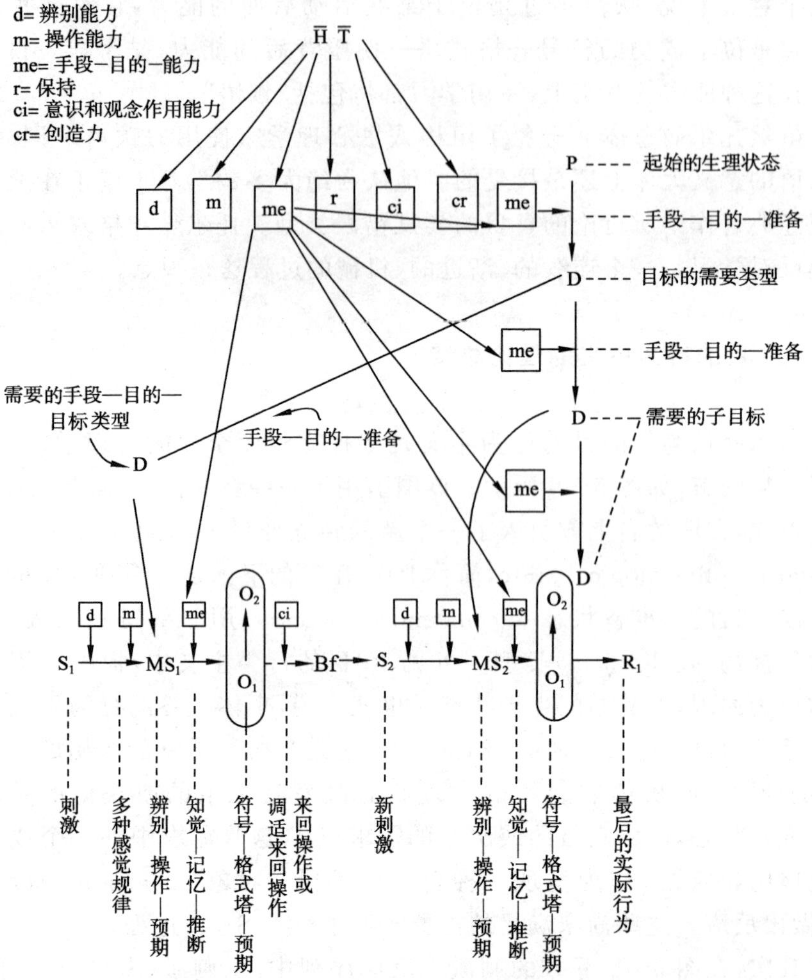

图 5—9 托尔曼的全面心理学图

最后，在图的上方是受到遗传和后天训练因素影响的一些能力。托尔曼指出，目的行为主义关于能力特征的这种画法与斯皮尔曼（C. Spearman）学说关于能力特征的画法有点相似。托尔曼的辨别能力（d）和操作能力（m）类似于斯皮尔曼的特殊能力（s），托尔曼的手段—目的—能力（me）、保持力（r）、意识和观念作用能力（ci）、创造力（cr）类似于斯皮尔曼的一般能力（g）。在接受了这种相似性之后，托尔曼又对斯皮尔曼的能力学说和自己的能力学说提出了批评，并在批评的基础上提出了修正，如图 5－10 所示。

在该图中，原先的 d、m、me、r、ci 和 cr 这些直接的遗传和训练的“储备”或天生能力，被大量更加单一的遗传和训练因素所替代。这些众多的遗传和训练因素将会以各种交叠的方式对 d、m、me、r、ci 和 cr 产生影响，在修正模型中，d、m、me、r、ci 和 cr 被作为直接的和特定的“反应需求”。

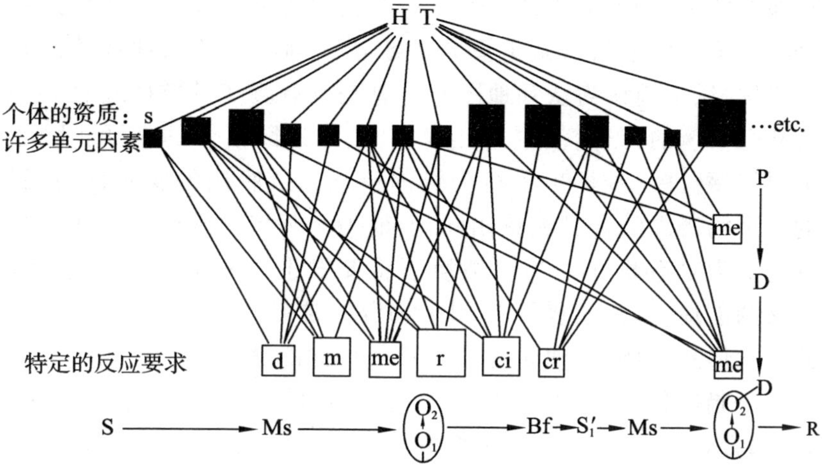

图 5－10　托尔曼的全面心理学修正图

第三节　目的行为主义的后期发展

托尔曼在其学术生涯的后期，对自己的理论进行了一些修改和补充。他提出了“行为场”的概念，修正和补充了中介变量的内容，并对学习进行了分类。目的行为主义的后期发展进一步体现了托尔曼的理论与格式塔心理学的关联，尤其是对勒温的场论和生活空间概念的吸收和借鉴。这标志着托尔曼从研究学习理论转向研究需要、动机、人格结构与个体差异等问题。

一、行为场

1945 年，托尔曼在对其思想进行了反思之后，又引进场论(filed theory)

来解释现象本身及其背后的原因。[①] 他将勒温的“生活空间”、“心理场”等概念引入自己的理论体系，并提出了“行为场”的概念，体现了其思想向现象学转变的迹象。他也曾因这方面的成就而于1940年就任勒温社会问题心理学研究学会的主任。[②]

“行为场”概念可以看作是托尔曼在勒温场论的基础上，融合他自己关于认知地图的思想而提出的。认知地图概念原本具有真实的物理空间特性，例如，实验中白鼠的认知地图是关于迷津刺激物的物理环境的，后来受勒温的启发，托尔曼认为认知地图并不总是具有真实的空间特性，它也可以是有关社会情境的，是生活空间。这样，认知地图概念的内涵扩大了，在此基础上，托尔曼进一步提出了行为场的概念。虽然托尔曼的行为场概念与勒温的心理场概念的含义大致相同，但他为了坚持客观的行为主义立场，将行为场定义为对有机体在当前情境下将要发生的一组行为的直接记录。[③] 在此定义的前提下，托尔曼还借用了勒温的诱发力学说来解释行为场中各种力的组织形式。例如，他认为如果某个目标能够满足个体需要，那么它就是个体力争趋向的目标，具有积极的诱发力；反之，如果某个目标对个体构成伤害，那么它就会成为个体逃避的目标，具有消极的诱发力。同时，个体对其行为自我追求的需要的理解也推动行为自我趋向目标，而个体的需要又受其历史、腺体、营养、过去经验、特定时间等一系列附加物的影响。这样，目标、需要、附加物共同构成了个体的行为场。

托尔曼还指出，引发行为场活动的是环境中的刺激和有关的生理活动，而行为场相应的活动最终使得个体与环境保持平衡。这样，行为场的内涵就极其丰富，可以与人格结构联系起来了，如图5－11所示。所以，托尔曼提出行为场的概念似乎就是希望借此来解释和说明以往行为主义者无法应对的人格问题，并试图在行为主义的客观立场上来研究它。

---

① 张厚粲著：《行为主义心理学》，浙江教育出版社2003年版，第225页。

② 郭本禹主编：《心理学通史·第四卷·外国心理学流派（上）》，山东教育出版社2000年版，第310页。

③ Tolman, E. C. (1949). The nature and functioning of wants. *Psychological Review*, 56(6), pp. 357～369.

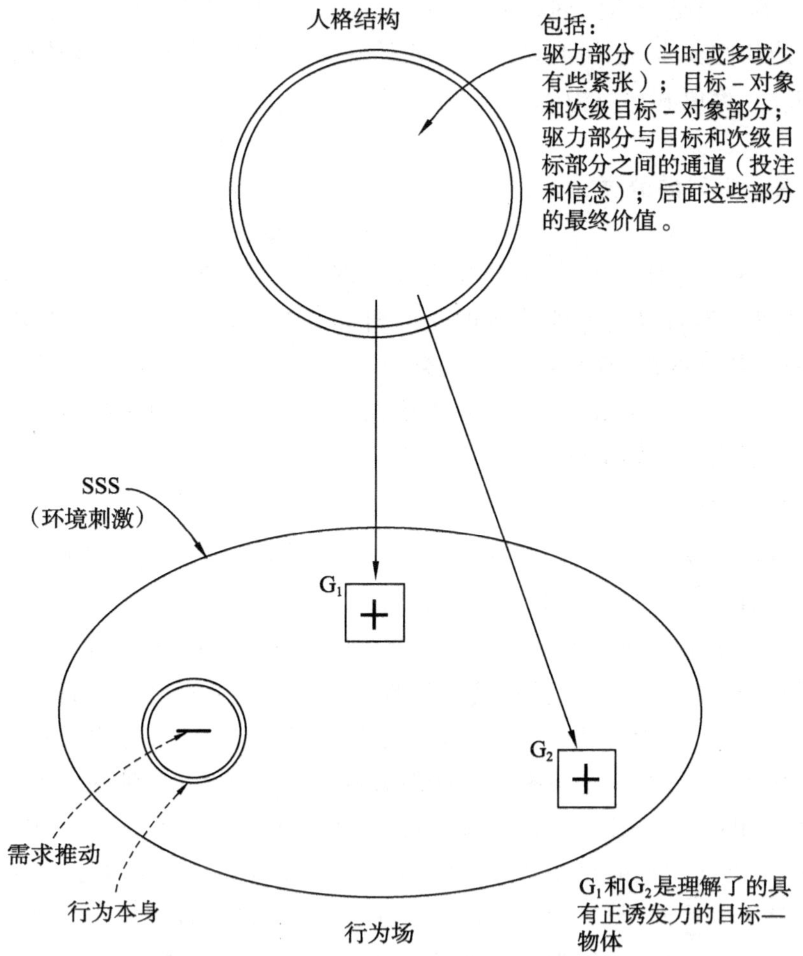

图 5—11　行为场与人格结构

二、对中介变量的修正

托尔曼在最初提出中介变量概念时，将之分为两类：一类是需求变量，例如饥、渴、性等基本的生理需求；另一类是认知变量，指对客体的知觉、对刺激情境的再认，如动作、技能等。这两类中介变量分别回答了行为“为什么”和“是什么”的问题，决定了行为的动机以及行为的知识和能力。后期，托尔曼修改了对中介变量的分类，提出了三类中介变量：第一类是需求系统（need-system），包括起始的生理状态和驱力；第二类是信念—价值矩阵（belief-value matrices），该结构是对早期的手段—目的—准备状态的发展，是以手段—目的、工具性的方式将一组组连续的对象类型联系起来的一系列的信念;第三类是行为空间(behavior space),类似于勒温的生活空间,相当于原来的认知变量,包括能力以及有机体在某一时刻知觉到的客体的地点、距离、方向、价值和诱发力等。

三、学习的分类

1948 年 9 月 7 日,托尔曼在美国心理学会普通心理学分会上作主席演说,他以多年来对于各种学习模式的研究为基础,提出了学习的类型问题。第二年,托尔曼以《存在多种学习类型》①为题发表了这篇演说,在该文中他提出了六种可以学会的“联合或关系类型”,并希望这种提法能够有助于解决在学习理论问题上的争论。

1. 投注

投注(cathexes)原为弗洛伊德精神分析用语,指人有意识或无意识地将心力(感情或精神能量)集中在一个观念、幻想、想象或某个事物上。托尔曼借用这个术语并转意为:指把某些基本的驱力与某些特定的对象或物体联系起来的习得性倾向。说它是习得性的,是因为这种倾向是通过后天的学习而获得的,并非天生的。例如,在饥饿的驱力状态下,有些国家或地区的人寻找鱼吃,另外一些国家或地区的人则寻找牛排吃,这种倾向并不是固有的,而是由一定的社会文化造成的,是习得性的。投注有正负或积极与消极之分,正的或积极的投注使人在驱力状态下接近某一特定目标,例如一个饥饿的孩子寻找面包;负的或消极的投注起相反的作用,例如一个被灼痛的孩子害怕热的火炉,他的惧怕的驱力是作为一种消极的投注与火炉联系起来的,因而这个孩子躲避火炉。托尔曼认为,这类学习是受强化律制约的。

托尔曼相信,正的与负的投注皆有利于记忆与保持而抵抗遗忘,因为正的与负的投注均造成了勒温所说的“紧张系统”。当然,托尔曼也认为要证明这一点,还需要更多的实验作为论据。

2. 等值信念

当一个次级目标具有了与目标本身同样的效果,这个次级目标就构成了托尔曼所说的等值信念(equivalence beliefs)或等效作用。由于等值信念,有机体对一个次级目标做出跟他在目标本身面前同样的反应。例如,一个

① Tolman, E. C. (1949). There is more than one kind of learning. *Psychological Review*, 56(3), pp. 144~155.

学生的需要是爱，但是当他在考试上获得一个较高的分数时，他会得意洋洋，此时较高分数对他需要的满足与爱的需要的满足具有同样的效果，因而爱的需要暂时降低。在这种条件下，我们可以说较高的分数与爱具有了等值信念。

托尔曼提出的等值信念与其他新行为主义者所说的二级强化作用相同，不过，托尔曼认为他的这一概念更多涉及社会性驱力，而其他新行为主义者的二级强化作用主要涉及的是生物性驱力。

3. **场期待**

托尔曼的场期待(field expectancies)的概念与他的认知地图的概念相似。这一概念指的是有机体对环境形成一种认知组织，知道什么符号代表什么含义。由于形成了场期待，有机体就能够利用捷径、绕道，并使潜伏学习、位置学习成为可能。这种类型的学习不是S—R式的学习，而是S—S式的学习或符号—符号的学习，即当有机体看到一个符号时，就期待另一个符号的出现。对这种类型的学习来说，强化的作用仅在于确证下一个符号出现的假设或期待。这一类型的学习集中体现了托尔曼的认知论思想。

4. **场认知方式**

仔细分析动物的行为，就会发现对环境的期待不只是重复即记忆的结果，知识和推理也是发生作用的。这种知觉、记忆和推理的功能方式就可以称为场认知方式(field cognition models)。在通常的学习实验过程中，不仅只获得一种新的场期待，还能获得知觉、记忆、推理的新方式，即新的场—认知方式。这种新的场—认知方式可以迁移到类似的情境中去，因而，一个有效的场认知方式可以应用到其他相关的问题。

5. **内驱力辨别**

内驱力辨别(drive discriminations)指有机体可以判断自己内驱力状态的性质，因而可采取相应的方式反应这一事实。例如，对于一个左侧放食物、右侧放水的迷津，最初让白鼠在口渴的情况下接受训练，它会跑向右侧。然后，让它在饥饿的状态下继续实验，它仍跑向右侧。这是由于白鼠不能区分渴与饥饿两种内驱力。赫尔在1933年证明，白鼠一天在渴的状态下练习，另一天在饥饿的状态下练习，最终能够区分渴与饿。也就是说，动物能够学会在饥饿时向一个方向去，在干渴时向另一个方向去。托尔曼认为内驱力辨别的能力对于有机体是重要的，因为只有了解了自己内驱力状态的性质，有机体才能知道怎样使用它的认知地图。如果有机体不了解自己的真实需要，它就无法确定自己的目标，因而也就无法采取适当的行动。

6. 运动模式

正如大多数行为主义者所认为的那样，学习不只是在刺激与反应之间建立联系，它还可以由多种反应表现出来。这种最终反应的性质是由有机体受指令的运动模式(motor patterns)决定的。托尔曼指出："由于缺乏其他关于运动模式习得的实验理论，我愿意接受古斯里的学说。古斯里认为习得一个运动模式的条件是特定的运动使动物摆脱了运动进行中所施予的刺激，在我看来这一学说是可以利用的。"①他用古斯里的简单条件作用观点来解释运动模式的获得。古斯里的简单条件作用指的是一次性尝试学习，即如果一个刺激有一次引起一个反应，那么刺激—反应联结就建立起来。托尔曼把它和自己的运动模式联系起来。运动模式的建立过程有多次反应，其中有错误的或不成功的，只有按照实验者指令的运动模式进行反应，有机体才能得到学习。因此托尔曼的运动模式和一次性尝试学习原理的内涵基本上是一致的。②

第四节 对托尔曼理论的评价

一、主要贡献

托尔曼的目的行为主义是一种综合性学说。托尔曼不仅深受他在哈佛大学的老师埃德温·B·霍尔特的影响；也受到了威廉·麦独孤策动心理学的目的论的影响，即强调目的在生物有机体中的作用；他还吸收了格式塔心理学的整体论，尤其是库尔特·考夫卡的理论以及库尔特·勒温的场论。这些在托尔曼的心理学体系中都清楚地体现了出来，即强调认知和目的在动物和人类生活中的作用。不过在此基础上，托尔曼的理论仍旧是以行为主义的基本原则为主线，属于富有认知特色的行为主义学说。托尔曼的目的行为主义对心理学的贡献主要体现在以下几方面。

---

① Tolman, E. C. (1949). There is more than one kind of learning. *Psychological Review*, 56(3), p.153.

② 张厚粲著：《行为主义心理学》，浙江教育出版社 2003 年版，第 223 页。

第一，托尔曼的理论推动了行为主义学派的发展。20 世纪 30 年代，以华生为代表的第一代行为主义的局限与不足逐渐暴露，在操作主义和逻辑实证主义哲学的影响与启发之下，出现了一批试图修正华生行为主义理论的心理学家，托尔曼就是这其中重要的一员。他从格式塔心理学家的许多假设中汲取了营养，摆脱了毫无结果的华生分子性行为主义的还原论。他直接从格式塔心理学中借鉴了整体行为的概念，成功证明了行为主义的研究对象是整体行为，以及整体行为的目的性、认知性。他使用格式塔这一术语来描述整体的顿悟的学习经验，认为学习不能简单地还原为刺激—反应要素，反复论证了行为表现和学习之间的差异。更为重要的是，托尔曼在第一代行为主义的刺激与反应之间，大胆提出了中介变量的概念，认识到了人类和动物生活的复杂和微妙之处，促使与其同时期以及后继的研究者关注机体内部更深层的因素，极大地拓宽了心理学的研究范围和视野，为后来的学习理论研究者广泛采纳。正如鲍尔和希尔加德所说，托尔曼"明确地给各家标准的 S—R 学说提出了许多持久的难题，如学习与作业的区分，潜伏学习、目标预测与诱因的动机作用，假设检验行为，精确描述'习得的是什么'等等问题。在这些问题上他与各家 S—R 学说进行了斗争"①。

同时，托尔曼还展示了经典行为主义所具有的、令人满意的方法上的严谨性。他设计了一系列精巧的实验来研究动物的学习过程，展示了心理学研究的新途径和新手段，为后人的研究提供了示范和启迪。他对迷津学习的程序进行了标准化，有助于使心理学研究更加精确、更加科学，展现了更为丰富的让人更可信的心理学。毫无疑问，托尔曼的目的行为主义理论给行为主义带来了一个全新的视角，为行为主义的发展带来了一束新的曙光。

第二，托尔曼的理论促进了当代认知心理学的产生。自 20 世纪 60 年代开始，认知心理学开始逐渐占据心理学领域的主导地位，托尔曼的理论体系为其提供了许多必需的理智准备。托尔曼主张，在学习过程中不仅有刺激和反应，而且在机体内部发生了比这更复杂的事情。他指出，如果不考察与刺激和反应同时发生的内部心理过程，就不可能理解学习的本质及其复杂性。他曾宣称："我们相信在学习的过程中，白鼠在头脑中建立了类似于环境的场地图的东西。我们同意其他学派的观点，即走迷津的白鼠受到刺激的作用，并最终由这些刺激而导致了实际发生的各种反应。然而，我们觉得作为中介的大脑活动过程比刺激—反应心理学家所认为的更复杂、更丰

① 鲍尔、希尔加德著，邵瑞珍等译：《学习论》，上海教育出版社 1987 年版，第 559 页。

富多彩,更实用地说,通常也更自主。”①

托尔曼的习得律从本质上关注的是建立符号格式塔的练习或期待。例如,在白鼠走迷津的学习实验中,托尔曼描述了位置学习的习得,推论这是被试对关系或认知地图的习得;同样,他还训练白鼠先对某种奖赏做出反应,然后换成另一种同样具有吸引力的奖赏来论证白鼠的强化期待;最后,他展示了白鼠潜伏学习的发生,表明强化能对不同表现水平施加不同的影响。在所有这些实验中,托尔曼都将认知解释为中介变量,从而表明有机体的行为是由中枢调节过程控制的,远不仅仅是环境的输入。

托尔曼提出了中介变量,并坚持认为它们与行为主义是相兼容的、并行不悖的。他指出,对于行为主义者来说,“精神过程”应该被承认并按照他们所导向的行为的术语来界定。虽然精神过程是看不见的,但是可以推断出来行为的决定因素,而且行为和这些推断出来的决定因素都是客观的。无疑,托尔曼是在尽力维护行为主义的理论,可是,不管托尔曼愿意不愿意,都还是在行为主义的大堤上掏了一个细缝,导入了一小滴思维。到时候,它会变成一场洪水。② 因为托尔曼的中介变量在本质上是认知的,从其场论发展而来,而这场洪水正是在他之后兴起的认知心理学的大潮。

虽然托尔曼没能对中枢的认知过程提供更为全面的解释,但是他预示了当代心理学中盛行的认知学习的整个研究主题。中介变量在心理学中已被广泛使用,托尔曼理应受到赞赏。现代认知心理学及认知行为主义正是吸收了他的学说和方法,以客观的方法探索内部的认知过程,从而形成了“认知革命”。可以说,托尔曼是认知论的鼻祖,他的研究是经典行为主义和当代心理学之间最重要的桥梁之一。③ 甚至有研究者指出,我们低估了托尔曼对认知科学的贡献。④ 从这个意义上看,通过开创研究高级认知过程的心理学,托尔曼背离了华生的行为主义。

第三,托尔曼对学习理论做出了杰出的贡献。他设计了许多严密精巧的实验,提出和论证了许多新课题,例如学习的本质和类型,特别是他对潜伏学习的实验和论证对学习心理学产生了极其重要的影响。鲍尔和希尔加

---

① Tolman E. C. (1948). Cognitive maps in rats and men. *Psychological Review*, 55(4), p. 192.

② 亨特著,李斯译:《心理学的故事》,海南出版社 1999 年版,第 366 页。

③ Goldman, M. S. (1999). *Expectancy operation: Cognitive-neural models and architectures*. In: Kirsch, I. (Ed.). *How expectancies shape experience*. Washington, D. C.: American Psychological Association. pp. 41～63.

④ Amundson, R. (1983). E. C. Tolman and the intervening variable: a study in the epistemological history of psychology. *Philosophy of Science*, 50, pp. 268～282.

德认为："也许托尔曼的潜伏学习实验的独创性可以同艾宾浩斯的无意义音节的独创性相提并论。"①许多心理学家都承认，他们是受到了托尔曼潜伏学习实验的启示才开始意识到强化的作用不是直接的，而是通过提供信息而起作用的。

托尔曼用实验证明，即使是白鼠也有着极其复杂的内部认知活动，它们并非作为一种自动的机器而产生行为，也并非完全按照自己所体验到的刺激的次数和种类而形成习惯，它们还受到自己的假设、期待、目标和其他一些内部过程或状态的影响。而且人们不必借助于直接观察就可以研究这些心理过程。由于其研究的重大意义，托尔曼被公认为认知—行为主义学习理论流派的奠基人。

二、主要局限

第一，托尔曼用动物作被试，其研究结果能够推论和应用的范围有限。托尔曼认为，物种之间具有连续性的进化论假设是理所当然的。那些适用于某一物种的行为法则，至少在某种可标准化的程度上，也应该适用于其他物种。因此，可以通过在研究中使用非人类被试来考察与人类行为相关的现象。

尽管托尔曼在其美国心理学会主席就职讲演中指出："我认为，通过对白鼠在迷津中某一选择点上行为的决定因素进行不断的实验和理论分析，可以从本质上研究心理学中一切重要的东西。"②尽管他的话有些半开玩笑的性质，但其评论反映了他对通过研究动物行为而获得的经验的信任。托尔曼甚至将其最重要的著作《动物和人的目的性行为》献给了"M. N. A."(Mus Norvegicus Albinus，穆斯·诺尔维克斯·阿尔比努斯，一只白鼠)。由于托尔曼主要研究的是动物的学习行为，因而其研究结果的实际应用价值甚微，他对迷津中白鼠的研究并未在应用方面产生多少影响。例如，尽管他也曾提出训练儿童使其具有综合的认知地图的观点，但并没有为父母们带来明确的指导，更没有对人们的日常生活带来些许改变。

第二，托尔曼的理论缺乏系统性。许多心理学家都认为托尔曼的理论显得凌乱、琐碎，许多概念没有明确的界定，因而没有形成一个系统而严密

① 鲍尔、希尔加德著，邵瑞珍等译：《学习论》，上海教育出版社 1987 年版，第 560 页。

② Tolman, E. C. (1938). The determiners of behavior at a choice point. *Psychological Review*, 45(1), p. 34.

的理论体系。正因为这一点，他的理论在出现后不久就被赫尔的庞大理论体系所取代。直到20世纪50年代后，心理学界才开始发现托尔曼的理论与方法的价值。

第三，托尔曼没有具体解释认知学习的中枢过程。虽然托尔曼看到了中枢调节过程在学习中的重要作用，与第一代行为主义相比有了很大进步。但他提出的中介变量过于笼统，没有详细阐述中介变量影响学习的机制。

第四，托尔曼的理论有时被指责是心灵主义或主观主义的。托尔曼对行为目的性的强调，以及对心灵主义变量的大量使用都受到其同时代人的批判。尽管托尔曼审慎地将这些术语操作性地与刺激条件和反应联系起来，但是一些评论家仍将其对这些主观性术语的使用视为一种倒退。一位正统的行为主义者讥讽托尔曼的白鼠已经“陷入了沉思”。[①] 学习理论家古斯里抱怨，托尔曼的理论提出如此多的中介认知因素，致使面对迷津中某一选择的白鼠会不知所措。在古斯里看来，当托尔曼关注白鼠的大脑在思考什么时，他已经忽略预测白鼠会如何行动了。就理论而言，白鼠被遗忘在思维里了。古斯里的批评有点言过其实，有失公允，其实已有充分的资料表明，托尔曼在关注假设的内部状态的同时，并没有忽视观察白鼠的各种行为表现。

三、主要影响

第一，托尔曼的研究影响了认知学习理论。在新行为主义的全盛时期，托尔曼的研究及其理论阐述赢得了关注，尤其是来自赫尔的追随者的关注，他们和托尔曼一样，赞成中介变量的有用性和逻辑实证主义的普遍规则。在托尔曼完成其早期研究之后的几十年里，大量的研究发现都支持了其认知学习理论。如今，认知心理学已经成为当代行为科学中最具活力和最具影响力的研究领域之一，这也许就是托尔曼的思想观点所引出的最引人注目的成果。在当代心理学中，最受欢迎的认知理论之一是班杜拉的社会认知理论。正如赫根汉等人所分析的那样，在几个不同的方面，班杜拉的理论都可以理解为是直接派生于托尔曼的理论。“如果必须选择一种与班杜拉的理论最为接近的学习理论，那么它会是托尔曼的理论。尽管托尔曼是个行为主义者，但他用心理主义的概念来解释行为现象……班杜拉也是这样。而且，托尔曼认为学习应是一个无需强化的持续过程，班杜拉也这样认为。

① 亨特著，李斯译：《心理学的故事》，海南出版社1999年版，第366页。

托尔曼的理论和班杜拉的理论在本质上都是认知性的，而不是强化性的。在托尔曼和班杜拉之间，最后一个共同之处是关于动机概念的看法。尽管托尔曼认为学习是持续的，但他进一步认为，只有在有理由的时候，比如在需要唤起时，通过学习所获得的信息才会产生作用。例如，有人可能完全了解饮水器的所在地点，但是只有在他干渴时，这一信息才会产生作用。对托尔曼而言，学习与行为操作之间的区别是极为重要的，它在班杜拉的理论中也很重要。”①

第二，托尔曼的认知地图理论影响了其他心理学分支学科和研究领域。在托尔曼的认知地图理论发表之后的50多年里，人们仍在更广泛的研究领域频繁引用该论文的研究成果，足以可见其理论的影响范围之广。

首先，认知地图理论影响了环境心理学。这一领域关注人类行为及其与行为发生的环境之间的关系。环境心理学的一些重要研究内容是研究人们怎样体验和考虑生活中的各种环境，如城市、邻里、校园或办公楼等。人们对地点形成概念化的认识，而对这种认识的研究被称为“环境认知”，个体对这些地点所形成的精确心理表征被托尔曼称为“认知地图”。环境心理学家借鉴托尔曼的基本概念，不仅在了解人们对环境的理解方面，而且在规划环境以使其与我们的认知地图加工过程达到最理想的匹配方面，取得了颇具影响力的研究成果。把托尔曼的思想应用于人类的环境心理学家之一便是林奇(K. Lynch)。② 他提出了五种人们用来形成认知地图的环境要素，即道路、边界、交汇点、街区和界标。其次，霍兰(M. Horan)使用了托尔曼的认知地图模型，以了解学生怎样学会利用大学图书馆提供的错综复杂的多媒体信息，并提供了一些有效方法帮助他们高效利用多媒体信息。③ 来自旅游领域的扬(M. Young)的研究也引用了托尔曼的思想，其目的是考察那些到尚未开发的野外去旅游的人是怎样对那些地区的地形形成认识的。扬发现影响被试心理地图质量的因素包括：交通方式、过去在当地的旅游经历、停留天数、旅游者的籍贯、年龄及性别等。④ 再次，托尔曼的认知地图理论在有关因特网的心理学研究中也占有一席之地。我们在因特网上的探索

① Hergenhahn, B. R., Olson, M. H. (2001). *An introduction to theories of learning* (6th ed.). Englewood Cliffs, NJ: Prentice-Hall. pp. 319～320.

② Lynch, K. (1960). *The image of the city*. Cambridge, MA; MIT Press.

③ Horan, M. (1999). What students see: Sketch maps as tools for assessing knowledge of libraries. *Journal of Academic Librarianship*, 25(3), pp. 187～201.

④ Young, M. (1999). Cognitive maps of nature-based tourists. *Annals of Tourism Research*, 26(4), pp. 817～839.

类似于旅行，而且我们经常会以同样的路径去访问同样的网页，这就像是对网络这块广阔天地中的一小部分形成了一幅认知地图。刊登在一本《人—计算机关系研究》专刊中的一项研究就检验了人们在因特网上的搜索行为，以及人们在网上“冲浪”时所用的策略。研究者能够把网络搜索行为转化为图像形式，识别出个人的搜索行为，进而提出了一些提高网上搜索效率的可行方法。①

第三，托尔曼的研究可视为20世纪50年代和60年代心理学在众多领域中发展的起点。例如，费斯廷格(L. Festinger)等人对动机的研究、罗特的临床心理学、奥尔兹(J. Olds)的神经心理学以及鲍尔(G. H. Bower)等人的数学学习理论，在一定程度上都受到了托尔曼研究的启发。② 托尔曼还最早发表了一篇针对白鼠迷津学习能力而对白鼠进行筛选育种研究的论文。③ 这项研究启发了他的学生罗伯特·乔特·特赖恩(Robert Choate Tryon)，他追踪研究了走迷津灵敏与迟钝的白鼠。特赖恩的名字也由此而经常地与选择性喂养联系在了一起。此外，托尔曼还是最近盛行的行为遗传学领域的一位先驱④。更要特别指出的是，在那些研究动物行为的人中，托尔曼的认知理论与当今对动物认知的广泛兴趣不谋而合。奥尔顿(D. S. Olton)在研究白鼠的空间行为和短时记忆时，使用放射状迷津就是一件让人想起托尔曼的光芒四射状迷津的实例。

第四，托尔曼的理论引发了持久的争论。考察某种理论的影响力的一种颇具启发性的方法是，看它是否能够持续不断地引发各种争议和辩论，哪怕是有人提出反对它的观点，也足以证明其理论的魅力所在。20世纪30年代到40年代，托尔曼的目的行为主义的支持者与赫尔的机械行为主义的支持者一直在相互论战，这场持续的论战形成了心理学史上最多产的时期之一。托尔曼的认知地图理论一直为人所关注。1996年，贝内特(A. Bennett)在一份生物学杂志上发表论文⑤，大胆地声称没有确凿的证据证明动

---

① Hodkinson, C., Kiel, G., McColl-Kennedy, J. (2000). Consumer web search behavior: Diagrammatic illustration of wayfinding on the web. *International Journal of Human-Computer Studies*, 52(5), pp. 805～830.

② Viney, W., King, D. B. (2004). *A history of psychology: ideas and context*. (3rd ed.). Beijing: Peking University Press, p. 319.

③ Tolman, E. C. (1924). The inheritance of maze-learning ability in rats. *Journal of Comparative Psychology*, 4(1), pp. 1～18.

④ Innis, N. K. (1992). Tolman and Tryon: Early research on the inheritance of the ability to learn. *American Psychoogist*, 47, pp. 190～197.

⑤ Bennett, A. T. D. (1996). Do animals have cognitive maps? *Journal of Experimental Biology*, 199, pp. 219～224.

物有认知地图，对白鼠在走迷津时所表现出的令人惊讶的走捷径行为一定有更简单的解释。他认为，认知地图不再是可以阐明动物的空间定向行为的有效假设，因而应该避免使用认知地图这一术语。由此看来，按照贝内特的说法，应该摒弃托尔曼对认知心理学和环境心理学研究领域产生的几十年的影响，但事实上这是绝对不可能的。

也许，托尔曼的持久重要性并不在于其某一个独特的理论或学说，而是在于他作为一个整体的人所展现出来的价值观、道德感、对生活的态度及其创新精神。

第六章

赫尔：逻辑行为主义

在新行为主义者中，克拉克·伦纳德·赫尔(Clark Leonard Hull, 1884—1952)是第一位也是最后一位试图运用综合的、科学的理论来研究刺激与反应联结，并力图使心理学体系数量化的心理学家。赫尔精通数学和形式逻辑，他以其他心理学家不曾用过的方式将数学语言应用于心理学理论，希望使心理学最终像牛顿的经典力学那样客观、精确及具有可操作性。由于赫尔坚持以客观性为原则，以假设演绎系统为方法论来构建其关于人和动物行为的普遍的、系统的心理学体系，因而他的理论被称为逻辑行为主义(logical behaviorism)或假设演绎行为主义(hypothetical-deductive behaviorism)。这一理论对西方现代心理学产生过重大影响，在20世纪30年代后的几十年间，一直是美国心理学界最占优势、影响最大的学说之一。赫尔的逻辑行为主义作为第二代行为主义或新行为主义的一种形式，是一种方法论的行为主义。

第一节　赫尔传略

赫尔的职业生涯是一个凭借坚韧毅力和刻苦勤奋精神战胜似乎不可逾越的障碍的典型事例。他从小家境贫寒，年轻时因病致残，并且整个一生都为虚弱的身体和糟糕的视力所折磨。但是，他最大的资本是具有极高的成就动机，在困难面前能够锲而不舍、坚持到底，正是这种人格特质使他最终创立了影响广泛的以推理演绎形式为主的行为主义体系。

一、学术生平

赫尔于1884年5月24日生于纽约州阿克隆附近的一个农场。他的父亲性情暴躁，几乎没有受过教育；他的母亲性格温和，是一个安静且非常害羞的人，15岁时结婚。在赫尔三四岁时，他们全家搬迁到密歇根州一个环境优雅但很贫穷的农场。赫尔进入一所只有一个教室的乡村小学接受教育，农忙季节他不得不中断学业帮助父母干农活。17岁时，赫尔通过教师资格考试，在一所简陋的乡村小学教书。一年后，由于意识到自己在知识上的贫乏，他又进入西萨吉诺高级中学继续学习。在求学时，赫尔由于食物中毒而感染了伤寒，他的几个同学都死于这种疾病，而赫尔却幸免于难，不过持续四个星期的高烧使他的记忆力受到了不可挽回的损害，并因此推迟了一年才上大学。

克拉克·伦纳德·赫尔（Clark Leonard Hull，1884—1952）

1904年，赫尔考入阿尔玛学院，专业是采矿工程学。在各门课程中，他尤其对数学感兴趣，认为数学简单而有趣，并曾用几何学的方法去推论某些反面的神学命题。赫尔后来在自传中指出："几何学研究是我学术生涯中最重要的事件；它向我敞开了一个全新的世界——思维本身能够从以前掌握的原理中产生并真正地证明新的关系。"[①]毕业后，赫尔在明尼苏达州的一家采矿公司找到一份测量铁矿中锰含量的工作。仅仅工作了两个月，他就不幸患上了脊髓灰质炎，导致他的一条腿残废，终身都要依靠自己设计的铁拐杖行走。由于身体的残疾使赫尔不可能再从事采矿这一职业，因而他开始重新设计自己未来的生活。赫尔最初考虑做一名牧师，但想到可能要参加没完没了的女士们的茶会及相关的活动又使他打消了这个念头。渐渐地，他意识到自己真正想从事的是一个成功能够来得相对较快，并允许他拼凑仪器的工作。赫尔指出，他想"在一个具有理论意义并与哲学相关的领域工作：这个领域是全新的，足以迅速发展的，使得年轻人的工作不必等到他的前辈人去世就能得到承认，并且它能够提供一个利用自动仪器进行设计和

① Hull，C. L.（1952）. *Clark L. Hull*. In：Boring，E. G.，Langfeld，H. S.，Werner，H.，et al.（Eds.）. *A history of psychology in autobiography*. Vol. Ⅳ. Worcester，Mass.：Clark University Press，p. 144.

研究的机会。心理学似乎符合这些独特的要求"①。在阅读了威廉·詹姆斯(W. James)的巨著《心理学原理》之后，赫尔坚定了自己的想法，从此走上了心理学研究之路。

为了积攒教育经费，赫尔病愈后在一所中学当老师。两年后，他作为一名三年级学生进入密歇根大学学习。密歇根大学自由的选课制度使他能够像一名研究生一样集中精力学习心理学课程。同时，由于对推理心理学感兴趣，他还选修了一门逻辑学，并为该课程设计制造了一台模拟演绎推理的逻辑机器。1913 年毕业时，赫尔的积蓄已用完。于是，他接受了肯塔基州一所师范学校提供的一个临时职位。除了一周讲授 20 节课，他还找时间制作了一个粗糙的手工操作的仪器装置，用它进行了一些关于概念形成的预备实验工作，这些实验结果最终都被纳入到其博士学位论文之中。赫尔在此期间还向康奈尔大学与耶鲁大学申请心理学研究生资格，但遭到了两校的拒绝。后来在皮尔斯伯里(W. Pillsbury)教授的推荐下，他被威斯康辛大学录取为研究生。在威斯康辛大学，赫尔投身于心理学特别是实验心理学的研究，他在日记中写到："现在几乎可以肯定我将成为一名纯粹的心理学家，我的职业生涯将在一所著名大学自由的学术氛围中度过。这一结果非常有好处，因为现在我不需要浪费精力准备我永远不会做的工作。"②1918 年，34 岁的赫尔在贾斯特罗(J. Jastrow)教授的指导下获得了哲学博士学位，并留校任教。

在威斯康辛大学工作的十多年里，赫尔进行了三项产生较大影响的研究工作。一项是受由学者和早餐制作商组成的委员会的邀请，对吸烟对心理与运动操作的影响进行了实验研究。该研究为他们的宣传提供了精确的实验依据。1924 年，因斯塔茨(A. W. Staats)教授受聘到哈佛大学商业管理学院任教，赫尔接替了原来由他讲授的"心理测验与测量"课程的教学工作。尽管赫尔对测验知之甚少，但是他对这个主题很感兴趣，尤其是测验效度中所涉及的数学。于是，他专心致志地查阅有关测验的文献，特别是与职业指导测验有关的内容。在确定各种测验的效度时，赫尔发现计算测验分数与表现之间的相关系数非常繁琐。于是，他设计建造了一台能够自动计算这种相关的机器。该机器以一张穿孔纸片为其提供数据，然后按照设计好的

---

① Hull, C. L. (1952). *Clark L. Hull*. In: Boring, E. G., Langfeld, H. S., Werner, H., et al. (Eds.). *A history of psychology in autobiography*. Vol. Ⅳ. Worcester, Mass.: Clark University Press, p. 145.

② Hull, C. L. (1962). Psychology of the scientist: IV. Passages from the "idea books" of Clark L. Hull. *Perceptual and motor skills*, 15, p. 814.

程序进行相关运算。赫尔制造的这台机器在当时是一个相当大的成就，现在被收藏在华盛顿特区的史密森博物馆。赫尔在开始讲授测验课后不久，又承担了医科大学预科生心理学导论课程的教学任务。由于他认为暗示和医生的权威会影响许多医学治疗的效果，因而决定将催眠这一主题融入到课程之中。之后，赫尔花了十多年时间系统研究了催眠和易受暗示性问题，发表了 32 篇关于这一主题的论文，并出版了一部专著。

1929 年，赫尔受聘到耶鲁大学心理研究所（不久更名为人类关系研究所）担任心理学研究教授。在来耶鲁大学之前，赫尔就阅读过巴甫洛夫《条件反射》一书的英译本，该书给他留下了深刻的印象，激起了他对条件反射和学习问题的兴趣。1930 年夏，赫尔受邀在哈佛大学举办关于态度测验的讲座，他在那里得到数册牛顿（I. Newton）著的《自然哲学的数学原理》和罗素（B. Russell）著的《数学原理》。赫尔感到这些著作正是他希望建立的心理学体系的一个模型，即以假设演绎为基本方法构建一个公理化的体系。回到耶鲁大学后，他便以前所未有的热情和精力投入到假设演绎行为理论的研究工作之中。这时的赫尔已经 40 多岁，并且在心理学界拥有稳固的声望，但他没有就此止步，而是致力于开拓新的领域。赫尔常常因为预感自己会早逝以及觉得没有足够的时间去完成他想要做的事情所困扰，他确信自己在 50 岁之后将不再能为心理学做出他所希望的贡献。这种想法促使他加倍地努力工作。

1936 年，赫尔当选为美国心理学会第 44 届主席。在题为《心理、机制和适应性行为》的主席就职演说中，赫尔阐述了他将创立一门根据机械的、合法的原则来解释“目的”行为的理论心理学的目标，并勾画出其理论体系的初步轮廓。第二年，这篇讲稿发表在《心理学评论》杂志上。此后，他便一直致力于修订和完善自己创立的行为体系，直至生命的最后时刻。1945 年，因其对心理学发展所做出的突出贡献，赫尔被实验心理学家协会授予沃伦奖章。自 1946 年起，赫尔的健康状况开始恶化，经常要忍受频繁的胸痛的折磨。1948 年，当他正在准备《一种行为体系》的手稿时，突发严重的心脏病，这使他本来已经羸弱的身体状况更加恶化。疾病几乎耗尽了他能够聚集的全部力量，但他还是于去世之前的四个月完成了这本书。1952 年 5 月，赫尔在将要从耶鲁大学退休的前几周因心脏病逝世，享年 68 岁。去世之前，赫尔对他已经计划出版的第三本著作将永远不能完成深表遗憾。他认为，他的第三本著作将会是其最重要的著作，因为它将会把他的体系延伸到人类的社会行为中。

二、主要著作

赫尔一生出版的著作不多。在创立假设演绎行为学体系之前主要有两本。一本是1928年出版的《能力倾向测验》，该书是一本教科书，是赫尔那一时期教学经验的总结。另一本是1933年出版的《催眠和易受暗示性：一种实验方法》，赫尔在书中详细描述了关于催眠的研究结果和理论观点。该书出版后受到评论者的一致好评，认为它以科学的方法打开了对催眠和易受暗示性进行实验研究的大门，"在处理那些甚至今天仍令人迷惑和未解决的问题的方法方面，它仍作为一个明晰和客观的典范而矗立"①。1940年，赫尔与他人合作出版《机械学习的数学—演绎理论：科学方法论的研究》一书，为人类词语学习提供了一种数学阐释，说明了怎样根据条件作用的原理来解释机械学习。这本书虽然被认为是科学心理学发展史上的一项重要成就，但因为过于难懂，所以读者甚少。《行为的原理：行为理论导论》(1943)进一步拓展和发展了赫尔的理论体系，提出要把所有的心理学统一在"刺激—反应"的框架之下。该书是赫尔在心理学史上最有影响的著作，在许多年里被频繁地引证并引发了大量的研究课题。《心理学公报》针对该书发表了独特的书评，把它誉为"20世纪业已出版的各类心理学图书中最重要的图书之一"②。1951年，赫尔又出版了《行为原理》的修订本，即《行为纲要》，使其体系更臻完备。1952年，赫尔于去世之前完成了《一种行为体系：关于个体有机体的行为导论》，把他在《行为原理》中所发现的原理扩展到了更复杂的现象中。

三、思想渊源

赫尔创立假设演绎行为学体系，一方面是受到当时盛行的逻辑实证主义哲学思想和华生行为主义理论的深刻影响，另一方面则是他从数学、物理学等自然科学采用假设演绎方法成功地建立了系统化的理论中深受启发，认为心理学也可以采用这种方法论来构建自己的理论体系。

在创立心理学理论过程中，赫尔运用了逻辑实证主义的原则。逻辑实

① Hilgard, E. R. (1961). *Introduction to a new edition of C. L. Hull, hypnosis and suggestibility*. New York: Appleton-Cetury-Crofts, p. xv.

② Koch, S. (1944). Hull's principles of behavior: a special review. *Psychological Bulletin*, 50, pp. 143～155.

证主义特别强调对经验进行逻辑分析，并确立了经验实证的原则。为了贯彻这一原则，逻辑实证主义者采用了两种方法。一种是直接证实，即将命题和当下的经验进行比较。如果命题和经验事实相符，该命题即为真，并且是有意义的；反之则为伪，是无意义的。如果不能直接证实，就采用第二种方法，即间接证实，其过程是将该命题以逻辑推理的方式演绎为另一能直接证实的问题，通过对后一命题的证实或证伪来间接证实前一命题的真或伪。赫尔的假设演绎行为体系是与逻辑实证主义的可间接证实原则相吻合的。赫尔理论的核心是一组公设，这些公设是对基于累积知识的行为的阐述，而这些知识来自于那些被认为是正确但无法直接加以检验的研究和逻辑。然而，可以从这些公设中逻辑地推导出明确的定理，并且这些定理直接导致了实验。这些实验的结果无论是支持定理抑或不支持定理，反过来又会增强或削弱基础理论，并最终修改其公设。

赫尔还从其所处时代心理学中的主流影响即华生行为主义理论中汲取了营养。赫尔在 20 世纪 20 年代就熟读了华生的著作，他对华生的理论持认同的态度，同时以自己的方式充实了华生首创的行为主义纲领。赫尔赞同华生提出的心理学应该是研究行为的科学的观点，审慎地避免提到意识，以条件反射实验为基础获得了大量关于习惯的信息资料。在这些方面，他的学说同华生的学说是相似的。但在其他方面，赫尔比华生大大前进了一步。例如，华生忽视有机体内部条件的研究，一概否认意识、目的、顿悟等现象，赫尔则代之以积极的方针，力求对这些现象作出行为主义的解释；华生强调外在刺激对行为的意义，忽视了人的主观能动性和行为动机，而赫尔将内驱力视作有机体做出某一习得反应的最重要的因素之一。

最能体现赫尔理论特色的数量化特征，源自赫尔对自然科学中普遍采用的假设演绎方法论的吸收和借鉴。假设演绎方法论思想可以追溯到古希腊哲学中的毕达哥拉斯主义倾向和近代自然科学中的理性主义科学方法论。毕达哥拉斯学派提出了数是万物本原的命题，主张整个有规矩的宇宙组织就是数以及数的关系的和谐系统。17 世纪，德国哲学家莱布尼茨（G. W. Leibniz）继承了毕达哥拉斯学派的合理成分，试图创造一套一般性的符号语言。他认为，这种语言将能够清晰地表达一切概念，它所用的语法是一种建立在推理基础上的联合运算的形式。通过这种语言，所有科学理论都可以像数学那样被推论出来。尽管莱布尼茨没有实现其梦想，但却为后来的学者指明了方向。在科学史上，欧几里德（Euclid）最早采用假设演绎法建立了公理化体系。他选取了少数几个不需要加以定义的原始概念和不需证明的几何命题作为整个几何学的出发点和原始前提，然后运用演绎逻辑推演出一系列的几何定理，从而把当时关于几何学的知识系统化为一个演绎的体系。著名物理学家牛顿在他的《自然哲学的数学原理》一书中，以三大定律为公设，第一次运用假设演绎方法构造出整个力学体系。牛顿对赫尔产生了重要的影响，赫尔自诩为行为科学中的牛顿。20 世纪 20 年代中期，赫尔拜读了牛顿的《自然哲学的数学原理》，对他来说，该书如同一本《圣经》。他规定他的研究生必读此书，并把它置于自己和来访者之间的桌子上。牛顿将宇宙视为一架用精确的数学定律操控的巨型机器，而赫尔也以同样的机械方式思考人类，认为只有建造一台与人类一模一样的机器，才能最终理解人类行为。牛顿还影响了赫尔关于科学进步和理论重要性的信念。赫尔认为，科学的进步是通过发展精密的理论，然后验证和修改它们，再验证修改过的理论，如此反复。这个过程就是假设—演绎的过程。

第二节　心理学的对象论和方法论

赫尔从逻辑实证主义出发，强调心理学是一门真正的自然科学，其任务是发现行为规律，并用科学的共同语言即精确的数学语言来表达，借此推导出个体与团体的行为。而要科学客观地研究有机体的行为，心理学就必须构建自己的一套科学方法论体系。在赫尔看来，这套研究方法体系只能是假设演绎系统。他指出，几何学的研究是我们理智生活中最重要的事件，应该把思维、推理和其他认知能力，包括学习，看作是本质上十分机械的活动，这些活动能够通过数学的精确性来描述和理解。

一、心理学的对象论

受达尔文进化论思想的影响，赫尔认为有机体的行为都是适应性行为，只有这种适应性行为才是心理学的研究对象，而心理、意识与目的等只不过是一种用来指导和控制适应性行为的假设实体或逻辑推论。

1. 适应性行为

自达尔文创立进化论以来，人们不但清楚地认识到有机体是经过漫长的进化演变而来的，而且还清楚地知道人类是自然界进化的最高成就。在进化论思想的影响下，赫尔认为人类的绝大部分行为都是有机体与环境相互作用的结果，因而他以有机体对环境的适应性行为（adaptive behavior）作为其理论的出发点。在赫尔看来，这不仅必要，也是可行的。因为在二者的相互作用中，由环境提供的刺激变量和有机体本身的反应都是客观的和可观察测量的，至于影响反应发生的有机体内部进行的事情则只能加以推断。但是，如果能够用数量化的方式对内部过程进行描述，那么我们就可以客观地研究它们，这与行为主义心理学的客观化要求并不相悖。

关于适应性行为的最终本质，赫尔指出，历史上曾经出现过两种不同的观点。一种是目前被广泛采纳的比较古老的观点，其根源可以追随到原始的泛灵论。这种观点认为，指导和控制适应性行为的原理，从本质上来说，是非物质的，也就是心理的和精神的。因此，适应性行为从根本上说是非物理的或精神的。第二种观点尽管是质朴的，却在科学界得到某种程度的认同。这种观点假定适应性行为最终是根据物质世界的原理起作用的，因而其本质是物理的或机械的。在赫尔看来，这两种观点之间的矛盾不是由于不同的人观察到的事实不同引起的。也就是说，关于适应性行为的争论不是一种事实的争论，而是一种理论的争论。

关于适应性行为的普遍规律，赫尔认为毫无疑问是刺激—反应的联结规律。他认为，在有机体的进化过程中，形成了两类性质不同但密切相联的刺激—反应联结。一类是非习得的刺激—反应联结，它是神经组织中固有的、生而具有的，例如食物与唾液分泌之间的联结。另一类是习得的刺激—反应联结，它是有机体后天经过学习而获得的，例如灯光与唾液分泌之间的联结。赫尔强调，心理学应该主要研究后一种联结。

赫尔虽然认同传统的刺激—反应公式，但他又补充提出了刺激痕迹的概念。所谓刺激痕迹是指作用于有机体的外在刺激消失后，其作用不会马上停止，而是持续一段时间。一般来说，行为都是在先前的刺激痕迹基础上接收到新刺激所作出的整合的反应动作。因此，赫尔将传统的 S—R 公式修改为 S—s—r—R。其中 S 表示外界刺激，s 表示刺激痕迹，r 表示运动神经元的发动，R 表示外显反应。借助行为公式的修改，赫尔希望能为行为主义心理学接纳和研究意识等的作用问题而不是回避这一话题打开一扇门，尽管他并不曾提及意识这个名词。

此外，赫尔还进一步指出，刺激具有复杂性。因为行为很少是由单个刺激引发的。相反，它是在某一特定时间聚集在有机体上的许多刺激的功能。这许多刺激及它们的相关痕迹相互作用，综合起来共同决定着行为。如图

6－1所示，$\bar{s}$ 表示此刻作用于有机体的五种刺激的综合效应。因为刺激的复杂性，行为也就变得复杂而难以预测了。因此，只有弄清楚刺激的复杂作用，才能更精确地说明和预测行为。

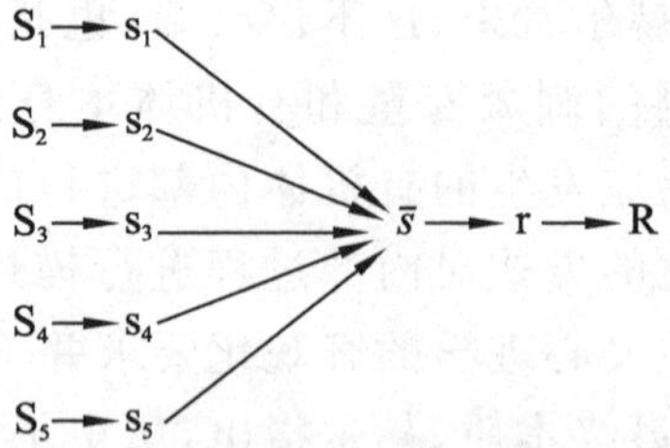

图6－1　复杂的刺激共同决定行为

2. 意识的性质

在意识问题上，赫尔表述了他的方法论行为主义的观点。一方面，他与托尔曼一样愿意推测行为的内部原因，只不过尽可能地将中介变量数量化和公式化，使其成为客观的、可观察的事件。另一方面，赫尔又认为心理主义的概念是不必要的，心理学可以省去意识，从而将意识经验从行为主义者心目中的心理学范畴中清除出去。也就是说，赫尔没有绝对否定意识的存在，但又不承认意识在人的心理活动过程中是基本的现象，或具有逻辑上的优先性。对他来说，与其说意识提供了一种解决问题的手段，不如说它本身还是一个需要解决的问题。

赫尔指出，在他的理论体系中之所以没有提及意识或经验，"理由在于，到目前为止尚未发现有哪种定理可以因为包含意识的假定而有助于它的推演"，而且"我们迄今未能找到任何其他有关行为的科学体系已经发现意识是一种必不可少的前提，或者肯定意识的存在，从其推演出某种关于适应性行为或道德行为的理论体系"。[①] 他指出，历史已经证明，由于意识不能满足演绎推理的标准，因而完全没有理由使用意识或经验作为科学理论体系的公设(postulate)。事实上，若干世纪以前，几乎所有的哲学理论家与心理学家都提出过这样一种意识或经验第一性的假设，但他们的努力并没有使意识在哪怕是一个小型的关于适应性行为或道德行为的科学体系中找到作为公设的逻辑优先性地位。

既然缺乏证明意识在逻辑上具有优先性的证据，那么为什么学者一直会坚持意识在逻辑上具有优先性呢？像华生一样，赫尔把这种心理学家对

① Hull, C. L. (1937). Mind, mechanism and adaptive behavior. *Psychological Review*, 42, p. 31.

意识的持续兴趣归因于中世纪神学的持续影响。他声称："心理学的基本原理，在相当大的程度上受到中世纪神学的束缚，具体地说，可以相信，我们在意识问题上流行的观点，主要仍然是中世纪的观点。"①整个中世纪及其后的若干世纪，社会和道德的控制，主要是通过许诺死后赏赐或惩罚发生作用的。这就需要有某种人死后仍然存在的东西来承受生前的许诺。由于意识是一种非物质的东西，不受肉体死亡的影响，因而便被赋予了这一角色。为了增加说服力，接受奖惩的必须是构成决定道德行为的基本原因的要素，这样，意识不仅必须是非物质的，还必须是决定行为的基本因素。因此，有人坚持意识具有逻辑上的优先性，也就不足为奇了。不过，赫尔指出："幸好，我们现在已找到明确的拯救方法，这种拯救全在于应用科学方法，这种方法论既古老又健全可靠；……我们要采用这种方法，就必须抛弃毫无生气的传统的镣铐。"②

二、心理学的方法论

赫尔的机械、还原、客观的行为主义明确规定了其研究方法论。他认为，行为的规律必须用精确的数学语言来说明或表示，数量化是其行为主义的基石。赫尔相信，如果心理学准备像其他自然科学那样，成为真正客观的科学，那么唯一适当的方法就是假设演绎的方法。

1. 科学理论的方法论

赫尔从逻辑实证主义和操作主义方法论出发，认为一种可靠的科学理论体系必须具备以下三个基本特征：第一，从一套表述清晰的公设出发，并对所采用的重要术语予以具体明确的"操作性"定义；第二，从这些公设出发，以尽可能严密的逻辑演绎出一系列相互联结的，包括有关领域的主要现象的定理；第三，这些定理的表述在细节上必须与所观察到的已知事实一致。如果两者一致，则该体系便可能是真的，否则这个体系便可能是假的。如果不能确定两者是否一致，从科学的观点来看，这个体系就是没有意义的。

这样看来，科学理论的方法论在形式上似乎与哲学思辨的方法论很相

① Hull, C. L. (1937). Mind, mechanism and adaptive behavior. *Psychological Review*, 42, p. 32.

② Hull, C. L. (1937). Mind, mechanism and adaptive behavior. *Psychological Review*, 42, p. 32.

似：两者都是从清晰明确的公设出发，都有一套对于重要术语的定义，都有通过严密的逻辑推演出来的相互联系的定理。那么，两者究竟有什么明显的差别？赫尔指出，区分两者的一个基本原则是："在哲学思辨中，不可能把某个定理与直接观察的结果进行比较。"①与之相反，对某个定理进行观察检验正是科学理论方法论的一个优越之处。例如，斯宾诺莎在其最优秀的哲学著作《伦理学》第一部分的命题 14 中提出：除了上帝，不存在，也不能设想存在任何实体。显然，很难想象能够对这样一个定理用观察的方法加以检验。而与其同时代的伽利略则从哥白尼关于太阳系本质的假设及其他一些大家都熟悉的原理出发，逻辑地得出另外一个原理，即金星应该像月亮一样，出现新月状和其他介于盈亏两种月相之间的各个阶段。伽利略正是在这个演绎推理的引导下，用自制的望远镜进行了必要的观察，证实了这个原理。从这里我们可以看到科学所要求的必不可少的观察检验，而这种观察检验正是哲学所没有的。

赫尔强调，这种建立理论的科学方法论产生了一种动态的、开放的体系。假设不断地生成，其中一些得到了实验结果的证实，另外一些却没有得到实验结果的证实。如果产生逻辑推论的基本命题与被观察到的经验性结果完全一致，那么这些基本命题就应该被保留，并且整个理论包括公设和公理也会得到加强，相反，那些不能与之一致的基本命题就应该被抛弃或被修正。因此，赫尔认为，他以假设演绎方法建立起来的理论体系是自我修正的，只有那些经得住精密实验检验的要素才可能保留下来。在他看来，一种学说的建立总是通过一个个接近真实的假设逐步发展，如果一种学说处于定论的状态，往往表明这个学说是有问题的。他说："随着这种尝试—错误过程的筛选不断地进行，逐渐会产生一系列限定的基本原理，这些基本原理的共同意义越来越有可能与相关的观察一致。从那些保留下来的假设中所得出的结论，虽然永远不会是绝对可靠的，但最后确实会变得高度可靠。这实际上是大部分物理科学的基本原理的现状。"②

2. 假设演绎方法论

赫尔指出，发现科学事实的方法有四种：第一种方法是简单的无计划的观察；第二种方法是系统的有计划的观察；第三种方法是通过精心设计的实验对个别的、彼此无联系的、来自直觉或观察的假设进行验证；第四种方法是根据一组先验原理进行严格的演绎，即假设演绎法。赫尔认为，第四种方

---

① Hull, C. L. (1937). Mind, mechanism and adaptive behavior. *Psychological Review*, 42, p. 6.
② Hull, C. L. (1943). *Principles of behavior*. New York: Appleton-Cetury-Crofts, p. 382.

法是最有价值、最科学的方法。

根据可靠的科学理论体系的基本特征，赫尔将假设演绎方法论引入到心理学的研究之中。他先是引入定义系统，并选择一些最基本的、由经验研究概括出来的理论命题作为前提即公设。公设要明确界定、相互一致，以能够演绎定理的方式表述，并且数量要尽量少。提出公设的目的在于，把那些基本的中介变量用严格的逻辑，即用数学方程式互相联系起来，并把与它们有关的环境事件也联系起来。第二步是从这些定义和公设中严格地演绎出一系列详细的定理(theorems)。从已知的公设中推论出来的定律和副律必须具备预测的性质，是一种真正的新知识。所有的这些定义、公设、定理构成了一个系统的统一理论。最后，设计严格控制的实验来检验、证实这些定理。赫尔正是用这种方法和逻辑建立了他的理论体系。我们可以举一个例子来说明。

第一步，引入定义系统。赫尔引入习惯强度、驱力、反应势能三个基本概念，并对之进行了操作定义。① 习惯强度(habit strength，$_{S}H_{R}$)是指感受器与效应器之间联结的强度。如果有机体在某一情境中作出某种反应，导致驱力降低，那么就可以说它的习惯强度增加了。他把习惯强度这一中介变量操作性地定义为，在某种环境条件下发生的反应被强化的次数。② 驱力(drive，D)是指有机体的内部需要状态，其功能在于激发行为。驱力的强度可以根据被剥夺时间的长短或引起行为的强度、力量或能量消耗而定。③ 反应势能(reaction potential，$_{S}E_{R}$)也称兴奋势能(excitatory potential)，是指习得性反应发生的可能性。它是当前驱力的强度与习惯强度的函数。

第二步，提出有关的公设。① 公设1：习惯强度是一个刺激引发一个与之相联系的反应的倾向，在其他条件恒定时，它的增长是强化次数的函数。② 公设2：有机体的习惯只有在驱动状态下才能被激起。驱力激起有效的习惯强度，使之成为反应势能。

第三步，根据以上定义和公设严格推论出有关定理：$_{S}E_{R}={}_{S}H_{R}\times D$。该定理表示，只有当一个反应已经充分习得($_{S}H_{R}$ 取正值)而有机体又被驱动去行动(D 取正值)时，这个反应才会发生。

第四步，实验检验。以定性的方式检验这条定理比较简单，可以设计如下实验：训练白鼠形成某种习惯，如在斯金纳箱中按压杠杆，并达到三种不同的习惯强度：低(无强化按压)、中(强化50次按压)、高(强化100次按压)。然后可以把三组中的每一组再分成三组，每个组按驱力划分低(足食)、中(剥夺食物12小时)、高(剥夺食物24小时)。将九组白鼠依次放入斯金纳箱，观察每只白鼠要经过多久才第一次去按压杠杆。时间越短，说明反应势能越大。如果这项定理是正确的,那么低驱力和低习惯强度组就没有压杆反应,而高驱力和高习惯强度组的潜伏期最短,其他各组则处于这两个组之间。如果实验结果并非如此,那么就必须推翻这条定理。

第三节 假设演绎行为主义体系

作为一位新行为主义者,赫尔将行为主义运动向前大大推进了一步。他的行为主义形式既不同于激进的行为主义理论,也不同于托尔曼的观点。赫尔认为前者的观点过于简单粗糙,而托尔曼的理论又富有太多的主观色彩。因此,他将假设演绎方法论应用于心理学,使心理学成为一门可按牛顿物理学模式进行定量分析的严密科学。在其生命的最后20余年里,赫尔一直致力于不断地改进和完善其假设演绎行为理论体系。尽管该理论体系在他逝世时并未臻完备,但他提出的公设和副律却充实了行为主义纲领,在行为主义心理学的发展中起了重要作用。

一、假设演绎体系的基本逻辑

赫尔的假设演绎行为主义体系是逐渐形成的。他第一篇专门讨论这一理论的论文发表于1929年,题目是《条件反射的一种函数解释》。在这篇文章中,他明确表示自己受到巴浦洛夫的很大启发。在1936年任美国心理学会主席的就职演讲中,赫尔第一次公开阐述了他的假设演绎行为学理论。此后,他又分别在《行为原理》、《行为基础》和《一种行为体系》中进一步拓展和完善了自己的学说体系。

赫尔理论的基本逻辑便是从刺激物、中介变量和反应三部分入手来描述行为的基本规律。他认为,我们在实验中测量环境对于有机体的影响(输入),然后测量有机体的反应(输出),这些数据能够使得到的资料在环境中得到落实,而对环境的观察与测量则是可以达到并保持客观性的。其他对有机体的影响,如过去受训的历史、被禁食的时间、所注射的药物等,都可当作实验变量,同刺激和反应一样,客观地加以测量与描述。赫尔还认为,关于有机体内部发生的事件，我们只能加以推断，假设存在某些可以落实在可观察的事实之上的中介变量或象征性构想。如果用数量的、数学的陈述语句，把这些推断紧紧扣在输入—输出这两端之上，那么我们在客观性上既毫无所损，还能增加演绎出新现象的便利、丰富性及对它们的理解力。

二、假设演绎体系的基本公设

赫尔的理论与欧几里德的几何学非常类似，有一套关于公设和定理的逻辑结构。公设是不能被直接证实的关于行为的一般陈述，但是从公设中按照逻辑产生的定理是可以被检验的。赫尔在他身后出版的《一个行为的体系》一书中提出了 17 条公设和 17 条副律。①

1. 有机体行为系统的起点

赫尔认为，有机体在开始学习之前，必须具有某些反应倾向和一些感受环境影响所必需的感受装置，他提出的前两条公设就是对刺激—反应学说所要求的这些起点的论述。

公设 1：不学而能的刺激—反应联结。

有机体在出生时就具有能使需要终止的诸反应等级系统，这些反应是在刺激和驱力的联合作用下被引发的。在需要的情况下由刺激发动起来的反应不是从有机体的许多反应中任意选出的反应，而只是那些最可能使需要终止的反应。

赫尔使用"反应等级系统"这一术语意指有机体可能发生不止一种反应：如果第一种先天反应模式并没有使某一需要降低，另一种模式就会产生；如果第二种模式也没有使那种需要降低，还会有另一种模式产生，如此等等。如果没有一种先天反应模式能够有效地降低需要，有机体就不得不学习新的反应模式。在赫尔看来，只有当先天神经机制及它们的有关反应不能降低有机体的需要时，学习才会产生。因此，赫尔把有机体这种不学而能的刺激—反应联结作为其行为学习系统的起点。只要先天反应或以前习得的反应在满足需要方面是有效的，有机体就没有必要学习新的反应。

这一条公设承认有一种以进化论为基础的、有利于生存的、生物学的尝试与错误历程。它在赫尔的整个理论体系中不占重要地位。

公设 2：整体性的刺激痕迹（the molar stimulus trace）及其等值物（stim-

① 本部分所论述的公设与副律部分转引自章益辑译：《新行为主义学习论》，山东教育出版社 1983 年版。

ulus equivalent)。

赫尔提出这条公设是为了规定由外部刺激作用于感受器而产生的过程的有效强度。他对之进行了如下的说明：① 作用于感受器的刺激物引起若干内导的神经冲动。这些冲动构成一个自行传播的、整体的内导痕迹冲动(afferent trace impulse)，它提供一个递增刺激的等值物，其最大强度是在450毫秒以内到达。450毫秒的依据是：既然刺激和反应必须在时间上吻合才能发生条件联系，那么条件刺激物和无条件刺激物之间最有利的时距一定是在条件刺激物的最高后效和无条件刺激物的开端相吻合的时候，而这个时距就是450毫秒左右。② 在达到最大强度以后随着出现一个新时相(new phase)，这是逐渐减退的时相。整体的内导痕迹冲动的减退时相引起第二个刺激等值物。减退时相比第一(即递增)时相持续时间较长。③ 整体的刺激痕迹(s)(即联结学习中的有效刺激)的强度是痕迹的整体刺激等值物的对数函数。

2. 强化与动机作用

强化是赫尔学说的核心，他的理论就是围绕这个概念而统一起来的，即学习只是作为强化的结果而发生的。

公设3：初级强化。

如果一个反应(R)和一个刺激痕迹(s)密切联结，而这一刺激—反应联结又与驱力刺激(drive stimulus，S_D)的迅速降低紧密相联，那么刺激痕迹(s)唤起反应(R)的倾向就增加了。

古斯里认为，刺激与反应只要在时间上接近就可以彼此联结在一起；而赫尔却认为，只有时间上的接近还不够，还要有强化作用，即驱力所产生的刺激(S_D)的迅速降低。根据这条公设，初级强化是由于驱力所产生的刺激降低而起作用。然而，在赫尔早期的公设中，他认为所有初级强化物都为降低相应的驱力服务；反之，驱力的降低或满足是强化的唯一基础。例如，食物降低饥饿驱力，呼吸降低窒息的人对氧气的需要，等等。在后期著作中，赫尔稍微转变了自己的立场，将驱力降低理论修正为驱力刺激降低理论。转变的原因之一是他意识到，如果把水作为干渴的动物操作某一行为的强化物，那么水满足干渴的驱力需要相当长的时间：水要经过嘴巴、咽喉、腹部才能到达血液，并且喝下水的效应必须到达大脑，干渴驱力最后才会降低。而这一过程不可能在短时间内完成。转变的另一个原因来自谢菲尔德(F. D. Sheffield)和罗比(T. B. Roby)所做的实验。他们在实验中发现，如果让白鼠在目的箱中喝糖精水，可以使它学会走迷津，而且喝糖精水所起的强化作用比吃其他食物的强化作用还大些。然而，糖精水不含任何热卡，不可能降低驱力。这也就是说，动物在没有驱力降低的情况下也会产生学习。由此，赫尔推断驱力的降低与强化物的呈现之间没有什么关系，解释反应所需要的是在强化物呈现不久之后所出现的事情，也就是驱力刺激的降低。

赫尔对驱力的降低与驱力刺激的降低进行了区分。他认为，驱力的降低是由于需要(need)的满足，而驱力刺激的降低则是需求(craving)得到满足。需要是天赋的，而需求是习得的。强化与其说是需要的满足，不如说是需求的满足。需求与生物需要之间存在着细微差别。通常情况下需要导致需求，但并非总是如此，而且人有许多无实际需要作为基础的需求，如肥胖的人在饱食后还继续吃东西。需求也可能在无生物需要下降的条件下而下降，如饥饿的婴儿吮吸无营养的橡皮奶头可以停止哭泣。因此，赫尔在1952年提出的公设中强调驱力刺激降低而不是驱力降低。

副律i：次级驱力。

如果一个中性的刺激痕迹曾与某些驱力刺激的唤起和迅速降低紧密地结合，那么，这个原来中性的刺激痕迹就获得一种能引起这些驱力刺激的倾向，从而使本来是中性的刺激痕迹变成次级驱力的诱因($s \rightarrow S_D$)。

副律ii：次级强化作用。

如果一个中性的刺激痕迹曾与某些驱力刺激的迅速降低紧密地结合，那么，这个原本中性的刺激痕迹就获得一种能引起 S_D 降低的倾向，从而使原本中性的刺激痕迹获得作为一种强化物的力量。

通过这两条副律可以看到，一个与某种强化状态始终有联系的中性刺激痕迹获得了两种功能，即引起次级驱力的能力(副律i)和降低驱力刺激的能力，因而可以作为一种次级强化物(副律ii)。赫尔认为，次级驱力与次级强化之间的区别在于：一个中性刺激物如果要获得次级驱力，它必须在唤起驱力和降低驱力时都出现，而它要获得次级强化作用只需在驱力降低时出现。当然，这两条副律也适用于更高级的派生物。因为以同样的方式，三级驱力可以建立于次级驱力之上，更高级的强化作用也可基于更高级的驱力而产生。

3. 影响反应势能的兴奋性因素

反应势能($_SE_R$)是赫尔建构的一个专门术语，指的是在某一时刻做出一个习得反应的可能性。赫尔用它来表示同反应的唤起密切相关的某种被推知的过程，这种过程虽然只能通过反应被推知，却不同于反应。因为反应是一个因变量，而反应势能则是一个中介变量；反应势能可以是潜在的，只有当其强度超过一定数值时才会导致外显的反应；它也可以与同它竞争的倾向发生相互作用，因而在反应中只有部分的显露。在一定的习惯强度的基础上，反应势能的大小还依赖于另外三个当反应被唤起时起作用的非联系性（无学习）因素。关于这几个因素，将在以下五条公设中加以说明。

(1) 习惯强度。

习惯强度是赫尔提出的最重要的概念之一，它表明刺激与反应之间联结的强度。赫尔在 1943 年的公设系统中提出，习惯是强化次数、强化量以及强化延迟的函数。例如，如果白鼠在按压杠杆后立即就能得到大一点的食物的话，学习的发生就会快一些。但到了 1952 年，他修正了自己的公设，认为习惯只取决于强化的次数。

公设 4：习惯强度（$_{S}H_{R}$）作为强化作用的一个函数。

如果每次尝试的时间间隔均等，每次尝试都受到强化，且其他一切都保持恒定的话，习惯强度（即一个刺激痕迹能够唤起某一与之有联系的反应的倾向）是作为尝试次数的一种正向增长函数而递增。用公式表示如下：

$$_{S}H_{R}=1-10^{-0.030\,5N}$$

N 是 S 与 R 之间被强化配对的次数。这个公式会产生一条负加速学习曲线，这就意味着早期被强化配对比晚期被强化配对对学习会产生更大的影响。实际上，达到了某一点之后的附加的被强化配对对学习几乎没有什么作用。

(2) 驱力。

赫尔所设想的驱力是神经系统中一种不明确的或一般的状态，一切明确的需要都会影响这种状态的形成。因此，一般的驱力水平决定于有关的驱力，而且也决定于当时存在的一切需要。

公设 5：初级驱力（D）。

① 初级驱力（至少是指由于禁食而引起的驱力）包含两个组成部分：第一，驱力本身，它随着禁食的时数递增；第二，由饥饿造成的虚乏效应，它随着饥饿的持续而降低驱力。② 每一驱力产生其特有的驱力刺激（S_{D}），它是该驱力的递增函数。③ 有些驱力情况可以把建立于别的驱力之上的习惯激发起来。例如，一只饥饿的白鼠在习得某种反应后，饥饿并不一定是它做出这种反应的前提条件。如果我们把禁食改为禁水，这只白鼠仍然会做出这种反应。

驱力与习惯强度相互作用产生了赫尔所称的反应势能。最简单的表达公式是：

$$_{S}E_{R}=D\times{}_{S}H_{R}$$

这一公式的意思是：具有一定强度的习惯可以产生或大或小的反应，这取决于当反应被唤起时起作用的驱力水平。换句话说，反应势能是反应在那种情境中被强化次数与驱力存在程度的函数。例如，一只饥饿但未受过训练的老鼠几乎不能被观察到有什么表现，原因是驱力高但习惯强度低，因而导致低的反应倾向；同样，一只因食物奖赏对按压杠杆建立了良好反应的老鼠，如果不饥饿的话，它也不会做出压杆行为，原因是习惯强度高但驱力低，因而几乎没有产生反应势能的预期。而且，赫尔还认为，驱力与习惯强度之间是乘法而不是加法关系。因此，如果驱力或习惯强度为零，反应就不会发生。只有当老鼠有动机（例如，饥饿），而且进行了足够多的有经验的被强化实验，它们才会正确地跑迷津。

（3）刺激强度动力机制。

公设 6：刺激强度的动力机制（V）。

对于一定水平的习惯强度，刺激强度越大，反应势能也越大。作为反应势能的一个成分，刺激强度动力（stimulus-intensity dynamism，V）的大小，是刺激强度的一个递增的对数函数。这里的基本公式和驱力的公式相平行：

$$_{S}E_{R}=V\times{}_{S}H_{R}$$

（4）诱因的动机作用。

公设 7：诱因的动机作用（K）。

对于一定水平的习惯强度，用于强化的诱因的分量越大，反应势能也越大。作为反应势能的一个成分，诱因的动机作用（incentive motivation，K）是强化物数量或其他诱因分量的一个负加速递增函数。用公式表示为：

$$_{S}E_{R}=K\times{}_{S}H_{R}$$

在 1943 年的理论中，赫尔把强化的量作为一个学习变量：强化的量越多，驱力降低的量就越多，因此习惯强度增加的量也就越多。他的这一观点受到其学生克雷斯皮（L. Crespi）的一项经典实验研究结果的挑战。克雷斯皮在实验中训练三组白鼠走通道，各组白鼠得到不同的强化量，在白鼠尝试 20 次之后，再给每一组相同的强化量。结果显示，当用大的强化物（256 粒食物）来训练动物，然后转变为相对小的强化物（16 粒食物）时，它们的操作迅速下降；当用的小的强化物（1 粒食物）来训练，然后转为相对大的强化物（16 粒食物）时，它们的操作迅速提高。克雷斯皮认为，随着强化量的改变而产生的操作上的变化不能根据习惯强度的改变来解释，因为这些改变太快了，而一般认为习惯强度是逐渐变化的，是相当持久的，除非存在一个或多个不利于习惯强度的因素，否则它的值是不会降低的。赫尔接受了克雷斯皮的观点，在其公式中增加了一个新的成分，即诱因动机作用，以解释随着强化大小的改变而产生的操作速度的变化。他认为，强化量本身并不影响学习或习惯的形成，强化量是通过某种动机变量来影响操作水平的。

(5) 反应势能。

公设 8：反应势能($_SE_R$)的组成。

如果从学习开始直到反应的唤起，情况都恒定不变，反应势能($_SE_R$)就取决于习惯强度($_SH_R$)乘以驱力(D)、刺激强度和强化量(K)。这样，总的方程式变成：

$$_SE_R = D \times V \times K \times {}_SH_R$$

这条公设只不过是将前面三条公设的结果合并成一个方程式。关于这个方程式需要说明的是，当决定$_SE_R$ 的大小时，主要起作用的数量是 D 而不是$_SH_R$，D 的最高值若是用计量$_SE_R$ 的标准差单位来计量，可能达到一倍于$_SE_R$ 的最高值。因此，D 是用$_SE_R$ 的单位来计量的。其他几个乘数只是一些没有明确单位的小数乘数或加权数，各自的最高值是 1.00。如果$_SH_R$、V 和 K 都达到最高值，那么$_SE_R$ 就会和 D 相等。如果$_SH_R$、V 和 K 具有其他的值，那么$_SE_R$ 必然小于 D。而且，任何一个乘数的值如果是零，都会使$_SE_R$ 的值等于零。由此可见，在反应势能中，起主要作用的是驱力。

副律 iii：延迟的强化作用(J)。

① 对于连锁反应中的一个反应，强化作用越延迟，导致那个反应的反应势能就越弱。② 对于单个反应，强化作用越延迟，反应势能就越弱，其减弱的梯度最初迅速下降，然后逐渐缓慢下降，大约 5 秒钟时接近于渐进线。

在赫尔的理论中，延迟强化作用的梯度一向占有重要地位。随着赫尔理论体系的演进，简单的延迟强化作用的梯度(副律 iii 的 2 部分)缩短了。在早期，对于一个单一的受强化的反应来说，梯度介于 30 秒到 60 秒之间，而最后提出的梯度则只有 5 秒。梯度之所以被缩短，是因为次级强化在产生较长的梯度时起着越来越显著的作用。赫尔接着用副律 iv-vii 说明当两个刺激(属于同一个连续系列的)通过强化作用和同一反应形成联系时，习惯力量和反应势能发生变化的累积和撤除作用。

副律 iv：如果两个刺激 S 和 S' 分别通过强化作用和同一反应形成联系，习惯力量就发生累积作用。

副律 v：如果两个刺激 S 和 S' 分别通过强化作用和同一反应形成联系，反应势能就发生累积作用。

副律 vi：如果 S' 从副律 iv 中所说的 S 和 S' 的组合中撤除，习惯力量就发生撤除作用。

副律 vii：如果 S' 从副律 v 中所说的 S 和 S' 的组合中撤除，反应势能就发生撤除作用。

4. 影响反应势能的抑制性因素

赫尔指出，除了导致行为反应的兴奋性因素之外，还存在一些抑制行为、阻止行为表现的因素，他将其称作抑制性势能（inhibitory potential）。在大多数条件作用学说中，一般用实验性消退，即在屡次得不到强化的情况下反应的消退来代表抑制的基本形式。而赫尔认为，有两种抑制性势能和兴奋性势能相对抗，从而削弱了兴奋性势能。这两种抑制性势能是反应性抑制（reactive inhibition，I_R）和条件性抑制（conditioned inhibition，${}_SI_R$）。两者作为负反应势能累积起来产生一个总的抑制势能来抵消正反应势能。

公设 9：抑制性势能。

① 反应的发生产生反应性抑制（I_R），它既抑制反应势能，又起着负驱力的作用。② 反应性抑制（I_R）随着时间的消逝而自然消失，它是时间进程的一个简单衰变函数。③ 如果某一反应反复发生，各次反应性抑制的增加量就会累积起来，所累积起来的 I_R 又和条件性抑制（${}_SI_R$）累积，从而产生抑制性势能总量（I_R）。④ 如果不受强化的反应在短时间内一次接一次地连续发生，抑制性势能总量（I_R）就作为不受强化的尝试次数的正增长函数而递增。这样就会出现实验性消退现象。⑤ 由于抑制性势能总量（I_R）是随着每次反应所包含的工作量的大小而递增的，因此，为了达到实验性消退的水准，反应所包含的工作量越大，所需要的不受强化的反应次数就越少。

从这条公设得出下面三条副律：

副律 ix：条件性抑制。

和某一反应的终止紧密联系的刺激痕迹，如果这时存在着 I_R（假定当反应终止时反应性抑制也是减弱的），这些刺激痕迹就与那种特殊的无活动建立条件联系。这种条件性的无活动就称为条件性抑制（${}_SI_R$），它抗拒反应势能（${}_SE_R$）。所产生的${}_SI_R$ 分量随着当时存在着的 I_R 的分量而递增。

在副律 iv 中，条件性抑制是从强化作用原理（公设 3）派生出来的，这里是把无活动理解为一种反应，把 I_R 理解为一种驱力。

副律 x：抑制性势能总量是工作量的一个函数。

完全消退要求固定次数的尝试，由此而产生的抑制性势能总量是每次反应所含工作量的一个递增函数。

副律 xi：抑制性势能总量是反应次数的一个函数。

完全消退要求每次反应含有固定的工作量，由此而产生的抑制性势能总量是尝试次数的一个递增函数。

赫尔指出，反应性抑制是由与肌肉活动有关的疲劳引起的，任何时候只要反应一发生就会产生反应性抑制，因为反应需要操作，操作将导致疲劳，而疲劳最终会抑制反应。由于反应性抑制具有这种性质，因而会阻碍反应使其不能再次发生，或者直接抑制反应势能。但它还具有另一方面的作用，即它可以发挥驱力的作用，加强与它的降低相联系的一切活动。反应性抑制是伴随每个反应的一种暂时性的事态，它会随着时间的推移而消失。当这种抑制消散时，反应势能就会得到恢复。赫尔提出的这个概念有助于解释自发恢复现象以及集中练习与分散练习效果的差异。疲劳作为一种消极的驱力状态，表明不反应具有强化作用。不反应使得反应性抑制消失，从而降低了疲劳的消极驱力。习得的不反应的反应被称为条件性抑制。例如，假设一只老鼠在消退期间按压了好几次重达 80 克的斜杆，80 克对于一只典型的实验室老鼠来说是相当重的。在这一反应突然出现后，老鼠会产生大量的反应性抑制或疲劳。如果让老鼠休息一下，那么休息的作用就得到了强化，也就是说反应性抑制的消失得到了强化。这样，条件性抑制就建立起来了。反应性抑制和条件性抑制都不利于习得反应的诱发，必须把它们从反应势能中减去，这样才能够得到有效反应势能（effective reaction potential，${}_{S}\overline{E}_{R}$）。

5. 诸刺激的等值和相互作用

下面两条公设讨论的是，当不止一个刺激同时活动时诸刺激的特性以及刺激痕迹的变化，其中公设 10 描述了当某一刺激在一定程度上和另一刺激等值时发生的泛化作用，公设 11 则阐述了当两个以上刺激同时活动时内导刺激的相互作用。

公设 10：刺激的泛化作用。

① 和一个刺激痕迹 s_2 相联系的泛化的（generalized）习惯力量（$s_2\overline{H}_R$）——s_2 在性质上和习惯${}_{s_1}H_R$ 中所含有的刺激痕迹 s_1 不同——依存于 s_2 对于 s_1 的远离程度，这种远离程度是在一个定质的连续系列里以阈限单位最小可觉差（j. n. d.）计算的。假如 D、K 和 V 都维持恒定不变，泛化的反应势能（$s_2\underline{E}_R$）就直接随着 $s_2\overline{H}_R$ 而变化。② 和一个刺激痕迹（s_2）相联系的泛化的习惯力量（$s_2\overline{H}_R$）——s_2 在强度上是和早先习得的习惯（s_1H_R）中所含有的刺激痕迹（s_1）不同——同样也依存于 s_2 对于 s_1 的远离程度。因为它们的差别是强度的差别，两刺激之间的远离程度可用对数单位来计算，而不用最小可觉差来计算。再则，泛化的分量是 V_1 的一个函数——V_1 即条件作用中 s_1 的刺激强度动力机制。假如 D 和 K 维持恒定不变，泛化的反应势能（$s_2\underline{E}_R$）就直接随着 $s_2\overline{H}_R$ 和 V_2 而变化——V_2 即测查过程中的 s_2 的刺激强度动力机制。③ 泛化的条件性抑制（$s_2\underline{I}_R$）从 s_1I_R 沿着定质的和定量的刺激连续

系列泛化而来，其原理和泛化的习惯力量以及泛化的反应势能相同。

本条公设表明，刺激（不是在条件作用期间所使用的刺激）引起条件反应的能力是由它与在训练期间所使用的刺激的相似性决定的。因此，在两个刺激相似时，$_{S}H_{R}$ 将会从一个刺激泛化至另一个刺激。刺激泛化这个公设还表明，先前的经验会影响当前的学习。也就是说，在相似条件下的学习会迁移到新的学习情境中。赫尔把这个过程称为泛化的习惯力量（$_{S}\overline{H}_{R}$）。

副律 xii：当驱力强度变动时习惯力量和反应势能的泛化作用。

如果某一反应是在驱力达到某一强度时习得的，而在驱力的另一强度时测查这个反应，那么泛化的习惯力量（$_{S}\overline{H}_{R}$）和泛化的反应势能（$_{S}\underline{E}_{R}$）都会减少，它们的强度都随着学习时驱力和测查时驱力的强度差量为基础的梯度而降低。

公设 11：外抑制中内导刺激的相互作用。

如果某一反应和某一刺激（S_1）已经形成条件联系，此刻另有一个或更多的原来中性的刺激（S_2，S_3，……）和 S_1 一同呈现，由这些刺激的组合所产生的内导诸冲动就互相作用，从而生出一个新的整体性冲动（$\check{s}$）。这个新的冲动是和一个在定质的连续系列上离开 S_1 有或多或少的距离的刺激等值。由此而得出的对 $\check{s}$ 的泛化反应势能将会小于对 S_1 的反应势能，其减少的程度依存于它们彼此间的距离。规定 $_{S}E_{R}$ 的减少量的方程式如下：

$$d=\frac{\log _{S}E_{R}/\check{s}E_{R}}{j}$$

公式中的 $_{S}E_{R}$ 是原来的反应势能，$_{\check{s}}E_{R}$ 是由于有了外加的刺激而引起的外抑制所降低的反应势能，j 是一个常数，它决定于泛化梯度的形式，d 以 j. n. d. 单位计算。

6. **行为的波动**

早期的刺激—反应理论一般都主张，有什么样的刺激便会有什么样的反应，行为不可能具有或然性。但赫尔认为，即使实验者尽一切努力使习惯强度和驱力达到最高限度，使抑制因素减少到最低水平，我们仍然可以看到有机体执行已经牢固建立的习惯的能力时刻在变动。下面一条公设说明了反应势能的无规律变异性的一些事实。

公设 12：行为的波动（$_{S}O_{R}$）。

① 反应势能（$_{S}E_{R}$）时时刻刻在变动，那些波动的标准差被用作行为波动（behavior scillation，$_{S}O_{R}$）的计量。它们的分布是狭长型的。② 当 $_{S}H_{R}$ 在绝对零点时，行为波动（$_{S}O_{R}$）从零散布开始，然后随着 $_{S}H_{R}$ 的增大，它上升到

一个不稳定的最高极限。③ 互相竞争着的诸反应势能的波动被认为是非同步的。

赫尔早在 1917 年就对行为波动发生了兴趣，从那时起，在他的每一个正式体系中这个概念都占有一定的地位。1940 年，他认为发生波动的是反应阈，一定的反应势能在一次尝试中就足以把反应提到阈限以上，然后反应又可能在下一次尝试中落到波动着的阈限之下。到了 1943 年，他把行为的波动变成反应势能的一个抑制性的附属物，以此来解释为什么习得反应在这一次尝试中可能被诱发而在下一次尝试中没有被诱发。由于有效反应势能的值对行为的预测总是会受到波动效应的值的影响，并在性质上一直是概率性的，因此必须把波动效应从有效反应势能（$_S\overline{E}_R$）中减去。1952 年，即提出本条公设时，赫尔将行为波动并入反应势能之中，从而不再有什么系统的理由保留$_SO_R$ 符号，它只不过是$_SE_R$ 的标准差，并且其分布也不是 1943 年提出的常态的，而是一种狭长型的。

副律 xiii：反应的泛化。

① 反应强度的泛化。如果具有一定强度的一次肌肉收缩受到强化，那片肌肉在相继的尝试中将会以变化不定的强度收缩，其强度变化分布于中心强化区的周围。② 反应性质的泛化。如果几片肌肉的收缩产生某一习惯行为，将各片肌肉的收缩独自发生的变动组合起来，就会产生出和原先受强化的中心结果有所不同的质的改变。

在赫尔的公设体系中，上述影响反应势能的兴奋性与抑制性因素、诸刺激的等值与相互作用和行为的波动均属于刺激与反应之间的中介变量。赫尔认为，在解释行为时必须考虑中介的内部条件。在这一点上他与托尔曼相似，他们都是方法论行为主义者，并且二者在各自的理论中都接受了逻辑实证主义。但在托尔曼那里，认知事件介于环境经验和行为之间；而在赫尔看来，中介事件主要是生理的。

7. 反应变量

赫尔认为，反应变量包括反应潜伏期、反应幅度、达到消退所需不强化的次数等，它们都是可以观察和记录的反应特征。他在这方面提出的公设和副律有：

公设 13：反应势能的绝对零度（Z）和反应阈限（$_SL_R$）。

① 反应阈限（$_SL_R$）处于反应势能（$_SE_R$）的绝对零度（Z）之上。② 只有在当时的反应势能超过反应阈限时，反应才能被唤起。

这里提到的“绝对零度”只是一个“相对的”绝对，因为这个零度是根据实验中必须施行强化多少次才能表现出学习的迹象的事实加以确定的。由于该公设没有提到以前学会的其他操作技能或习惯所遗留的影响，因此不能把这个零度看作习惯强度的真正的绝对零度。

副律 xiv：互不相容的诸反应势能之间的竞争。

如果在一个有机体身上同时发生两个或更多的互不相容的反应势能，并且每一反应势能都有超过阈限的幅度，那么只有当时具有最大反应势能的反应能被唤起。

公设 14：反应势能作为反应潜伏期的函数。

反应势能（$_SE_R$）可从反应潜伏期（reaction latency period，$_St_R$）推断出来；潜伏期越短，反应势能就越大。反应势能是反应潜伏期的负加速递减函数。

在赫尔理论体系的早期叙述中，这条公设是这样表述的：反应潜伏期是反应势能的函数。按照理论的逻辑，作为因果关系的链条，本应该这样表述。但是，由于赫尔力求将他的理论扎根在可以观察到的事件中，因此在后期的叙述中，他把这条公设倒转过来，从而表明反应势能的强度可从反应潜伏期推断出来。

公设 15：反应势能作为反应幅度的函数。

反应势能可从反应幅度（reaction amplitude，A）推断出来。以阏昌诺夫（J. Tarchanoff）所做的人的皮电反应实验为例，反应势能和反应幅度的关系是线性关系。

公设 16：达到消退所需要的反应总次数作为反应势能的函数。

① 跟随在集中的多次强化之后所获得的反应势能（$_SE_R$）可从产生实验性消退所需要的集中唤起不强化的反应次数（n）推断出来。② 跟随在半分散的多次强化之后所获得的反应势能（$_SE_R$）可从产生实验性消退所需要的集中唤起不强化的反应次数（n）推断出来，不过不论 n 的值是多少，所推断出来的$_SE_R$ 总是高于上面①部分条件下所获得的$_SE_R$，而且本条①和②两部分中的函数关系形式也彼此不同。

8. 个别差异

赫尔曾指出，出现在他的各个方程式中的“恒常数”是随着不同的学习者而不同的，因此这个“恒常数”可以作为个别差异的一种指数。例如，如果发现人类学习的速度在一定的条件下是其智商的函数，那么个体的智商（或其他类似的东西）就可以在表示强化次数同形成的反应势能之间关系的方程式中作为一个参数了。

公设 17：个别差异。

在诸条基本公设及副律提出的方程式中出现的“恒常数”，其数值随着物种的不同而不同，随着个体的不同而不同，也随着同一个体在不同的时间处于不同的生理状态而不同。

赫尔对个别差异的处理纯粹是程序性的，因为所阐述的公设和副律都是以成组的受试者的反应为根据。而且，这些恒常数通常是从曲线的位置上求得的，因而不能像独自测定并能互相交换的那种恒常数那样享有合理的地位。

副律 xv：用零星超前目标反应作次级强化。

如果一个反应(R)同一个刺激痕迹(s)形成了联系，当这个刺激—反应联结被一个超前目标反应(r_G)及其所产生的刺激物(s_G)所伴随时，其结果将是：这一刺激痕迹(s)引出那反应(R)的趋向增加了。这里的强化作用来自 s_G 的次级强化力量。

赫尔的上述公设和副律复杂到令人望而生畏的程度，而且并没有最终完成，对此他本人是承认的。尽管上述公设体系显得有些琐碎，但我们可以把一些具体细目抛开，把整个体系概要简明地列成一根链条的形式：从可以直接观察到的先行条件(输入变量)开始，通过中介变量移向发出的反应(输出变量)，成为一系列扎根于实际的构想。图 6—2 直观地再现出了赫尔的公设体系。

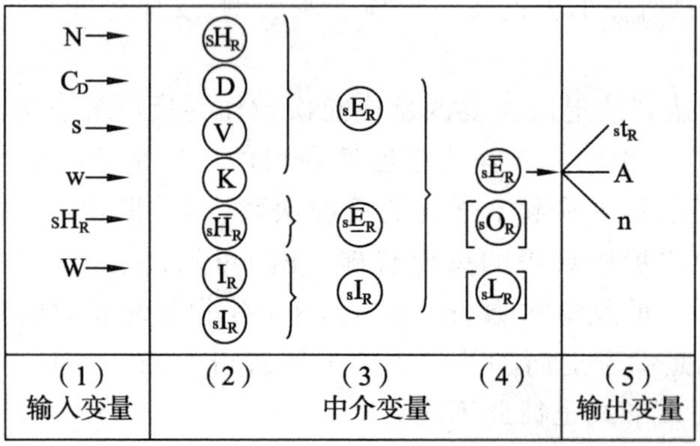

图 6—2　赫尔的公设体系

在第(1)列里，除 $_SH_R$ 以外，所有的输入项目都由客观实验的条件来规定。在第(2)列里，中介变量都同先行的条件极其紧密地联系着。在第(3)列里，那些第(2)列中同时存在的几个变量所产生的后果集合为一个中间的步骤。到了第(4)列，就已经接近反应的唤起，但还必须考虑到反应势能的波动($_SO_R$)和反应阈限($_SL_R$)。最后，到了第(5)列，反应出现，同时也可以看到反应的一些可计量的特征，如反应潜伏期($_St_R$)、反应幅度(A)或达到消退所需的不强化反应次数(n)等。

三、派生的中介机制

赫尔的体系属于还原性的体系，因为他常常以比较简单的、较基本的现象和关系来推演较复杂的现象。一切类似的体系都具有这种共同的特征，即先从某些行为中推导出公设，然后据此解释表面上与这种行为不同的行为。也就是说，虽然赫尔的一套公设所依据的大多数资料数据都来自饥饿的老鼠按压杠杆的行为，但他的意图不只是要说明老鼠的这种行为，其目的是要找到行为的基本规律，起码要找到哺乳动物的行为，包括人的社会行为的规律。为了填补简单的实验室实验与有机体适应复杂环境时的适应性行为之间的空隙，赫尔推导出一些中间机制。通过这些机制，解释各种行为就简单多了。

1. 零星预期目标反应

零星预期目标反应(fractional antedating goal response，r_G)也译作零星超前目标反应，是赫尔理论中最重要的概念之一。为了解释连锁学习的发生，赫尔在后期提出了这一概念，把它作为连锁行为的重要整合者。

赫尔指出，动物在迷津学习实验中，在到达目标物之前会遇到许多刺激，这些刺激包括从驱力来的刺激，在强化时和强化前出现的环境刺激，到达目标时持续存在的早期刺激痕迹，以及由动物自身运动产生的刺激。所有这些在初级强化(食物)之前所经历的刺激，都可能通过经典性条件作用过程而成为次级强化物。中性刺激成为次级强化物具有三种非常重要的作用：强化使有机体与它们接触的外显反应；作为下一个外显反应的信号或驱力刺激；诱发零星预期目标反应。

所谓零星预期目标反应，就是在获得食物目标物之前对这些原本为中性的刺激物的条件反应，如分泌唾液等。由于这种反应是部分的、零碎的、非完整的、与目标物之前的，故称之为零星预期目标反应。这样，随着动物离开起点，它会接触到各种刺激，有的具有强化特性，有的没有。那些使动物与强化刺激紧密接触的反应倾向于再次发生，其他的反应将会消失。以这种方式，动物习得了正确走迷津。因此，一般认为迷津学习包括经典性条件作用和工具性条件作用。经典性条件作用产生次级强化物和零星预期目标反应；工具性条件作用产生使动物接近初级与次级强化物的适当的动作反应。

零星预期目标反应有两个重要特征。第一,它总是目标反应(R_G)的某一小部分。例如,如果目标反应包括吃,它就是微小的咀嚼动作,也可能是唾液分泌。第二,它会产生本体感觉刺激(s_G)。与任何其他反应一样,零星预期目标反应必定与某一刺激相联结。零星预期目标反应和本体感受刺激是不可分离的,因为无论何时零星预期目标反应发生,本体感受刺激也会发生。零星预期目标反应所产生的刺激能够与不同反应形成条件联系,从而有助于诱发这些反应。例如,在大量的迷津学习发生之后会出现如下的情境:起点处的刺激将会成为离开起点的信号,因为离开它会使动物接近次级强化物。在这种情境中次级强化物可以引发零星预期目标反应。当零星预期目标反应被诱发,它就会自动产生本体感受刺激,而本体感受刺激又激起了一个外显反应。如果该反应受到另一个次级强化物的强化作用,那么下一个零星预期目标反应便产生了。下一个零星预期目标反应又会引起下一个本体感受刺激,然后引发下一个外显反应,如此循环往复。这个过程使动物行为不止,直至到达最终的目标。因此,赫尔把零星预期目标反应当作纯刺激行动(pure-stimulus act),即在功能上提供某种刺激从而成为在指导行为连锁中起定向作用的行动。

零星预期目标反应—本体感觉刺激机制(r_G-s_G)的提出,反映了赫尔试图以刺激—反应的模式来客观地研究行为中被人们称之为认知或意识的因素,标志着新行为主义者对早期行为主义心理学禁区的突破,因而意义重大。在赫尔看来,零星预期目标反应—本体感觉刺激机制是连锁行为的"心理"成分,它为研究思维过程提供了一种客观的方法。他说:"进一步研究这个主要的自动机制,可能会导致对构成有机体最高进化阶段的思维和推理的详细的行为主义的理解。实际上,r_G-s_G 机制以一种逻辑严密的方式涉及了在形式上被看作是心灵的核心的东西:兴趣、计划、预见、预知、期待、目的等等。"①

2. **强化梯度**

强化梯度(gradient of reinforcement)是赫尔体系中的第二个中介机制。他认为,在条件作用的实验中通常涉及两类主要的时间梯度。第一类是以条件刺激物和无条件刺激物之间的时距为基础,主要存在于经典条件作用中。赫尔在前面有关刺激痕迹的公设(公设 2 的第 2 部分)中,曾讨论过这个时距。第二类时间梯度是以将被强化的反应与强化实施之间的时距为基础,主要存在于工具性条件作用中。在前面关于延迟强化的那条副律(副律

① Hull, C. L. (1952). *A behavior system*. New Haven: Yale University Press, p. 350.

iii的2部分)中，赫尔提到了这类梯度。一般来说，延迟强化会妨碍学习或使操作水平下降，而且强化延迟越久，对学习的妨碍也越大。

在赫尔看来，强化梯度就是要说明为什么实验者在时间上(如反应后间隔一段时间才给予强化)和空间上(如延长通道)延迟强化时，有机体的反应会放慢。因此，计算强化梯度，必须通过工具性条件作用实验。在这类实验中，动物做出某种行为，例如按压杠杆或跑过迷津，导致目的物的出现并受到强化。可以在做出应受强化的行为之后故意延迟起强化作用的目的物的出现，以观察这样的延迟对动物的学习有什么影响，从而求得强化梯度。就白鼠来说，初级强化延迟的梯度大约为5秒钟，如果延迟5秒以上才给予强化，强化的效果就需要依据强化梯度的机制来说明了。赫尔在实验中发现，当动物远离目标时，反应速度较慢；当动物接近目标时，反应速度会加快。假定把刺激情境分为几个部分，那么每一部分都会分别获得一种唤起某种反应的习惯力量。这些部分的刺激—反应离目标箱越近，联结越强；离目标箱越远，联结相应减弱。所以，赫尔有时又把强化梯度称为“目标梯度”(goal gradient)。这实际上是部分预期目标反应在强化梯度机制中的运用。

强化梯度原理最初被赫尔用来解释白鼠在学习长的复杂T形迷津时如何有秩序地排除错误。根据这一原理，离目标较近的反应比离目标较远的反应更能与目标形成牢固的条件联系，并受到更大的强化。因此，动物常常会从较短的通道而不是较长的通道向前跑；接近目标的死胡同比远离目标的死胡同更容易被淘汰；较长的死胡同比较短的死胡同更容易被淘汰，等等。这项原理后来还被用于解释勒温(K. Lewin)研究的“场力”的问题。例如，在怎样绕过学习者和看得见的目的物中间的障碍物的实验中，赫尔认为动物对看到的目的物的反应应该按照目标梯度的原理进行。换句话说，学习者向目的物走得越是靠近，目的物唤起反应的力量就越强。这样，赫尔通过强化梯度得出的结论同勒温所描述的目标吸引力与距离有关的结论就非常相似。需要指出的是，赫尔的学生斯彭斯(K. W. Spence)等人后来进行的进一步实验研究发现，使学习不能产生的延迟期的具体作用主要依赖于实验的安排，尤其依赖与正确反应有关的刺激变化的性质和导致受试在延迟期产生的活动的性质。这就表明，这一原理绝非如赫尔所说的那样简单。

3. **习惯群等级系统**

习惯群等级系统(habit-family hierarchy)是赫尔体系中第三个派生的中介机制。赫尔认为，在自然环境中，活动的起点和目标之间存在着许多可供选择的路线，有机体可以学会选择几条可以相互替换的路线，从一个共同的起点走到能够满足需要的终点。这些可供选择的路线或反应构成了一个按等级排列的习惯群。之所以称其为“群”，是因为它们都是根据共同的零星预期目标反应整合而成的。零星预期目标反应提供一个刺激物（s_G），一切外显的反应都同这刺激物形成条件联系。通过强化梯度作用，有些反应同 s_G 的条件联系强，而有些反应同 s_G 的条件联系弱。例如，较长路线的起点反应比较短路线的起点反应离目标点更远，因此，后者会受到更强的强化，与 s_G 的条件联系也更强。结果是，能够相互替代的路线按照一定的顺序排列起来，成为一个“等级系统”。也就是说，有机体之所以做出某一选择，是因为这种反应在以往受强化的机会比其他反应更大些，因而与这种选择相联系的反应势能也比其他选择的反应势能更强些。因此，所谓习惯群等级系统只是指这样的事实，即在任何学习情境中，可能出现的反应有很多，其中最有可能的反应是那个最快引起强化并需要最少量努力的反应。如果那条特定的路线被堵塞了，动物就会选择下一条最短的路线，如果下一条最短的路线也被堵塞了，它就会走第三条最短的路线，如此类推。

这个原理首先被用于说明动物在迷津学习中，为什么会出现钻进指向目标的死胡同的倾向，尽管这种行为从未受到过强化。可以认为动物把它在敞开的地面上所获得的空间习惯不适当地迁移了过来。在关于动物迂回反应的实验中，也可以用这个原理作出解释。例如，动物看见放在障碍物外边的目标难以转过身体，这是由于习惯群等级系统在起作用。在敞开的地面上，学习者首要的经验是沿着一条直线跑向目的物，其次会优先选择转一个最小的角度就能面对目的物的起点反应。角度转得越大的起点反应，在过去经验所形成的习惯群等级系统中发生的可能性越小。因此，当学习者受到障碍物的阻碍时，它宁愿转一个直角也不愿转到同目的物相背离的方向。在某些客观情境中，如果习惯群等级系统使学习者走入歧途，它也许会放弃短的路径，选择长的路径。

四、行为原理

作为一位新行为主义者，赫尔同样将预测和控制行为，使有机体养成适应环境的一整套习惯作为行为主义心理学的重要任务。他从行为建立的基本条件、行为的动力、行为的抑制与消退三个方面阐述了行为调控的基本原理。

1. 行为建立的基本条件：接近和强化

与华生等古典行为主义者不同，赫尔是一个强化理论家，强化在其理论体系中发挥着非常重要的作用。他接受了古斯里关于刺激与反应因接近而联结的观点，但是认为接近并不是行为建立的唯一充分条件，它只是一个必要条件。除此之外，还必须有强化，接近和强化两者缺一不可。强化是驱力降低所必需的条件，没有强化，行为不可能建立。因此，赫尔着重研究了强化问题。

首先，赫尔对强化进行了明确的界定。尽管他与桑代克和斯金纳一样，都强调强化的绝对作用，但赫尔对强化的界定要比另外两个人更为明确。斯金纳只是简单地说明了强化物是能够提高反应发生率的任何事物；桑代克谈论了一个模糊不清的“令人满意的”或“令人烦恼的”事态。对赫尔来说，强化是驱力降低，强化物是能够降低驱力的刺激。如果动物的每一次尝试都能受到强化，那么随着尝试次数的增加，刺激与反应之间的联结力量即习惯强度将会增强。其次，赫尔将强化分为两类：初级强化（primary reinforcement）和次级强化（secondary reinforcement）。初级强化是驱力降低或驱力刺激降低的过程，满足这类强化的强化物主要是一些能满足有机体生物需要的物质，例如，水、食物等，它们也就相应地被称为初级强化物，它们能迅速发生强化作用，直接降低驱力或驱力刺激；次级强化是指那些与初级强化密切相联的、经由学习而获得强化作用的过程，满足这类强化的强化物原本是一些中性刺激，例如，灯光、铃声、他人的微笑等，因为经常和初级强化物发生联系，因而获得了与初级强化物相同的强化作用，它们能在一定程度上和一定范围内降低驱力或驱力刺激。

2. 行为的动力：驱力

赫尔认为，行为动机的基础是身体的需要状态，这种需要状态是由于偏离了理想的生物条件而引起的。然而，赫尔并没有把生物需要这个概念直接纳入其理论体系，而是假设了“驱力”这个中介变量的存在，以驱力来解释行为发生的动力。他认为驱力是一种由有机体组织状态引起的刺激，它的力量可以由生物需要被剥夺的时间长短来经验地进行测定，或者通过所激起的行为的强度、力量和能量耗费等客观指标来加以确定。赫尔认为，剥夺时间的长短不是一个完善的量度，他更强调反应的力量。一个已经习得的反应是否发生的可能性即反应势能，取决于刺激与反应的联结力量即习惯强度和驱力的共同作用。

赫尔将驱力分为两种类型：初级驱力（primary drive）和次级驱力（secondary drive）。前者与固有的生物需要有关，如食物、水、排便、睡眠、性交等，它对于有机体的生存起着关键的作用。然而，赫尔认为，有机体的动力可能并非来自初级驱力。因此，他又提出了次级驱力或习得性驱力；这种驱力与情境或环境刺激有关，而这些情境和环境刺激是与初级驱力的减低联系在一起的，因而成为驱力本身的一部分。例如，在触摸火炉而被烧伤的例子中，由对身体组织的物理伤害而导致的疼痛产生了初级驱力，即减轻疼痛的愿望。以后一旦产生了与这个初级驱力相关的环境刺激，如火炉的刺激，人便可能会迅速地缩回手。这样一来，火炉的视觉成为习得性恐惧驱力的刺激。

在赫尔的体系中，驱力概念对行为的意义非常重要，它有三种不同的功能。首先，没有驱力就没有初级强化作用，驱力为行为提供了初级强化发生作用的基础，而后者既是次级强化的前提，又与次级强化一道构成行为建立的关键因素。其次，没有驱力就可能没有反应，因为驱力激活反应习惯，最终使反应有可能发生。再次，没有各种驱力刺激的差别性，机体的需要状态就无从调解习惯。因为每一驱力都有其特定的刺激，不同类型的驱力使动物为满足不同的驱力需要而有选择地、有辨别地行动，如饿了寻找食物充饥，渴了寻找水源解渴。上述功能中的第一个功能，描述了当有机体处于特殊需要状态时，哪类目标物将起强化作用，也描述了为什么这些特殊刺激起强化作用。第二个功能则表明驱力有激活反应势能的作用，它驱使动物按照需要满足的方向行动。第三个作用表明驱力在行为中有辨别和指引方向的功能。

3. 行为的抑制与消退

通常我们认为行为之所以会发生消退，都是因为强化缺乏的缘故。但赫尔认为，行为消退的原因却是抑制的结果。他认为，引发行为消退的抑制有两种，分别是反应性抑制和条件性抑制。在动物条件反射实验中，刺激物的持续作用使得有机体不断地重复活动，因而产生机体疲劳，而疲劳最终使得动物的反应被削弱或者消失，这就是反应性抑制。一旦反应消失，疲劳缓慢恢复，反应性抑制也就会慢慢得到解除。与此同时，习得的无反应的反应，又称为条件性抑制，与反应性抑制随着反应的停止而逐渐消失不同，它因为是习得的，因而不会随着时间的变化、反应的停止而逐渐消失。无论如何，这两种抑制都会削弱反应。所以，一个反应发生的实际可能性，或者说一个有效反应势能就是反应势能与两种抑制之间的差。此外，赫尔还假设了抑制性势能的存在，它也能抑制习得性反应的发生。由于其作用的发挥很不稳定，随时间的变化而变化，因而赫尔称其为波动效应。所以，一个有效反应势能还应该剔除波动效应所带来的抑制作用。

第四节 对逻辑行为主义的评价

赫尔用毕生的精力，以数学和逻辑演绎推理为工具，为心理学建构了一个庞大而复杂的企图说明“哺乳动物一切行为”的理论体系。同任何其他现存的心理学体系比较起来，他的体系既无所不包又细致周到，既注重理论又注意实证性的量化。但与此同时，他的理论也存在着前后不一致、琐碎、假设牵强附会等局限性。或许希尔加德（E. R. Hilgard）对赫尔理论的评价更加公平，他写道：“必须承认，赫尔的理论体系在他生活的那个时代可算是当时存在着的最好的体系了——不一定是最切近心理现实的一个，其概括结论也未必是最能持久的——但是却是最巨细无遗的一个，从头到尾数量化，且处处与经验的测验紧密联系。”①

一、主要贡献

赫尔的体系具有双重任务。一方面，他试图提出一种大胆的、无所不包的有关行为的学说，希望以此学说作为社会科学的基础。另一方面，他进行着精密的微型理论实验，其中明确的恒常数都有控制下的实验作为依据。赫尔以自己的努力和成就论证了运用科学方法论研究心理学是现实可行的，他希望借助自己的努力和成就使心理学彻底摆脱模糊、玄奥、深不可测的旧轨，成为一门完全客观的，像数学和物理学那样精确的自然科学。尽管最终的结果和赫尔的初衷相去甚远，但他这种孜孜以求的精神与努力尝试却是令人敬佩的，也是他人难以企及的。这一点就连他的批评者也不得不承认。具体地说，赫尔对心理学的贡献主要表现在下述四个方面。

第一，赫尔的学说被广泛接受、广泛引证，影响巨大。从赫尔体系所激起的，不论是捍卫它、修补它，还是否定它的实验或理论研究来看，他的学说在 20 世纪 30 年代到 50 年代都是影响最大的。例如，有学者统计，1943 年

① Hilgard, E. R. (1956). *Theories of learning* (*2nd ed.*). New York: Appleton-Cetury-Crofts, p. 182.

《行为原理》出版之后的十年间，在十分有影响的《实验心理学杂志》和《比较与生理心理学杂志》上发表的所有实验研究中，有40%涉及到赫尔理论的某些方面。当仅仅考察学习和动机领域时，这个数字便增加到70%。赫尔的影响还超出了这些领域，在1949年到1952年间，《变态与社会心理学杂志》中有105处提到赫尔的《行为原理》，相比之下，第二本最被经常引用的著作，只有25处被提到。这些足以证明赫尔学说的影响之大。

第二，赫尔的学说吸引了众多的追随者。赫尔的理论提出后，吸引了许多同事、学生及追随者。他们或者接受和传播赫尔的思想，或者补充、修正和发展赫尔的理论，以致形成了对美国心理学界产生很大影响的耶鲁学派。赫尔逝世后，他的学生斯彭斯成为其观点的主要代言人，他扩展了赫尔的理论并对之做出了重大修正。赫尔的其他重要追随者还包括：米勒(N. E. Miller)把赫尔的理论扩展到人格、冲突、社会行为和心理治疗等领域；西尔斯(R. R. Sears)把弗洛伊德的许多概念转化为赫尔式的术语，并广泛地从事儿童心理学的实验研究；莫勒(O. H. Mowrer)在研究诸如人格动力学以及当出现恐惧或焦虑时的学习的具体特征时，遵循了赫尔的许多观点。此外，赫尔还吸引了来自一些国家尤其是日本的学生。在耶鲁跟随赫尔获得学位的日本学生回到日本后建立了日本心理学的"赫尔学派"，以至于在20世纪50年代和60年代早期，日本的心理学杂志包含了大量"赫尔式"的文章，报告对"赫尔式"变量间交互作用的实验研究。

第三，从赫尔的理论中衍生出许多研究课题。赫尔的理论是心理学史中最具启发性的理论之一，它激起了前所未有的大量实验研究。赫尔对强化、驱力、消退和泛化的解释已经成为后来的研究者讨论这些概念的标准参考框架。例如，在1950年的《实验心理学杂志》上就刊登了许多篇这样的文章：①《基本饮食需要与由需要派生的初级情绪及次级情绪的联合》、《迷津学习中的反应抑制因素Ⅰ：工作变量》、《作为强化总量函数的简单空间辨别的掌握》、《动机和学习研究Ⅱ：在只有饮食而无饮水的迷津中训练猫由口渴变成饥饿》、《驱力刺激选择性联想原则的实验验证》、《无关动机奖赏条件下简单学习的研究》以及《动机情结焦虑增加的完成反应水平效应》等。

第四，赫尔在研究中所使用的实证主义方法通过其学术继承者保存了下来。在实验心理学的研究生院，都要求学生系统地做研究。也就是说，他们要学习从有效的理论中推导出可检验的假设，操作性地界定术语，搜集与假设有关的资料，以及根据经验结论修正理论。这些理论不再具有赫尔理

① 吉尔根著，刘力等译：《美国当代心理学家》，社会科学文献出版社1992年版，第126页。

论那样的正式性或精确性，但思维方式是相同的。

赫尔的贡献得到了其同时代人的认可。1945 年，实验心理学家协会授予赫尔沃伦奖章，其题词是："授予克拉克·伦纳德·赫尔：因为他精心地发展了一种系统的行为理论。这种理论激发了许多研究，而且被以一种精确的和量化的形式加以发展，以便可以进行能够被经验检验的预测。因此，这种理论在其自身中包含着最终证实其自身和最终可能反证其自身的种子。这是迄今为止心理学史上的真正独一无二的成就。"①

二、主要局限

尽管赫尔的理论产生了巨大的影响，但它也确实存在着问题。主要表现在以下几个方面。

首先，赫尔的体系因缺乏普遍性而受到批评。赫尔过于雄心勃勃，试图建构一种具有异常复杂性和数学精确性的理论，但这种理论却建立在一种非常狭窄的经验基础之上，即动物有机体在人为的、高度受控的、简单环境中的行为。而且，他还从单一实验情境中的少量动物行为研究中推论了许多普遍的公设和参数，又在此基础上演绎出许多关于行为的定理，然后用其推论人的行为规律，这不能不使人怀疑其理论的代表性和说服力。例如，假设演绎系统作为一种科学方法论体系用于数学、物理等纯自然科学取得了巨大的成就，但把它用于像心理学这样的经验科学是否合适还有待于证实。因此，越来越多的学者批评其理论在解释实验室外的行为方面，几乎没有什么价值。

其次，尽管赫尔对心理学研究进行了可贵的数量化尝试，数理化也成为赫尔理论最突出的特征，但是他所进行的数学推导过程是令人怀疑的。因为赫尔推导的细节包含了过多的理想化的假设，给中间变量任意指定数量值，并且为处理每一推导中出现的具体问题还虚构了一些特殊的规则。因而，"后代心理学家，甚至是他的同情者也一致认为，赫尔理论工作中的具体数量细目是最武断的、最不重要的、最乏味的、最缺乏持久性的"②。也正因如此，有学者总结说："赫尔对心理学的主要贡献不在于他的理论内容，而在于他对用假设演绎法建立一个系统的数量化心理学体系所抱的理想。"③

---

① Kendler, H. H. (1987). *History foundations of modern psychology*. Chicago: Dorsey Press, p. 305.

② 鲍尔、希尔加德著，邵瑞珍等译：《学习论》，上海教育出版社 1989 年版，第 175 页。

③ 张厚粲著：《行为主义心理学》，东华书局 1997 年版，第 274 页。

第三，赫尔的理论忽视了研究人类真正的本质。赫尔将人视为会学习和思维的机器。他曾向美国心理学会的听众宣传过这样一种“心理机器”，并且坚信如果能够制造一台执行适应行为的机器，那么就可以支持他提出的有机体的适应行为能够根据机械的原理来解释的观点。尽管赫尔从未做到这一点，但是这种行为的机械论观点却渗透于他的理论的各个方面。因而，一些学者指出，赫尔事实上并没有建立一种有关“人”的行为的一般体系。

第四，赫尔的研究方法是一种还原论的方法。一方面，他的操作主义立场使他把行为过程归结为身体过程，并认为神经生理学达到高度成熟时这些过程可归结为物理化学因子。另一方面，赫尔把高级认识活动贬低为刺激和反应，同时又以动物的学习推论人类的学习。这种把高级运动形式归结为低级运动形式的做法，犯了简单还原论的错误。

外国心理学流派大系

FOREIGN PSYCHOLOGY SCHOOL SERIES

郭本禹 主编

行为的调控

——行为主义心理学（下）

郭本禹 修巧艳 著

山东教育出版社
·济南·

主　编　郭本禹
副主编　高峰强　杨韶刚　高申春
编　委　（以姓氏笔画为序）
丁　芳　方双虎　王国芳　李广军　杨韶刚　修巧艳
贾林祥　郭本禹　高申春　高峰强　崔光辉　熊哲宏

江苏省重点学科“发展与教育心理学”学科资助成果
教育部普通高等学校人文社会科学重点研究基地南京师范大学道德教育研究所成果

目录
Contents

第七章

坎特:交互作用行为主义

坎特在批判和继承自然主义和场论的基础上,把科学的标准组织成一个连贯的统一体,并运用它独创性地提出和发展了一个综合的完全自然主义的心理学体系,即"交互作用行为主义"(interbehaviorism)或"交互行为心理学"(interbehavioral psychology)体系。这一体系摆脱了西方两千多年来令人困扰的形而上学假定,特别是心身二元论传统。坎特反对根据心身二元论的术语来解释心理学,坚持心理学的研究对象是意识(或心理)行为,而不是意识或者行为本身,并认为意识行为即心理事件"总是作为对某一物体或某种状况的具体适应"。坎特是一位激进的新行为主义者,有人认为他是"20世纪的亚里士多德"、"一位未被承认的思想巨人",他的心理学著作也给当代行为主义特别是斯金纳的行为分析以实际的影响,尤其是对自己的学生、同事以及其他某些行为分析者产生了深刻的影响。但由于坎特的理论体系不重视经验和实验研究,只是运用逻辑分析和历史批判等非经验的哲学方法,加上其著述语言晦涩难懂,因而对于一些心理学家来说,坎特的名字甚至是陌生的。即使在他关注过的知觉、生理心理学、语言行为和心理学的其他领域也难得发现他的名字。在国外出版的心理学史教科书中提及坎特及其理论体系的也不太多。不过,坎特的交互作用行为主义体系正在逐步产生重要的影响,例如史密斯(Noel W. Smith)以坎特的交互作用行为主义的假设系统为框架撰写了一本心理学史教科书《当代心理学体系》,并且用专章介绍了坎特的交互行为心理学①。

① 史密斯著,郭本禹等译:《当代心理学体系》,陕西师范大学出版2005年版,第247~277页。

第一节 坎特传略

一、学术生涯

雅各布·罗伯特·坎特(Jacob Robert Kantor,1888—1984)于1888年8月8日出生在美国宾夕法尼亚州的哈里斯堡。早年在芝加哥大学学习时,起初他对化学感兴趣,但不久就转向心理学。1914年坎特获得芝加哥大学哲学学士学位,1915—1917年在明尼苏达大学任哲学讲师,1917年在机能主义大师安吉尔教授的指导下获芝加哥大学心理学的哲学博士学位,毕业后留校执教心理学三年。1920年,坎特受聘为印第安纳大学心理学助理教授,1921年被提升为副教授,1923年成为该校心理学教授。我国著名心理学家潘菽先生1921—1922年留学美国印第安纳大学时,就是在坎特的指导下获得心理学硕士学位的。坎特在教学中擅长根据自己的理解使用"苏格拉底方法",以激发学生之间的自由讨论。潘菽先生在他回忆学习心理学的经历时谈道:"那时教普通心理学的是康托(即坎特——引者注)教授。他是一个思想活跃的人,有自己的心理学见解。他讲课也用教本,用的是刚出版的吴伟士的那本心理学,但他并不照本宣科而是注意他自己的理解。我对这样的教学感到颇合口味,受到了启发。"①

雅各布·罗伯特·坎特(Jacob Robert Kantor,1888—1984)

坎特在印第安纳大学工作了39年,期间相继两次担任该校心理学系主任。1959年退休后,坎特仍继续他那多产的学术生涯,同时还在纽约大学(1962—1963)、马里兰大学(1963—1964)做客座教授,他还经常在美国各大学和专业协会作演讲。1974年始,坎特时常被邀到墨西哥各大学作演讲、出

① 潘菽著:《潘菽心理学文选》,江苏教育出版社1987年版,第3页。

席研讨会。1964 年坎特又回到母校芝加哥大学执教，并被该校任命为兼职研究员，继续其学术活动，直到 1984 年 1 月 31 日逝世。

二、主要著述

从坎特长达 67 年的学术生涯中（从 1917 年获得博士学位算起）可以看出，坎特是一位学识渊博、博学多产的心理学家。他的论文和著作多达 131 项，其中著作 16 部（包括 3 部两卷本的著作以及两本论文集），发表书评 146 篇。其内容主要是心理学领域，同时还涉及到物理学、逻辑学、文化人类学、遗传学、数学、化学、哲学、历史等诸多领域。在这些著述中，坎特在批判继承自然主义和场论的基础上，把科学的标准组织成一个连贯的统一体，并运用它独创性地提出和发展了一个综合的、完全自然主义的心理学体系，即“交互作用行为主义”或“交互行为心理学”体系。① 这一体系摆脱了西方两千多年来令人困扰的形而上学假定，特别是心身二元论传统。这一体系是与他的学术生涯一起成长起来的。

坎特的博士论文《哲学范畴的机能性质》(1917)是其思想体系发展的关键起点，可以说是其体系的萌芽。这篇论文清晰地展示了使心理学成为一门自然科学的科学标准。博士毕业后的最初几年，坎特致力于其体系中的概念和术语的客观化(objectify)，即消除传统心理学中各个概念和术语的心理主义色彩，在客观的水平上重新界定心理学的概念和术语或者使用新的概念和术语。如界定和使用“意识行为”、“心理行为”、“刺激物”、“动作成分”、“动作系统”、“反应系统”等概念和术语。在《意识行为与异常者》

---

① 坎特的理论体系，最初仿效“机体论生物学”被称为客观主义的“机体论心理学”(organismic psychology)，由于其他学者批评这一术语与其体系的含义不太一致，又改称为“交互作用心理学”(interactional psychology)或“交互作用主义”(interactionism)（特别是在他的早期著作中）。虽然这两个术语非常恰当地表达了其体系的场论特征，但是它们在当时及后来也为许多心理学家用来指称自己的理论，特别是人格研究领域的心理学家用来指个体与情境的相互影响，以及人的行为是由个体和情境因素共同决定的。“场论心理学”(field psychology)也可以很好地表达坎特的体系，但是他非常不愿意使用它，因为“场论心理学”这一术语可能与那些提出“心理场”(mental field)的心理主义者的用法相混淆。事实上，坎特常常把勒温归类到场理论家之列。加上后来心理学家使用“interaction”指称各种变量之间的交互作用。而在坎特的体系中，“interaction”是指在整个事件场中有机体的反应功能与刺激物的刺激功能之间的交互作用，而不是指各种刺激之间的交互作用。坎特为此创造了一个新名词“interbehavior”来专指“在整个事件场中有机体的反应功能与刺激物的刺激功能之间的交互作用”，也就是坎特心理学体系的具体研究对象。这样，坎特就相应地用“interbehaviorism”或“interbehavioral psychology”来称谓自己的心理学体系。这一称谓的优越性在于，它指出该体系涉及的不只是有机体或有机体的活动，而且涉及有机体与构成场的其他因素之间的各种相互关系。

(1918)一文中，他反对根据心身二元论的术语来解释精神疾病，坚持心理学的研究对象是意识行为，而不是意识或者行为本身，并认为意识行为即心理事件"总是作为对某一物体或某种状况的具体适应"，而且意识行为具有可变性、修正性、差异性、抑制性和延迟性等特征。在《工具主义转变论与实在论的非现实性》(1919)一文中，他把科学哲学视为一门在观察各种具体物体和事件的基础上，以各种范畴(这些范畴可以容易地随着以后的发现和分析而修改)明确地把这些物体和事件联系起来的哲学。在这些论文中，他坚持研究和知识必须始终指向现实事件，以及不要把传统的结构(construct)或范畴与事件相混淆。随着他对这些术语和概念的客观化，其整个体系也逐渐建构起来。

在20世纪20年代，坎特不仅成为客观心理学的支持者和提倡者，而且根据当时在物理学、化学、生物学等学科中发展成熟的自然主义观点，在有关心理学资料的最少假定(即思维经济的原则)的基础上提出了一组完整的科学假设。这是现代第一个完全自然主义的、全面综合的心理学纲领，也是第一次提倡彻底摆脱历史上强加给心理学的各种成见。

坎特遵循公认的科学法则重新界定了心理学的基本资料，提出了在同一"场"中两个实体之间的关系被视为一个被研究的事件。在《对心理学基本资料的尝试性分析》(1921)一文中，这两个实体被认为是反应机体和刺激物。他在《心理学原理》(1924/1926)一书中则进一步指出，心理学家关注的所有现象都能够作为一系列的自然事件进行描述和分析，并在该书中首次明确地表述了"交互行为心理学"的观点，提出了"有机体与环境之间积极的交互作用"的概念。这一概念为他以后的所有研究奠定了基础，成功地避免了任何过分强调心理事件中这两个相互的参与因素(反应机体和刺激物)任何一方的错误，并认为行为主义的其他各种理论都过分强调研究有机体的反应，而忽视了刺激物的同等重要性。可以说，他的《心理学原理》是确立其理论体系的奠基之作。

在日后漫长的学术活动中，坎特又把其交互作用行为主义立场运用到心理学的各个领域，不仅在这一框架下解释了普通心理学中诸如情感、情绪、推理、学习、记忆以及其他各种内隐行为等心理活动，而且在社会心理学、心理语言学、生理心理学、心理学史、科学哲学、逻辑学等领域也阐述了其自然主义观点。

《心理科学概观》(1933)是一部以交互作用行为主义理论为基础的普通心理学教科书，产生了较大影响。1975年坎特与史密斯将之修订并更名为《心理科学：交互行为概观》。1958年，他在《交互行为心理学》一书中又一次阐明了其交互作用行为主义的原初立场，系统地表述了作为科学学科的交互行为心理学。

在社会心理学领域，坎特在《社会心理学纲要》(1929)、《文化心理学》(1982)中构建了一个基于事件的社会心理学。在心理语言学领域，他的《心理语言资料的分析》(1922)一文阐述了他对当时流行的心理主义和华生的生理还原主义的背离。在《语法的客观心理学》(1935)和《心理语言学》(1977)两书中更详细地分析了复杂的语言反应。在《生理心理学的问题》(1947)一书中，他指出，生理心理学领域的特点是它“为一系列的反论和困惑所严重拖累”。在他看来，这些反论和困惑是由于历史上固守心灵和身体之关系而导致的。根据现代科学的技术方法，这些古老的问题无法回答，因为很久以前在一种缺乏经验分析的文化中出现的这些问题经不起科学方法的检验。《心理学的科学演化》(1963/1969)是坎特在其交互作用行为主义观点框架下写就的一部心理学史著作，第一次力图从自然主义的、客观的观点来描述科学心理学的发展历史。

在科学哲学领域，他的《心理学与逻辑》(1953)一书阐析了行为在逻辑学中的核心作用。逻辑哲学或分析哲学严格区别于思辨哲学(坎特嘲讽地称之为“似是而非”的哲学)。在《现代科学的逻辑》(1953)和《交互行为心理学》(1958/1959)两书中进一步阐明了他对科学进行逻辑分析的必要性。在《交互行为的哲学》(1981)一书中，坎特在他的交互行为心理学的基础上阐述了一种不同于旧哲学的科学哲学。在所有这些著作中，他强调了有效的科学研究必须包括经验的、逻辑分析的成分，清楚地阐明了那些指导科学体系发展以及清除科学领域中一切“绝对”的假定。坎特抛弃了那种为二元论所拖累的旧哲学，阐述了一种新的、事件定向的科学哲学。这种哲学把心理学家引向研究来自事件本身的科学问题。新的范畴必须来自对现实事件的研究，而不是来自过去那种把心理主义的术语视为值得科学研究之实体的时代的理论成见。在坎特看来，没有什么语言上的困惑能掩饰心理主义概念的非自然主义起源。坎特也贬抑那些把神经组织提升为行为的唯一因素的做法，而坚定地提倡一种把生理事件视为自然主义的科学心理学一部分的整体场论的解释。

为了促进心理学成为一门自然科学家族中独立的客观科学这一目标，坎特在第二次世界大战前不久合作创办了普林西匹亚出版社(the Principia Press)。1937年还创办了至今仍在刊行的《心理学记录》(*the Psychological Record*)杂志。从1968年起，坎特以“观察者”的笔名在该杂志上发表了50多篇评论和质疑文章。

三、思想渊源

从思想渊源上来看，坎特的交互作用行为主义不仅从古希腊先哲那里吸取了有益的思想养料，而且受到机能主义和行为主义心理学思想乃至当时自然科学中场论思想的影响。正如墨菲和柯瓦奇在谈到20世纪二三十年代美国心理学的发展情况时指出，在行为主义和格式塔心理学发展的同一时期出现了坎特的机体论心理学，这种心理学正尝试着综合行为主义和格式塔心理学。① 这确实在很大程度上看到了坎特交互作用行为主义的两个主要来源，即行为主义和场论，尽管坎特的场论主要是受物理学等自然科学而非直接受到格式塔心理学的影响。

1. 亚里士多德的思想

尽管坎特的交互作用行为主义产生于20世纪20年代，但是仍可以将其思想渊源追溯到亚里士多德。坎特尤其推崇亚里士多德，他把亚里士多德视为提倡交互作用行为主义的第一人。正如沃普兰克(W. S. Verplanck)指出："坎特不止一次认为亚里士多德是第一位交互作用行为主义者，自己是第二位，斯金纳是第三位。"②史密斯则称坎特为"20世纪的亚里士多德(更确切地说，就坎特的交互行为场的性质来说，坎特是亚里士多德和爱因斯坦的结合体)"③。在坎特的体系中，的确可以清晰地看到亚里士多德许多思想的痕迹。例如，关注有机体(如植物、动物等)的所有活动，重视心理事件的发展性，环境在心理事件中的作用，把心理事件视为由有机体和物体之间交互作用构成的思想，以及亚里士多德把刺激物和接触媒介分开的思想，等等。用史密斯的话来说就是，亚里士多德对有机体的行为作了完全自然主义的描述，在描述心理事件时，发展了一个初步的心理事件的场理论，特别是在感觉研究方面。④

---

① 墨菲、柯瓦奇著，林方、王景和译：《近代心理学历史导引》，商务印书馆1982年版，第365页。

② Verplanck, W. S. (1983). *Preface*. In: Smith, N. W., Mountjoy, P. T., Ruben, D. H. (Eds.), *Reassessment in psychology: The interbehavioral alternative*. Washington, D. C.: University Press, p. xiv.

③ Smith, N. W. (1993). *Greek and interbehavioral psychology* (revised edition). University Press of America, INC., p. 402.

④ Smith, N. W. (1971). Aristotle's dynamic approach to sensing. *Journal of the History of the Behavior Sciences*, 7, pp. 375～377.

2. 自然科学的场论思想

20世纪初在物理学中掀起了一场"新物理学"的革命，其标志就是相对论和量子力学的发展。在广义相对论中，爱因斯坦修改了牛顿把引力视为在距离间起作用的一种力的概念，提出了引力场的概念。在引力场中，引力被视为一个由各种物体及其共有的弯曲空间构成的场，而不是各种物体彼此吸引的一种不可见的力。爱因斯坦把场视为一个多维度的、连续的、在物理上真实的实体。在他的理论中，"场"充当两个物体交互作用的媒介，正是作为情境因素必要组成部分的场使某一特定的物理事件发生。在量子力学中，场就是整个事件情境，某一事件的性质取决于在这一事件过程中的整个事件情境；而不像经典的牛顿力学把微粒视为不变的物体，它们的状态总是可以完全被决定和被认识。这一革新使物理学由机械论阶段进入其发展的场论阶段。正如爱因斯坦指出，机械论者"力图把自然中的所有事件还原为在物质粒子之间起作用的各种力，仅仅参照两个电荷的概念来描述它们之间的作用……用新的场语言，两个电荷之间的场的描述对理解它们之间作用是必要的"①。总之，引力场以及量子力场的发现，改变了传统力学中的机械论思维，而使人们转向整体的场的思维。这些新思维为其他领域的许多科学家所采用，从而促进了其相应领域（包括心理学）的进步。

尽管在当时的心理学中，出现了像格式塔心理学家（特别是随后的勒温）这样一些场论者，但是在坎特看来，格式塔心理学的场论描述的是心理意义上的现象或经验。也就是说，格式塔学者不仅没有摆脱心灵的解释，而且他们的解释原理也是内部的而不是真正意义上的场论解释。格式塔学者只是在原始资料上而没有在他们基本的科学结构中探讨场的问题。尽管勒温等人确实力图系统地探讨心理事件场，不过坎特认为，他们仿效物理学和数学的体系来建立或提出他们的场论，结果只是一些形式的、类比的符号结构，而对心理事件来说，很少或没有真正的描述或解释的价值。②

为此，坎特一方面根据心理学自身的特点把新物理学中的场论思想引入心理学，另一方面他排除心理主义者场论的心理或内部的原理，提出了自己的交互行为场理论，以消除华生行为主义中的机械决定论、生理还原论等缺陷。

---

① Einstein, A., Infield, L. (1961). *The evolution of physics: The growth of ideas from early concepts to relativity and quanta*. New York: Simon & Schuster (Original work published in 1938), p. 151.

② Kantor, J. R. (1936). Concerning physical analogies in psychology. *American Journal of Psychology*, 48, pp. 153～164.

3. **机能主义心理学**

在芝加哥大学学习期间，坎特师从安吉尔，加上当时机能主义在该校处于发展的全盛时期，因而深受机能主义心理学的影响。例如，机能主义的先驱詹姆斯把心理事件看成连续整体的意识流学说以及詹姆斯后期的彻底经验主义思想。其次是杜威的反射弧概念及其经验自然主义思想。杜威认为反射弧是一个连续的整合活动，前后的反射是相连的，人的动作是一系列相连的反射构成的，在反射弧中的刺激与反应相互依存，两者没有单独存在的意义；杜威在其经验自然主义中提出经验的两个重要原则，即交互作用原则和连续性原则，把经验界定为有机体与环境中各种物体之间的交互作用，强调有机体对环境的适应。安吉尔认为意识是在人的进化过程中为应付新环境、解决新问题发展起来的，心理现象应把意义包括在内，心理学必须关注有机体与其环境之间的心理学意义上的整个关系。这些思想都被坎特吸收到自己的理论体系中去。例如，行为的连续性（即行为流）、整体性和适应价值以及刺激功能与反应功能之间不可分的交互作用关系。不过，坎特又超越了机能主义，他严厉地批评了机能主义接受那些不符合事实而习惯上采用的"心灵假设"。在界定心理学的基本资料时，坎特消解了机能主义概念的心理主义成分，而代之以客观的行为以及行为片段。

4. **华生的行为主义**

坎特的交互作用行为主义不仅受到机能主义的影响，还受到华生行为主义的影响。坎特在芝加哥大学学习期间，不仅选修了行为主义开创者华生（1914 年夏从霍普金斯大学回到过芝加哥大学短暂待过一段时间）的一门课程，而且他在 20 世纪 20 年代曾是华生在纽约社会研究新学院（New School for Social Research）教授的一门课程中的客座讲演者，成为一位坚定的客观主义的拥护者。华生 1913 年掀起的那场以反心理主义著称的行为主义运动，其关键意义在于它使心理学不再关注诸如内部状态、心理历程或者内省意识等这些灵魂的衍生物。行为主义的影响主要可见于坎特的自然主义研究取向以及反对心理主义和本能学说的立场。华生拒绝心理主义的原则和方法而针锋相对地提出了行为主义的信条：(1) 心理学的研究对象是可以观察到的客观行为本身，而不是心灵或意识；(2) 心理学的方法应该是客观的，拒斥内省的方法；(3) 行为不参照心理过程来解释或说明。坎特吸收了华生行为主义的这些基本信条，强调研究客观的行为本身而取代传统上所称的意识或心理。坎特认为诸如"心灵"、"意识经验"、"思维"、"驱力"、"自我概念"、"成就动机"这些有关内部状态的心理学术语是前科学思维的反映；他反对内省方法而强调客观观察，特别是现场观察。

但是，在坎特看来，华生的行为主义还不够彻底，特别是在反对心理主义方面还存在不少理论上的缺陷。在反对心理主义的二元论上，华生行为主义只是简单地拒绝或回避不可见的心灵方面，而机械地把原先心理主义者所称的各种心理活动归结为可见的身体方面，也即把行为还原为刺激—反应，把反应归结为肌肉收缩、腺体分泌等有机体的机体变化，从而犯了生理还原论错误。在研究领域方面，行为主义仅局限在动物行为和条件作用学习方面，而在处理复杂的高级心理过程方面显得无能为力。由于受生理还原论的影响，行为主义在描述和解释行为时，尽管强调环境的作用，但是并没有把行为看成一个综合的场事件（有机体的活动只是这一综合事件的一个因素），而是孤立地、单向地强调刺激—反应某一方面的作用；而且只是从物理属性方面来界定刺激和反应，而没有从物理和功能两个维度来界定刺激和反应。用坎特的话来说，就是缺乏描述心理事件的场的特征。这样，要建立一门真正的行为主义，不仅要消除心理学中所有的先验论因素，还必须考虑构成心理事件的整个情境。坎特坚信，只有场论的描述才能不受先验论因素的污染，又能消除行为主义的生理还原论和机械论倾向，进而说明人类的复杂心理活动。

第二节　交互作用行为主义的假设系统

尽管心理学家使用了天文学、物理学、生物学等学科的数量化、测量、实验等研究技术，使心理学在 19 世纪后期从哲学母体中脱离出来成为一门实验科学，但并没有使心理学完全成为一门真正的科学。在坎特看来，其主要原因在于心理学家仍然接受了传统哲学中的身心二元论等超自然主义的信念或教条，在这一信念下使用这些技术并没有形成一个完全自然主义的科学研究纲领。为此，坎特根据当时物理学、生物学等学科发展的成熟的自然主义观点构建了非二元论、自然主义的科学的假设系统，即坎特的层级科学观，然后运用于心理科学，从科学哲学、具体科学的元体系到具体科学层面提出了一个自然主义的客观心理学的假设系统，即交互行为心理学假设系统。这一假设系统构成了指导和控制具体科学研究的必要内核，它们在科学家与其研究所涉及的各种事件的交互作用的不同方面起作用。

坎特的层级科学观又称“科学和文明的塔式结构图”①，它由以下四个层级构成：一是科学的文化基质（cultural matrix），位于塔式结构图的最底层，它由个体组成的群体的实践活动以及源于这些行为活动的各种结构（constructions）两部分构成，是当时哲学意义上占主导的社会文化环境，它们构成了科学兴趣和科学工作的文化基质，对科学研究的发展可能起促进、妨碍甚至禁止的作用，特别是那些在某一社会中占主导地位的社会文化制度更强烈地影响着科学体系的发展。作为人类事业之一的科学，本身就属于文化基质的一部分，处于一定的文化环境中，它当然容易受到做研究时的文化状况的影响。二是科学哲学，是科学事业的次级基质（submatrix），关注的是科学体系背后的科学哲学，它包括认识论、本体论和世界观三个方面。科学家凭借自己采用的科学哲学，系统地阐述那些关于科学性质（如科学研究的合适对象、科学研究的方法、科学研究的结果以及科学与文化的关系）的假设，这些假设被称为科学的原假设。三是科学的元体系，它阐述的是所有命题，包含那些孕育各种具体科学的一般假设，这些假设被称为元假设，它们构成各门具体科学的元体系，如各门具体科学在整个科学中的学科地位、与其他学科的关系、研究对象、研究范围以及该学科的体系构建等基本问题或基本假设，它们构成了该门具体科学体系的基础。这些基本假设的改变意味着整个科学体系的改变。四是具体科学体系，它由关于该学科研究对象的界定、研究程序的描述、概括和法则的总结等方面的假设构成。这些假设涉及该科学研究的各个方面，即关于资料、研究以及法则等各种结构，它们构成各门具体科学的专门假设。这四个层级自下而上依次呈宝塔式上升，而且彼此相互影响。

一、原假设

原假设（protopostulate）是关于科学的一般指导性假定，具体包括如下原假设：(1) 科学本身就是一项与各种具体的事物和事件交互作用的事业，它把这些事物和事件引向明确、精确的定向（orientation）。(2) 科学的定向关注事物、事件或其成分的存在和同一，事物和事件的各种成分之间或者各

① Kantor, J. R., Smith, N. W. (1975). *The science of psychology: an interbehavioral survey*. Chicago: Principia Press. p. 401.

种事物和事件本身之间的关系。(3) 没有科学关注那些超越科学事业边界的实体或过程。没有科学问题关注那些超越可接触事件及其研究的"实体"。(4) 科学的定向需要专门的仪器和方法,而后者的选取取决于研究事件的具体特征以及阐述的具体问题。(5) 科学研究最后形成各种资料、假说、理论和法则。(6) 科学结构即有关各种假说、理论和法则的系统阐述,必须来自研究者与研究事件的交互作用,而不是把这些结构强加于所研究的各种事件或者来自历史上那些非科学来源的科学事业。(7) 文化是由某一特定群体在某一特定区域形成的各种历史事件和制度,如宗教、艺术、经济、技术、社会组织、法律。(8) 各项具体的科学事业是在整个文化制度情境中演化发展的。各个科学领域是累积渐增的、可修正的。在科学领域中,完全没有诸如"绝对"、"终极"、"普遍"等这类超自然物。(9) 在某一特定文化复合体内,科学事业在某些时期是自主的、在文化中占主导的。在特定的时期内,在研究和解释的基本程序方面,各项具体的科学事业相互合作、彼此影响。在特定的文化复合体中,科学不受那些历史上遗留下来的各种非科学的文化传统的影响和束缚,而处于自主的发展之中。(10) 各种科学发现(即关于这些事件及其研究的资料)、研究结果(即关于研究事件的各种法则和理论)的应用只能限于科学事业,否则就会成为非科学。这些原假设的应用构成了科学预测和控制的真实基础。

二、元假设

元假设(metapostulate)是关于某门具体科学的支持性假定,具体包括如下元假设:(1) 心理学与其他所有科学是同质的。所有的科学都是研究自然中物体或事件之间的交互作用关系。物理学是研究各种物体的作用和能量之间的交互作用,天文学是研究各种行星和星系之间的交互作用,生物学是研究有机体的各种结构构成及其功能之间的交互作用,心理学则是研究有机体对其周围环境之间的适应关系,即有机体(动物和动物)的整个适应行为。(2) 心理学是一门相对独立的科学,尽管它与其他相关科学发生经常的跨学科联系,但心理学有其自己的研究对象以及搜集资料的方法。它不是基于生物学、化学及其他任何学科,也不从其他科学中借用各种抽象的结构作为研究资料。这就排除了从计算机科学借用"信息加工"结构或采用生理学中被强加的"大脑产生颜色"这一结构。也就是说,心理事件不能通过类推或借用其他科学的模型来解释。不过,心理学可以运用来自其他科学的并作为交互行为场中参与条件的资料。(3) 心理学必须摆脱所有的传统哲学影响。心理学必须摆脱历史上的本体论或认识论的影响,必须清除各种来自理性主义或经验主义的形而上学概念。由于这些传统哲学的影响,心理学家不是在与研究事件的接触中观察和描述这些事件,而是透过传统的认识论和形而上学这一歪曲的棱镜来观察和描述它们。不幸的是,理性主义和经验主义这两种哲学在西方文化中根深蒂固,它们的影响是普遍的、深入的。也就是说,不坚持观察和描述事件的各种哲学,不适合科学研究工作。(4) 完整的心理学体系应该考虑所有的事件、操作和理论结构。行为主义主要把自己局限于机械学习、动物行为的改变以及一般的条件作用,而没有涵盖所有的心理事件。交互行为心理学认为,应该自然地描述和解释所有类型的心理交互作用,即有机体的各种心理行为,包括选择、认知、适应、意志行为、向往、预期等内隐交互行为以及其他体系很少关注的研究主题,而不必把心理学局限于动物学习等有限的范围内。动物和人类的各类交互作用都应研究和解释。不可能通过对简单的动物行为的研究来推知并理解复杂的人类行为,而要直接研究这些复杂的人类行为,精心地观察和描述它们。(5) 心理学体系必须是定向的。合理实用的心理学体系必须具有体系建构的意识。一方面必须强调整个体系假设及其各种定义或者描述的性质和功能,另一方面必须把构成这一体系的所有因素(如各种定义、描述、假说、法则等结构)相互联系起来形成一个有效的心理学体系。(6) 心理学体系是不可还原的。虽然所有科学是相互联系的以及每门科学都不可避免地与其他科学发生必要的合作,但是没有哪一门科学是其他学科的基础。科学的传统层级体系并不令人满意,因为该体系把物理学视为其他科学的基础,而容易使其他科学失去相对独立的地位,导致科学还原论。其实,每门科学都有自己的自然事件的组织水平,而且这种组织水平有它自己的不能还原为其他科学类的原理或法则。使用某门科学的结构来解释另一门科学的事件,如用生物学来解释心理学,会曲解这两门科学研究的事件。(7) 所有的科学体系在环境中都易于变化。任何科学体系都是对各种自然事件的描述和解释,是由各种用于描述和解释这些事件的概念、假说以及研究程序构成的。由于科学所研究的各种自然事件是不断变化的,这样研究程序以及原有的假设也就会或多或少地做出相应的修正。此外,各种新事件的出现要求构建关于这些新事件的新假设,并对它们做出新的描述和解释。因此,所有科学体系都易受环境影响而发展变化。构成科学体系的所有元假设(不管是否公开宣称)都要受到实践中各种具体事件的检验。而交互行为心理学使得构成心理学体系的那些元假设明确化,因而易受到各种心理事件的检验以及其他学者的批评。

三、具体假设

具体假设(postulate)是关于某门科学的研究对象的假定,包括如下具体假设:(1) 心理学研究交互行为场。心理学不是研究心灵或信息加工或其他结构,而是研究自然界中有机体与物体、事件或其他机体之间交互作用的具体事件。这些交互行为场涵盖了从培植园艺中的操纵物体到微妙的推理和想象范围内的所有心理事件。传统心理学研究的那些所谓的高级心理过程都视为交互行为的某些类型。交互行为心理学强调整个交互行为场,即心理事件场,它的资料不限于有机体的生理活动或行为,而总是有机体与物体之间的交互作用。只有整个交互行为场才是心理学研究的基本资料。(2) 心理事件是从生物生态的交互行为进化来的。所有心理的交互行为都从生物生态学的交互行为进化而来,正如各类更高级、更复杂的有机体都从先前各类低级的简单的有机体进化而来一样。生物学因素参与机体从事的每项活动。随着个体发展的继续,个体的交互作用史也日益变得复杂,但不管这些交互行为多么复杂,它们都保留着其原有的生物根基。(3) 心理事件场是多成分的。心理事件场不仅包括有机体的反应功能、刺激物的刺激功能这两个基本因素,而且还包括接触媒介、情境因素以及个体的交互作用史三方面因素。(4) 心理事件不仅联系于物理学、化学以及生物学研究的各种事件,而且还联系于社会事件。心理学研究的各种事件是由有机体和各种物体构成的,首先是各种物理、化学和生物的事件。然而,人类有机体与各种事物交互作用不仅取决于个体各种器官和神经系统的生理状况,以及有机体的其他物理化学方面的状况,而且不能忽视各种物体或事件的文化属性。因此,心理学不要把自己仅局限于物体的物理和化学属性方面的描述,还要关注个体所处的某种特定文化发展。(5) 心理的交互行为涉及整个机体的活动,而不是有机体的某些特定的器官或组织的活动。作为由多种成分构成的交互行为场,心理事件不再把行为仅视为机体的活动,而是视为包括机体活动等多种成分在内的整个场,这是排除将机体活动局限于大脑或整个机体以作为事件的唯一原因。大脑、腺体或者构成行为的其他生物成分,只是参与到心理事件,而并不决定这一心理事件。大脑只是一个具有生物功能的生物器官。机体活动也只是交互行为场中的一个必要成分。(6) 心理事件是个体发生的。心理事件是历史的或发展的,是有机体在进化过程中继种系发生阶段之后出现的,它的发展贯穿个体的一生。(7) 心理事件的发生没有任何内部或外部的决定因素。对可观察的心理事件场的自然主义描述取代了意识、心理状态、驱力、本能、大脑机能和信息加工等所有这些结构的内部事件以及环境这一外部原因。(8) 心理结构与原初资料事件是连续的。该假设与第一条元假设是连续的,它详细阐述交互行为这一结构来自"与不断发展中的事件的接触",而不是来自习俗惯例。所有的描述、假说和理论必须"直接来自对现实的交互行为的观察"。

第三节　交互作用行为主义的基本原理

交互作用行为主义的基本原理包括心理事件、交互行为场、交互作用史的发展三个方面。坎特对所有心理现象的解释都是依据这些基本原理展开的。在他看来,视、听、学习、记忆、思考、想象、推理等这些心理事件都被视为有机体的适应行为。在这些适应行为中,有机体的反应和刺激物相互依存,构成交互作用的两个基本因素,还涉及使这两个基本因素之间交互作用得以完成的其他因素,如接触媒介、情境因素以及有机体与刺激物之间先前的交互作用史。这些因素共同构成心理事件的交互行为场。这样,心理学家要研究有机体和刺激物之间的交互作用,就必须研究这些因素共同构成的交互行为场。

一、心理事件

交互行为心理学认为,心理学研究有机体对其周围环境的适应行为,具体讲是研究有机体与刺激物之间的交互作用(S⟷R),又称心理事件(psychological event)。为了避免把心理事件混淆为生理事件或生物事件,坎特描述了心理事件[①]的七个特点。心理事件的这些特点是心理事件区别于其他事件(特别是生理事件)的基本标准。

(1) 心理事件具有历史性或发展性。每个心理事件都具有发生发展的过程。一个人可以学习怎样爱、怎样恨、怎样讲话、怎样投票和怎样祈祷,但

① 心理事件、心理行为、适应行为,在此都指"有机体的反应功能与刺激物的刺激功能之间的交互作用"。

他不用学怎样打喷嚏、怎样呼吸和消化。前者在不同维度（即反应经历或交互作用史）中研究，即每个心理事件都具有交互作用史，都是由有机体、刺激物、接触媒介、情境因素等各种可变因素交互作用的结果。生物事件只是在涉及器官功能或生物有机体的生长和衰弱的时空框架下发生的。

（2）心理事件具有更大的特殊性（specificity）。你可以由一块纸板、一把小锤、一把刀柄、一块木板等刺激引起膝跳反射，但是要一个人讲出这些东西的名称和用途，你肯定会看到这个人对每一物件讲出不同名称和用途时的反应具有特殊性、多样性。因为每一反应都明确地与物体的某一刺激功能相互联系。反过来，某物体的每一个不同的刺激功能引发一个不同的反应。这样，不同物体的各种刺激功能必然地对应于有机体的不同反应。而且，同一物体的不同刺激功能，例如同一物体的各种属性的不同组合可以对有机体产生不同的刺激功能，也会引起有机体的不同反应。所有这些是因为有机体经历了与这些物体不同的行为经验。正是通过这些行为联系，各种物体才对不同个体表现出不同的刺激功能。

（3）心理事件具有整合性（integration）。以前独立分开的各种反应能够被连接成整合的、统一的活动。成熟有机体的所有复杂行为都是在个体行为史中由简单的反应整合而成的。这种整合效应表现在交互作用的反应方面就是有机体各种反应动作由一些独立、分散、不连贯的动作连接成更大的整体反应动作；而它表现在作为刺激物的物体方面是使那些物体相应于反应的整合而构成一个整体单元。整合原理标志着有机体与其交互作用的事物之间密切的相互联系。

（4）心理事件具有可变性（variability）。生理反应在不同的个体身上具有大同小异的特点，可以说是千篇一律的；人或动物在问题情境中可以采用多种解决问题的模式，而且个体之间表现出各自的差异。有机体和刺激物之间交互作用的变化性，取决于有机体在当前和过去与作为刺激物之物体的接触历程中建立的刺激与反应之间联系的数目。如果联系数目非常多，那么有机体可能做持续的反应，直到它成功达到其目标或者精疲力竭为止。

（5）心理事件具有可修正性（modifiability）。心理事件的可修正性是指有机体对物体获得一种新的更有效的反应方式，同时该物体相应地呈现出一种新的刺激功能。有机体与物体的连续接触使有机体在先前接触的结果或条件的基础上发展出各种新的交互作用模式。

（6）心理事件具有抑制性（inhibition）。儿童被"文明化"而能抑制某些反应，如到他人家登门拜访中的礼仪。儿童在聚会上必须有礼貌和有所约束，即他们必须在所有可能的行为中做出那些被认可的行为。人类行为受到伦理的、道德的或者其他方面规范的制约，因而具有更大的抑制性。因为心理有机体能够做出许多种反应，如果环境不允许某一反应发生，他就会做出其他反应来取代它。

(7) 心理事件具有延迟性(delayability)。吮吸或膝跳等生理反射具有即时性，亦即一旦施以合适刺激便能“引发”出来，在刺激和反应之间没有时间上的延迟。但有机体的心理事件却有延迟性，人们之间的约会可以定在四个月之后，蛇可以延迟对鸟儿的猛扑，以便等待合适时机。这种时间维度上更大的机动性使心理事件更不受即时反应的约束，而可以使心理事件分开、延迟其后续反应。

二、交互行为场

有机体的行为是连续的，活的有机体时刻都在与环境中的事物发生交互作用。正如威廉·詹姆斯把意识看成一条不断流动的河流一样，坎特把有机体的行为视为一条连续不断的河流，称为行为流。为了便于科学研究，坎特把行为流按照一定的标准切分成许多不可还原的描述单元，这些不可还原的描述单元被称为行为片段(behavior segment)(见图 7—1)。每个行为片段就是由有机体与刺激物之间交互作用构成的单个心理事件，就是一个心理事件的交互行为场(interbehavioral field)，即有机体的反应功能与刺激物的刺激功能之间交互作用的场。

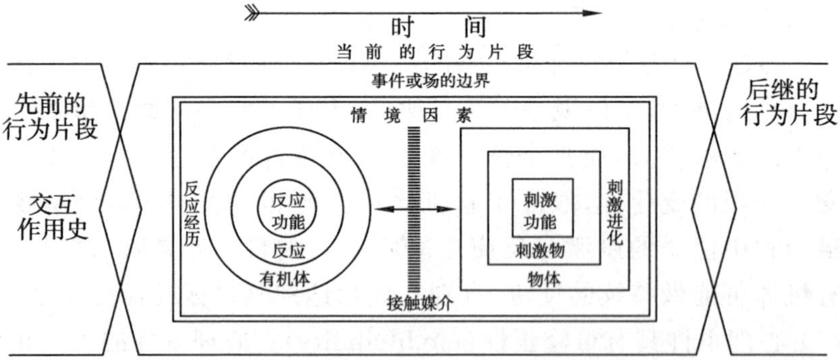

图 7—1　行为片段(或单个心理事件)

1. 刺激功能

在交互行为场中，刺激和反应不是各自单独出现的，而是相互依存的。刺激构成了交互作用中与反应对应的一极，它可以进一步分析为刺激物(stimulus object)及刺激功能(stimulus functions)。刺激物是有机体做出反应的具有物理化学特征的各种物体，作为刺激物可以是环境中的各种自然物、文化物、各种事件以及其他有机体，等等。刺激功能是刺激物在给定情境中对做出反应的有机体的意义或功能属性。任何物体只有参与到交互作用中才可能成为刺激物。在具体的交互作用中，刺激物的刺激功能是特定的。在刺激物与心理有机体的交互作用中加以显现，在以另一有机体作为刺激物的情况下，其刺激功能就非常明显。

在交互行为场中，真正起作用的是刺激物的刺激功能，而不像华生等其他行为主义者那样仅从物理化学特征来界定刺激，而是从刺激物的功能属性来界定刺激。随着心理事件的复杂化，有机体（特别是人类）并不是与纯粹的物理事件或事物发生交互作用，而是与这些刺激物具有的刺激功能发生交互作用。正如坎特指出："有机体不单是基于这些物体的物理化学属性来反应它们，而是基于它们与有机体在先前交互作用中发展起来的功能来反应它们。"①各种物体正是通过有机体与它的接触而获得各种刺激功能。直到特定个体与这些物体发生接触，这些物体对他来说才具有各种刺激功能。巴甫洛夫的条件作用实验很好地说明了刺激功能的简单获得。原来的中性刺激物铃声获得了引发唾液分泌反应的刺激功能。

对坎特来说，刺激不是没有意义的物理化学物体，而是像民族、文化人造物、制度等这些有意义的事物一样有意义。它们的意义是基于我们过去或历史上与它们（或其替代刺激）的交互作用。正如蒂尔奎因（A. Tilquin）在谈到这一点时指出："坎特所说的刺激功能，假定的是这样一些其意义非常明显的物体，如树木、河流、民族、法律、规则、道德、制度。这些刺激物的功能不仅包含在物体整体中，而且存在于构成物体的自然属性：颜色、气味、形状、大小。坎特的实在论不是一种习得的虚假实在论……而是一种真正的有关平常人的朴素实在论。对那些相信这些事物的表面价值的心理学家而言，这是不足为奇的。"②

同一刺激物可以呈现多种功能。例如，一本书可以作为重物、信息来源、引火燃料、珍贵遗物等刺激功能。各种不同的刺激物可能呈现相同的功能属性，如一份海报或旅行指南都可能刺激某人到某一热带岛屿去旅游。刺激物的不同功能属性，可以说明为什么同一物体能够引起不同的交互作

---

① Kantor, J. R. (1978). The principle of specicifity in psychology and science in general. *Mexicana de Analisis de la Conducta*, 4, pp. 117～132.

② Tilquin, A. (1944). *Behaviorisme et biologie*: *La psychologie de Kantor*. *Book* Ⅱ, *Part* Ⅱ, *Chap* Ⅰ. *In*: *LE BEHAVIORISME ORIGINE ET DEVELOPMENT DE LA PSYCHOLOGIE DE REACTION EN AMERIQUE*. Paris: Libarie Philosophique, p. 346.

用,以及可以为客观地描述意义提供一种手段。缺乏对刺激物的功能分析正是华生行为主义的一个严重局限,常常会导致还原论。正如比茹(S. W. Bijou)所指出:"华生在热衷于消除心理学中的一切'心灵'的东西时,他忽视了从刺激的物理和功能两个维度来界定刺激的必要性。仅仅从刺激的物理属性来考虑刺激,他无法客观地说明过去的交互作用对当前的交互作用的影响。因而,他无法在他所认为的客观框架下说明,一组从物理上界定的刺激对个体具有什么'意义'。相反,坎特自1933年以来一直强调根据刺激的功能属性来界定刺激这一系统的优势。"①坎特从刺激的物理和功能两个方面来界定刺激和反应,消除了"行为主义把行为视为生物运动或机械行为以及把世界视为抽象的物理成分"的模式。帕罗特(L. J. Parrott)则指出,对心理主义者来说,"如果像坎特那样把行为视为人类与世界的有意义联系,那么就可能消除'内部人(inner man)指导行为'这一假设"②。

刺激功能的种类多种多样。首先,根据刺激功能起源的条件不同,可以将刺激功能分为普遍性刺激功能、个体性刺激功能和文化性刺激功能。在所有的刺激功能中,普遍性刺激功能是最简单的。例如,发烫的物体能够刺激有机体猛地缩手远离它。这些刺激功能是基于物体或事物本身的各种自然属性以及反应有机体的生理结构特点两方面的因素。因为有机体在生理解剖结构上是由原生质和细胞等组织结构构成的,所以有机体对事物的某些自然属性很敏感。它们之所以被称为普遍性刺激功能,是因为它们在人类和非人类动物的交互作用中都具有相同的刺激功能,即对给定物种的所有个体都能引发相同的反应。有机体与这类刺激物第一次接触就使刺激物具有了普遍的刺激功能,而无须经过一系列复杂的交互作用。对个体来说,个体性刺激功能是更加特殊的。同样的物体促使不同个体表现出不同的反应。显然,刺激功能不仅取决于物体或相关个体本身的任何自然属性,而且取决于个体与该物体(或其替代刺激)先前的个体经验,也即取决于个体与该物体(或其替代刺激)先前的接触或交互作用。个体与各种事物的先前经验说明了个体对物体表现出来的喜好、厌恶、认识、理解等各种不同的反应。文化性刺激功能的基本特征是具有这些刺激功能的刺激物在某一文化群体中能引起该群体中个体相同或相似的反应。它们只是在某一文化群体中是

---

① Bijou, S. W. (1971). *Environment and intelligence: A behavioral analysis*. In: Cancro, R. (Eds.). *Intelligence: gentic and environmental influence*, Holt Rinehart & Winstonp, p. 228.

② Parrott, L. J. (1983). *Systematic foundations for the concept of "private events": A critique*. In: Smith, N. W., Mountjoy, P. T., Ruben, D. H. (Eds.). *Reassessment in psychology: the interbehavioral alternative*. Washington, D. C.: University Press America, Inc. p. 137.

普遍的，而在其他文化群体中具有不同的刺激功能。例如，各种文化中特有的文化习俗、惯例、崇拜物，等等。文化性刺激功能是通过制度化或习俗化这一过程形成的。也就是，群体中的个体对某一物体或事物以一种共同的方式而使这一物体或事物成为一种制度或习俗，这是一个社会化的过程。所有的语言、宗教、政治、风俗等这些文化产物所具有的刺激功能，就是通过个体与这些事物之间共同的社会性交互作用形成的。总之，与个体性刺激功能一样，文化性刺激功能也是个体从先前的交互作用中获得的。

其次，根据刺激功能是否就是有机体直接反应的刺激物本身拥有的，可以把它分为直接刺激功能和替代刺激功能。在直接刺激功能中，个体总是与他要适应的物体保持直接联系，这通常出现在外显行为中。就刺激功能与反应功能之间的交互作用来说，这种物体的刺激功能是直接起作用的。例如，电话一响就提起话筒接电话。这里的刺激就是直接的。就替代刺激功能来说，刺激物的刺激功能仅仅是间接地与某一物体本身固有的反应功能发生交互作用。例如，日历上的记号并不刺激我对日历本身做出什么反应，而是一看到它时，能够提醒我去某个地方赴约，或者促使我给某人打电话。在此，日历上的记号起了替代刺激功能的作用。

在几类刺激功能中，替代刺激功能是特别重要的、非常有价值的。替代刺激在功能上的交互作用分析可以说明生活中的许多行为，特别是各种复杂的行为。坎特认为，所有的发明、创造、公式、隐喻、诗歌、小说和非小说作品、记忆、推理、神话、宗教、理论以及科学发展的大部分都涉及到替代刺激功能，而非直接刺激功能。交谈也利用替代刺激，因为说者所说的以及听者所听的事物或情境通常是不在现场的。所有的“提示物”都是刺激替代物。

此外，刺激功能也可分为“内源的”(endogenous)刺激功能和“外源的”(exogenous)刺激功能。内源性刺激功能存在于个体本身心理的和生理的作用和状况。引起你进食的刺激就来自你胃内的生物状况。同样，去看牙医这一反应是由牙痛这一刺激功能引起的。肌肉紧张、疲劳使我改变坐姿，这里的肌肉紧张就是内源性刺激功能。外源性刺激功能则是来自个体本身之外的各种物体或变化。例如，父母要求小孩直立地站着，这里父母的要求就是外源性的。

2. 反应功能

在心理事件的交互行为场中，有机体及其反应是与刺激物对应的交互作用的另一极。对刺激的反应是由有机体的身体活动组成的，但是正如在刺激中根本的不是刺激物而是刺激功能一样，在反应中起作用的也是有机体的反应功能(response function)，也就是有机体反应的意义或功能属性。

尽管有机体的反应既是生物学上的又是功能上的活动，但在心理学中更强调有机体反应的功能意义。有机体的同一个反应可以具有不同的功能，这取决于各种情境因素以及整个交互作用事件或行为片段的性质。例如，举手这一反应，可能是抵挡他人的攻击，也可能是遮蔽阳光保护眼睛，还可能是表示信号、问候或再见，等等。同样，不同的生物反应可能具有等效的功能。我们从A地到B地，可以步行，也可以骑自行车或利用其他交通工具。尽管它们都是不同的反应，但它们都具有从A到B的相同功能。拳击手通过迎击、拦挡或突然躲闪等多种反应来躲避对方的攻击。如在语言行为中，说出的同样一句话，可能有不同的功能或意义，这取决于这句话是微笑地说出还是愤怒地说出。

正如刺激物的功能属性一样，反应的这些功能属性就构成了反应的意义。在交互行为场中，反应功能与刺激功能必然是相互依存的，而不是独立发生的，它们共同构成刺激物和反应有机体之间在功能上的交互作用关系。当某一反应及其反应功能发生时，它总是对某一刺激物及其刺激功能的反应。当有机体受到某一物体刺激时，它也正在反应它。坎特用S←→R来表示刺激和反应在功能上的这种交互作用关系。因为这种相互依存性，不管是书刺激我们阅读它，还是我们反应作为阅读材料的书，这完全取决于我们希望强调交互作用的哪一边。书作为刺激物，要获得和呈现诸如作为止门物、读物、压纸物、投掷物、引火物等不同的刺激功能。这不仅密切联系于与这些刺激功能相连的反应功能，而且它们之间的这些交互作用的关系联系于某种情境或环境。例如，与书有关的交互作用的情境因素可能包括风正吹打着门而使门左右晃动，而用书作为止门物；作为读物则可能与安静的图书馆相连；作为投掷物来赶狗（这里狗更确切地说是一个直接的刺激物，书只是一种辅助刺激[auxiliary stimulus]）；或者在森林里的一座寒冷的小屋里作为引火物。这些情境因素影响某组特定的刺激功能和反应功能的现实化。

强调刺激功能和反应功能的交互作用关系直接取代了有关独立变量和依存变量这一观点，即反应依赖于刺激，刺激独立于有机体这一假定，也摆脱了传统的观念，即刺激单向地引起或引发一个反应。刺激是有机体与刺激物之间交互作用中一个不可分割的部分，而不是反应的一个先在原因。因此，坎特排除了把刺激视为输入、反应视为输出这一机械论观念，以及刺激驱策（stimuli impel，刺激起驱策作用）这一概念，而认为刺激是与有机体的反应功能同等重要的物体。

刺激功能和反应功能是有机体在其交互作用的生活历史中发展起来

的。例如，观察小孩学习拍球。开始，不协调的动作导致球反弹高度不一、方向不定，拍球失手很多。最终，根据拍球的速度、力度形成了平稳协调的拍球动作。然而，这一协调的反应直到发展出了相应的刺激功能才能出现。许多交互作用支持着熟练行为的刺激反应功能。刺激功能和反应功能之间的细微关系可以在品酒活动中巧妙地显示。缺乏经验的品尝者只能发现白酒不同于红酒，而偏爱白酒。酒在芳香和味道方面的细微差异，对他们来说就没有意义。经过多次品尝和体验，然后他就会发现一些以前没发现的特点。即使没有经过特殊的训练，他也成了比较老到的品酒者。

没有人确切地知道更多的刺激功能和反应功能的发展过程是怎样发生的。然而，某些刺激功能很明显是基于刺激物的物理属性，而其他刺激功能则依赖文化影响。正如一个人如何反应镰刀，这主要取决于他所处环境的文化。再如，蜗牛在一种文化中作为美食，而在另一种文化中则认为它不可食、令人恶心。

就坎特研究刺激功能和反应功能之间的交互作用来说，交互行为心理学也是一种刺激—反应心理学。不过，坎特坚持刺激—反应的交互作用解释，而努力克服华生行为主义中刺激—反应的生物学解释。反射是一种生物反应。这些反应，如脸红或退缩，当它们由生物刺激唤起时，在成人通常与复杂的刺激条件是一样的，它们受多种刺激制约，如带刺的话、嘲笑等。交互行为心理学在考虑生物反应时，主要关注与刺激功能直接相连的反应功能。例如，脸红这一反应，可能与朋友谈到了某个令人尴尬的事件相连。笑是一种具有多种功能的反应，它可以表达喜悦、掩饰尴尬或者嘲笑他人，等等。

坎特强调，有机体的反应典型地涉及整个有机体的活动，这些反应是"整体的"而不是"分子的"。有机体表现的反应类型非常广泛，主要包括感知、思维、情感、学习、记忆、推理等。坎特坚持研究心理活动的一切可能的类型。

反应功能是有机体的反应所具有的意义，而反应本身又是一个复杂的活动系统，是由有机体的作为整体的动作单元构成的，坎特称这些动作单元为反应系统（reaction system），每个反应系统是有机体表现出的最小的可分析的完整动作。在简单的行为片段中，单个刺激功能只是对应于一个简单的反应系统，如碰到火立即缩手；在复杂的行为片段中，单个的刺激功能将对应于一个由一系列反应系统构成的反应模式。在一个反应模式中，至少包括注意、感知两个前期反应系统以及一个形成反应系统（consummatory reaction system）。反应模式随着其包括的前期反应系统的增多，将变得复杂。在一个反应模式中，首先出现的是一个称为注意的前期反应系统(precurrent reaction system)，而使某一物体在众多的潜在刺激物中被选择出来，成为该交互作用中的刺激物。当有机体注意这一刺激物时，有机体就开始与它交互作用，而不是与其他事物交互作用。然后，通过作为第二个前期反应系统的感知反应系统，有机体就感知了这一刺激物，也就是确认或辨别这一刺激物的特征。也可能还有其他的反应系统，但最后出现一个形成反应系统。例如，我注意到一支粉笔，然后辨别它是白色的而不是黄色的，并伸手去拿它，这样就完成了对这一刺激物做出反应这一反应模式。同时，我想知道这粉笔是硬的还是软的，是否会从我指间滑掉，等等。这些被称为附带的反应模式(by-play response pattern)。它们是伴随的、非主要的交互作用。如果我必须走到一桌子旁去拿这支粉笔，我就必须对作为辅助刺激的桌子做出反应。所有这些都发生在某一情境中，如一个满座的教室，一个只有一人的空闲房间。注意和感知这两个前期反应系统又被称为预备反应系统(preparatory reaction system)，因为它们为使个体对终结反应的出现做准备。例如，走过去拿粉笔这一有效行为就是预备反应系统，而且预备反应系统包括一系列制约最终反应(final reaction)出现的因素，如问题解决或推理。这一最终反应还可能延迟相当长的时间，因为其中涉及许多前期反应。在各种情况下，可能有不同的延迟时间，如等咖啡完成过滤、等候一个月的假期。值得注意的是，在另一情境中，这支粉笔可能只是在黑板上写或画这一反应系统的一个组成部分。其中，它可能是一个辅助刺激，或者形成反应可能是在黑板上写字或画画。这里，刺激是这些字或画所指的事物。如果有人询问这些字或画，它可能构成了一个另外的辅助刺激。这组复杂的因素构成了一个行为片段。

3. 接触媒介

作为自然事件的心理事件是在具体、明确的环境条件下发生的。任何心理的交互作用要发生，有机体必须能够与刺激物发生接触，特别在感知觉中。没有光，个体不可能“看见”各种事物，就不会发生“看”这一反应。否则，个体也不能对物体的颜色、形状、大小这些与视觉相连的特性做出辨别、选择、喜欢等反应。同样，只有空气波这种媒介出现时，才能对声音做出反应。因为这些空气波以及光线是使有机体与刺激物之间交互作用得以发生的手段或工具，而被称为接触媒介(medium of contact)。

接触媒介有许多种，在不同的感觉反应中具有不同的接触媒介。除了视觉反应中的光线、听觉反应中的空气波(即空气的收缩与扩张)之外，嗅觉反应中的媒介是扩散在空气中的微粒，味觉反应中的媒介则是溶解了各种化学成分的液体，痛觉反应中的媒介是肌肉组织的不良状况，如不寻常的压力、挤、捏、掐，等等。

在接触媒介这一点上，坎特的立场是非常独特的，它不同于其他心理学的立场。其他心理学都把光波、空气波等这些被坎特视为接触媒介的东西视为刺激。在坎特看来，如果把这些接触媒介（如光波、空气波）视为刺激，那么个体不是看到房子而只是看到光，听到的不是割草机的马达声而只是空气的振动。如果像心理主义者那样认为，这些感觉被具有创造性的大脑转换为房子、马达和其他物体，那么，就把人类分成身心两部分以及赐予人类两个世界：即外部的真实世界和表征现实的内部世界。正如坎特指出，这是“看不到媒介与刺激之间的真正区别给整个心理学体系带来的灾难”①。

对坎特来说，光波、空气波只是使有机体与刺激物之间交互作用得以发生的媒介，颜色是物体的属性。这种属性仅在作为接触媒介的光线出现时，有机体才能反应。当然，每种具体感觉都有其自己适当的媒介。坎特认为，感知觉并不是由心理或大脑创造或转换来的，而是有机体与物体通过接触媒介以及心理事件场内其他因素交互作用的结果。感知觉不包含在有机体之中，而是存在于心理事件场中各种构成因素的交互作用关系之中，特别是有机体与刺激物之间的关系之中，而不需要任何假设的转变过程。史密斯认为，在这一点上交互作用行为主义彻底抛弃了心理主义范式。

在坎特看来，许多心理学家之所以把接触媒介视为刺激，是因为他们仅把刺激视为在生物学意义上唤起生物有机体的活动的条件，当有机体辨别物体的各种属性时没有在心理学的功能属性上描述有机体与物体的交互作用，而是夸大了各种器官、大脑以及神经系统在感觉情境中的参与作用。

4. 情境因素

有机体和刺激物之间的任何交互作用，总是发生在某种情境关系（context）中。这些情境关系条件（context conditions）被称为情境因素（setting factors），它们是交互作用事件的内在组成部分。环境方面包括交互作用发生的时间以及场所中的各种状况，如气温、建筑物、城市街道、大山荒野以及他人在场与否，也包括机体状况，如有机体的年龄、疲劳、头痛、健康良好、轻松、酒精或其他药物的摄入、疾病、饥饿、干渴、饱足等机体生理状况。在不同的环境条件中，个体的行为举止是不同的。例如，同样一个事件在社交聚会上是活泼有趣的，而在葬礼上可能是严肃的；一位官员在酒吧里对下属的

① Kantor, J. R. (1924). *Principles of psychology*. Knopf, 1, p. 55. Third reprinted by Principia Press, 1985.

谈话有别于在正式的办公场所中的谈话。这些例子都说明了情境因素在有机体与刺激物的交互作用中的重要性。

情境因素作为交互作用发生的必要条件，它们可能抑制或促进某一特定交互作用的发生。某一交互作用中的情境因素主要通过制约刺激物、反应有机体或者整个交互作用来显示它的影响，如刺激物的背景、有机体的健康状况以及某些人物的在场与否。如果有机体能够对事物做出许多反应，以及物体也被赋予多种刺激功能，那么，这些相连的刺激功能和反应功能哪一组将在某一给定的时间里发生，这很大程度上取决于交互作用发生的情境因素。

在坎特看来，参与交互作用的情境因素，特别是作为情境因素的有机体的生理状况，不能把它们解释为交互作用中的"中介变量"。坎特认为这样做是心理主义者"把内部的原理和力量强加给有机体的一种手段"。

5. **交互作用史**

刺激功能和反应功能的发生表明，每一个体的交互作用史也是每一交互作用的组成部分。有机体从出生到死亡一直发展着他的交互作用史(interactional history)。在具体情境中形成的交互作用史受到影响有机体和刺激物方面因素的制约，如生物因素和社会文化因素。生物因素通过影响有机体间接参与到个体的交互作用发展中，文化因素则通过多种途径参与到个体的交互作用发展中，如我们常把思维、知觉、判断等的文化方式带入每一交互作用中。对每一个体来说，在大的文化框架内，其个体发展是独特的。例如，即使在酷热的日子里，因文化的要求，在大学校园里所有学生都穿着衣服，但是每位学生穿着风格又不同。不仅刺激功能和反应功能在交互作用中发展而来，而且当前的交互作用总受到先前交互作用史的影响。当然，交互作用史是与刺激功能和反应功能等场的其他因素相互依存的。有机体从与物体和环境条件的历史发展中发展出刺激和反应的功能。情境因素的效果也受到有机体与它们的历史的影响。

6. **交互行为场的行为公式**

上述这些相互联系的成分，如刺激物及其刺激功能、反应及其反应功能、接触媒介、情境因素以及交互作用史，构成了一个交互行为场或系统。所有这些可观察的事件把我们带入这一交互行为场。交互行为场是"构成或参与某一心理事件的各种相互依存的因素所组成的复合体或整体”①。根据交互行为场理论，每一心理事件就是一个“场”。正如坎特指出：“在本质上，心理事件场是刺激功能与反应功能之间交互作用的轨迹或场所，而这些功能建立在有机体与其刺激物之间一系列持续接触的基础上。”②

心理事件场是动态的、不断发展的，任何给定时间下的心理事件场都是先前的场和当时参与的其他因素的共同功能。对具体个人来说，每一行为片段或心理事件又是具体的、独特的。正如普龙科（N. H. Pronko）指出，有机体的行为就像太阳系中的行星一样是具体的、独特的，“如果你想透彻认识太阳的行星，你就不得不逐个地关注它们，因为每个都是独特的”③。坎特认为，尽管因为某些相似性而允许归类和概括，但是每一事例都涉及一组复杂的场因素。这些归类和概括是由描述和解释构成的，它们也来源于交互行为场的独特性。这一独特性要求心理学家指向交互行为场的各种可观察事件及其相互关系，而不是指向那些与具体事件相连的古怪想法和抽象物。

根据心理事件或行为片段的构成成分及其独特性，坎特④把心理事件场表述为：PE＝C(k，sf，rf，hi，st，md)。其中，PE 是指心理事件；C 意指“场”，是由交互作用的各种因素构成的完整的系统；k 是指行为片段或交互行为场的独特性；sf 是指某一物体或状况的刺激功能；rf 是指有机体的反应功能；hi 是指交互作用史，也即“当前的交互作用是基于有机体和物体在特定环境条件下先前所发生的接触”这一事实，例如，使刺激功能和反应功能发生的条件作用或学习；st 是指情境因素，也就是影响这一特定交互作用发生（sf—rf）的即时情境关系；md 是指使有机体与刺激物之间交互作用成为可能的媒介，例如，使有机体与视觉或听觉之物体交互作用的光或空气。乍一看，各种场因素的相互依存性好像复杂得难以处理，但是相互依存性比单一事件的简单因果关系更符合实际情况。尽管心理事件场由许多因素构成，但是心理学家为了研究的需要可以抽出交互行为场的某组成成分来相对孤立地研究心理事件场，然后回到其所属的场，在整体关系中考察它。由于各因素的相互依存性，这样因研究需要而分析出的任一因素，必须始终参照其所处

---

① Pronko, N. H. (1980). *Psychology from the Standpoint of an Interbehaviorist*. Montercy, California: Brooks/Cole Publishers, p. 5.

② Kantor, J. R. (1938). The Nature of Psychology as a Natural Science. *Acta Psychologia*, 4, p. 45.

③ Pronko, N. H. (1980). *Psychology from the Standpoint of an Interbehaviorist*. Montercy, California: Brooks/Cole Publishers, p. 228.

④ Kantor, J. R. (1959). *Interbehavioral psychology: a sample of scientific system construction*. Bloomington, Ind.: Principia Press, p. 106.

的整个整体来处理。[①]

坎特把所有这些因素一起引入一个场系统，而明显地区别于传统的心理学取向。正如利希腾斯坦(P. E. Lichtenstein)指出："坎特通过把物理的、生物的、文化的、历史的各种因素引入一个系统而构成一个交互作用事件。这代表着一种完全不同于传统因果概念的心理学的场论取向。心理事件被视为由一组交互作用的因素构成的，而不是被视为一个由先前的物理事件引起的心理的或生物的依存变量。"[②]这样，心理事件不局限在大脑、腺体或头部，甚至也不局限在整个有机体，而是存在于这些因素都客观参与的整个事件场。这里既没有"空洞的有机体"，也没有生理还原论；没有各种特殊力量的任何假设——不管是有机体内的还是有机体外的，也没有来自无生命的机器或计算机，或者来自物理学、化学或生物学的类比物。而且，心理事件被视为有机体与物体在时空中通过各种接触媒介发生和发展的各种复杂的具体交互作用。

在坎特看来，心理学家必须把有机体与刺激物之间的交互作用作为基本的研究资料。交互行为场是交互行为心理学分析心理事件或行为的基本框架。坎特特别指出，只要详细阐述了心理事件场所有构成因素之间在功能上交互作用的动态关系，就可以以严格观察的术语来描述和说明各种心理事件，而不必求助于某些一般的解释性抽象物。在交互行为场中，没有诸如心灵、信息加工者或者驱力这类内部原因，在整合的场中也没有这些抽象物存在的空间，也没有其存在的价值。如果描述了场的各种因素之间具体的功能关系，正如描述其他任何自然事件一样，就完成了对心理事件的科学说明。

三、交互作用史的发展阶段

1. 交互作用史发展概述

从横向来看，心理事件(或行为片段)是由刺激物及其刺激功能、有机体及其反应功能、接触媒介、情境因素和交互作用史这些成分或因素构成的复杂的场。从纵向来看，所有的心理事件又都是历史的、发展的，都起源于个

---

① Kantor, J. R. (1959). *Interbehavioral psychology: a sample of scientific system construction*. Bloomington, Ind.: Principia Press, p. 19.

② Lichtenstein, P. E. (1970). The significance of the stimulus function. *Interbehavioral Psychology Newsletter*, I(1), p. 4.

体与事物的各种接触或交互作用。从进化层级序列①来说，心理学上的交互作用是由生态生物学上的生物行为进化发展而来的，具有生物上的根基。作为任何具体心理事件的交互作用都可以追溯到它们最初的现实起源。

在坎特看来，个体心理事件即个体心理或意识行为的发展就是个体交互作用史的发展。从定义上讲，个体的交互作用史就是"个体完整的行为经验"②。具体来说，交互作用史的发展就是刺激功能和反应功能的发展。个体正是通过交互作用史的逐步建立才发展出所有的反应。个体能做的一切，包括他的能力、知识、技能以及行为力量，都产生于其交互作用史。

因为作为整体心理事件的行为片段是由有机体的反应功能和刺激物的刺激功能之间的交互作用构成的，所以，描述心理事件的发展历程即交互作用史的发展也可以从有机体和刺激物两个方面来展开。具体来说，交互作用史由刺激进化(stimulus evolution)和反应经历(reactional biography)两方面构成。刺激进化是指在心理学的交互作用中，作为刺激物的物体发展或获得其刺激功能的过程，它对应于有机体反应经历的发展。反应经历是指某一有机体先前与各种刺激物之间发生的交互作用史，主要关注成长中的有机体在反应及其功能方面的发展。反应经历就像建房子那样逐渐建立并发展成"有机体的行为装备"③。

个体的反应有两种不同的起源：即时起源(immediate origin)和渐进起源(progressive origin)。前者是指有机体与物体第一次接触就足以形成牢固的交互作用联系，例如婴儿碰到火就立即把手缩回而远离火焰。这些活动是直接在先前的生物学交互作用基础上形成的。这些交互作用构成了那些潜在的最简单的心理行为。这些活动大部分构成了以后那些复杂的心理交互作用的基础。渐进起源则是指有机体必须与刺激物经过一系列渐进的接触才能形成各种行为。例如，要学会阅读，首先就必须与阅读材料(包括这些材料所指的各种事物)经历一系列很长时间的接触，然后才能发展出相

① 坎特认为，进化依次经过以下四个层级：(1) 无机物的进化，是指化学元素、化合物及各种化学过程的发展，行星和恒星以及地球的演化；(2) 种系演化，包括植物、动物的演化发展，各种生物种、属、门的演化，有机体与环境的顺应和适应的演化；(3) 个体进化，是指个体有机体的胚胎发育；(4) 交互作用史的发展，是指个体刺激功能和反应功能的发展，以及作为对物体、环境和制度之反应的行为和特质的进化。

② Kantor, J. R., Smith, N. W. (1975). *The science of psychology: an interbehavioral survey*. Chicago: Principia Press, p. 59.

③ 行为装备(behavior equipment)，即心理学中的人格。坎特称人格为行为装备旨在表明，个体发展的这一复杂的行为系统是以个体装备来适应他们可遇到的各种复杂情境。个体的人格是其交互作用史发展的产物，即人格是由个体各种交互作用组成的连续体。这个连续体是由个体的所有反应组成的一个稳定的、持久的组织，它是个体在与刺激物交互作用过程中发展起来的。

关的阅读行为。

由于反应经历和刺激进化是交互作用史这一事物相互依存的两个对应方面，有机体发展了反应经历也就同时意味着刺激物获得了其刺激功能。尽管刺激物在与有机体的交互作用中，与有机体的反应同样重要，但是交互作用史的发展还是以有机体为主体的。所以在描述交互作用史发展的有关问题时，就着重有机体的反应经历方面。

个体的心理行为生活是一个渐进发展的过程。在这一过程中，个体以不同的方式与各种事物发生交互作用。这一过程主要取决于个体与各种物体或他人接触的各种机会。这些机会则取决于有机体的生物状况和其生活的人类环境因素。个体的生物状况是指个体在生理上的各种成熟过程，而人类环境条件则包括许多社会环境和经济环境。个体的生物状况更早地开始起作用。坎特根据这两类因素对个体行为发展的影响，把个体交互作用史的发展分为三个阶段：基础阶段（the foundation stage）、基本阶段（the basic stage）和社会阶段（the societal stage）。其中每一阶段以个体第一次开始表现某类反应为标志。

2. 交互作用史发展的基础阶段

在基础阶段，所有的心理交互作用非常明显地取决于有机体的生物成熟。一般来说，婴幼期的各种交互作用可以认为是过渡性的，它们构成了有机体从纯粹生物性的结构—功能活动过渡到与事物发生的明确的心理交互作用。在这一阶段发生的任何心理交互作用，就它们的操作来说，都非常紧密地取决于个体的生理结构和功能。在这一时期，有机体主要参与反射行为片段、随机行为片段和生态行为片段三类不同的交互作用。

反射行为片段是由单个反应系统构成的反应。例如，碰到热物体就缩手远离它或者见到某种糖果就分泌唾液。这种反应没有任何的前期反应系统，几乎就是有机体的结构—功能的活动。不过，它还是与某些具体刺激物的刺激功能相互联系的，而不同于纯粹的生理反射。反射这类交互作用更取决于有机体相应的生理结构组织的发展，它是在有机体与刺激物之间第一次接触就发展起来了。某些反射性反应是有机体在胎儿期就发展起来了。在婴儿早期，有机体的各种反射性反应发展非常快。在反射性反应中，有机体的动作是机械的、自动的，在操作上是几乎以同样的方式发生。这类交互作用的发生非常迅速，其操作是非常容易完成的。

坎特根据刺激物的位置或来源把反射行为片段区分为内感受反射和外感受反射两类。在内感受反射中，有机体与来自体腔内的刺激物交互作用。这些刺激物是一些器官（如心脏、肺、肝、肠等内脏）的状况。这类行为片段在操作上是微妙的，对他本人或其他观察者来说，基本上都是内隐的。外感受反射是有机体与体外的各种物体进行条件交互作用，是一种更容易观察到的交互作用。例如，眨眼睛、躲避投掷物、碰到炙热物体猛地缩手，等等。在这两类反射中，交互作用的原理是一样的，只是各自的内显、外显的程度不同而已。

在反射性反应中，条件作用历程是非常重要的。在坎特看来，巴甫洛夫的条件反射实验非常明确地说明了刺激和反应是怎样建立起相互联系的。条件作用历程本质上在于通过对某一物体做出某一特殊反应，以赋予这一刺激物某种特定刺激功能，也就是原先中性的刺激物通过与无条件刺激物的多次结合形成了条件刺激物（坎特称之为替代刺激物），获得了无条件刺激物的刺激功能。条件作用不仅在反射性反应中起作用，而且在其他所有反应中也起作用。反射性反应只是许多刺激—反应联系这类交互作用中的一种。这样，其他反应也可以发生条件作用。

个体复杂的心理行为经历了缓慢的过程，是从有机体的生物行为发展而来的。婴儿的各种随机动作是处于生物行为和心理行为的分界线上的过渡行为。这些动作一方面深植于生物行为，另一方面在日后将发展成各种真正的心理行为。作为过渡行为，随机动作不仅取决于有机体的各种结构分化，直到有机体发展出各部分的结构和功能，基于这些随机动作的心理行为才能开始发展；而且各种随机动作基本上平行于个体的生物成熟。在这一时期，有机体非常不成熟，还不能使自己明确地适应各种特定的物体，其心理行为是随机的、不规则的。这些随机动作只是与事物不协调地接触，它们还没有与刺激物整合在一起形成完全有组织的活动。

不过，这类随机动作在心理发展中具有重要的地位。一方面，它们被认为是个体大部分心理行为的"素材"，正是这些随机动作日后被整合成各种明确的反应系统；另一方面，它们在真正意义上标志着个体各种复杂心理行为的开始，因为各种复杂行为总是由各种简单的动作整合在一起构成的。正是有机体与其周围的各种环境条件之间的这些随机接触，标志着那些非常明确的有差别的心理反应系统的开始。在这些接触中，有机体的随机行为变得非常紧密地联系于物体的各种具体的刺激功能，以后这些行为就构成了有机体成熟的适应活动。只要有机会与这些刺激物接触，有机体就能够使这些适应活动进一步整合成更复杂的适应。

生态行为片段只有在有机体的生物方面发展得相当完全时才会出现。例如，有机体的头部、躯干部、四肢、眼耳等各种特定的器官要发展得相当完好。生态行为片段的发展就是要使个体与其生态环境联系起来。这里的生态环境是指有机体的周围或者构成其生物环境的所有事物、条件和个人。生态行为片段就是个体根据其周围环境中各种物体的特征而对它们做出的各种不同反应的基本形式。

生态行为片段是一种发现性行为。当有机体第一次与事物接触时，他能够获知这些事物是什么样，也就是发现和分辨事物的各种属性，分清它们是红的、蓝的，还是甜的、苦的、细的、重的、轻的，等等。更重要的是，个体还能根据事物的这些属性做出相应的反应，如圆的东西可以滚动，而方的东西则不能。也就是说，在有机体与这些物体的交互作用过程中，发现了这些物体的结构组成的可能和限制。通过这些交互作用，个体发现对他来说什么事物能够做什么，如什么东西有害、什么东西使人愉快、不能接触的东西怎么处理，等等。生态行为片段的出现意味着个体这方面智慧的萌芽。

许多发现性反应构成了个体行为装备的一部分。尽管个体对其周围事物各种属性的发现性反应是新颖的，但是它们仍是各种协调整合的行为，以后就构成了对这些事物的适应模式。这些反应有不少是个体通过与周围事物的第一次接触获得的。还有一些反应则是通过整合各种随机动作逐渐建立起来的。

在生态行为中应注意两点：第一，由于任何特定个体接触的事物数量以及接触这些事物的时间取决于成人提供给他们与这些事物接触的各种机会，因此，不同个体在生态行为的发展上存在相当大的差别。第二，尽管生态行为根植于生物学上的生态适应的某些形式，但是生态行为不同于生物学上的生态适应。因为在生态行为中，有机体不仅仅适应了其周围的环境，而且认识了各种事物的诸种属性以及知道怎样对待它们。

交互作用史发展的基础阶段的重要意义就在于，有机体开始表现出各种简单的心理行为。不过，在这些简单的心理行为中，各种生物因素在它们的发展中非常重要。基础阶段的各种心理行为取决于有机体生物组织的成熟，其结构和功能的操作或练习，以及有机体对环境或生态条件的普遍适应。

3. 交互作用史发展的基本阶段

在基本阶段，个体表现的各种行为明显是心理学意义上的。这一阶段大约开始于幼儿期或者儿童早期。心理行为的发展仍基本上平行于个体的生理成熟。相对基础阶段来说，基本行为不是非常紧密地取决于个体的生物组织结构。大约到青年早期，个体大多数的基本行为都发展起来了。这些基本反应构成个体以后大部分行为的基础。正是基于这一阶段发展起来的这些反应形成了个体的行为模式。只要个体在交互作用史中不发生大的变化，这些行为就保持稳定，成为个体行为装备中持久的组成部分。个体发展了这些与事物交互作用的方式之后，再与这些事物或类似事物接触时就表现出相同的反应。

在前一阶段，有机体基本上是作为一个生物实体存在的。到了这一阶段，随着个体接触的环境范围的扩大，个体开始在其他人的影响下与事物发生交互作用，其行为更多地受到各种人文环境的影响。个体自己能够在与各种物体的交互作用中把各种属性赋予这些物体，并据此对物体做出反应。由于这一阶段的儿童几乎都在年长者的影响下，个体的大多数行为是成人强加给他们的。在这期间，个体发展了无数的反应，如技能、举止方式、能力、偏见和观念。个体的行为包括对各种可能的事物和他人的所有反应，几乎遍及行为的每一个领域。

这一阶段个体的行为明显地折射出其家庭的各种特质。这个期间的个体第一次接触的人是其家庭成员，这些行为的直接环境就是家庭生活中的各种事物。这样，个体的行为活动必然显示出特定家庭的各种事物，以及紧密地与家庭成员的各种活动相连。例如，个体的各种能力、信仰、态度、语言、喜好等都折射着其家庭的情形和状况。

这一阶段的行为有利于个体独特性的发展。因为这一阶段的行为相对独立于个体的生物结构。当行为取决于有机体的生物结构时，所有人类个体发展的行为必定几乎是一样的。在这一阶段，尽管就发展这些活动的潜能来说，个体的生物组织是一样的，但是由于行为的发展具有相对的独立性，个体发展出不同的喜好、技能和能力。这样，不同个体就显示出个体差异。

在这一阶段，影响个体基本行为发展的条件主要有：① 个体行为的先前发展情况。由于交互作用史是个体与事物之间各种接触的累进式的发展过程，那么这一反应经历必然要取决于先前的发展情况。在各种行为的发展中，先前的发展构成了行为随后发展的基础。例如，当你获得某些知识，就可以很容易地获得与这些知识相联系的知识。已经发展出对书感兴趣的小孩，比那些从来没有接触过书的小孩，更容易使用这些书。② 个体的卫生健康状况。在交互作用史发展的基本阶段，卫生健康状况对行为的发展仍然非常重要。个体在解剖结构和生理上的缺陷、儿童期的疾病以及各种生物机能障碍都可能损害个体与事物发生交互作用的许多机会。良好的健康状况则有利于个体行为生活的正常发展。③ 文化背景。在儿童与各种事物发生的交互作用过程中，其生活环境中各种社会文化性因素都参与到这些交互作用中去。这样，儿童逐渐建立的各种基本行为必然反映出儿童成长的社区、社会、国家的文化特质。文化背景可以很大程度地说明个体获得的各种思想观念、信仰、喜好、语言以及习俗。④ 家庭的智力水平。家庭的智力水平主要是指父母或者其他教养者的受教育程度。受教育程度高的父母通常能为儿童提供一些有利于儿童行为发展的各种可能性的活动、信息资料。在这种家庭中成长特别有益于儿童获得各种基本的智力行为。但是高智力的家庭不是各种智力特质发展的必要条件。对那些不是在这些有利环境中成长的儿童来说,还可以其他方式弥补。例如,家庭智力状况不佳的儿童,由于父母和家庭不能给他们提供良好发展的条件,就会为自己到其他地方寻找这些交互作用的发展机会,如学校、繁华的城市或乡村周围发生的各种事件。⑤ 家庭的经济状况。经济来源制约着儿童可能获得各种经验的范围以及受教育的机会。这些来源对儿童买图书和缴学费都是必要的。而且,那些有机会旅游的儿童,由于在旅游过程中获得与许多不同事物接触的机会,这些优势的环境有利于个体发展出更广泛、更丰富的行为。经济的好坏对儿童行为的发展是一个重要的条件。也许这些影响在反应发展的早期基本阶段不是很明显,但是它们可能在这一阶段行为发展的后期起作用。

4. 交互作用史发展的社会阶段

尽管个体的人格大部分是在家庭环境中获得的,但是随着个体的成长以及视界的扩展,个体就步入发展的社会阶段。在社会阶段,个体心理行为的发展已经不再局限于家庭这个狭小的圈子,而进入一个更广阔的领域(如工作领域)。这样,个体就获得了更多发展能力、技能和思想观念的机会。

个体反应的独立性是这一阶段的主要特点。正是在这一阶段,个体在家庭监护之外与事物或他人自由地发生交互作用,获得并表现出许多反应。而且,这一阶段的许多行为也随个体的活动范围的不同而出现更大的个体差异。如有些个体可能来往于不同的国家和民族,有机会与不同文化环境下的各种新事物发生交互作用,通过这些接触发展出许多新的行为;而有些人的活动范围基本上与原有的环境差不多,只是碰到一些新问题。这样,个体之间的人格差异就更大。不过,那些在上一阶段获得的行为或反应在这一阶段继续发展。

这一阶段开始于什么时候并不能确切地确定,因为个体几乎与前一阶段同样的事物接触,而不能在个体的行为生活中把这两个阶段完全分开来。尽管行为发展具有不同的阶段,但是个体生活是连续的。开始于基本阶段的各种活动,可能要发展到社会阶段才完成。尽管社会阶段成人生活的训练不同于前一阶段的训练,而是要发展许多新行为,但是社会阶段是在基本阶段的基础上发展的。可以说,社会阶段的各种行为是伴随着前一阶段的各种基本行为而开始发展起来的。

但是，坎特认为可以根据个体的生物发展区分基本阶段和社会阶段。比较而言，社会阶段的个体反应或行为的发展很少平行于其机体的生物成熟，而基本阶段的个体各种反应则差不多平行于有机体的生物成熟。因为社会阶段的个体在生物发展方面已完全成熟，这一阶段的反应是个体在生理上达到相当成熟之后获得的，它们更密切地联系于特定个体与社会条件的交互作用。

在交互作用史的发展中，与前两个阶段主要强调个体行为的发展或获得相比，在社会阶段则更强调个体行为的表现。因为在社会阶段，个体的行为装备已基本上定型。不过，在这一阶段个体在行为上还会继续发展，只是在行为发展的速度上放慢了。这一阶段的行为主要为以下四类。

（1）超基本行为（suprabasic conduct）。这类行为是个体在前一阶段各种基本行为的基础上发展起来的各种社会行为。也就是它们是原先在基本阶段就开始发展的，在社会阶段得到相当大修正的各种行为。从各种超基本反应的性质来看，这类行为非常明显地带有交互作用史发展的早期阶段的痕迹，反映着不同个体早先生活环境特别是家庭的行为特征。例如，这一阶段的各种最基本的活动，如走路的姿势和各种手势动作、语言行为以及各种技能和技艺，如缝衣、做饭、炒菜、写字、绘画，等等，都是超基本行为。

（2）应急行为（contingential conduct）。这类行为是个体在遇到紧急情况下的突发事件和不测事件时，为应付这些事件而表现出的各种行为，如克服各种困难、抓住各种机会、预防和化解各种危机，等等。这些都是一些偶然的、应急的反应。这类反应不是基于个体某些特定的反应，而是涉及个体的各种综合反应。

（3）独特行为（idiosyncratic conduct）。这类行为是指某些个体表现出来的各种独特的非常个体化的反应，例如，艺术家的各种独创性的反应活动。这些反应活动之所以非常个体化，是因为这些反应活动是个体在其独特的个人经验上逐渐建立起来的。做出这些活动的个体要经受很长的多样化的基础训练。就艺术领域而言，这些经验通常在很大程度上是由经过各种艺术技法训练获得的尝试和练习构成的。它们是个体在某种特定行为历史中建立起来的。独特行为并不只限于个体的艺术创作活动。在人类行为的整个范围内，个体都可能显示独特的行为方式，而使个体表现出独特行为。每一个体都有可能接触那些使自己发展出独特行为方式的事物和条件，从而获得各种独特行为。当这些活动或行为在其反应系统中形成后，其他人是不能与他共享的，因为这种行为是这一个体特有的。那些所谓行为怪异的个体所表现出来的各种具有独特风格的行为,即各种怪癖行为,也是一种独特行为。

(4)文化行为(cultural conduct)。这类行为是指某一特殊社会群体的个体成员发展出来的各种标准化的行为形式。一致性或统一性是文化行为的本质特点。这种文化行为显示着个体所属文化的影响。不管这一文化群体有多大,这一文化群体的成员对那些带有文化色彩的各种事物即文化刺激物都表现出相同的行为模式。这些行为模式完全是典型的、习俗化的。这些文化行为使同一文化群体的所有成员联系起来,使他们区别于其他文化群体成员的行为模式。从这个意义上说,个体的文化行为是与个体的独特行为相对的。因为独特行为是个体独特的、有别于他人的行为,而文化行为则要求文化群体成员表现出一致的行为。文化行为的一致性通常使这种行为带有人为性和强制性。也就是,这种文化行为很多时候不是个体自然而然做出的,只是在某些场合由于文化的需要而人为做出的。做出这种行为只是特定文化要求的,有时根本就没有什么科学依据,而是文化约定俗成的。可以说,个体的大多数行为都是文化的、社会的,因为每一个体都生活在特定的文化中。像其他行为一样,文化行为或反应是个体在与特定的文化刺激物和情境接触过程中发展起来的。其中,学校生活、各种新闻媒体以及公众舆论是各种文化行为获得的主要途径。

第四节 对交互作用行为主义的评价

在坎特60多年的学术生涯中,他提出并发展了一个完全自然主义的交互作用行为主义。交互作用行为主义属于新行为主义阵营,其理论自成体系,独具特色。下面拟从理论贡献、理论局限和历史影响三个方面对其进行评价。

一、理论贡献

坎特把自然科学中的场论运用于华生的行为主义之中,不仅坚持了华生行为主义的基本原则，而且克服了华生行为主义的许多缺陷，给行为主义注入一股新鲜的活力，在很大程度上完善和发展了华生的行为主义。坎特一方面从历史的视角猛烈地抨击了深入而持续的心理主义对科学特别是心理学的毒害性影响，始终坚持科学家在所有的科学研究中必须区分结构和事件，拒斥心理学中流行的二元论思维，坚持所有结构必须来自对事件的观察；另一方面详细地阐述了交互作用观点，为研究和理解所有的心理事件提供了一个自然主义取向的框架。在强调文化环境在人类行为发展中作用的同时，又避免了传统的二元论和生物学化倾向。他超越了其他行为主义者仅局限于其批评者所称的“学习学”(learnology)领域的研究而忽略了其他复杂人类活动的探讨，要求研究所有的心理事件，特别是那些为行为主义所忽视而为心理主义所侵入的复杂人类活动领域，把心理主义完全逐出心理学。可以说，坎特在行为主义的发展上做出了重要的理论贡献。

第一，在研究假设上，坎特明确提出了一个完全自然主义的客观的心理学假设系统，使行为主义在科学逻辑上更有力地反对心理主义，坚持自然主义的客观心理学立场。在坎特看来，要彻底摆脱心理主义对心理学的束缚，使心理学成为一门真正的科学，捍卫行为主义革命的反心理主义的成果，心理学家必须以明确具体的方式重新考虑那些他们工作中赖以存在的基本假设。因为各种心理主义体系，即强调研究心理或意识的心理学，如构造心理学和机能心理学，都陷入各种形而上学的假定，以及对研究结果的形而上学的解释。它们的研究资料导源于历史上各种形而上学的学说，特别是二元论和先验论，而不是各种观察资料。尽管早期行为主义者魏斯在这方面做了开创性工作，但是他并没有从科学逻辑的整个体系出发阐述一个全面的自然主义假设系统，而只是提出了一组有关行为主义心理学的特有假设。坎特则从最一般的有关所有科学的原假设出发，经由有关具体科学的元假设，最后到具体科学的特有假设三个层面上更全面地阐述了一个完全自然主义的心理学假设系统。这一系统要求科学研究开始于研究各种具体事件而不是开始于各种传统的形而上学的结构，完全不同于那些把各种形而上学结构强加于事件的理论假设。这一假设系统使行为主义者更有力、更彻底地否定心理主义，真正把心理主义逐出自己的研究领域，使心理学家摆脱心理主义的毒害和影响，而且为他们指明了一个发展一种自然主义心理学的方向。

第二，在研究对象上，坎特坚持心理学研究“可以观察的事实，即人类和动物都同样使自身适应其环境的事实”，也就是研究有机体的所有适应行为，而不是主观的意识。首先，坎特运用逻辑分析和历史批判两种手段批判了构造心理学和机能心理学。不管是构造心理学还是机能心理学都是心理主义的二元论心理学,即把心理学界定为“研究意识现象的科学”,两者都运用传统的、神秘的内省方法。不同的是,前者侧重对意识内容或结构的分析;后者则重视对意识机能的探讨,强调意识的适应价值。在坎特看来,这两种心理学都是历史上神学和哲学中的灵魂与身体或者心灵与身体的二元论的牺牲品,它们是这种二元论在心理学中的反映。因为它们预先假定存在一个与身体相联系的意识或心理。在心理学独立之初,心理学只是用“意识”或“心理”取代了心灵或灵魂而已,并没有真正摆脱传统二元论的影响。在坎特看来,就灵魂和意识这两个术语的形而上学内涵来说,它们在本质上是一样的。这样,心理学要成为一门真正的科学,就必须抛弃心理主义中的二元论传统,而要像其他科学领域一样研究自然的、客观的事件。其次,在行为的分析上,坎特把有机体的行为分析为行为片段,以行为片段作为最小的不可还原的分析单元,其中每个行为片段就是由刺激与反应之间在功能上的交互作用构成的,也就是坎特把行为界定为有机体与刺激物在功能上的交互作用。而不像华生把行为降低到生理上的刺激—反应水平,甚至物理化学水平,因为仅仅把有机体的行为视为有机体的各种身体反应,只能把反应还原为肌肉运动或腺体分泌等物理、化学变化。坎特通过从物理属性和功能属性两个维度来界定刺激和反应,以及强调刺激功能和反应功能的交互作用,克服了华生行为主义在分析行为上的生理还原论和机械论,成功地运用有机体的反应功能和刺激物的刺激功能之间的交互作用客观地说明了各种事物的功能或意义。

第三,在行为的描述上,坎特运用了交互行为场论,而克服了华生行为主义的机械决定论。在华生看来,在刺激和反应之间存在简单固定的关系,只要给定一个刺激就能有效地预知有机体的反应,反过来只要知道了反应就能预测刺激。坎特则把有机体的行为界定为反应机体和刺激物在功能上的交互作用,来说明刺激和反应之间联系的复杂多样性①。坎特还把有机体和刺激物之间在功能上的交互作用置于一个还包括接触媒介、情境因素以及有机体和刺激物先前的交互作用史等因素的广阔空间即交互行为场来考察有机体的行为,认为只有这些构成行为交互行为场的因素一起才能使行为得以发生。这样,坎特采用行为的交互行为场分析方法,一方面不求助于

① 这种多样性包括:同一刺激物在不同场合下具有不同的刺激功能,不同刺激物具有相同的刺激功能;同样的反应具有不同的反应功能,不同的反应具有同样的反应功能。这样,就可以说明刺激和反应之间复杂的交互作用关系。

有机体内的中介变量而坚持了华生的用刺激—反应的术语来描述人类和动物的行为的客观立场，另一方面又克服了华生刺激—反应心理学的机械论和生理还原论。

第四，在研究领域方面，坎特要求处理心理学中的所有心理学问题，不仅要研究动物和人类的简单行为，而且要研究人类的各种复杂行为，如那些为其他行为主义未涉及（或者即使涉及而未给出合理解释）而成为心理主义心理学避难所的所谓的高级心理活动。行为主义只有透彻研究人类的这些复杂行为，才能把心理主义完全逐出心理学，使行为主义成为一门真正自然主义的客观心理学。坎特运用刺激功能和反应功能之间的交互行为场论全面阐述了人类的这些复杂行为，为行为主义处理复杂的人类行为指出了一个方向。

第五，坎特在其体系中不仅从静态的角度详细分析了作为交互行为场的行为片段的构成成分，而且从动态的发展角度分析了作为交互作用史的个体行为的发展。在阐述个体交互作用史时，坎特根据个体在生物成熟和心理行为之间的密切关系把个体行为的发展划分为基本阶段、基础阶段和社会阶段。在他对个体行为发展的描述中表述了个体行为全程发展的观点，即个体的交互作用史从个体出生前某一时间开始，一直发展到个体生命结束为止。坎特有关个体行为发展三个阶段的阐述被其同事比茹所吸收，与斯金纳的理论一起确立了儿童心理发展的行为分析取向，对其他行为分析者产生了不小影响。

二、理论局限

尽管坎特及其体系对坚持华生的激进行为主义具有上述几方面的贡献，但是其理论体系仍存在不少局限。

第一，坚持极端的客观主义立场。坎特的交互作用行为主义继承发展了华生行为主义的激进立场，完全否认诸如意识、心理、内省等有关内部状态的心理学概念，认为这些概念都是先验论的心理主义术语，竭力主张用客观的方法研究可观察的事件，即有机体与环境刺激物之间的交互作用。同时，把心理事件的活动空间由传统的有机体转到有机体与环境之间的“场”，而只把有机体视为这一交互行为场的一个必要成分，各种生物因素只是通过有机体间接地参与到心理事件中去，否认中枢神经系统和脑在心理事件中的特殊作用，把大脑视为在生物水平上与其他生物器官一样作为心理事件的参与因素，把有机体的某些内部状态视为情境因素参与到心理事件，完全不用心理、意识之类的术语，以严格客观的观察术语来描述心理事件场的各种成分。

第二，坎特在构建其理论体系时，只是运用逻辑分析和历史批判等非经验的哲学方法，而不是各种经验方法。不管在批判传统心身二元论以及生理还原论过程中，还是在阐述其自然主义的交互作用行为主义理论体系上，都莫不如此。给人的感觉是他的理论体系更像是哲学的，而不是心理学的。尽管坎特是一位坚定的反心理主义者，但是由于他在论述其理论观点时使用了许多哲学上的概念和术语而被许多行为分析者批评他沾有心理主义的习气。许多行为分析者批评了坎特，认为他使用的是一种似乎远离心理学资料、对资料的操作的逻辑和心理学的各种结构，进而认为坎特的理论研究带有心理主义色彩。尽管坎特为此辩解说："《行为的实验分析杂志》(JEAB)应该放弃这种错误的看法，即认为取消心理学的各种传统范畴是一个优点，好像这些概念名称是各种事物而不是各种有关这些事物的社会性结构。不可否认，提倡抛弃心理学中那些传统的概念名称来避免它们的心理主义含义是必需的。但是只要我们进入心理学中，这似乎是一种不可取的做法。"①尽管坎特进行了辩解，但是许多行为分析者认为他保留心理主义的语言对逻辑和理论具有毒害性影响，而且他的体系被认为哲学味过浓而不能为心理学提供实质性的指导。

第三，坎特的理论体系因缺乏重要的实验研究而受到严厉的批评。确实，坎特的研究方法缺乏实验研究，即使有相关的实验研究也很少，不管是在基础研究方面的还是在应用研究方面的。只要查阅一下他所有的文献就可以发现仅有一篇真正的实验报告。正如伦丁(R. W. Lundin)指出："纵观他的学术生涯，坎特始终是一位十足的理论家。"②坎特由于重视心理学的理论性体系建设，而没有提出一个像赫尔、托尔曼或勒温意义上的实验性体系。也许，交互行为心理学家日后的努力方向应该是在这一体系下进行各种实验研究。只有这样才能使这一理论体系充满活力，展示其理论价值，对心理学做出更大的贡献，产生更大的影响。

第四，坎特的写作风格也是备受指责的一个方面。他的文风艰涩难懂，无论在句子结构上还是句子用语上。他那旧派的德国式写作风格太复杂、太抽象、太隐晦，经常使用双关语、隐喻等，而不是直接表达其观点和论据，

① Kantor, J. R. (1970). An analysis of the expermental analysis of behavior. *Journal of the expermental analysis of Behavior*, 13, p. 103.

② Lundin, R. W. (1979). *Theories and systems of psychology* (third edition). Lexington, Massachusetts: Heath, p. 211.

以致使读者很难阅读和理解，尽管他所表达的内容很重要。他的许多批评者声称，他们实在不理解坎特试图表达的内容。在这一点上坎特与斯金纳恰恰相反。尽管坎特在捍卫一门真正的行为心理学时有许多方面实际上先于斯金纳的阐述，但是由于斯金纳的行文生动流畅、叙述引人入胜，为此斯金纳的著作更能为读者理解而获得了声誉。

三、历史影响

尽管坎特的理论很有特色，但由于上述局限性，坎特及其体系对主流心理学影响较小，特别是在心理学的经验研究方面几乎没有值得注意的影响。正如史密斯指出："他(坎特)是一位未被承认的思想巨人。"[①]对于一些心理学家来说，坎特的名字甚至是陌生的。即使在他关注过的知觉、生理心理学、语言行为和心理学其他领域也难以发现他的名字。

不过，值得庆幸的是，由于以下原因使交互作用行为主义在美国等国家日益受到重视。20 世纪 50 年代以来，西方心理学特别是在美国心理学中的其他运动也已经感触到各种传统立场的不足或者错误，并正着手寻找一种更好的框架或原则。对传统行为主义的刺激输入—反应输出研究以及研究范围狭窄的不满，已经引起了心理主义(如认知主义)的回归，但是这一形而上学的回归并不能提供一个科学的框架。此外，除了原有的格式塔学派特别是勒温学派，自 20 世纪 60 年代以来的心理学中又明显地出现了许多其他具有"场论"特征的研究取向，如布朗芬布伦纳(U. Bronfenbrenner)的情境论心理学[②]、里格尔(K. F. Riegel)的辩证心理学[③]、威廉斯(E. P. Willems)和劳申(H. L. Raush)的生态心理学[④]、科瓦勒(S. Kvale)和格伦里斯(E. Grenness)的现象学心理学[⑤]。尽管这些新近出现的研究取向并没有完全摆脱心理主义的束缚，但是它们的出现表明这些心理学家正在向类似于

① Smith, N. W. (1993). *Greek and interbehavioral psychology* (revised edition). University Press of America, INC., p. 401.

② Bronfenbrenner, U. (1977). Toward an experimental ecology of human development. *American Psychologist*, 32, pp. 513～531.

③ Riegel, K. F. (1976). The dialectics of human development. *American Psychologist*, 31, pp. 689～700.

④ Willems, E. P., Raush, H. L. (eds.)(1969). *Naturalistic viewpoints in psychological research*. Holt, Rinehart & Winston.

⑤ Kvale, S., Grenness, E. (1967). Skinner and Sartre: Toward a radical phenomenology of behavior? *Review of Existential Psychology and Psychiatry*, 7, pp. 128～150.

交互作用行为主义的方向探索心理学的发展，亦即走向心理学发展的场论阶段。随着行为分析被指责为研究范围狭窄，一些行为分析者也开始研究那些以前被他们忽视的复杂人类行为。这些行为分析也把目光直接投向交互作用行为主义，希望从中找到一个对他们研究复杂人类行为可能有帮助的框架。加上 20 世纪 60 年代[①]以来心理学史在美国日益受到心理学家和其他行为科学家以及其他科学史家的重视，进而引起他们对心理学发展的反思。这些因素一起促使了美国许多学者(包括交互作用行为主义者、部分行为分析者以及其他一些具有场论取向的心理学家)开始考察交互作用行为主义。而且，仔细研究过坎特体系的学者几乎都认为它是有价值的，甚至是无价的。正如史密斯[②]指出："少数仔细考察过坎特体系的人都发现坎特的体系为解决过去那些导致心理学中出现的两难困境以及消除各种徒劳的研究提供了一个健全合理的科学基础。"[③]此外，他通过对坎特著作从 1917—1976 年这 60 年间被引用情况的全面分析也表明，自 1950 年以来坎特及其体系在心理学中的影响日趋增长。莫里斯等人[④]根据已发表的历史文献以及对当代行为主义三种杂志(《行为的实验分析杂志》(JEAB)、《应用行为分析杂志》(JABA)和《行为主义》)的编委就"坎特对当代行为主义的贡献"这一主题所作的问卷调查，其结果也表明坎特的著作给当代行为主义特别是斯金纳的行为分析以实际的影响，尤其是对他的学生、同事以及其他某

---

① 20 世纪 60 年代心理学史在美国受到重视主要体现在：(1) 创办了《行为科学史杂志》；(2) 美国心理学会新增了心理学史分会；(3) 在阿克伦大学(The University of Akron)建立了美国心理学史档案馆(Archives of the History of American Psychology，简称 AHAP)。

② Smith, N. W. (1993). *Greek and interbehavioral psychology* (revised edition). University Press of America, INC., pp. 381～386.

③ 这些研究者包括 Bentley, A. F. (1935). *Behavior, knowledge, fact. Chp.* 11:"*The apprehensional space-segment: Kantor*". Bloomington, IN: Principia Press; Lazzeroni, V. (1956). *Le origini della psicologia contemporanea*. Florence, Italy: Editrice Universitaria; Mountjoy, P. T. (1976). Science in psychology: J. R. Kantor's field theory. *Revista Mexicana de Analisis de la Conducta*, 2, pp. 3～21; Robinson, E. S. (1924～25). Review of PRINCIPLES OF PSYCHOLOGY. Knopf, 1924. *International Journal of Ethics*, 35, pp. 429～432; Stephenson, W. (1953). Postulates of behaviorism. *Philosophy of Science*, 20, pp. 110～120; Tilquin, A. (1944). *Behaviorisme et biologie: La psychologie de Kantor. Book* Ⅱ, *Part* Ⅱ, *Chap* Ⅰ. In: *LE BEHAVIORISME ORIGINE ET DEVELOPMENT DE LA PSYCHOLOGIE DE REACTION EN AMERIQUE*. Paris: Libarie Philosophique.

④ Morris, E. K., Higgins, S. T., Bickel, W. K. (1983). *Contributions of J. R. Kantor to contempory behaviorism*. In: Smith, N. W., Mountjoy, P. T., Douglas, H. R. (Eds.). *Reassessment in psychology: The interbehavioral alternative*. Washington, D. C.: University Press America, Inc., p. 387.

些行为分析者[①]产生了深刻的影响，出现了交互作用行为主义与行为分析研究相互吸收和融合的趋势。这表明交互行为心理学在行为分析领域日益受到认可。

1983 年为了纪念坎特、史密斯等人，在美国出版了一本纪念文集《重评心理学：交互行为的观点》[②]，并且在美国心理学历史档案馆的支持下设立了坎特研究基金(J. R. Kantor Research Fellowship)，其资金来源为普林西匹亚出版社出版的坎特著作版税所得。用来资助的项目为那些根据自然主义立场来研究心理学的课题，要求这些课题有利于使来自观察资料的客观概念消除各种心理主义的概念，特别优先资助那些探讨行为主义历史发展的研究计划。1993 年，史密斯根据自己对交互作用行为主义的研究出版了《古希腊与交互行为心理学：选编与修订文集》，该书把交互作用行为主义立场运用于分析心理学的起源及一些高级心理活动。

坎特的交互作用行为主义在墨西哥也受到重视和研究，并给墨西哥心理学以很大影响。从 1974 年起，坎特时常被邀到墨西哥各大学作演讲、出席研讨会；从 1975 年《墨西哥行为分析杂志》(MJBA)创办至 80 年代中期以来发表了有关坎特的 8 篇论文。坎特有多部著作在墨西哥出版发行，坎特的《交互行为心理学》1978 年在墨西哥出版发行，1994 年在墨西哥出版了一本关于坎特的纪念文集《交互行为心理学：坎特的贡献》。这些都表明了坎特的交互作用行为主义理论体系正在逐步产生重要的影响。

---

① 斯金纳在印第安纳大学期间(1945—1948)和坎特一起教授一门名为《心理学中的理论结构》的研究生课程。尽管他们彼此的取向略有不同，却共同影响了一代学生、教员以及暑期培训班的参加者。他们中有许多成了著名的或比较著名的行为分析者，如伯纳尔(Bernal)、比茹(Bijou)、丁斯莫尔(Dinsmoor)、菲斯特(Ferster)、霍姆(Homme)、坎弗(Kanfer)、麦科克代尔(MacCorquodale)、马拉特(Malatt)、芒乔伊(Mountjoy)、舍恩菲尔德(Schoenfeld)、乌尔里克(Ulrich)。In：Lichtenstein，P. E. (1973). Discussion：Contextual interactionists". *Psychological Record*，23，pp. 325～333.

② Smith，N. W.，Mountjoy，P. T.，Ruben，D. H. (Eds.) (1983). *Reassessment in psychology：the interbehavioral alternative*. Washington，D. C.：University Press.

第八章

斯金纳:操作行为主义

斯金纳是操作条件反射理论的创始人,也是行为主义心理学最后的影响最大的坚定拥护者和支持者。像华生一样,斯金纳也是一位激进的行为主义者,他认为心理学的基本任务是预测和控制有机体的行为,主张心理学应该采用自然科学的研究方法,抛弃内省法。他提出了行为分析的方法,并分析了动物和人类的各种行为。斯金纳重视强化在塑造有机体行为中的作用,深入研究了强化的种类、强化的性质、强化程式等,因此他的理论有时也被称为操作—强化学说。斯金纳还将其操作条件作用理论用于教育和心理治疗领域,并用之进行文化设计与社会改造。

第一节　斯金纳传略

一、学术生平

伯哈斯·弗雷德里克·斯金纳(Burrhus Frederic Skinner,1904—1990)是 20 世纪后半叶最卓越、最著名的心理学家之一。他于 1904 年 3 月 20 日出生在宾夕法尼亚州斯奎汉纳的一个温暖安定的中产阶级家庭。他的父亲早年在铁路局当绘图员,后来学习法律,在取得学位之前就通过了苏士哈那县的法科考试,挂牌当上了律师。他拼命追求荣誉,尽管他撰写的《工人补偿法》出过四版,但他心里总是抱怨自己一生碌碌无成。斯金纳的母亲聪明美丽、操持严谨、秉性忠贞。斯金纳有一个弟弟,在体育方面比他强,在 16

伯哈斯·弗雷德里克·斯金纳
(Burrhus Frederic Skinner,
1904—1990)

岁时因患脑动脉瘤而夭折。斯金纳在严格的道德规范下长大，从小只受过一次体罚："父亲从来不对我施加体罚，只有一次母亲体罚过我。因为我说了一句脏话，她用肥皂水洗我的嘴。不过父亲总是告诫我说，只要我动一动坏主意，他就要惩罚我。他曾经带我去参观乡下的监狱。有一个暑假他带我参加配有彩色幻灯片的报告会，幻灯片介绍的是新新(Sing Sing)监狱的情况。结果，直到现在我还害怕警察，并买了许多他们年度舞会的入场券。"①

斯金纳在一所单幢校舍读完了小学到中学12年的全部课程。可能是受到了玛丽·格雷芙兹老师的熏陶，斯金纳1922年进入汉密尔顿学院主修英国文学，并辅修拉丁系语言。大学一年级他还选修过生物学，以后还读过胚胎学和猫体解剖。斯金纳一直不太习惯大学生活，在体育方面更不在行，曾因玩冰球而使胫骨受伤，埋怨学院要求学生进行一些毫不必要的活动，例如，要求学生每天参加礼拜，而无人关心学术问题。到四年级时，斯金纳便起来公开造反了。他和一个同学在学年开始时搞了一次恶作剧，想捉弄他们的英文写作教授。他们印刷了一些传单，说著名电影喜剧演员卓别林要来学校做演讲，题目是《将电影作为一种事业》，时间是10月9日星期五，地点在汉密尔顿学院附属教堂，还说主办人就是他们不喜欢的那位英语教授。这份传单被贴在了学校附近村镇的商店橱窗和电线杆上。斯金纳的朋友还用电话通知距学校最近的尤蒂卡报馆，说这个消息是当天早礼拜时校长亲自宣布的。到了中午，事态已经发展到完全失控的地步。报纸的头版赫然刊登着卓别林的大幅照片，还预测他将到达车站的时间。到了据说他将到达的时候，整个车站都挤满了小孩。尽管校园门口布满了交通警察和路障，可还是有400多辆小汽车闯进校园。然而，对斯金纳来说，这场恶作剧只不过是他们无政府主义姿态的开端。接着，他们就在学生的出版物上，"炮击"学院的教授们和当地神圣不可侵犯的人物。在毕业典礼上，斯金纳和另一个同学在体育馆四周的墙壁上贴满了讽刺教员们的漫画。他们曾准备大闹毕业典礼，后来在中间休息时，校长板起面孔，严厉地警告他们，如果不赶快收敛，就不给他们颁发学位。

① Skinner, B. F. (1967). *B. F. Skinner*. In: Boring, E. G., Lindzey G. (Eds.). *A history of psychology in autobiography*, Vol. 5. New York: Appleton-Century-Crofts. pp. 385～413.

斯金纳在大学时开始从事写作，对艺术方面也有所涉猎。大学毕业后，他毫不犹豫地决定要成为一名作家。他在家中的阁楼布置了一个书房开始写作。但是结果却很糟糕。他毫无目的地阅读书籍，制作船只模型，弹钢琴，为地方报纸撰写幽默小品文，但几乎写不出什么别的文章来，并且一度想找个心理治疗家，看看自己是否有什么毛病。后来，斯金纳发现自己当不了作家，因为没有什么重要的东西可写，他当时认为一定是文学本身出了问题。

斯金纳一直对人类的行为感兴趣，而文学描写的方法令他失望，因此他决定采用科学的方法，恰好心理学就可以科学地描述人类的行为。大学期间，斯金纳曾在生物学老师的指导下阅读过雅各·洛布(Jacques Loeb)的《脑生理学和比较心理学》。巴甫洛夫对年轻的斯金纳的学术生涯产生了直接影响，斯金纳从事行为研究的决定受到了巴甫洛夫《条件反射》(1927/1960)英译本的深刻影响。斯金纳曾经写道，他科学生涯的一项指导原则就是巴甫洛夫的这一简单格言，即如果你控制了你的环境，你就会看到秩序。另一位像巴甫洛夫一样热衷于可测量行为的系统研究的美国心理学家的著作也曾使斯金纳兴奋不已，这就是华生的《行为主义》，这部著作让斯金纳对行为主义思想产生了兴趣。在这之前，斯金纳还阅读了罗素的《哲学原理》，该书用许多篇幅介绍了华生的行为主义。1928年，斯金纳来到了哈佛大学学习心理学研究生课程。在这里，斯金纳开始了他严肃认真而有纪律的学术生涯。他制订了一个严格的日程表，坚持了将近两年。他每天早晨六点起床，一直自学到吃早饭，然后去上课，进实验室、图书馆，直到晚上九点上床。1930年，斯金纳获得了硕士学位，1931年，获得了哲学博士学位并留校工作了五年。

1936年，斯金纳成为明尼苏达大学的一名教员，无论在实验室研究还是在课堂教学活动中，他都获得了丰硕的成果。他出版了《有机体的行为》(1938)一书，确立了斯金纳在行为科学领域的重要地位，使他成为国内著名的实验心理学家。1945年，他到印第安纳大学担任心理学系主任，并完成了《沃尔登第二》(1948)。《沃尔登第二》描述了一个在行为控制原理的基础上建立的理想社会，这可能是斯金纳最广为人知的著作。1948年，斯金纳重返哈佛大学，进入他学术生涯中异常多产的时期。他建立了研究操作行为的实验室；与费尔斯特(C. B. Ferster)合著了《强化的程式》(1957)一书。用自己的《科学与人类行为》(1953)作教材给学生上课，解释行为的分析及其在精神病理学、伦理学、政府等问题领域的潜在应用价值。该书对其所谓的操作性条件作用进行了最佳总结。他的《超越自由与尊严》(1971)虽然招致了严厉的批评，但连续20周出现在《纽约时报》的畅销书排行榜中。①

斯金纳是操作性条件作用理论的奠基者。他创制了研究动物学习活动的设备——斯金纳箱。1950年当选为国家科学院院士，1958年获美国心理学会颁发的杰出科学贡献奖，同年，他被授予极负盛名的埃德加·皮尔斯(Edgar Pierce)教授衔。1968年斯金纳获美国总统颁发的最高科学荣誉——国家科学奖，他在20世纪一百位最著名的心理学家排名中名列第一位②。1990年，美国心理学会将首次颁发的心理学杰出终身贡献奖授予斯金纳。在接受此项殊荣的八天之后，斯金纳于8月18日因白血病去世。为了表达对他的缅怀和颂扬，《美国心理学家》于1992年11月号专门介绍了他的观点及其影响。

二、主要著述

斯金纳一生著述颇多，其中比较有影响的主要有：《有机体的行为》(1938)，这是斯金纳的第一部著作，总结了他在哈佛八年的研究。该书作为斯金纳早期的代表性著作，以1930年以来所发表的研究为基础，系统地介绍了斯金纳的基本思想和实验结果，确立了实验的行为分析的主要观念。该书提出了一个动物操作条件反射(operant conditioning)的综合方法体系。

《沃尔登第二》(1948)是一部畅销的乌托邦小说，斯金纳在该书中首次尝试提出改变世界的行为技术学，首次提出了文化设计的思想。该书仅用了几个星期写成，却成了斯金纳最受欢迎的著作之一。它描述了在一个假想的、实验性的聚居区中的生活，该聚居区是以行为主义方式设计的。聚居区富有争议的特性激起了普通公众、大学生、电影工作室甚至中央情报局的好奇心。1966年，美国召开了一次关于"沃尔登第二"的会议。1967年，以《沃尔登第二》为基础的实验性社区建立于弗吉尼亚的特温·欧克斯。尽管斯金纳的《沃尔登第二》是虚构的，但它提供了对行为工程学的饶有趣味的一瞥。正是此书，为斯金纳的又一名著《超越自由与尊严》奠定了基础。③

《超越自由与尊严》(1971)是斯金纳"行为技术理论"的代表作。在该书

① Nevin, J. A. (1992). Burrhus Frederic Skinner: 1904—1990. *The American Journal of Psychology*, 105(4), pp. 613～619.

② 孙晓敏、张厚粲：《二十世纪一百位最著名的心理学家(Ⅰ)》，《心理科学》，2003年第3期，第343页。

③ 王晓霞：《斯金纳〈沃尔登第二〉中的心理伦理学思想解析》，《道德与文明》，1999年第1期，第34～36页。

中，斯金纳根据行为科学的原理，对传统人文研究和继承了传统人文研究方法的深层心理研究运动进行了猛烈的抨击，并指出，人根本不可能有绝对的自由与尊严，人只可能是环境的产物，因此，人类面临的首要任务是设计一个适合自己生存的文化与社会。《超越自由与尊严》出版后，斯金纳的公众曝光率到达了高峰，同时，他发现自己卷入了其他媒体在《纽约时报》上的争论。

《科学与人类行为》也是斯金纳最重要的著作之一，1953 年由美国麦克米兰公司出版后，旋即风靡欧美，到 1963 年就先后印行 9 次，成为 20 世纪美国最畅销的著作之一。这本书对其所谓的操作性条件作用进行了最佳总结，旨在通过分析影响人类行为的各种变量，着重探讨对个体行为具有控制作用的条件，如政府、法律、宗教、心理治疗、经济、教育、文化等对人类行为的控制问题。

在《言语行为》(1957)一书中，斯金纳详细总结了他对人类言语行为的大量观察和实验研究结果，用行为获得的操作强化理论分析了言语行为的产生原因和过程。该书从写作到出版用了 23 年时间，足可以见斯金纳在这一领域所花费的心血。然而，该书问世不久就遭到了来自语言学界和心理语言学界的批判。乔姆斯基专门发表文章批评了斯金纳的观点。可以说这是斯金纳操作强化理论受到攻击的一个突破口。①

三、思想来源

斯金纳的心理学观点在思想史上有其明显的先驱。例如，孔狄亚克(E. B. Condillac)和一些前苏格拉底学者的观点。在中学时，斯金纳就读过培根(Francis Bacon)的作品和传记，研究了其哲学观点，浏览了其《学术之进》和《新工具》。在方法论上，斯金纳主要遵循并模仿培根的原则和方法。他不提出假设，“对心理学的理论，对合理的数学方程式，对因素分析，对数学模式，对假设的演绎系统或其他种种其正确性还有待证明的言语系统，全都不感兴趣”②。斯金纳摒弃言语的权威，他坚持向有机体求教而不向那些研究过有机体的人求教。在组织研究材料时，在区分观察与实验方面，斯金纳也效仿培根的方法。

---

① 乐国安著:《从行为研究到社会改造:斯金纳的新行为主义》，湖北教育出版社 1999 年版，第 194 页。

② 斯金纳著，陈泽川译:《斯金纳(B. F. Skinner)(自传)》，《河北师范大学学报》(哲学社会科学版)，1979 年第 3 期，第 95～96 页。

斯金纳在自传中指出："我必须承认我受到罗素（Bertrand Russell）、华生和巴甫洛夫不少教益。"[①]斯金纳在汉密尔顿学院读书时就读过罗素的文章，还阅读了罗素的《哲学原理》，但是斯金纳认为，罗素和华生在实验方法上并没有给他什么特殊的启发。可是巴甫洛夫对他的影响不小，从巴甫洛夫那里他学到了：对环境加以控制，就可以观察到行为的规律性。[②] 在大学期间，斯金纳阅读了巴甫洛夫的《条件反射》和华生的《行为主义》。巴甫洛夫对斯金纳的生涯选择产生了直接影响，斯金纳从事行为研究的决定就是受到了《条件反射》的深刻影响。斯金纳的操作条件反射就是在巴甫洛夫经典条件反射的启发下而提出来的，单从这一点来看，巴甫洛夫对斯金纳的直接影响也是不言而喻的。而且，巴甫洛夫的研究为对条件反射进行控制的实验室研究提供了先例，在这一方面，巴甫洛夫影响了包括斯金纳在内的众多行为主义者。

行为主义学派的创始人华生的著作也曾使斯金纳兴奋不已。虽然斯金纳本人不认得华生，也从未见过他，但是华生对斯金纳的影响无疑是很重要的。[③] 华生的《行为主义》让年轻的斯金纳对行为主义思想产生了兴趣。华生主张心理学是一门纯自然科学，其理论目标就是预测和控制行为，心理学的研究方法应该是自然科学的方法，内省法不是它的主要方法，等等。华生的许多主张都为斯金纳所继承，并激发了斯金纳的研究。

斯金纳从另一位著名的动物研究者桑代克那里也吸取了有益的经验，而且他与桑代克有过交往。桑代克是机能主义心理学向行为主义心理学过渡时期的人物，他强调心理学应研究动物的行为而不应该研究动物的意识，并且主张可以用研究动物行为的方法来研究人类的行为和心理，他还提出研究心理学的目的在于控制行为，这些思想不仅与第一代行为主义者华生等人的主张一致，也得到斯金纳等第二代行为主义者的认同。桑代克的效果律与斯金纳的操作条件作用概念有着极大的相似性。桑代克的迷箱实验研究表明，复杂的行为能以一种客观的方式进行研究，而不必依靠心理主义。斯金纳在写给桑代克的信中也坦言，他的研究继承了桑代克实验的迷

① 斯金纳著，陈泽川译：《斯金纳（B. F. Skinner）（自传）》，《河北师范大学学报》（哲学社会科学版），1979 年第 3 期，第 96 页。

② 斯金纳著，陈泽川译：《斯金纳（B. F. Skinner）（自传）》，《河北师范大学学报》（哲学社会科学版），1979 年第 3 期，第 87 页。

③ 斯金纳著，陈泽川译：《斯金纳（B. F. Skinner）（自传）》，《河北师范大学学报》（哲学社会科学版），1979 年第 3 期，第 96 页。

箱。[1] 而且,斯金纳赞誉桑代克是“最早认真研究了由行为的结果所引起的行为变化”[2]的学者。

除了上述几位学者之外,斯金纳还受到谢灵顿(Charles Scott Sherrington)、达尔文、摩尔根、洛布等人的影响。他借鉴了谢灵顿关于神经突触的观点。达尔文坚信,物种的连续性增强了这种信念,即来自动物的信息对所有有机体都是有意义的。这无疑为斯金纳从动物研究结果推论人类有机体行为的规律提供了理论基础和依据。摩尔根的吝啬原则告诫斯金纳,要忽略浮华的解释而赞同简单的、描述性的解释。德国动物学家雅克·洛布提出了动物向性理论,在比较心理学的发展中相当有影响力。他在芝加哥大学教过华生。考察斯金纳的环境决定论可以发现,人类活动的基本概念都不具有个人自由、自我决定性或意识动力的任何属性。

第二节　操作行为主义体系

斯金纳的操作行为主义体系主要包括斯金纳关于心理学的研究对象、研究方法、操作性条件作用原理、强化以及言语行为的观点。斯金纳把心理学当作一门自然科学,他主张心理学应该把行为作为研究对象。在经典条件作用的基础上,斯金纳提出了操作性条件反射的概念,并分析了操作性条件反射的建立、消退和分化过程。在实证主义精神的指导下,他提出了行为分析方法,主张以自然科学的方法研究心理学。斯金纳对于强化的种类、强化的性质、强化程式等问题的论述,构成了其强化观。并且,在这种操作行为主义强化观的指导下,他提出了有关言语习得和消退的理论。

一、行为与操作性行为

和华生一样,斯金纳是一位坚定的实证主义者,他致力于把心理学作为

① 斯金纳著,陈泽川译:《斯金纳(B. F. Skinner)(自传)》,《河北师范大学学报》(哲学社会科学版),1979年第3期,第97页。

② 斯金纳著,谭力海等译:《科学与人类行为》,华夏出版社1989年版,第56页。

一门客观的自然科学，而且他也是一位彻底的决定论者。根据斯金纳的观点，行为主义不仅仅是对行为进行研究，它还是一门科学哲学。

斯金纳在其经典著作《有机体的行为》(1938)一书中勾画了其操作行为主义体系的主要观点。在这部著作中，斯金纳明确指出，应把行为作为科学研究的对象，心理学应该直接描述行为。他从纵向上分析了行为成为科学研究对象所经历的三个阶段：首先，达尔文强调心理发展有其连续性，认为低于人的动物也有心理官能；其次，摩尔根提出吝啬律，他排除低等动物有心理官能的说法，仍能相当成功地说明动物行为的特征；最后，华生用摩尔根的方法来说明人类行为，他将达尔文所要求的发展连续性重新建立起来而无需假设心理存在于任何发展阶段。①

和华生一样，斯金纳否认存在一个意识事件的独立领域。他认为，我们所谓的心理事件只不过是给予特定身体过程的言语符号。即使心理事件存在，研究它们也将一无所获。他认为，假如环境事件引起意识事件，意识事件反过来又引起行为，只通过对环境和行为事件进行一种简单的机能分析，并不会丢失什么，而是会获得许多信息。这种分析回避了与研究心理事件相关联的许多问题。虽然斯金纳并不完全否认人的内部心理状态的存在，但却把它们看作环境产生行为时的副产品，对解释行为毫无用处。斯金纳指出："一种适当的行为科学必须考虑在有机体皮肤之内所发生的事件，不是把这种事件当作行为的生理中介物，而是作为行为本身的一部分，它可以研究这些事件而无须假定它们有任何特殊性质或者必须用任何特殊方式去认识它们。皮肤不是那么重要的一个界限。私有的与公开的事件具有同样的物理维度。"②

斯金纳指出，华生的行为主义致力于研究肌肉收缩和腺体分泌，实际上是把心理学变成了生理学。在此基础上，他提出了自己关于行为的观点。斯金纳指出，行为仅仅是有机体的全部活动中的一部分，行为现象不同于有机体的其他活动。他说："行为就是有机体所正在做的事情——说得更确切些，就是被另一机体观察到的它所正在做的事情……更中肯的说法是，行为是一个机体的机能中用以作用于外界或和外界打交道的那个部分。"③

---

① 斯金纳：《关于行为的一个理论体系》，见章益辑译：《新行为主义学习论》，山东教育出版社 1983 年版，第 266 页。

② 斯金纳：《年适五十的行为主义》，见张述祖等译：《西方心理学家文选》，人民教育出版社 1983 年版，第 258 页。

③ 斯金纳：《关于行为的一个理论体系》，见章益辑译：《新行为主义学习论》，山东教育出版社 1983 年版，第 267 页。

在行为主义心理学中，行为这个概念经常与反射密不可分。斯金纳沿用了传统心理学中的刺激、反应术语，将观察到的刺激与反应之间的关系称为反射，并认为反射是一种事实，是行为的分析单位。与其他行为主义者不同的是，斯金纳认为反射的类型不止一种。除了传统的、巴甫洛夫式的条件反射即经典性条件反射之外，还有另一种反射类型，即操作性条件反射。

经典性条件反射是由刺激物引起的，行为是对刺激的应答或反应，因而这种条件反射也叫应答式条件反射，经典性条件反射行为也叫应答性行为。例如，巴甫洛夫的狗一听到铃声就分泌唾液，它们不需要做任何事情来“赢得”肉的强化，因而是被动的。而在操作性条件反射中，在有机体做出行为时没有明确的外部刺激，行为是自发产生的，是主动的，强化往往是在操作行为发生之后才出现，这种行为又称操作性行为。操作性行为以产生结果的方式作用于环境，其最重要的特点是，它是受行为结果控制的，而不是由已知的刺激引起的，或者说强化是产生行为的必要条件。在斯金纳看来，一方面对经典性条件作用行为的研究已经比较充分，也发现了许多规律；另一方面操作性条件反射行为对于理解人类行为非常重要，而目前这类的研究又相对匮乏。所以，他几乎用尽了全部精力来研究操作性条件反射行为，建立了自己的理论学说，因此斯金纳的理论也被称为操作行为主义理论。

巴甫洛夫的条件反射探讨的是无条件刺激和条件刺激之间的相互关系，而斯金纳则强调反应和强化之间的关系。因此，斯金纳称巴甫洛夫的条件反射为类型Ⅱ或S型（强化与刺激相关），而称操作性条件反射为类型Ⅰ或R型（强化与反应相关）。S型包含的是自主行为的条件反射，而R型是随意行为的条件反射。由于斯金纳不关注刺激和反应之间的前提联系，所以，他的研究不属于刺激—反应（S—R）心理学的传统。斯金纳的操作条件作用和桑代克的效果律很相似，而斯金纳也承认他受到了桑代克的影响，认为他的研究是对桑代克迷箱研究的精致化。

二、操作性条件作用原理

1．操作性条件反射的建立

在斯金纳看来，动物操作性条件反射的建立依赖两个因素：操作及其强化。例如，一只饥饿的白鼠在被投入斯金纳箱之后，表现出乱窜、尖叫等多种行为，当然它也有可能偶尔碰到杠杆。然而，一旦它碰到杠杆，随后从食物仓落下来食丸，使白鼠按压杠杆的行为得到强化。在压杆行为多次受到食物强化之后，白鼠很快就习得了按压杠杆的行为，而它的其他行为，如乱窜、尖叫等，则因为缺乏食物强化而无从建立起来。可见，操作及其强化依随是操作性条件反射形成的关键。

斯金纳曾用鸽子做被试，利用操作性条件反射让它把头抬到一定高度。他首先研究鸽子在正常情况下把头抬多高，并选择出一条鸽子头部极少抬到的标准刻度线。用眼睛盯住标准线，每当鸽子把头抬过这条线时，他们就立即打开食盘，予以强化。如此反复，鸽子把头抬过标准线的频率就会发生迅速的变化。而且，当把标准刻度线增加到一个新的高度，鸽子把头抬过这一新标准才能得到食物时，在一两分钟之内，鸽子的姿势就会发生变化，抬头的高度很少低于他们原来选定的标准线。

斯金纳认为，用这种比较简单的方式证实行为强化过程时可以发现，和桑代克的效果律经常联系在一起的"尝试—错误"学习理论显然是不合适的。如果把鸽子的抬头动作说成是"尝试"，就等于把某些东西强加于观察之中。而且，更没有理由把没有得到特定结果的动作称之为"错误"。同时斯金纳也不同意巴甫洛夫和华生等人关于强化增加条件反应的强度的观点，认为强化增加的不是某一具体的条件反应本身，因为反应在强化以前已经发生，强化增强的是该反应发生的概率，也就是说，它增强了反应发生的倾向性。

斯金纳甚至认为，即使"学习"这一术语也令人费解。关于行为强化过程的唯一可能的解释是，我们发现了影响行为的物理特征（向上抬头）的某种特定的结果，一旦得到这种结果，就会发现这种行为产生的频率不断增加。他把"学习"一词束之高阁，而借用巴甫洛夫分析条件反射时所用的概念作为描述强化行为的术语。斯金纳进一步指出了巴甫洛夫条件反射和操作性条件反射之间的区别。"在巴甫洛夫学派的实验中，强化是与刺激联系在一起的；而在操作性行为中，强化物是伴随着反应而出现的……在操作性条件反射中，我们加强的是操作，旨在使做出某一反应的可能性增加，实际上是说，使某一反应更为经常。在巴甫洛夫条件反射和应答性条件反射中，我们只是增加了由条件刺激所诱发的反应的强度，缩短刺激与反应之间的时间。"①在鸽子实验中，食物是强化物，动物做出反应后就呈现食物是强化。操作是由强化所影响的特征——必须把头抬到的高度——来决定的。鸽子抬头到指定高度的频率的变化就是操作性条件反射过程。

2. 操作性条件反射的消退

当强化不再伴随时，反应发生的频率会逐步降低，这种现象叫做"操作

① 斯金纳著，谭力海等译：《科学与人类行为》，华夏出版社 1989 年版，第 62 页。

的消退”，停止给鸽子食物时，抬头反应最终会停止。① 可见，与操作性条件反射的建立一样，影响消退的关键因素也是强化。例如，在丢失了自来水笔之后，我们摸摸以前放那支笔的口袋的次数便越来越少；如果收音机的噪音很大，或者节目越来越差劲，我们听收音机的次数便会越来越少，直到停止收听。

斯金纳认为，操作的消退不是骤然发生的，它表现为一个过程。也就是说，一个已经习得的行为并不随强化的终止而立即终止，而是继续反应一段时间，最终趋于消失。可见，操作的消退要比操作性条件反射的形成慢得多，而且我们可以比较容易地追踪这一过程。在适当条件下，我们能够得到平滑的曲线，看到反应速率慢慢降低。然而，只有通过记录有机体的行为才能得到有机体反应变化的趋势。在有些情况下，情绪作用会干扰消退。得不到强化的反应不仅会导致操作的消退，也会产生通常所说的挫折或愤怒反应。例如，得不到强化的鸽子会离开按键，咕咕叫着，拍打着翅膀去从事其他引起情绪的行为。在其他反应得不到强化时，另一种情绪波动则又会出现。在这些情况下，随着情绪反应的发生、消失、再发生，消退曲线会呈现一种周期性波动。

斯金纳认为，消退过程中的行为是在消退之前形成的条件反射的结果。从这种意义上说，消退曲线是对强化作用的又一种测量方式。② 当只有少数反应得到强化时，消退速度就很快。长时间的强化会使消退延迟。我们不能通过在某一时刻所观察到的反应概率来预测对消退的抵制，而必须了解整个强化过程。例如，虽然我们在一个新餐馆得到过一顿美餐的强化，但是，若在那里再吃上一顿糟糕的饭菜，我们就再也不会光顾这家餐馆；假如我们许多年都在某个餐馆吃到过美餐，那么，一定等我们在那里吃上几顿不可口的饭菜之后，我们才决定不再光顾它。

斯金纳指出，受到强化的反应的数量与消退时出现的反应的数量之间不存在任何简单的关系。对由间歇强化所产生的反应消退的抵制远远大于对由数量相同的连续强化所产生的反应消退的抵制，因此，如果我们只是偶尔强化儿童的良好行为，在停止强化时，这种行为的保持时间比每次都强化其良好行为所保持的时间要长得多。当手头的强化物很有限时，这种强化效应无疑具有实际意义，而且在教育、工业、经济等领域都存在类似的问题。斯金纳发现，在间歇强化停止后，鸽子能够做出 1 万次反应之后其反应才基

① 斯金纳著，谭力海等译：《科学与人类行为》，华夏出版社 1989 年版，第 65 页。
② 斯金纳著，谭力海等译：《科学与人类行为》，华夏出版社 1989 年版，第 66 页。

本消退。斯金纳进一步指出，消退是从有机体的行为表中消除某一操作的一种有效方法，而且这种方法不同于惩罚、遗忘等过程。

3. **操作性条件反射的分化**

所谓分化是指通过有差别的强化，使动物对某个刺激或刺激物的某种特征（如特定的颜色、形状等）做出反应，而忽视或抑制对另一个刺激的反应。例如，当灯光信号亮时，就对鸽子的伸颈行为进行强化，关掉灯则不进行强化。最后，只有当亮灯时鸽子才会做出伸颈反应。这种强化依随关系可以描述为刺激（灯光）是反应（伸颈）伴随着强化（食物）的诱因。这种联系对鸽子的影响是，当灯亮时，反应更有可能发生。斯金纳将这种现象形成的过程称为分辨，并认为它对行为的实际控制和理论分析都具有重要的作用：一旦分辨已经形成，我们就可以通过呈现或排除分辨性刺激来立刻改变反应的概率。①

在社会环境中，条件反射的分化具有重要的现实意义。如果人类所有的行为在各种场合下发生的概率都相等的话，结果将是不堪设想的。在社会交往中，我们会根据对方的面部表情而采取相应的交往行为，同样，我们也会通过微笑或蹙眉对对方的行为进行一定的控制；我们会根据不同的场合，选择不同的着装和行为方式，等等。通过条件反射的分化，有机体的行为会更加精细和完善。斯金纳指出，教育这一事件主要是建立分辨性行为，例如，使儿童知道在横过马路时知道左顾右盼，在适当的场合会说“谢谢你”，能就某个问题做出正确的回答，等等。

三、行为分析方法

在谈到研究的方法时，斯金纳指出：“从科学方法的角度看来，前章里建立的理论体系具有以下的特征。这个体系是实证主义的。它的任务以描述为限，不企图提出解释。它的一切概念都由直接观察的结果来给以定义，不涉及身体部位或生理的特点。它不把反射看作反射弧，不把内驱力看作某一中枢的状态，不把消退作用看作某种生理物质或生理状态的衰竭。使用这类术语，只不过是把一组一组的观察结果归拢起来，说出其中的一致性，并从个别实例概括出行为的一般特征。这些概念不是假设，因为它们不是有待于证实或推翻的东西，它们不过是用方便的形式表达已知的东西。说

① 斯金纳著，谭力海等译：《科学与人类行为》，华夏出版社 1989 年版，第 102～103 页。

到假设,我们的体系不需要它,至少是就假设的通常意义来说,我们不需要它。"①可见,斯金纳的研究方法和行为体系是实证主义的。

实证主义的特点之一是,尽力将隐蔽的东西客观化,直到使它能为人们感知到。斯金纳强调实验,也就是基于这种思想。他著名的斯金纳箱(Skinner box,如图 8—1),就是为实现这一概念及其思想而创设的特定环境。斯金纳箱是为了进行动物的操作行为或操作性条件作用的实验而设计的特定装置。实验的目的在于印证动物在所面临的环境中如何从自发活动开始,依据操作性条件作用原理自主地解决其适应和存活问题。实验中所使用的操作行为是动物按压一个小杆。斯金纳箱最初是以白鼠为实验对象设计的,但后来也以同一原理为其他小动物进行实验,如斯金纳的鸽子实验。

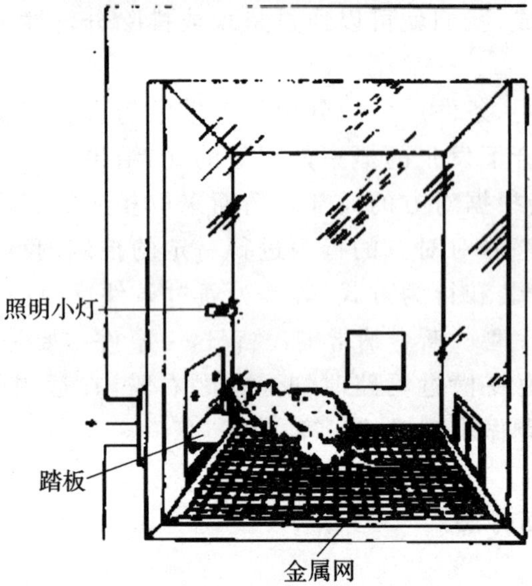

图 8—1　斯金纳箱

以关于白鼠的实验为例。在斯金纳箱内,白鼠能操作的部分只是一个小横杆,它与箱外的食物库开关相联系。横杆装在箱壁上,离地板高 8~10 厘米处。为了把横杆向下按压达到开启食物库,使食物落在箱内的食盘中,需要约 10 克重的压力。但这一因果关系动物是看不到的。实验的过程是:主试者在开始时将停食 24 小时的饿鼠放进箱内,让它自由活动。在一般情况下白鼠迟早会有碰巧按动横杆的机会,这时一个食物丸就从食库滚入食盘。这种偶然性的动作被强化几次后,在通常条件下白鼠的操作性条件作

① 斯金纳:《研究机体行为的范围和方法》,见章益辑译:《新行为主义学习论》,山东教育出版社 1983 年版,第 295 页。

用很快就会形成。同时嵌板上的记录器记录下这一段时间里白鼠压杆的频率和强度变化，以此作为实验的因变量。实验过程中当每一步操作（压杆）都伴以强化刺激（食丸）出现时，白鼠会表现出有意地压杆并提高操作的强度，从而证实了操作条件作用形成的规律。在这里，白鼠的操作和按压横杆是获得食物的工具和手段。因此，斯金纳的操作性条件作用又称为工具性条件作用(instrumental conditioning)。

斯金纳认为，描述行为的方法一般有记叙和反射两种方法。记叙法就是使用肉眼或仪器观察和记录行为，然后据此将行为归类，并确定行为发生的相对频率，这在有关儿童和婴儿行为的研究中被广泛采用。但斯金纳指出，这种记叙法虽然可以恰当地称作行为的描述，但按照公认的科学意义来说，它还不是一门科学。科学研究“不能只限于观察，还得进一步研究函数关系。我们还得建立规律，借助于规律来预测行为，要做到这一点，就必须求出一些变量，即以行为为其函数的变量”①。反射方法可以满足这一要求。他说：“描述行为的一个步骤是指明以反射这个名称来表达的相互关系。这个步骤使我们有能力来预测和控制行为。”②由于斯金纳对反射行为有着与他人不同的认识，所以，他没有采用其他行为主义者常用的反射分析法，而是创造性地提出和使用了他独有的方法——行为分析法。

斯金纳指出：“我们总是要分析的。既要分析就公开分析，这是正当的办法——尽可能公开而认真地去分析。”③与精神分析不同，行为分析的对象是行为而不是心理，并且行为分析依赖于实验而不是个案研究。所以，有时行为分析又被称为“行为的实验分析”，斯金纳的方法体系也就被称为行为的实验分析体系。

斯金纳认为，心理学应该有两个目标——预测和控制人类和非人类的行为。这可以通过“行为的实验分析”来实现，也就是对行为的充分描述，包括行为发生的环境，以及这些行为的直接结果。斯金纳运用其独特的行为分析法，对动物的学习行为进行了大量研究，获得了巨大成功。他提出了行为公式：R=F(S)，其中R表示行为反应，代表因变量；S代表环境刺激，是自变量。有机体的行为反应就是自变量环境刺激的函数F。在自变量和因变

① 斯金纳：《关于行为的一个理论体系》，见章益辑译：《新行为主义学习论》，山东教育出版社1983年版，第270～271页。

② 斯金纳：《关于行为的一个理论体系》，见章益辑译：《新行为主义学习论》，山东教育出版社1983年版，第272页。

③ 斯金纳：《关于行为的一个理论体系》，见章益辑译：《新行为主义学习论》，山东教育出版社1983年版，第272页。

量之间不存在什么中介变量。但是，斯金纳也承认某些条件确实会改变 R 和 S 之间的函数关系，它们构成了刺激变量和反应变量之外的“第三变量”。例如，饥饿这一条件会直接影响到白鼠的操作性行为，所以上述行为公式应该改写为：R＝F(S，A)，其中 A 代表影响反应强度的条件。斯金纳的第三变量看起来似乎与托尔曼的中介变量、赫尔的驱力概念没有什么两样，但斯金纳强调说，两者的性质根本不同。前者既不是什么中介变量，也不是什么驱力，它纯粹是有机体的一种操作，是客观的，完全可以从上次进食的时间这一实验变量和找到食物时的进食速度及进食量这一反应变量中观察得到。

为了使心理学进入自然科学的行列，斯金纳认为心理学必须采用像物理学、化学和生物学所使用的纯客观的自然科学方法，同时把内省法排除于研究方法之外。斯金纳指出：“我们也可以根据物理学来描述自变量……凡是对有机体产生影响的事件都一定能够用物理学的语言进行描述。”[①]斯金纳提出的自然科学方法，具体来说包括以下七个方面。

(1) 在自然条件下进行的随意观察。斯金纳认为，这种观察在研究的早期阶段尤其重要。据此做出的推论，虽未经精确的分析，但对以后的进一步研究提供了大量有用的资料。

(2) 控制的现场观察，例如一些人类学的观察方法，比随意观察所取得的数据更周密，得出的结论更明确。标准的仪器和观察方法提高了现场观察的精确性和一致性。

(3) 临床观察也能提供丰富的材料。由标准测验和交谈诱发出的行为易于测量和概括，也容易与其他行为进行比较。

(4) 在控制得更严格的条件下对行为进行广泛观察，例如在工业、军事及其他机构的研究中，这种观察大量使用了实验方法，在这一点上有别于现场观察和临床观察。

(5) 人类行为的实验室研究提供了特别有用的材料。实验方法包括使用仪器。这些仪器促进了研究者同行为以及影响行为的变量的联系。记录装置可以使研究者对行为进行长期的观察，而精确的记录和测量实现了有效的定量分析。实验方法最重要的特征是有意地控制变量：通过有控制地改变某一特定的条件和观察其结果，来确定该条件的重要性。斯金纳进一步指出，尽管不是所有的行为过程都很容易在实验室里建立起来，并且有时测量的精确性只能以条件的失真性为代价，但是，在有关的关系能够由实验来控制的范围内，实验室会提供最好的机会让人们获得科学分析所必需的

① 斯金纳著，谭力海等译：《科学与人类行为》，华夏出版社 1989 年版，第 33 页。

定量结果。

(6) 对低于人类水平的动物行为的实验研究所获得的大量结果同样有用。斯金纳指出，断言人类行为和低级物种行为之间没有本质的差别是轻率的，但是，在人们试图用相同的术语研究两者的行为之前，声称有这种差异同样是轻率的。以动物为被试的研究可以使我们对人类行为的研究获益匪浅。我们之所以研究动物的行为，是因为它有如下优点：① 比较简单；② 比较容易揭示动物行为的基本过程，并能长期地作记录；③ 我们的观察不会因被试与主试间的社会关系而变得复杂化；④ 对动物研究时条件比较好控制；⑤ 可以通过设置遗传背景和特殊的生活背景来控制各种变量；⑥ 可以在大范围内改变剥夺的状态。

(7) 对于实验结果，斯金纳只乐意做客观描述，而不去提出任何假设性的解释。[①] 他与赫尔不同，斯金纳不是从理论阐述中推导出假设，然后设计研究以检验假设，而是避开了宏大的理论建设，赞成对行为的描述性分析。他更喜欢采用归纳式的研究方法。也就是说，他的方法是要在各种环境下彻底地研究行为，然后得出一般性的结论。他与费尔斯特合著的《强化的程式》一书是这一策略的经典实例——对强化依随的各种结合进行测试，然后探寻行为的规律性。在该书中，他们只是描述了单个鸽子在约七万小时内发出的近二亿五千万次反应，总共用了 921 幅图表对其加以罗列，而几乎不加任何解释和总结。斯金纳比任何行为主义者都更遵循培根的归纳法优越论者的重要传统，他经常称培根为其榜样。

斯金纳反对考察行为的中枢调节中介，他不关心在"皮肤底下"发生的生理或心理事件，所以他的方法又被称为"空洞有机体"(empty-organism)的方法。对斯金纳来说，行为是完全受制于环境决定论的。如果控制了环境，那也就控制了行为。正是因为这个原因，斯金纳认可了对单个被试进行详尽研究的有效性，因为变异性不会从有机体固有的个体差异中产生，而是从差异的环境依随中产生。因此，斯金纳也背离了很多实验心理学使用的统计和分组比较。与组间设计不同，斯金纳用的是处理组内的设计，通常只包括一个有机体。他假定，实验者施加变异，需要的不是统计控制而是实验控制(例如强化依随)。他使用单个有机体，通过实验过程加以控制，拒绝使用统计方法(包括小组平均数、方差等)，这使他与大多数其他心理学家之间少有共同之处。他只对发现原则感兴趣，这些原则会规定单个机体高度可预测的行为，而对寻求大组之间平均数的微小差异则一点兴趣也没有。

---

① 乐国安：《斯金纳的心理学研究方法》，《心理科学》，1982 年第 2 期，第 1～5，第 64 页。

四、强化观

斯金纳非常重视强化的作用，以至于他的行为原理有时被称为操作—强化学说。斯金纳曾说，自然选择解释了一小部分人类行为以及大量非人类的动物行为，但是大部分人类行为是通过强化来选择的，尤其是文化行为。他指出，任何习得的行为都与及时强化有关；在操作性条件反射的形成过程中，关键在于强化，对强化的控制就是对行为的控制。只要实验者安排好环境中的条件，就能使在其中活动的动物做出实验者所需要的操作行为。斯金纳把操作性行为形成的规律称为操作性强化作用，即在有机体的操作行为发生之后若紧接着出现一个强化刺激，那么在其下一次进入那种情境时，这个操作行为发生的概率就增加了。

斯金纳对强化的种类、强化的性质、强化程式等问题进行了系统研究，并与费尔斯特合著出版了《强化的程式》一书。

1. 强化的种类

对斯金纳来说，没有什么驱力降低、事件的满意状态或强化的其他机制这些说法。他接受桑代克的效果率，但不接受"事件的满意状态"这句话所意指的心理主义。在斯金纳看来，强化就是能够提高反应频率的行为结果，强化物就是当它依随地作用于某一反应时，能够提高其反应频率的任何刺激或事件。斯金纳把强化分为正强化与负强化、初级强化和次级强化以及条件强化与概括强化。

(1) 正强化与负强化。

斯金纳区分了两类强化物。他指出："具有强化作用的事件有两类。一类强化是提供刺激，给情境呈现一些东西——如食物、水或性关系。这类刺激叫做正强化物。另一类强化是从情境中消除掉某些东西——如噪音、强光、寒冷、炎热或电击，这些刺激叫做负强化物。在上述两种情况下，强化的作用都是提高反应概率。"①相应地，强化也可以分为两类，一类是正强化或积极强化，是指通过呈现想要的愉快刺激来提高反应频率；另一类是负强化或消极强化，是指通过消除或中止厌恶的、不愉快的刺激来提高反应频率。因此，消极强化和积极强化往往都会增加反应。例如，学生可能努力学习以取得好的分数(积极强化)，或者是为了避免得分很低(消极强化)。

同时，斯金纳还阐述了强化与惩罚的差异。他指出："由于呈现负强化

① 斯金纳著，谭力海等译：《科学与人类行为》，华夏出版社 1989 年版，第 69 页。

物而产生的结果叫做惩罚。”①可见，惩罚不同于负强化，惩罚是指能够减少或降低反应频率的刺激或事件，显然，其目的在于减少特定反应发生的可能性；而无论是负强化还是正强化，其目的都是增加行为发生的频率。斯金纳还进一步区分了Ⅰ型惩罚与Ⅱ型惩罚：Ⅰ型惩罚是指通过呈现厌恶刺激来降低反应频率；Ⅱ型惩罚是指通过消除愉快刺激来降低反应频率。关于强化与惩罚的区别，请见表8—1。

表8—1　强化与惩罚的种类

	行为被增强	行为被减弱
呈现刺激	正强化(呈现愉快刺激，如给以高分)	惩罚Ⅰ(呈现厌恶刺激，如给予批评)
消除刺激	负强化(消除厌恶刺激，如免除杂务)	惩罚Ⅱ(消除愉快刺激，如禁看电视)

尽管惩罚的目的是减少行为发生的频率，但斯金纳以及许多其他研究者的工作都证实了桑代克的发现，即惩罚在控制反应中并不是非常有效。它暂时地压制了反应，但通常并没有根除它；当惩罚的威胁消除之后，这些反应会以全部的力量再次发生。斯金纳指出，在惩罚的使用中，所付出的“巨大的代价”就是由于惩罚的使用所带来的消极副产品，其中包括减少恐惧、经常引起攻击、证明使他人遭受痛苦是正当的、经常使一种不良反应取代另一种不良反应。

那么，如何对待不良行为呢？斯金纳提出了惩罚之外的一些方式。例如，“减弱条件反应的最有效过程可能是消退。这虽然需要时间，但比遗忘过程更为迅速。这种方法看起来相对地不会产生令人不快的副作用。当我们建议父母‘不要理睬’儿童的令人讨厌的行为时，实际上就是引荐了这一方法。如果儿童的强烈行为只是由于受到了‘由’父母所提供的强化的话，当不再伴随这一结果时，这种行为就会消除。”②

由于惩罚的相对无效，并且产生许多与其运用相联系的消极副产品，斯金纳一直极力鼓励应该积极地通过强化依随而不是消极地通过惩罚来矫正行为。只有这样，个体才能建立稳定持久的反应模式。

(2) 初级强化和次级强化。

斯金纳还区分了初级强化和次级强化。初级强化满足人和动物的基本生理需要，如水、安全、温暖等。只有少数的人类行为是由诸如食物这样的初级强化物来维持的，因而对人类来说次级强化物非常重要。次级强化物

① 斯金纳著，谭力海等译：《科学与人类行为》，华夏出版社1989年版，第69～70页。
② 斯金纳著，谭力海等译：《科学与人类行为》，华夏出版社1989年版，第180页。

是出现在初级强化物之前的刺激，最初并没有强化效力，但是在与初级强化物有足够多次的配对之后，开始成为强化物，从而获得强化性质。在我们的文化中，一种强大的次级强化物就是金钱。金钱实际上是一种“泛化的次级强化物”，因为它强化了许多行为。硬币和货币本身几乎没有价值，但是它们可以用来换取食物、住所以及个体认为有价值的其他任何东西。因而，人们工作、偷盗甚至通过赌博来获取这种次级强化物。次级强化物有时也会产生次级强化物链。例如，个体参加工作是为了得到许诺的支票，用它可以换取金钱，金钱可以用来购买出售的商品，出售是为了得到以另一种支票的形式而获得的利润，这种支票又可以换取金钱，去购买最终的产品或服务。

(3) 条件强化与概括强化。

由于食物、水、噪音、电击等对动物具有极其重要的生物学意义，因而它们对动物行为具有天然的强化作用，属于原始强化物。但仅有原始强化物是不够的。事实上，许多原本并不具有强化作用的中性刺激因为与强化刺激反复匹配，由于条件作用也具备了强化的性质，成为条件强化物，这种强化作用的产生过程则被称为条件强化。例如，在白鼠按压杠杆时，让灯光和食物同时出现，白鼠很快形成条件反应。此后，同时撤销食物和灯光，反应迅速消退。此时，再安排白鼠按压杠杆，但是不给予食物，而是只呈现灯光，可以发现白鼠的压杆反应增加。这表明，灯光已具备了强化功能。如有需要，实验还可以安排其他中性刺激物成为条件强化物。事实上，许多原本中性的刺激都可以经由条件强化作用而成为条件强化物。

条件强化物的强化力量是与它和原始强化物的匹配次数成正比的。例如，灯光与食物的匹配次数越多，灯光的强化作用就越大。当食物不再呈现时，灯光的强化力量就会迅速消失。当一个条件强化物与一个以上的原始强化物形成联系时，那么，该条件强化物便由于条件作用而具备了多方面的强化作用，从而成为概括强化物。这个过程便是概括强化。例如，母亲的微笑经常与幼儿的吃、喝联系在一起，而成为概括强化物。其他常见的概括强化物有：他人的注意、感情、他人的服从等，其中最典型的莫过于金钱。由于金钱与人们的衣、食、住、行等具有普遍的联系，因而具有最广泛的强化作用。与条件强化物不同的是，作为概括强化物基础的原始强化物即使不再伴随出现时，概括强化物的作用依然存在。所以说，概括强化物在人类行为的习得和保持中，具有非常重要的意义。

2. 强化程式

除了强化物的性质之外，强化出现的时间和比率对个体的行为也有很大影响。在实际生活中，并非个体的每一个行为都会得到及时强化，因而斯金纳更关注对间歇强化的研究。间歇强化是相对于连续强化而言的，顾名思义，它是指间歇性地强化有机体的行为。经过研究，斯金纳等人提出了四种强化程式：固定比率强化、固定间隔强化、变化比率强化和变化间隔强化。

(1) 固定比率强化是指在固定比率程式中，有机体在做出每个固定数量的反应之后都会得到强化。如果在每次反应之后它都会得到食物，这种固定比率的类型就叫做“连续强化”。如果连续强化被撤销了，动物很快就会停止反应，即消退。当固定比率被固定在某个值而不是 1∶1(假如是 1∶10)时，动物在两次强化之间的反应速度会非常快，而且在强化被撤销之后，反应的消失也慢得多。因此，受到较强烈强化的反应比微弱强化的反应消失得更快。这被称为“汉弗莱悖论”(Humphreys' paradox)，它是以第一个在实验上证实它的人劳埃德·G·汉弗莱(Lloyd Girton Humphreys)的名字而命名的。

(2) 在固定间隔程式中，有机体在做出第一个反应之后，要隔一段固定的时间才能得到强化。例如，假设这个间隔是两分钟，鸽子在第一次啄食之后，紧接着是两分钟的间隔，然后才能得到食物。在学会粗略估计时间之后，鸽子会慢慢地啄食，直到临近强化的时间，它又啄得非常快。在得到强化之后，其反应频率再次降低。与此类似，许多学生平时不怎么努力学习，快到期末考试时才临时抱佛脚。于是，在考前的一天或两天——或者甚至就是考前那个晚上——他们开始集中精力，干脆学习到深夜来准备考试。而考试一结束，他们又回到懒散的状态，直到下次考试来临。在这一点上，学生和鸽子看起来非常相似。计时工资也是属于这一类强化。

(3) 变化比率程式是指保持强化比率的平均值不变，但具体实施时，强化比率在一定范围内不断变化。例如，对于鸽子的反应平均每 20 次强化一次，但在实验中，可能每次反应都会得到强化，也可能中间有几百次反应都得不到强化。此时，由于强化概率是固定不变的，所以，有机体的行为会保持比较稳定的速率。变化比率强化的典型例子就是赌博。赌博者从来不知道掷出骰子的多少点数或拉多少次赌博机的杠杆才会赢，偶尔的赢利也会使赌博维持下去。

(4) 变化间隔程式即是指强化的时间间隔变化不定。利用这种强化程式，可以有效地消除强化呈现之后反应频率降低的现象。斯金纳举的一个例子最能说明问题：“例如，我们可以平均每 5 分钟给反应强化一次，中间这段时间可能短到几秒钟，或长到 10 分钟，而不是每过 5 分钟就进行一次强化。在有机体已经得到强化后，再偶尔紧接着进行另一次强化，其反应就会连续进行。在这种强化方式的影响下，有机体的操作会相当稳定，始终如一。我们已经观察到，平均每 5 分钟得到变化时距的食物强化的鸽子，每秒能作出 2～3 次反应，连续反应长达 15 小时；在此期间，鸽子停止反应的时间从未超过 15 或 20 秒钟。进行这种强化之后，再消退某个反应通常是十分困难的。以时间间距可以变化的强化为基础，可以提供多种社会或个人强化，所形成的行为具有超常的持久性。”①

由上可见，与固定比率和固定间隔程式相比，在变化比率和变化间隔程式中，由于强化的不规则出现，动物的反应频率相当均衡，而且在强化被撤销之后，有机体也不会很容易就觉察到，因此消退得很慢。或者换言之，强化程式本身就非常像消退条件反射。因此，对动物来说很难区分出消退条件作用和强化条件作用。大量的人类活动都受间歇强化的影响。例如，作家可能只为其著作的一小部分而想方设法寻找出版社，但就是因为偶尔的报酬，他也会继续从事写作；硬币收集者搜寻成千上万的硬币，通过偶尔发现一枚适合收藏的硬币而被强化，从而继续收集；运动员因为有提高的迹象和偶尔的胜利，会继续坚持训练；当父母最终作出让步时，孩子发脾气的行为就被强化了，而且强化的变化比率使发脾气更难消退。类似地，在饭桌旁讨要食物的狗最后得到了残羹剩饭，每次它都会继续讨要。

根据四种强化程式安排记录的累积反应的例子见图 8－2，线条下面的记号表示强化物的呈现。在分别阐述了上述四类强化之后，斯金纳还设想，为了最大限度地提高行为效率，可以使用强化表，联合采用多种强化程式。

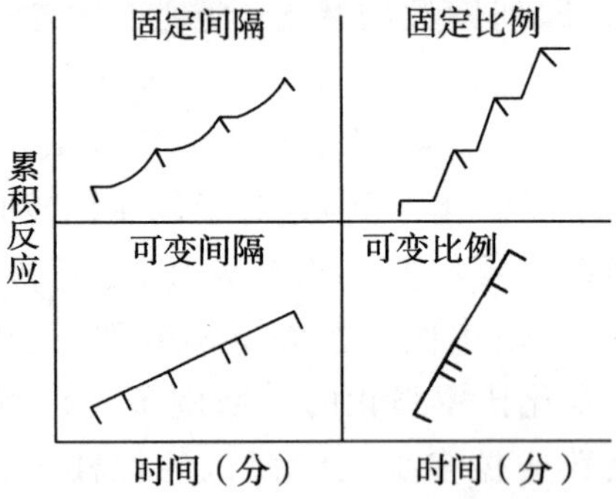

图 8－2　根据四种强化程式记录的累积反应

改变强化依随，从而改变行为，这就是斯金纳控制行为的基本规则。在斯金纳看来，教育控制的手段包括正强化和惩罚两方面。人们熟悉的正强化物有好分数、升级、毕业、文凭、学位、奖学金、奖章等。惩罚手段在过去是

① 斯金纳著，谭力海等译：《科学与人类行为》，华夏出版社 1989 年版，第 97 页。

对学生施以肉体的折磨，如体罚和劳役等。然而，使用惩罚手段来进行教育控制会产生一些副产品，学生们制造骚乱、胡闹、恶作剧、逃学等就是反对控制或逃避控制的表现形式。从他的强化观出发，斯金纳批评了美国的教育实践，即运用惩罚的威胁强迫学生学习和行动，而不是运用精心安排的强化依随去鼓励学习。他说，这种令人厌恶的控制导致学生对教育产生消极的态度。斯金纳还指出，随着社会保障的增加，教育的经济结果变得越来越不重要，进而教育机构越来越表现出缺乏有效的控制力。在这种情况下，教育机构把注意力转向了其他的控制方法。诸如，在教科书上下功夫，文中配以图表，类似于杂志和报纸的形式；教师讲课时加上了各种演示；图书馆的设计力求使书籍有更高的利用率；扩大和改善实验室；学校建在更宜于学习的地方；交通工具也更为便利，等等。

斯金纳将强化原理运用到教育领域，提出了程序教学的思想。他进行了一系列研究和发明，试图通过使用机器装置以提高算术、阅读、拼写和其他学科的教学效率，希望机器能做某些胜过普通教师所做的事情。这样可以使教师腾出时间，从事那些他能做得更好的工作。这种装置的早期形式，是呈现一些数字组合来教加法的机器，将学习材料按小步骤呈现给学生，然后依据学习材料，对他们进行测验，学生在加法器的键盘上打上自己的答案，如果答案正确，则机器运转并呈现下一个问题。下一个问题的呈现也就成了正确答案的强化信号，这与教师在学生反应之后说声“对”的效果相同。让学生按照自己的进度完成整个学习材料。斯金纳指出，任何教师都不可能像这种机器那样善于判断并且迅速提供强化物，因为教师不可能在一堂课上同时表扬每一个学生的适当答案并纠正错误的答案。而且，它呈现问题的次序和速度是由教材内容的实验研究确定的，教师的熟练程度也可能不及这种机器。斯金纳的这种装置和其他仿制品，被称为教学机器或自我教学装置，而作为教学基础的材料则被称为程序。斯金纳 1958 年的一篇重要的总结性文章，进一步激起了人们对这个问题已有的兴趣，程序教学成了盛行一时的教育和商业事业。

除此之外，斯金纳的强化控制原则也被用来教鸽子玩游戏，如玩乒乓球和篮球，而且通过运用强化原理所训练的许多动物已经在美国各地的旅游景点进行表演。在防御任务方面，他还训练鸽子在导弹射向敌军目标时，引导导弹发射。在《沃尔登第二》的乌托邦小说中，斯金纳用实例说明了怎样运用他的行为控制原理来设计一个理想的社会。

五、言语行为

关于如何获得和运用语言的知识，对于理解人类的学习是必不可少的。斯金纳一直对言语行为很感兴趣，他认为对言语行为的研究是他最重要的工作。[①] 早在1936年他就制成了一种由随机语音组合构成的唱片，由于语音是随机的，所以它们的组合也是无意义的。这种唱片叫“言语相加器”，可用来研究听者将词“读成”声音。这是一种听觉领域的投射技术，同应用于视觉领域的墨渍图很相似。在随后的几年中，斯金纳报告了他关于词的联想、头韵法以及其他语音模式的研究。他于1948年在哈佛大学发表的“威廉·詹姆斯演讲”，经修订后于1957年以《言语行为》为名出版。他在该书中把言语行为看作经验问题。

斯金纳主张，言语行为就像其他行为一样，是个体发出的并受到强化的行为，根据强化条件而起作用。强化物来自于说话者所属的语言群体。语言不是内部心理动因或计算机式大脑的产物，词语不是符号。言语行为是说话者所属的语言群体选择和强化的产物。

斯金纳认为，语言具有两种主要的功能。如果有人说“请把这本书递给我”，若说话者接到了这本书，则他的这种陈述就会得到强化。这种语言形式产生得非常早，例如，孩子要“玩具”并得到了它的时候，他的发音就得到了强化。这被称为祈求式言语功能。第二种功能主要涉及辨别刺激的名称，被称为灵敏性言语功能。[②] 儿童经常跟父母及其周围的人们在言语环境中进行的“初期言语游戏”中，获得了命名的技能。例如，“那是什么？”“那是小汽车。”“这是小汽车吗？”“不是，那是卡车。”由于客体和事物有多方面的特征，某种灵敏性的习得一般需要辨别。通过辨别，尽管无关特征在不断变化，但与有关特征相应的灵敏性受到强化。

斯金纳引入的第三个术语是自动附以语素的行为，他用这个术语称呼我们自身对其他言语行为的评论或描述。说话者发出这种言语行为时，通常都部分地谈到他自身的作用。例如，“我要说……”，“我不相信……”等都是包含了自动附以语素的结构。因此，它们能评论所伴随出现的其他言语反应，或者可以详细说明那个行为的力量，或者欣赏陈述的事实对说话者的

① 史密斯著，郭本禹等译：《当代心理学体系》，陕西师范大学出版社2005年版，第160页。

② 鲍尔、希尔加德著，邵瑞珍等译：《学习论——学习活动的规律探索》，上海教育出版社1987年版，第312页。

影响(例如，以“我对……而感到高兴”或“幸而，他……”句型出现)，或者否定另一个主张的真实性。

斯金纳还谈到了言语行为的消退问题。他指出，如果人们想消除讨厌的言语行为，他只需要撤销强化(例如，通过停止点头或应答)直到这种行为消失为止。斯金纳承认，这种方法有时候也可能失败，因为个体会通过听到他自己所说的话而得到强化。1985 年，斯金纳创立了《言语行为分析》杂志，用来发表言语行为研究方面的成果。

不过，斯金纳的《言语行为》一书对人类语言的大多数分析并没有产生太大的影响，反而引起了很大的争议。其原因可能是他的分析未被语言学家充分接受，尤其是受到了语言学家乔姆斯基(Noam Avram Chomsky)的无情批判。乔姆斯基特别敏锐地指出，斯金纳在讨论言语行为时，没有清晰地参照他的所谓科学术语。乔姆斯基还对斯金纳分析过的言语行为的具体例子提出了许多批评。乔姆斯基认为，行为主义分析语言的方法是必定要失败的，因为他提出的分析只是所谓言语表达的表面特征。只有当人的复杂句法分析者将语法的“深层结构”抽象出来后，才能揭露言语中的大量规律。句子的深层结构也就是像句子所表达的逻辑命题那样的东西。表面相同的一串词可以有不同的深层结构、不同的表面形式。乔姆斯基反对行为主义的语言解释，实质上是反对行为主义对心理生活的解释。①

鲍尔和希尔加德认为，斯金纳的言语分析未被广泛认可主要是，因为“乔姆斯基的语言学分析，当代关于语法和语言的研究，已经超越了斯金纳的较不精确的建议，有了相当深入的发展……斯金纳对句法及其获得的解释是他的整个分析中最薄弱的部分，但语法分析正是现代语言学的长处”②。斯金纳的语言理论过于依赖外部强化，不能很好地解释儿童语言发展的关键期、语言的创造性、语言表达形式的丰富性等许多重要的问题。但是安德列森(J. T. Andresen)认为，斯金纳的体系为语言分析提供了基础，它考虑说话的背景，而不像当前的语言理论把语言分析为独立于其背景的结构，而言语实际上是产生于背景之中的。③

---

① 鲍尔、希尔加德著，邵瑞珍等译：《学习论——学习活动的规律探索》，上海教育出版社 1987 年版，第 336 页。

② 鲍尔、希尔加德著，邵瑞珍等译：《学习论——学习活动的规律探索》，上海教育出版社 1987 年版，第 313 页。

③ Andresen, J. T. (1992). The behaviorist turn in recent theories of language. *Behavior and Philosophy*, 2, pp. 1～18.

第三节 操作行为原理的推广和应用

与华生一样，斯金纳非常重视将其操作行为原理推广和应用于实践领域，包括教育、心理治疗、文化设计和社会改造。为了克服传统课堂教学的弊端，更好地提高教育的效率，斯金纳设计了教学机器（teaching machine），主张采用程序教学，对美国乃至世界许多国家的教学实践产生了影响。在操作—强化学说的指导下，斯金纳提出了其心理治疗观，主张通过对良好行为进行强化而建立新的行为。斯金纳还希望通过文化设计，创建一个富有生命力的文化，从而实现对社会的控制和改造。

一、程序教学与教学机器

早在斯金纳提出程序教学之前的20世纪20年代，美国教育心理学家普莱西（S. L. Pressey）就首先开始研究了程序教学（programmed instruction）。他发表文章介绍了一架以练习材料进行自动教学的机器，包括仪器的外形、工作原理、意义等。① 斯金纳认为，强调教育中即时反馈的重要性，并提出一个使每个学生都能按照其自身速度学习的体系的，普莱西似乎是第一个人。② 然而在这之前，学校测验和工业、军事训练中已经使用一些自动装置记分，以鼓励学习者的积极性。

在《学习的科学和教学的艺术》一文中，斯金纳分析了传统教学的缺点。首先，就教育的直接目的来说，儿童的行动是为了防止或躲避惩罚。例如，坐在课桌旁在作业本上写字的儿童，他进行活动主要是为了躲避一连串微小的令人反感的事件的威胁——教师不喜欢、同学的批评或讽刺、在竞赛中的令人害羞的成绩、低分数、被校长叫到“谈话室”去或者告诉仍然会诉诸棍

① 普莱西、斯金纳、克劳德等著，刘范、曹传咏、荆其诚等译：《程序教学和教学机器》，人民教育出版社1964年版，第54～60页。

② 普莱西、斯金纳、克劳德等著，刘范、曹传咏、荆其诚等译：《程序教学和教学机器》，人民教育出版社1964年版第79页。

棒的家长。在这种情况下，得到正确答案本身倒是一件小事情，它的任何效果都在必然会引起的焦虑、无聊和攻击之中变得无影无踪了。也就是说，儿童的行为很少能够获得积极的强化。其次，儿童的反应没有得到及时强化。在典型的班级教学中，反应与强化之间的时间延搁太长，大大削弱了强化的效果。例如，一班学生在解答习题，教师在课桌间巡视，在这里或那里停一下，说一声对了或错了。甚至在很多情况下，作业要被教师带回家里批改，反应和强化之间间隔的时间将会更长。第三个缺点是，缺乏一个朝着逐步接近所要求的最终复杂行为的方向前进的巧妙程序。例如，要使学生最有效地掌握数学行为，必须有长长的一连串的列联。可是教师很难在这样一长串列联中的每一个步子上给予强化，因为她不可能一个一个地去处理学生的反应。①

斯金纳指出，也许对流行的班级教学最严重的批评是强化比较少。他认为，只要我们安排好一种被称为强化的、特殊形式的后果，我们的技术就会容许我们几乎随意地去塑造一个有机体的行为。教育也许是科学的技术学的最重要的分支，我们不能长此容忍实际情况中的窘境阻碍本可达到的巨大进步。因此，必须对教学实际予以改变。

在此基础上，斯金纳提出了他的程序教学思想。首先，要为儿童提供强化。斯金纳认为，教材能够提供值得重视的自动强化，但是如果教材所固有的自然强化尚有不足，就必须使用其他的强化物了。教师的善意和感情可以作为第二位的强化物。单纯控制自然本身就有强化作用，因而在学校里有时也要允许儿童去干“他想要干的事情”。在不得已的情况下，还可以把竞争作为强化的手段，只是在这种情况下，对一个儿童的强化必然会对另一个儿童带来令人反感的影响。其次，使强化同所要求的行为联系起来。斯金纳认为，这里有两件事情要考虑，即逐步形成极复杂的行为模式，以及在每一阶段上保持这种行为的强度。学好任何一个东西的整个过程必须分成很多很小的步子，强化则必须联结到每一个步子上的成就。在斯金纳看来，编制教学材料似乎是最有效的安排程式的方法。使每一个连续的步子尽可能地小，强化的频率就可以提高到最大限度，而出错误这一可能令人反感的结果则缩减到最小的程度。

由于教师很难同时充当许多儿童的强化机器，因而必须有教学机器的帮助。教学机器的重要特点是，它对正确答案的强化是即时的。斯金纳认

① 普莱西、斯金纳、克劳德等著，刘范、曹传咏、荆其诚等译：《程序教学和教学机器》，人民教育出版社 1964 年版，第 66～68 页。

为，单是操作机器本身也许就能产生足够的强化作用，使中等程度的学生每天能坚持学习一段时间——如果以前令人反感的控制的痕迹能够消除的话。一个教师可以管理整个班的学生同时用这种机器进行学习，每个儿童可以按自己的速度前进。有了这种机器，就可以呈现精心设计的材料，其中一个问题可以依前一个问题的答案而定，因而在这里可以得到最有效的进步，以达到一个最终复杂的行为目录。利用了教学机器，教师就可以开始不再以一部廉价机器的地位来发挥作用，而是可以与儿童进行精神的、文化的和情感的接触和交流。1958 年，斯金纳在《科学》杂志上以《教学机器》为题发表了一篇论文，专门讨论了教学机器的程序材料等问题。[①] 斯金纳的程序教学和教学机器为后来的计算机辅助教学开了先河。

二、心理治疗观

斯金纳的实验行为分析也应用到了心理治疗中。在 20 世纪 30 年代，他对使用操作技术治疗精神病患者感兴趣，但由于时间关系，斯金纳最终没能做这件事。在《科学与人类行为》一书中，斯金纳专列了一章讨论心理疗法。首先，他分析了人类的社会行为中由控制不良而导致的副作用，如逃避、反抗、消极抵制；而恐惧、焦虑、愤怒或狂怒、压抑则是控制在情绪上的副作用。斯金纳指出，通过惩罚的控制在操作行为上也会产生意想不到的影响，例如作为逃避的一种形式的药瘾、精力过分充沛的行为、过分抑制的行为、有缺陷的刺激控制、有缺陷的自我意识、厌恶性自我刺激等。[②] 可见，在问题行为的成因上，斯金纳持有的是一种外因论，即控制不良论。也就是说，异常行为主要是由于控制不当、强化不当，尤其是惩罚过度所造成的。

斯金纳指出，对个体本身或他人来说是烦扰或危险的行为需要治疗。与上述观点一致，斯金纳在治疗观上认为："心理治疗的主要技术旨在翻转作为惩罚的结果而产生的行为的变化。"[③]斯金纳反对传统的关于人格的心理动力学理论。在他看来，不能用动机、希望或愿望来解释行为，而要分析支配当前行为的可观察的事件、条件、情境变量和过去的经历。过去的经历为我们提供了大量的知识、技能和可以用客观术语分析的价值。人的心理

---

① 普莱西、斯金纳、克劳德等著，刘范、曹传咏、荆其诚等译：《程序教学和教学机器》，人民教育出版社 1964 年版，第 77～99 页。

② 斯金纳著，谭力海等译：《科学与人类行为》，华夏出版社 1989 年版，第 336～344 页。

③ 斯金纳著，谭力海等译：《科学与人类行为》，华夏出版社 1989 年版，第 348 页。

品质的描述是相对无用的，这是因为：第一，这种描述与一个人在各种社会情境中的实际表现如何联系甚少；第二，这种描述没有指出我们能够加以操纵以便控制行为的那些独立变量。他说，所谓心理治疗实际上是行为治疗。那些对个体自身或对他人是烦扰或危险的行为就需要进行“治疗”。心理治疗代表了一种特殊的力量，它并不是一种像政府或宗教那样的有组织的力量，而是一种专业性的力量。

按斯金纳的分析，神经病患者是已经学会以个人、法律和社会所不容的方式行动，因而被认为反常的人。因为神经病的行为是习得的，所以便可能解除学习或能被适应较好的行为取代。简单的做法就是适当安排强化依随条件，使不良行为得不到奖励，使良好的行为开始受到奖励。因而，治疗在本质上也是一种控制、强化的过程，是使行为朝向积极的、合意的方向转变的过程。

斯金纳用行为主义的观点分析了心理治疗的过程。通常心理治疗包括诊断和治疗两个步骤。诊断首先是治疗者知道他所治疗的病人的某些事情的过程。他必须具有某些关于病人的历史的信息，关于需要治疗的行为的信息，以及关于病人当前的生活环境的信息。在行为科学对病人行为的分析中，对有关事实信息的收集仅仅是诊断的第一步，而证明功能关系（functional relationships）是诊断的第二步，亦即要找出病人的行为表现（因变量）与环境刺激（自变量）之间的因果关系。所谓治疗，在斯金纳看来，是在诊断的基础上，对需要治疗的行为的控制。当然，控制的是病人的生活环境，因为控制了其生活环境这种自变量，也就意味着控制了其行为这种因变量了。站在行为主义的立场上，斯金纳所关注的是治疗行为而非治疗症状，只有根据个人的生活历史来解释病人的有缺陷的行为以及通过改变这种历史才能进行有效的治疗。

1952 年，斯金纳曾在马萨诸塞州沃尔瑟姆的大都会州立医院发起了一个行为治疗项目。1953 年 11 月，斯金纳和他的同事们在一篇题为《行为治疗的研究》的著作中报告了他们的研究，标志着“行为治疗”（behavior therapy）这一术语被首次使用。[①] 斯金纳和他的追随者运用行为矫正的原理帮助有各种问题的人，从精神病到抽烟、酗酒、药物依赖、智力障碍、少年犯罪、言语障碍、羞怯、恐惧、过度肥胖和性障碍等。斯金纳的行为疗法假设人们用和他们习得正常行为同样的方式习得异常行为。因此，“治疗”就是移开维

① Viney, W., King, D. B. (2004). *A history of psychology: ideas and context*. (3rd ed.). Beijing: Peking University Press, p. 325.

持不良行为的强化物，并安排强化依随以加强良好的行为。如今，行为矫正和行为治疗仍是心理学中很有发展前景的领域，而斯金纳对此做出的贡献也是不容忽视的。

三、行为控制与社会改造

斯金纳研究操作行为主义理论的目的就是对行为进行预测和控制，从而解决当今世界面临的难以用其他学科知识加以解决的许多问题。也就是说，他试图用他的“行为技术学”解决一些重大的社会问题，他要设计一项社会改造的大工程。在斯金纳看来，对人的行为的控制和社会改造在本质上是一致的。人的行为是由社会环境决定的，而反过来行为本身又对社会环境具有控制作用，因而控制人的行为就意味着控制各种影响行为的社会环境条件，进行文化设计，也就是进行社会改造。

斯金纳基于控制者是单个人还是多个人，把对人的行为控制分为个人控制和群体控制两种形式。几乎所有的人都会控制一些相关变量以运用他自己的优势，可以说这就是个人控制，其种类和程度取决于个人自身的条件和控制者的技巧。“强壮者诉诸身体力量，富翁借助金钱，漂亮的姑娘运用美色或有条件的性强化，懦弱者依靠谄媚，悍妇使用厌恶刺激来达到控制的目的。”①不过，同群体控制相比，个人控制怎么说也是微弱的。单个个体很少能够改变对他人行为有重要影响的变量。要实现有效的个人控制，个体首先要操纵可利用的变量去形成和保持控制者和受控者之间的接触，如果这一举动是成功的，就可以进一步提高控制的可能性。例如，售货员的首要任务是把可能的顾客留在可及的范围之内；咨询者的首要任务是保证他所劝导的人一直在注意倾听，然后才能做进一步的指导。控制者可以不需要用外力直接强制或压抑行为，而是通过改变环境来影响个体。斯金纳提出了八种改变环境的技术：① 操纵刺激；② 作为控制技术的强化；③ 厌恶刺激的使用；④ 惩罚；⑤ 强调强化中的相倚联系；⑥ 剥夺和餍足；⑦ 情绪；⑧ 药物的使用。②

行为控制的另一种形式是群体控制。斯金纳指出，为两个或更多个人操纵影响个体行为的变量时，对个体行为的控制会更强大。群体主要通过强化或惩罚的权力对其每一个成员实施一种伦理上的控制。由于群体控

---

① 斯金纳著，谭力海等译：《科学与人类行为》，华夏出版社 1989 年版，第 295 页。

② 斯金纳著，谭力海等译：《科学与人类行为》，华夏出版社 1989 年版，第 297～300 页。

制能涉及到其中的每一个成员，所以这种控制是很有必要的。在斯金纳看来，对人的行为进行控制并由此达到改造社会的目的的手段有很多，其中主要的控制手段有政府和法律、宗教、心理治疗、经济、教育以及文化设计。[①]

斯金纳指出，也许对人类行为进行控制的最明显的机构类型是政府。操作行为主义者着重要论及的是政府实施控制所经过的行为过程，考察被控制者最终的行为以及这种行为的效果，从而解释政府机构为什么会长久地实施控制。法律是对政府机构维持的强化相倚联系的陈述，可以使政府的控制更有效。宗教控制的主要方法是扩大团体和政府控制。在宗教控制下，行为不仅仅分为"好的"与"坏的"或"合法的"与"非法的"，而且也分为"道德的"或"不道德的"与"原罪的"，并因此得到强化或惩罚。运用经济力量控制行为很常见。斯金纳根据其强化理论，分析了工资时间表（wage schedules），提出了六种具体的控制手段：① 固定比率的时间表，② 固定间时的时间表，③ 联合时间表，④ 可以变化的时间表，⑤ 工作质量的差别强化，⑥ 经济之外的因素。斯金纳认为，教育就是建立在将来对个体和他人有利的行为，这种行为最终将受到许多不同方式的强化。教育强调的是行为的获得而不是行为的保持，教育强化只是促使特殊形式的行为在特定的环境中更可能发生。在斯金纳看来，社会环境即是文化。[②] 具体来说，文化会影响个体的工作水平、动机形成、情绪倾向、技能、自我控制、自我认识和神经症行为。文化非常类似于在行为分析中运用的实验空间，两者都是一套强化性相倚联系。设计文化犹如设计实验，即安排相倚联系并研究其功效。因此，设计新文化在一定程度上必然意味着改变强化物，从而改变行为。斯金纳正是在这个意义上提出其社会改造主张的。此外，斯金纳认为心理疗法也是一种行为控制的方式，前文已论及，不再赘述。

---

① 斯金纳著，谭力海等译：《科学与人类行为》，华夏出版社 1989 年版，第 311～410 页。

② 斯金纳著，王映桥、栗爱平译：《超越自由与尊严》，贵州人民出版社 1988 年版，第 143 页。

第四节　对操作行为主义的评价

一、主要贡献

第一，促进了心理科学的发展，尤其是丰富和发展了行为主义理论。行为主义是现代心理学的第一大势力。在第一代行为主义陷入重重危机之后，第二代行为主义应时而生。除了古斯里、赫尔和托尔曼这几位新行为主义的倡导者之外，斯金纳也是非常有影响的新行为主义者，同时也是 20 世纪后半叶心理学中最卓越、最著名的人物之一。事实上，行为主义观点的许多经典特征都是在斯金纳的研究中提出的。他将华生的急率和事业心以及与托尔曼或赫尔不分伯仲的科学创造力、职业道德和吸引有才能学生的能力集于一身。斯金纳的操作行为主义丰富和发展了行为主义理论，同时也推动了整个心理科学的发展，在心理学发展史上毫无疑问地占有重要的地位。

作为一位新行为主义者，斯金纳与其他行为主义者一样，反对对意识的研究，试图揭开长期笼罩在心理和行为上的神秘观念。20 世纪初，在行为主义产生前夕，心理学中有两个主要派别：一是以冯特和铁钦纳为代表的构造心理学，另一个是由詹姆斯和杜威建立的、由安吉尔继承和发展的机能心理学。这两个心理学流派本来是在不久之前起来革了中世纪遗留下来的灵魂心理学的命的，因而被公认为正统的心理学。但不久之后，这两个学派便显示出了它们的致命弱点——不能科学地处理人的意识经验问题。构造心理学从内省出发，把心理看成一种自我封闭的、不能从外界加以观察的东西，把意识割裂为一片一片的元素，片面强调分析方法；至于机能心理学，则是从实用主义的哲学观点出发，认为意识是工具和手段。他们强调意识的实际效用和价值，而忽视意识的实质及其与客观事物的关系。总之，这两个心理学流派虽然开初也有过积极作用，但是都未能真正科学地解决意识经验的问题。

1913 年华生在美国《心理学评论》杂志上发表了一篇题为《行为主义者

眼中的心理学》的文章，开始探讨心理学如何从研究意识转而研究行为，吹响了行为主义的进军号，形成了行为主义学派。然而华生只能算是一个朴素的行为主义者。他的行为主义理论体系是通过一批新行为主义者的努力而发展并完善起来的，斯金纳无疑是其中最优秀的代表之一。斯金纳在华生的基础上，通过各种途径对人及动物的行为做了大量的观察和实验研究，积累了许多详尽的资料。旧的意识心理学只是简单地把行为的原因归结为内部心理过程，而对内部心理过程又不能做出科学的解释，因而陷入了对内部状态的不可知论。斯金纳则从相反的方向着手研究。他避免钻入内部状态，单纯在外部环境中寻找行为的原因，并企图据此解释人与外部环境、心理与行为、心理与环境的关系。他明确指出，人的行为是由外部环境决定的，不存在主宰人的行为的所谓"内部小人"，也就是不存在所谓的"灵魂"或"心灵"。单从这一点来说，它在客观上有助于进一步破除对心理和行为的神秘观念，对存在了几千年的迷信思想是一种打击。而且，对旧的意识心理学片面夸大意识的作用的观点是一种批判，至少可以认为，通过斯金纳的研究工作，进一步暴露了传统心理学的缺陷。

具体来说，斯金纳对华生行为主义心理学的发展有下述三个方面：其一，斯金纳提出了"操作条件作用"的概念，丰富了华生的"S—R"行为公式的内涵。发展了一种行为的"强化依随"的思想，认为在环境和行为的因果关系中，反应、刺激和强化是顺序发生的基本依随事件。此外，斯金纳对环境的内容也有了详细的论述，指出影响有机体行为的外部环境不只包括现存环境，还包括历史环境和遗传环境。其二，华生在定义他的行为主义心理学不是意识的科学，而是行为的科学时，完全避免感觉、知觉、情绪、本能一类的心灵主义的概念，只使用刺激和反应、学习和习惯一类的行为概念。斯金纳在处理这个问题的时候，则采取了较为灵活的方式。他指出，严格的行为主义并没有"砍掉有机体的脑袋"，没有把"主观问题避而不谈"，也没有把"内省的材料仅仅当作言语行为来处理以维持严格地符合行为主义原则的方法体系"，而且也没有想方设法"让意识萎缩"。其三，对遗传因素的灵活性。在对待行为的遗传因素的作用问题上，斯金纳也采取了比华生灵活的态度。有时华生认为只有一些简单的反射是遗传的；有时则完全否认行为的遗传，即认为如果有什么与生俱来的行为的话，也只是有与生俱来的身体结构。斯金纳认为："在某种重要的意义上，所有的行为都是遗传的。因为行动着的有机体是自然选择的产物。操作条件作用也像消化或妊娠一样是遗传禀赋的一部分。问题不在于人是否有遗传禀赋，而在于如何去分析它。”①在认识到行为会受到个体先天的行为倾向和能力影响的同时，斯金纳还关注行为是如何由环境塑造的。因此，从这个意义上说，斯金纳不仅与华生的环境论有联系，而且还说明了新行为主义对学习中心性的强调。

斯金纳明确地将其取向标榜为“激进的行为主义”，这是一直伴随着其体系的标志。尽管华生和斯金纳之间存在着某些分歧，但是，他们都属于激进的行为主义，因为他们都认为根据有机体的外部事件完全可以解释行为。对华生来说，环境事件要么引起习得反应，要么引起非习得反应；对斯金纳来说，环境通过强化依随选择行为。对他们两人而言，在有机体内部发生了什么，相对来说并不重要。

60 多年来，斯金纳一直是一位多产而又活跃的行为主义辩护者。斯金纳对动物行为的实验研究也非常精细、彻底，精心构筑了其精确的操作行为主义体系，以达到客观分析和描述行为的目的。这些方法既为理论提供了令人信服的依据，又为心理学的研究展示了新的途径和手段。斯金纳与其他几位第二代行为主义一道，使心理学的研究更加精致、更加精确、更加科学。

斯金纳的理论给心理学带来了广泛、深远而长久的影响。单就学习心理学而言，斯金纳的影响也是首屈一指的。回顾 20 世纪对学习心理学有重要影响的心理学家，可以说是各领风骚。20 世纪头十年是桑代克，第二个十年是华生，第三个十年是巴甫洛夫，第四个十年是古斯里，第五个十年是托尔曼，第六个十年是赫尔。从 60 年代开始到整个 70 年代，是斯金纳及其追随者统治了学习心理学的领域，其统治地位跨越了两个十年，其影响力之大超过了赫尔在 50 年代所曾达到的高度。斯金纳的操作条件反射的基本观点在随后的 50 年里并没有发生根本的改变。然而，斯金纳的贡献远远超出了对动物学习的研究。事实上，他的操作条件反射研究的广泛结论已推动了大量的应用。

第二，拓展了心理学的应用领域。在现代心理学的整个历史中，我们已经见证，美国心理学家已感到证明其体系能够应用于提高大众福利的压力。这也是铁钦纳的心理学失败而机能主义和行为主义心理学普遍成功的一个原因。在这一点上，斯金纳所做的贡献在心理学史上是无可匹敌的。他在哈佛大学的早期研究产生了《有机体的行为》一书，在 20 世纪 50 年代的工作产生了《强化的程式》一书，这些都属于基础实验研究的范畴，然而其大量

① Skinner, B. F. (1974). *About Behaviorism*. New York: Alfred A. Knopf. Inc., pp. 43～44.

著作都旨在让世界相信，行为的实验分析是为人类未来谋幸福的唯一希望。当然，这也使斯金纳成为华生的真正继承人，华生也曾不遗余力地宣传行为主义的“完美世界”。强烈而坚定的鼓吹使斯金纳成为颇具争议性的人物，但这也促使其思想应用到了比托尔曼或赫尔曾设想过的更多的领域。

心理学的生命力就在于它的实际应用价值，这可以说是现代心理学家的共识。然而，第二次世界大战之前，西方心理学界的学者们热衷的却是在实验室里从事所谓的“纯心理学”研究，不大考虑研究结果的实际应用问题，甚至于认为如果从事应用研究或顾及研究结果的实际应用会降低他们的学术身价。斯金纳则是一位应用心理学知识的有心人和热心人。他对于把自己的行为强化理论应用于现实生活表现出了极大的热情。斯金纳致力于将操作条件反射应用于包括教育、语言学、发展、军事和临床心理学在内的广泛领域。

当他还在印第安纳大学时，斯金纳就因根据他的操作行为理论设计出了空气婴儿床而著名。空气婴儿床是一个光照适宜的大床，温度控制适宜，适合抚养儿童。斯金纳在《妇女之家》杂志上报告了自己的幸福经验，把他设计的婴儿床命名为“空气自动调节育婴床”。在养育其二女儿黛博拉期间，他使用了该床。他的女儿便在这种装置里长到二岁半。与养育她的艰难流言相反，斯金纳自豪地指出，他的女儿是个大学毕业生，还是一位有成就的艺术家。而且，斯金纳的大女儿朱莉、一位教育心理学家，在空气婴儿床中养育了斯金纳的孙女。而且此后，有许多的美国婴儿就是在这种小床里面长大的。

斯金纳还对儿童教育颇感兴趣。在观察到教育通常是不恰当结果的产物后，斯金纳提出了一种通过程序教学方法的解决之道。教学机器则是他的操作行为强化理论在教学中的具体应用。斯金纳对学校各科教学可能有用的各种强化依随进行分析，并且设计了一系列能够帮助教师为每个学生安排这种强化依随的教学机。1954 年春，在匹兹堡大学召开的一次“心理学的当前动向”会议上，斯金纳发表了题为《学习的科学和教学的艺术》的文章，并在会上做了教学机用教学程序(instructional program)教拼写和算术的演示，引起了强烈的反响，后来甚至在美国形成了教学机运动。斯金纳仍明显期望在近几十年能实现计算机辅助教学。他的程序教学激发其他研究者提出了创新性的教育方法。尽管有着诸如此类的教学法革新，斯金纳仍对美国的教育不满意。

也许斯金纳最不寻常的思想是他在第二次世界大战时期所谓的鸽子研究项目。第二次世界大战期间，他从政府获得了一笔适量的资金和各种私人资源，以探究导航系统的发展，即利用鸽子使导弹指向目标。和一组尽心尽责的学生一起，他能够训练鸽子啄取目标屏上的钥匙。当鸽子啄向目标时，导弹会改变导向，直到目标出现在屏幕的十字准线上。作为一项支持性的测验，每个导弹头锥都装了三只鸽子，每一只都有自己的目标。当然，鸽子只能飞一次。虽然斯金纳能够建立一个复杂的原型，并证明其有效性，但军队最终还是终止了这项研究。尽管如此，这次经历却让斯金纳深信，他的行为主义可以应用于实验室以外的广阔领域。斯金纳的思想还应用在了一个航空宇宙项目中，该项目送了两只会压杆的黑猩猩到宇宙中。

斯金纳还探讨了衰老过程。他和哈佛大学的同事玛格丽特·沃恩(Margaret Vaughan)于 1983 年合著出版了一本非技术性的名为《颐养天年》的著作。这本书包含了老年学所关注的话题，如饮食、锻炼、退休、健忘、感觉迟钝，以及对死亡的恐惧等一些实际建议和见解。

此外，斯金纳还有过在其他一些方面的应用研究。例如，在明尼苏达大学，他和同事曾研究过某些药物对操作性行为的作用。50 年代初，斯金纳还在哈佛大学医学院建立了一间研究精神病患者的操作行为的实验室等。

第三，立志改造社会的忧患意识。斯金纳在心理学领域已有了自己的理论建树以后，就立志要用自己的理论去解决当今社会的一系列根本问题，斯金纳公开谈论改造社会、控制人类的行为始于第二次世界大战末期。由于对自己的操作行为强化理论的正确性坚信不疑，也由于看到了社会存在的许多难以解决的问题，促使斯金纳想到把自己的理论用于社会的改造。这体现于他一系列的著作中。

他的小说《沃尔登第二》可以被认为是社会改造的第一部著作。斯金纳自己认为小说中描述的“沃尔登第二”这一臆想出来的乌托邦式的社会是社会行为控制的一个范例。他所要描述的是对一种可望实现的社会生活的设想，在那里对人的行为的控制是一种行为工程，人的行为都受到积极的正强化，人们生活在祥和、有序、安定的社会环境之中。后来，在《科学与人类的行为》一书中，斯金纳则是从理论视角分析人的社会行为控制的必要性和可能性。在《超越自由与尊严》一书中，我们则能深刻感受到这位学者的忧患意识。他说道：“在试图解决当今世界上我们所面临的难以应付的问题时……我们诉诸力量，而我们的力量就是科学与技术。为控制人口，我们寻求更有效的避孕方法。为核屠杀所威胁，我们建立更大的威慑力量和反弹道导弹系统。我们采用新的食品和生产它们的优良方法……但事与愿违，而且令人沮丧的是发现技术本身也越来越成问题了……单纯依赖物理学和生物学是无济于事的，因为答案在另一个领域里。"[1]斯金纳所说的"另一个领域"，指的是他的"行为技术"领域。他认为，只要遵循操作行为强化的原则，种种社会问题便可以得到解决。无疑他的愿望是美好和善良的，但可行性则是我们需要进一步评价的。

二、主要局限

第一，用行为取代心理，难以科学地揭示人类行为的原因。前文提到了斯金纳对破除之前心理学中的心灵主义的迷雾的积极贡献，然而可惜的是，他在推翻一种崇拜的同时，却又把行为主义举上了神坛，他设定的新行为主义的研究方法论无疑推动了对人的科学、精确的研究，但也逐步成为其无法摆脱的桎梏。斯金纳更是竭力反对研究有机体内部的过程，这使得他的立场似乎比华生更激进，因而他被指责研究的是空洞的有机体。无论是知觉、想象、思维还是情绪和动机，在斯金纳那里都被当成"行为"加以处理。只不过他使用了行为主义的术语对上述心理现象重新做了定义，使它们可以用自己的研究方略进行考察罢了，似乎只要这些心理现象一旦被打上"行为"的烙印，便可以科学无误地加以研究了，然而真的如此吗？甚至就在去世前几天的演讲中，斯金纳还在为行为主义做最后的辩护，而坚决反对认知心理学。[2]

我们以斯金纳对"知觉"的解释为例，在他那里知觉只是一些在环境控制下的认识世界的行为。显然，他把获得知觉的手段和知觉本身混为一谈了。知觉是人对客观世界的主观反映。人要获得这种主观反映，必须通过自己的实践活动。从这个角度来说，知觉不能离开人的行为。但不能把行为的结果和行为本身等同而论。这样做的结果，会把人的主观心理活动混同于客观的行为表现，从而有可能导致取消或回避心理学对人的内部心理活动的研究。随着现代认知心理学的发展，人本身的因素对知觉的重要作用逐渐凸显了出来，大量研究表明知觉者原有的经验、期望、反应倾向以及情绪、情感状态等都会对知觉产生深刻的影响。可见，斯金纳将知觉的结果和知觉时发生的行为混淆起来并不妥当。

对此，美国著名的心理学理论家查普林(J. P. Chaplin)和克拉威克(T.

---

① Skinner, B. F. (1971). *Beyond freedom and dignity*. New York: Alfred A. Knopf. Inc., pp. 9～10.

② Skinner, B. F. (1990). Can psychology become a scientific subject? *American Psychologist*, 45, 1206～1210.

S. Krawiec)评价指出："有的人对斯金纳整个体系的有效性提出怀疑，认为就我们的知识的目前状况而论，我们必须承认，至今仍难以做出明确解释的注意、心向、意志和反复无常对于实际行为有极大的影响，因此难以证明人的行为都合乎斯金纳法则。"①

斯金纳的行为分析一直被指控为对诸如自我、人格、认知、感觉、目的、创造力以及先天论等主题领域漠不关心。斯金纳也一直被谴责为提出了一种使得个体丧失人性的机械科学。此外，马奥尼(Michael J. Mahoney)还指责，激进行为主义对同时代心理学的偏执态度已危害到了其未来的发展，同时他还提倡对各思想体系进行调和，如果本学科要发展的话。

第二，片面夸大了环境的决定作用。斯金纳没有恰如其分地估价环境对人的心理和行为的作用，而是绝对化地夸大了这种作用。首先，斯金纳的行为环境决定论有可能导致取消对心理学的研究。他在 1974 年就说过："作为研究主观现象而有别于客观行为研究的心理学，将不是一门科学，也没有理由成为一门科学。"②此后的十多年间，他的把环境对行为的决定作用绝对化的观点受到了许多的批评。然而我们可以认为，心理学是以研究人的心理现象为己任的，而绝对的行为环境决定论基本上排斥了对人的心理的研究，所以说他有导致取消心理学研究的危险。其次，完全认为行为由环境所决定，否认人的思想意识的指导作用，这便意味着取消了人在主观方面对自己行为所负有的责任。斯金纳说道："正是环境对顺应不良的行为应负有责任，正是环境，而不是个体的品质必须被改造"，"如果我们不能因为一个人是畸形足而惩罚他，那么难道我们应该因为一个人容易发怒或对性强化有高度敏感性而去惩罚他吗?" ③然而，如此结论在很大程度上会导致伦理学上的困境以及社会管理的混乱。

第三，人与动物不分。不愿意区分动物和人的本质差别构成了斯金纳方法论的基础。在他看来，人和动物都是有机体，而有机体是按照某种情况重复某种操作行为的一种东西。他说："我们很难否认人是一种动物，虽然是卓越的动物。"④他甚至声称："人是一种比狗大得多的东西，但在科学分析

① Chaplin, J. P., Krawiec, T. S. (1979). *Systems and theories of psychology* (3rd ed.). New York: Rinehart and Wineton, p. 294.

② Skinner, B. F. (1974). *About behaviorism*. New York: Alfred A. Knopf. Inc., pp. 211.

③ Skinner, B. F. (1971). *Beyond freedom and dignity*. New York: Alfred A. Knopf. Inc., p77.

④ Skinner, B. F. (1974). *About behaviorism*. New York: Alfred A. Knopf. Inc., pp. 239.

的范围内，人和狗是一样的东西。”①他认为：“人类行为由于其复杂性、多样性以及较大的成就而与动物行为有区别，但是不能因此而认为两者的基本过程必然是不同的。科学从简单向复杂发展，它总是探究在某个阶段发现的规律和过程对另一阶段是否适用。在当今这一点上，肯定人类行为和较低种属的动物行为之间没有根本的差别是草率的；但是在对这两种行为等同对待以前，就肯定这两者有根本区别，同样是草率的……”②可见，斯金纳虽然承认人与动物的行为之间有差别，但差别仅仅表现在复杂性、多样性及成就大小上。这就完全把人降低到与动物相同的水平之上。由于撇开人类行为的所有主观方面而单从表面上看问题，便势必把人类行为和动物行为混而不分。

第四，反对理论倾向。斯金纳“开辟”了研究心理学的新道路，从而使他难以利用操作条件作用阵营以外的人所搜集的资料。他从根本上反对其他学习理论家易于接受的种种理论构思。斯金纳及其追随者觉得，没有必要来承担紧密协调他们和其他学习研究者的工作的责任（而且很遗憾，这种冷漠常常是相互的）。例如，斯金纳在他最系统的著作《科学与人的行为》中，根本没有文献引述；在学习理论中，他只提到具有名望的桑代克、巴甫洛夫和弗洛伊德。他的著作很少参考别人的实验研究，当然更没有参考任何在操作条件作用方法学之外所做的研究。

这种褊狭性，也表现在他创办并主编的《实验行为分析杂志》上，该杂志实际上是宣传操作条件作用运动的刊物。有一个研究分析了《实验行为分析杂志》(JEAB)上发表的文章的文献索引中的文献，以此作为什么文献被作者考虑到的一个指标。分析表明，在 JBAB 上几乎有 40％的引文利用了该刊先前发表的文章，类似的专业刊物《言语学习与言语行为杂志》引证自己的文章不到 20％。再者，在其他分析条件作用和学习的杂志上与 JEAB 上的文章成比例的引证，据近年来的统计，这几年实际上有些下降。这就倾向于创造成两个独立的阵营或“学派”，即操作条件作用学者与其他的学习心理学家。他们分道扬镳，在各自独立的领地上耕耘。

1950 年，斯金纳发表了一篇题为《学习理论是必要的吗？》③的论文。他的论述标志着行为主义的理论建构阶段的正式结束。斯金纳认识到了理论

---

① Skinner, B. F. (1971). *Beyond freedom and dignity*. New York: Alfred A. Knopf. Inc., p. 196.

② Skinner, B. F. (1953). *Science and human behavior*. New York: Macmillan, p. 38.

③ Skinner, B. F. (1950). Are theories of learning necessary? *Psychological Review*, 57(4), pp. 193～216.

建构尝试的弊端是，理论的不充分和对基于可疑的先验假设之上的行为科学的歪曲。他提出了一种以数据为指导的行为主义体系来取代这些理论。在斯金纳看来，当心理学的发展允许时，理论应该限于松散的、描述性的概括，而这些概括是通过依靠由实证科学方法所产生的事实得出的。

第五，对操作行为和应答行为的区分遭到了质疑。斯金纳和其他几位心理学家提出的操作行为和应答行为的区分，已经支配了学习理论约30年。这就是所谓两因素论，这个理论对两类反应提出了许多相似点。（据假定）腺体和内部器官的反应（应答行为）可以由下列共同点加以区分：(1)是由先天的、无条件刺激引起的；(2)是由自主神经系统控制的；(3)一般是"不随意的"；(4)是以由反应引起的反馈最少为特征的；(5)最重要的是，能以经典的方式形成条件联系，但不能以操作的方式形成条件联系。与此完全相反，外周横纹肌的反应（操作行为）可以由下列共同点加以区分：(1)常常是在没有可识别的刺激条件下发出的；(2)受中枢神经系统控制；(3)能"随意"控制；(4)以有独特的本体感受的反馈为特征；(5)能以操作的方式形成条件联系，但不能以经典的方式形成条件联系。

心理学家对这一概念的区分和这些相似点已作了深入考虑、批评和重新阐述。尤其在现在看来很可能的是，某些由自主神经系统中介的内脏反应，可以通过操作条件作用技术成功地得到改变。例如，干渴的狗为得到水喝，能学会分泌或停止分泌唾液；白鼠的肠子收缩如有正强化伴随，则可以学会对外部信号作肠子收缩反应。这些重要发现都涉及所谓不随意应答行为的操作条件作用。当前的结论是：这些资料表明，操作行为与应答行为的区分也许已经过时而成为无用的了。斯金纳主义者特雷斯为修改两因素论提出了有说服力的理由。

更深入的观察表明，经典的和工具的条件作用过程有明显的重叠。深入分析经典条件作用（如唾液条件作用范型）揭示，除了巴甫洛夫测量和强调的唾液分泌外，各种骨骼肌的反应即操作反应也与条件刺激形成联系，如指向食物槽，须先进行咀嚼运动，朝食盘低头等。同样，在工具性条件作用中，已经确定由强化物引出的反应成分也条件化了，并且在强化物前预先出现。例如，当狗为获得食物压杆几次以后，它将分泌唾液。这样看来，操作的和应答的行为似乎在两类实验中都可以形成条件联系。

三、主要影响

与托尔曼和赫尔不同，斯金纳从未当选过美国心理学会主席。他的研究很少在诸如《实验心理学杂志》这样的美国心理学会主流杂志上被引用。他吸引了许多热情洋溢的研究生，一些人一直是忠实的操作研究者，并分布在许多大学里，在这些大学仍存在一些真正的信仰者，但是斯金纳的激进行为主义是（并且仍是）偏离美国心理学主流的。今天，很少有心理学系有一两个以上的"操作"心理学家。斯金纳本人很关注其行为主义体系的寿命，害怕在其死后会衰落。早在 1974 年，他就写道，他觉得"缺乏年轻的操作训练者"，而且正值认知心理学"当道"之际，他们很难找到工作。但很显然，他对心理学的影响超过了托尔曼和赫尔，以及大部分在本书中提及的行为主义心理学家。

斯金纳的行为主义是 20 世纪影响最大的行为主义形式——至少在 20 世纪后半叶是如此——甚至在认知革命之后它仍然是很有影响的。沿袭斯金纳传统的研究者组成的学术组织行为分析学会（Association for Behavior Analysis）在不断发展壮大。大约有 20 几种学术杂志，或者发表基本的操作研究，如《行为的实验分析杂志》；或者发表以斯金纳的工作为基础进行的与临床有关的研究，如《应用的行为分析杂志》；或者发表与激进行为主义有关的理论文章，如《行为分析者》与《行为和哲学》。这些杂志仍然被阅读、引用，而且最重要的是仍然刊发新的研究。斯金纳的研究还通过其他的组织和方式产生着深远的影响，这仅仅是其中的几个例子。因此，斯金纳的遗产目前依然存在并且被保存完好。

斯金纳的体系是指向操作行为的实验研究，其得到的主要支持来自于学院心理学和应用领域，例如对智障者的训练、程序学习和行为疗法。美国大学的每个心理学系都会向学生传授对动物进行操作训练的经验，或者向他们示范。而且每本入门性心理学教科书都有关于操作条件作用的部分。行为分析已经成为美国心理学中的一个公共机构。斯金纳的一些研究为后人所引用，他关于鸽子的迷信行为的研究每年被无数的研究所引用。

在许多比较有影响的心理学家知名度调查中，斯金纳曾多次名列前茅，其影响甚至不亚于弗洛伊德。例如，在《普通心理学评论》上刊登的 20 世纪心理学知名度排名中，斯金纳名列第一位。[①] 1958 年，在斯金纳的努力下，《行为的实验分析杂志》创刊，该杂志的持续存在为斯金纳对学习心理学产生影响做出了独一无二的贡献。《行为的实验分析杂志》和《应用行为分析杂志》都是由斯金纳的操作取向占据主导地位，而且随着行为主义理论的发

① 孙晓敏、张厚粲：《二十世纪一百位最著名的心理学家（Ⅰ）》，《心理科学》，2003 年第 3 期，第 343 页。

展和普及，斯金纳方法论革新的重要性也得到了认可，并运用在了各种实验室和应用情境中。他的影响还进一步反映在专业机构上，如美国心理学会第 25 分会即行为分析分会。

斯金纳在推动心理学走进社会事务和社会实际、走向普通民众方面，给人们留下了深刻印象，取得了巨大成功。他致力于将操作条件作用原理应用于包括教育政策、语言学、个体发展、军事训练和临床治疗在内的许多领域。他的程序教学思想促进了教材编制的系统化、科学化，随着信息时代的来临和网络教学的普及，程序教学无疑对网络教学提供了有益的启迪；由行为控制技术而发展出的行为矫正方法，现已成为心理治疗中不可或缺的部分。斯金纳认为，如果我们根据行为分析的科学原则控制行为，我们就会终止污染，缓解人口过剩，改善环境，增进所有年龄群体的健康，消除战争，培养审美与艺术，发展出每个人都感到愉快的、有价值的职业，带来普遍的人类幸福和健康。有了行为的控制，我们不会成为机器人或受到其他人的支配，而是能够有一个更自由的世界。为了实现美好的社会，无效的积极强化物也需要被有效强化物代替。可见，斯金纳不仅在实验心理学领域作出了不朽的贡献，他在关乎人类福祉的临床心理学领域乃至社会控制方面都作出了积极的探索。

在他离开人世的前几天即 1990 年 8 月 10 日，美国心理学会将史无前例的心理学终生贡献奖授予斯金纳，嘉奖词如下：

“美国心理学会全体成员非常荣幸地表彰您终生对心理学和世界所做出的巨大贡献。几乎没有人能对这门学科产生这样一种强有力的、深远的影响。

作为一名具有创造力、远见卓识的科学家，您在心理学领域领导了一场突破性的运动，挑战了我们对行为的观点，激发了该领域的许多进展。您对强化依随的深刻分析，明晰地阐述了它对进化论和言语行为的意义，您对行为主义哲学的洞察力，您在研究方法论方面的革新，还有您的科学研究成果的广泛实际应用，在当代心理学家中是空前未有的。

作为心理学领域的一位先驱，您挑战了传统的思维方式。您的研究对于其他被您的思想所激励、并被激发以新的方式思考心理学问题的科学家和实践者来说，是一种催化剂。

作为一位知识分子的领袖，您提高了心理学的地位，并把它的思想氛围提高到了一个更高的水平。您卓有成效地提高了公众对心理学的意识及心理学对社会的影响。

由于对人类的状况超乎寻常的敏感性，加上严格的标准和一种广阔的视野，您为您的研究成果在临床心理学、教育、行为医学、智力落后、脑损伤以及无数其他领域中的创新性应用，奠定了基础。

作为一位世界公民，您为诸如伦理学、自由、尊严、管理以及和平等独特的人类事业，提出了富有创见的、经常引起争论的、并总是对之抱有同情心的洞察。您已经从根本上并永远地改变了我们对人类学习能力的看法。

因为这么多持久的贡献，美国心理学会的全体成员非常自豪地向您献上这一嘉奖。”①

① Editorial tribute. (1990) APA lifetime Award. Citation for Outstanding lifetime contribution to psychology: presented to B. F. Skinner, August 10, 1990. *American Psychologist*, 1990, 45(11), p. 1205.

第九章

新行为主义的新发展

到了 20 世纪 60 年代，在五位重要的新行为主义者或第二代行为主义者当中，古斯里、托尔曼和赫尔三位相继过世，尚健在的坎特和斯金纳仍在发展自己的学说。新行为主义者的继承者和发展者早在 60 年代之前就开始补充、拓展或系统化其前辈们的学说和思想，构成了新行为主义心理学的新发展。随着行为主义的哲学基础——实证主义和逻辑实证主义的动摇，新行为主义的继承者和发展者进一步在意识问题上作出退让，表现出向认知方向的转变。新行为主义新进展的理论特点有二：一是新行为主义的继承者和发展者很少有人坚持严格的行为主义立场。由于当时认知心理学已经开始兴起，致使他们不得不吸收认知心理学的研究成果，从而逐渐开始把行为主义与认知心理学相结合。当然，这种结合的范围和力度还远赶不上第三代行为主义者。二是新行为主义的继承者和发展者很少有人构建庞大的理论体系。他们大多数人只发展了其前辈理论的某个方面，从而建立了各种小型的理论模型。

第一节　新古斯里学派

新古斯里学派（neo-Guthrian school）学习理论是数学心理学。古斯里的方法推动了一些重要的数学学习理论体系的产生，尤其是埃斯蒂斯的理论，以及受埃斯蒂斯的启发由布什和莫斯特勒提出的学习理论的数学模型或随机模型（stochastical model）。他们的理论仅仅关注学习心理学的特定领域或主题，如选择、逃避等。因此，这些数学学习“理论”最多只配称为模型，而并不成体系。① 谢菲尔德捍卫并发展了古斯里关于强化的接近联合观点，拓展了古斯里理论的研究领域，沃克斯则将古斯里的接近联想理论进行了归纳和分类，使古斯里的理论更加系统和精确。

一、埃斯蒂斯：刺激抽样理论

1. 埃斯蒂斯的生平

威廉·凯·埃斯蒂斯(William Kaye Estes，1919—)是美国著名的心理学家和认知科学家，也是现代数学心理学(mathematical psychology)的重要奠基者。他主要研究人类和动物的学习，并提出了学习、记忆和决策的数学模型。

埃斯蒂斯于1919年6月17日出生在明尼苏达州的明尼阿波利斯市，1937—1940年在明尼苏达大学学习心理学。在他进入研究生院时，明尼苏达大学吸引来了雄心勃勃的年轻导师B·F·斯金纳。随后，埃斯蒂斯的研究迅速定位在学习理论方面，尤其是“行为的实验分析”。1943年，埃斯蒂斯在斯金纳的指导下获得博士学位。在大学期间，埃斯蒂斯也密切关注古斯里的著作，并深受其理论的影响。他认为，斯金纳和古斯里都敏锐地分析了行为的情境，并考察了为其他人所忽视的一些重要关系。②

1944—1946年，埃斯蒂斯服兵役。战后，他来到印第安纳大学任教，并成为一名心理学研究教授。1962年，埃斯蒂斯去了斯坦福大学。在这段时间，埃斯蒂斯从刺激—反应模式进入信息加工模式，成为为数不多的在心理学理论中，既重视刺激—反应方法又重视信息加工方法的心理学家。③ 1968年，埃斯蒂斯来到洛克菲勒大学，得到了学院的大力支持，建立了数学和认知心理学的实验室。这种有力的支持使埃斯蒂斯成功地由早期的传统学习理论转入到新的认知心理学和信息加工的主流。1999年，埃斯蒂斯又回到了印第安纳大学，成为心理学系和认知科学研究所的著名学者。

1962年，埃斯蒂斯获得美国心理学会颁发的杰出科学贡献奖，1963年

---

① Sahakian, W. S. (1976). *Introduction to the psychology of learning*. Chicago: Rand McNally College Publishing Company, p. 57.

② Estes, W. K. (1989). *William K. Estes*. In: Lindzey, G. (Eds.). *A History of Psychology in Autobiography* (Vol. Ⅷ). Stanford, CA: Stanford University Press, p. 105.

③ Estes, W. K. (1982). Models of learning, memory, and choice. (Centennial psychology series) New York: Praeger, p. 340.

当选为国家科学院院士，同年获得了实验心理学家协会华伦奖章。1992年，获美国心理学基金会心理科学方面的终身成就金质奖章。1997年，埃斯蒂斯被授予全国科学奖章，该奖项被认为是国家科学基金会授予的最高荣誉。他在20世纪一百位最著名的心理学家排名中名列第77位。①

1958—1962年，埃斯蒂斯担任《实验心理学杂志》的副主编；1963—1968年，他担任《比较心理学与生理心理学》杂志的主编；1977—1982年，他担任《心理学评论》的主编；从1990—1994年，他担任《心理科学》的第一主编。除此之外，1975—1978年，埃斯蒂斯还编辑了6卷本的《学习和认知过程手册》。

埃斯蒂斯是创立数学心理学的重要人物，是学习的数学理论领域中最璀璨的一颗明星。他提出的刺激抽样理论（stimulus sampling theory，SST）可以说是该领域中最有影响的理论之一。古斯里的理论主要是通过埃斯蒂斯提出的学习和记忆的数学模式而得以保存下来。②

2. 刺激抽样理论

刺激抽样理论是埃斯蒂斯于1950年提出的学习的数学理论。刺激抽样理论是"刺激—反应"的联想主义的一种形式，它是试图对古斯里的学习理论进行量化的产物。埃斯蒂斯认为，有机体的学习是用新的适应性行为来应对刺激情境。在这个刺激情境中，个体以前的行为是不恰当的，强化决定了在特定情境中什么行为是恰当的。埃斯蒂斯接受经验的效果律，即强化物强化并引导行为，但他又认为，任何一个具有奖赏功能的强化事件都具有满足动机和表达信息的双重功能，奖励并不仅仅起到降低驱力的作用。

刺激抽样理论十分明确地把学习和操作看作是一个随机的过程，也就是可以用概率论加以分析的序列。例如，在学习实验中，让白鼠学习在T型迷津中向左拐，我们可以把白鼠的一系列尝试反应（如向左或向右拐）看作随机的过程。通过多次实验，会产生一个正确（C）和错误（E）的序列，如ECEECECCC……（其余全是C）。在这样的学习实验中，每一个被试都会产生这样的序列，而且彼此各不相同。埃斯蒂斯认为，被试每一次产生的行为是由许多各不相同又不可预测的元素决定的，因此，我们能做出的最好的行为预测其实是一种概率的预测。也就是说，我们并不说"这次尝试中白鼠将向左拐"，而是说"它有百分之八十的可能将向左拐"。因此，对被试行为的预测也就是对被试在每一次尝试中，可供选择的几种反应中的每种反应发

① 孙晓敏、张厚粲：《二十世纪一百位最著名的心理学家（Ⅱ）》，心理科学，2003年第3期，第525页。
② 赫根汉著，郭本禹等译：《心理学史导论》，华东师范大学出版社2004年版，第665页。

生的概率的预测。因而，学习的数学理论中的主要因变量就是被试在某一时刻各种反应发生的概率。

刺激抽样理论提出的基本假设有：

假设Ⅰ 学习情境是由大量但却限定的刺激元素构成。这些刺激元素包括许多实验事件，如灯、蜂音器、在记忆鼓中呈现的言语材料、斯金纳箱中的杠杆或T型迷津中的跑道，也包括可变化的刺激或暂时的刺激，如实验者的行为、温度、房间内外的额外噪音，以及实验被试的内部条件，如疲劳、头痛等。我们把所有由这些刺激元素构成的全域称为刺激情境，用 S 表示。在每一次实验中，被试都从刺激情境中抽取一小部分刺激元素作为积极元素来做出反应。

假设Ⅱ 埃斯蒂斯把在学习实验中所有可能的反应分为两类：一类是实验者感兴趣的反应，也就是“正确的”反应，被称为 A_1 反应；除 A_1 反应之外的所有其他反应都被称为 A_2 反应。在两者之间没有过渡等级：一只动物或者做出条件反应或者没做出条件反应；学生或者正确地背诵了无意义音节或者没有正确地背诵出来。

假设Ⅲ S 中的所有元素或者与 A_1 联系，或者与 A_2 联系。因而，这是一个全或无的情境：S 中的所有刺激元素或者与期望的反应（A_1）形成条件作用，或者与无关的反应（A_2）形成条件作用。在实验的开始阶段，几乎所有的刺激都会和 A_2 形成条件作用，并会引发 A_2 反应。例如，在实验的早期阶段，老鼠不是去压杠杆，而是做出许多其他的行为。“正确的”反应只有在与实验情境中的刺激形成联系后才会稳定地出现。

假设Ⅳ 学习者对 S 的学习受自身能力的限制，因此，在任何一个学习实验中，学习者只能抽取刺激情境中很小的一部分刺激。埃斯蒂斯假定抽取的样本的大小在整个实验过程中保持不变。θ（theta）表示一次尝试中每一元素被抽取的概率。例如，如果一个实验情境的全域中包含14个刺激元素，每次抽取的样本中包含4个元素，则每一元素被抽取的概率 θ 为 4/14，即为0.29。埃斯蒂斯假设抽样是替换进行的，也就是说，每次实验后，θ 中的元素再次回到 S 中。因此，在某一特定实验中被抽取的元素，在随后的实验中仍有可能再次被抽到。

假设Ⅴ 当一个反应发生后，一次学习尝试就结束了；如果 A_1 反应中止了一次尝试，那么 θ 中的刺激元素就与 A_1 反应形成条件作用。随着 S 中与 A_1 形成条件作用的元素数量的增加，θ 中包含的与 A_1 形成条件作用的元素的概率也会增加。因此，随着学习尝试的进行，引发 A_1 反应的倾向会随时间而增加，而且最初与 A_2 形成联系的元素会逐渐与 A_1 形成联系。这就是埃斯蒂斯所说的学习。在任何特定时刻，系统的状态(state of the system)就是与 A_1 和 A_2 反应形成联系的元素之比例，它会随尝试的进行而变化。

假设Ⅵ 因为在一次尝试之末 θ 中的元素会回到 S 中，并且在学习尝试的开始阶段，θ 的抽样在本质上是随机的，所以，S 中与 A_1 形成条件作用的元素的比例会在每一次新尝试之初的 θ 中的元素比例中反映出来。如果 S 中没有元素与 A_1 形成条件作用，那么 θ 就不会包含任何与正确反应形成条件作用的元素。如果 S 中有 50%的元素与 A_1 形成条件作用，那么从 S 中随机抽样的 θ 中就应该有 50%的元素将与 A_1 形成条件作用。

在一次学习尝试中，究竟是什么决定发生的是 A_1 反应还是 A_2 反应？我们还以假设Ⅳ中的例子为例，即一个全域包含 14 个刺激元素的实验情境，每次抽取的样本中包含 4 个元素。如图 9－1 所示：

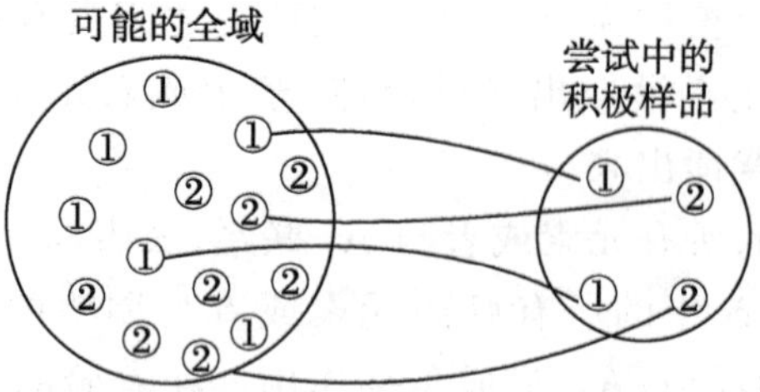

图 9－1 一次尝试中积极刺激元素随机抽样示意图①

我们用小圆圈表示刺激元素，用数字 1 或 2 分别表示学习尝试之初与 A_1 反应或 A_2 反应相联系的元素。从图 9－1 中可以看出，每一元素被抽取的概率 θ 为 4/14，即为 0.29。在全域中，与 A_1 反应联系的元素的比例为 6/14，即为 0.43。刺激抽样理论认为，A_1 反应的发生概率与学习尝试之初 θ 中与 A_1 形成条件作用的刺激元素的比例相等。因此，在此次尝试中，A_1 反应的发生概率为 2/4，即为 50%。刺激抽样理论还认为，每一个刺激元素都是和一个反应相联系的。在上例中，我们假设反应只有两种选择，即 A_1 反应和 A_2 反应，因此，全域中有些元素同 A_1 反应相联系，另一些元素同 A_2 反应相联系。埃斯蒂斯认为，一个单一的要素与一个反应之间的联系是单一而牢靠的，没有程度上的差别。那么，在任意一时刻，只要我们列出各种刺激元素，以及与每一刺激元素相联系的反应，我们就能够刻画出系统的状态来。由于各种反应发生的概率是由系统的状态决定的，因此，我们只要描述

① 转引自鲍尔、希尔加德著，邵瑞珍等译：《学习论》，上海教育出版社 1989 年版，第 349 页。

出系统的状态，就可以预测出反应概率。而不必知道诸如哪些要素与哪些反应相联系的细节。

刺激抽样理论假设每一个 θ 都是从 S 中随机抽取的。因此，如果 θ 中的所有的元素都与 A_1 形成条件作用，那么反应发生的概率就是 100%。如果 θ 中只有 75%的元素与 A_1 形成条件作用，那么我们就可以预期大约有 75%的次数发生 A_1 反应，25%的次数发生 A_2 反应。如果用 P 来代表与 A_1 反应相联系的那部分要素的概率，$1-P$ 则代表其余的与 A_2 反应相联系的要素的概率。在这种情况下，我们对系统的描述就归结为一个数字 P。

运用上述假设，我们可以推导出一个概括埃斯蒂斯所认为的学习过程的数学表达式：

第一，在任何尝试 n 中，A_1 反应的概率（P_n）都等于此次尝试中与 A_1 相联系的元素的比例（p_n）：

$$P_n=p_n \tag{1}$$

第二，从假设Ⅱ中可以推导出，所有元素都是 A_1 元素（即概率为 p）或 A_2 元素（即概率为 q）。而且这些构成了情境中 100%的元素：

$$p+q=1.00 \tag{2}$$

所以，

$$p=1.00-q \tag{3}$$

第三，从假设Ⅴ中可以推导出，在任何一次尝试 n 中没有与 A_1 形成条件作用的元素（用 q 表示）一定是那些在第一次尝试之前没有与 A_1 预先形成条件作用，以及在先前的任何尝试中都没有与 A_1 形成条件作用的元素。在任何尝试 n 中，一个元素在尝试 1 中没有预先形成条件作用的概率是（$1-P_1$）。同样，在任何尝试 n 中，一个元素在先前的尝试中没有与 A_1 形成条件作用的概率是 $(1-\theta)^{n-1}$。两个事件一起发生的联合概率（即既没有预先形成条件作用且到目前尚未形成条件作用的元素的概率）是它们各自概率的数学乘积，因此，

$$q=(1-P_1)(1-\theta)^{n-1} \tag{4}$$

第四，从(3)的替换中，我们得到

$$P_n=1-(1-P_1)(1-\theta)^{n-1} \tag{5}$$

我们再以狗学习听到铃声后分泌唾液为例具体地说明上述推导出来的学习方程。如果狗听到铃声后分泌唾液，就是做出了我们所谓的 A_1 反应，如果没有分泌唾液就是做出 A_2 反应。我们用图 9—2 中的白色圆圈代表与发出铃声相对应的潜在的刺激元素的全域。第一次用铃声作实验，抽取了五个刺激要素，狗对铃声没有分泌唾液，然后给予食物，使狗在结束实验时

分泌唾液，也就是做出 A_1 反应。这样，在抽样元素与唾液分泌（A_1 反应）之间建立了联系。我们把这五个刺激元素涂成黑色，表示它们现在转而与唾液分泌（A_1 反应）建立联系。再将这五个与 A_1 反应相联系的刺激元素放回原来的刺激全域中，并同其他白色圆圈混合在一起。在第二次实验中，又随机抽取五个元素，碰巧此次的五个元素中有一个黑圆圈和四个白圆圈。根据刺激抽样理论的原则，此次实验对铃声分泌唾液的条件反应的概率为 1/5，即 0.2。在这次实验结束时给予食物，使抽样元素与唾液反应发生联系。在第二次实验结束时，有四个白圆圈变成黑圆圈。第二次实验中抽样的圆圈再放回原来的全域中。在第三次实验中，随机抽取的五个元素中，有三个黑圆圈（即与 A_1 反应相联系的三个要素）和两个白圆圈（即与 A_2 反应相联系的要素有两个）。这样，听到铃声后产生唾液反应的概率为 3/5，即为 0.60。在这次实验结束时，只有两个要素与 A_1 反应建立联系。如图 9－2 所示：

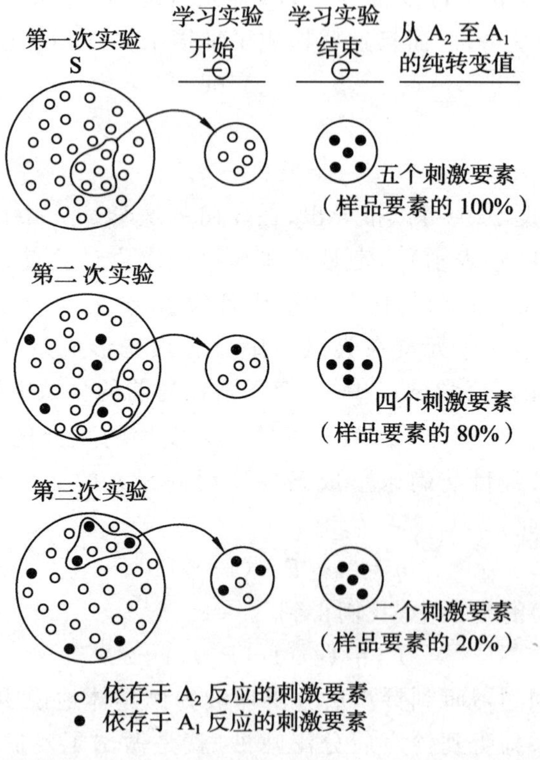

图 9－2　埃斯蒂斯关于刺激元素怎样从无条件状态转变为条件状态的模型①

① 转引自鲍尔、希尔加德著，邵瑞珍等译：《学习论》，上海教育出版社 1989 年版，第 353 页。

从图 9－2 中我们可以看出，每次实验开始时，与 A_1 反应相联系的元素在全域中的数目分别为 0，5，9，在第四次实验开始时它将是 11。因为整个全域共有 32 个元素，所以与 A_1 反应相联系的元素在四次实验开始时所占的比例分别为 $P_1=0/32=0$，$P_2=5/32=0.16$，$P_3=9/32=0.28$，$P_4=11/32=0.34$。与 A_1 反应相联系的刺激元素的总数随实验次数的递增而增加，但增加的幅度却变得越来越小。换句话说，如果一条学习曲线在开始的几次训练实验中上升得快，而在后来的实验中上升得越来越慢，我们就说这条曲线是负加速的。方程 $P_n=1-(1-P_1)(1-\theta)^{n-1}$ 所描述的函数 P_n 实际为第 n 次实验的负加速函数。如图 9－3 所示：

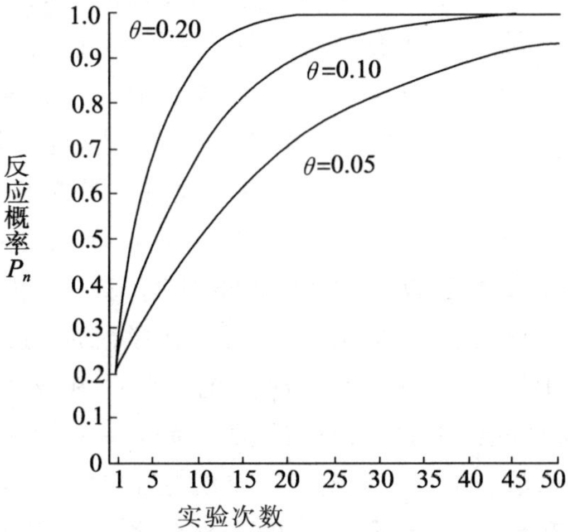

图 9—3　方程 $P_n=1-(1-P_1)(1-\theta)^{n-1}$ 所描述的函数 P_n。此处 $P_1=0.20$，θ 的值分别为 0.05，0.10，0.20①

刺激抽样理论可以用来解释泛化、消退和自发恢复的过程。刺激抽样理论表明，古斯里的理论虽然看似简单，实际上却非常复杂。刺激抽样理论有效地解决了这种复杂性，并开展了一种富有启发性的研究方案。古斯里的接近律一直处于埃斯蒂斯理论体系的核心地位。②

二、布什和莫斯特勒：学习的随机模型

1. 布什和莫斯特勒的生平

罗伯特·布什（Robert R. Bush，1920—1972）于 1920 年 7 月 20 日出生

① 转引自鲍尔、希尔加德著，邵瑞珍等译：《学习论》，上海教育出版社 1989 年版，第 354 页。
② 赫根汉著，郭本禹等译：《心理学史导论》，华东师范大学出版社 2004 年版，第 652 页。

在美国密歇根的艾尔比奥。他最初在密歇根州立大学学习电气工程专业，1942年获得理学士学位。随后来到普林斯顿大学RCA实验室工作，学习物理学，并于1949年获得哲学博士学位。同年，美国全国科学研究委员会(NRC)和社会科学研究委员会(SSRC)共同为博士后研究人员提供机会，便于自然科学家接受社会科学的训练，以及社会科学家接受自然科学的训练，布什则获得了为期两年的这次研究机会，到哈佛大学社会关系学系，在统计学家莫斯特勒(F. Mosteller)的指导下学习。[①] 莫斯特勒为布什提供了三个可以接受的研究领域：① 研究小群体的问题解决，② 借助于理论与实验寻找各种心理量表编制方法之间的关系，③ 提出学习的数学模型。[②]

除了研究之外，布什还是一个优秀而又热心的教师。1953年，他在达特茅斯学院为社会科学研究委员会对社会科学家进行的数学训练讲课，并为将数学方法运用于社会科学做出了重要贡献。[③] 他培养出了许多博士，同时，他还是一个天才的管理者。20世纪50年代，他协助组织并领导了主要在哈佛大学举办的一系列暑期讲习班。他的这些工作催生了许多年轻的科学家，生发了一些研究和著作，并使《数学心理学杂志》得以创刊。1955年，布什与莫斯特勒合作出版了《学习的随机模型》[④]一书。1956年，他离开了哈佛大学，成为哥伦比亚大学纽约社会工作学院应用数学系的副教授，极大地拓宽了其关于社会学和心理学应用的知识。在这期间，布什与加兰特尔(E. Galanter)和卢斯(R. D. Luce)经常在周末聚在一起做研究，并萌生了一个未必可能的想法，即布什要成为宾夕法尼亚大学心理学系主任。结果，布什如愿以偿。在他的领导下，宾大的心理学系日益强大，而且直到今天这里的心理学系仍然很出色。布什的巨大成功证明了其冒险是正确的，也会让很多人期待他在管理岗位上不断高升，但是他很讨厌那些繁文缛节。1968年，他来到哥伦比亚大学做心理学系主任。其中的部分原因是出于他对芭蕾舞的热爱，特别是他投资赞助了美国芭蕾舞剧团。在这之后的四年中，他一边经受着管理中的犹豫不决带来的挫败感，一边忍受着身体的每况愈下。1972年1月4日，布什在纽约市去世。

---

① Luce, R. D. (2005). *Bush, Robert R*. In: Everitt, B. S., Howell, D. C. *Encyclopedia of Statistics in Behavioral Science*. John Wiley & Sons, Ltd., Chichester, 1, pp. 189～190.

② Mosteller, F. (1974). Robert R. Bush: Early Career. *Journal of Mathematical Psychology*, 11, pp. 163～178.

③ Mosteller, F. (1974). The SSRC's role in the rise of applications of mathematics in the social sciences in the United States of America. *Items*, *Social Science Research Council*, 28, 17～24.

④ Bush, R. R., Mosteller F. (1955). *Stochastic Models for learning*. New York: Wiley.

查尔斯·弗雷德里克·莫斯特勒(Charles Frederick Mosteller,1916—2006)是20世纪统计学领域的杰出人物,于1916年12月24日出生在美国西弗吉尼亚州的克拉克斯堡。莫斯特勒的童年大部分是在匹兹堡地区度过的,他在那里读了仙蕾中学(Schenley High School),之后进入卡内基工学院,也就是今天的卡内基梅隆大学。刚进大学,他就对数学以及如何用公式表达问题感兴趣。这种倾向使得他在统计学家奥尔兹(C. Olds Edwin)的指导下进入了概率和统计学领域。1939年,莫斯特勒在卡内基工学院获得理学硕士学位,之后进入普林斯顿大学跟随统计学集大成者、数理统计学之父威尔克斯(Samuel Stanlep Wilks)攻读博士学位。在这期间,他除了参加威尔克斯等人的战时研究小组之外,还协助威尔克斯做《数理统计学年鉴》的编辑工作。①

1946年莫斯特勒获得了博士学位之后很快就来到了哈佛大学,他的整个学术生涯都是在这里度过的。当年他成为社会关系学系主任,1951年成为数理统计学教授,1957年创办了哈佛大学统计学系,并于1957—1969年期间担任系主任一职。后来,他在公共卫生学院的生物统计学系和卫生政策与管理系担任系主任。他对这四个系的发展做出了巨大贡献。他在《国际卫生保健技术评价》(*International Journal of Technology Assessment in Health Care*)杂志发表了许多富有创造性的文章,对于治疗及其结果评价技术的发展做出了极其重要的贡献。② 1987年莫斯特勒退休,但仍在统计学系工作,继续像往常一样进行一系列跨学科的研究计划。2003年底,他正式离开了哈佛大学,到华盛顿安居。2006年7月23日在弗吉尼亚州的福尔斯彻奇去世。他是一个杰出的顾问和榜样,对统计学、教育、教育政策以及卫生学研究做出了不可磨灭的贡献。

2. 学习的随机模型

布什—莫斯特勒随机的学习模型(Bush-Mosteller stochastic learning model)是学习理论在数学方面的发展,其主要借助于概率理论,试图描述在人类和动物身上所做的大量实验。"随机"(stochastic)是指有些类型的事件发生的概率不断变化。随机理论(stochastic theory)认为,随着事件发生次数的不断增加,其结果会越来越接近于真实概率。例如,掷硬币时出现正面

---

① Fienberg S. E. (2006). *Frederick Mosteller—A Brief Biography*. In: Fienberg, S. E., Hoaglin D. C. *Selected Papers of Frederick Mosteller*. Springer New York. p. 1.

② Hedley-Whyte J. (2007). Frederick Mosteller (1916—2006): Mentoring, A Memoir. *International Journal of Technology Assessment in Health Care*, 23(1), pp. 152～154.

或反面的概率各是50%。在现实中可能不会是这个概率,但是掷硬币的次数越多,其概率就会越接近50%。

布什—莫斯特勒随机模型的主要特征是,对单个被试的尝试—尝试适应反应(trial-by-trial adjustment response)概率。这主要是通过运用到概率上的算子(operator)来实现的,而概率有赖于每次尝试的结果。算子描写了尝试—尝试学习的描述性特征,即发生的正确反应的概率或可能性的变化。从非学习状态到学习状态,这其间存在无数层级,所发生的学习是一个逐渐增加的过程。数学算子是一个常量,是加在每次尝试上的增量,它能增加概率。

根据随机模型,学习不是按照决定论曲线(deterministic curves)发展的,而是一个随机的过程,在其性质上是不稳定的。学习曲线仅仅单方向地向上增长,随着练习的增多,当它们达到最好的可能表现时,曲线最终趋向于渐近线或上限。最后,当序列接近其真实概率即渐近线时,它就不可能再有更大的进步,就像在掷硬币时其概率达到50%。学习曲线的单方向意味着学习的获得是一个不断增加的过程。例如,学习单词表呈现出一个向上的过程,虽然是不稳定的,因此在某些测试中回忆的单词较多,而在有些测试中回忆的单词较少。然而,其趋势都是单向向上接近渐近线上限的,尽管偶尔在后面的测试中比在先前的测试中能够记住的单词更少。

按照随机学习理论,动物和人类的学习过程通常都被分析为对许多选择对象做出一系列选择的过程。鉴于选择序列的不稳定性或反应概率的尝试—尝试变化特征,反应也受到概率的控制。因而,行为与某种随机过程是一致的。

随机模型被用到了天堂鱼实验中。尽管鱼有两种选择——游向右边或游向左边,但是它游到其中的某一边将会有75%的概率获得鱼子酱奖励,而游到另一边则有25%的概率获得奖励。因此鱼面临四种可能性:① 游到右边有奖励;② 游到右边没有奖励;③ 游到左边有奖励;④ 游到左边没有奖励。在某一边获得的奖励被认为能够增加向那个方向反应的可能性,最后养成向那个方向游去的习惯。基于信息论(information theory),在随后的尝试中鱼很有可能不会游向未获得奖励的那一边;赫尔的习惯理论或次级强化假说表明,鱼会游向最有可能获得强化或习惯强度更大的一边。

采用的公式不同,这四种结果的数学算子就会不同。假设在这个实验中的某个特定时期,鱼选择右边并游向右边的概率是 p:如果鱼选择了右边并获得了强化奖励,那么下一次尝试时鱼选择游向右边的概率就增加了。根据随机模型,布什和莫斯特勒认为:“选择右边的新概率表示为 $\alpha_1 p+1-$

α_1。α_1 是适合这个特定结果的学习参数，它的取值范围是 0—1 之间。如果 $p=0.4$，$\alpha_1=0.8$，那么新的概率就是 $0.8\times0.4+1-0.8=0.52$。如果选择了左边并得到奖励，那么选择右边的新的概率就会更小。而且，从实验的对称性来看，在左边学习的比率与在右边学习的比率相等。结果，$\alpha_1 p$ 使向右转的概率适当减小（在 $\alpha_1 p$ 与 $\alpha_1 p+1-\alpha_1$ 之间的代数不对称来自于这一事实，即我们是从向右转的概率的角度来讨论这个问题，而不是从对刚选择的一边的概率之影响的角度讨论问题）。当我们假设在右边没有强化时，消退理论模型表明，在下次尝试时选择右边的概率减小（$\alpha_2 p$）。习惯形成或次级强化理论表明，选择右边的概率会增加，只是增加的量比有奖励时肯定要小（$\alpha_2 p+1-\alpha_2$）。”①

该问题存在着各种可能性。需要指出的是，选择强化—消退模型还是习惯形成模型，从长远来看大不一样。然而，前者意味着鱼从来不会稳定在其中某一边，从后者却可以推论鱼将稳定在两边中的一边。但是奇怪的结果是，当某些鱼稳定在它们偏好的一边时，另一些鱼则游向相反的一边。强化模型预测，尽管不能固定在某一边，鱼最终还是游向概率最高的一边，没有奖励往往会降低向不喜欢的方向反应的概率。

布什—莫斯特勒模型与埃斯蒂斯的模型的主要区别是：前者是算子模型（operator model），埃斯蒂斯的模型则是状态模型（state model）。根据埃斯蒂斯的模型，只存在两种状态，即未习得状态与习得状态，该模型属于学习的全或无理论的古斯里传统。

算子模型的名称来源于数学算子或运算，由布什和莫斯特勒开创，试图从数学上追踪、计算、记录反应概率的确切变化。在只存在两种选择的情况下，有 50％的概率学习正确的反应。一旦学习发生了，概率就从 0.50 增加到 1.00（概率从 50％变为 100％也就是事件已经被学会）。算子模型假设，从零学习（zero learning）状态（即学习还没有开始的状态）到学习状态，存在着从 0（没有学习的状态）到 1（学习已经产生效果）的延续增加的系列渐变。每一次尝试学习问题时，都会增加反应的概率。例如，如果每次尝试的概率 θ 是 0.04 即 4％，那么在第一次尝试学习之后，概率应该从 0.50 增加到 0.52。因为根据该理论当个体开始学习时的机会概率是 50％，第二次尝试或理解或解决问题应该再次增加 0.02，这样就使获得或习得经验的总和达到 0.54；如此反复，即每次尝试之后都增加 0.02。从这个例子中可以看出，

① Mosteller, F. (1958). Stochastic models for the learning process. *Proceedings of the American Philosophical Society*, 102, p. 53.

数学算子是常量的和 0.04。每次尝试之后它都加在累积总和中。每次学习情境的常量不一定都是 0.04，在这个例子中它可以大于或小于 0.04。

布什—莫斯特勒随机模型不像古斯里的模型或其他在马尔可夫模型(Markov model)序列中的其他模型那么成功。即使他们在 1955 年出版了著作《学习的随机模型》，布什和莫斯特勒仍被质疑他们的模型除了“配合曲线”外是否还有其他作用。更糟糕的是，还存在另外一个问题，即数学模型对学习心理学究竟是否有意义。① 不管怎样，布什—莫斯特勒学习的随机模型为我们理解学习的本质提供了一种独特的视角。

三、谢菲尔德对古斯里理论的发展

弗雷德里克·杜安·谢菲尔德(Frederick Duane Sheffield，1914—1994)于 1914 年 6 月 6 日出生在华盛顿的安吉利斯港，1937 年和 1940 年在华盛顿大学先后获得理学学士和理学硕士学位。在华盛顿大学，由于著名的学习理论家古斯里的指导，谢菲尔德与联结理论结下了不解之缘。1946 年，他在耶鲁大学获得哲学博士学位。1947 年，谢菲尔德接受邀请来到耶鲁大学任教，在那里他度过了其后的学术生涯。1951 年，谢菲尔德在《心理学评论》上发表了《学习理论中的联结原理》一文，从此他成为古斯里联结理论公开指定的继承者。1961 年，谢菲尔德发表了他的最后一篇独立论文，将联结原理运用于知觉学习。此后，他将主要精力和热情投入到讲授统计学课程以及指导研究生做研究上面。1994 年 1 月 10 谢菲尔德去世。②

谢菲尔德对古斯里学派做出的贡献主要体现在两个方面。第一，谢菲尔德提出了关于驱力的诱导理论。为了捍卫古斯里关于强化的接近联合观点，批评赫尔学派早期坚持的关于强化的驱力刺激减弱的观点，谢菲尔德和罗比(Thornton B. Roby)设计了一个实验，其中使用一种有甜味但无营养的物质作为工具性学习的强化物来观察动物在学习中的反应。结果发现，尽管动物不可能由该强化物的使用而解除饥饿，但动物确实在以此为强化的三种不同情境中都发生了学习。对此，谢菲尔德的结论是，如果强化为学习所必需，那它也不是以需要减弱的形式起作用的，而是以强化物被消耗所激起的兴奋的形式起作用的。进一步说，强化是诱因而非满足物，其诱导作

① Sahakian, W. S. (1976). *Introduction to the psychology of learning*. Chicago: Rand McNally College Publishing Company. pp. 65～67.

② Campbell, B. A., Ellison, G. D. (1997). Frederick Duane Sheffield (1914—1994). *American Psychologist*, 52(1), p. 67.

用源于刺激未能满足而激起兴奋，正是完成目标物的动作使刺激得以满足，兴奋降低，这才是强化发生作用的关键因素。这样一来，谢菲尔德以实验证实了赫尔强化理论的局限性，坚持了古斯里的强化理论，即强化的作用是保护学习免于被破坏，而不是加强先前反应的理论，而且又进一步说明了强化的接近联想原理是怎样起作用、为什么起作用的问题，以此发展了古斯里的理论。

第二，谢菲尔德提出了“感觉反应”(sensory response)或称“表象”的概念，用以解释复杂的序列课题的学习。他先是假定感觉反应是关于外部刺激模式的内部代表，它服从于因接近而联合的原则，并且同时具有线索和反应的属性，即：“一个感觉反应不仅能与一个线索联合，而且它也是与其他反应相联合的一个线索。”①与古斯里的反应概念不同的是，这种反应位于中枢，不需要有动作成分。谢菲尔德举例说，学生在学习汽化器内部结构的过程中，往往通过拆卸和装配等学习手段习得关于汽化器各内部结构成分的个别感觉反应，它们因“交叉条件作用”而接近联合，于是学生最终形成了该汽化器内部结构的一整套感觉反应序列。谢菲尔德的解释似有坚持“观念的联合”的味道，但却为古斯里理论解释表象的联合提供了新颖的视角，也拓展了古斯里理论的研究领域。

四、沃克斯对古斯里理论的系统化

1. 沃克斯的生平

威吉尼亚·沃克斯(Virginia W. Voeks，1921—1989)于1921年出生在伊力诺伊州的香槟，当古斯里在华盛顿大学势头正劲时，沃克斯在那里学习。1943年，从华盛顿大学获得了文学学士学位之后，她来到耶鲁大学，并受到了赫尔的影响。1947年，沃克斯从耶鲁大学获得哲学博士学位，随后回到华盛顿大学担任助教。从1949年开始，她在圣迭戈州立大学任职，担任心理学教授，一直到1971年退休。

沃克斯的主要贡献是将古斯里的接近联想理论进行了归纳和分类，并对理论中的核心概念予以明确定义，最终形成了包括联结原理、新近性原理、反应概率原理和动力情境原理的四大公设，以及详细阐述刺激与反应之间的复杂联系的八大定理，使得古斯里的理论更加系统和精确。

① 转引自鲍尔、希尔加德著，邵瑞珍等译：《学习论——学习活动的规律探索》，上海教育出版社1987年版，第150页。

2. **对古斯里理论的系统化**

古斯里在解释学习现象时，仅仅寄希望于唯一一条原理——接近律，但他也没有对这条原理进行具体化和可操作化的推论。因此形成了鲜明的对比，一方面是理论显得很简洁，另一方面是学习现象显得很复杂。这导致了其理论在解释学习现象时过于概括和模糊而削弱了其解释力。另外，正如古斯里自己承认的那样，他的学习原理过于概括而很难对其进行实验检验。

为了克服上述缺陷，古斯里的学生沃克斯对古斯里的理论进行了归纳和分类，做出了具体而明确的阐述，以便于对其进行实验检验。沃克斯的归纳和分类包括四条基本公设、八个界定、八条定理。其中公设是对古斯里的一般性学习原理的概括，界定是对古斯里的几个概念的澄清，而定理则是从公设和界定演绎出来的可以接受实验检验的推论。

(1) 沃克斯提出的四条基本公设如下：

公设Ⅰ：联结原理。① 任何刺激模式，只要同一个反应伴随出现过一次，或者紧紧地出现于那个反应之前(0.5 秒或更短时间)，它就成为该反应充分的直接线索。② 这是原来并非某一反应的线索的刺激模式变成该反应直接线索的唯一途径。

公设Ⅱ：新近性原理。① 一个曾经伴随或直接出现在两个或多个矛盾反应之前的刺激，只能成为它呈现时最后出现的那个反应的条件刺激。② 这是某一反应的线索刺激不再是该反应的线索的唯一途径。

公设Ⅲ：反应概率原理。在某一指定的时间，任何特定反应发生的概率是当时作为该反应线索的刺激中实际出现的刺激的比例数的函数。

公设Ⅳ：动力情境原理。一个情境的刺激模式不是静止的，而是时刻都受到改动的，其改动是由如下各种情况导致的，如被试做了一次反应，疲劳产物的积累，被试的内脏变化以及其他内部过程，当时的刺激出现了可控或不可控的变化，等等。

(2) 沃克斯理论中的一些概念的意义与我们认可的其他界定不同，沃克斯界定的这些概念构成了其理论的独特部分和基本部分。她提出的八个界定是：

① 对个体的刺激(S)：任何物理能量或化学状态的变化，它能够激起某特定个体的感受器，并形成神经冲动传入中枢神经系统，最终引起某些反应。显然，在这个界定中，并非所有的物理力量(physical force)都是刺激，也并不是说在某种情境下引发个体反应的刺激一直是该个体的刺激。某个体的刺激必定是其生活空间中的物理力量。

② (反应的)线索：某反应的无条件化的刺激模式或以前条件化的刺激

模式。(某反应的)间接线索:间接成为某反应的线索的刺激模式。例如,在 $S_1-R_1-S_2-R_2-S_3-R_3-S_4-R_4-\cdots S_n-R_n$ 这一刺激—反应链中,每一反应都产生了其他刺激,这些刺激是其他反应的线索,除了 S_n 是 R_n 的直接线索之外,其余的刺激都是 R_n 的间接线索。

③ 反应(R):肌肉群的收缩或腺体的分泌。如果有许多肌肉收缩,那么它就是一种反应,即使动物只是在那里“坐着不动”。在某种程度上,正是这种用法使古斯里提出了“没有反应的反应”(the response of not responding),古斯里用这个短语也意指除了观察者最感兴趣的特定反应之外的所有反应。

④ 对有些刺激(S)的条件化反应(CR):不同于仅仅借助于遗传结构和成熟的影响最初由刺激所引起的反应。

⑤ 对一种刺激模式(例如 S_1)的间接条件化反应:在诸如 $S_1-R_1-S_2-R_2-S_3-\cdots$ 刺激—反应链中,除了 R_1 是 S_1 的直接条件化反应之外,其他的所有反应都是 S_1 的条件化反应。

⑥ 最后反应(postreme response):对特定刺激模式做出的最后的反应。如果 R_1 是伴随刺激模式 1—2—3 的最后反应,R_2 是伴随刺激模式 4—5 的最后反应,那么刺激模式 1—2—3—4—5 就有两个最后反应 R_1 和 R_2,直到产生了对这种联合的刺激模式的某种反应为止;那么,那个反应就是整个模式的最后反应。

⑦ 不相容的反应(incompatible responses):由于相关肌肉的交互性神经支配或者由于在两个反应中以两种方式用到相同的肌肉而不能同时做出的两个或更多的反应。显然,复杂反应部分或全部是不相容的。

⑧ 学习:对某情境做出的反应的改变,这种反应是过去对相同或类似情境做出反应的结果,当那种情境及类似情境不出现时,该反应也不会废弃。这个界定排除了疲劳及其影响。

(3) 在四条假设和八个界定的基础上,沃克斯提出了八条定理。

定理Ⅰ:由于增加了其他刺激,产生新的反应模式,而最初的刺激模式仍然存在,在刺激模式被暂时修改之后,当最初的模式下次出现时,会引发前述的事件发生之前没有引发的反应。

定理Ⅱ:如果不出现另外的刺激模式,或者如果它们没有引发不同的反应,或者特定的刺激模式不再出现,最初的特定模式将继续只引发它原来引发的反应。

定理Ⅲ:即使另外的刺激模式与特定的刺激模式一同出现,如果它们没有引发新的反应,那么最初的特定刺激模式将仍然只引发刺激模式被暂时修改之前它所引发的反应。

定理Ⅳ：如果做出新的反应时特定的刺激模式不再出现，那么那个模式将仍然只能引发变化之前所引发的反应。

定理Ⅴ：当且仅当出现另外的刺激模式，并引发与原有反应不相容的新反应时，接着呈现特定的刺激模式，引发特定反应的这个刺激模式将停止引发那个反应。

定理Ⅵ：在完全稳定的情境中的任何特定个体，至少在某次尝试之后最初做出新的条件反应，新的条件反应一旦产生将一直出现，不管以前刺激模式伴随某些其他反应的频率是多少，也就是概率 P 将从 0%升到 100%。

定理Ⅶ：假如在第一次条件反应之后仅仅一半的刺激模式总是由这样一些模式组成，即这些模式不是实验者试图建立的条件反应(R_X)的线索，而且在多次试验之间的反应是 R_1(与 R_X 不相容的任何反应)，在试验 X 之后的任何规定数量的试验中，在相对较不稳定的情境中的被试比相对更稳定的情境中的被试，平均会有更多的改变。

定理Ⅷ：在第一次 R_X 之后的任何规定数量的试验中，在相对更稳定的刺激条件下比在相对较不稳定的条件下的群体，平均会有更长的 R_X 的连贯序列。

除了对古斯里的理论进行阐述之外，沃克斯还针对他概括出的定理进行了一些实验检验，用大量证据证明了古斯里理论的正确性。沃克斯对预测迷宫行为进行了实验检验。她以 57 人为被试，让他们学习一种浮雕式手指迷津和打孔板迷津，目的是研究他们在每一选择点上的个别反应，并检验是先前在选择点所作过的选择频度还是最后的选择具有预测性。结果证明，后者具有很好的预测性，尤其是当两者的预测发生歧见时，后者的预测性更优。57 名被试中有 56 人的结果都证实了这一点，统计检验表明其差异具有显著意义。沃克斯以此实验证实了她第二条公设所表达的原理。

另外，沃克斯还进行了条件性眼睑反应实验。她做了两个实验，分别研究眨眼反应发生的次数和大小。实验将每个被试历次的眨眼条件反应从第一次反应开始，分成四份，每份包括反应总次数的四分之一。总共 32 名被试中有 25 人最后一次的条件反应大于第一次(有显著差异)，没有任何被试的条件反应频度表现出从第一次之后随着四份的顺序而递增，有半数被试在第一次做出条件反应之后，以后每次都做出正确反应，其余被试也只有极少的失误。这说明，刺激—反应的联结不是像赫尔所说的那样由强化而逐渐加强，而是按照古斯里一次联结即成功的全或无的原则出现的。这再一次证实了古斯里理论的优越性。

学习的发生遵循全或无的规律，与以往的学习理论认为学习是由强化而渐进发生的观点相悖。对此，沃克斯的解释是，单个被试的学习的确遵循全或无的原则，而多个被试的平均学习曲线则呈现渐进的坡度。沃克斯将15个被试的学习曲线绘制出来，结果形象地揭示了个人学习曲线的跳跃性和集体学习曲线的渐进性。这就是分歧的关键所在。

沃克斯工作的意义就在于使古斯里的理论更加严谨、明确、条理化和系统化，从某种程度上说，是对古斯里未竟之研究工作的一个总结。

第二节　新托尔曼学派

虽然托尔曼本人是其理论体系的主要支持者，但自从他去世之后，仍有许多人对他提出的思想和方法产生了浓厚的兴趣，自愿沿着托尔曼的研究路径和方向研究动物和人类行为，具有认知心理学的思想倾向。其中主要有塞利格曼、加西亚、博尔斯和宾德拉，他们纷纷提出自己的见解，或者以实验证实托尔曼的相关思想，被认为是托尔曼思想新发展的代表人物，或者说是新托尔曼学派（neo-Tolmanian school）的代表人物。

一、塞利格曼：选择准备原理与习得性无助学说

1. 塞利格曼的生平

马丁·E·P·塞利格曼（Martin E. P. Seligman，1942—）于1942年8月12日出生在美国纽约州的奥尔巴尼。他在家乡念书时，喜好篮球运动，后因未能入选篮球队而开始钻研学问。13岁那年，他开始专心读书，尤其是弗洛伊德的《精神分析引论》给他留下了深刻的印象。1964年，塞利格曼毕业于普林斯顿大学哲学专业，获文学学士学位。1967年毕业于宾夕法尼亚大学心理学专业，获得哲学博士学位。1967—1970年，他在康奈尔大学担任助教。1970年，他回到宾夕法尼亚大学，在该校的精神病学系接受了为期一年的临床培训，1972—1976年任心理学副教授，1976年晋升为教授，目前是宾夕法尼亚大学心理学的福克斯领导教授（Fox Leadership Professor of

Psychology)。

塞利格曼主要从事习得性无助、抑郁、乐观主义、悲观主义等方面的研究。由于早期对动物学习的研究，1976 年他获得美国心理学会杰出科学贡献奖；2006 年他再度获得该奖项。2000 年，他获得心理学统一的阿瑟·斯塔茨奖(Arthur Staats Award for Unification of Psychology)；2002 年，获得美国心理学会的终身成就总统奖(Presidential Citation for Lifetime Achievement)。由于他在基础科学领域的贡献，1991 年美国心理学协会(APS)授予他威廉·詹姆斯特别会员奖；由于他在心理学知识的应用方面的贡献，1995 年该学会授予他詹姆斯·麦基恩·卡特尔特别会员奖。1998 年，塞利格曼担任美国心理学会主席，倡导实践与科学的结合。从 2000 年开始，塞利格曼致力于促进积极心理学领域的发展，包括研究积极情绪、积极的人格特质、积极的公共机构、训练积极的心理学家和个体等。塞利格曼在 20 世纪一百位最著名的心理学家排名中名列第 31 位。[①]

他的主要著作有《无助：关于抑郁、发展和死亡》(1975，1991)、《习得的乐观》(1990，1998)、《你能够改变与无法改变的》(1994)、《真正的幸福：用新的积极心理学去持续实现你的潜能》(2002)。

2. 选择准备原理与习得性无助理论

塞利格曼早期对动物学习进行了大量研究。针对古斯里用惟一的联结原理来解释一切学习现象，他宣称，不存在关于学习的普遍定律，已有的关于行为的原理不能解释所有的行为现象。[②] 动物和人类的行为极其复杂多样，而且不同的动物对刺激和反应有着特定的联结准备性(preparedness)。之所以形成一定的刺激、反应，是因为有机体具有特定的种族特征。因而，我们需要不只是一种学习理论。实际上，动物在联结主义的学习中也表现出对一定联结事件的倾向性——或者可以说是预期或偏好。换句话说，它总是倾向于联结这一事件，或倾向于避免联结另外的事件。只有考虑到动物学习的这一特征，对动物学习的解释才会更合乎事实。

在此基础上，塞利格曼与他的同事进一步提出了关于回避学习的认知观点。他提出了两个假设结构：预期和偏好。所谓预期是指，在一个特定的情境中，某个特定的反应将产生某个既定的结果。所谓偏好是指，依据所预

① 孙晓敏、张厚粲：《二十世纪一百位最著名的心理学家(Ⅰ)》，《心理科学》，2003 年第 2 期，第 344～345 页。

② Seligman, M. E. P. (1970). On the generality of the law of learning. *Psychological Review*, 77, pp. 406～418.

期的结果来控制反应选择的有机体状态。如果个体有避免遭受电击的偏好，那么个体必然会在“反应将免于电击”和“不反应将遭受电击”这两种预期中做出选择。

塞利格曼和梅尔(S. F. Maier)做过一个经典实验，提出了习得性无助理论。他们将 24 只混血狗分成三组，每组 8 只。一组为可逃脱组，另一组是不可逃脱组，第三组是无束缚的控制组。可逃脱组和不可逃脱组的狗均被单独安置并套上狗套，这种套子与巴甫洛夫的实验装置相似；虽然狗受到束缚，但并不是完全不能移动。在狗的头部两侧各有一个鞍垫，以保持头部面朝正前方。可逃脱组的狗受到电击后，可以通过挤压头部两边的鞍垫终止电击。不可逃脱组的狗与可逃脱组的狗一一配对，然后在同一时间给每对狗施加完全相同的电击，但不可逃脱组的狗不能控制电击。无论这些狗做什么，电击都将持续，直到可逃脱组的狗挤压鞍垫终止电击为止。这样可以确保两组狗接受电击的时间和强度完全相同，其惟一不同的是一组狗有能力终止电击，而另一组却不能。八只控制组的狗在实验的这一阶段不接受任何电击。

可逃脱组和不可逃脱组的狗在 90 秒内均接受了 65 次电击。可逃脱组很快学会了挤压旁边的鞍垫来终止电击。24 小时后，所有的狗被放入箱中。箱子的一边装有灯，当箱子一边的灯光熄灭时，电流将在 10 秒后通过箱子的底部。如果狗在 10 秒之内跳过隔板，它就能完全避免电击。如果不这样做，它将持续遭受电击直到它跳过隔板，或直到 60 秒钟电击结束。每只狗在此箱中进行 10 次实验。

在 64 次电击的过程中，可逃脱组的狗用于挤压鞍垫并停止电击的时间迅速缩短，控制组与可逃脱组无显著差异，而不可逃脱组的狗挤压鞍垫行为在 30 次尝试后便完全停止。而且，不可逃脱组的 6 只狗在 9 次甚至全部 10 次尝试中完全失败。7 天后，这 6 只狗被放入梭箱中再次进行实验。结果，6 只狗中的 5 只没能在任何一次尝试中逃脱电击。①

塞利格曼和梅尔认为，不可逃脱组的狗在前一阶段的行为与电击的终止毫无关系。因此，它们在梭箱中并不认为行为能终止电击，故不会主动跳到另一边，尝试逃脱。它们宁愿坐着不动，忍受电击，以至发出哀鸣声。这种现象被称为习得性无助(learned helplessness)。他们将习得性无助分为三类：动机的、认知的、情绪的。动机的缺失最明显，习得性无助动物开始做

① Seligman, M. E. P., Maier, S. F. (1967). Failure to escape traumatic shock. *Journal of Experimental Psychology*, 74, pp. 1～9.

出的任何试图获得奖励或避免惩罚的反应都是十分缓慢的。它们显得呆板、倦怠;它们似乎认输了,只是被动地等待环境给它们安排的任何事件。

塞利格曼将习得性无助理论应用到临床治疗领域。他认为,人类抑郁症的发展与动物习得性无助的形成过程非常相似。在这两种情形下,个体都表现出被动、消极、坐以待毙、缺乏攻击性、学习某些成功行为极其缓慢、体重减轻、社会性退缩等行为。无助的狗和抑郁的人都从以往的特殊经历中习得自己的行为是徒劳的。无论狗做什么,它都无法逃脱电击;而人也有无法控制的事件,如爱人的去世、父母的粗暴、严重的疾病或失业等。塞利格曼随后继续发展了一种被人们广泛接受的治疗抑郁的模式和方法。他的理论经过多年的不断补充和完善,现已能对明确条件下发生的抑郁进行更精确的治疗。例如,如果个体学会把自己的控制力缺失归因于:① 永久性的而不是暂时性的;② 自己的内在人格因素而不是情境因素;③ 渗透到他们生活中的许多方面。[①] 那么,个体最有可能变得抑郁。

习得性无助理论由于涉及到动物对行为结果之可控制的信念,因而属于一种认知理论。塞利格曼关于习得性无助的研究一直影响着当代的研究,并在许多领域引起争论。[②]

二、加西亚:刺激适合性原则

1. 加西亚的生平

约翰·加西亚(John Garcia,1917—1986)于 1917 年 6 月 12 日出生在加利福尼亚州圣罗莎的一个农场家庭。二战期间他担任美国空军飞行员,战后退伍并由于《美国退伍军人权利法案》的实施而有机会接受高等教育,他最初在圣罗莎专科学校读书,后来到了加利福尼亚大学伯克利分校,他的三个学位都是在这里获得的。加西亚刚开始学的是人格与社会心理学,后来对托尔曼的学习理论产生了极大兴趣。与此同时,他也为动物学系的博物学和遗传学课程所吸引。这也使他后来的学习理论表现出生物学的取向,他也被公认为美国的生理心理学家。1951 年,加西亚在还没有获得哲学博士学位时就离开了伯克利,到美国海军辐射防御实验室工作,并在位于长滩

① Abramson, L., Seligman, M., Teasdale, J. (1978). Learned helplessness in humans: Critique and reformulation. *Journal of Abnormal Psychology*, 87, pp. 49～74.

② 哈克著,白学军等译:《改变心理学的 40 项研究——探索心理学研究的历史》,中国轻工业出版社 2004 年版,第 334 页。

的加利福尼亚州立大学任教。1965 年他才拿到博士学位,同年进入哈佛医学院讲课,并在麻省总医院服务。后来,他来到纽约州立大学石溪分校任心理学教授。

加西亚以研究白鼠在内脏性有害刺激的作用下,对食物的嗅觉或味觉刺激形成延迟的厌恶条件反应而闻名。由于他在条件作用和学习领域极具独创性和先驱性的研究,1979 年获美国心理学会颁发的杰出科学贡献奖,1983 年当选为国家科学院院士。在 20 世纪一百位最著名的心理学家排名中名列第 86 位。[①]

2. 刺激适合性原则

加西亚对行为的生理学方面、毒素和辐射对行为的影响特别感兴趣。他与同事设计了一系列被称为经典性的条件恶心实验,既支持了托尔曼的认知理论,又形成了自己独特的观点。博尔斯(R. C. Bolles)将加西亚的实验发现称之为"加西亚效应"(Garcia effect)。

加西亚等人在实验中安排白鼠喝一种可口的饮料,使它们在一小时之后恶心。目的是考察白鼠究竟从中学会逃避与导致恶心无关的放置饮料的地点,还是回避一小时之后会产生恶心反应的饮料?研究结果表明,在毒素的作用下仍然存活的白鼠随后回避这种饮料,而不是逃避当时喝饮料的地点。在这种情境下,界定地点的视觉、触觉及其他刺激并没有成为条件刺激,可能是因为它们不如味觉和嗅觉刺激与进食的联系那么紧密。加西亚的被试的行为逻辑似乎是这种假设:如果刺激是内部的,那么其作用就具有内部特征;如果刺激是外部的,其作用就是外在的。外感受性的刺激即产生于身体外部的刺激(如灯光和声音)与动物内在的身体不适的联系不是特别密切。例如,在白鼠舔过几次某特殊液体之后立即给予电击,它就学会不再喝这种液体,但是这种实验处理并不能改变白鼠在它的笼子里对该液体的偏好,因为在笼子里它从来没有遭到过电击。

加西亚等人由上述现象得出,特定的强化物对于各种可辨别的刺激来说并非同样有效。动物从学习情境下一堆杂乱的刺激中选择的线索与随后强化物的结果有关。这再次证实,以一种对特定刺激反应具有特定适应性的动物实验来说明一切动物行为的原理是不恰当的。

加西亚等人在另外一个实验中将两种线索配对:不同大小和口味的食丸与由 x 射线引起的身体不适感或由刺激引起的疼痛。当食丸的口味与身

① 孙晓敏、张厚粲:《二十世纪一百位最著名的心理学家(Ⅱ)》,《心理科学》,2003 年第 3 期,第 526 页。

体不适配对时，动物在条件作用下的进食量减少；而当食丸的大小与身体不适配对时，动物的进食量不会减少。将食丸的大小与疼痛结合时，会抑制动物进食；而当食丸的口味与疼痛结合时，则不会抑制动物进食。加西亚及其同事指出，该研究结果表明：大小线索和口味线索是可以辨别的；x 射线和电击破坏了进食行为；只有当某些刺激结合时学习才会发生，将可知觉的线索与有效强化物配对并不能保证会产生有效的联结学习，线索必须适合于继起的后果。换句话说，外在的无条件刺激总是有选择性地与外在线索形成联结，内部刺激总是有选择性地与内部无条件反应形成联结，因此，一定的刺激或线索必须是适合于随后的特定反应。这就是刺激适合性原则(stimulus fittingness principle)或称为线索适合性(the appropriateness of the cue)原则，即加西亚效应。加西亚提出这一原则表明，他对经典条件作用的假说提出了挑战，即并非任何性质的刺激与反应的匹配或联结都可以产生条件作用，而且用来充当强化作用的强化物并非对每一动物的任何反应都具有同等的效果。

三、博尔斯：物种特定性防御反应研究

1. 博尔斯的生平

罗伯特·C·博尔斯(Robert C. Bolles，1928—1994)于 1928 年 4 月 24 日出生在加利福尼亚的萨克拉曼多。他年幼时曾患小儿麻痹症，12 岁之前在家里接受教育。博尔斯最初对数学感兴趣，1948 年在斯坦福大学获得学士学位，1949 年在该校获得硕士学位。他曾经是位于旧金山的美国海军辐射防御实验室的数学家，后来在加利福尼亚大学伯克利分校跟随托尔曼和戴维·克雷奇(David Krech)学习心理学。1956 年，博尔斯在托尔曼的大本营伯克利分校获得哲学博士学位。毕业之后，他在普林斯顿大学开始了其学术生涯，后来曾在宾夕法尼亚大学工作，1959 年博尔斯到了霍林斯学院任教。1966 年，他开始在华盛顿大学工作，一直到生命的最后时刻。在华盛顿大学，博尔斯的研究扩展到对恐惧和逃避的分析，这可能是他最著名的研究。[1] 1994 年 4 月 8 日，博尔斯因心脏病发作而去世。

2. 物种特定性防御反应研究

博尔斯是托尔曼学习理论的坚定支持者。为了支持托尔曼的预期理

---

① Bouton，M. E.，Fanselow，M. S.(1996). Robert C. Bolles (1928—1994). *American Psychologist*，51(7)，p. 733.

论，他首先批判了强化理论。博尔斯指出，学习的确可以在没有强化机制的条件下发生，“强化既不是操作学习的必要条件，也非充分条件。实验室被试习得的不是对刺激的反应，而是两种预期：一种是 S—S* 预期，相当于环境刺激—结果依随事件，第二种为 R—S* 预期”①。他认为，在许多情境下，强化依随并不能导致反应强度的提高，因而强化通常并不能控制行为。只有当强化将反应保持在相当高的水平时，才支持强化在学习中的重要作用。博尔斯在研究中发现，逃避学习并不需要强化过程，因为动物在逃避学习中会退回到它天生的防御行为。幼小的动物没有被提供必要的机会去及时学习逃避捕食者或躲避其他潜在的危险，正是依靠每个特定物种天生的防御反应而进行回避学习(avoidance learning)的，而不是依赖于强化。

由此，博尔斯引入了一个更具认知色彩的概念，即动物对情境的感知。如果情境被知觉为可以逃避的，那么白鼠就会从中逃离；如果情境被知觉为包括两个隔间，那么白鼠就会在受限制的情况下从一隔间逃到另一隔间；如果情境被知觉为不可逃避的，即如果白鼠知觉到即使是有限的逃跑也是无法实现的，那么它将坐以待毙。这种分析的认知性体现在两点：第一，它强调类似于知觉的因素对于行为的控制，二是它强调在情境中习得的正是这些因素而不是行为本身。

在托尔曼的理论中，动物在各种学习中习得的都是预期。博尔斯的理论建立在托尔曼的期望理论之上，并使预期成为其首要的学习规则的基础。他把预期这一术语看作是贮存的信息，相应地提出了首要的学习规则：动物习得的某些事件、线索(S)预测某些其他的在生物学上有意义的事件、结果(S*)。动物有可能偶尔表现出新的反应，但是它习得的是代表并相当于 S—S* 依随事件的预期，即当 S 发生时 S* 就随之出现。按照博尔斯的说法，这是一种认知活动。例如，听见铃声(先兆刺激 S)，意味着即将得到食物(有意义的积极后果 S*)，这样就在铃声与食物到来之间形成了一种 S—S* 预期。被狗咬过，就会在看到狗、听到狗叫与被狗咬的消极后果之间形成 S—S* 预期。因此，学习就是有机体期待某类结果的一种情境。作为首要的学习规则的推论，博尔斯又提出了次要的学习规则，即动物可以习得 R—S* 预期，它代表并相当于其环境中的 R—S* 依随事件，指的是个体预期着在生物学上有意义的行为后果。例如，你预期打开冰箱门(R)将会得到食物(S*)，或者预期接触到火炉(R)将会招致疼痛(S*)，这就是分别形成了两种 R—

① Bolles, R. C. (1972). Reinforcement, expectancy, and learning. *Psychological Review*, 79, pp. 394～409.

S^*预期。在博尔斯看来，S—S^*和R—S^*两种预期的联结就导致个体去行动。也就是说，如果个体的这两种预期同他所预期的行为事件有关，那么，当事件S发生时，它就会引起行为R。博尔斯举例说，如果你知道“餐馆”这个符号是可以获得食物的S—S^*预期，而且也具有进入餐馆可以得到食物的R—S^*预期，那么，你看到一座“餐馆”符号的房屋，就会导致走进这座房屋的行为。当然，博尔斯认为，除了这两种预期之外，是否能引发个体行为还取决于S^*对个体的价值大小。他指出，动物在大多数工具学习实验中习得的就是这两种预期。博尔斯的两种预期就是对托尔曼关于达到未来目标预期认知活动的肯定。

博尔斯指出，动物具有天生的物种特定性防御反应（species-specific defense reactions, SSDRs），例如逃避、呆住不动、搏斗等。如果动物能够很快地习得某种特定的回避反应，那么这种反应一定是物种特定性防御反应中的一种。尽管每种动物都有其独特的防御反应，但这些防御反应也有一些共同的特征，例如动物会逃跑或飞走、呆住不动、诉诸某些威胁或假装的攻击行为。由于存在这些天生的防御反应，动物的行为反应中就有一些是其他动物所无法形成条件作用、不可习得的。实际上，在这种情境下学习防御反应有可能起到相反的作用。因此，习得防御反应的难度是一个连续体，从天生的、快速的、很容易习得的行为到几乎不可能习得的或与物种特定性防御反应相反的行为。博尔斯指出：“在特定情境中快速习得的某种防御反应必定是该情境下有效的SSDRs，而且当学习的确很快发生时，它主要是由于无效的SSDRs的抑制。”①物种特定性防御反应支持了托尔曼的期望理论。

四、宾德拉：中枢动机状态的研究

1. 宾德拉的生平

达尔比尔·宾德拉（Dalbir Bindra, 1922—1980）也是企图表述新托尔曼派理论者之一。宾德拉于1922年6月11日出生在当时属于印度的拉瓦尔品第。他在拉合尔的旁遮普大学获得学士学位，对实验心理学的浓厚兴趣使他在哈佛大学继续求学，并于1946年获得硕士学位，于1948年在利克莱德（J. C. R. Licklider）的指导下获得哲学博士学位。他最早发表的成果是研究白鼠的贮藏行为的，从此他开始对动机问题感兴趣，并持续一生。1949

① Bolles, R. C. (1970). Species-specific defense reactions and avoidance learning. *Psychological Review*, 71, pp. 32～48.

年，宾德拉来到麦吉尔大学任职，他发现这里的氛围正适合他发展比较心理学和生理心理学的兴趣。几年之内，他对心理学理论和研究的兴趣不断扩展，几乎包括了所有的心理学领域。1975 年，他被任命为心理学系主任。宾德拉的重要著作有《动机：系统的重新解释》(1959)、《智能行为的理论》(1976)。①

2. **中枢动机状态的研究**

与博尔斯相比较，宾德拉理论的认知倾向更为明显。他提出了中枢动机状态概念作为中介变量。他认为，正是这种中枢动机状态使个体对一定的积极或消极诱因按一定的方式行动。在宾德拉看来，求食、避险诸如此类，都是个体的中枢动机状态。他认为，中枢动机状态在积极诱因，如求食的情况下，所激发的行为有三类，即工具性反应（如趋向食物）、完成性反应（如吃着食物）和调节性反应（如流涎）。中枢动机状态活动时，这三种反应很可能都会发生，至于中枢状态的活动是由什么因素决定的，宾德拉的说明与博尔斯的大同小异，不过他只承认 S—S* 一种期待。在宾德拉看来，中枢动机状态的一个主要特征，就是它能引起个体的趋避行为。当食物摆在面前时，中枢动机状态就会导致趋向食物。当食物的信号（S—S* 期待中的 S）出现时，个体很可能会趋向它，从而使个体更趋近食物本身。这样，中枢动机状态所激起的 S—S* 期待就主动地产生使个体趋向 S* 的行为。仍举前例，假定某人已具有了关于“餐馆”符号的知识和 S—S* 期待，他一旦接近这个符号，餐馆里的食物的各种诱因又刺激着他，他就有了比符号更强的 S—S* 期待，因而使他走进餐馆，里面的食物更增强了他的 S—S* 期待，从而被吸引去进食。因此在宾德拉看来，单用 S—S* 期待足以说明一个人的行为，R—S* 期待就是多余的了。

博尔斯和宾德拉的观点明显地是对托尔曼的期待理论的进一步发展。他们和托尔曼一样，都是企图摆脱 S—R 理论上的困境，但又不愿放弃联结主义理论的基本原则。不过无论如何，这是一些新行为主义者力求把联结主义理论纳入到认知轨道上去的一股不可抗拒的趋势。②

---

① Melzack, R. (1982). Dalbir Bindra: 1922—1980. *The American Journal of Psychology*, 95(1), pp. 161～163.

② 高觉敷主编：《西方心理学的新发展》，人民教育出版社 1987 年版，第 41～42 页。

第三节　新赫尔学派

赫尔在耶鲁大学工作期间，他的周围集聚了一大批学生和同事，他们为他的学说所吸引，形成了著名的"耶鲁小组"，也称"耶鲁学派"。在赫尔逝世以后，耶鲁小组的成员就成为赫尔理论的继承者和发展者，形成了新赫尔学派(neo-Hullian school)，其中斯彭斯、阿姆泽尔、米勒、多拉德和莫勒均是新赫尔学派的核心成员。

一、斯彭斯：学习的行为理论

1. 斯彭斯的生平

在受过赫尔影响的学习理论家中，肯尼思·瓦廷贝·斯彭斯(Kenneth Wartinbee Spence，1907—1967)是新赫尔学派的主要代表[①]，在赫尔逝世以后是赫尔理论传统的领导者。[②] 斯彭斯于1907年5月6日出生在美国伊利诺斯州的芝加哥，父亲是西部电器公司的电气工程师。在斯彭斯四岁那年，他随全家搬到了加拿大的蒙特利尔。在中学时，斯彭斯热衷于参加体育活动，后来在麦吉尔大学的田径比赛中背部受伤。在康复期，他来到威斯康星的拉克罗斯跟祖母住在一起，并到当地的拉克罗斯教师学院主修体育。后来他回到麦吉尔，转而主修心理学，并于1929年和1930年分别获得了文学学士学位和文学硕士学位。

从麦吉尔大学毕业后，斯彭斯来到耶鲁大学，成为罗伯特·M·耶基斯的研究助理，并在他的指导下，完成了关于黑猩猩视觉灵敏度的博士学位论文，于1933年获得哲学博士学位。斯彭斯在耶鲁跟随耶基斯学习时认识了赫尔，并开始在理论上与赫尔有了联系。斯彭斯和沃尔特·希普利(Walter Shipley)一起用实验检验了赫尔的推论——关于迷津学习中封闭路线的难

① 林崇德等主编：《心理学大辞典》(下)，上海教育出版社2003年版，第1191页。

② 鲍尔、希尔加德著，邵瑞珍等译：《学习论——学习活动的规律探索》，上海教育出版社1987年版，第185页。

度等级，斯彭斯在做博士学位论文期间还另外发表了有关的成果。这项研究表明了斯彭斯要去设计与理论有关的实验的巨大决心。

在其职业生涯的初期，斯彭斯就坚持认为心理科学一定要借助于数学来表达。他曾申请博士后基金准备学习数学，但遭到了一位生物学家的拒绝，因为在这位生物学家看来，心理学从来不会精确到要求用数学的方法。获得博士学位之后，斯彭斯在佛罗里达州的耶鲁灵长目生物实验室工作了四年，在这里他开创性地研究了黑猩猩的辨别学习。1937—1938 年，他在弗吉亚大学做了一年助理教授，这是他的第一份学术职务。1938 年，斯彭斯来到衣阿华州立大学（即今天的衣阿华大学），在此度过了其最富创造力的岁月。1942 年任该校心理学系教授、系主任，一直到 1964 年他任得克萨斯大学奥斯汀分校心理学教授。1967 年 1 月 12 日斯彭斯因癌症在奥斯汀去世。

斯彭斯以新赫尔主义传统影响了许多学生，他因对条件作用和学习理论的实验研究而著名。1953 年获美国实验心理学会沃伦奖章，1955 年当选为国家科学院院士，1956 年获美国心理学会颁发的科学贡献奖。在 20 世纪一百位最著名的心理学家排名中名列第 62 位。①

斯彭斯的研究生涯可以划分为两个时期。第一个时期从 20 世纪 30 年代到 1950 年，他主要研究了动物的辨别学习(discrimination learning)，同时也关注了一些哲学的方法论问题。大致从 1950 年开始，他虽然还在衣阿华大学继续研究工具性学习以及动机和强化的交互作用，但他自己的研究开始集中于巴甫洛夫对人类进行的眼睑条件作用(eyelid conditioning)。②

2. 学习的行为理论

斯彭斯对赫尔的行为主义理论的主要贡献是他对辨别学习的解释。斯彭斯研究辨别学习的最简单的装置称为“反应—不反应”(“go-no go”)式装置，他常用的实验对象是动物。当动物对一个刺激（正刺激，用 S^+ 表示）做出反应时受到正强化，而对另一个刺激（负刺激，用 S^- 表示）做出反应时没有受到强化。经过训练，动物逐渐准确地对 S^+ 反应，对 S^- 不反应。这个实验的一个稍微不同的变式是同时呈现 S^+ 和 S^-，动物就会在两个刺激模式之间做出带有偏向的选择。当它准确无误地选择 S^+ 时，就说明发生了辨别学习。

① 孙晓敏、张厚粲：《二十世纪一百位最著名的心理学家（Ⅱ）》，《心理科学》，2003 年第 3 期，第 525 页。

② Kazdin, A. E. (2000). *Encyclopedia of Psychology*. (Vol. 7). American Psychological Association and Oxford University Press, p. 434.

斯彭斯在1936年发表的一篇经典性文章①中，提出了所谓的辨别学习的“经典”观或“传统的连续”观。斯彭斯认为，只需要简单的条件作用，消退和刺激泛化这些概念就可以分析辨别学习机制。在辨别学习的研究上，他坚持了赫尔的传统。根据假定，来自对正刺激的、受到强化的反应的累积效果将针对着S^+建立一个强有力的兴奋趋势。同样，由于在S^-呈现时进行的反应未受到强化而产生挫折，条件性抑制将针对S^-而累积起来。这些针对S^+和S^-所建立的兴奋和抑制趋势，被认为将泛化到相似的刺激，其泛化的程度则随相似性的不同而下降。所以，对任何刺激反应的纯趋势是由泛化到那个特殊刺激上的兴奋和抑制之差决定的。

在辨别学习的研究中，实验者都要规定或探究被试到底学会了什么。关系反应调换(transfer of relational responding)的学习是指动物在以前对两个刺激物的学习进行不同的强化，进而形成辨别学习的基础上，在面临新的、不同于过去训练中用过的刺激对子时，能否“调换”以前两个刺激物之间的那种关系。例如，假定训练猴子，让它用大小作为线索去获得食物奖励。实验装置包括两个同时呈现的箱子，其中一个箱子上面有一个160平方厘米的方块，另一个箱子内则无食物，上面画有一个100平方厘米的方块。关系论假定，动物学会了对一个特殊刺激的特殊值(160平方厘米)形成了积极的条件联系，同时这个反应同未受奖励的刺激值(100平方厘米)建立抑制关系。

1937年，斯彭斯发表论文，坚持以刺激—反应论来解释关系反应调换的学习。② 斯彭斯假设，先前受到强化的刺激反应累积产生了一定的习惯梯度(gradient)，先前未受强化的刺激反应产生了一定的抑制梯度。由于泛化的作用，使得任何大小的刺激的纯反应趋势(tendencies)是由那个点上泛化的习惯和抑制之差决定的。这样，在两个刺激反应的选择中，动物将选择具有较大的纯反应趋势的刺激。当动物面对新的刺激对子时，它也选择具有较大的纯反应趋势的刺激进行反应。在上述实验中，由于更大的方块具有更大的反应势能，因此，当猴子同时面对这两个刺激时，倾向于选择较大的方块来做出反应。

部分预期目标反应(fractional anticipatory goal response, r_g)最早是由赫尔提出的。它是一种先行反应，其发生在一事件序列中早于原初发生的

① Spence, K. W. (1936). The nature of discrimination learning in animals. *Psychological Review*, 43, pp. 427～449.

② Spence, K. W. (1937). The differential response in animals to stimuli varying within a single dimension. *Psychological Review*, 44, pp. 430～444.

时刻，特指那种先于有关刺激（即原初曾引起这种反应的刺激）出现而出现的反应。斯彭斯和他在衣阿华大学的合作者主张用部分预期目标反应作为对潜伏学习的一种解释，这在用简单Y形迷津所进行的实验中得到了证实。[①] 进行这些研究的目的是试图找出一种重要的实验方法，以检验学习能在无强化条件下发生的假说。结果，"无动机"的动物拒绝跑迷津，只好在迷津的目标一端放一笼白鼠，以这种形式提供"社会性"动机来确保实验中的动物活动起来。在训练过程中，给饱食的动物提供机会，使它在被分隔为两间的目标中，在一个目标分隔间中找到水，而在另一间中找到食物。运用强制试验使动物进入两隔间的次数相等。在第一项测验中，这时动物或饥或渴，都有选择正确或适宜一边的显著倾向。在动机反应的第二项检验测验中，结果再次倾向于潜伏学习的方向，尽管所得结果在统计学上差异不显著。

在典型的迷津实验中，动物看到或嗅到食物和水先于处置或摄取这些目的物的行为形式。换句话说，在迷津中的动物表现着一种先行的或预期的反应。用认知理论的术语说，受试是在期待。先行反应概念即认知学习论中预期的同类词。同样地，部分预期目标反应也就是在条件反应习得期间，在反应链中逐渐提早出现的一种反应动作。部分预期目标反应实质上是对奖赏的预期。这样一来，斯彭斯的观点就与托尔曼关于预期的认知观点相差不远了，也使得新赫尔理论出现了向认知方向转变的迹象。

同部分预期目标反应概念密切相关的是K或诱因动机（incentive motivation）概念，这一概念为赫尔所采纳，主要是由于斯彭斯坚持它在学习中的关键意义。在斯彭斯的阐述中，假设习惯力量是S—R接近尝试次数的函数，而奖励条件则被假定通过诱因动机作用因素K影响反应潜能。赫尔和斯彭斯的反应潜能公式在去掉下标后可以分别表示为：

$E=H\times D\times K-I$（赫尔）；

$E=H\times(D+K)-I$（斯彭斯）。

斯彭斯是最早从理论上把诱因动机作用的假设结构K与部分预期目标反应（r_g-s_g）的力量联系起来考虑的人。

斯彭斯及其学生还研究了眼睑条件作用，并发现一定水平的焦虑有助于眼睑条件反应和其他反应的习得，这促使他们对焦虑的作用和评价进行了研究。这些研究很重要，因为他们代表了整合行为主义原理和精神病理

① Spence, K. W., Bergmann, G., Lippitt, R. (1950). A study of simple learning under irrelevant motivation-reward conditions. *Journal of experimental psychology*, 40, pp. 539～551.

学的一些初步尝试，精神病理学后来成为一个重点研究的领域。

斯彭斯和赫尔一样，寻求对学习与行为心理学的数量化表达，试图建立数学心理学，他们的理论促进并影响了心理学的数学取向。斯彭斯对赫尔的理论所做的扩展与修正是如此的重要，以至于该理论被认为是"赫尔—斯彭斯理论"。斯彭斯的成功使得赫尔的理论流传于世。一项研究显示，20 世纪 60 年代后期，斯彭斯是在一些实验心理学杂志上被引用得最多的心理学家，而赫尔却处于第八位。[①] 在衣阿华大学，斯彭斯从 1940 年到 1963 年之间至少培养了 73 名哲学博士，从而传承了赫尔的遗产。

二、阿姆泽尔：无奖赏的挫折理论

1. 阿姆泽尔的生平

艾布拉姆·阿姆泽尔(Abram Amsel，1922—2006)于 1922 年 12 月 4 日出生在加拿大魁北克省蒙特利尔，1957 年加入了美国国籍。1944 年，他在加拿大的皇后大学获得文学学士学位，1946 年在麦吉尔大学获得文学硕士学位，1948 年在衣阿华大学斯彭斯教授的指导下获得哲学博士学位。1948 年，阿姆泽尔在杜兰大学纽科姆学院获得第一份学术职务，在这里一直工作到 1960 年，在这期间他由助理教授晋升为心理学教授。1960 年他来到多伦多大学任正教授，当时该系的实验心理学正值重要的发展时期。1969 年，阿姆泽尔加入德克萨斯大学奥斯汀分校心理学系，一直到 1999 年退休。2006 年 8 月 31 日，阿姆泽尔因患老年痴呆症在奥斯汀去世，享年 83 岁。

他对哺乳动物的奖赏程式效应(reward-schedule effects)的理论和研究做出了开创性的贡献。他的学术生涯贯穿了 20 世纪后半叶，在其中的前 20 年，阿姆泽尔开展了挫折无奖赏的行为研究，并提出了相应的理论；从 1969 年起，他从个体发生学和行为神经科学的角度继续探讨与奖赏程式效应有关的问题。[②]

2. 无奖赏的挫折理论

阿姆泽尔的无奖赏的挫折理论(frustration nonreward theory)是后来实验研究的原型。他将挫折界定为习得的厌恶驱力，用 r_F(frustration reac-

---

① Myers, C. R. (1970). Journal citations and scientific eminence in psychology. *American Psychologist*, 25, pp. 1041～1048.

② Rashotte, M. E. (2007). Abram Amsel (1922—2006). *American Psychologist*, 62(7), pp. 694～695.

tion，挫折反应）表示。它是一种情绪—愤怒反应，在效果上类似于痛苦；但与痛苦不同的是，挫折是一种习得的驱力。挫折作为一种习得反应，是通过工具性奖赏学习获得的，而工具性奖赏学习引起了赫尔—斯彭斯的部分预期目标反应（r_G）。当个体的行为反应习惯于受到工具性条件作用的强化或奖赏时，个体就会期待在同样的行为上受到奖赏。当没有得到或延迟了这种反应的奖赏时，个体就会产生挫折或愤怒的情绪反应。

阿姆泽尔将无奖赏的挫折看作第三类条件作用事件，另外两类条件作用事件是奖赏和惩罚。他宣称，工具性行为理论必须考虑三种目标事件：① 奖赏事件——通常在某些匮乏状态下呈现的能够引发完成反应（consummation reaction）的刺激。② 惩罚事件——在行为序列终止时出现的有害刺激或厌恶刺激。③ 挫折事件——在以前呈现奖赏的情境下奖赏未被呈现或延迟呈现。

在阿姆泽尔之前，不仅斯彭斯发现了这种挫折事件的影响，斯金纳也意识到了这一点并指出，当我们没有强化以前被强化的反应时，就引起了一种情绪反应，这可能就是挫折一词通常所指的意思。阿姆泽尔则声称，他对奖赏之后的无奖赏的积极特征感兴趣。

当预期得到奖赏而没有出现奖赏时，就会引发挫折反应，这种无奖赏的挫折假设有几种结果：从这种反应获得的刺激反馈是令人厌恶的；它具有激发动机的作用；它是条件作用的一种结果，部分挫折反应在其发生之前与刺激形成条件作用；预期挫折线索主要与逃避反应建立联系。阿姆泽尔认为他的观点包含三方面：① 在某些情况下，无奖赏是一种积极因素，尽管它被称为无奖赏的挫折；② 这种挫折事件发生在初级的、厌恶的动机状态即挫折之前；③ 这种初级的厌恶状态的次级（习得的）形式被称为部分预期挫折，通过条件作用形成，是无奖赏中的抑制机制。挫折无奖赏事件（frustrative-nonreward events）确定了激发或驱动作用，这种作用可以通过测量直接发生在挫折事件之后的行为力量的增加值而获得；它还具有抑制作用，至少在一定程度上会导致由挫折事件终止的工具性行为强度的降低。[①]

通过将挫折看作初级的厌恶的动机状态，阿姆泽尔认为挫折具有驱动特征。作为一种驱力，挫折可以具有刺激功能，它能够使个体以更大的力量做出反应，与新的刺激形成条件作用。

阿姆泽尔与同事一起进行实验，验证其无奖赏的挫折假设。由于未得

① Amsel, A. (1958). The role of frustrative nonreward in noncontinuous reward situations. *Psychological Bulletin*, 55, pp. 102～118.

到奖赏而经历挫折的被试受其动机作用的支配，因而其随后的反应更有力。阿姆泽尔指出，在奖赏与无奖赏两种情况下出现的行为强度之差，被称为挫折效应(frustration effect，FE)。挫折效应即动机效应是预期奖赏的函数：预期越强，发现没有奖赏的失望所导致的挫折也越大；挫折越大，伴随的驱力也越强。研究这类现象的标准情境是一个双联通道。先训练白鼠奔向第一个目标箱以得到奖赏；几秒钟之后，打开通向第二条通道的入口，白鼠通过这里去获得第二个奖赏。用这样的双联序列进行训练之后，取消第一个奖赏，结果使白鼠奔向第二条通道的速度顿时提高。在第一个目标箱内的无奖赏和有奖赏这两种条件下，白鼠在第二条通道内奔跑的速度之差被用作挫折效应大小的指标。阿姆泽尔更为重要的发现是：如果给第一个目标箱内的尝试各提供50%的奖赏和无奖赏，结果在尝试的初期不会出现挫折效应，但随着训练的继续，挫折效应逐渐提高，这可能反映了预期性奖赏的进一步条件作用。第二个重要发现是：如果在第一条通道上有可辨别的线索，例如通道是黑的或白的，这些线索可用来预期第一个目标箱内的有奖赏或无奖赏，那么第一个目标箱内对无奖赏的挫折效应便缩小并最后消失。所以，对奖赏不抱期望，则无奖赏便不会产生挫折。阿姆泽尔的挫折效应与托尔曼的预期理论之间具有明显的相似性。

阿姆泽尔试图通过他的无奖赏的挫折假设来说明部分强化效应。部分强化效应现象是指，与连续强化相比其更强地抵抗消退。在习得阶段偶尔得到奖赏的反应在消退过程中更持久。对反应的间歇奖赏被称为部分强化(partial reinforcement)，与连续强化相对，后者是指每次反应都给予奖赏。部分预期挫折最初会扰乱白鼠跑向没有实现的预期奖赏。然而，因为被试期待着强化并且最终获得了强化，所以尽管有部分预期挫折，动物还是会继续跑。

部分强化效应让我们认识到，一个人不可能在每次行为之后都得到奖赏，生活总有让人失望的时候。人们被训练得只在某些时候预期获得奖赏，就会在第一次没有获得奖赏时仍然一次次不懈地尝试。部分强化经验会阻止情绪上的烦恼、愤怒、挫折和气馁。阿姆泽尔指出，在先前训练情境中获得的奖赏经验的发展是无奖赏获得消极情绪后果的必要条件，他在赫尔—斯彭斯理论的基础上又包括了无奖赏的情感效应。阿姆泽尔的挫折理论反映出新赫尔派向认知方向的转变。

三、米勒和多拉德：驱力—线索—反应—强化学习理论

1. 米勒和多拉德的生平

尼尔·米勒(Neal E. Miller，1909—2002)于1909年8月3日出生在威斯康星州的密尔奥奇，他的父亲欧文·米勒曾在芝加哥大学与杜威、安吉尔一起做过研究，后来成为西华盛顿州立学院的教育心理学教授。米勒于1931年在华盛顿大学获得学士学位，1932年获得硕士学位，1935年在赫尔的指导下获得了哲学博士学位。毕业之后，米勒在耶鲁大学工作，1952年他成为第一位詹姆斯·罗兰·安吉尔心理学教授。1966年，他来到洛克菲勒大学，一直在这里工作到1988年。

从20世纪30年代末期到50年代初期，米勒除了研究社会学习和模仿之外，还试图通过广泛的动物研究计划来洞察动机、线索、反应和奖赏(强化)在冲突、压抑和移置作用等弗洛伊德(Sigmund Freud)现象中的作用，以及它们在神经官能症的产生和成功的心理分析治疗中的作用。1935年，他来到维也纳精神分析研究所进行博士后研究，工作了一年，与海因茨·哈特曼(Heinz Hartmann)一起在安娜·弗洛伊德(Anna Freud)的指导下进行督导分析。1958年他当选为国家科学院院士，1959年获得美国心理学会颁发的杰出科学贡献奖，1960—1961年担任美国心理学会主席，1965年获得国家科学奖章。他还是生物反馈学说的创始人。他致力于探索动机和奖励的生理和生化基质分析，探讨个体如何学会控制自身内部环境，如心跳速度、血压升降的条件等，他关于强化机制和自主行为控制之间关系的研究也获得了重大发现①，为这一领域做出了重要贡献。在20世纪一百位最著名的心理学家排名中，米勒位居第八位。②

米勒的同事多拉德(John Dollard，1900—1980)于1900年8月29日出生于威斯康星州的密尼萨(Menasha)。1922年，多拉德在威斯康星大学获得学士学位，1930年和1931年先后获得芝加哥大学的文学硕士学位和社会学专业的哲学博士学位。1931年多拉德来到德国，以社会科学研究委员会(Social Science Research Council)成员的身份在柏林精神分析研究所(Berlin Psychoanalytic Institute)学习。随后他长期在耶鲁大学人类关系研究所

---

① Miller, N. E. (1969). Learning of visceral and glandular response. *Science*, 163, pp. 434～445.

② 孙晓敏、张厚粲:《二十世纪一百位最著名的心理学家(Ⅰ)》,《心理科学》,2003年第2期,第343页。

工作,1952 年成为心理学教授。他一直在耶鲁大学工作到 1969 年退休。多拉德还是美国艺术与科学院成员。[①] 多拉德博学多才,除研究心理学、人类学、社会学之外,还是一位心理分析医生。他对社会问题、黑人地位和军事心理等方面均有研究和论著。

多拉德是耶鲁小组的主要成员之一,曾长期与米勒合作,共同致力于弗洛伊德精神分析理论和赫尔体系的综合研究。米勒和多拉德合作出版了许多重要的著作,主要有《挫折与攻击》(1939)、《社会学习与模仿》(1941)、《人格与心理治疗:基于学习、思维与文化的分析》(1950)等。《人格与心理治疗》许多年来一直被广泛使用,被用作学习理论、临床训练的教科书,对二战后第一代临床心理学家的训练产生了巨大影响。他们用有关学习、习得性驱力和冲突的假设来分析思维、语言、人格、神经症、精神治疗、模仿和社会性行为。

2. 驱力—线索—反应—强化学习理论

米勒和多拉德断言,人类行为是习得的,他们提出了四个基本的学习因素:驱力—线索—反应—强化。驱力促使有机体去行动,并产生某些反应类型。驱力也是刺激,刺激越强烈,它作为驱力则越有效。驱力分初级驱力和次级驱力:初级驱力是天生的,包括性、痛、渴、疲劳等;次级驱力也叫习得性驱力,是由文化决定的,如恐惧、忧虑、对成功的需要和引起他人注意的需要。线索决定了做出反应的时间、地点以及方式。反应是学习的必要条件,因为当学习发生时,个体会以新的方式做出反应。反应是由驱力和即时的线索诱发出来的,旨在降低或消除驱力。强化是提高可重复反应发生概率的事件。

米勒从赫尔的理论中获得了鼓舞和主要概念,但他不拘形式地发展了这些概念,并使之应用于更广泛的行为现象。他一直是强化作用的驱力降低假说的重要提倡者。米勒提出并发展了习得性驱力概念。习得性驱力是指通过条件作用过程而获得驱力功能特征的刺激。恐惧、焦虑是习得驱力最好的例子。在米勒看来,恐惧是对痛苦刺激的天生反应,对于人类的适应性行为具有重要作用,因而是重要的驱力之一。

米勒在 1948 年进行了一项经典实验,[②]证明了恐惧(基于痛苦而产生的

---

① Miller, N. E. (1982). John Doard (1900—1980). *American Psychologist*, 37(5), pp. 587～588.

② Miller, N. E. (1948). Studies of fear as an acquirable drive: Ⅰ. Fear as motivation and fear-reduction as reinforcement in the learning of new responses. *Journal of Experimental Psychology*, 38, pp. 89～101.

焦虑)是一种习得性驱力,由恐惧驱动产生的学习或习惯比在饥饿动机支配下产生的学习或习惯更强,而且恐惧降低具有强化作用。他利用白鼠做被试。首先把动物放入由一道门隔开的黑白两个隔间中,使它们能够自由活动。其中一间的地板上铺着格栅,另一间是黑色的,没有格栅。在实验之前,它们对任何一个隔间没有表现出明显的偏好。接着,实验者对放入白色隔间的动物通过格栅施加电击,动物通过开着的门逃到黑色隔间。多次实验之后,即使在没有电击的情况下动物也会逃离白色隔间。

为了证明习得的动机(焦虑)已经产生,在没有电击时让动物学习一种新的习惯。先前一直开着的门被关上了,露出一个轮子,转动这个轮子可以打开门。在这种情况下,动物经过尝试错误学会了通过转动轮子从白色隔间中逃出。如果把转动轮子换成按压杠杆,则动物同样能够学会通过按压杠杆打开门。可见,对白色隔间的恐惧具有了驱力功能,使动物逃向黑色隔间。也就是说,恐惧反应也具有刺激效应:它们可以充当辨别线索,使之与不同的反应建立联系;当它达到足够的强度时,可以激活特定的反应,使动物逃避或回避正在引起恐惧反应的刺激情境;当动物一旦逃离引起恐惧的刺激情境,其恐惧驱力立即降低,驱力的降低又为逃离恐惧情境之前出现的一切工具性反应提供了强化。习得性驱力的概念被米勒和多拉德用来解释人类恐惧的形成,并被用于心理治疗中。

米勒和多拉德的另一贡献是精确地表达及发展了冲突理论。这一理论发端于勒温的思想。他们研究了四种冲突:趋近—趋近冲突、回避—回避冲突、趋近—回避冲突和双重趋近—回避冲突。米勒和多拉德从事了一系列令人钦佩的研究,来证实并扩充他们对冲突的分析。例如,米勒和多拉德在研究趋近—回避冲突时,安排白鼠学会沿一条直线获取食物。此后,在目标箱内安排电击,使白鼠接近目标的趋势被它对目标的恐惧所抵消,这两种趋势显示出目标的梯度,它随着与吸引源或排斥源的距离增大而缩小。在一定的情况下,当把白鼠置于起点时,它会向目标跑去,但不久就会停下来,来回走动,在趋近、回避力量相当的平衡点处徘徊不已。当回避力量超过趋近力量时,真正的冲突行为就产生了。米勒还运用冲突理论分析了弗洛伊德关于移情行为的概念。米勒和多拉德等人关于挫折和冲突的研究已经成为经典,直接支持了当代行为矫正取向。

米勒和多拉德认为应提倡对心理治疗的研究,因为它提供了了解人格和心理生活的窗口。被治疗者比没有问题的正常人更愿意长时间诚实地讲述他的过去、他的障碍以及他的未来。因此,临床资料可以被作为了解人格的丰富的信息源。米勒和多拉德对于像精神分析那样详细地分析心理治疗过程和神经症特别感兴趣。他们把弗洛伊德的治疗方法和精神分析资料、概念和推测转化为系统的学习理论的语言，转化为可以通过实验检验的假设形式。

米勒和多拉德关于神经病的重要推断是：神经病是习得的，正因如此神经病也能够被忘却。心理治疗提供了一种能够使患者忘却精神病症的情境。他们指出："如果神经病患者的行为是习得的，那么，患者当初赖以习得这些行为的全部原理，应该被用来使他忘却这些行为。对于这一点，我们深信不疑。心理治疗建立了一套能够使患者在忘却病态行为习惯的同时习得正常行为习惯的条件。因此，我们视那些治疗专家为教师，视患者为学生。例如，众所周知，良好的网球教练能够改掉运动员身上不良的动作习惯，同样，治疗者也能纠正不良的心理和情绪习惯。当然，二者还是有区别的：世界上只有少数人想打网球，但是全世界的人都希望自己有一个清晰的、自由的、有用的头脑。"①

心理治疗也是创设一种鼓励患者表达被压抑思想的情境之过程。治疗者应该鼓励和肯定患者讲出痛苦的思想，而不能施以惩罚。心理治疗也是一个依赖泛化逐渐消退的过程，所以，冲突、消退、泛化、移情都是治疗过程的重要组成部分。米勒和多拉德的研究对于使实验心理学家承认弗洛伊德的理论起到了非常重要的作用，他们的努力有助于提高精神分析思想在主流心理学中的地位。

四、莫勒：学习的二因素理论

1．莫勒的生平

奥瓦尔·赫巴特·莫勒（Orval Hobart Mowrer，1907—1982）于1907年1月23日出生于密苏里州的犹尼昂维附近的一个农场。他曾经或多或少得过八次抑郁症，其中有两次需要到医院接受治疗。在14岁那年他患上了抑郁症，这促使他发誓将来上大学要学习心理学。他在密苏里大学如愿以偿，跟随行为主义理论家梅耶（Max F. Meyer）学习心理学。尽管梅耶的心理学与莫勒所期望的对抑郁症的解释相差十万八千里，但他还是做得非常出色。1929年，莫勒根据完成一门社会学系课程的要求，编制了一份涉及性行为的调查问卷。据说梅耶曾就问卷中几个问题的措辞为莫勒提出了建议，并向

① Dollard，J.，Miller N. E.（1950）. *Personality and psychotherapy*：*An analysis in terms of learning*，*thinking and culture*. New York：McGraw-Hill. pp. 7～8.

他提供信封以降低邮资。该调查问卷在保守的密苏里大学引起了争议。报纸刊登了有关问卷的煽动性评论，以及要求将梅耶和那位社会学教授解雇的请愿书。结果，梅耶被停薪留职了一年，而那位社会学教授则被解雇了，莫勒本人的学位也从 1929 年一直拖到 1932 年才被授予。不过，这一切都是可以原谅的，1956 年密苏里大学为莫勒颁发了奖状。

在约翰·霍普金斯大学读研究生期间，莫勒研究了受视觉和内耳的前庭感受器调节的空间定位问题，并就此发表了一系列论文。虽然他的研究很少被心理学文献引用，却很受耳科学和感觉生理学的欢迎。1934 年，他因为这些论文而获得耶鲁大学人类关系研究所的职务，一直到 1940 年。在这期间，他与米勒、多拉德等人一起参加赫尔的精神分析讨论会，对学习、语言、精神病理学、认知过程和人际关系等心理问题逐渐产生了理论上的兴趣，参与了《挫折与攻击》(1939)的写作，这对他后来的学术生涯产生了重要影响。1940—1948 年，莫勒供职于哈佛大学教育研究所，在心理学系得到了一个待遇优厚的职务，他与奥尔波特(Gordon Willard Allport)、默里(Henry A. Murray)等人一起组建了社会关系学系。1948 年，莫勒来到伊利诺斯大学香槟分校做心理学研究教授，直到 1975 年退休。

20 世纪 40 年代中期，莫勒用鸟做研究对象，提出了语言发展的自我中心理论(autism theory of speech development)，并提出了人类婴儿语言发展的理论。他对学习、语言和思维、人际关系心理学做出了很大的贡献。1953—1954 年间任美国心理学会主席。在 20 世纪一百位最著名的心理学家排名中名列第 98 位。①

2. 学习的二因素理论

1938 年，莫勒等人根据条件反射原理治疗儿童尿床问题，这成为他最著名的一项实际贡献。他们设计了尿床报警装置：装置很简单，用一个电铃或嗡鸣器与一块布垫相连接。每当儿童尿湿了布垫，就形成了一个完整的电路，该装置便发出铃声或嗡鸣声惊醒儿童。同时，这一装置的使用也使儿童膀胱对尿液的感受性得到了训练和提高，逐渐地儿童能从膀胱感受到的刺激中惊醒过来。数次之后，儿童就会在快小便时醒来，或者整夜睡觉而不会尿床。事实表明，他的做法很成功。这是行为矫正历史上最早的系统研究之一。

在米勒和多拉德之后，莫勒对惩罚进行了特殊的分析和研究。事实证

① 孙晓敏、张厚粲：《二十世纪一百位最著名的心理学家(Ⅱ)》，《心理科学》，2003 年第 3 期，第 535 页。

明，这成了他改变学习与习惯形成概念的关键。[1] 他对惩罚的分析可以通过如下例子说明：一只饥饿的白鼠先通过按压杠杆以获得少量食物的训练，然后接受每当它按压杠杆时便出现的致痛电击。在若干次压杠杆与电击之后，它放慢了反应频率，最后完全停止压杠杆反应；惩罚已将原先强有力的行为压抑下去了。莫勒的解释是：压杆反应的本体反馈刺激与电击在时间上恰好接近，以致与杠杆相联系的线索同按压反应所产生的线索一道与恐惧形成了条件联系，在以后的实验中，如果白鼠开始接近杠杆并抬腿去压时，先前的运动给它提供了唤起焦虑的本体刺激模式。这些唤起焦虑的刺激阻止它把原先的反应进行到底，逃避引起恐惧的线索的方式是要停止受惩罚的行为，什么也不干。在积极的回避情境中，动物通过跳出电击箱，做出减轻恐惧和回避电击的举动；在惩罚情境中，动物则什么也不干，以减轻恐惧和避免电击。

莫勒在他的许多研究中对解释条件性焦虑和条件性强化保持始终一贯的兴趣。莫勒早期主张的两条强化原理是：① 由驱力降低来强化和加强以中枢神经系统为中介的、由骨骼肌参与的工具性反应；② 像恐惧、恶心等这类由平滑肌（腺体、内脏、血管组织）参与的情绪是借助自主神经系统的中介作用，通过条件刺激与情绪反应的诱发，单纯因时间上的接近而习得的。例如，只要单纯将蜂音器同致痛的电击配对呈现，就足以使恐惧和蜂音器联系起来，但与此同时，某种积极的回避反应也受到了强化，因为这种反应降低了恐惧驱力。[2]

莫勒阐述了巴甫洛夫的条件作用与工具性条件作用之间的区别。他认为，在躲避学习中，条件刺激的恐惧可通过巴甫洛夫的原理习得，而对条件刺激恐惧的运动反应则可通过恐惧降低的强化效应而工具性地习得。因而，条件刺激就充当了即将发生的电击信号。根据这种区别，莫勒提出了一个关于递增惩罚而递减奖赏的修正的双过程理论。在递增强化中，刺激充当恐惧的符号；而在递减强化中，刺激则充当希望的符号。莫勒将这些原理应用到精神病理学中，从而为行为矫正的出现做好了准备。

1947 年，莫勒指出，存在两种基本的学习过程：一是借助于联想的条件作用，即解决学习（solution learning），一是由动机推动的问题解决，称为符号学习（sign learning）。1953 年，莫勒把学习的二重性质称为学习的二因素

① 鲍尔、希尔加德著，邵瑞珍等译：《学习论——学习活动的规律探索》，上海教育出版社 1987 年版，第 180 页。

② Mowrer, O. H. (1947). On the dual nature of "conditioning" and "problem-solving." *Harvard Educational Review*, 17, pp. 102～148.

理论(two-factor theory of learning)。他分析指出,解决学习涉及中枢神经系统以及骨骼和肌肉组织,引起自发的工具性反应模式,可以称之为“动作”(acts)或“习惯”。例如,桑代克和赫尔所阐述的效果律说明的就是解决学习。而符号学习则涉及自主神经系统和内脏—血管组织,引发我们所说的“态度”、“情感”或“意义”的不随意反应。巴甫洛夫界定的联想学习或条件作用就是符号学习。二因素学习理论提出之后,在多年内受到许多学习理论家(其中包括斯金纳)的赞同。

1956 年,莫勒进一步指出,二因素假设认为,习惯是在奖赏所提供的强化或驱力降低的基础上习得的;而恐惧是在符号和惩罚依随事件的基础上习得的,是诱发驱力的过程。巴甫洛夫认为,所有的学习都是条件作用或刺激依随事件,而桑代克和赫尔则强调在奖赏基础上的习惯形成。与之不同的是,二因素理论者认为,学习不是二者其一的过程,而是包含了这两者,即包括了符号学习(条件作用)和解决学习(习惯形成)两个因素。① 我们可以这样理解莫勒的二因素学习理论:动物或人类经由经典条件反射而习得恐惧,这是一个因素;当他们通过操作性条件反射学习到逃避原情境的行为时,可以降低恐惧,恐惧的降低强化了逃避行为,所以通过操作性条件反射它们迅速地习得这些习惯,这是第二个因素。

20 世纪 60 年代,莫勒修正了学习的二因素理论。他认为,所有的学习都是条件作用或符号学习,解决学习仅仅是条件作用的特例,由条件作用派生而出。莫勒用“增加”(incremental)这一术语来描述惩罚(驱力引发)中涉及的强化形式,它倾向于产生主动的或被动的逃避行为;用“减少”(decremental)来描述由奖赏(驱力降低)提供的强化。他将强化分为两种:一种是增加的强化(incremental reinforcement)即惩罚,例如由危险信号产生的恐惧、安全信号消失带来的失望;另一种是减少的强化(decremental reinforcement)即奖赏,如由危险信号的消失带来的恐惧解除、出现安全信号而产生的希望。

可见,莫勒抛弃了赫尔的驱力降低强化观。他提出的关于希望的观点与托尔曼的预期理论相似。莫勒的理论体现了从驱力降低强化论向学习的认知理论的过渡,在某种程度上他也加入了认知主义者的队伍之中。莫勒及其合作者的研究极大地扩展了我们对学习过程的理解。

20 世纪 50 年代,莫勒开始将他的二因素理论运用到心理治疗和临床心

① Mowrer, O. H. (1956). Two-factor learning reconsidered, with special reference to secondary reinforcement and the concept of habit. *Psychological Review*, 63, pp. 114～128.

理学领域。他对欺骗及其对人格的影响感兴趣，提出了诚实心理治疗法（integrity therapy），创建了自助团体（integrity group），并提出了真诚、责任、参与等心理治疗原则。①

第四节　坎特的传人

尽管坎特的著述丰富、体系独特，但是由于种种因素使得坎特及其交互作用行为主义体系在美国心理学界并未受到应有的认可和重视。他的两位学生普龙科和史密斯则不遗余力地对其学说进行宣传和推广，并作出了积极的贡献。

一、普龙科对坎特学说的宣传

1. 普龙科的生平

尼古拉斯·亨利·普龙科（Nicholas Henry Pronko，1908—1998）于1908年2月28日出生在宾夕法尼亚州的麦克齐斯洛克斯（McKees Rocks）。他曾就读于乔治华盛顿大学和印第安纳大学。1947年，普龙科来到堪萨斯州的卫奇塔州立大学创建了心理学系，并担任系主任。在卫奇塔州立大学，亨利·普龙科和妻子格里·阿尔布里滕·普龙科（Gerry Allbritten Pronko）一起创立了亨利和格里·阿尔布里滕·普龙科奖学金（Henry and Gerry Allbritten Pronko Scholarship）。普龙科于1998年4月6日在卫奇塔去世。

普龙科的重要著作有：《从人工智能到时代精神》（1988），该书收集了将哲学和心理学联系起来的90个不同的主题，包括了其他许多领域的摘录；《交互作用行为主义者观点的心理学》（1980），该书是介绍坎特理论的非常易懂的入门性读物；《心理学的全景》（1969，2000），介绍了许多实验和临床

① Hunt, J. M. (1984). Orval Hobart Mowrer (1907—1982). *American Psychologist*, 39(8), pp. 912～914.

资料，以支持坎特的理论立场；《心理学的经验基础》(1951)；《变态心理学课本》(1963)；等等。

2. **对坎特学说的宣传**

普龙科把交互作用场界定为“构成或参与某一心理事件的各种相互依存的因素所组成的复合体或整体”①。心理事件场是动态的、不断发展的。任何特定时间下的心理事件场都是先前的场和当时参与的其他因素的共同功能。对具体个人来说，每一行为片段又是具体的、独特的。正如普龙科指出，有机体的行为就像太阳系中的行星一样是具体的、独特的，“如果你想透彻认识太阳系的行星，你就不得不逐个地关注它们，因为每个都是独特的”②。

坎特平等地对待有机体的反应和环境刺激物这两个参与心理事件的主要因素，明显不同于传统心理学对有机体行为的分析。普龙科认为，这一思想变革如同天文学上的“哥白尼革命”。③ 在坎特之前，“有机体中心取向”把对心理事件的分析集中于有机体，并把它视为心理事件的源泉。在坎特的研究取向下，有机体被降级到类似于刺激物的地位，因为它强调有机体与刺激物这两个主要可变因素之间的交互作用，每一方的作用或活动被看成是相互依存的、交互协调的。

二、史密斯对坎特学说的推广

1. **史密斯的生平**

诺埃尔·W·史密斯(Noel W. Smith, 1933—)于1933年出生在美国的马里恩，1955年在印第安纳大学获得学士学位，1958年在科罗拉多大学获硕士学位，1962年在印第安纳大学获博士学位。毕业后一直在纽约州立大学普拉茨堡分校工作，历任助理教授、副教授、教授，并曾兼任四届美国大学教授协会的分会主席。早在大学时代，史密斯就聆听了交互心理学者坎特的心理学史课程，深受其思想的影响，后来成为交互行为心理学的宣传者和发展者。

---

① Pronko, N. H. (1980). *Psychology from the Standpoint of an Interbehaviorist*. Belmont, CA: Wadsworth, p. 5.

② Pronko, N. H. (1988). *From AI to Zeigeist: A philosophical Guide for the Skeptical Psychologist*. Greenwood, p. 228.

③ Pronko, N. H. (1984). *Interbehavioral psychology*. In: Corsini, R. J. (Ed.). *Encyclopedia of psychology*, John Wiley & Sons, Inc., 2, p. 235.

1975年,史密斯协助坎特修订了1933年出版的《心理科学:交互行为概观》①一书,成为该书的合著者。这是一部以坎特的交互作用行为主义观点为基础的普通心理学教科书,曾产生了较大的影响。为了纪念坎特,1983年,史密斯与芒乔伊(Paul T. Mountjoy)、鲁本(Douglas H. Ruben)共同主编了一本纪念文集《重评心理学:交互行为的观点》。1993年,他又出版了《古希腊与交互行为心理学:选编与修订文集》。此外,史密斯还研究狩猎者—采集者、说印欧语的人、苏美尔人、亚述人、巴比伦人、古代中国人、印第安人、埃及人、古希腊人的心理观念。他还运用人类学、考古学和灵长目动物学资料,考察冰期洞穴艺术,来获得对早于文字记载的心理观念的认识,并于1992年出版《冰期艺术分析:其心理学和信念体系》一书。此外,他还根据坎特的交互行为主义的观点,撰写了一本《当代心理学体系》。

2. 对坎特学说的推广

史密斯为宣传和推广坎特的思想做出了重要的贡献,他对坎特给予了很高的评价。他指出:"少数仔细考察过坎特体系的人都发现坎特的体系为解决过去那些导致心理学中出现的两难困境以及消除各种徒劳的研究提供了一个健全合理的科学基础。"②史密斯指出,坎特是一位未被承认的理智巨人,③并称赞坎特是"20世纪的亚里士多德(更确切地说,就坎特的交互作用场的性质来说,坎特是亚里士多德和爱因斯坦的结合体)"④。

此外,史密斯对坎特的著作自1917年至1976年这60年内被引用情况进行了研究,他发现继20世纪20年代初期的高峰(60次左右/每4年)之后略微下降,保持至一定水平(20次左右/每4年),然后自50年代以来到研究截止一直处于上升的趋势(至1976年达到100次/每4年)。⑤ 这从侧面反映了坎特在心理学界影响的日益扩大。

---

① Kantor, J. R., Smith, N. W. (1975). *The science of psychology: an interbehavioral survey*. Chicago: Principia Press.

② Smith, N. W. (1993). *Greek and interbehavioral psychology (revised edition)*. University Press of America, INC., p. 381.

③ Smith, N. W. (1993). *Greek and interbehavioral psychology (revised edition)*. University Press of America, INC., p. 401.

④ Smith, N. W. (1993). *Greek and interbehavioral psychology (revised edition)*. University Press of America, INC., p. 402.

⑤ Smith, N. W. (1993). *Greek and interbehavioral psychology (revised edition)*. University Press of America, INC., p. 386.

第五节　斯金纳的学生

在斯金纳孜孜不倦地致力于提出并发展其操作行为主义理论体系的同时，他的三位著名的学生雷诺兹、特勒斯和普雷马克沿着斯金纳的传统，继续在学习心理学中开展了一系列卓有成效的实验研究。他们都对辨别学习感兴趣，雷诺兹的实验证实了行为对比效应，特勒斯经实验研究提出了无错误辨别学习，普雷马克则扩展了强化理论。

一、雷诺兹：行为对比效应研究

1. 雷诺兹的生平

乔治·斯坦利·雷诺兹(George Stanley Reynolds，1936—1987)1956年以最优异的学业成绩从哈佛大学社会关系学专业毕业，获得文学学士学位。因获得了哈佛大学谢尔顿旅行奖学金而离开哈佛一年，1958年秋天开始在哈佛大学读研究生，于1960年春天获得哲学博士学位，这是他生命中极其多产的岁月。随后，他在哈佛大学当了两年讲师。1962年，雷诺兹到芝加哥大学任副教授，主持那里的生物心理学计划。在芝加哥的四年里，他将其条件作用实验室技术用于生理心理学、药理学、学习、动机等领域，并出版了《操作条件作用入门》一书。该书被广泛采用，成为该领域几届学生的入门教材。1966年，雷诺兹来到加利福尼亚大学圣迭戈分校任教，此时他的名声已开始吸引操作行为领域全国最好的研究生来这里与他共同研究。

2. 行为对比效应研究

在他还是研究生的时候，雷诺兹的研究生涯就达到了一定的高度。他第一个系统地考察了前后关系变量(contextual variables)对行为的影响，正式提出用“行为对比效应(behavioral contrast)”这一术语来描述这种现象，并进行了实验研究。然而，最先关注行为对比现象的并不是雷诺兹。在他之前，巴甫洛夫在研究相互诱导现象时就曾论及这一现象。他提到物理上相似刺激的扩散时，为了防止扩散现象的破坏作用，兴奋的集中借助于抑制而产生作用，通过对比导致分化。也就是说，当积极的刺激被强化而消极的刺激不被强化时，就产生抑制过程。不过，“诱导”一词是由生理学家赫林(E. Hering)和谢灵顿(C. S. Sherrington)提出来的。此后，斯金纳采用“对比”这一术语来表示由积极诱导和消极诱导所导致的相反后果。但是，斯金纳认为巴甫洛夫对诱导一词的使用与他本人关于对比的观点有很大不同。雷诺兹在巴甫洛夫和斯金纳的基础上，明确提出了“行为对比”一词，并更广泛地使用它，甚至将之与刑罚改革联系起来，这一点超过了其前辈和老师。

雷诺兹使用的行为对比(behavioral contrast)是指区别于泛化的一种现象，即当呈现两个刺激时反应速度向相反的方向转移和变化的现象。然而在泛化现象中，当呈现两个刺激时反应速度向同一个方向改变。雷诺兹设计了相关的实验证实了这一点。他的实验是这样安排的：实验者训练鸽子分别啄三种不同颜色(红色、橙色、黄色)的键盘，每一次啄击反应都给予刺激强化。但是，当实验者只对鸽子啄红键盘的行为予以强化，对啄击其他颜色键盘的行为不给予强化时，鸽子啄红色键盘的反应迅速增加，行为的对比效应也就发生了。至于对比效应为何会发生，雷诺兹认为关键在于与两个刺激相联系的强化条件的关系，即对一个刺激的反应结果给予较少的强化或不强化，而对另一刺激的反应保持强化，则会增加后一种反应。

行为对比现象也适用于人类的行为。在谈到把行为对比假设用于儿童的问题行为时，雷诺兹指出，当青少年在家庭中的不良行为改正得比较慢时，就是因为这些行为在运动场上得到了强化，这就是泛化现象；当孩子在家里的不顺从行为消失时，往往会导致在运动场上不良行为频率的增加，这就是发生了行为对比现象。因此，惩罚在一定情况下并不必然消除行为，有时它甚至会诱发其他的错误行为。所以，雷诺兹提醒说，在进行人类行为训练时，要谨慎使用惩罚，妥善安排惩罚时间表，使惩罚准确有效。

雷诺兹的老师斯金纳一再强调惩罚虽然能够帮助消除某些行为，但却会降低团体工作的效率和满意感，给个体带来情绪上的痛苦。雷诺兹的研究表明，惩罚的作用还不只如此，它比我们目前所知道的还要复杂一些。因而可以说，雷诺兹行为对比效应研究的意义在于为我们理解惩罚的复杂作用提供了新的视角。

雷诺兹的研究激发了后人的大量研究，三十多年之后，行为对比现象仍是研究和讨论的热点问题。雷诺兹提出的奖赏相对论的观点在很大程度上已经渗透到了当今的学习和动机领域。雷诺兹的成就绝不仅仅限于行为对比效应，他在选择、惩罚、刺激控制、心理物理学等方面发表了许多重要的论文。在圣迭戈分校，他在更为整体的水平上研究了反应和奖赏的数量关系。

二、特勒斯:无错误辨别学习研究

1. 特勒斯的生平

特勒斯(Herbert Sidney Terrace)于1961年在斯金纳的指导下获得哈佛大学哲学博士学位,现任哥伦比亚大学心理学系教授。他致力于研究非人类的灵长动物的认知能力,包括序列学习和认知模仿。他发表的具有代表性的论文是《串行记忆的种系发生与个体发生:鸽子和猴子的序列学习》(1993)。他赞成斯金纳的观点即语言是习得的,并试图证明黑猩猩能够学会语言,以反驳乔姆斯基的语言理论。

2. 无错误辨别学习研究

特勒斯的突出成就在于,他提出并通过实验证实了无错误辨别学习(errorless discrimination learning)这一现象。在经典条件作用中,辨别学习是这样产生的:强化对正确刺激(S^{+})的反应,而不强化对不正确刺激(S^{-})的反应。这意味着辨别反应需要经过多次的强化和不强化才可以建立,而不可能一次成功。但在特勒斯看来,存在一种不需要多次尝试错误的辨别学习,它可以一次成功。为此,特勒斯还设计了一个实验来予以证明。

特勒斯的实验与经典辨别学习实验安排的不同之处在于:其一,在鸽子形成对正确刺激的条件反应之前便引进不正确的刺激;其二,不正确刺激的引进从极短的延续期和极微弱的强度开始,然后逐渐增加延续时间和刺激强度,直至最大值。经过这样的实验安排,特勒斯论证了在不对错误刺激进行任何强化的条件下,动物掌握完善的辨别学习的可能性。

特勒斯还总结了无错误辨别学习的几个特征:无错误辨别学习本身水平较高,因为动物很少或几乎不对错误刺激做出反应;动物对错误刺激几乎不产生情绪反应,而在经典辨别学习中,动物对错误刺激的反应未受强化而产生"挫折"反应;动物不产生行为对比效应,而经典辨别学习中的动物往往产生行为对比效应;从辨别训练后的刺激泛化梯度看,无错误辨别学习中的动物没有峰值(反应的最高速度)转移现象,而经典辨别学习中的动物则有峰值转移现象。由此可见,无错误辨别学习有其特殊地位和性质,不容忽视。

特勒斯关于无错误辨别学习的思想对实践具有重要意义。它表明,在训练动物形成分辨反应时,我们可以使用特勒斯的安排,避免传统的消退方法,从而提高训练效率,提高训练成绩。事实上,特勒斯本人也非常关注无错误辨别学习的应用问题。他尝试提出了无错误辨别学习的有关最佳水平的观点，提出了有关训练条件的最佳安排问题。在实践上，斯金纳在程序教学中就做了使学生在学习期间回答问题时从不犯错的重要安排，斯金纳本人也认为这样的安排最佳，或许可以印证特勒斯无错误辨别学习思想的应用性。的确，教育实践、心理治疗以及其他一些领域都可以从中获得某些启示。

三、普雷马克：强化的优势和可逆性理论

1. 普雷马克的生平

戴维·普雷马克(David Premack，1925—)于1925年10月26日出生在南达科他州的阿伯丁。1949年，普雷马克从明尼苏达大学获得文学学士学位，1951年获得文学硕士学位，1951年获得实验心理学的哲学博士学位。1952年，普雷马克留在明尼苏达大学任心理学讲师，开始了其职业生涯。1954年，他在耶基斯灵长类生物实验室(Yerkes Laboratories of Primate Biology)做了一年助理实验心理学家。1955年，普雷马克接受了密苏里大学哥伦比亚分校的心理学助理教授和研究助理的职务。在这期间，他还曾担任过美国公共卫生局(U. S. Public Health Service)的研究员，以及国家精神卫生研究所津贴(National Institute Mental Health Grant)资助的主要调查员。1965年，他来到加利福尼亚大学圣塔芭芭拉分校工作。

普雷马克的重要论文有：《关于经验行为法则：Ⅰ. 积极强化》(1959)、《从依随反应的独立比率来预测工具性行为》(1961)、《强化关系的可逆性》(1962)、《影响反应概率的非强化变量分析》(1962)，等等。

2. 强化的优势和可逆性理论

普雷马克在斯金纳操作行为的传统下，提出了学习心理学的两条重要假设，即强化可逆性和强化优势理论。普雷马克认为，任何反应都具有强化功能。他对强化的界定是："在时间范围内，当较低独立比率(independent rate)的反应与支配较高独立比率的强化发生的刺激同时出现时，就产生了强化。"[①]普雷马克以饥饿的老鼠按压杠杆的实验为例说明了这个定义。当按压杠杆的独立比率低于摄取食丸的独立比率时，摄取食丸的反应就是强化物。也就是说，当且仅当反应A的独立比率大于反应B的独立比率时，反应A就会强化反应B。这个规则也被称为普雷马克原理或外祖母法则

① Premack, D. (1959). Toward Empirical Behavior Laws. Ⅰ. Positive Reinforcement. *Psychological Review*, 66, p. 219.

(grandma's law),即更有可能发生的活动可以用来强化不太可能发生的活动,高概率事件可以作为低概率事件的强化物。这就是强化优势理论的基本假定。优势理论是一种关系理论,在该理论中较强的反应强化较弱的反应,但是反过来却不成立。因此,强化是相对的而不是绝对的。也就是说,没有特定的物体必然是且总是强化物。反应率(the rate of response)是强化物的唯一标准,此刻的强化物在其他时刻不一定是强化物。普雷马克指出,仅仅通过较强的强化,即使是完成反应(consummatory response)也可以被条件化或习得;或者说,只要反应率高于完成反应,那么这种反应实际上就是完成反应的强化物。有机体的反应按照发生的比率排列在一个连续体上,例如 A、B、C 代表任意三个反应,其发生率按照固定的顺序由高到低排列,A 将强化 B、C,C 不会强化 A、B,B 将强化 C 但不会强化 A。反应率上的差异是强化的充分必要条件。

普雷马克扩展了强化优势理论,认为强化关系或过程具有可逆性。如果强化物是主要的或优势的反应,此刻的优势反应可能是这种反应,而另一时刻的优势反应可能就是另外的反应。因此,被强化的反应可以成为强化物。普雷马克用老鼠做实验,他确定了一些限制因素,既可以使饮水比奔跑发生的概率高,也可以使奔跑比饮水发生的概率高。在同一群被试身上,根据运用的限制因素不同,可以使奔跑强化饮水,也可以使饮水强化奔跑。这种关系表明,"奖赏"就是与其他反应相比,其独立发生的概率较高的任何反应。[①] 最后,普雷马克通过操作或改变自变量,不仅用奔跑强化饮水,而且更重要的是,他用饮水强化奔跑,将强化过程逆转过来。在普雷马克强化可逆性理论(theory of reinforcement reversibility)模式下,传统的驱力、奖赏、目标等词汇都变得无意义或容易使人产生误解,因为他的这种模式预测:进食或饮水反应本身都是可以强化的,而且更重要的是,强化关系是可逆的。

可见,普雷马克在斯金纳等先前学习理论家的基础上,扩展并细化了强化理论。

① Premack, D. (1962). Reversibility of the reinforcement relation. *Science*, 136, p. 255.

第十章

班杜拉：社会认知学习理论

自20世纪初华生高举行为主义革命大旗以来，行为主义在美国心理学领域一直处于主导地位。但到了60年代，随着新行为主义者赫尔、托尔曼的去世，只有坎特、斯金纳等少数人仍坚持激进的行为主义观点。更多的人则看到了传统行为主义的实证主义哲学基础、严格的环境决定论以及人和动物不分的严重缺陷。在此背景下，行为主义阵营中的一些心理学家力图摆脱行为主义的危机，采取更加温和的态度，大胆引入刚刚兴起的认知术语来说明人的行为，对行为主义进行认知心理学改造，进一步提出了新的新行为主义。继古典行为主义、新行为主义之后，新的新行为主义就成为第三代行为主义。在新的新行为主义的兴起中，班杜拉是其中最为杰出的代表。他不仅突破了行为主义学习理论的偏见，创建了自己的社会学习理论，而且还以此为基础，实现了对行为主义的超越，创建了社会认知理论，以及突显其重视主体因素的自我效能理论。班杜拉的研究改变了当时心理学家，如新行为主义的继承者和发展者只重视心理机能微观过程研究、建立各种小型理论模型的一般趋势，转而强调建构心理学的宏观理论体系，掀起了一股新的研究热潮。

第一节 新的新行为主义的兴起

新的新行为主义的兴起，主要是传统行为主义的危机与衰落的结果，而先前出现的社会学习理论和同时代出现的认知革命更是起了推波助澜的作用。

一、传统行为主义的危机与衰落

古典行为主义由于对意识的极端怀疑和机械论的观点招致了心理学界的猛烈抨击。到20世纪30年代末，古典行为主义大势已去，由此出现了一批新行为主义者。他们接受了逻辑实证主义和操作主义的观点，采取了既进行客观实验，也发展心理学理论的做法，试图将行为主义改造为真正的科学心理学。但他们在方法论上过于拘谨的态度，决定了他们的理论在实质上仍对意识持否定态度。① 例如，赫尔及其弟子在对行为进行操作化研究的基础上，提出了大量有关行为的函数公式，吸引了众多的心理学家；托尔曼为了解释行为操作中的中介因素，引入了预期、认知地图等中介变量。但本质上他们还是将人类化为动物，并没有承认人类意识的独特性。到了1950年前后，以动物学习理论推论人类学习的局限性日益暴露，赫尔和托尔曼等人建造心理学体系的雄心勃勃的年代一去不复返了。诚如黎黑所说："托尔曼和赫尔诚心诚意地以他们自认是适宜的科学途径从事心理学研究，他们信奉自己从华生那里学来的客观化研究。他们信奉自己从逻辑实证主义那里学到的客观化理论，而尽管有严密的方法，他们仍然未能造成一种在细节上比铁钦纳体系更可行的体系。"②在赫尔、托尔曼的理论体系走向衰落之时，行为主义心理学再一次出现了范式危机。

行为主义再次陷入危机也与其哲学基础——逻辑实证主义的困境有关。20世纪40年代后，面对新一代科学哲学家的挑战，逻辑实证主义陷入了困境。新一代哲学家认为，成功的科学模式并非像逻辑实证主义所描述的那样，仅有一种理性的模式。他们认为，一切知识都依赖于观察者，不可避免地带有主观色彩。科学哲学的转变动摇了新行为主义赖以存在的方法论基础。为此，行为主义的发展必然面临着新的危机。

此外，尽管随着行为主义的哲学基础——实证主义和逻辑实证主义的动摇，新行为主义的继承者和发展者进一步在意识问题上作出退让，他们很少有人完全坚持严格的行为主义立场。在20世纪50年代前后认知心理学开始兴起之际，他们不得不吸收认知心理学的研究成果，从而逐渐把行为主

---

① 郭本禹主编：《心理学通史·第四卷·外国心理学流派（上）》，山东教育出版社2000年版，第373页。

② 黎黑著，刘恩久等译：《心理学史——心理学思想的主要趋势》，上海译文出版社1990年版，第403页。

义与认知心理学相结合，表现出向认知方向的转变。但是，新行为主义的继承者和发展者毕竟还是属于第二代行为主义者阵营，他们对行为主义与认知心理学结合的力度还远赶不上与他们差不多同时代出现的第三代行为主义者即新的新行为主义者的努力。同时，新行为主义的继承者和发展者大多数人只发展了其前辈理论的某个方面，从而建立了各种小型的理论模型，他们很少有人构建庞大的理论体系。所以，新行为主义的继承者和发展者没有从根本上挽救传统行为主义危机与衰落的局面。

二、早期社会学习理论的传承与影响

早在20世纪40年代前后，早期的社会学习理论家，如米勒和多拉德就已经陆续出版了如《挫折与攻击》(1939)、《社会学习与模仿》(1941)以及《人格与心理治疗》(1949)等一系列著作，此后，罗特也出版了《社会学习与临床心理学》(1954)专著。这些著作标志着社会学习理论的发轫。社会学习理论是在行为主义的刺激—反应接近原理和强化原理的基础上发展起来的一种行为理论。早期的社会学习理论家都具有行为主义的传统素养，从动物行为研究的模式中去推论人的社会行为，企图使之成为可被实验证实的客观性描述。但是除了米勒和多拉德之外，其他的社会学习理论家虽然各自理论体系的侧重点不同，却都突破了传统行为主义的理论框架，从认知和行为联合起作用的观点去看待社会学习。正是由于对认知因素及其过程的承认，才保证了新的新行为主义者所提出的学习理论体系的社会性质。因而可以说，新的新行为主义也是在早期社会学习理论的基础上发展而来的。

三、认知革命的兴起与影响

随着行为主义逐渐失去了实证主义和逻辑实证主义哲学基础的支持，其衰落引起了心理学内部巨大而深刻的变革，促使多种取代行为主义的新的心灵主义研究范式的产生。其中，认知心理学的兴起带来了心理学界又一场革命——认知革命。

心理学的认知革命给新一代行为主义者以巨大的理论启示，并在两个层面上影响了后者。第一，它以历史的方式论证了对内部过程进行科学研究的合理性，并在理论假定上隐含着它承认内部因素及其过程存在的真实性，而不管理论家如何称呼它：或是意识的，或是认知的，或是其他的，从而有可能使行为主义者突破其传统信念的狭隘性，探讨内部因素或过程与行为之间的关系，在对待意识的问题上变得更加退让和温和化。第二，它为处于危机之中的新一代行为主义者提供了一种选择，即从这些新的心灵主义研究趋势中汲取营养，建构出能够包容意识因素并说明其与行为之间关系的新的行为主义体系。[①] 认知心理学也的确满足了行为主义者的这种理论要求，因为它在一系列基本假定和科学理想上与行为主义完全相同，或者说它们与行为主义具有深刻的"连续性"。[②]

新的新行为主义者班杜拉正是在行为主义再次出现危机、对早期社会学习理论的继承、认知心理学兴起的背景下创立起独具特色的学习理论。作为一名接受过行为主义的严格训练而又面对其他心理学观点和人类社会生活转型冲击的心理学家，他在坚持行为主义基本内核的同时，也大胆地吸收、整合和创新，对行为主义进行变革和突破。他创立了以观察学习为代表的社会学习理论，又超越了传统学习理论范畴，进一步提出了社会认知学习理论，并创立了自我效能理论，进一步强调社会示范在人类动机、思想和行为中的主导作用，以及以认知为基础的主体内部因素对自身心理机能活动的调节，揭示了人类思想和行为的社会性和认知性，以及人类的主体能动性在其思想和行为塑造中的重要性。他所提出的理论观点和各种概念，如社会示范、观察学习、自我调节、自我效能等，已在世界范围内流行开来，掀起了广泛的研究与应用热潮。

第二节　班杜拉传略

一、早年生活与求学之路

阿尔伯特·班杜拉(Albert Bandura,1925)于 1925 年 12 月 4 日出生在加拿大阿尔伯塔省北部高寒地区一个名叫蒙代尔的小山村里。父母都是十

① 郭本禹主编:《心理学通史·第四卷·外国心理学流派(上)》,山东教育出版社 2000 年版,第 374～375 页。

② 黎黑著,刘恩久等译:《心理学史——心理学思想的主要趋势》,上海译文出版社 1990 年版,第 486～487 页。

几岁就从欧洲移民加拿大，父亲做过铁路工，担任过新开发地区铁路系统规划与建设的监督工作，母亲做过小店店员。后来，父母用积蓄购买了田产，以经营农场和铁路货运业务为主。

阿尔伯特·班杜拉
(Albert Bandura，1925—)

班杜拉是其父母六个子女中最小的一个，也是唯一的男孩。尽管父母都没有接受过正规的学校教育，但却十分重视教育，并对班杜拉寄予厚望。但蒙代尔是个偏远落后、人烟稀少、教育资源奇缺的小地方。全镇只有一所学校，集小学和中学为一体，教师和教学资源少得可怜，全部中学课程都是由两个教师来承担，学习更多地要依靠学生自己。班杜拉的小学和中学是在这所唯一的学校中完成的。然而，正所谓"祸福相依"，这种学习环境使学生发展起了自我学习的内在动机和自我指导的学习能力，这种能力使班杜拉终身受益。班杜拉后来回忆说："学生必须对他们自己的教育负责，我们往往能比那两个劳累不堪的老师更好地把握课程内容。"[①]这样的学校似乎远离学术之路，但却培养出一群不合常规、善于反思的学生，实际上，他们中的绝大多数后来都在世界各地的大学继续学习。这种早期学习经历也赋予了班杜拉创新的能力和勇于变革的精神。

中学时代的每个暑假，班杜拉的父母总是鼓励他走出小村，去见识更广阔的世界，获得更多的经验。他在埃德蒙顿一家家具厂工作过，并且学会了木工活。毕业的那年夏天，班杜拉还参加了一个修路远征队，修补阿拉斯加公路。这是一次对班杜拉影响深远的经历。尽管那里条件极为艰苦，但更令人痛苦的是，班杜拉发现自己所属的群体非常奇怪。这个群体鱼龙混杂，多数是穷困潦倒者，也有逃避兵役者，还有一些倒霉的官员。他们行为粗暴，言语粗俗，经常大喝粗制滥造的烈性伏特加，然后寻衅滋事，打架斗殴，视生命如草芥。班杜拉无法明白这些人为什么会如此荒诞不经，不珍惜生命。很快，他就意识到，他们的行为可能与其生活经历有关。这为班杜拉对生命的思考提供了独特而广阔的视角[②]，也使他日后对日常生活的精神病理学产生兴趣。

---

① Stokes, D. (1986). "Chance can play key role in life, psychologist says". *Stanford Campus Report*. June, 4, from http://www.emory.edu/EDUCATION/mfp/bandurabio.html, 2004－06－20.

② Bandura, A. (2006). *Albert Bandra*. In: Lindzey, M. G., Runyan, W. M. (Eds.). *A history of psychology in autobiography* (Vol. IX). Washington, D.C.: American Psychological Association, p. 43～75.

修路生活结束后，班杜拉来到了加拿大西部的不列颠哥伦比亚大学。刚开始，他打算在生物科学中选择专业，而他踏入心理学殿堂则纯属偶然。当时为了节省开支，他和几个同学租住在离校较远的郊区，每天与那些要早起的同学一道乘车去学校，因而总是早到学校。恰巧，学校在这段时间里开设了一门介绍心理学的课程，为了不浪费这段时间，他就选学了这门课程。这一“无心插柳”之举让他逐渐迷上了心理学，特别是临床心理学重新唤起了他在修路时期形成的精神病理学兴趣，于是决定专攻心理学。这次偶然的选择改变了他的命运，决定了他终生的职业生涯。三年之后的 1949 年，班杜拉完成了在哥伦比亚大学的学业。

大学毕业之后，班杜拉踌躇满志，意欲进一步探索人类的精神奥秘，为解除人类精神疾患服务，于是他决定接受研究生教育，攻读心理学专业。在大学老师的推荐下，他选择了衣阿华大学。因为衣阿华大学是当时心理学的重镇，有当时著名的行为主义心理学家斯彭斯、西尔斯(Robert R. Sears)等人。这一时期正是对学习问题进行理论与实验分析的最盛时期，也是赫尔理论占统治地位的时期。斯彭斯此时接过了赫尔理论的大旗，成为新赫尔学派的重要代表人物之一。斯彭斯在对赫尔的理论体系进行小心翼翼地修正的同时，更加强调行为发生的内部动机。早在上衣阿华大学之前，班杜拉就阅读过斯彭斯的著作，并为其态度和观点所吸引。西尔斯曾在耶鲁大学与米勒和多拉德一起工作过，在坚持赫尔理论的基本立场和观点的基础上有所突破，开始了对人类社会学习行为的研究，开创了学习研究的新局面。到了衣阿华大学后，西尔斯的学术兴趣完全转向了人格研究，特别是儿童的独立性和攻击行为与家庭教养之间的关系。另外，实证主义维也纳学派的古斯塔夫·伯格曼(Gustav Bergmann)则为这些研究的理论化提供了哲学基础。这些都对班杜拉产生了很大影响。正如班杜拉自己所评价的，衣阿华大学对严格实验的尊重和对理论分析的热情强烈地影响其学生的职业生涯。[①] 但在研究生学习期间，由于其求学志向是临床心理学，所以他还是选择了著名精神病理学家阿瑟·本顿(Arthur Benton)为自己的导师，接受临床心理学的训练，并先后于 1951 年和 1952 年获得了硕士和博士学位。

① Bandura, A. (2006). *Albert Bandura*. In: Lindzey, M. G., Runyan, W. M. (Eds.). *A history of psychology in autobiography* (Vol. IX). Washington, D. C.: American Psychological Association.

二、学术生涯与学术贡献

1953年，班杜拉来到维奇塔辅导中心（Witchita Guidance Center），开始了为期一年的博士实习训练。博士实习训练结束后，他来到了斯坦福大学心理学系，开始了自己成果辉煌的学术生涯。在斯坦福大学，班杜拉历任讲师、助理教授、副教授，并于1964年升任教授。除了1969年至1970年之间在行为科学高级研究中心担任过短暂的研究员之外，他一直在斯坦福大学从事教学和研究工作，直至退休。

尽管班杜拉欣赏和接受了行为主义心理学，但对传统的行为主义学习理论很早就表现出不满。他认为，传统的学习理论，如尝试错误说，对人类的社会行为学习的解释根本行不通。如果人们的行为能力和行为方式的习得都取决于行为的后果，那么，社会文化的传递肯定是不可思议的，人们穷其毕生也无法掌握所需要的基本技能。因此，班杜拉认为，有必要突破传统行为主义学习理论的束缚，创立一种新的学习理论。

当班杜拉到达斯坦福大学时，西尔斯已先一步离开衣阿华大学来到了斯坦福大学，担任该校心理系的主任，并继续进行儿童早期行为发展的研究。西尔斯的研究为班杜拉突破传统行为主义的局限，创立新的理论提供了历史的偶然契机，也为他的研究提供了经验操作范式。受西尔斯工作的启发，班杜拉敏锐地注意到儿童的攻击性有其家庭背景因素的影响，遂与他指导的第一个博士生沃尔特斯（Richard H. Walters）共同以现场研究的方法研究儿童攻击行为的社会学习过程。这一研究十分强调示范（modeling）在人类学习中的重要作用，并导致了他们从20世纪50年代起进行了一系列的实验研究，用以揭示观察学习的决定因素和机制。这些研究的最终成果就是班杜拉与沃尔特斯于1959年合作出版的《青少年的攻击》一书。

此后，班杜拉将其工作进一步扩展到由规则支配的抽象行为的示范学习，以及由替代经验而产生的去抑制的研究。他们的研究发现，不仅新的行为可以通过观察学习而产生，而且观察学习行为本身可在没有强化的情况下发生。此时，他们开始试图建立起对这些行为的社会学习解释理论，其成果反映在1963年出版的《社会学习与人格发展》一书中。1969年，班杜拉受聘为加州行为科学高级研究中心研究员，开始撰写《攻击：社会学习的分析》一书。在这本书中，班杜拉以广泛的实验研究为基础，对所发现的学习现象作了最初的理论解释，并且开创了攻击行为的社会心理学研究的第三大理论范式，即攻击行为的社会学习观。

这一时期，班杜拉不仅从事理论创立研究，还敏锐地觉察到，他们发展起来的有关技术和观察学习原理，完全可以改造为障碍行为的矫正技术。在矫正障碍行为的临床实践中，他们逐渐发展出了一套比较成熟的治疗技术，即示范疗法。最初的成果在1963年出版的《社会学习与人格发展》中有所反映，后来于1969年出版了专门的《行为矫正原理》一书。该书至今仍被视为临床心理学专业的经典之作。

从20世纪50年代开始到20世纪70年代，班杜拉一直都在进行以观察学习（示范学习）为核心的社会学习研究，多年研究的最终理论阐述就是1977年出版的《社会学习理论》一书。该书的出版标志着社会学习理论的完全创立。班杜拉在这一时期的学术思想，尽管超越了传统行为主义的理论偏见，表现出理论观点上的重大突破，但是，他不过是想“走一条不同于传统行为主义，又不同于认知心理学的中庸之路，成为一名新的新行为主义者”①。

此后，班杜拉开始超越传统的学习理论，在坚持行为主义心理学的客观、实证原则基础上，在不放弃对行为问题研究的基础上，突破传统行为主义忽视个体内部因素的局限，深入到主体内部因素的研究；突破个体学习的局限，深入到社会因素对人类心理机能的影响的研究。到了20世纪80年代中期，班杜拉初步形成了其阐释人类心理机能的社会认知理论，并于1986年出版了《思想和行动的社会基础——社会认知理论》一书。班杜拉的社会认知理论是一种综合理论，是一种以社会学习理论为基础的更为宏大的学习理论。该书出版之后，班杜拉又深入到主体自我信念体系，开展自我效能研究，并相继出版了《社会变革中的自我效能》(1995)、《自我效能：控制的实施》(1997)。社会认知理论和自我效能理论的创建既是其变革思想的结果，也是对行为主义学习理论的超越。

班杜拉的理论改变了当时心理学和教育学在各机能领域中势力强大的微观过程研究模式的一般趋势，且其理论是建立在他对各种科学的兴趣基础之上，有很强的应用性。② 他的理论观点和各种概念，如社会示范、自我调节、自我效能信念等已在世界范围内流行开来。晚年的班杜拉在进行研究的同时，还经常组织和出席世界各地的学术会议，与他人分享其智慧成果；非常热心地从事各种公益活动，积极利用其理论服务社会。由于其卓越的

① Schultz, D. P. (1987). *A history of modern psychology*. San Diego, CA: Harcourt Brace Jovanovich, p. 371.

② 郭本禹主编：《心理学经典人物及其理论》，安徽人民出版社2005年版，第137页。

才能、理论上的建树和对社会公益事业的热心参与，班杜拉一生获得了很多荣誉，也担任了很多社会职务。1972 年，他获得了顾根海姆研究基金奖和美国心理学会第 12 分会杰出科学家奖；1973 年获加州心理学会杰出科学成就奖；1974 年，他受聘为斯坦福大学社会科学心理学方向的约丹荣誉教授，这一年，他还当选为美国心理学会的主席；1976—1977 年，担任斯坦福大学心理学系的主任；1977 年，获得卡特尔奖；1980 年，获得攻击行为国际研究会杰出贡献奖和美国心理学会杰出科学贡献奖，并担任美国西部心理学会主席，同年还当选为美国艺术和科学院研究员；1989 年，当选为美国科学院医学部研究员；1991—1995 年，担任儿童发展研究会国际事务委员会委员；1999 年，获美国心理学会教育心理学分会的杰出贡献桑代克奖，并担任加拿大心理学会的名誉主席；2001 年，获行为治疗发展学会终身成就奖；2002 年，获西部心理学会终身成就奖。他还经常出席各种咨询委员会、联邦政府机构的各种委员会、美国国会听政会等。他一生中还获得过包括不列颠哥伦比亚大学在内的 16 所大学所授予的荣誉学位。此外，他还担任了《美国心理学家》、《人格与社会心理学杂志》、《实验社会心理学杂志》等 20 余种杂志的编委。

三、婚姻与家庭生活

班杜拉的婚姻如同其专业生涯的选择一样，也充满着偶然性。他还在衣阿华大学读书时，有一天，在阅读完导师布置的一大堆枯燥乏味的资料之后，感觉非常疲累，就拉上好友去打高尔夫球，无意中发现身后的高尔夫球场上有两位漂亮的小姐也在打球，于是邀请她们一起组成双打比赛。就这样他们相识了，其中有一位名叫瓦恩斯(V. Varns)的小姐，是本校护理学院的年轻教师。她朴实大方，与班杜拉一样富有幽默感，两人由相知相识到情投意合，终于携手踏上了婚姻的红地毯。

班杜拉很重视学术事业上的追求，但同样重视家庭生活的幸福。结婚后，班杜拉夫妇长期居住在斯坦福大学附近的旧金山湾。工作之余，他们夫妇常领着两个女儿或漫步在如画的海滨，或徜徉在美丽的校园中，或重操旧业，做做木工活，享受动手之乐。班杜拉曾经自己动手给孩子做过玩具，还打制过摇篮等。他们还是旅行爱好者，经常一家四口在节假日，带上日用品，或登山野营，或在田间寻找乡村之乐，或逛风景名胜。与大自然对话，享受大自然之美，或坐在静谧的山巅，让思绪肆意驰骋。这对班杜拉来说，乃是人生一大乐事。班杜拉也是一位高雅音乐的爱好者。每年的秋天，他们一家总要驱车前往旧金山歌剧院欣赏自己喜欢的歌剧或交响乐。班杜拉总是能使自己严肃的学术研究与其闲适的业余生活和谐交融。在班杜拉的晚年生活中，最快乐的事莫过于与他那对双胞胎外孙嬉戏了。他经常带着他们一起吹泡泡，遛公园，享受含饴弄孙的天伦之乐。但晚年的班杜拉并未就此退出学术圈，他仍在关注着有关人类心灵的各项研究，时有振聋发聩的重量级文章发表。

第三节　社会学习理论

早在学生时代，班杜拉在接受行为主义思想熏陶的同时，就逐渐对传统行为主义学习理论产生不满，开始滋生变革之心。工作之后，受西尔斯、米勒和多拉德等人研究的启发，班杜拉开始进一步关注影响儿童攻击行为的社会和家庭因素，并进而创立了社会学习理论。他的社会学习理论是对行为主义学习论的继承、批判和创新，是传统行为主义陷入危机后的反应之一。它坚持行为主义的客观化立场，却突破了传统行为主义的理论偏见，吸收了认知革命的成果，将认知和行为联系起来考察社会学习。班杜拉赋予了认知因素在行为决定中的重要地位，并确立了观察学习在理解人类复杂的社会学习行为中的核心地位，认为“观察学习是社会学习的最主要形式之一，社会学习与观察学习几乎被看成同义词”①。

一、观察学习的特点及其类型

观察学习（observational learning），也称替代学习（vicarious learning）或无尝试学习，是指观察者通过观察他人所表现出的行为及其结果而完成的学习。在班杜拉看来，人有通过语言和非语言形式获得信息以及自我调节的能力，因此个体能够通过观察他人（榜样）所表现出的行为及其结果，而不必事事经过亲身体验，就能学到复杂的行为反应。也就是说在观察学习

① 叶浩生主编：《西方心理学的历史与体系》，人民教育出版社1998年版，第261页。

中，观察者可以不直接做出反应，也无需亲身体验强化，只要通过观察他人在一定环境中的行为及该行为所带来的正面或反面的结果，并观察他人接受一定的强化便可完成学习。这种学习是一种替代学习，他人所接受的强化对观察者本人的影响是一种“替代性强化”(vicarious reinforcement)。在这种学习中，个体能通过观察他人的行为及结果，得到某种认知表象，并以之指导自己以后的行为，这样就使得他减少了不必要的尝试错误。因此，观察学习与斯金纳的强化学习和桑代克的试误学习有着本质的区别，是一种无尝试的学习。例如，儿童在某些游戏中所表现出的行为几乎与其父母的某些日常活动一模一样，这是因为他们常常以父母为榜样，观察了他们某些日常活动之后，模仿父母而表现出一连串的新行为，这就是观察学习的结果。

1. 观察学习的特点

观察学习有以下明显的特点：

第一，观察学习是一种间接经验的学习。班杜拉将学习分为两类，即反应后果的学习和示范行为的学习。前者以直接经验为基础，后者以间接经验为基础。强化学习和试误学习是直接经验的学习，学习取决于亲历行为的结果，这已经得到了行为主义心理学家较为详细透彻的研究，而观察学习则是通过观察他人行为及结果而进行的学习，是间接经验的学习，它被传统行为主义忽视了，然而，它却是人类更为普遍、更有效的学习方式。

第二，观察学习不一定有外显的行为反应。班杜拉认为，个体可以通过观察他人表现出的行为而学会某种新的行为反应，或使自己已有的某种行为特征得到矫正，但在这个过程中，个体并没有对示范反应做出实际的外显操作。① 也就是说这种学习可以不经过亲历的行为尝试，因此可以避免许多不必要的错误，是一种更为安全的学习。

第三，观察学习并不依赖于直接强化。观察者仅仅通过观察别人的行为就习得了复杂的行为，不必通过亲身经历。因此，观察学习可以不通过自身的行为结果所产生的强化来进行。因此，班杜拉认为强化在观察学习中并非关键因素，没有强化，观察学习照样可以发生。

第四，观察学习具有认知性。在观察学习中，个体需要通过观察他人的行为才能习得复杂的反应，这无疑至少需要观察者的知觉参与，需要利用内部的行为表象来指导自己的行为，因此，这种学习活动必然包含内部的认知过程。

---

① 转引自高申春著：《人性辉煌之路》，湖北教育出版社2000年版，第124页。

第五，观察学习不等同于模仿。模仿仅指观察者对他人行为的简单复制，而观察学习是指通过观察他人的行为及其结果，从而获得信息，习得行为反应，因此观察学习既可能包含模仿也可能不包含模仿。

2. 观察学习的类型

班杜拉根据观察学习的不同水平，将其划分为三种类型：① 直接的观察学习，也称行为的观察学习，是指观察者对示范行为的简单模仿。日常生活中大部分观察学习属于这种类型。② 抽象性的观察学习，是指观察者从示范者的行为中获得一定的行为规则或原理，以后在一定条件下观察者会表现出能体现这些规则或原理的行为，却不需要直接模仿所观察到的那些特殊的反应方式。③ 创造性观察学习，是观察者通过观察将不同的示范行为的特点组合成不同于个别示范行为的新的混合体，即从不同的示范行为中抽取不同的行为特点，从而形成一种新的行为方式。

二、观察学习的心理过程

观察学习是人类掌握各种技能和规范的捷径。班杜拉受认知心理学的信息加工模式的启发，对观察学习进行了分析，认为观察学习包括注意过程、保持过程、产出过程和动机过程四个相互关联的子过程(如图 10－1)，每个子过程又包括了一些影响它们的变量。

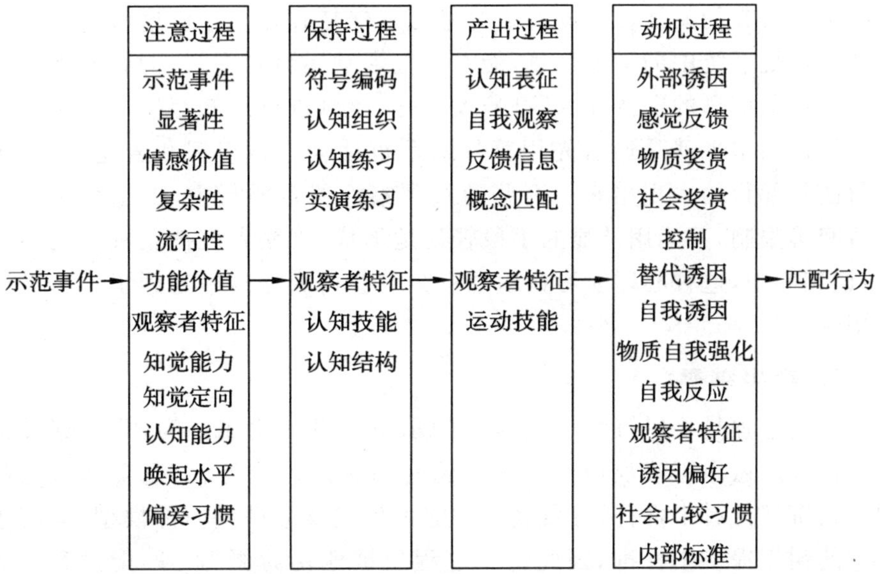

图 10－1　班杜拉的观察学习过程

1. **注意过程**

注意过程是观察学习的起始环节，它决定了观察者在大量的示范事件前注意什么，观察什么，调节着观察者对示范活动的探索和知觉。班杜拉认为，注意过程决定着在大量的示范影响中选择什么作为观察的对象，并决定着从正在进行的示范活动中抽取哪些信息，因此，选择性注意在观察学习中起着关键作用。在注意过程中存在诸多因素影响着学习的效果，如示范事件和观察者本身的特征以及二者间的关系。示范活动的显著性和复杂性影响着观察学习的速度和水平；成功的行为模式较之失败的行为模式更易引起人们的注意；那些具有一定的社会地位、较高的能力和较大权力的榜样易为观察者所注意；观察者的知识经验、认知能力、已经形成的知觉定势和期待等使得他选择一些示范信息而放弃另外一些示范信息；此外，观察者和示范者之间的关系也是制约观察学习的重要因素。

2. **保持过程**

如果观察者记不住观察到的示范行为信息，那么就无法产生学习。因此，观察者必须在记忆中以符号的方式保持所观察到的示范行为的信息。正是人有对信息的符号化能力，所以瞬间观察到的经验能以符号表征(symbolic representation)的方式长久地保持在记忆中，学会各种行为。观察学习对示范行为的保持主要依存于两种符号表征系统：表象系统和言语编码系统。表象系统把示范行为以表象的形式储存在记忆中，言语编码系统将一些示范行为的特征转换成言语符号形式保持在记忆中。这些以符号形式保持在记忆系统中的示范信息，能在示范活动不再存在时，为观察者提供指导。对示范信息的保持，除了符号表征外，还可进行认知组织和实演。观察学习的最高水平就是通过先用符号对示范活动进行组织和复述，然后再把它付诸外部行动表现出来。有些通过观察而习得的行为，由于社会禁令或者时间等限制，不能用外显的手段轻易地形成，观察者就把这种行为看在眼里、记到心中，这种心理演习在示范行为的获得和保持中起到了不可替代的作用。

3. **产出过程**

产出过程是将以符号形式编码的示范信息转化成行为，并根据反馈来调整行为以做出正确反应的过程。这是一种由内到外、由概念到行为的过程。在班杜拉看来，内部符号表征物能为生成反应提供内部模型，同时也为反应的纠正提供了标准，因此这一过程也被他视为概念—匹配过程。观察者为了重现示范动作和产生最佳的行为模式，还必须具备一定的运动技能。

观察者要在内部模型的指导下不断地练习，在信息反馈的基础上，对自身的行为操作状态与示范行为加以对照，经过自我矫正和调整，才能形成熟练的运动机能，做出与示范行为同样正确的反应。事实上，示范行为能否再现取决于观察者记忆中的示范行为是否完整以及观察者是否具备再现这些行为的技能，而观察者的监控和信息反馈能力则决定着示范行为的精确性。

4. **动机过程**

动机过程决定了哪一种由观察而习得的行为得以表现。班杜拉将行为的获得与行为表现区别开来，认为人们学到的行为不一定都表现出来。示范行为对观察者较有价值时，则表现出来的可能性较大，反之则否。但是没表现出来的行为并不表明观察者没学会，表现与否取决于观察者的动机。班杜拉认为，主要有三方面的因素影响着观察者再现示范行为：① 他人对示范行为的评价；② 观察者本人对自己再现行为能力的评估；③ 他人对示范者的评价。班杜拉把这三种对行为结果的评价分别称之为外部强化、自我强化和替代性强化。这三种强化都是制约示范行为再现的重要驱动力量。因此，班杜拉把它们看成是观察者再现示范行为的动机力量。

总之，班杜拉认为观察学习的这四个子过程是紧密相连、不能完全分离的。观察者如果不能复现示范行为，其原因可能是：没有注意有关活动；记忆表象中对示范行为进行了不适当的编码；所学的东西不能在记忆中保持；自身缺乏操作的能力；没有足够的诱因驱动。

观察学习理论表明，在人类行为模式、文化经验的传递中更多的是非直接经验的学习，是一种认知转化和认知建构的过程，同时具有强烈的社会性。因此，观察学习超越了直接经验的学习，超越了个体水平的学习，以观察学习为核心的社会学习理论也就突破了传统行为主义学习论的偏见。

第四节 社会认知理论

20 世纪 70 年代末之前，班杜拉的研究精力主要集中在以观察学习为中心的社会学习理论的建构上，随着研究的深入，使其进一步关注人类思想和行为改变的社会根源和主体内部因素（如认知、情感、动机等）的作用，因而导致其研究兴趣和研究方向发生了转变。到了20世纪80年代中期,班杜拉初步形成了以其社会学习理论为基础的,以揭示人类心理机能之奥秘为目的的社会认知理论。

社会认知理论有两大基本假设,揭示了人在某种程度上的自由性。其一,人既不是环境的产物,也不是生物学的产物。人是由外部环境、内部主体因素及过去与现在的行为这三者之间的动力性交互作用的产物。这是班杜拉在对人性进行历史性考察的基础上,提出的著名的三元交互决定论的因果模式,这也是其所有的理论之基石。其二,人具有主体性能力或意向性能力的假设,这是社会认知理论的核心。“人们不只是由外部事件塑造的有反应性的机体,还是自我组织的、积极进取的、自我调节的和自我反思的。”① 即人具有自我反思和自我调节的能力,人不是环境的消极反应者,而是环境的积极塑造者。在这两大假设之下,社会认知理论更为深入地研究了人的主体性因素(如认知、动机、情感等)在心理和行为机能发挥中的作用。

一、人性的三元交互决定论

人的心理和行为机能到底是由什么决定的,心理学家在创立其理论时必须对此做出回答。有的心理学家做出了环境决定论的回答,如行为主义者华生和斯金纳;有的心理学家做出了个体内部因素决定论的回答,如弗洛伊德(S. Freud)的本能论和赫尔的驱力决定论等。班杜拉对此却做出了三元交互决定论(the triadic reciprocal determinism)的回答,其独特之处就在于,他把人的主体因素纳入了心理和行为机能的因果决定模式中。三元交互决定论假设:环境、人的内部因素和行为这三种因素是相互独立的,但三者之间又是相互作用、交互决定的。三者的交互决定模式如图10—2所示。

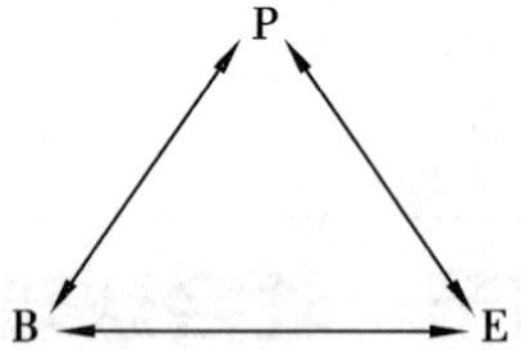

P代表人的内部因素,B代表行为,E代表环境,箭头表示因果作用的方向

图10—2 三元交互决定论模式图

① 班杜拉著,林颖等译:《思想和行动的社会基础:社会认知论》,华东师范大学出版社2001年版,第17页。

图 10—2 中的 P↔B 表示人的内部因素与行为之间的相互作用和决定的关系。人的内部因素包括认知的、动机的、情感的和生理的，对人的行为有着强有力的支配和引导作用。如果有人认为他不会在某个具体情境中获得成功，那么他就倾向于不主动采取行动，行为失败的可能性就比较大。另一方面，人过去和现在的行为及其结果也会影响其内部因素。譬如，儿童第一次见到某个小动物时，就尝试接近，并成功地触摸了它，那么他就会认为“我能做出这种举动”，并产生惊喜感，甚至由惊喜感而产生机体的神经生理学变化。E↔P 表示环境因素与人的内部因素之间的相互作用和决定。在人的内部因素与环境之间，不仅环境可以影响和决定人的内部因素，人的内部因素也能影响和决定环境。如果有人认为他能在某种环境中获得成功，那么他就倾向于选择进入该环境，并积极改造环境，甚至人为地创造环境条件。B↔E 表示行为与环境之间的相互关系。行为是人与环境关系的中介，是人选择环境、改造或创造以及适应环境的手段，但行为也受环境条件的限制。

在交互决定系统中，三者并不是在任何时候、任何情况下都具有同等的影响力，其相互作用的模式也并非固定不变。三者之间的影响力和作用模式在不同的情境、不同的个体和不同的活动中会有不同的表现形式。某些情境下，可能人的内部因素（如认知）在交互决定系统中起着主要作用，有时可能是行为起着主要作用。如在阅读活动中，选择什么样的书来读，主体的阅读偏好可能起着主要的决定作用。三元交互决定论构成了班杜拉理论体系的基石，正因为他从三元交互决定论的角度来看待人的心理和行为，所以他对人的心理和行为的考察涉及环境信息以及人自身的主体调节因素和行为结果的反馈信息。

根据这一互动的因果模型，人对环境的反应是认知的、情感的、行为的。但更为重要的是，人们通过认知也控制着他们的行为。这不仅影响着环境，而且也影响着主体自身的认知、情感和生理状态。因此，人的能动性是其主体性因素（认知的、情感的、生理的等）、行为和环境三者交互作用的产物，同时又对这三者有着能动性作用。正是基于这种三元交互决定的假设，才使得班杜拉从社会学习理论的研究进一步深入到社会认知理论关于人的主体能动性或意向性能力的假设。

二、人的能动性或意向性能力

班杜拉认为，人性是根据若干基本能力来界定的，它们体现了人的能动性或意向性。这些能力包括以下几个方面。

第一,人有符号表征能力。人能将各种信息以符号化的方式加以接受,所以在电子信息化时代所提供的各种符号环境中,人们才能超越直接的环境界限,充分利用替代学习,获得新知识。借助于符号表征能力,人们才得以产生指导未来行动的内在经验模型,形成革新的行动指南,并通过结果的预见性对这样的行动指南进行假设检验,与他人进行复杂的观念交流。

第二,人有预先思维(forethought)①的能力。人的多数行为是受预先思维指导的,是有目的或目标导向的,是预期的结果,而不是对环境刺激的直接反应,即人们预测或预见将来的行为结果,并将其作为行动的目标或方向。这种前瞻性思维使其行为更有目的性和深谋远虑性,能摆脱环境的直接影响而激励自己去追求期待的结果。人的这种预先思维或意向性行为能力是通过符号表征能力而获得的,通过符号表征,想象的未来能作为当前的原因或调节者而发挥作用。

第三,人有自我反思的能力。人不仅是行动的主人,同时也是自身能动性的考察者。这是人之为人的最显著特征。正如班杜拉所说:"如果人有什么与众不同的特征,那就是反思性的自我意识能力。"②人能分析、评价其思想和经验,反思自己的效能、思想和行动的合理性以及所从事事业的意义,监控自己思想和行动的进程,如有必要,将做出相应的调节。

第四,人有自我调节的能力。所谓自我调节是指个体通过主体因素,如计划、预期等来激活、指导和调控自己的行为。社会认知理论假设,个体具备自我调节机制,使个体能做出自我导向的改变。因为人往往不是仅凭个人喜好行事,而是为自己的行为建立起内在的标准,并评价自己的行为是否违反了这些标准或标准之间的差异,从而创造了激发、指导和调控自身行为的诱因。

第五,人有替代学习的能力。替代学习也称观察学习,就是通过观察他人的行为及其结果而产生的学习。通过观察而产生的替代学习能使人们快速学会人类生存和发展所必需的技能,也大大降低了人们对尝试—错误的直接学习的依赖,也使人在当代越来越重要的符号化环境中较容易地学会复杂的技能。社会认知理论也强调"从亲身经历的行为后果或从个人亲身

① "forethought",林颖等人将其译为"深谋远虑"(参见班杜拉著,林颖等译:《思想和行动的社会基础:社会认知论》,华东师范大学出版社 2001 年版,第 26 页);高申春译为"预见"(参见高申春著:《人性辉煌之路——班杜拉的社会学习理论》,湖北教育出版社 2000 年版,第 53 页);本书译为"预先思维"。

② Bandura, A. (1986). *Social foundations of thought and action: a social cognition theory*. Englewood Cliffs, New Jersey: Prentice-Hall, Inc., p. 21.

经历的成功和失败的教训中得到的学习”[1]，但它是包含以认知为基础的自我调节的学习，而不同于传统学习论中所强调的通过行为结果的强化自动起作用的机械学习。

人性以人类拥有的巨大潜能为特征，但人类拥有的潜能，如符号表征、预先思维、自我反思、自我调节和替代学习的潜能等都是复杂的神经生理机制和结构的进化结果。生理的和经验的力量以各种复杂的形式交互作用决定了行为，并为之提供了惊人的可塑性。社会认知理论反对传统两分思想，即把人的心理和行为机能截然划分为先天的和习得的。

社会认知理论建立在社会学习理论基础之上，但它超越了社会学习理论，它的研究范围已经不再局限于学习论领域。社会认知论假设人类有自我反省和自我调节的能力，人类不仅是环境的消极反应者而且是环境的积极塑造者，“人们不只是由外部事件塑造的有反应性的机体，还是自我组织的、积极进取的、自我调节和自我反思的”[2]。人类的绝大多数行为是有目的的或目标导向的，是受预先思维指导的；人们有自我反省和分析、评价其思想和经验的能力；人有自我调节的能力；人们的学习方式主要是通过观察的替代学习，但认知等主体因素参与的亲历学习（enactive learning）同样很重要。人对环境的反应是认知的、情感的、行为的。但更为重要的是，通过认知，人们也控制着其行为，这不仅影响着环境，而且也影响着主体自身的认知、情感和生理状态。主体能动性的观点正是社会认知论的核心思想。社会认知论不仅强调主体的内部因素，如认知、情感、生理等因素发挥主体能动作用，而且强调个体拥有的信念：“能使个体对自身的思想、感受和行动进行调控，‘人们的所思所想影响着他们的行为方式’。”[3]因此，对人类能动性的强调，特别是对包含自我信念在内的自我系统在自身行为调节中的核心作用的强调，是学习论所不能包容的。班杜拉自己也认为，社会认知论的观点，“从一开始，它就包含了超越学习的心理现象，如动机和自我调节的机制”，而且“学习主要被视为通过信息加工获得知识”；社会认知论“这个术语的社会部分，承认人的许多思想和行动的社会根源；认知部分承认思维过程

---

① 班杜拉著，林颖等译：《思想和行动的社会基础：社会认知论》，华东师范大学出版社 2001 年版，第 145 页。

② 班杜拉著，林颖等译：《思想和行动的社会基础：社会认知论》，译者序，华东师范大学出版社 2001 年版，第 17 页。

③ 班杜拉著，林颖等译：《思想和行动的社会基础：社会认知论》，译者序，华东师范大学出版社 2001 年版，第 8 页。

作为原因影响对人的动机、情感和行动所起的作用”。① 也正因为如此，他将其整个理论体系重新命名为社会认知理论，这是其思想的一次重大转折。

社会认知理论是一种关于人类思想和行为改变的综合理论。在社会认知的概念框架下，班杜拉分析了人的发展、适应和改变，并把人的能动性放在一个更为广阔的社会网络中来考察，认为社会文化主要通过榜样的示范作用来传递。大量关于人的价值、思维方式、行为模式、社会机会和约束等信息是通过电子媒体用符号进行描述，以示范的形式交互作用而习得。社会、信息和技术的急速变化需要人们发展自我定向和自我更新的能力。认知等人的主体性因素在学习，特别是在亲历学习中有着极为重要的作用。人们需要通过自我反思这一人类独特属性来为自己的生活提供结构、意义和连续性。在各种反思中，人的信念在对影响自己的生活事件进行控制中起着核心和普遍的作用。人的效能信念是能动性的基础，它影响着人的思维、情感和行动，并产生自我激励作用。对人类能动性的强调，特别是对包含自我效能信念在内的自我系统在自身行为调节中的核心作用的强调，使班杜拉自然地走向了对自我效能理论的创建，并倾其下半生的精力于其中。

第五节　班杜拉的自我效能理论

如果说班杜拉的社会认知理论已经超越了传统学习论范畴，那么在社会认知理论建立之后，班杜拉就开始进一步关注主体内部因素问题，全面展开对自我系统的研究，并逐渐深入到对自我现象问题的揭示。其中，在实验中发现的自我效能现象对班杜拉似乎有着极为强大的吸引力，他将其主要研究精力都用于自我效能现象的研究和理论的构建，并最终于 20 世纪 90 年代中后期建立起较为完整的自我效能理论。

① Bandura, A. (1986). *Social foundations of thought and action: A social cognition theory* (preface). Englewood Cliffs, New Jersey: Prentice-Hall, Inc., p. 33.

一、自我效能的概念和性质

1. 自我效能的概念

20 世纪 80 年代之前，班杜拉将自我效能界定为关于人们对完成某个特定行为或完成产生某种结果所需行为的能力信念，是一种相当具体的能力预期；知觉到的效能预期影响着个体的目标选择、努力程度等。① 80 年代后又把自我效能看作是“对影响自己的事件的自我控制能力的知觉”，以及作为一种对认知、社会和行为等技能的整合行动过程的自我生成能力，“人们对组织和实施达成既定操作目标的行为过程的能力判断”②，或者是“对影响自己生活的事件的控制能力的信念”③。20 世纪 90 年代，自我效能被界定为：“人们发动完成任务要求所需行动的过程、动机和认知资源的能力的信念。”④此后，又重新将其界定为：“人们对其组织和实施达成特定成就目标所需行动过程的能力的信念。”⑤从这些不同历史时期的界定来看，所谓的自我效能实际上是指人们对成功地实施达成特定目标所需行动过程的能力的预期、感知、判断，以及由此形成的信心或信念。理论上，自我效能具有四层涵义：(1) 自我效能是个体对其能做什么的行为能力的主观判断和评估；(2) 自我效能是个体整合其各种能力信息的自我生成能力；(3) 自我效能具有领域特定性，即个体对完成不同的任务或达成不同的特定目标，其自我效能判断会有所不同；(4) 自我效能形成后最终会成为个体的一种内在自我信念。⑥

自我效能如同自我概念、自尊等一样，描述的都是一种主体自身现象，是主体以自身为参照对象，对自身进行反思和评价。自我效能是人们在加工、权衡反映其自身能力的各种信息的基础上形成和发展起来的，它决定于

---

① Bandura, A. (1977). Self-efficacy: toward a unifying theory of behavioral change. *Psychological Review*, 84, pp. 191～215.

② Bandura, A. (1986). *Social foundations of thought and action: A social cognition theory*. Englewood Cliffs, New Jersey: Prentice-Hall, Inc., p. 391.

③ Bandura, A. (1989). Human agency in social cognitive theory. *American Psychologist*, 44(9), pp. 1175～1184.

④ Maddux, J. E. (1995). *Self-efficacy, adaption, and adjustment: theory, research, and application*. New York: Plenum Press, p. 7.

⑤ Bandura, A. (1997). *Self-efficacy: The exercise of control*. New York: W. H. Freeman and Company, p. 3; pp. 477～525.

⑥ 郭本禹、姜飞月著：《自我效能的理论及其应用》，上海教育出版社 2008 年版，第 57 页。

人们对其能利用所拥有的技能做什么样的判断，而不是实际的技能或行为。因而，自我效能是一个与人们的行为、技能、能力有关，而非行为、技能或能力本身的概念。作为自我系统的一个侧面，它是人们以自身为对象的自我参照思维形式之一，是一种认知因素。但自我效能不是一种纯粹的能力判断，而是包含人们对自己能否完成某个任务或活动的能力的信心或主体对自我的感受和把握，其结果就构成了一种自我信念。这种自我信念对人类的行为和选择具有动机激发作用：人们首先产生某种行为并解释其行为结果，在这种解释中形成了在类似情境中做出此种行为的能力信念，此后又依据这些信念行动，如选择相应目标、行为的维持程度等。正因为如此，自我效能可被视为人类心理和行为潜能发挥中的一种动机因素。

由于作为理论概念的自我效能表达的是个体对自己能做什么的能力的主观判断和评估，是个体内在的自我意识过程，无法直接观察或测量，为此，受行为主义训练的班杜拉为了使这一自我现象能进行实证性的量化研究，就需要对自我效能进行操作化定义。班杜拉本人和其他研究者在实际研究和阐述中也正是如此，他们经常使用操作性概念来表达自我效能的理论涵义，如前述不同历史时期对自我效能的概念界定中就使用到自我效能预期（self-efficacy expectation）、知觉到的自我效能（perceived self-efficacy）[①]、自我效能感（sense of self-efficacy）、自我效能信念（self-efficacy beliefs）等操作性概念。自我效能预期是人们对能否成功地实施产生一定结果的行为的预期。由于这种操作性表达仍未摆脱行为主义预期理论的影响，所以欲求摆脱行为主义思想观点束缚的班杜拉在其后期研究中就较少使用这一概念。知觉到的自我效能则是个体对整合各种技能的自我生成能力，或对成功地实施达成某个既定目标所需行动过程的能力的知觉，对这些能力知觉后的结果即为自我效能感。当自我效能感深入到个体的价值系统时，就成为自我效能信念。在实际研究中，研究者主要采用自我报告法来了解个体对其成功地完成特定任务的所需行为的能力判断。当被试报告出自己的自我效能时，这种自我效能也就是被试个体知觉到的自我效能，是知觉后的结果，即为被试个体的自我效能感。因此，实际研究中，研究的是个体知觉到的自我效能，即自我效能感。这正如自我意识的指的就是意识到的自我意识一样。也正因为如此，研究者在阐述有关自我效能的理论和研究时，经常使用的是自我效能感，它所表达的就是实践中的自我效能。本书也基于此种原因，在阐述自我效能理论和有关研究时，经常使用的是自我效能感概念，而

① 也有研究者翻译为“自我效能知觉”。

对自我效能与自我效能感的使用有时不做严格的区分。

总之，所谓的自我效能实际上是指人们对成功地实施达成特定目标所需行动过程的能力的预期、感知、信心或信念。

2. 自我效能的性质

自我效能作为人类自我参照思维的一种表现形式，人类自我的一种现象学特征，它是一种复杂的、多重性质统一的心理现象。①

（1）自我效能是一种自我生成能力。

在复杂多变、模糊不清且常常是不可预见的环境中，人们要很好地适应和改造环境，就需要拥有多种技能。但是，即便人们拥有多种多样的技能，也未必能够将它们很好地整合起来形成合适的行动过程，并在困难的环境中很好地实施。这就需要人们拥有一种能将各种技能整合起来形成合适的行动过程，并进行有效地实施的能力，这种能力就是人类的生成能力。班杜拉认为，自我生成能力是人类最根本的能力。自我生成能力可以对人的各种机能加以权衡、判断和组织，可以对自己的观念、思想加以评价与改变，从而促成各种行为操作，以用于不同的要求。

自我效能在本质上是一种自我生成能力（即生成自我反应的能力）。班杜拉指出："应该说，效能是一种生成能力，它综合认知、社会、情绪及行为方面的亚技能，并能把它们组织起来，有效地、综合地运用于多种目的。"②即通过自我效能这种自我生成能力，人们能将认知的、行为的、情感的、社会的等各种技能整合起来，形成实际的行动过程，服务于多种目的。自我效能之所以能发挥这种功用，是因为自我效能感是与人们相信其在各种不同的情况下他们能做什么有关，而不与人们拥有多少特定的技能有关；它是一种自我指向的思维形式，能激发和控制认知、动机、情感过程，而这些过程支配着知识和技能向熟练活动的转化，也即它生成将各种技能整合成合适的行动过程的能力。因此，具有类似技能的人，或同一个人在不同的环境中，有时做得很好，有时做得很差，这有赖于个体的自我效能。比如在数学问题解决中，在每一种问题解决能力水平的儿童中，数学自我效能有高有低。问题解决技能当然对成绩有影响，但那些自我效能感高的儿童比那些自认为没有能力的儿童更容易成功。一般而言，自我效能高者能够有效地将各种技能整合起来有效地解决问题，成功地完成任务；自我怀疑往往使技能得不到展示，甚至具有某些天赋的人在不相信自己能力的情况下也发挥不出其能力。

---

① 郭本禹、姜飞月著：《自我效能的理论及其应用》，上海教育出版社2008年版，第59页。

② 班杜拉著，缪小春等译：《自我效能：控制的实施》，华东师范大学出版社2003年版，第53页。

自我效能并非指人们对其所拥有的能力的评价，而是在不同的情境下人们对其能做什么的一种信念。所以，当人们在复杂的、不确定的环境中，要有效地发挥某种作用，达到某种目标时，不仅需要各种技能，也需要运用这些技能的自我效能信念。因为在复杂多变的环境中，先前的各种技能往往要以不同的方式结合起来才能应对环境变化，即便是应对日常生活环境的变化，每次的技能的结合也会不尽相同。在这种情况下，合适的行动的产生和调节就受到人们相信其在一定的环境和任务条件下能做什么的信念——自我效能信念的支配。自我怀疑者往往会在最初的努力被证明不足时，很快放弃能力的自我生成过程，不再灵活地、有策略地使用其各种技能。

(2) 自我效能是一种人类行为的动因机制。

人的能动性(动因)是人与其他生物相区别的一个显著特征。班杜拉指出："效能信念是人类动因的基础。"①它不仅自身影响着人的适应、调节和变化，它还通过对其他因素的影响而对人类机能产生间接作用。"可能起着指导和动机激发作用的任何其他因素，都根植于人们相信其有能力使行为产生预期效果的核心信念。"②比如，个体效能信念影响他是乐观地思考问题，还是消极地思考问题，是产生积极的情绪体验，还是产生消极的情绪体验，从而导致自我加强或自我阻碍。效能信念还通过目标设置的挑战性和结果预期而在动机的自我调节中发挥主要作用。在某种意义上，个体正是以效能信念为基础，来决定选择什么样的挑战性目标，付出多大的努力，在遇到困难时坚持多长时间等。自我效能之所以在人类能动性发挥中有如此重要的地位，在于它具有如下的特征。

第一，自我效能具有主客体二重性。自我效能像自我概念、自尊一样，描述的是主体的现象学特征，与传统心理学理论中的胜任力概念不同，它不是主体自我的一个稳定不变的属性，而是主体自我以自身为对象的参照思维形式之一，是对自身在不同的情境中能够做什么的认知判断和评估，并由此形成主体关于自身能力的预期、感知、信心或信念。它既是自我能动性的一种表现又是自我能动性作用的结果，不仅直接影响自身的行为，如对环境的选择和改造、行为目标的选择和实现，而且还通过对其他因素的影响间接影响自身机能的发挥，因而是自我系统中能够发挥调节自身行为和心理作用的核心因素。

---

① Bandura, A. (2001). Social cognitive theory: an agentic perspective. *Annual Reviews of Psychology*, p. 10.

② Bandura, A. (2001). Social cognitive theory: an agentic perspective. *Annual Reviews of Psychology*, p. 10.

第二，自我效能具有认知性。与个人能力评价有关的任何信息，无论是亲历的、替代的、说服的或生理性途径传递的，本身并不具有特殊意义，只有通过认知加工才具有启迪作用。作为以自身为对象的自我参照思维形式之一的自我效能，正是通过对有关自身能力的信息进行选择、比较和整合的认知加工才最终形成起来的，因而具有认知性质。不仅自我效能感的形成和改变有赖于个体的认知，而且自我效能对行为的调节也有赖于认知中介。如自我效能感的高低影响思维过程，产生自我帮助和自我阻碍作用；影响目标设立、行为归因等。认知因素是自我效能发挥对行为的调节作用的中介机制之一。

第三，自我效能具有动机性。自我效能直接影响到个体执行活动的动力心理过程的功能发挥，从而构成决定人类行为的一种近因。自我效能感不完全是一种动机，但它具有动机作用的性质。因此，自我效能有着近似于动机的功能，可看作动机或知识转化为行为的中介。自我效能在发挥主体作用过程中伴有动机作用的特性，如它决定着主体的行为和对环境的选择、行为的坚持性、行为努力程度以及行为成就。高自我效能感者倾向于积极主动地适应和改变环境，努力克服困难，坚持更长的时间，获得更高的成就。强烈的自我效能不仅有助于个体适应环境，而且对个体具有动力学意义。

第四，自我效能具有情感性。当人们对自身在不同情境中能做什么的能力进行评估、判断时，往往伴随相应的情绪体验。评判为高能力时往往伴随积极的情绪体验，而评判为低能力时往往伴随消极的情绪体验。不仅如此，已经形成的效能感性质也影响着个体面对要处理和应对的情境、任务时的情绪状态。同样，不同的情绪状态对人类自身各种心理机能的发挥有自我加强或自我阻碍的作用。当个体面对有压力或有威胁的情境时，个体的无效能感会引发其焦虑、恐惧、抑郁等消极情绪，进而削弱个体的行为积极性和各种心理机能的正常发挥；而高效能感则会给个体带来积极的情绪体验，如自信，进而加强个体行为的积极性和促进各种心理机能的发挥。

(3) 自我效能是具体性和普遍性的统一。

大多数有关自我信念或自我评价的概念，如自我概念、自尊等都是一种普遍性的或一般性的人格特质，在实际操作中，所测量到的都是一般的自我形象或自我评价，不能很准确地理解具体行为领域或情境中的心理机能。绝大多数的有关态度—行为关系的研究表明，具体的认知性测量要比概括的或一般的特质或动机性测量对具体行为的预测性更为准确。因此，班杜拉一开始就将自我效能界定为在特定的行为、任务或具体情境中，通过特定的任务、活动、具体的情境来测量人们达成特定目标的能力信念。自我效能不是一种较为稳定的人格特质，它是具体的，但自我效能的具体性水平是由活动、任务或情境的性质决定的。班杜拉就曾根据活动、任务或情境的具体性将自我效能区分为三种层次：具体任务自我效能，指的是对具体任务中的行为的自我效能，这是最为广泛、研究得最多的一种自我效能；领域效能，是一种更为一般的自我效能，指的是对可界定的整个任务领域内的行为的自我效能；一般自我效能，指的是对应付生活中多种领域中的问题的自信心。因此，随着活动任务向多领域的延伸，自我效能具有相对的普遍性。

从另一个方面来看，由于自我效能信念是经由经验和反思性思维而建立起来的，是人们对由各种渠道所获得关于自身在不同情境中的能力信息的认识和评价，因而具有某种概括性。当不同种类的活动由相似的亚技能控制时，自我效能知觉就会产生较大的迁移性，因而具备了一定程度的普遍性。即便不同种类的活动是由不同种类的亚技能构成，但由于某些能力的发展是社会组织的，共同发展起来的，因此某些不同领域的亚技能是一起获得的。这同样会使某些自我效能知觉具有概括性和普遍性。譬如，如果学校对学生的语文和数学进行了同样恰当的教学，那么这两个学科的效能知觉水平就会有很高的正相关，任何一个学科的高效能知觉都会促进其他学科的学习。

近年来，自我效能的含义有不断扩展的趋势，有时也被用来指个体一般的能力胜任感或有效感，甚至较早就已经开发出一般自我效能量表。但我们需要指出的是，自我效能并非普遍性的人格特质，并非可以渗透到一切活动、任务或情境中。利用自我效能信念时，需要寻找自我效能比较合适的普遍性水平。

(4) 自我效能的个体性和集体性的统一。

自我效能仅仅是个体性的吗？仅指个体对自身在不同情境中的能力评价吗？早期的自我效能研究主要集中在个体效能方面，强调个体行为的调控的研究，却忽视了集体行为的研究。这造成了自我效能似乎就是指个体效能的错误印象，甚至被误解为这是一种个人主义或个体主义的倾向。

在现实生活中，有许多现象是单凭个体效能无法解释的。例如，由个体效能都很强的个体所组成的团体，其行为不一定很有效。随着人们之间的相互依赖性增强，现实生活的挑战大多集中在要求人们协同工作，如何使团体的行为更为有效的问题上。正因为如此，班杜拉从其社会认知理论视角出发，对自我效能现象进行更深层次的思考。班杜拉区分了个体动因和集体动因。在个体动因机制中，没有什么比个体的效能信念更重要和更普遍了，“个体的效能信念构成了人类动因的核心因素”①，即便个体具有某些方面的能力，但如果他认为他没有对自身机能和环境事件实施控制的能力信念的话，那么他就不太可能主动活动。只有在个体认为他能产生所期望的结果，并预见其行为可能导致的有害结果时，他才具有开展行动并在遇到困难时坚持不懈的动力。

在人类动因中，特别是在集体动因方面，作为一个整体，人们对其产生期望的结果的集体能力的共同信念——集体效能是其关键因素。确切地说，“‘团体’对其联合起来组织和实施达成特定目标所需行动过程的能力的共同信念”②，是集体动因发挥中的关键因素。团体目标的达成不仅是其成员共同的意向、知识和技能的产物，而且是在其执行达成目标的活动中，交互作用、协调配合和相互促进的动态过程的产物。由于社会系统中的集体操作包含着这种相互影响的动态生成过程，所以集体效能感是团体水平的一种突现的属性，而不是团体成员的个体效能信念的简单总和。人们对集体协同活动、对集体共同发挥作用的能力的信念，影响着人们追求未来的共同活动，对资源的利用程度，以及在团体活动不能很快见效或遇到困难时的坚持程度、投入的精力和努力程度。

实际上，个体和集体是同一范畴的两极，而且人类的活动包含个体活动和集体共同活动，作为共同活动的集体同样具有集体自我意识、集体的能动性，可以对集体自我在不同情境中的能力进行评判。因而我们可以认为，作为人类自我的动因机制和生成能力，自我效能包括个体自我效能和集体自我效能，是二者的统一。对个体效能的强调并不意味着个人主义或个体主义，无论是在个人主义的社会还是集体主义的社会，无论是个体的活动还是集体的活动，都离不开个体效能作用的发挥。但对个体效能的强调也离不开集体效能，因为集体效能会对个体效能产生强烈的影响，尤其是在经济全球一体化的今天，人们大多数的活动都是相互依赖的。在一个集体效能很低的团体中，个体也会产生无能感；而集体效能的发挥也离不开个体效能，在一个个体效能都很低的团体中是不可能出现强烈的集体效能的。

---

① Bandura，A.（1997）. *Self-efficacy*：*The exercise of control*. New York：W. H. Freeman and Company，pp. 3～4.

② Bandura，A.（1997）. *Self-efficacy*：*The exercise of control*. New York：W. H. Freeman and Company，p. 477.

二、自我效能的结构与测量

自我效能是一种复杂的心理现象，在实际操作中，对它的测量一直是非常困难的。可以说，在自我效能的研究和应用中，它历来就是一个争议较多、问题较多的主题。

1. 自我效能的结构

从结构来看，自我效能是多维度的，它主要围绕水平、强度和广度这三个维度而变化。自我效能的水平是指人们能够克服活动任务给个体增加的困难程度或完成该活动任务对个体的能力信心的威胁等级，即在行为等级层次中，个体觉得自己能够完成不同难度和复杂程度的活动任务所需行为的等级水平。有些人的效能预期停留在简单任务水平上，有些效能扩展到中等难度水平的任务上，有些效能则延伸到高难度水平的任务上。例如，试图戒烟的人，有的可能认为在没有其他人抽烟的轻松环境中他能坚持戒烟。然而在高压力或有其他抽烟者在场的环境中，他可能怀疑他的戒烟能力。

自我效能的强度是指个体确信他能完成受到怀疑的行为的坚定性，即个体对完成不同难度和复杂程度的活动或任务的能力的自信程度。自我效能感比较低的个体，在不一致经验的作用下，会很容易降低其努力程度；而自我效能感高的个体，在不一致经验的作用下仍能维持其努力程度。例如，两个吸烟者可能认为他们在聚会中能戒烟，但一个人可能比另一个人持有更高的确信感或信心。自我效能的强度与个体在面对挫折、痛苦或其他行为障碍时坚持性的重复有关。如果个体在遇到困难情境时，行为经常能坚持下去，就会积累起较高的自我效能强度。

自我效能的广度是指成功或失败的经验以一个有限的、特定的行为方式影响自我效能预期的程度，或者自我效能的改变是否能延伸到其他类似的行为或情境中去。如吸烟者已经通过在困难情境或高风险情境（如在一个周围都是吸烟者的酒吧）中成功地戒烟而提高了他的戒烟的自我效能，这种自我效能可以扩展到他还没有经历过成功的其他情境。而且，成功地戒烟可能会泛化到其他需要自我控制的情境，如节食等。

对自我效能的详细分析必须与行为操作有意义地联系起来，对水平、强度和广度做细致而全面的评价。但大多数的研究往往依赖于单一维度的测量，即大多数集中在自我效能强度的测量上，也就是测量人们对其在某个不确定的情境中实施某个行为的能力确信程度。

2. **自我效能的测量**

自我效能不是由一个混合测验测量出来的无情境的总体素质，一般性的、无情境的、无领域性的效能信念测量对人类心理和行为功能的发挥不具有什么解释力和预测性，效能信念应该按照特定的能力判断进行测量，这种能力判断在不同的活动领域中，或在同一领域的不同任务水平的要求下，或在不同的情境中均可能不同。在某一活动领域中高效能感不一定伴随着另一领域的高效能感。为了获得合适的解释力和预测性，对自我效能的测量需要针对特定的功能领域，必须表现该领域中不同的任务要求、所需要的能力类型和能力可以应用的情境范围。

在自我效能的测量中，如何根据测量要求来构建量表的结构。合理的自我效能量表应根据自我效能本身的结构维度来确定其构成要素。

自我效能的水平表明，不同个体的自我效能感受到不同难度、复杂程度的活动要求的限制。活动要求的难度水平代表着个体成功地完成该活动的挑战程度或阻碍程度的变化，特定个体的能力感正是依存于这种活动要求的难度水平而被测量到。如果活动任务没有要克服的困难或障碍，那么每个个体对它都会有高效能感。这种困难或障碍、任务的难度和复杂程度水平通常是通过情境条件的设立来完成的。人们的信念不是一种去情境化的特征，而是受情境影响的。情境条件就是行为要求，人们根据这些行为要求进行效能知觉判断。

在实际应用中，对自我效能水平的测量，通常采取二分法来评估，即要求个体回答能或不能完成不同难度和复杂程度的活动。因此，量表项目的设计相对于个体来说应该有一定的难度。这就要求量表编制者首先要抽取出活动任务或情境的概念，分析其内涵和个体要成功地完成任务所需运用的技能、专门知识及其难度，以及它们中哪些对个体完成该活动任务构成了挑战，挑战性的水平怎样。不同活动领域中的不同活动任务对个体效能判断的挑战性质不同。一般而言，挑战可按新颖性、努力程度、精确性、生产性、威胁程度或所需的自我调节分成等级。在自我效能量表的初步构建中，通常还需要采用访谈、开放式调查和结构化问卷来补充这些信息。在初步调查或访谈中，要求人们描述使他们难以有规律地完成所要求的活动的因素。如测量戒烟自我效能，要求被试描述使他们存在戒烟困难的因素，如有无监督者、有无替代吸烟的措施、在有吸烟者的聚会场合、他人的劝烟等。在确定正式量表时，应该把足够多的障碍和挑战编入效能项目中，以避免出现天花板效应。

自我效能的广度表明，人们是在一个广泛的活动领域或仅在某个机能领域判断其行为的有效性。自我效能广度的变化主要表现在以下几个方面:活动的相似性程度、能力表现形式(行为的、认知的和情感的)、情境特征的属性和行为指向的个体特征。与某些活动领域和情境相联系的自我效能广度的评价揭示了人们的能力信念模式和普遍性程度。自我效能的广度主要体现在单个量表的项目设计的广泛性,或者多个效能量表所测量出的效能信念网络中。在效能信念网络中,有些效能信念比其他的更重要,那些最基本的自我信念是人们用以组织自己生活其他方面的自我信念。这要求在测量自我效能时,在确定了要考察的活动领域或机能领域后,需要详尽地分析它们所涉及的活动范围、能力类型等。如教师教学效能的测量,需要分析教师教学活动所涉及的任务范围、所需要的能力类型、所涉及的情境等。

自我效能的强度表明,在一个标准的自我效能测量中,要给被试呈现描述不同水平任务要求的项目,要求被试对其完成所要求的活动的能力的信心做出强度等级评定。由于是对能力信念进行评判,所以项目陈述要使用"能做……"而不是"要做……"的方式,因为后者是对行为意图的陈述而不是对能力判断的表达。在对能力信念的强度等级进行评定时,班杜拉认为,在标准的测量中,个体需要在百点等级中记录其信心强度,以 10 个单位为间隔,从 0("不能做")经过确信性的中等程度即 50("一般能做"),到完全确信即 100("一定能做")。效能量表是单极变化的,从 0 到最大强度不包括负数,因为没有比完全没能力(0)判断更低的评价。班杜拉建议不使用 0 到 10 的单一单位间隔的强度等级评定方式,因为这种方式缺乏敏感性和可靠性。

在实际量表设计中可用两种形式来测量自我效能强度。一种是双重判断形式,个体先判断他是否能执行给定的行为操作(效能水平),对于判断为能做的任务,就要用效能强度评分表来评定效能强度。另一种是单一判断形式,个体仅简单地在 0 到 100 之间或 0 到 10 之间评定活动领域中的每一项的效能强度。单一判断形式能提供同样重要的信息,而且更容易、更方便使用。单一判断形式已成为当代自我效能感量表设计的主要方式,但有一些量表采用了一般性的强度等级划分,而没有采用 0 到 100 或 0 到 10 的评定方式。

为了使被试正确地使用判断效能强度的量表,要在指导语中使被试建立起适当的判断定向,要求他们判断现在的操作能力而不是潜能或期望将来应拥有的能力。测量的结果可以将效能强度得分之和除以项目总数,作为该活动领域自我效能知觉强度的表达。

三、自我效能的信息来源

人们关于自己在不同情境中为达成不同的目标而完成各种行为过程的自我效能信念是如何建立起来的呢？班杜拉认为，人们的自我效能信念是以各种效能信息源为基础形成的，但通过各种来源的效能信息并不能自动产生作用，需要经过个体的认知加工才能发挥作用。

1. 自我效能的四种信息源

（1）亲历的掌握性经验。

亲历的掌握性经验是指个体通过自己的亲身行为操作所获得的关于自身能力的直接经验。亲历的掌握性经验是个体自我效能信息中最强有力的来源，对自我效能形成影响最大，比仅仅依赖替代性经验、认知模仿和言语劝导的模式能产生更为强烈、更为普遍的效能信念，因为个体通过亲身经历所获得的关于自身能力的认识最为可靠，提供的能力证据最有说服力。

一般而言，个体在某一任务、行为或技能上获得成功会加强个体对这一任务、行为或技能的自我效能感；失败会削弱个体的自我效能预期，多次失败，尤其是失败发生在自我效能感稳定建立之前，对个体的效能预期的消极影响更大。事实上，虽然行为的成功能够为个体提供强有力的能力证据，但不一定能提高效能信念，而失败也不一定就会降低自我效能信念。相同水平成功既可能提高，也可能不会产生影响，或者会降低自我效能知觉。而偶然遭遇失败，但通过个体的意志努力最终获得成功，能增强自我激励的意志力，使个体建立起自己拥有克服困难获得成功的能力确信感。效能信息对个体效能知觉的影响取决于人们对各种个人和情境因素的解释和权衡，即"效能知觉的变化源自于对行为表现所传递的有关能力的诊断信息的认知加工，而不是行为表现本身"①。正因为如此，亲历经验对人们自我效能感的影响受其他一些因素的制约：① 先前的自我知识结构，特别是已经过认知建构形成的个体效能自我图式影响着个体怎样寻找、怎样解释和组织产生于个体处理环境的效能信息以及从记忆中提取什么来进行效能判断。有些行为表现提供的能力信息对个体效能来说是老调重弹，不会改变个体的效能判断。② 对任务的难度知觉影响着个体行为操作的成功和失败在效能判断中的价值。在容易的任务上获得成功是在个体意料之中，不会引起效能知

---

① 班杜拉著，林颖等译：《思想和行动的社会基础：社会认知论》，华东师范大学出版社 2001 版，第 115 页。

觉的改变，而在困难的任务上获得成功则会为个体提供新的能力提高的信息。③ 行为的背景因素，如情境障碍、他人的帮助、可利用的资源或设备的充分性、执行行为的条件等，都会影响行为表现在效能评估中的作用。例如，个人成功是在他人帮助下获得的，可能会削弱成功经验在提高个体效能判断中的价值，因为个体可能会将成功归因于他人的帮助而非个人的能力。④ 努力程度也影响着个体的能力推断。付出很多努力才取得成功，可能会降低能力判断。⑤ 自我效能感不仅受行为操作成功和失败怎样被解释的影响，而且还受行为操作中自我监控的倾向性的影响。倾向于选择注意和回忆行为操作的消极方面的人，可能低估其效能；如果一个人的成功受到特别的注意和记忆，那么这种选择性自我监控就会加强自我效能信念。

在临床实践中，亲历的掌握性经验可以通过参与示范、行为抑制、自我引导性操作等途径来获得。

(2) 替代性经验。

亲历的掌握性经验并不是个体唯一的效能信息来源，替代性经验也影响着自我效能预期。替代性经验是指通过观察他人的行为，看见他人能做什么，注意到他人的行为结果，以此信息形成对自己的行为和结果的期待，获得关于自己的能力可能性的认识。例如，看到与自己相似的人获得成功，可以提高观察者的自我效能感。在某些条件下，效能判断更多地要依赖于替代性经验提供的效能信息。当人们缺少评价自身能力的直接经验时，自我效能判断很容易受到相关榜样的影响；当人们缺乏评价自身行为表现的依据时，个体的效能判断往往需要依据他人的表现进行评估，此时，自我效能评判中的社会比较性信息占有十分重要的地位。

通过观察示范行为，经由观察模仿和象征模仿的途径而获得的替代性经验对个体自我效能判断有着持久的影响，但这种影响主要是通过参照比较的方式产生的。因此，替代性经验对个体效能感形成的影响同样受其他一些因素的制约。首先是观察对象的相似性，包括榜样的相似性、行为操作的相似性、努力的相似性、环境的相似性。当一个人看到或想象与自己能力差不多的示范者获得成功时，能够增强其自我效能判断，确信自己能够在相似情境下成功地完成相似的行为操作。相反，当一个人观察到或想象到一个与自己差不多的人，虽然付出巨大努力仍遭失败时，他可能会降低自我效能判断，认为自己即使付出巨大努力也不大可能取得成功。此外，示范的方式、榜样的数量和多样性、榜样本身的能力和权威性等因素都会影响到替代性经验对观察者效能判断的影响。例如，象征性示范所展示出的技能和策略会有助于观察者提高自我效能感，通过认知演练还可进一步提高象征性示范对自我效能信念的影响；认知示范伴随技能实施比单纯认知示范更能提高效能信念和成就。

（3）言语说服。

言语说服或社会说服，包括他人的说服性鼓励、建议、告诫、劝告以及他人的暗示，是用来试图使人们相信自己已拥有获得成功的能力。言语说服是进一步加强人们认为自己已经拥有的能力信念的一种有效手段，尤其是当个体在努力克服困难并出现自我能力怀疑时，如果有重要人物表达了对他的信任或积极性的评价，会较容易增强其自我效能。被说服拥有控制既定任务的能力的人可能会在困难出现时付出更多的努力，并维持努力。在某种程度上，个体效能的说服性增加会使人在行为中付出艰苦努力以获得成功。但因为言语说服与个体自身经验联系不大，所以单独的言语说服对自我效能形成的影响有限，既不像亲历经验那样强有力，也没有替代性经验那样影响大，并且由言语说服形成的自我效能也容易在个体面临困难时消失。

言语性说服对自我效能的影响同样受诸多因素的制约。如反馈方式，由于说服性效能信息往往要通过对操作者的评价性反馈来传递，其传递方式可能会加强或削弱效能感。强调个人能力的评价性反馈可提高效能信念，尤其是在技能发展的早期阶段，能力反馈对个人效能的发展有着突出的作用。此外，说服性效能信息的作用还受劝说者的地位、威望、专长以及劝说内容的可信性等影响。

（4）生理和情绪状态。

人们有时判断自己的能力也要部分地依靠生理和情绪提供的躯体信息，尤其是在包含身体运动、健康机能和应付应激的活动领域中，效能判断与躯体信息有关，更加依赖于生理和情绪提供的效能信息。在这些活动领域，人们往往倾向于把应激的、高压力情境中的生理活动状态当作身心机能是否会失调的信号。高情绪唤起和紧张的生理状态会阻碍行为操作，降低人们对成功的期望。对行为、事件和情境的无效控制的应激反应会通过预期性自我唤起进一步加剧紧张，产生高焦虑、高抑郁情绪反应，往往使人们低估自己的能力；生理上的疲劳、疼痛、身体发抖等也会被人当作机体无效能的信号，增强其无能感。这些都影响着人们的效能判断，降低其自我效能感。

同样，像其他效能信息来源一样，生理和情绪状态提供的信息本身并不能诊断个人效能，只有通过认知加工才能影响自我效能感。因而，对生理状态的引发原因的认知评价、生理唤醒的强度、活动环境、个体的解释倾向等都会制约生理状态对效能判断的影响。环境因素强烈地影响着人们对内部状态的解释。因此，生理状态对效能判断的影响随人们所选择的环境因素以及人们赋予它们的不同意义而变化。一般来说，中等强度的唤起能提高注意力并促进技能的有效应用，而高度唤起则会破坏活动的性质；那些将唤起解释为能力不足的征兆者比那些视唤起为普通的紧张反应者更可能降低其效能知觉。此外，心情也是影响个体效能判断的一个重要因素。积极的心情增强自我效能知觉，而沮丧的心情则相反，引发的心情越激烈，对效能信念的影响越大。

2. 效能信息的认知加工和整合

从以上论述中，我们知道无论是通过哪种信息源所获得的效能信息，本身并不能对个体自我效能产生影响，只有经过个体的认知评价，这些信息才有意义。人们在对多种来源的效能信息进行认知加工，形成效能判断时，由于不同活动领域中，不同类型效能信息的重要性不同，所以不仅要处理由特定方式传递来的效能信息，还要对不同类型的效能信息进行权衡和整合。目前，关于人们如何加工、整合多维信息的研究还较少，“但是我们有理由相信，各种效能判断都受一些共同的评判过程来控制和管理”①。班杜拉假定，这一共同过程包括了两种可分离的、相对独立的效能信息认知加工功能：功能之一涉及人们关注并用来作为个体效能指标的信息类型；功能之二涉及统合规则或启发人们用以权衡或整合不同来源的效能信息，形成效能信念。

(1) 不同效能信息的认知加工。

在传递效能信息的四种来源中，每一种都有其独特的效能指标。有些可能是高度可信的个人能力指标，有些则不然；有些能提供新的效能信息，有些则了无新意。不同类型的效能信息对效能信念的独特意义取决于个体的认知评价。对不同类型效能信息的认知加工影响着它们各自在个体自我效能感形成中的作用。

在亲历经验对个体效能感形成的影响中，行为表现和能力之间并不是简单的一一对应关系，对成功和失败的能力和非能力影响因素的认知评估影响着亲历经验的效能意义。例如，任务的难度、努力程度、外部的帮助、行为产生的环境以及成功或失败的暂时表现形式等，都会影响亲历经验的效能意义。如果在很容易的任务上获得成功，那么这种成功的亲历经验对人们的效能评估不会有多少价值，而成功地完成很困难的任务则会为提高人

① 班杜拉著，林颖等译：《思想和行动的社会基础：社会认知论》，华东师范大学出版社 2001 版，第 577 页。

们的效能评估带来新的能力信息；在别人的帮助下才获得成功也不会带来多少效能信息，因为这会使人们很容易将其成功归结为外部因素的影响而不是个人的能力；付出太多的努力才取得的成功，那意味着能力的低下，也不太可能提高自我效能感。同样，当人们将失败归结为努力不足、外部条件不利或身体、情绪状态的不佳，那么失败也不会使人们的自我效能知觉降低很多。此外，个体已形成的自我效能感也影响着个体对成功或失败的认知归因，不同的认知归因影响到个体的行为，进而又影响自我效能感的发展。在替代性信息中，个体对自身能力的认知程度和对榜样与自己的相似性的认知，影响着这种信息的效能价值。那些与自己类似或能力稍高于自己的人，为个体衡量自身能力提供了最为丰富的信息。对于说服性信息必需经过个体对劝说内容的可信性判断后才能对个体效能感的形成产生影响。生理和情绪状态同样要经过自我评价过程才能影响自我效能感。一些因素，包括生理和情绪唤起源的评价、激活水平、唤起环境、唤起如何影响个体的过去经验等，都可在情感性反应的认知加工过程中发挥作用，对这些因素的认知解释都影响着生理和情绪状态在自我效能感形成中的作用。

（2）效能信息的整合。

上面的简要探讨表明，只有经过认知加工，各个单一渠道的信息才对效能判断具有意义。但是人们在形成效能判断时，会接收到来自于各种单一渠道的效能信息，不同来源的效能信息会在不同的活动领域中发生变化，不同类型的效能信息在个体效能感形成中有着不同的重要性。因此，这不仅需要个体处理来自不同单一渠道的效能信息，而且还要权衡和整合来自多个信息源的效能信息。然而，由于各种信息中，有效能价值的因素在信息的丰富性上和内部相关上会有不同。因此，在个体效能判断中，个体用于整合各种信息的规则也有所不同。有人是以添加的方式把相关的效能因素组合起来，效能指标越多，个人能力信念越强；有人使用一些相对权衡原则赋予不同因素以不同的重要性，有些因素就比其他因素更为重要；有人使用多重统合规则，即将各种效能信息要素联合起来，这比简单相加对效能信念的作用更大；还有人采用结构性组合规则，即根据其他可及的效能信息来源对特定的因素赋予不同的重要性，如看到能力低于自己的人在同类问题上失败，个体并不会因为自己也失败而导致自我效能感降低，但如果看到能力与自己相当者失败，个体会因自己的失败而效能感大大降低。

尽管在自我效能判断和非个人性判断中无疑会存在一些共同的认知过程，但是，形成自我认识肯定还包括一些独具特色的过程。自我参照性的经验比他人的经验更可能威胁到自尊和自我的社会价值，从而对个体的自我能力评价产生影响,会导致自我夸大或自我贬低。情绪对个人和社会判断也有明显不同的影响。抑郁情绪可降低个体对控制重大事件的效能判断,但在同样的结果反馈下却抬高对他人控制效能的判断。自我参照过程的激活可能使个体歪曲对多种经验的自我监控及对其记忆、组织和提取的方式。当人们还缺乏识别、权衡和整合多种维度效能信息的技能时,人们容易忽视或错误权衡相关信息,或者产生认知偏差,而将人引入歧途。随着人们加工信息的认知技能的发展,人们识别、权衡和整合效能信息的能力也会随之提高。

总之,“个人效能感是通过一个复杂的自我说服过程得以建构的。”①效能信念是人们对各种效能信息(包括亲历的、替代的、说服性的和生理的)进行认知加工的产物。

四、自我效能的主体作用机制

效能信念一经产生就会以各种不同的方式对人类自身的心身活动产生影响。一般而言,自我效能主要是通过四种中介机制发挥着对人类机能的调节作用。它们包括认知过程、动机过程、情感过程和选择过程。在对人类机能的调节中,这些中介机制往往协同发挥作用,而不是单独发挥作用。

1. 认知过程

自我效能信念影响各种思维模式,从而能加强或削弱行为操作。这些认知影响表现出不同的形式。第一,影响个体目标设立。人们的多数行为都是有目的性的,受认知目标在内的预先思维的调节。而个体目标的设立受到自我效能的影响。自我效能信念越强的人为自己设立的目标越高,对目标的承诺就越强。第二,自我效能信念影响个体认知建构。班杜拉认为,人类大多数行动过程首先在思维中形成,因此,认知建构在发展熟练技能的行动中起着指导的作用。人们的效能信念影响着他们怎样解释情境,以及他们所建构的预期场景的类型和想象化的未来。高自我效能感的人把情境看作是提供可实现的机会。他们想象成功的场景,为行为操作提供了积极的指导。判断自己为无效能的人将不确定的情境解释为危险的,倾向于想象失败的场景。不同的认知模拟会给随后的行为操作带来不同的影响。关注自己缺陷的否定性认知和想象事情怎样变得更糟,会削弱自我动机,阻碍行为操作,而想象自己在成功的场景中怎样熟练地开展行动会加强随后的

① 班杜拉著,缪小春等译:《自我效能:控制的实施》,华东师范大学出版社 2003 年版,第 165 页。

操作。自我效能感与认知模拟之间是相互影响的。高效能感促进了有效行动的认知建构，而有效行动过程的认知重演则会强化自我效能信念。第三，影响推理性思维。思维的一个重要功能是使人们能够预测不同行动过程的可能结果，产生控制影响其日常生活的事件的手段。而且许多活动都包含了行动怎样影响结果的推理判断。行动与结果之间的预测规则的发现需要对包含有模糊的、不确定的多侧面信息进行有效的认知加工。而事实上，预测因素与结果效应间的关系非常复杂，同一预测因素可能有多种效应，而同一效应也可能由多种预测因素引起。在探询预测规则时，人们必须运用先前的知识构建选择项，权衡并将预测因素整合进综合的预测规则中，以其行为的即时或远期结果检验和修正判断。在面对有压力的情境要求和可能有重要的个人及社会意义的判断失误时，需要有强烈的自我效能感，以维持任务定向。自我效能的强弱影响着个体对不确定、压力大的情境中的多种信息的分析和推理。第四，影响问题解决策略的产生和使用。一系列的实验研究结果证明，不同的心理和社会影响改变效能信念，而效能信念既通过直接的也通过对可识别的目标和分析性思维的影响而发挥对行为成就的作用。其他研究进一步证明了效能信念对问题解决策略的产生和使用的影响。在能力相似、而自我效能感不同的学生当中，自我效能感高的学生在寻找较好的问题解决策略时，能更快地放弃错误的认知策略，问题解决效率高、效果好。

2. 动机过程

自我效能信念在人类动机自我调节中起着关键的作用。人类动机大多是由认知产生的，通过认知性动机，人们激发起其行为，并根据预先性思维指导其行动。他们在已形成的能做什么的信念基础上，预期其行动可能带来的结果，为自己设立目标，计划达成目标的行动过程。在心理学的动机理论中可区别出三种不同的认知性动机，即归因理论中的因果归因、期望价值理论中的结果预期、目标理论中的认知性目标。① 结果和目标动机因素通过预期机制发挥作用，因果推理通过改变能力的自我评价和活动要求的知觉而设想先前的成就影响预期的未来行动。自我效能机制在所有这些不同形式的认知性动机中都能发挥作用。

因果归因与自我效能评价是双向作用的。对行为操作的归因方式影响效能评价，因果归因对行为操作成就的影响受自我效能的调节而不是直接

① Bandura, A. (1992). *Self-efficacy mechanism in personal agency*. In: Schwarzer, R. (ed.). *Self-efficacy: thought control of action*. Washington, D.C.: Hemisphere, p. 18.

作用于操作。通常，成功的能力归因往往伴随着自我效能信念的提高，后继行为的成就也越高。但成功的努力归因对自我效能感的影响是可变的，受多种因素的影响，如能力观和对努力是否可控的看法，如果个体认为能力可通过艰苦的努力来获得，那么高努力与个人效能信念就呈正相关；如果认为能力是与生俱来的，那么努力可能表明能力不足，就与自我效能信念呈负相关。自我效能也影响行为的因果归因：自我效能感强的个体倾向于把成功归因于自己的能力，把失败归因为努力不足或不利的情境条件，而自我效能感低的个体则将失败归因为能力欠缺。总之，自我效能感调节着归因对行为的影响，归因理论所选出的各类传递与效能有关的信息因素主要通过改变人们的效能信念而影响行为成就。

在期望价值理论中，动机强度受特定行为产生特定结果及其价值的预期联合控制。但是，人们既按照结果预期，也按照他们能做什么的信念行动。因而，结果预期对行为操作动机的影响部分受到自我效能信念的影响。那些个体觉得自己能做得很好的活动，就能确保获得有价值的结果，从而增强开展该活动的动机；如果怀疑自己，认为自己没有获得成功的可能性，那么就不会从事这种活动，即使该活动能产生有价值的结果。因此，低效能感会使结果预期失去激发潜力的作用，而对自我效能有坚定信念者则可以在面对不确定的或反复出现消极结果时，仍能维持很长时间的努力。此外，在结果有赖于行为性质的活动中，效能信念还决定着预见的结果类型。

在目标理论中，认为行为受认识到的目标的激发和指导，而不是被未实现的未来状况所吸引。很多研究证明，明确而具有挑战性的目标可提高行为动机。但在很大程度上，目标是通过自我反应影响发挥作用，而不是直接调节动机和行为。在基于目标的认知性动机所受到的自我反应性影响调节中，达成目标的自我效能感是其中之一。自我效能感对目标性动机有几种不同的作用方式。在一定程度上，人们是以自我效能感为基础来选择什么样的挑战性目标，付出多大的努力，在面临困难时坚持多长的时间。面临阻碍和失败时，对其努力自我怀疑者，会降低其努力程度，过早放弃尝试，而对其能力有强烈信念的人会付出更多的努力来支配挑战。

人类的动机行为有时建立在自我失调的基础上，通过失调降低机制激发和调节行为。但人类是积极主动的有机体，预先思维的能力使人能主动地组织和调节行为。人类的自我动机既取决于失调状态的产生，也取决于失调的降低；既需要主动控制行为，也需要反应性反馈控制。通过主动控制，人们为自己设立有价值的挑战性标准，产生不平衡状态，激发并指导其行为。反应性反馈控制在随后达成期望结果努力中发挥调节作用。在人们达成其追求的标准后，那些有强烈自我效能感的人会为自己设立更高的标准，进一步挑战自我，产生新失调。

此外，有证据表明，人类的目标达成和积极内心体验也需要积极乐观的个体效能感。这是因为，人类绝大数社会生活都交织着困境，人们必须有一种弹性的个体效能感以维持成功所需的努力。失败或倒退会导致自我怀疑，但重要的问题是，不是困境唤起了自我怀疑，而是从困境中恢复自我效能感的速度决定了是否会产生自我怀疑。有些人能很快地恢复自我信心，有些人则不能。这是因为知识和能力的获得通常需要在困境和挫折面前持续地努力，这正是自我效能信念的作用。

3. **情感过程**

自我效能机制在情感状态的自我调节中也起着十分重要的作用。自我效能信念主要通过三种途径影响着情绪经验的性质和紧张程度：控制思维、行动和情感。情感状态调节的思维定向模式有两种形式：一种形式是效能信念激发注意倾向，影响生活事件是否以温和的或情绪扰乱的方式被解释、认知表征和回忆；另一种影响形式集中在当由混乱的思维转入流畅的意识时，控制扰乱的思维秩序的认知能力知觉。在行动定向模式中，效能信念通过维持转化环境的行动（以改变环境唤起情绪的可能性的方式进行）来调节情绪状态。情感定向模式（包括令人厌恶的情绪状态）一旦被唤起就可以改善效能感。这几种情感调节方式已经在焦虑唤起、抑郁情绪等生理应激反应的控制中得到充分证明。控制潜在的威胁性事件的自我效能感在焦虑唤醒中起着关键的作用。威胁不是情境事件的固有属性，而是源于人们对自己应对事件的能力知觉与事件潜在伤害性的匹配。因此，当人们相信他能控制事件的潜在威胁时，就不会产生恐惧性认知，也就不会受其困扰，认为自己效能高的个体在处理潜在威胁时，几乎不会显示出情感唤醒；认为自己不能控制潜在威胁的人就会经历高水平的焦虑，而且他们此时的压力感上升，心跳加速，血压升高，儿茶酚胺分泌增加。这也表明应对自我效能感还影响着情绪状态的神经生理方面。免疫系统调节包含着伴随微弱的应对效能感所显示出的各种生理化学反应，如自主反应、儿茶酚胺活动。控制应激事件的自我效能感也影响着内源性鸦片肽系统的释放水平。这些生化反应对免疫系统的影响均通过自我效能的调节作用。

4. **选择过程**

从三元交互作用理论看，人与环境是交互作用的，人是环境的产物，同时也是环境的创造者。因此，人们可以通过他们所选择的环境或创造的环境来发挥他们对其生活道路的影响。个体的效能判断可以通过影响活动选择和环境选择来塑造发展道路。人们倾向于避开那些他们认为超越了他们应对能力的活动和情境，而当他们判断自己有能力应对时，他们就愿意接受挑战性活动和环境。自我效能越高，选择的活动和环境的挑战性就越高。一旦个体选中了某种环境，这种环境就对个体的成长发生影响。一方面，环境中的社会影响塑造着个体的价值观、兴趣，并发展某些能力；另一方面，个体在面临环境中不同活动任务时，需要运用不同的知识和技能，从而激发起个体不同的潜能，塑造出不同的命运。同时，个体在活动中会获得各种不同的经验和体验，也影响着个体各个方面效能感的发展。所以，自我效能感的高低不仅通过选择过程而决定了个体对挑战性活动和环境是接受还是回避的生活态度，而且还通过个体的选择过程决定了哪些个体潜能得到开发，哪些又被忽视而得不到实现。因此，正如班杜拉所说："任何影响到选择行为的因素都能深刻地影响着个体的发展方向。"[①]但是，选择过程的作用不同于认知过程、动机过程和情感过程。因为只有前者才会根据个体的效能感立即决定是否选择某些行动过程，而后面三种调节过程则不会这样发挥作用。只有当人们选择了从事的活动后，他们才会发动努力、产生可能的解决和行动策略，在他们怎样做的过程中才会产生高兴、焦虑和抑郁情绪。

第六节　对社会认知学习理论的评价

一、主要贡献

班杜拉的社会认知理论是以其社会学习理论为基础创立的，是对社会学习理论的进一步发展和突破。从广义上看，该理论包含了前期的社会学习理论、社会认知理论本身及其后的自我效能理论，是一种关于人类心理机能和行为的综合理论。其研究范围已超越了传统学习论的范畴，可以说是一种更为宏大的学习理论，可称其为社会认知学习理论。这一理论为我们

① Bandura, A. (1997). *Self-efficacy: The exercise of control*. New York: W. H. Freeman and Company, p. 160.

理解人类心理机能和行为的获得提供了更为深刻的理论基础，为行为主义乃至整个心理学的发展做出了诸多贡献。

1. **发掘了传统理论所忽视的学习现象，发展和深化了学习理论**

在学习理论发展史上，班杜拉及其社会学习理论构成了一个转折点。[①]而其包含社会学习理论在内的社会认知学习理论更是体现了学习理论的整合特性，它既是行为主义的，也是认知心理学的，同时还具有人本主义的性质；既体现了学习的个体性，也体现了学习的社会性。它概括了一系列不同领域的研究路线和方法，以及这些领域的新近发展，并将之组织在不断发展的社会认知学习理论框架中，从不同的方面发展和深化了学习理论。

首先，班杜拉发现了人类学习的基本形式之一，即观察学习，推动了学习理论的进一步发展。观察学习不同于传统学习理论所揭示的学习形式。传统学习理论所揭示的学习形式，如桑代克的“尝试错误”学习以及巴甫洛夫的经典性条件作用学习和斯金纳的操作性条件作用学习等都是直接经验的学习，即班杜拉所谓的亲历的学习，是“在实践中学习”或“在做中学”。班杜拉承认这些学习方式的存在及其重要性，认为这类学习在人类实践活动中发挥着重要作用，是知识和经验的重要来源，但这类学习耗时多，难度大，过程复杂，如果人类仅仅依靠这种形式的学习，那么人类几千年来所创造的璀璨文明的传承将难以想象。在信息媒体充斥、信息来源多渠道化的现代社会，观察学习则是更为主要的学习方式。观察学习是一种间接经验的学习，是学习者通过观察示范者的示范，或通过教师、家长以及其他信息渠道间接地获得他人已有的知识经验的过程。这种学习的过程迅速而简捷，且普遍地存在于不同年龄阶段和不同文化背景的学习者中，可以应用于人们的生活经验、行为操作和运动技能的学习，可以帮助人们快速敏捷地获得他人的行为方式、人际交往、工作和学习的经验。班杜拉的社会认知学习理论揭示了观察学习的一般过程和规律，指出了这种学习方式的动机性、认知性和社会性，对于解释和指导人类的学习过程有重要的理论价值和实践指导作用。

其次，班杜拉的社会认知学习理论进一步深化了传统学习理论的强化观。在传统的有关直接经验的学习理论中，都强调强化及其即时效果。班杜拉并不否认强化在学习中的作用，但他认为，传统学习理论所强调的强化主要是外部的直接强化，这种强化并不是学习所必需的，学习可以在没有外

① 郭本禹主编：《心理学通史·第四卷·外国心理学流派（上）》，山东教育出版社 2000 年版，第 408 页。

部直接强化的情况下发生。例如,人们可以通过观察他人的行为结果和根据自己对行为的评估来调整自己的行为,此时的学习并不依赖外部的直接强化,而是受班杜拉所说的替代强化和自我强化的影响。强化的效果也不在于其即时性,而在于人对其行为结果的预期,在于人对各种强化的认知调节。班杜拉认为,强化并不是机械地塑造或改变人的行为,而是通过人的认知调节过程而起作用。这样,在复杂的社会中,班杜拉所发展的替代性强化和自我强化在人类的学习中所起的作用就越发明显。这一理论发现也是对传统的强化学习理论的进一步深化。

2. 重视人的能动性,突出了人的主体性地位

与第一代和第二代行为主义学习论者不同,班杜拉的研究对象是人类个体而不是非人的动物。他在研究中探索了人类的主体性特征,而且吸收了信息加工等心理学的有关成果,强调认知、情感、动机等个体内部因素在其心理机能和行为获得中的作用,突出了人的主体性地位。

社会认知学习理论假设,人类具有自我反省和自我调节的能力,人类不仅是环境的消极反应者而且是环境的积极塑造者,"人们不只是由外部事件塑造的有反应性的机体,还是自我组织的、积极进取的、自我调节和自我反思的"①。人正是通过自我反思这一独特属性来为其生活提供结构、意义和连续性。社会认知学习理论还假设,人们的学习方式主要是通过以观察为主的替代学习进行的,认知、情感、动机等人的主体性因素在这种学习中起着核心作用,同样,认知等因素在亲历学习中也有着极为重要的作用。人对环境的反应是认知的、情感的、行为的,但更为重要的是,人们通过认知也控制着他们的行为,这不仅影响着环境,而且也影响着主体自身的认知、情感和生理状态。以认知为基础,人们还会形成相应的信念体系,尤其是人们以自身为认识对象而形成效能信念,影响着人的思维、情感和行动,并产生自我激励作用,在对影响自己的生活事件进行控制中起着核心和普遍的作用,是人类能动性的基础。

主体能动性的观点正是社会认知学习理论的核心思想。而对人类能动性的强调,特别是对包含自我信念在内的自我系统在自身行为调节中的核心作用的强调,是传统学习理论所不能包容的。班杜拉自己也说过,社会认知学习理论的观点,"从一开始,它就包含了超越学习的心理现象,如动机和自我调节的机制",而且"学习主要被视为通过信息加工获得知识";社会认

---

① 班杜拉著,林颖等译:《思想和行动的社会基础:社会认知论》,中文版序,华东师范大学出版社2001年版,第17页。

知这一术语的"认知部分承认思维过程作为原因影响对人的动机、情感和行动所起的作用"。[1]

对人类能动性的强调，也使班杜拉自然地走向了对自我效能理论的创建。近年来，班杜拉更是以自我效能理论为主体，扩展到心理学诸多领域，使社会认知学习论显现出了我们正在寻找的宏大理论的轮廓。[2] 班杜拉对人类主体性因素的重视和系统阐述推进了我们对人类心理机能与行为获得的理解，这也是其对心理学发展的重大贡献。

3. **重视社会因素的作用，突出了学习过程的交互性**

班杜拉的社会认知学习理论不仅重视主体内部因素在人类心理机能和行为获得中的作用，而且还重视社会因素的作用。社会认知学习理论不仅假设人具有自我调节和自我反省等能动性特征，而且还假设个体与行为、环境这三者之间是交互作用的，人的心理机能和行为正是通过这三者的交互作用机制而形成的。

班杜拉同样说过，社会认知"这个术语的社会部分，承认人的许多思想和行动的社会根源"[3]。个体通过其主体内部因素和行为塑造和改变着社会环境，同时也被社会环境塑造和改变着。比如，人对自身的效能信念不仅受其直接经验、情绪和生理条件的影响，也受社会他人的言语劝说的影响；效能信念不仅影响着人们对社会环境刺激的行为反应，而且社会环境的信息反馈也影响着人们自身的效能判断。正是基于这一认识，班杜拉在社会认知的概念框架下，分析了人的发展、适应和改变，并把人的能动性放在一个更为广阔的社会网络中来考察，认为社会文化主要通过榜样的示范作用来传递。大量关于人的价值、思维方式、行为模式、社会机会和约束等信息是通过电子媒体用符号进行描述，以示范的形式交互作用而习得。社会、信息和技术的急速变化更加需要人们发展自我定向和自我更新的能力，否则很容易迷失在大量的社会信息和技术中。

因此，学习不仅是个体性质的，更是社会性质的。大量的学习是在社会大背景中通过交互作用的方式发生的。

---

① Bandura, A. (1986). *Social foundations of thought and action: A social cognition theory* (preface). Englewood Cliffs, New Jersey: Prentice-Hall, Inc., p. 33.

② Baron, R. A. (1987). Outlines of a "grand theory". *Contemporary Psychology*, 32(5), pp. 413～415.

③ Bandura, A. (1986). *Social foundations of thought and action: A social cognition theory* (preface). Englewood Cliffs, New Jersey: Prentice-Hall, Inc., p. 33.

4. 重视理论的应用价值，突出了心理学与现实生活的联系

班杜拉在重视理论研究的同时，并没有忽视其理论的应用价值。由于社会认知学习理论能很好地解释人类社会行为的学习，对儿童的社会化、行为矫正等实践领域都能做出重要贡献，因而引起了人们越来越广泛的注意。

社会认知学习理论所揭示的观察学习原理，对于个体的个性形成、生活和工作方式的养成、道德品质和社会性行为的塑造都起着十分重要的作用。运用班杜拉的观察学习理论的基本原理，为社会大众提供良好的、有影响力的、能被人们普遍接受的榜样或示范性行为，可以促进每个社会成员的行为规范、道德准则、生活方式、工作方式、人际交往方式、社会活动方式、职业道德和娱乐方式等的健康发展。班杜拉的自我效能理论也已被广泛应用到许多领域，如体育运动、学校教育、职业指导、政治、公共健康、管理等领域，并取得了相应成果。其行为矫正思想和技术在临床情境中也有成功的应用。① 例如，班杜拉关于行为矫正方面的工作被改编成广播和电视节目，用于预防和解决许多社会问题，如预防意外怀孕、控制艾滋病传播和提高文化素质等等。这些电视节目以一些虚构人物为榜样，促使听众或观众进行模仿，以改变他们的行为。有关的研究表明，节目播出之后，安全的性活动、家庭计划、促进妇女地位的提高这些理想行为显著增多。②

二、主要局限

但是班杜拉的社会认知学习理论也有其局限性和不足，这主要体现在以下几个方面。

第一，班杜拉的理论自身缺乏统一的框架。由于班杜拉的理论具有开放性和发展性特征，导致了它在一定程度上缺乏内在统一的理论框架。尽管班杜拉先后提出了观察学习、社会认知、自我效能等理论，但这些理论的各个部分如何彼此关联，构成一个有机的内在逻辑联系、结论和方法井然有序的完善理论框架，使之具有更广阔的解释力的心理学理论，还需要做许多工作。就班杜拉现有的社会认知学习理论体系来说，仍表现出某种复杂性而令人难以把握：既可以说它是一个统一的心理学理论体系，虽然这种统一

---

① 瓦伊尼、金著，郭本禹等译：《心理学史：观念与背景》，世界图书公司北京分公司 2009 年版，第 469 页。

② Smith, D. (2002). The theory heard round the world. *Monitor on Psychology*, 33(9), pp. 30～32.

不是直接的，而是曲线式的；也可以说它是一个十足的折中主义体系。

第二，尽管班杜拉在“认知革命”的影响下，突破了行为主义的禁忌，大胆地探索了认知、思维在行为中的调节作用，表现出明显的认知倾向。然而，尽管他强调了认知因素对个体行为的影响，但他还是把行为作为研究的重心和目的，只是对认知机制作出了一般性的分析，而对于内在动机、内心冲突等许多认知因素重视不够。同时，他并没有背弃行为主义的基本立场，只是使用客观化的方法研究认知、思维等主观因素，他的目标仍是在于研究人的行为。

第三，尽管班杜拉刻意抛弃机械的环境决定论，力图以强调个体与行为、环境因素的交互作用论取而代之。然而，他竟由此否认了因果关系。若是在行为、环境和人之间硬要找因果关系，那么就会倒退到“鸡和蛋究竟谁决定谁”的老问题上来。为了解决这个问题和坚持其自己的理论，在1986年出版的《思想和行动的社会基础：社会认知论》一书中，他还把偶因论引进其理论体系。但这也不能因此而取消必然性和因果关系对于人的心理和行为发展的作用，反而使其理论陷入循环论的怪圈中，这正如其绘制的三向交互决定论的模式图所示。[①]

第四，班杜拉坚持行为主义的经验论立场，忽视了生物遗传和个体发展因素对个体及其行为的影响。班杜拉只是从观察学习和榜样的示范作用的模式来塑造人格，即使是符号化和道德判断，乃至目标、计划的习得也都只停留在感性认识上。一方面，班杜拉看不见人类的高级理性思维的重要性，他所强调的认知过程和动机作用都只是经验范畴内的概念，其中见不到高级过程的人格品质，如抽象的推理能力的理论思维的品质等。另一方面，他也看不见生物遗传因素在人的发展中的作用，而当前的进化心理学和行为遗传学的研究成果，已经证明了遗传和基因在人的发展中的重要性。同时，班杜拉还因为其经验论立场，否认发展变量在人的发展中的作用，即他忽视了儿童在多大程度上能独立进行学习，以及发展阶段在多大程度上对儿童的观察学习产生影响。

① 张厚粲著：《行为主义心理学》，浙江教育出版社2003年版，第452页。

第十一章

罗特和米契尔的社会认知行为主义

稍前于班杜拉的罗特和与班杜拉同时代的米契尔的社会认知行为主义属于新的新行为主义阵营，它们像班杜拉的社会学习认知理论一样，其基本特征是把传统行为主义的强化观和认知观结合起来。既强调了外部强化的作用，又认为内部期待决定着人格，这就使他们的理论突破了传统学习理论的局限性和狭隘性。与班杜拉相似，罗特和米契尔也重视建构心理学的宏观理论体系。

第一节　罗特的社会行为学习理论

罗特受到米勒和多拉德的社会学习概念的启发，早在班杜拉提出社会学习理论之前就创立了一种综合的社会行为学习理论。他把动机变量、行为变量、认知变量以及情境变量整合到自己的理论框架中，突出强调了认知因素及其对行为的因果关系。这种观点形成于认知革命之前，并未受到认知心理学的任何触动和影响，因而，罗特将 20 世纪中叶的行为主义学习理论推到了一个新的历史高度，并起到了开拓性的奠基作用。他的社会行为学习理论归属于第三代行为主义即新的新行为主义阵营。

一、罗特传略

朱利安·B·罗特(Julian B. Rotter，1916—)是新的新行为主义的主要代表人物，也是美国当代著名的人格理论家和心理治疗专家。他于 1916 年出生在纽约，父母都是犹太人。第一次世界性经济危机的到来使他家原本殷实的生活陷入困境。对这段生活的回忆，罗特说："它促使我开始了毕生的关注——社会不公正；从中我也深深体会到，人格和行为是如何受情境条件的影响。"①

朱利安·B·罗特

(Julian B. Rotter，1916—)

上初中时，罗特第一次接触到心理学。他从当地公共图书馆浏览了阿德勒(A. Adler)的《理解人性》、弗洛伊德的《日常生活心理病理学》以及门宁格(W. C. Menninger)的《人类心理》。后来，他又陆续阅读了阿德勒的《个体心理学的理论和实践》、弗洛伊德的《梦的解析》。读高中时，罗特开始尝试给同学们释梦并且写了一篇题为《我们为什么会出错》的论文，文章明显地反映了阿德勒关于人性的理解对罗特的深刻影响。

1933 年，罗特进入布鲁克林大学，由于那时该大学课程中还没有心理学专业，而且，经济大萧条迫使人们主修能够维持生计的学科，所以他选择了化学专业，但他的兴趣依然还是在心理学和哲学上。此间，罗特接触了许多著名的心理学家，如奥斯汀(Wood B. Austin)关于科学方法的课程以及阿施(S. Asch)关于格式塔和桑代克的学习理论之争的讨论等，促使罗特的思想逐渐形成。罗特还参加了阿德勒在长岛医学院开设的课程和临床演示，以及在他家中每月举行一次的关于个体心理学的会议。可见，罗特的观点深受阿德勒的影响。

1937 年，罗特毕业后前往衣阿华大学成为一位研究助手，开始了心理学研究生涯。此时勒温任职于衣阿华大学，罗特对勒温的理论观点十分感兴趣。1938 年秋，他成为伍斯特州医院的一名临床心理学实习医生。这所医院是一个重要的心理学和精神病学的研究和训练中心。在那里，他开始进行抱负水平的个体差异测量，这一工作后来成了其博士学位论文的主体部分。

1941 年，罗特博士毕业后受聘于康涅狄格的诺威奇医院，成为一名临床心理学家。一年后他入伍参军，作为军事心理学家，他的工作是解决被免职

① Rotter, J. B. (1993). *Expectancies*. In: Walker, C. E. (Ed.). *The history of clinical psychology in autobiography* (Vol, Ⅱ). Pacific Grove, C. A.: Wadsworth, Inc., p. 274.

人员的心理问题和军官选拔。从中罗特深刻领悟到，可以通过环境的控制来解决问题，如允许回家探亲或改善工作条件，能够明显减少酗酒、玩忽职守等问题的发生。

随着战争的结束，罗特被调到空军部队协助空军疗养院的筹建工作。与此同时，他与本·威勒曼(Ben Willerman)一起建立了一种不完整句子测验的主观评分系统，以此确定退伍军人是否能适应新的岗位。这一工作成了后来构建“罗特填句子量表”(Rotter incomplete sentences blank)测验的基础。

1946年，罗特成为俄亥俄州立大学的一名助教，并与另一位著名人格心理学家乔治·凯利(George A. Kelly)一道致力于临床心理学研究。他们提出了一个宽泛的临床心理学培养计划：临床心理学家首先是一位心理学家，然后才是一位临床心理学家，以强调理论和研究方法与临床实践同等重要。另外，罗特反对当时盛行的对成人精神病理学的诊断技术，而更强调心理测量工具的构建和效度等方法论问题。同时，罗特开始系统地建构一种人格的社会行为学习理论。1951年，罗特继凯利之后成为该大学的临床诊所主任。1954年，他出版了最重要的著作《社会学习和临床心理学》。在这本书中，他把米勒和多拉德的社会学习概念运用于人格和临床领域，此书确立了他在心理学界的地位。他的工作吸引了大批学生与他一起对这一理论进行了多方面验证，其中有许多学生后来成为社会行为学习理论的积极倡导者。

1963年，罗特成为康涅狄格大学的心理学教授。在俄亥俄州的最后一段时间，他参加了关于裁军的专家讨论会。这一经历使他开始对“人际信任”感兴趣，并且思考过度不信任的后果。到达康涅狄格大学后，他对这一主题进行了系统研究。大部分时间里，他是对以前的思想及其应用的进一步深化，如他把关于“控制点”研究整理成专题报告，即《强化的内外控制点的类化期待》。对于人际信任方面，此时他更多地着眼于应用研究而不是新理论的提出，并于1980年发表了《人际信任、值得信任以及轻信》一文。在这篇论文中，罗特阐述了关于信任和不信任的后果的观点。

罗特进行理论建构和研究长达60多年，他的其他重要著述还有他与钱斯(J. E. Chance)和法利斯(E. J. Phares)合著的《人格的社会学习理论的应用》(1972)，该书又进一步把社会行为学习理论应用到更为广泛的领域，涉及人格发展、人格评价、社会心理学、学习理论、心理病理学、心理治疗等领域。1975年，他与同事霍克赖克(D. Hochreich)合著的《人格》一书，是对其社会行为学习的人格理论最全面的阐述。此外，1982年，罗特出版了《社会行为学习理论的应用和发展》一书，这本书是他的一些重要的理论文章和研究报告的汇编。

罗特曾担任美国心理学会教育和培训委员会委员以及美国心理学会的分支机构的第二任主席和联邦公共保健机构的心理学培训委员。同时，也曾担任过美国心理学会的社会与人格心理学分会主席、临床心理学分会主席以及东部心理学会主席。1989 年，美国心理学会授予他“心理学杰出科学贡献奖”。罗特于 1987 年退休，但他仍积极从事社会学习领域的著述和研究工作。

二、社会行为学习理论的提出

在心理学史上，米勒(Neal Miller)和多拉德(John Dollard)最早于 1941 年在《社会学习和模仿》一书中提出“社会学习”概念，这标志着社会行为学习理论的发轫。[①] 但是，正如赫根汉所指出的那样：“米勒只是完成了赫尔曾有意要做但没有做的事情，即探讨赫尔学习理论和弗洛伊德人格理论之间的关系。”[②]他们将所研究的学习现象称为“社会学习”，并不是因为他们在有关学习性质的基本问题上对前人有所超越，而仅仅是因为他们考察了作为人类行为发生于其中之背景的社会文化因素对学习结果的影响。在逻辑形态上，米勒和多拉德的理论仍然属于传统范畴的学习理论。而罗特却不同于米勒和多拉德的观点，他重视人与人之间的相互作用、相互影响，而很少研究独立的个体。他认为，每一种学习或行为都发生于同他人的相互作用中，即发生于社会环境中。他的理论“之所以是一种社会学习理论，乃是因为这一理论强调下述的事实，即行为的主要的、基本的模式是在社会情境中获得的，行为模式总是不可避免地同需要融合在一起，而需要的满足又必须通过他人的中介作用”。[③] 因而，第一个创立综合的社会行为学习理论的心理学家应该是罗特，所以，他的社会行为学习理论应该归属于第三代行为主义即新的新行为主义。罗特指出，“社会学习理论”这个名字来自于两个原则：其一，强化不依赖于生理驱力或驱力刺激削弱；其二，在成年人的行为中，其他人的行为(即社会强化)变成了越来越重要的决定因素。“社会学习”这一术语后来被班杜拉和米契尔(1963)所使用，形成了一种强调模仿学习的人格理论。班杜拉(1977)强调驱力削弱并把期待和其他认知变量放在

① 班杜拉著，陈欣银等译：《社会学习理论》，辽宁人民出版社 1989 年版，译序第 1 页。

② 赫根汉著，冯增俊等译：《人格心理学导论》，海南人民出版社 1986 年版，第 200 页。

③ Rotter, J. B. (1954). *Social learning and clinical psychology*. New York: Prentice-Hall, p. 84.

核心位置，在许多方面仍不同于罗特的社会行为学习理论。

罗特的社会行为学习理论形成于20世纪40年代末50年代初。用罗特自己的话说："这个理论并不是从头脑中凭空蹦出来的，而是一种试图综合以前的知识和理论的尝试。"①他最初受到阿德勒和勒温的影响，后来又受到了新行为主义心理学家的影响。罗特回顾说："虽然阿德勒和勒温的思想包含很多有价值的见解，但我感到，他们的理论缺乏能把过去经验的效果加以概念化从而能对所有的行为进行解释和预测的必要成分。为了做到这一点，我不得不转向学习理论家。从他们那里，我希望弄清楚什么样的理论是有助于产生一种能描述复杂情境中人类行为的合理理论。"②赫尔、桑代克、托尔曼以及克雷奇(D. Krech)等人都对罗特产生了一定的启示作用。这个时期，以托尔曼、赫尔等人为代表的第二代行为主义学派，改良了早期华生的行为主义体系中无视有机体内部过程的简单化和极端性做法，力图解释刺激、反应如何以及为何发生联结，并设定了一些中介于刺激、反应之间的不可观察的理论实体和因素。然而，他们却局限于行为主义的基本立场，"并没有把外显行为与内隐的机能(如认知状态)彻底而明确地联系起来，所以也未能建立一种完全整合的理论体系"③。罗特从阿德勒、勒温、赫尔以及托尔曼等人的理论中吸取许多观点，并把它们融合成一种新的理论体系。他把动机变量、行为变量、认知变量以及情境变量整合到自己的理论框架中，突出强调了认知因素及其对行为的因果关系。这种观点形成于认知革命之前，并未受到认知心理学的任何触动和影响，因而，罗特将20世纪中叶的行为主义学习理论推到了一个新的历史高度，并起到了开拓性的奠基作用。他的社会行为学习理论具有分水岭式的意义，实现了对传统学习理论的转变和超越：第一，从对动物学习的研究转向对人类学习的研究；第二，从对个体学习的研究转向对社会情境中发生的社会学习的研究；第三，从实验室研究转向临床应用研究。

三、人格的基本假设

罗特系统阐述了社会行为学习理论体系中的一些基本原理，对人格的

① Rotter, J. B. (1982). *The development and applications of social learning theory*. New York: Praeger, p. 1.

② Rotter, J. B. (1982). *The development and applications of social learning theory*. New York: Praeger, p. 2.

③ 转引自叶浩生主编：《西方心理学的历史与体系》，人民教育出版社1998年版，第256页。

本质提出了基本假设，以表明他对基本理论问题所持的观点。这些观点反过来又决定着该理论的概念体系特征。

假设1:人格研究的单元是个体与他的有意义环境的相互作用。弗洛伊德(1938)的本能或心理实体论(instincts or mind entities)、克雷佩林(E. Kraepelin,1913)的疾病实体论(disease entities)以及谢尔顿(G. S. Serrington,1942)的体型论(constitutional types)等试图在不借助于情境的情况下对行为进行预测。与此不同，罗特的社会行为学习理论则认为，只依赖于内部决定因素会导致过度概括性预测或错误预测。在对行为做出预测之前，需要对情境进行恰当的描述。这里的"有意义环境"这一术语强调个体习得的环境的重要性或意义，从中可以得出两个推论。

推论1:人格研究是对习得行为的研究，习得行为随经验的变化而变化。社会行为学习理论关注人的社会行为，因而学习的重要性就显而易见。罗特指出:"习得行为区别于生理适应性行为，前者可以用新的关系或联结术语来描述。"①社会行为学习理论把行为预测看作是遗传的或习得的生理条件和环境力量的产物。强调从经验方面对行为进行预测引出了推论2。

推论2:人格研究需要对经验或事件的序列进行研究。这种历史研究方法强调对任何行为的分析都涉及对其出现以前的条件进行研究。罗特认为，虽然过去并不是现在的原因，但如果不参照先前事件的序列，就无法理解、解释甚至无法描述当前行为。这个推论表现出罗特对人格理论或临床实践中一些观念的批判。例如，勒温(1935)强调，心理学是一门非历史科学;现象论者如人本主义学习理论认为，只研究当前的反应就足够了。在罗特看来，"追溯过去是必要的，因为我们的描述技术和诊断技术并不恰当，它们并不能使我们只依赖于一种非历史方法就可以了……在实践中可以发现，对个体进行一种真正的非历史的或暂时的研究是不存在的，用非历史的方法，不能预测，只能后测"②。同时，罗特又指出，赞同历史方法并不意味着，不论目的是什么，都必须通过回顾自出生以来个体的所有经验才能研究行为，而是需要确定哪些经验是相关的以及怎样彻底地研究这些因素才能进行有用预测，这些问题都是经验性的。可见，罗特在批评对过去经验的研究超出有用性这一限度方面有一定的合理性。

假设2:人格概念的解释并不依赖于任何其他的概念(包括生理的、生物

① Rotter, J. B. (1954). *Social learning and clinical psychology*. New York: Prentice-Hall, p. 86.

② Rotter, J. B. (1954). *Social learning and clinical psychology*. New York: Prentice-Hall, p. 88.

的或神经学的)。针对当时存在的一些错误观点,例如,有的人认为只有用神经学的术语来解释行为时,心理学才能成为一门真正的科学;有的人认为如果能用几种不同的术语来描述一件事,那么就可以把这些描述加在一起,这样会比只使用一种描述的效率要高。罗特对此都予以否认,他认为,不仅用生理学术语进行心理学预测是不必要的,而且在临床实践中进行生理学测量也是困难的。另一方面,不同的描述模式从各自的目的出发而采用不同的概念,因此把这些概念相加也是不可能的。在罗特看来,对生理学或神经学解释的推崇是自心理学努力争取成为一门独立学科时就遗留下来的问题,这种遗留是一种唯科学主义和还原论思想。

假设 3:人格描述的行为是发生在时空中的。虽然所有这样的事件都可以用心理学概念来描述,但它们也可以用物理学、化学或神经学概念来描述。任何把对事件本身而不是把对事件的描述视为不同的思想都是二元论。罗特批评了当时在心理学领域存在的一些做法。例如,有的人把"生理行为"看作是引起"人格行为"的原因或反之亦然;有的人把行为看作是建立在有机体和心理相互作用的基础上,这些都是二元论思想。虽然在心理学及其相关领域中,许多人都谈论心理和身体以及它们之间的相互作用,但是他们都强烈地否认自己是二元论者。罗特认为,问题的实质不在于科学家使用什么样的术语,而在于他们使用这些术语的目的是什么。例如,对一位脑炎儿童的治疗,通常会忽略对其进行心理治疗,因为多数情况下,治疗家只看到了行为的身体原因。如果心理学家在对病人进行心理治疗时,又能进行医学治疗,那么可能会达到最理想的效果。在罗特看来,人们并没有充分认识到生理学或神经学描述和心理学描述之间的关系。因此,为了尝试建立一种有用的心理学概念体系,就不能否认确定心理学概念和生理学概念之间关系的重要性。

假设 4:并不是所有行为都可以用人格概念进行有效的描述。只有处于某一特定的复杂水平或阶段以及处于某一特定发展水平或阶段的有机体所表现出的行为才能够用人格概念进行描述。每个概念体系都有其特定的适用范围,但要确定心理学概念的有效适用范围存在一定困难。因而罗特指出,要描述有机体对具体情境做出心理学反应之前的事件,就必须使用心理学之外的概念,如内部平衡状态、非习得动机以及反射等典型术语。

假设 5:人格是统一的。个体的经验或个体与其环境的相互作用是相互影响的。新经验是已习得意义的某种机能,而且已获得的意义会因新经验的获得而发生改变,因此,要对习得行为进行准确预测就需要对先前经验有完全的了解。这表明,人格随着年龄增长而变得日益稳定,因为在先前经验日益积累的基础上，个体倾向于选择新的经验和新的意义。罗特的这种观点与行为主义和精神分析的人格观相一致。另外，社会行为学习理论指出，不能用人格概念确切地描述行为的原因或病因，而只能把先前和目前的条件看作是行为发生的必要条件。这就表明，在解释行为时要放弃对原因或病因的研究，而代之对相关的当前条件和先前条件进行研究。至于对先前条件的追溯时限则取决于预测的准确程度。

假设 6：行为是目标导向的，这种导向性可以从强化条件的效果推论出来。这一原则是弗洛伊德(1933)的“心理决定论”、阿德勒(1924)的“追求优越或安全”、勒温(1936)的“动力心理学”以及赫尔(1943)的“有机体需要”等人格理论所共同遵循的原则。当然，从行为导向目标的角度来界定强化，然后从强化的效果推论目标，这似乎是循环论证，但是如果能够将潜在的强化物加以识别和客观描述，那么就不存在这种问题。在罗特看来，人格研究的单元是有机体与有意义的环境间的相互作用。当强调决定行为的环境条件时，可以称为“目标”或“强化”；当强调决定行为的个体时，可以称为“需要”。“目标”和“需要”都是从行为指向对象推论出来的。

推论 1：人的需要是习得的。早期的目标或需要是把新情境和生理内部平衡运动的强化联结的结果，后来的目标或需要是作为满足早期习得目标的手段而产生的。

推论 2：早期获得的目标是满足感和挫折感的结果，这些满足感和挫折感大部分是由他人控制的，后来出现的目标自然指向和其他人的关系。

推论 3：要使行为在特定情境中有规律地出现，就必须使个体在表现出学习经验的时候给予强化。既然许多行为可以引起相同的强化，而且许多强化或目标因导致相同或相似的目标而具有强化属性，那么这些行为或强化就具有某些共同的属性或关系，因而可以得到推论。

推论 4：一个人的需要及目标不是独立的，而是存在于与机能相关的系统中，先前经验决定着这些关系的性质。

假设 7：行为的出现不仅由目标的意义或性质决定，而且由个人对目标能否实现的预测或期待决定。这就揭示了个体在特定情境中是怎样根据潜在的强化物来做出行为反应的。罗特指出：“一方面，外部强化影响着人格。简单地说，人总是最大限度地获得奖赏，而最小限度地获得惩罚。另一方面，内部期待也决定着人格。”[1]

---

① 郭本禹主编：《心理学通史・第四卷・外国心理学流派(上)》，山东教育出版社 2000 年版，第 413～414 页。

罗特关于期待概念的思想受到了托尔曼和勒温等人的影响。托尔曼(1934)把学习的发生描述为“建立一种期待,期待环境中某一特定符号会经由某一行为路线而带来某一特定的有意义的事物”①。勒温则把期待看作一种概率现象,这就使期待概念数量化成为可能,但不涉及对未来强化的预期对行为的效果,要解释复杂社会环境中的人类学习是很困难的。为此,罗特引进了许多概念,如行为、有意义的环境、强化和期待等。

四、人格结构及其相互关系

罗特指出,一种理论重要的不是关注事件的真实性,而是应该考虑怎样对事件进行抽象,以便于最有效地进行预测。他的社会行为学习理论提出四个基本的人格结构或变量,即行为潜能、强化值、期待和心理情境,并详细阐述了对它们的测量方式。罗特正是以这四者的相互关系来分析人格结构并预测个体行为的。

1. 行为潜能

行为潜能(behavior potential,简称 BP)是指“在任何具体情境中追求单个强化或一组强化的任何行为之潜力”②。行为潜能使得某种特定行为的出现具有可能性。行为潜能是一个相对的概念,只有与在相同情境中追求相同目标(即强化)的其他可能发生的行为相比较,一个行为的潜能才具有意义。罗特指出,在不同的情境中,人们通常会有不同的行为反应,每种反应都有发生的潜能。潜能越强,行为产生的可能性就越大。

对罗特来说,行为的内涵比较宽泛。首先,它包括对有意义的刺激做出的反应以及可以直接或间接观察或测量的动作。其次,通常被称为“情绪的”、“认知的”或“内隐的”以及“言语的”反应也都是一种行为。这类行为虽不能直接观察,但可以从相对应的外显行为中加以推论。此外,许多精神分析学家所阐述的防御机制也可以描述为行为,如压抑、认同以及投射这样的概念都可以描述为行为,并且同样是可预测的并服从相同的规则。

通过简单地计算行为出现的相对频率就可以测量行为潜能。行为潜能的测量可以是直接的,也可以是间接的。直接测量可以通过确定行为的出现、缺乏或实际发生频率来进行,因为在任何特定情境中发生的行为都是潜

---

① 章益辑译:《新行为主义学习论》,山东教育出版社 1983 年版,第 179 页。

② Rotter, J. B. (1954). *Social learning and clinical psychology*. New York: Prentice-Hall, p. 105.

能最大的行为。罗特强调心理行为，承认内隐行为或不易于直接观察到的行为的重要性。对这些行为潜能的测量通常是根据与它们相联系的其他行为的出现来确定的，即通过记录一种在理论上是相对应的外显反应的行为潜能来间接测量。

行为潜能也可以由期待和强化值之间的数学关系来确定。实际上，从社会行为学习理论来看，对期待、强化值、行为潜能或其他变量的测量都是对行为的测量。期待和强化值不能被直接测量，而只能隐含在被试的某些可观察的动作之中。然而，通过这些用来确定期待和强化值的特殊行为可以对另一种行为发生的潜能进行估计。例如，使强化值或期待保持不变，然后让被试进行行为选择，那么行为潜能就与允许变化的那个变量即期待或强化值的变化幅度成正比。虽然这也不能精确地对人类行为做出预测，但与简单地按期待或驱力强度来预测行为的单变量理论相比，这种使用两个变量的理论应该说是一种进步。

2. **强化值**

强化值(reinforcement value，简称 RV)是指“在每一种强化都有可能发生的条件下个体对某一强化产生的偏爱程度”[①]。尽管对个人和社会来说，对任何强化的偏爱程度存在着某种一致性，但每个人对不同的强化的估计仍然存在差异。相应地，对具体强化的偏爱程度也就因人而异。强化值在很大程度上依赖于个体是否能分辨出何种行为以何种方式获得奖励。这样一来，强化值就变成一种动机性变量。强化的一个重要特征是，它的出现通常不是完全独立于其他强化的。也就是说，一个强化的发生可能会引起将来强化的发生。因此，罗特提出“强化—强化”序列：人们会期待某特定强化(如高学分)会引起其他的强化(如毕业)，其他的强化仍能引起进一步的强化(如高薪工作)，等等。这些所有期待的未来强化都表现了当前这一强化的价值。

罗特认为，某强化的价值是与其他已知的可选择的强化相比较而言的，因此，和行为潜能的测量一样，必须在一种选择情境中使个体的期待保持不变，然后对强化值进行测量。具体方法有二：一是假定所有的目标都具有相等获得的可能性，强化值就可以通过简单地观察一个人追求的目标来测量。二是采用言语报告法，即让个体对潜在的强化进行评定或排列顺序。这种方法的一种变式是呈现给被试一些对偶选择，被选择的对象就是具有更高

---

① Rotter, J. B. (1954). *Social learning and clinical psychology*. New York: Prentice-Hall, p. 107.

偏爱的目标。除了可以在偏好情境中测量强化值,也可以根据个体的先前经验进行预测。研究表明,任何强化值都是先前经验中它曾匹配过的强化的函数。

3. 期待

期待(expectancy,简称 E)是罗特理论中的一个主要的认知变量,对它的强调是社会行为学习理论与传统的行为主义学习理论的区别所在。期待是指"个体所认为的由于在特定情境中作出了某种行为,从而能使某特定强化发生的可能性"[1]。罗特的"期待"概念不同于勒温和布伦斯维克(E. Brunswik)的"期待"概念。勒温(1951)强调被试对情境估计的主观可能性:有心理意义的是被试的主观期待而不是基于先前经验的客观期待。布伦斯维克(1951)强调期待的客观可能性:被试的行为是由一种概率决定的,这种概率是由客观的过去事件所发生的频率决定的。罗特把期待看作是一种主观可能性,因此,在预测行为中重要的不是情境本身,而是个体对情境的看法。同时,罗特指出,可以像布伦斯维克那样,用客观可能性来预测主观可能性(即期待)。

最简单的期待测量就是在强化值控制的条件下观察个体的行为选择。在一定情境中,那个将要发生的行为就是个体期望有最大可能获得强化的行为。要达到对期待的较精确测量,通常可以使用言语技术。言语技术可以分成两种,一种是要求被试在 0 至 10 点量表上,指出他们做出某种行为反应将达到某种结果的信心有多大。很显然,被试可能会胡乱估计。为了控制被试的这种反应,可以采用下赌注的办法。其假设是,下注大比下注小肯定更有信心;但如果下注太大而达不到预期时便会输掉这些钱。这样,只有正确地下注才能得到奖赏,从而打消被试的防卫和不切实际的高估。第二种方式是询问被试在一系列被划分了等级的分数中,哪一个分数是他最有信心达到的,同样也用下赌注的方法进行控制。

行为潜能和强化值的测量是与被试的其他行为潜能或强化值相比较来进行的,而期待可以进行绝对的测量,并且所测量到的分数对于其他人也是有意义的。另外,在控制条件的选择情境中测量的强化值或行为潜能必须是相同的,即保持不变,但被试的期待则可能存在很大的差异,即某人可能对所有潜在强化的期待较低,而另一个人可能对获得同样强化的期待较高。

罗特在 1954 年的《社会学习与临床心理学》一书中,将期待分为两种:

---

① Rotter, J. B. (1954). *Social learning and clinical psychology*. New York: Prentice-Hall, p. 106.

具体期待(specific expectancies,简称 E')和类化期待(generalized expectancies,简称 GE)。前者是指由某个具体的情境所产生的期待,后者是指对相同或功能相关的行为在其他情境中可能会引起相同或相似强化的期待。罗特认为,对强化的期待不仅受到在相同情境中先前行为结果经验的影响,而且也受到在相似情境中行为结果经验的影响,用公式表示如下:

$$Es_1 = f(Es_1 \ \& \ GE)$$

该公式读作:在情境1中的期待(Es_1)是先前关于在相同情境中强化发生的期待的经验(Es_1)和其他相似情境中相似强化发生的类化期待(GE)的函数。情境越新颖,类化期待的作用越大。

后来,罗特(1966,1971,1978)对类化期待又进行了区分,即建立在觉察到强化的相似性基础上的类化期待和建立在觉察到情境的相似性基础上的类化期待。后者可以称为"问题解决的类化期待",因为觉察到情境的相似性通常是建立在做出相同决定或问题得以解决的基础之上的。对这种期待的研究促使"控制点"(1966,1975)和"人际信任"(1971,1980)的理论产生发展。

4. 心理情境

心理情境(psychological situation,简称 PS)是指"反应着的个体所体验到的有意义的环境,是由个体的内外环境构成的"①。罗特所说的心理情境类似于考夫卡(W. Koffka)的行为环境、勒温的心理生活空间和罗杰斯的心理现象场。

心理情境反映了"在任何特定时间内个体体验到的一组情境线索,这些线索唤起个体对获得具体行为的强化的期待"②。这样的线索可能是内隐的,也可能是外显的。前者基于先前经验而与当前外部线索无关。由此可见,行为是心理情境的一种功能,它在预测行为方面起着重要的作用。在罗特的社会行为学习理论中,所有的变量都与情境相关,这一点可以在行为潜能的总公式中体现出来[参见"行为的基本公式"(1)]。因此,要想根据这一公式对行为进行预测,就必须准确地描述行为发生之前个体的心理情境的性质。

尽管长期以来心理学家对人类行为或心理状态的分类感兴趣,但他们

① Rotter, J. B. (1981). *The psychological situation in social learning theory*. In: Magnusson, D. (Ed.). *Toward a psychology of situations: An interactional perspective*. Hillsdale, N. J.: Lawrence Erlbaum Associates, p. 96.

② Rotter, J. B., Chance, J. E., Phares, E. J. (1972). *Applications of a social learning theory of personality*. New York: Holt, Rinehart & Winston, p. 37.

却几乎都忽略了对不同情境的分类。罗特根据情境中可能发生的特有强化来描述情境。他认为，描述情境特征类似于描述心理需要特征，而需要可以看作是一种经验性问题，因此暂时可以用描述行为特征的术语来描述情境，如学业认知情境、爱和情感情境、从众性情境，等等。具体地讲，罗特把情境划分为两类：模糊情境和非结构情境。模糊情境是指那些个体不容易识别出重要线索的情境，如用速示法研究感知觉和需要的实验情境以及主题统觉（TAT）图片测验都属于这种情境。在这样情境中，刺激的识别遵守概括性原则，而且那些在某特定领域中有最大需要潜能的个体更可能把这种刺激看作是他们已见到过的刺激。非结构情境是指一种新情境。在这种情境中，行为选择是概括化的结果。如果被试在许多情境中对失败的期待都很高，那么在新情境中就可能倾向采取逃避或不现实行为。如果对认可满足的类化期待较高，那么他就会采取能引起认可强化的行为。

5. 人格结构之间的相互关系

罗特将其人格的四种基本结构之间的相互关系用公式表示，这就是行为的基本公式：

$$BP_{x,\,S_1,\,Ra}=f(E_{x,Ra,S_1}\ \&\ RV_{a,S_1}) \qquad (1)$$

该公式读作："在情境 1 中与强化 a 有关的行为 x 发生的潜能是对情境 1 中强化 a 会伴随行为 x 之后出现的期待和强化 a 的价值的函数。"①这个公式可以用来预测在一个特定情境中某行为是否可能发生。例如，要预测一个学生为数学期末考试而学习的可能性（行为潜能），那么就要估计他的期待（E），即在数学课中的学习能使他获得高分以及他对这一特定强化的评价（RV）即考试的高分对他的重要性。

很显然，这一公式是有局限性的，它只说明了在只有单个强化（a）出现的具体情境（1）的某个行为（x）的潜能。如果要对情境（1）中行为（x）发生的潜能进行预测，那么就必须把这种行为的所有潜能结合起来，每一种行为潜能都能确定一个具体强化。这种行为潜能可以用下面公式表达出来：

$$BP_{x,S_1,R(a-n)}=f(E_{x,S_1,R(a-n)}\ \&\ RV_{(a-n)}) \qquad (2)$$

该公式读作："在情境 1 中与个体所期待的所有可能强化（a－n）有关的行为 x，发生的潜能是对这些强化发生的期待和这些强化的价值的函数。"②

① Rotter, J. B. (1954). *Social learning and clinical psychology*. New York: Prentice-Hall, p. 108.

② Rotter, J. B. (1954). *Social learning and clinical psychology*. New York: Prentice-Hall, p. 109.

如果要预测各种情境,那么公式应包括其他的情境,这可以用下面的公式表示:

$$BP_{x1,s(1-n),R(a-n)}=f(E_{x,s(1-n)}\ \&\ RV_{(a-n)}) \quad (3)$$

该公式读作:"在各种情境(1－n)中与各种强化(a－n)有关的行为x发生的潜能是对这些强化在这些情境中发生的期待和这些强化值的函数。"①

如果要预测一组功能相关的行为(x－n)(不是单个行为)以及这些行为在多大程度上能引起功能相关的强化(a－n)(不是所有行为可能的结果),那么,可以用如下公式来表示:

$$BP_{(x-n),s(1-n),R(a-n)}=f(E_{(x-n),s(1-n),R(a-n)}\ \&\ RV_{(a-n)}) \quad (4)$$

该公式读作:"各种情境(1－n)中,与各种潜在强化(a－n)有关的功能相关行为(x－n)发生的潜能是对在这些情境中能引起这些强化的这些行为的期待和这些强化值的函数。"②

6. **扩展的人格结构及其公式**

由于上述公式过于繁琐,为了便于理解,罗特在1972年出版的《人格的社会学习理论的应用》中重新界定了许多概念术语,提出了扩展的人格结构及其公式,以便于在临床实践中应用。

(1) 需要潜能及其测量。

需要潜能(need potential,简称NP)是指"在某一特定时期一系列行为由于具有相关功能因而能够引起相同(或相似)强化,这样的一系列行为发生的平均潜能就是需要潜能"③。由此可见,需要潜能是比行为潜能外延更大的概念,它包括的不只是单个行为的潜能,而是在功能上有关联的一组行为的潜能。

在一个相对自由的情境或严格控制的情境中,向个体呈现具体可选择的强化或需要,通过个体做出的选择,就可以判断需要潜能。在具体的测量技术上,罗特指出,测量行为潜能的技术同样可以用来测量需要潜能,如纸笔或言语选择技术、等级评定法、配对比较法、迫选法或是非问卷以及投射技术等,都可以了解个体在某段时间内的实际行为。但需要注意的是,在测量过程中,临床心理学家通常只考虑行为发生的频率而忽视个体的期待或

---

① Rotter, J. B. (1954). *Social learning and clinical psychology*. New York: Prentice-Hall, p.110.

② Rotter, J. B. (1954). *Social learning and clinical psychology*. New York: Prentice-Hall, p.111.

③ Rotter, J. B., Chance, J. E., Phares, E. J. (1972). *Applications of a social learning theory of personality*. New York: Holt, Rinehart & Winston, p.31.

活动自由。尽管需要偏爱会很高，但可能会由于个体对行为真正会引起强化的期待较低而不做出行为反应。因此，多数临床测量工具都不能清楚地把行为和需要偏爱区分开来。也就是说，临床上获得的反应通常是这两个变量的混合。

(2) 需要值及其测量。

需要值(need value，简称 NV)是指“对在功能上有关联的一组强化的平均偏爱”[①]。强化值是指个体对一种强化超过另一种强化的偏爱，而需要值则是指对在功能上有关联的一组强化超过另一组强化的偏爱。罗特指出，强化的功能相关关系的形成，主要基于两种原则：刺激类化原则和中介刺激类化原则。因此，功能相关关系可以用两种方式证明，一种方式是易于接受替代对象，也就是说，当某强化受阻时，被试容易选择另一个他认为相似的强化；另一种方式是对功能相关行为的期待的类化。

需要值可以通过个体在期待得以控制的选择性情境中所做出的选择来确定。和需要潜能一样，需要值的测量也可以用访谈、客观测验以及投射测验等技术。

(3) 活动自由及其测量。

活动自由(freedom of movement，简称 FM)是指“个体对一组相关行为将会引起一组功能相关强化的平均期待”[②]。个体的期待值高，引起的活动自由也高；期待值低引起的活动自由也低。罗特指出，之所以使用“活动自由”而不使用“平均期待”，是为了表达这一概念与某些常用的适应不良概念间的关系。高活动自由是指对不同情境中许多不同行为会获得成功的期待高；而低活动自由则是对成功的期待低，因而个体会表现出各种防御性行为，从而产生各种焦虑、逃避等适应不良症状。

活动自由与个体的适应性关系最紧密，因此，临床心理学家对活动自由的测量特别感兴趣。需要潜能和需要值的测量是相比较来进行的，而活动自由则可以通过直接或间接测量的方法得到绝对的或相对的测量。研究者控制两种或多种不同需要的强化值，然后通过个体的行为选择就可以测量活动自由，因为个体会把行为指向赋予最高期待的强化。使用如对期待的言语陈述、通过期待的行为指向以及被试做出决定的时间等都可以对活动自由进行绝对测量，这些测量不需要和被试的其他需要的相关情况加以比

① Rotter, J. B., Chance, J. E., Phares, E. J. (1972). *Applications of a social learning theory of personality*. New York: Holt, Rinehart & Winston, p. 33.

② Rotter, J. B., Chance, J. E., Phares, E. J. (1972). *Applications of a social learning theory of personality*. New York: Holt, Rinehart & Winston, p. 34.

较。具体的技术可以是控制性实验研究、投射技术或访谈法等。

罗特先前的公式讨论的是具体的“行为—强化”序列。它们可以用来测验严格控制的实验室研究中的假设，但在应用性研究中，它们是有局限性的。把理论应用到临床情境中需要一般性方法，因此，罗特又提出更一般的概念：需要潜能、活动自由、需要值。这些是心理需要中的重要变量。用这些概念可以把上面复杂的公式(4)缩减为一个更一般化的预测公式，表述如下：

$$NP = f(FM \; \& \; NV) \tag{5}$$

该公式读作：“引起某些需要满足的行为发生的可能性（需要潜能，NP）是对这些行为将引起这些强化的期待（活动自由，FM）和这些强化的价值（需要值，NV）的函数。”[①]

很显然，罗特的这些努力表现出一种建构论的观点，无论是他着意发展的一系列有预测效用的概念，还是一系列概括性不等的预测性公式，都表明他的理论十分注重人格结构变量和个体行为的客观性和可验证性。

五、社会行为学习理论的应用

罗特的社会行为学习理论广泛应用于人格心理学、临床心理学、儿童心理学、变态心理学以及社会心理学等领域。由于其结构变量具有可操作性，因而进行了大量的研究。限于篇幅，在此仅介绍人格测量和临床心理学两个主要研究和应用领域。

1. 人格测量

(1) 人格测量中存在的问题。

罗特从社会行为学习理论出发，结合自己的研究经验，认为人格测量存在如下的问题。

第一，效用问题。评价心理测验效度的一个较为重要的标准是测验的效用问题。一个测验必须测量它想要测量的内容，但获得的信息可能对测量目的来说是没有价值的。在评价一个测验之前，首先必须明确测验的目的即想要获得什么样的信息。如果研究者想要用一个测验来区分两种精神病学的诊断，那么该测验不仅要能测验疾病，而且要能够提供相应治疗措施或能够预测患者在某种特定情境中会做出怎样的行为反应。在罗特看来，

① Rotter, J. B. (1954). *Social learning and clinical psychology*. New York: Prentice-Hall, p. 110.

只有这样才能说明该测验是有效的。

从某种意义来说，罗特提倡一种系统论(systematic theory)。他认为，要使测验对临床心理学家有用，这个测验必须可以测量能够用来进行预测的概念或变量，因而，临床心理学家选用一个测验，重要的是要考虑获得信息的潜在效用，亦即应该根据自己的目的而使用不同的测验。从这一点出发，罗特认为，那些多用途的测验如罗夏测验，并不是适用于所有持不同理论倾向或不同测验目的的临床心理学家。因此，作为一位临床心理学家在进行测验时，首先要明确测验的目的，然后再来选择有用的测验。如果仅局限于效度和信度系数的考证，或不顾自己的目的和理论定向而盲目照搬所谓的流行测验，那么这种测量就是无效的。

第二，人格理论和人格测量方法之间的不一致。罗特指出，在临床测量中存在的另一个问题是，人格理论和人格测量技术或程序之间存在着很大的距离。他指出："现有的测验程序的预测程序低下，完全是由于相应的人格理论不能应用到测量方法中去造成的，特别是不能把对行为的决定因素的分析应用到对被试行为的具体测量中去。"①

首先，人格理论和人格测量方法之间的这种差距表现为理论中使用的概念和测验要测量的概念不一致。许多情况下，人格测验不能测量理论所界定的概念，而且用来描述测验反应的概念与理论概念没有逻辑上的相关，而是测量新的变量。其次，这种差距存在于测验程序自身。例如，从理论上看，个体对权威人物和同伴，或者对男性和女性所做出的行为反应是有差异的。但是，使用的人格测量程序往往容易忽视这种差异的重要性。最后，人格理论和人格测量方法之间的差距也可以从研究者所做出的推断看出。许多情况下，被试在测验中的行为表现与研究者从这些行为中做出的推论缺乏一定逻辑关系，甚至还会相互矛盾。例如，在一项使用"爱德华个人偏好量表"(Edwards，1953)的测验中，测验要求被试陈述自己对各种不同目标的偏爱，尽管被试的偏爱行为和某些行为之间存在一定的关系，但研究者并不能从被试的偏爱中对非测验行为做出预测。

(2) 人格测量技术。

罗特在评价人格时着重阐述了人格的临床测量中使用的五种主要技术在社会行为学习理论中的价值，即访谈、投射测验、控制性行为测验、行为观察法以及问卷法。

① Rotter, J. B. (1960). Some implications of a social learning theory for the prediction of goal directed behavior from testing procedures. *Psychological Review*. 67, p. 301.

关于访谈法。罗特认为，访谈法可以用来评价人格特质以及用于咨询和诊断等目的。对社会行为学习理论来说，可以使用访谈法来评价个体的需要潜能、活动自由以及需要值。针对当时访谈法信度低下的问题，罗特提出了一系列按部就班的程序以提高访谈信度。① 第一步，阐述要测量内容的严格而清楚的理论定义；第二步，指出处于一个连续体上的一般性的指向对象，这些指向对象可以以历史资料或当前行为形式表现出来；第三步，提出一套访谈问题以引出指向对象；第四步，从与被试的访谈中挑选一些例子，以当作等级评定中判断者的指南和例子；第五步，访谈之前对访谈评定者进行一定的培训。

关于投射技术。罗特非常重视投射技术在临床诊断中的作用。他认为罗夏墨渍测验的效用相对较小，罗夏测验设计的初衷是来获得关于人格"结构"或基本的类型特征的信息，因而从这种技术中获得的关于具体生活情境的资料数量相对较少。罗特认为主题统觉测验（TAT）很适用于该理论中的概念验证。社会行为学习理论强调个体与其有意义环境的交互作用，而TAT故事中的反应就能够提供关于社会性刺激（如父母、教师或同事）反应的信息。罗特及其同事专门发展了一种投射技术，即"罗特填句量表"。在填句法中，给出句子的第一个单词或几个单词，然后要求被试完成这个句子。从某种意义上讲，这种方法与字词联想技术相似，只是给出的刺激长度不同。填句法只要求对一个单词的简单反应。该方法使用许多不同类型的词干，而且是用来测量各种变量的。不同种类的词干，如"我喜欢……"、"我很生气，当……"、"她很担心，当……"等。和字词联想方法一样，填句法也存在着歪曲刺激涵义的可能性，而且对反应的分类基本上是以相同的方式进行的。通常情况下，填句法中的分析更与TAT测验中的分析而不是与字词联想方法中的分析相似。填句法假设被试在其所完成的句子中反映了自己的愿望以及态度等。在罗特看来，填句表的一般性计分可以看作是对活动自由的一种测量。另外，这个技术和TAT技术一样，提供了关于被试怎样对其有意义环境作出反应的个体差异，因此，它也很适合来进行关于各种需要强度或需要变量的研究。

关于控制性行为测验。在使用这种测验程序时，个体置身于较真实情境中，研究者通过改变刺激来观察个体的反应。这样的测量可以用来验证从社会行为学习理论中推论出来的各种假设，尤其是可以验证成败经验带

① Phares, E. J. (1992). *Clinical psychology-concepts, methods, and profession*. California: Wadsworth, Inc., pp. 173～174.

来的期待变化。

关于行为观察法。行为观察技术是指观察者在自然情境中对行为进行非正式评价。罗特认为,这种技术可以用来评价实验结论对真实情境的概括性。在社会行为学习理论看来,这种非正式测量对人格测验也有一定的理论优越性。社会行为学习理论是一种关于行为的理论,根据被试对待情境的方式来分析被试在此情境中的反应,这是与该理论观点完全吻合的。从理论上看,在真实生活情境中做出观察比在实验室或临床情境中对被试的评价更有预测性。当然,要解释情境中的非控制因素还需要进一步的研究。

关于问卷技术。罗特极为重视问卷技术在验证社会行为学习理论的假设中的作用。当时普遍使用的大多数测验是不能直接应用于社会行为学习理论的,为此罗特和他的同事设计了著名的内外控制点量表和人际信任量表等。

罗特(1966)区分了强化的内部控制信念与强化的外部控制信念。在对临床病人的研究中发现,人们对成功或失败的归因是大不相同的。有的人将之归于自身的努力、能力、特质或技能,即成功与否完全取决于自身,而不能推诿于身心以外的原因;有的人则归咎于运气、机遇或其他不可抗拒的外部力量,罗特称这种取舍机制为强化的内外部控制或控制点。控制点反映了一个人对行为结果的领悟是积极主动的还是消极被动的。罗特的"内外控制点量表"(Internal-external locus of control scale,简称 I-E 量表)是用来测量一个人对强化的内外控制点。该量表包括 29 个迫选项目(forced-choice items),其中 6 个插入题,它们附加在测验中是为了混淆被试的测验目的。每个项目均包括内控倾向和外控倾向两个句子,要求被试必须从中选择一个。被试做出的选择反映他所理解的内容。例如,第 4 项对偶句,其中的一句是:"最终人们会得到他在这个世界上应得的尊重",它反映了被试的内部控制点;另一句:"不幸的是不管一个人怎样努力,它的价值多半不会得到承认",则反映了被试的外部控制点。I-E 量表的计分方法是简单地计算外部控制点的句子得分,得分范围在 0(极端内控)到 23(极端外控)之间。高分数反映了被试对强化的控制是由命运、机遇、运气以及其他超出个人的外部因素决定的类化期待;低分数则反映了被试对强化的控制是由自身的内部因素决定的类化期待。I-E 量表在人格心理学和教育心理学等领域得到了广泛的应用。

"人际信任"是罗特提出的另一种类化期待,是指"某一个体对另一个体的言词、诺言、口头或书面的陈述可以信任的期待"[①]。罗特的"人际信任量表"(Interpersonal trust scale)用来测量一个人对他人的言行是否可信的程度。它的最后修订形式共40个项目,其内容涉及各种处境下的人际信任以及不同社会角色,包括父母、推销员、审判员、一般人群、政治家以及新闻媒体等。被试根据五点维度指出同意或不同意。在40个项目中,其中14个项目是干扰项,剩下的26项一半以同意作指导语,另一半以不同意作指导语,这是为了最大程度地减少默认的效果。该量表总分从25(信任程度低)到125分(信任程度高),中间值为75分。人际信任量表被用来预测各种情境中的行为。

2. 临床应用

(1) 临床心理学中存在的主要问题。

罗特总结了当时在临床心理学实践和研究中错误的主要根源。首先是过度推论问题。在已有的研究中,人们倾向于根据有限的或不恰当的资料来作出判断,提出假设,作出描述。根据少量的观察或不可靠的、模糊的"事实"推论到更大范围或更大群体中去,从而会产生错误。其次是命名和分类的问题。罗特指出,在现代临床心理学中,归类思维的典型表现是,采用美国心理学会(APA)关于心理疾病的分类来描述疾病。临床心理学家一旦做出某种诊断,治疗的差异性就大大减少。这种用分类来寻求疾病解释的做法,不仅缺乏一致性,而且缺乏有效性,因而大量宝贵的时间浪费在如此无用的工作中。第三是不恰当的言语描述问题。在临床心理学中,研究者使用的词汇缺乏明确的、一致的指向对象,容易造成很大混乱。另外,这种言语描述的不恰当性也使临床心理学家不恰当地认为自己使用的单词或概念能确切而真实地描述现实世界。最后是二元论问题。尽管大多数当代心理学家否认自己是二元论者,但他们却很难真正摆脱二元论的思维模式,如身心相互作用论或身心平行论。罗特在对"口吃"现象进行研究时指出,大量的研究者试图证明,口吃的"原因"是身体的而非心理的。当时多数研究者认为,口吃是由于个体的呼吸节律出现障碍。实际上,这种研究提供的不是口吃的原因而只是用生理学术语进行描述,这种做法并不能使行为的根源更为人所知。[②] 因此罗特指出,临床心理学家应该从试图寻找行为的生理原

① Rotter, J. B. (1971). Generalized expectancies for interpersonal trust. *American Psychologist*, 26, p. 444.

② Rotter, J. B. (1944). The nature and treatment of stuttering: A clinical approach. *Journal of Abnormal and Social Psychology*, 39, p. 171.

因或心理原因的困境中走出来，转向努力把心理学和其他社会科学整合起来，从而发展一种能进行成功预测的理论。

(2) 心理治疗观。

罗特将自己提出的关于人类行为的学习理论应用于心理治疗领域，这种治疗实践的结果反过来又为社会行为学习理论的完善与发展提供了丰富的经验素材。社会行为学习理论把心理治疗看作是一种学习情境，在这种情境中，治疗家的作用是帮助患者做出外显行为和思维上的某种变化。罗特认为，适应不良代表一种学习问题。他提出了独到的关于适应不良者的特征：① 适应不良者通常具有较低的活动自由度和较高的需要值；② 适应不良的个体内心充满冲突并采取逃避行为；③ 适应不良者不能习得积极应对情境的能力；④ 最低目标水平极低；⑤ 适应不良者不能区分能够成功或可能引起惩罚的情境。由此，罗特认为，治疗适应不良行为就是改变不同的需要值，改变满足这些需要的期待。所以，心理治疗的目标是通过新的学习减少不合意行为的发生，而增加合意行为的发生。这种思想改变了传统行为主义者认为治疗的目标只在于改变和塑造行为本身的局限，认为问题行为主要产生于错误的想法。他的这种治疗观为后来的认知行为疗法打下了扎实的基础。

社会学习理论既没有假设心理治疗具有神秘过程，也没有说明治疗家应该持有的理想方法，而是主张把心理治疗看作一种相互作用，它遵循着和其他社会相互作用相同的规律和原则。其心理治疗的方法是折中的，衡量方法恰当与否的标准是患者改变的有效性以及获得有效改变的效率，而不是应局限于某种教条。社会行为学习理论的基本治疗思想如下。

第一，社会行为学习理论认为治疗技术必须适合于患者。由于患者接受治疗的动机不同、所赋予的特定强化值不同、对可能的满意源的期待不同、自己具有的技能水平不同等，因此最适宜于患者的心理治疗条件也就因人而异。罗特认为，没有适合于所有患者的特殊技术，治疗技术必须与患者相匹配，才能获得最佳治疗效果。

第二，社会行为学习理论提倡从问题解决的角度来看待患者的问题。罗特关于控制点的研究、寻找替代性解决办法的研究以及人际信任的研究等对心理治疗的意义最大。控制点的研究表明，要想使患者的问题得到改善，就必须通过治疗使患者认识到，通过自己的努力能够控制自己的命运。寻找替代型解决办法的研究表明，要注重发展患者的高水平的问题解决技能。另外，通常情况下，在解决具体问题之前，首先要解决态度本身，亦即要使患者认识到，自己不仅能够灵活对待问题，而且自己的行为能够改变他人对待自己的行为反应。对人际信任的研究提示了治疗家要认识到患者对他人的不信任态度会影响治疗中的医患关系和治疗效果。

第三,社会行为学习理论主张要把治疗过程看作指导个体学习的过程。在这一过程中,不仅要消除患者的不恰当行为和态度,而且要使患者获得令人满意的替代性行为。所以,社会学习理论的心理治疗比传统精神分析或人本主义学派的心理治疗更有效。传统的心理治疗总是鼓励患者调节自己内心的痛苦和主观体验,一旦从内心冲突中解脱出来,他就能自动地找到更健康的达到目标的途径。而在罗特看来,对自己问题的认识并不一定会导致行为的实际变化。他强调治疗家必须意识到自己不是机械的言语调节器,而必须通过自己对于患者的强化,来帮助患者尝试新行为和新思维方式,从而使患者最终能自己认识到新思维的价值以及确定替代性行为方式。

第四,社会行为学习理论的基本行为预测公式表明期待和强化值在行为选择中的作用,因此,对治疗家来说有两个问题尤为重要,一个是患者的期待是什么,另一个是患者的价值是什么。患者问题的一个重要表现是行为的低活动自由和高需要值。由于对一个高价值的目标持有的成功期待较低,因而引起了心理上的退缩,个体就会产生缺乏安全感、内心充满冲突、期待惩罚、采取非现实行为或缺乏建设性行为等问题。罗特认为,增强患者活动自由的方法可以有以下几种:① 改变目标本身的价值。患者通常会持有两种或更多的高价值目标,其中一种目标的满足会阻碍另一种目标的实现;另外,患者的目标可能会与他人的需要产生冲突,并可能最终引起即时或延迟惩罚;第三种可能是患者的目标非常不现实。在这些情况下,可以通过改变目标本身的价值,来增加患者的活动自由。② 改变不现实的惩罚期待。患者通常会持有行为可能会遭到惩罚的高期待,而根本不知道这种担心是不现实的。在这种情况下,治疗者可以通过直接强化作用或向患者解释,如这样的态度是怎样形成的,为什么它根本不适合当前的生活情境等,增加患者的活动自由。

第五,社会行为学习理论强调对他人的理解在解决患者问题行为中的作用。在传统的精神分析治疗过程中,由于不断地强调患者的主观反应,从而会使患者过多地关注自我困境。社会行为学习理论强调心理情境对行为的决定性,因而在罗特看来,许多患者的困境是由于对他人的行为以及动机的错误理解而产生的。从这一立场来看,解决患者的问题通常需要强调对他人行为和动机的正确理解。罗特强调,通过观察、模仿或榜样等进行学习是改变对"行为—强化"序列的期待的一种方法,这样在心理治疗中可以充分利用电影、事例、书籍以及特殊群体的作用来帮助患者解决问题。

第六，社会行为学习理论强调治疗家要关注于患者获得在真实生活情境中的新经验。虽然社会学习理论指导下的心理治疗强调分析患者和治疗家之间的相互作用，但是过分强调这一种治疗手段而忽视帮助患者区分治疗情境和其他情境，会降低治疗的效果。罗特认为，对患者来说重要的是在生活情境中而不是心理治疗室内发生的新经验，为此治疗家要重视与患者讨论其当前生活情境中的问题以及用环境来控制患者在治疗之外的经验。由此可以看出，社会行为学习理论反对在使患者脱离其真实生活情境下进行治疗。治疗情境会强化患者的逃避症状，因而对患者的治疗应尽可能使其处于自然环境中。

六、简要评价

1. 主要贡献

第一，罗特从社会学习理论方面实现了由传统行为主义向新的新行为主义的转变。在现代社会学习理论创立和发展中，罗特起了承前启后的作用，前承米勒和多拉德，后启班杜拉和米契尔。罗特既使用了动机性变量(强化)又使用了认知变量(期待)，而在他之前的社会学习理论，要么强调动机性变量，要么强调强化变量，如米勒和多拉德的理论就偏重于强化概念。罗特则创造性地将两者结合起来，将它们有机地纳入一个综合性的社会行为学习理论框架之中。著名人格心理学家珀文(L. A. Pervin)在其力作《人格科学》一书中，以认知革命为界限，把凯利的个人构念理论和罗特的社会行为学习理论并称为“在 20 世纪 50 年代认知革命开始之前，人格领域中出现的两种重要的认知理论”①。珀文认为，罗特的研究工作虽然处于认知革命时期，但他主要的理论建树都是在这之前做出的，他的思想观点几乎没有受到认知思潮的冲击，而是通过自己的敏锐洞识和理论综合而与认知革命的许多思想不谋而合。坎特(N. Cantor)也认为：“罗特和凯利的工作在确定当代人格研究的认知取向上具有启发性作用。”②由此可见，罗特在行为主义心理学史上占据十分重要的地位。

第二，罗特促进了行为主义学习理论的积极转变。罗特的一生都致力于社会行为学习理论的构建、研究和应用，取得了令人瞩目的成就，从而使

① 珀文著，周榕等译：《人格科学》，华东师范大学出版社 2001 年版，第 74 页。

② Cantor, N. (1990). From thought to behavior: “Having” and “doing” in the study of personality and cognition. *American Psychologist*, 1990, 45(6), pp. 735～750.

行为主义学习理论发展到一个新的阶段和高度。他的社会行为学习理论是一个分水岭，实现了对传统学习理论的积极转向和超越。具体表现为：(1) 从动物学习转向人类学习。几乎所有的行为主义者都是把从动物实验所得出的学习规律推广到人类学习上来，很少研究人类学习本身的规律，这是行为主义的通病。罗特则认为，用于解释低等动物行为的原理不足以解释复杂的人类行为，于是他开始把关注的焦点从对动物学习的研究转向对人类学习的研究。(2) 从个体学习转向了社会学习。无论是华生、赫尔、斯金纳乃至托尔曼所研究的都是个体学习，如一只老鼠、一条狗或一位儿童所进行的学习。罗特则认为，心理学家应该更多地研究社会学习，社会学习是在社会环境中(如家庭、学校、单位)对社会刺激(如父母、教师或当权者)所做出的反应。人生中最重要的学习都是从父母、教师和同事那里获得的。罗特十分重视人与人之间的相互作用、相互影响，而很少研究独立的个体。他认为，每一种学习或行为都发生于同他人的相互作用中，即发生于社会环境中。(3) 从实验室研究转向临床应用研究。行为主义者历来重视的是对动物所进行的实验室研究，忽视对人类的临床应用研究。罗特则从重视前者转向了重视后者。

第三，罗特提倡用整体和发展的观点看待人格。所谓整体的观点就是认为一个人的经验是相互影响的，他认为，每个人都拥有一种大量决定其所有行为的核心整体，人格具有相对的稳定性和相互依赖性，随着个体变得越来越有经验，人格本身就越稳定，并可以类化到同类情境中。个体趋向于根据先前的经验选择新的经验和解释现实。尽管罗特重视核心人格的作用，但他同样重视新经验的影响。他并不认为，人格具有的相对稳定性和类化性的出现就意味着特殊反应和因新经验的变化不重要了，也就是说，他也重视人格的发展。这一点可以从他关于行为、强化、期望和情境的相互关系的描述中充分地体现出来。

第四，罗特孕育了认知行为疗法。罗特作为一位著名的心理治疗专家，提出了许多独到的见解，发展了心理治疗的理论和方法。有人调查表明："在 1970—1974 年间的《临床和咨询心理学杂志》上，罗特 1966 年的专题和 1954 年的著述被引用的频率最高，而且罗特也是这一时期对这些领域的发展做出重大贡献的人。"[①]罗特的治疗技术与当时流行的传统精神分析式的言语技术不同，他强调直接研究改变行为的方式以及情境因素对病人症状的作用方式。他主要采用了行为治疗，特别是认知行为治疗法(congnitive

① Phares, E. J. (1987). *Introduction to personality*. Scott Foresman And Company, p. 389.

behavior therapy)①。罗特认为，治疗是一种学习过程，是社会性的相互作用的方式。通过这一过程，治疗者应该帮助患者学习适应性行为和适应性认知。针对不同患者可以采取不同的技术，如培养患者解决问题的技能，对患者进行直接强化或解释，引导患者在实际生活中改变不适当的行为亦即通过发展内控倾向、提高人际信任程度、了解他人的动机、分辨情境间的差异等认知方式来进行治疗。

第五，罗特推动了心理学的应用。他把社会行为学习理论广泛应用于人格心理学、临床心理学、儿童心理学、变态心理学以及社会心理学等领域，产生了大量的研究。例如，罗特的控制点理论开创了社会归因理论研究的先河，促进了当代归因理论及其研究的兴起，归因理论家韦纳(B. Weiner)把控制点理论改变为一种归因模式。此后出现了许多各种测量控制点的量表，如“内控性、权威他人及机遇量表”(Internality, powerful others, and chance scale)、“工作控制点量表”(the work locus of control scale)、“关于酗酒的控制点量表”(the drinking-related locus of control scale)、“健康控制点量表”(the health locus of control scale)等。再如，罗特关于“人际信任”的研究也启发了大量研究。这些研究提示人们要相互理解、相互信任，以便于问题解决，利于身心健康。控制点和人际信任研究启发了社会、家庭、学校应设法帮助社会成员、子女和学生形成适当程度的内控倾向和人际信任，发挥其主观能动性，培养其合作宽容的态度，对自己负责、对他人尊重。

第六，罗特强调理论的可验证性。在阐发社会行为学习理论时，罗特遵循行为主义的客观性原则，特别注意概念的精确性，对所采纳的术语和概念都努力给出一个操作性定义，并分别提出了精确测量的技术；在预测行为时，提出一系列概括性不等的公式，以便于进行实验验证。最为突出的是罗特对控制点和人际信任这两个类化期待概念进行了悉心研究。这样就使持不同立场的学者运用他的概念和理论对人的心理或行为进行分析研究时能做到持之有据、言之有理。

2. 主要局限

第一，罗特的理论框架缺乏内在统一性。罗特的社会行为学习理论缺乏富有内在统一性的框架，如何把他研究的主题和结论联系起来，并将其原理、结论、方法等紧密整合到一个完整的理论体系中，是罗特无能为力的，这种遗憾无形之中削弱了其理论影响力。

第二，罗特只强调行为的表现(performance)，而忽略行为的习得(acqui-

① 黄希庭著:《人格心理学》，东华书局1998年版，第306页。

sition)。他不试图精确阐述行为是怎样习得的，相反只是关注预测行为在什么样的环境中表现出来。因此，有的西方学者干脆把罗特的社会行为学习理论称为“社会行为表现论”。而比他稍后的认知社会学习理论的代表班杜拉正是在这一点上比他高明，班杜拉进一步阐明了行为的社会习得过程。因此，从某种意义上说，正因如此，班杜拉在心理学中的影响远远大于罗特。

第三，罗特的人格理论视域的褊狭。对所有的行为主义学习理论的批评都涉及到对理论狭义性的非难。自从华生创立了行为主义以来，坚持行为主义客观性立场的学习理论家眼中的行为仅仅局限于外显行为。当托尔曼等人注意到“S—R”之间的中介变量时，这种狭隘性有所缓解。罗特眼中的行为内涵较为宽泛，不仅包括个体对某一刺激的外显反应，也包括情绪体验、认知活动和言语等，但与人格理论的认知取向、精神分析取向和人本主义取向相比，其视野仍显狭窄得多。例如，精神分析理论探究人类生活的许多方面，如情绪、攻击、性、防御等，而这些是罗特的社会行为学习理论无力涉及的。

第四，罗特的人格基本结构及其基本公式难以揭示人格的实质。由于罗特强调人格结构的客观性和预测性，他提出了许多说明人格结构的变量和行为预测公式，而且描述得十分繁琐，让人感到晦涩难解。他提出的人格基本结构及其基本公式能否揭示人格本身的不同层次、不同水平和不同因素的多维度系统结构，也还是成问题的。我们知道，即便最复杂的行为公式也难以说明复杂的人格特性。当然，后来他本人也意识到这一点，并对其理论作了修正。

第五，罗特的理论对期待的中介认知过程认识不足。尽管他指出获得目标的期待是行为的主要决定因素，但遗憾的是，他忽视了影响人类行为的其他复杂的心理过程和结构。宽泛的心理过程应该包括信息检索和恢复、记忆、分类、判断以及作出决定，这些都在决定行为中起着关键的作用。罗特的理论在这方面的局限性大大限制了其阐释人类行为的能力。格雷戈里(W. L. Gregory)在评论“可控性的期待”(expectancies for controllability)研究时指出：“要精确地预测个体的行为，就必须深刻理解控制期待和具体情境之间的复杂的相互作用。”[①]也就是说，个体并非在所有环境中都同样地激

① Gregory, W. L. (1981). Expectances for controllability, performance attributions, and behavior. In: Lefcourt, H. M. Research with the locus of control construct. Vol. 1. Assessment methods. New York: Academic Press, p. 113.

起动机或放弃控制，他们可能会在某些情境中觉察到能够控制强化，而在另一些情境中觉察不到。如果无视这种特殊性，仅用觉察控制期待作为预测变量，结果通常是不确定的。因此，格雷戈里指出，要解决这一问题的办法可以采纳认知心理学中的某些理论、方法或技术等。如在记忆中过去经验是怎样呈现的？当前刺激怎样诱发记忆中的经验？以及影响信息的恢复加工过程的因素等，这些有助于深刻而全面地理解控制期待的中介调节过程的加工情况。由此可见，正如行为通常具有功能性，它有助于目标的实现，认知过程在达到所期待的最终状态中也具有适应性功能，因此，在一个完整的社会行为学习理论中也应受到重视。

第六，罗特理论缺乏对个体发展的系统性描述。虽然罗特的概念被应用到儿童行为的发展上，但它并未对发展阶段作出描述，这样就无法了解人类行为的全面涵义。罗特的社会行为学习理论也无法解释个体生物的、内分泌的以及身体的某些方面的发展。也就是说，并不是人格的所有方面都可以用行为原则来解释。尽管罗特本人也承认这一点，但是如果不能把生物的和遗传的作用整合到学习和人格的个体差异中去，理论观点的褊狭性就不可避免了。

第二节　米契尔的认知社会学习理论

米契尔是现代社会学习论的第三号代表人物。他对儿童满足延宕的研究可以看作心理学实验研究的典范。他强调个体的认知组织与环境互动的主动作用，在批判传统特质理论的基础上，提出了认知社会学习的个体变量，来解决个体差异问题。后期，米契尔等人提出了认知—情感人格系统理论，试图整合人格心理学中的各种理论。

一、米契尔传略

沃尔特·米契尔(Walter Mischel，1930—)1930 年 2 月 22 日出生于奥地利维也纳，小时候就住在离弗洛伊德家仅咫尺之遥的地方。精神分析思想对其早期的研究产生了潜移默化的影响。回想这段生活，米契尔曾说："当我开始读心理学时，弗洛伊德是最令我着迷的。在纽约市立学院上学时，我觉得精神分析对于如何看待人性，似乎提供了一种全面的观点。但是当我作为一名社会工作者，试图将这些观点应用于纽约市下层社区的'少年罪犯'身上时，我的兴致便消失殆尽了：不知怎么地，试图要给那些青少年所谓的'领悟'，对于我和他们都没有什么帮助。那些观点与我所见到的并不相符，于是我就去寻找更有帮助的观念。"①

沃尔特・米契尔
(Walter Mischel，1930—)

1939 年，因纳粹德国侵占了奥地利，米契尔随全家来到纽约。1947—1951 年他就读于纽约大学，1951—1953 年就读于纽约市立学院，并在著名心理学家墨菲(Gardner Murphy)的指导下完成了硕士学位论文。② 1953—1956 年，米契尔在俄亥俄州立大学学习临床心理学，在此期间他受到凯利(George A. Kelly)和罗特的影响。他说："凯利和罗特是我的两位良师，他们两位都对我的思想产生了深远的影响。我认为我自己的工作——无论是对认知的研究，还是对社会学习的研究——显然都是来自于他们的贡献，即关注作为解释者和行事者的个体、个体与变化着的环境之间的相互作用，以及即使是当个体面临完全不协调的情况时，他仍然努力去寻求生活的一致性。"③在获得哲学博士学位之后，米契尔在科罗拉多大学工作。1958 年，受麦克莱兰(David C. McClelland)的邀请，米契尔到哈佛社会关系学系任助理教授，并与奥尔波特(Gordon Willard Allport)、默里(Henry A. Murray)联系密切。1962—1982 年他在斯坦福大学度过了其学术生涯的辉煌时期。1965 年，米契尔参加了和平工作队评估计划(Peace Corps Assessment Project)。在活动中他发现，综合的特质测量实际上还不如自我报告。这使得米契尔更加怀疑传统人格理论的有效性。1983 年，米契尔又回到纽约，担任

① Pervin, L. A. (1993). *Personality: Theory and research*. (6th ed.). New York: John Wiley & Sons, Inc., p. 386～387.

② Mischel, W. (2007). *Walter Mischel*. In: Lindzey G., Runyan W. M. (Ed.). *A history of psychology in autobiography* (Vol. Ⅸ). Washington, D. C.: American Psychological Association, p. 235.

③ Pervin, L. A. (1993) *Personality: Theory and research*. (6th ed.). New York: John Wiley & Sons, Inc, p. 387.

哥伦比亚大学心理学教授。

1985年，米契尔担任美国心理学会人格与社会心理学分会主席，2000—2003年任《心理学评论》(*Psychological Review*)主编。1978年，他荣获美国心理学会临床心理学分会授予的杰出科学家奖；1982年，美国心理学会授予他杰出科学贡献奖。1991年，他被选为美国艺术与科学学会委员；2000年，他获得美国实验社会心理学家协会授予的杰出科学家奖；2002—2003年他当选为人格研究协会主席；2005年他获得杰克·布洛克人格心理学杰出贡献奖；2004年被选为国家科学院成员；2007年被选为心理科学协会主席。在20世纪心理学家知名度排名中，米契尔作为人格心理学家、心理学界的"后起之秀"，名列第25位。① 由于米契尔在人格理论与测量方面的突出贡献，芝加哥大学心理学系在2006年3月2日授予他唐纳德·W·菲斯克杰出讲座(Donald W. Fiske Distinguished Lecture)的荣誉。② 米契尔还是哥伦比亚大学罗伯特·约翰逊·尼文人文心理学教授(Robert Johnson Niven Professor of Humane Letters in Psychology)。

1968年，米契尔出版了第一部专著《人格及其评价》，批判了传统特质理论和心理动力理论的基本假设，彻底动摇了特质理论在人格心理学领域中的地位，引起了长达20多年的个体—情境之争。该书确立了他在心理学界的地位。1971年他出版了《人格导论》，到2003年已出版了第七版，在该书中他系统阐述了整合人格心理学的思想。米契尔是现代社会学习论的第三号代表人物，③其认知社会学习理论大致包括四个部分，即关于满足延宕的研究、认知社会学习的个体变量、认知原型方法、人格的认知—情感系统理论。④

二、关于满足延宕的研究

满足延宕(delay of gratification)是自我控制行为中的一个普遍而又非

① 孙晓敏、张厚粲：《二十世纪一百位最著名的心理学家(I)》，《心理科学》，2003年，第2期，第343～345页。

② http://psychology.uchicago.edu/socpsych/speakers/fiske.htm，2008－12－28.

③ 黄希庭著：《人格心理学》，浙江教育出版社2002年版，第316页。

④ 修巧艳：《米契尔的认知社会学习理论述评》，《山东师范大学学报》(人文社会科学版)，2004年第6期，第113～116页。

常重要的方面，[1]指的是个体为了将来得到价值更高的奖赏，通过一系列自我管理和自我调节，延宕即刻可以获得满足的、价值较低的奖赏的一种行为。满足延宕能力是一项重要的人格指标。米契尔研究满足延宕的基本情境是：主试把儿童带到实验房间，向儿童呈现两种物品（如小零食，通过前测知道儿童会明显偏爱其中的一种）。之后，主试到房间外面。在等待期间，儿童可以随时摇响铃铛以终止等待，但这时他只能得到价值较小的物品。儿童如果想得到那个更喜欢的物品，则必须等主试"自己"回来。

面临延宕选择情境，被试是否会选择延宕的奖赏，取决于很多因素。米契尔认为，即使被试明显偏好即刻奖赏，也并不一定意味着他缺乏延宕等待的能力。[2] 实验表明，延宕选择（即形成等待延宕奖赏的意向）和有效等待（即实现这种意向的实际行动）之间只存在中等程度的相关。延宕选择依赖于个体对等待时间长度和是否真的会得到延宕奖赏的预期、奖赏的主观价值、目标追求过程中应对诱惑和挫折的策略。[3] 跨文化研究表明，延宕选择偏好与社会责任、时间回忆的准确性、智力、某些条件下的父爱缺失均呈正相关，与过失行为呈负相关。[4] 主要选择延宕奖赏并能够有效等待的个体往往能更详细地制定未来的目标，在"自我控制"测量上得分较高，有较高的成就动机和抱负水平，更聪明、更成熟，表现出较少的冲动性和更多的亲社会适应机能等。[5]

从 20 世纪 70 年代初开始，米契尔开始研究等待行为本身的性质、心理机制及其相关因素。他设计了四种实验条件：同时呈现即刻奖赏；延宕奖赏；两种奖赏物都不呈现；只呈现其中的一种。实验结果与预期的相反：当两种奖赏物都不呈现时，儿童等待时间最长；其他三种条件下等待时间无显著差异，但当同时呈现两种奖赏物时，延宕时间往往最短。这与弗洛伊德的

---

① Mischel, W. (1966). *Theory and research on the antecedents of self-imposed delay of reward*. In: Maher, B. A., *Progress in experimental personality research* (Vol. 3). New York: Academic Press, pp. 85～132.

② Mischel, W., Cantor, N., Feldman, S. (1996). *Principles of self-regulations: The nature of willpower and self-control*. In: Higgins, E. T., Kruglanski, A. W. *Social psychology: Handbook of basic principles*. New York: Guilford Press, pp. 329～360.

③ Mischel, W., Moore, B. (1973). Effects of attention to symbolically-presented rewards on self-control. *Journal of Personality and Social Psychology*, 28, pp. 172～179.

④ Mischel, W. (1961). Delay of gratification, need for achievement, and acquiescence in another culture. *Journal of Abnormal and Social Psychology*, 62, pp. 543～552.

⑤ Mischel, W. (1983). *Delay of gratification as process and as person variable in development*. In: Magnusson, D., Allen V. P.. *Interactions in human development*. New York: Academic Press, pp. 149～165.

理论相矛盾。为了分析其中的原因，米契尔等人用单向镜观察了儿童在最困难的等待情境下（即同时呈现两种奖赏物）的行为。研究发现，在等待期间，有的儿童会利用分心事件转移注意，例如自编歌曲、用脚踏地板、盯着天花板、自言自语，甚至趴在桌子上睡觉等。

为了进一步考察认知分心的作用，1972年，米契尔采用了2（呈现奖赏物、不呈现奖赏物）×3（告诉儿童“想着奖赏物”、“想着有趣的事情”、不作任何认知策略上的指导）实验设计。结果发现，当向儿童呈现奖赏物时，除了告诉儿童“想着有趣的事情”之外，在其他两种条件下，儿童的等待都非常困难；当不呈现奖赏物却让儿童“想着奖赏物”时的延宕等待与呈现奖赏物时一样困难。

为了深入研究，1973年，米契尔和穆尔（Bert Moore）设计了另一个实验，在不呈现实际奖赏物的情况下，用幻灯片象征性地呈现物体的影像。[①]这些影像分为两类：相关奖赏物即被试见过的、正在等待的奖赏物的影像；非相关奖赏物即在实验前被试没有看到的、不是他正在等待的物体的影像。另外的两种实验条件是：只呈现空白幻灯片和不呈现任何幻灯片。实验发现，当用幻灯片呈现相关奖赏物的影像时，被试的延宕等待时间最长，这与呈现真实奖赏物的作用正好相反。对此，研究者认为，奖赏刺激呈现方式（真实呈现与用幻灯片呈现）产生的显著效应，是由被试不同的观念作用造成的。米契尔认为，真实的奖赏物比幻灯片呈现的符号表征具有更强大的动机功能，而后者比前者具有更抽象的信息功能，所以注意奖赏物本身会产生更多的情绪唤起，使被试急于做出对延宕物体的完成反应（consummatory responses，如吃掉呈现的食物），增强了挫折感，从而使延宕等待变得更加困难；符号表征的信息功能可能会引导并保持被试的延宕行为。

由此可见，满足延宕行为取决于等待时被试头脑中的认知过程，而不是刺激的呈现与否。1975年，米契尔和贝克（Nancy Baker）进一步研究了认知转换的作用。结果发现，同样是用幻灯片将奖赏物呈现给儿童，如果事先用指导语让被试集中注意相关奖赏物的完备特征（比如想象吃椒盐脆饼时发出的嘎吱嘎吱的声音，或想象果汁软糖甜丝丝、柔软、不易嚼碎的口感），等待就会变得非常困难。如果让儿童在认知上对刺激进行转换，集中注意奖赏物的非完备特征（比如把椒盐脆饼想象成细长的棕色圆棒，或把果汁软糖

① Mischel, W., Moore, B. (1973). Effects of attention to symbolically presented rewards on self-control. *Journal of Personality and Social Psychology*, 28, pp. 172～179.

想象成洁白的圆月亮)，被试则能够等待较长时间。[1] 此外，米契尔等人在1976 年、1980 年的研究也都支持了认知转换在满足延宕中的作用。

米契尔等人还研究了儿童对延宕规律的元认知发展。在实验中，当主试询问儿童，在等待期间他们愿意把奖赏物呈现出来还是遮盖起来时，4 岁以下的儿童在"遮盖奖赏物"与"呈现奖赏物"之间没有表现出选择偏好，而且普遍不能说出自己做出选择的理由。4～4.5 岁的儿童对"呈现奖赏物"表现出强烈的偏好，而这种选择策略恰好使得等待变得更困难。实验还发现，5 岁以下的儿童在关于任务的观念作用(如"我正在等待一件高兴的事")与具体的观念作用(如"它们是多么地美味可口")之间没有选择偏好，[2]他们不能产生清晰、可行的延宕策略。直到 5 岁末，儿童才明显偏好选择"遮盖奖赏物"来等待，并能说出选择的理由。从 7 岁左右开始，儿童能够自发地产生有效的认知策略，并能验证策略的可行性，能理解某些抗拒诱惑的规律，比如知道关于任务事件的观念作用比具体的观念作用更有助于等待。到 10 岁左右，儿童的延宕策略更为复杂，他们已经牢固掌握了基本的延宕规律，能够理解抽象的观念作用比具体的观念作用更有价值。

在大量长期跟踪研究的基础上，米契尔得到的最有趣和最有意义的发现是，学前期延宕时间的长短与青少年期的学业成绩、社会能力和应对技能呈显著相关，而且不存在性别差异。从父母的评价可以看出，那些等待时间较长的儿童表现为语言表达流利，做事更专心、理智、果断、有计划性、更自信，富于好奇心和求知欲，善于探索，能有效应对压力，能较快与他人建立社会联系等。[3]

为了检验从满足延宕研究模式得到的主要结果，米契尔提出了双重系统结构(two-system framework)来解释使自我控制得以实现或受到阻碍的原因。这种双重系统结构假定存在一个冷认知的"知"系统(cool, cognitive "know" system)和一个热情感的"行"系统(hot, emotional "go" system)。冷认知系统专门用于复杂的时空和偶尔的表征和思维，是陈述性的，具有指导、监控和工作记忆的功能，是自我调节和自我控制的中心。热情感系统专

① Mischel, W., Baker, N. (1975). Cognitive appraisals and transformations in delay behavior. *Journal of Personality and Social Psychology*, 31, pp. 254～261.

② Mischel, W., Mischel, H. N. (1983). Development of children's knowledge of self-control strategies. *Child Development*, 54, pp. 603～619.

③ Mischel, W., Shoda, Y., Peake, P. K. (1988). The nature of adolescent competencies predicted by preschool delay of gratification. *Journal of Personality and Social Psychology*, 54, pp. 687～696.

门用于以无条件或条件激发要素为基础的快速情感加工和反应，是情绪条件作用的基础，涉及各种对无条件刺激的自动反应和个体习得的联想观念，能削弱自我控制的努力。

这种理论认为，在热系统中存在一组内部节点，叫热节点，在冷系统中存在冷节点。热节点的激活会引起相关的情绪和情感反应；而一旦冷节点被激活，它就会记录下激活的发生、情境、结果，接通冷节点与其他概念和特征相联结的通道，使得个体能够进行反省，产生元认知，从而达到暂时的延迟。两种系统中哪一方占支配地位，对于满足延宕具有非常重要的意义。①

三、认知社会学习的个体变量

1. 对传统特质理论的批判

米契尔对传统特质理论的科学地位提出了强烈挑战。他在《人格及其评价》(1968)中提出：如果人格特质存在，那么反映某种特质的思想、情感和行为就应该具有跨时间、跨情境的高相关。他指出，当时的一些实验研究表明，除了人格的智力特征和行为模式具有跨情境的一致性，场独立性或场依存性行为的相关系数高达 0.50 以外，其余的许多特质都是值得怀疑的，它们在不同情境下的行为的相关系数很少超过 0.30 或 0.40，几乎没有证据可以证实这些特质行为的一致性。而且，即使是当它们呈现出显著相关时，这些测量也通常只能解释行为变异的百分之十。②

米契尔认为特质论者在研究方法上也存在着严重的问题。首先，用自陈问卷测量特质很容易混淆标准，“构造”出行为之间的相关，其实质是毫无意义和价值的。其次，采用等级评定也会产生类似的问题。他断言，特质不是人们行为的基础。但是，为什么会有这么多的人，包括许多心理学家，都相信特质的存在，即在直觉上认为人格是稳定的呢？他认为这是由于在观察者看来，行为一致性是存在的。换句话说，“人是有特质的”这种观念使人们看到的行为一致性比事实上真正存在的一致性要多得多。查普曼夫妇(Loren J. Chapman, Jean P. Chapman)1969 年的研究也证明了米契尔的上述观点，他们把实际上没有联系而看作有联系的刻板印象称为“错觉相关”。米契尔认为，正是这种错觉相关和类似的偏见使人们相信特质是存在

---

① 修巧艳、高峰强：《米契尔关于满足延宕的研究》，《心理科学》，2005 年第 1 期，第 238～240 页。

② 班杜拉著，林颖等译：《思想和行动的社会基础——社会认知论》，华东师范大学出版社 2001 年版，第 7 页。

的。在《人格及其评价》的结束部分，米契尔号召人格心理学研究应抛弃过时的特质论研究范型。他说："这种人格理论，除了哲学般的枯燥乏味之外，还受到大量实验资料的批驳。"①

在米契尔看来，特质方法还低估了心理情境的作用、人类的可变性和改变的潜能。他认为，综合的特质方法必须考虑个体与情境之间的相互作用，因为个体特质的表现依赖于当时特定的心理情境。在此基础上，米契尔提出了五种认知社会学习的个体变量，试图去解释人们行为中稳定的个体差异及其内部的信息加工过程。

2. 认知与行为建构能力

认知与行为建构能力(cognitive and behavioral construction competencies)是指个体建构或产生特定的认知和行为的能力。米契尔认为，建构能力来源于一个人的内在潜力，指的是个体灵活地获得和处理各种信息的能力。它包括两层含义：第一，建构能力是一种对信息进行分类、转换等主动加工的认知活动，反映了个体的一种潜在、可能的行为或成就；第二，不同的个体拥有不同的行为建构能力，具体表现为不同个体所能够产生的认知建构与行为模式的范围和性质不同，比如奥林匹克运动员、数学家、艺术家对信息的认知和建构能力就存在明显的差异。米契尔指出，建构能力与智商、认知能力、自我发展、社会智能成就和技能等有关，具有较大的稳定性，而且这可能是形成人格一致性印象最重要的因素之一，它涉及个体知道什么以及能够做什么。

3. 编码策略与个人建构

编码策略与个人建构(encoding strategies and personal constructs)是个体对事件进行分类和自我描述的单元。与凯利相似，米契尔认为人们在注意、解释和分辨事件时存在差异。通过编码和个人建构，个体能够对刺激进行认知转换，有选择地注意客观刺激的某一方面，并对之加以解释、分类，从而改变刺激的意义，最终影响到个体的行为习得及其随后可能做出的反应。它涉及个体对自己、对他人、对周围世界的看法。米契尔认为，不同的个体可能会以不同的方式对相同的事件和行为进行分类和编码。通过选择注意和编码加工，个体能够过滤新的信息，将其整合到已经存在的认知结构之中，这往往会提高认知一致性，也使人格表现出一定的稳定性。

---

① Mischel, W. (1968). *Personality and assessment*. New York: John Wiley & Sons, Inc., p. 301.

4. 行为—结果与刺激—结果预期

个体在什么情况下会把行为的潜在可能性转化为特定情境中实际的行为表现，涉及到影响行为表现的因素。在这一点上，米契尔认为“最令人感兴趣的个体变量就是主观预期”[①]。与其导师罗特不同，米契尔把预期分为行为—结果预期与刺激—结果预期两种。行为—结果预期涉及特定条件下的行为—结果关系，它代表了特定情境下行为选择与预期的可能结果之间的“如果________；那么________”关系。在任何情境下，个体都会产生预期的、最有可能产生主观上最有价值的结果的反应模式，而且当没有新的信息时，个体的表现将有赖于他在以往类似情境下的行为—结果预期；但是一旦获得了新的信息，新信息就会成为行为表现的主要影响因素。米契尔指出，个体为了有效地应对环境，必须尽快地认识到新的偶然事件，对之加以正确评价，并根据新的预期重新组织其行为。

刺激—结果预期涉及刺激与结果之间的关系，是人们对某特定事件能否引发另一事件的可能性预期。它可以看作是用来解释经典条件作用的个体变量。例如，在厌恶经典条件作用中，通过使灯光与痛苦的电击产生邻近联结，被试就会获得灯光能预示电击这一刺激—结果预期。而且，任何可能使这种预期无效的信息，都会消除条件化反应。米契尔指出，刺激—结果之间的关系，既可能反映了知觉者特殊的学习历史及其不断发展的、关于刺激意义的个人规则，也可能是同一文化背景下的成员所共有的，并在很大程度上有赖于跨文化的语义联结。因此，对刺激—结果预期的研究，要同时兼顾这两方面。

5. 主观刺激价值

主观刺激价值(subjective stimulus values)是指个体主观知觉到的某类事件的价值，即他对刺激、动机和反感的激发与唤起。这种个体变量与能在个体中产生积极或消极的情感状态并对行为具有诱发或强化功能的刺激有关。米契尔认为，由于对期待的结果持有的主观价值不同，即使人们有着同样的预期，也可能表现出不同的行为。像罗特一样，米契尔认为，个体对刺激价值的估计差异是相对稳定的。关于评价刺激价值的途径，米契尔认为主要有以下几种：测量个体在与现实生活类似的情境中的实际反应、言语偏好或评定；个体关于价值和兴趣的言语报告；让个体对实际的奖赏进行等级

① Mischel, W. (1973). Toward a cognitive social learning reconceptualization of personality. *Psychological Review*, 80, pp. 252～283.

评定,或观察奖赏对个体行为表现的影响;评价个体在特定情境中行为的自然发生频率等。

6. **自我调节系统和计划**

自我调节系统和计划(self-regulatory systems and plans)即对行为表现和复杂行为序列的组织规则和自我调节。米契尔认为,尽管在很大程度上,个体的行为是由外部施加的结果控制的,但个体也通过自己施加的目标、标准、自我产生的结果来调节和激发行为。甚至是在没有外来限制和社会监控的条件下,个体也会为自己设定行为表现的目标,并根据行为结果与预期、标准的匹配程度,表现出自我批评或自我满足。这种自我调节系统的实质是,当没有直接的外部情境的压力时,主体对引导其行为的可能性规则的采纳。自我调节系统包括:确定特定情境下的目标或行为表现标准;达到或达不到这些标准的积极或消极后果;自我指导以及在认知上进行的刺激转换,实现目标过程中所必需的自我控制;面临外界障碍时的复杂行为模式顺序及终止行为的规则。另外,米契尔还强调个体的情感状态对自我反应和自我调节的影响。

米契尔试图用认知心理学的知识来评价个体的行为,分析认知、行为及与之产生的心理条件之间的相互作用。这些个体变量使我们能够在不同情境下特定的行为水平上,描述独特的、适应性的、与特定情境有关的反应机能。正是由于在个体变量及其交互作用中的差异,使个体表现出不同的行为。因此米契尔认为,借助于五种个体变量,不需要传统的特质概念就能判断人们行为中的稳定模式。

四、认知原型方法

米契尔和坎特(Nancy Cantor)共同探讨了个体对人和情境进行分类的认知原型方法。在认知心理学中,原型是指类别中最具特征性的成员,也是类别里最中心的成员,即最典型的样例。[①] 由于原型是比较固定的认知结构,因而人们往往将之称为认知原型(cognitive prototype)。

1. **对人分类的实验研究**

米契尔等人对人的分类研究,是对罗施(Eleanor Rosch)等人研究的进一步发展。罗施发现,人们在判断某一物体是否属于某个范畴时,通常使用

① 贝斯特著,黄希庭等译:《认知心理学》,中国轻工业出版社 2000 年版,第 423 页。

原型来判定。他认为可以从三个水平上来对人和事件进行分类。为了分析在不同的等级水平上对人进行分类的优缺点，以便更好地解决生活中的问题，选择恰当的社会行为方式，米契尔等人在前人研究的基础上，开展了对人分类的研究工作。他们在1979年进行了一项实验，首先向被试呈现四个最高水平的范畴——情绪不稳定的人、拥有某种信仰与从事某种事业的人、文化人、外向型的人，然后让被试把剩下的32个词分别归入中等水平和低水平的范畴中去。结果表明，被试能够按等级有次序地对各种类型的人进行分类，并且某些特征对于特定范畴内的人是特别关键和具有说明性的。

米契尔指出，每种水平上的分类(参见图11—1)都有其各自的优缺点。低水平的类别包含的特征最丰富，但又过于详细，不能作为区分临近类别不同点的最佳标准；而最高水平的分类虽然包含的特征不多，但为其所独有，所以很容易在类别之间做出区分，其不足在于太笼统、概括；中等水平的分类特征既不含混又不过细，既具有普遍概括性又比较丰富、精确，可以作为区分不同类型的人的认知标准。同时他指出，在宏观的、概括水平上对个体进行的分类，在长时间内是稳定、可靠的；但在较微观的、特定情境的行为水平上的分类，则往往强调与特定心理情境的变化相关的行为独特性，集中于个体内的行为变异，而不是关注平均的变异。米契尔认为，人格理论中的许多混乱可能就反映了人们没有认识到这一点，即分类是信息加工的一个不可避免的基本方面，是认知经济的一部分，而且不同水平上的分类都有其特有的优点与不足之处。

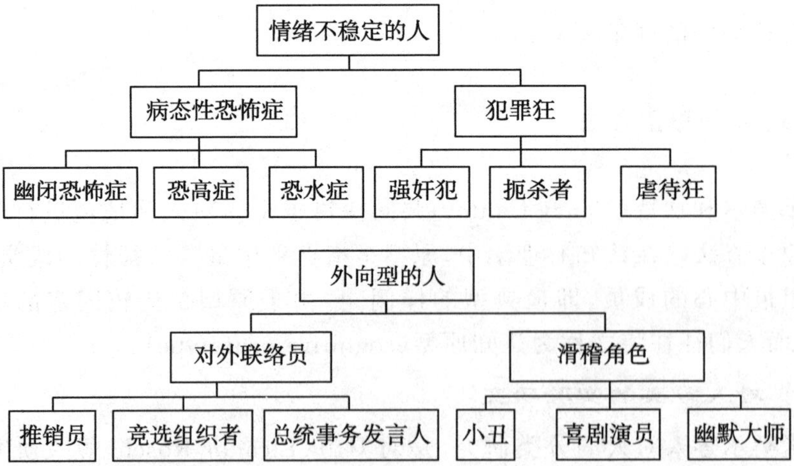

图11—1 原型等级的分类范例

此外，米契尔和坎特认为，人们在做出谁属于哪一类的判断时所运用的规则是家族相似性。他认为尽管行为存在可变性，但是研究对人做出判断时的原型性规则和家族相似性原理，有助于理解人格的一致性和连续性是如何被知觉到的。

2. **对情境分类的实验研究**

原型方法不仅仅局限于对人进行分类，也可以对情境进行分类（参见图11－2），这种情境原型同样被认为是相对稳定的认知因素，可以导致在行为上相对稳定的个体差异。

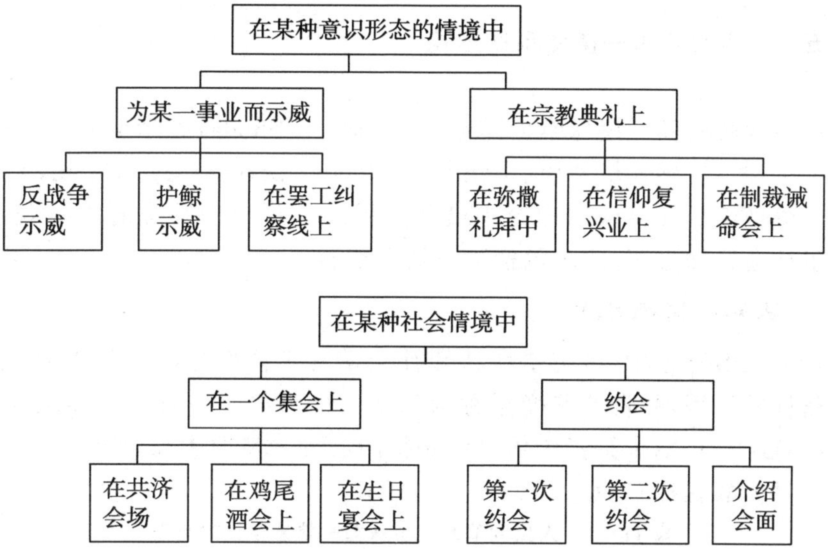

图 11－2　两个情境等级的说明

米契尔等人把情境作为一种有意义的变量，在认知原型理论的指导下，发现对情境的分类也有三种水平。他们在 1982 年进行了一项研究，在实验中要求被试把 36 种情境归到几个范畴中去，接着让被试描述每个范畴中的情境的共同特征。通过实验，他们检验了人们日常情境知识的结构、内容和可通达性。结果发现，人们对情境特征的组织是有序的；相对来说，人们似乎容易形成并描述有关情境类别的意象；在描述情境时，人们虽然有时会注意到情境的自然特征，但更倾向于关注情境的社会性特征，比如情境中人的特征、与情境相联系的情感体验、行为模式、规范、气氛等；中等水平的范畴具有丰富的特征，并且很容易从与其他范畴相联系的特征中区分出来。

3. **人与情境的联系**

米契尔认为，个体如何行动取决于他对情境的建构情况，反过来，这种建构又有赖于特定的情境和建构者本人。他指出，用原型来对人或情境进行分类的方法可以作为估价个体行为差异的真实性和稳定性的一条途径，但还必须用人与情境交互作用的观点来看待这些差异。他认为："要恰当地了解人与情境间的相互作用，就需要在理论上重新界定个体与情境的建构，而不是想当然地设计一些特殊的情境来观察人的行为表现，这种重新界定可以使我们把对人的特征的分析与对认知学习过程的分析联成一体。"①

五、人格的认知—情感系统理论

在实验研究和理论探索的基础上，舒达(Y. Shoda)和米契尔于 1995 年提出了认知—情感人格系统(cognitive-affective personality system, CAPS)理论。该理论是社会认知理论中最新发展的一种较为系统的人格观点，它扩展了社会认知方法，使之包括了情绪和情感。

1. **认知—情感单元**

在 CAPS 理论中，米契尔在认知社会学习个体变量的基础上强调了情感和目标的作用，并将这些变量称为认知—情感单元(cognitive-affective units, CAUs)。CAUs 是指个体可以获得的心理—情感表征，即认知、情感或感受。具体的五种 CAUs 如表 11－1 所示：

表 11－1　人格调节系统中认知—情感单元的类型

1. 编码：关于自我、他人、事件、情境(外部的和内部的)的分类或建构
2. 预期和信念：与社会领域、特定情境中的行为结果、自我效能感有关
3. 情感：感受、情绪、情感反应(包括生理反应)
4. 目标和价值：理想的结果和情感状态；厌恶的结果和情感状态；目标、价值和人生规划
5. 能力和自我调节计划：个体能做的潜在行为和脚本，用于组织行为、影响结果和个体自己的行为、内部状态的计划和策略

米契尔指出，系统中的这些 CAUs 不是孤立的、静止的，当个体对情境进行选择、解释、创造时，单元之间会产生相互作用。在动力学上，这些认知表征和情感状态相互作用、相互影响，而且正是这些单元之间关系的结构，构成了人格结构的核心。

① Mischel, W., Peake, P. K. (1982). Beyond déjà vu in the search for cross-situational consistency. *Psychological Review*, 89, pp. 730～755.

2. CAPS 的实质

CAPS 理论是看待人格系统的一种统一的观点，认为个体是通过以下两个方面表现出其特征的：(1) 个体可获得、可通达的认知和情感单元；(2) 单元之间独特的相互关系的结构以及能引起特定心理体验的情境特征。当个体感受到特定的情境特征并对其进行加工时，单元之间关系的结构便会促进或抑制这些情境特征对特定的认知、情感及潜在行为的激活。CAUs 之间关系的结构构成了人格的基本结构，反映了个体在特定的认知和情感上长期的可通达性和激活的难易程度上的差异，是个体独特性的基础。

图 11－3 是认知—情感加工系统的一个简易说明图。图中的小圆圈代表个体可获得的大量的 CAUs，这些单元与过去经验中获得的认知表征和情感体验有关，每个人的 CAUs 各不相同。图中所示的单元之间的关系、通路或联结是任意选择的，这些联结表示：(1) 单元之间存在的众多可能的关系，但只有其中的某些关系在功能上是重要的；(2) 某一单元可以被情境以及人格系统中的其他单元激活；(3) 在不同时间里能够产生反馈激活并使激活模式得以保持；(4) 通过关系网络中独特的结构，人格系统中被激活的单元能够激活其他单元，最终产生可观察的行为。认知和情感单元之间的各种联结构成了单元之间丰富的关系系统。

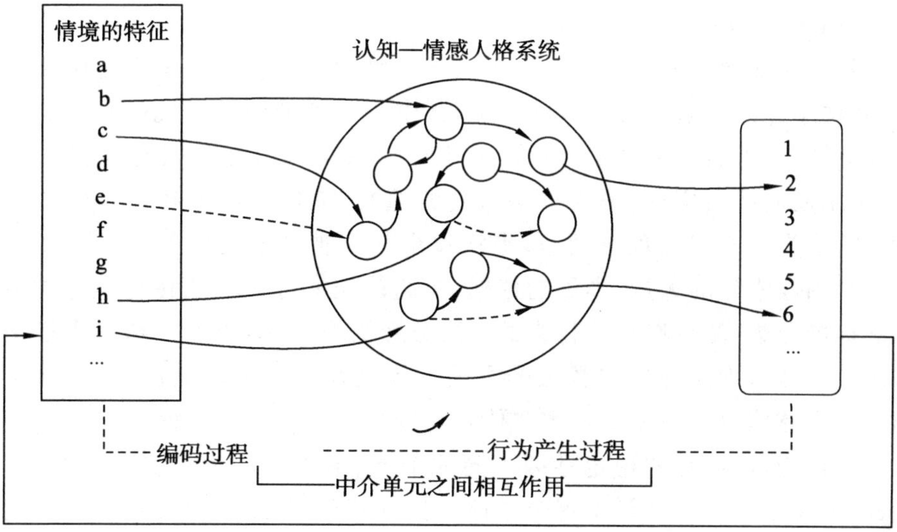

图 11－3　认知—情感加工系统说明图

3. CAPS 理论的假设

CAPS 理论有两个主要的假设:一是个体在 CAUs 的长期可通达性上不同,即特定的 CAUs 或内部心理表征被激活的难易程度不同;第二个假设是,个体在 CAUs 之间关系的结构上存在稳定的差异。这些差异反映了个体的认知社会学习历史的不同,同时它也深植于生物学基础,因此也反映了个体在遗传上的差异。

CAPS 理论将情境和事件的作用结合到人格的概念中,认为情境的特征影响内部认知和情感反应的激活。这里的情境既包括外部物理环境、社会、人际情境,也包括由内部事件激活的认知和情感反馈,例如思维、计划、想象、日常的经验和情感、预期的情境和脚本等。因此,一种情境由什么组成,在一定程度上有赖于知觉者的建构和主观认知地图,而不是由外在的观察者所决定。与此相对应,该理论认为,个体并非只是被动地对情境做出反应,而是主动地受目标引导,并在一定程度上塑造情境本身,从而影响到随后遇到的人际场合和社会生态环境。

4. 人格系统稳定性的行为表现

根据 CAPS 理论的假设,当个体在不同的时间遇到能够引起不同心理体验的情境时,这种人格系统就会产生具有独特的正面图和形状的“如果……那么……情境—行为”剖面图(if... then... situation-behavior profiles of characteristic elevation and shape)。

为了验证稳定的“如果……那么……情境—行为”关系的存在及其意义,米契尔等人选取了五种人际情境,其中有三种消极的情境(同伴取笑、挑衅或威胁,成人警告儿童,成人终止儿童的活动),另外为两种积极的情境(同伴主动的社会交往,成人口头表扬儿童)。他们对住宿在夏令营中的儿童进行了为期 6 周的现场观察,平均每个儿童被观察的时间累计达 167 小时。利用收集到的大量、详尽的数据,他们首先把行为频率转化成每种情境下的标准分数,然后以某种行为的标准分数为纵坐标,以五种情境为横坐标作图。米契尔把这种呈现数据的方式称为情境—行为剖面图,它能够反映出每个个体偏离该情境下样本总体行为变化的正常模式的程度。

他认为,剖面图的稳定性因不同的个体、不同的行为类型而有所不同。为此,米契尔等人又计算了每个个体自比计算的(ipsatively computed)剖面图稳定性,并检验了小组的平均稳定性。结果表明,在整个夏天,总体的“如果……那么……情境—行为”剖面图具有统计意义上的稳定性。这些剖面图使我们能够看到体现了人格稳定性、与各种情境有关的行为变化的主要结构或模式，并表明人格一致性是在个体内稳定的可变性模式中反映出来的。

与许多人格模型一样，认知—情感人格系统也认为，在不同情境下的个体行为会产生差异，但其独特之处在于，该模型认为这种跨情境的行为变化既不是完全随机的，也不仅仅代表了不同情境下所有个体都具有的、在社会行为的正常水平上的一般差异。相反，这种与不同情境相关的行为变化，反映了潜在可预测的、有意义的人格系统本身的性质，即尽管随着情境及其特征的改变，被激活的认知、情感和行为会发生变化，但 CAUs 关系网络中的结构、强度即人格系统的结构保持相对稳定，不随情境而变化，除非产生新的学习、发展或生物化学变化。正是这一假设使得该理论能够预测不同情境下有特点的个体行为的变化模式。

5. CAPS 理论中的人格系统、状态、特质与动力

米契尔认为，这个有关人格一致性及其行为表现的理论，要求对人格和个体差异分析中的主要概念，如人格系统、人格状态、特质、动力，进行重新检验和界定。简要来说，人格系统指的是在独特的关系网络结构中的认知—情感调节单元，这种独特的关系网络构成了人格系统的结构。这一系统与相关的能够引起特定心理表征的情境相互作用，在跨情境的社会认知、情感、行为中，产生独特的可变性模式，体现在有特点的、稳定的“如果……那么……情境—行为”剖面图中。人格状态指的是在特定时间，该系统中的 CAUs 之间的激活模式，它有赖于当时个体经历的特定场合和心理情境。人格系统与人格状态的不同之处在于：不同情境下人格系统的结构可以保持稳定，但是当活跃的情境特征改变时，或者是用另一种方式对情境特征进行编码、在认知上或情感上对之进行转化时，人格状态很容易就会发生改变。

米契尔指出，尽管人们通常认为，以过程为取向的人格研究方法忽视或否定了稳定的人格特质，实际上，在该理论中人格特质在人格系统中具有重要的作用。具体地说，CAPS 理论通过有特点的认知—情感加工结构来界定特质，认知—情感加工结构又是独特的加工动力的基础，并产生加工动力。特质的加工结构是由相互关系结构中一系列有特点的认知、情感和行为策略组成，特质的加工动力是指调节单元中激活的模式和序列，它的产生与特定的情境特征类型有关。特质及其加工动力的行为表现可以在情境—行为剖面图的正面图和外形上看出来。

6. 调和人格心理学领域的矛盾

在过去的三十多年里，人格领域一直在试图调和一致性矛盾。米契尔等人提出的第一个问题就是一致性矛盾。① 它指的是，一方面，人们在直觉上认为人格理所当然是稳定的，个体通过主要的特质表现出人格特征，并由此产生广泛的跨情境一致性；但另一方面，该领域的实验研究不断地得出令人困惑的结果，即不同情境下人们的行为之间只具有中等程度的跨情境一致性，远远低于特质理论所假设的，而且比直觉预测的一致性也要小得多。

米契尔认为CAPS理论解决了这个表面上两难的问题。该理论认为个体跨情境行为的可变性，既不是"误差"，也并非"可归因于情境而不能归因于个人"，而是反映了有意义的稳定的人格系统。CAPS理论预测，即使人格系统本身完全保持稳定，个体在某一领域内的活动也会随着情境的变化而改变，也就是在"如果……那么……"关系中，一旦行为产生的条件改变了，跟随其后的行为也会发生变化。米契尔认为，这一理论既考虑了有关行为可变性的资料，又考虑了有关人格稳定性的直觉信念，并将前一种现象结合到后者的概念中；它不仅承认个体与情境的重要性，而且在建构人格系统的概念时，将行为的跨情境可变性作为其行为表现和潜在稳定性的核心方面。

六、简要评价

在国外，米契尔的思想早已得到了理论界的重视，并赢得了很高的评价。著名人格心理学家珀文(L. A. Pervin)在其颇有影响力的著作——《人格：理论与研究》(第六版)中，把以班杜拉和米契尔为代表的社会认知理论与心理动力学理论、现象学理论、认知理论、特质理论、五因素人格模型、人格研究的行为主义方法、认知信息加工方法相提并论，并在书中单列一章。在谈到社会认知理论时，珀文说道："在学术界，社会认知理论可能是最受欢迎的人格理论，不仅如此，它在临床领域中的拥护者也越来越多。这种观点在班杜拉和米契尔这两位心理学家的著作中体现得最明显。"②而在另一本人格心理学专著——《人格科学》中，珀文以认知革命为分界线，先后介绍了认知革命之前的两位理论家——凯利和罗特，以及认知革命之后的两位理论家——米契尔和班杜拉。将米契尔与另外的这三位理论家并列提出，足以可见米契尔在当今人格理论中的重要地位。而且值得注意的是，在这本

① Peake, P. K., Mischel, W. (1984). Getting lost in the search for large coefficients: Reply to Conly. *Psychological Review*, 91, pp. 497～501.

② Pervin, L. A. (1993). *Personality: Theory and research*. (6th ed.) New York: John Wiley & Sons, Inc., p. 385.

书中，作者将米契尔放在班杜拉之前加以介绍，[①]虽然我们不能肯定作者的用意是突出前者比后者更重要，但至少可以推断出，米契尔在人格的社会认知理论中可以与班杜拉相媲美。

美国心理学家博格(J. M. Burger)在他所著的《人格心理学》中指出，米契尔在很长一段时间里曾是一名特质人格理论的批评家，他用一个主要从认知心理学和社会学习理论借鉴来的模型取代了特质论，而且认为他是"在用认知变量解释人格方面做出最不平凡贡献的人之一"[②]。利波特(R. M. Liebert)和斯比戈勒(M. D. Spiegler)在他们合著的《人格：策略与争论的问题》一书中，谈到了人格研究的认知—行为主义方法，认为米契尔是最著名的认知—行为主义理论家。[③]

1. **主要贡献**

第一，米契尔的认知社会学习理论既秉承了行为主义在研究方法上的客观原则，又吸收了认知心理学的观点，并将二者有机结合，体现了第三代行为主义的特色。在著名的满足延宕研究中，他们采用了实验室实验、现场观察、问卷评定、测量、跨文化比较等方法，尤其是其中的实验设计巧妙、精细，环环相扣，层层递进，为许多研究者所称道，体现了行为主义注重客观实证的取向。

同时，他也重视人与环境的交互作用、认知因素、中介调节过程对人格发展的影响，研究了满足延宕中自我调节的认知转化、选择注意等认知策略对延宕行为的影响，提出了五种认知社会学习的个体变量，强调心理过程的积极与主动性等，体现了用认知活动来解释个体行为的时代精神。另外，他提出的热、冷系统结构理论中的节点、CAPS 理论中的认知—情感调节单元，以及对节点间、单元间的关系联结、激活与抑制条件的阐述，与认知心理学中语义表征的激活扩散模型、网络层次模型有相通之处。这也流露出米契尔理论的认知心理学痕迹，及其与认知神经科学的网络组织的联系。

其实，延宕满足在本质上也是对于等待行为的一种延迟的强化，只是米契尔关注的不是这种强化本身对等待行为的影响，而是等待过程中儿童主体的认知调节过程对等待行为的影响，以及延宕满足能力对个体今后人格发展的影响。他的理论在关注个体内部的认知操作过程的同时，亦强调个

① 珀文著，周榕等译：《人格科学》，华东师范大学出版社 2001 年版，第 81 页。

② 伯格著，陈会昌等译：《人格心理学》，中国轻工业出版社 2000 年版，第 322 页。

③ Liebert, R. M., Spiegler, M. D. (1987). *Personality: strategies and issues*. (5th ed.) Chicago: The Dorsey Press. p. 483.

体心理和行为发生的社会条件，认为思想、情感、动机、行为等个体属性起源于社会，受社会文化的影响。这既表现出他的理论与早期社会学习理论的区别，又表明他对罗特等人思想的继承和发展，体现了将行为主义与认知心理学相结合的特点。

第二，米契尔受到认知心理学关于原型分类知识的启发，研究了人和情境的分类，提出了人与情境的交互作用的观点。他的出发点在于摆脱传统意义上关于人和情境的二元对立，结束关于人与情境关系问题的长期争论，努力使人格—临床与认知—实验这两大心理学阵营，在目标规划和方法等方面相互协作，以便从根本上完成对人的心理这一复杂问题的研究。这是他最初表达的希望心理学出现新的整合的美好设想，也是他后来提出的、试图整合人格心理学的认知—情感人格理论的先兆和基础。同时，他的“原型”概念与社会心理学中的刻板印象、定势、过度归因等有许多相通之处，在一定程度上都体现了认知经济的原则。

第三，米契尔批判了传统人格研究方法尤其是特质理论，提出了社会认知—情感方法，为人格理论研究提供了新的视角和途径。米契尔的批评引起了人们对资料整合问题的关注和对相关特质的确认，引发了人格心理学史上持久的个体—情境之争，也使得研究者意识到特质研究所存在的问题，激发人们继续探索测量个体差异的更为精确的、更好的方法。在此基础上，米契尔等人提出了认知—情感人格系统理论，对人格特质进行了重新界定，既弥补了特质研究的局限，又调和了特质论与情境论之争。CAPS 理论对人格本质的理解脱离了本质论的人格观，体现了社会建构论的倾向；不仅考察了人格结构，也重视对动力过程的分析；既考虑了个体和情境两种因素，又解释了二者之间的交互作用关系，同时还包括了影响人格的生物遗传、社会文化等因素，为西方人格心理学走出困境带来了一线曙光，体现了可贵的整合趋势。

2. 主要局限

第一，米契尔的认知社会学习理论中的很多概念和术语是从其他理论借用过来的，缺少自己的特色，还不够系统，解释力有限，且有待于进一步验证。例如，他提出的认知社会学习个体变量之间有的互相重叠，并不完善，也没有论及五种认知变量之间的相互关系；由于人们在大多时候是根据认知经济原则，受原型、刻板印象的影响而做出人格判断的，这就削弱了情境—行为剖面图的解释范围和对个体差异的预测效力，使其失去了在现实生活中的应用性和生命力；冷、热系统结构和 CAPS 理论比较抽象，在一定程度上带有思辨色彩，有待实验资料的验证。

第二，米契尔对社会历史因素、生物遗传因素和无意识过程重视不足。他只是宣称CAPS理论既在心理学的水平上又在生物社会学的水平上对人格的稳定性和可变性进行了分析，但是他并没有具体分析复杂的文化、社会、历史因素、大脑神经机制等生物遗传因素，到底对人格的结构、动力、发展、塑造等存在哪些影响，影响的程度如何，以及人格自身的发展和变化等问题。他的研究也缺乏对无意识过程的关照。因为上述问题涉及到很多学科领域，而且人格科学的整合除了要在学科内部各种观点和方法之间进行整合之外，学科之间也需要整合，比如整合来自发展的、认知的、社会的、生理的和临床领域的研究成果。

第三，米契尔的理论未能实现整合人格心理学的设想。CAPS理论仿佛是一个包罗万象的庞杂体系，米契尔试图将一切能够想到的、可能会影响人格的因素统统囊括其中，但是该理论在一些实质性问题上没有或只是做出了含糊其辞的回答。例如，它将情感因素纳入人格系统之中，将情感单元与其他人格单元一同罗列出来，虽然突出了人类个体经验的整体性，但没有详细分析CAUs之间的相互关系、相互作用原理，以及这些结构与其他认知结构和信息加工过程之间的关系。米契尔并没有突出情感的特殊地位，对情感心理机制的研究也远远不如对认知过程的分析深入、详尽。显然，CAPS理论没有也不可能涵盖所有的人格现象，离最初的“整合”目的还有一定的距离，可见要实现人格心理学的真正整合还有很长的路要走。

第十二章

斯塔茨:心理行为主义

斯塔茨属于第三代行为主义者。经过四十多年的探索,针对心理学面对的不统一性质和分裂问题,在具体实验研究的基础上,他提出了具有整合意义的心理行为主义理论。他认为,心理学各主要的单个领域在基本原理上是相互联系的,可以被看作不同的研究水平,排列在由"简单—复杂"或"基础—高级"界定的维度上;各个水平之间相互联系,某较低水平的基本原理和概念是下一高级、复杂水平分析的起点;各水平之间存在着等级关系,生物学水平是最基础的。斯塔茨称这种框架理论为多水平的理论与方法。该理论为心理学的整合提供了最初的框架和中介。

第一节 斯塔茨传略

一、学术生平

阿瑟·维尔伯·斯塔茨

(Arthur Wilbur Staats, 1924—)

阿瑟·维尔伯·斯塔茨(Arthur Wilbur Staats,1924—)于1924年1月17日出生在纽约的埃尔姆斯福德(Elmsford),在家里的四个孩子中排行最小。斯塔茨的母亲珍妮是从俄国的捷季耶夫(Tetiev)移民到美国的犹太人。珍妮的祖父是《塔木德经》[①]研究者，她的父亲在研究过犹太教的经典之后，变成了无神论者，其思想也变得非常激进。在斯塔茨三个月时，他的父亲弗兰克就突然去世。随后，珍妮带着年幼的子女经巴拿马运河来到加利福尼亚的洛杉矶，一个人承担起了家庭的重任，而且也没有再婚。

斯塔茨就是在这样一个贫穷、有着犹太教无神论传统、素食主义、政治上比较激进的家庭里长大，因而，他总是觉得和别人不一样。的确，他的想法、他所读的书都和同龄人不同。他经常质疑为别人所接受的观点，这种激进的批判性思维渗透到了其生活的各个方面，包括后来的各种学术研究领域。

在小学和中学期间，斯塔茨的标准化测验成绩非常高，但据他个人说，他是一个无聊的、让老师失望的后进生。他的大部分时间都用于博览群书、参加体育运动，这也为他的童年时光增添了不少欢乐。在斯塔茨的成长历程中，姐姐和舅舅也对他产生了较大影响，使他有机会接触到左翼进步文学及其评论，较早地开始形成世界观以及对政治、经济、社会事物的兴趣，并且这种兴趣持续终生。

1942—1945 年，斯塔茨在美国海军服兵役。战争结束后，他成了加利福尼亚大学洛杉矶分校一名很认真的大学生，并于 1949 年获得农学学士学位，1953 年获得文学硕士学位，1956 年获得了普通—实验心理学的哲学博士学位。1955 年，斯塔茨在坦佩（Tempe）的亚利桑那州立大学心理学系得到了第一个学术职务——助理教授，后来成为心理学教授，他在那里一直工作到 1964 年。1961 年，斯塔茨在休假期间对艾森克的早期行为治疗发展中心——莫兹利（Maudsley）医院进行了访问，这极大地促进了他对许多领域进行整合的兴趣。[②] 在与艾森克（H. J. Eysenck）和拉赫曼（S. Rachman）的讨论中，他认为可以用综合的学习分析将美国在工具条件作用指导下的行为矫正临床研究与英国在赫尔主义理论指导下的行为治疗研究整合起来。1965—1966 年，斯塔茨在帕洛阿尔托（Palo Alto）的美国退伍军人管理局接受训练，做临床心理学的咨询者。在这里，他有机会看到了学习理论与当时流行的精神分析观点对人类异常行为的不同治疗方法。

1964—1965 年，斯塔茨在加利福尼亚大学伯克利分校做访问教授；1965—1967 年担任威斯康星大学的教育心理学教授；1967 年成为夏威夷大

① 《塔木德经》是犹太教仅次于《圣经》的主要经典。

② Staats, A. W. (1970). *A learning-behavior theory: A basis for unity in behavioral-social science*. In: Gilgen A. R. (ed.). *Contemporary scientific psychology*. New York: Academic Press, pp. 183～239.

学心理学与教育心理学教授，直到1999年退休。

斯塔茨的兴趣非常广泛，涉及到将基本的学习理论作为概念模式的基础，探讨人类在临床心理学、儿童心理学、教育心理学、社会心理学等各个领域中的行为。他是美国心理学会(APA)八个分会的成员，这八个分会分别是普通心理学分会、实验心理学分会、发展心理学分会、人格与社会心理学分会、临床心理学分会、教育心理学分会、实验的行为分析分会、理论与哲学心理学分会。斯塔茨同时也是美国心理学协会、科学发展协会、儿童发展研究协会、行为治疗发展协会、实验社会心理学协会、行为分析协会、纽约科学研究院的成员。1961—1962年，他还曾做过伦敦大学国家科学基金会的特别研究员。

二、主要著作

从20世纪50年代起，斯塔茨就开始建构一种综合理论(overarching theory)，用于分析他所遇到的各种人类行为。也正是从这时起，他的著作就开始涉及到了统一问题，即将行为分析与传统心理学所关心的事物和现象联系起来。20世纪50年代末，斯塔茨开始撰写他的第一部著作《复杂的人类行为:学习原理的系统扩展》。[①] 该书体现了上述观点以及斯塔茨早期对心理学的思考，目的是将其研究计划发展成广泛的综合理论。这部著作的特点之一是，它并没有沿着以往不同学派分裂的路线安排章节，而是围绕重要的问题排列各章，运用并引述了以前的理论观点，将问题整合起来了，而不论它们来自于哪个学派。例如，他将学习原理即条件作用原理与语言、人格、人类动机、社会交往、儿童发展与训练、实验教育心理学、行为问题与治疗等结合起来了。他还建构了将传统心理学材料与学习—行为原理统一起来的理论，并且书中的各种分析为行为治疗、矫正、分析、评价的发展提供了指导。可见，心理行为主义的雏形是一种统一的框架。

1968年，斯塔茨第一次提出了心理学的“分裂”问题和统一的必要性，此后，该问题逐渐成为其主要兴趣。1975年，斯塔茨出版了《社会行为主义》[②]一书，除了深化并扩展了原先的理论之外，他还希望该书能够提供整合的动力。归纳起来，《社会行为主义》具有以下几个特点：第一，随着本书内容的

① Staats, A. W., Staats, C. K. (1963). *Complex human behavior: a systematic extension of learning principles*. New York: Holt, Rinehart and Winston, Inc.

② Staats, A. W. (1975). *Social Behaviorism*. Homewood, IL: Dorsey Press.

展开，综合理论所具有的特征越来越清晰，最后一章"研究人的科学之统一"呈现的是一个广泛的统一理论。第二，斯塔茨开始认识到，心理学研究涉及各种研究水平。例如，各门行为科学以等级层次的方式相联系，其中心理学处于基础地位。更重要的是，心理学本身也可以被看作是由按层次排列的多个水平组成，一方面必须利用较基础水平的成果，另一方面又要促进较高水平上原理和概念的发展。没有哪个水平研究的现象比其他水平更重要或更科学。对各个水平进行理论分析，提出将各水平联系起来的理论桥梁或中介，应该日益成为统一心理学主题的重要任务。而且在该书中，斯塔茨已经将心理学研究分成了不同的研究水平。第三，斯塔茨关于人格理论的观点更加明确了。他认为，需要有一个统一的人格理论作为中介，将基本的研究水平与各个越来越复杂的水平统一起来。人格理论及其建构方法对于将行为主义与心理学结合起来具有至关重要的作用。第四，进一步详细探讨了心理学的统一理论必须做的工作，以及如何来建构统一理论。在斯塔茨看来，人类行为不能被还原到生物学，他认为经典还原论的观点过于简化且缺乏远见。他认为，两个领域（包括心理学的分支领域）之间的知识交流实际上应该是双向的。首先必须有一个能够双向统一心理学各主要领域的理论，然后可以用这种综合理论分别与社会科学和人文科学建立双向联系。斯塔茨在本书中也将生物学、心理学、社会科学、人文科学联系起来了。

最初，统一问题只是斯塔茨研究计划的一部分，随着研究的深入，它才日益成为明确突出的观点。斯塔茨逐渐发现，心理学发展的主要障碍在于其混乱的多样性和不统一性。在阅读了哲学、历史学、社会学著作的基础上，结合心理学知识，他于 1983 年写成了《心理学的分裂危机：统一科学的哲学和方法》①一书。该书的主题为，统一是正式科学非常重要的方面，从分裂到统一，是每门科学发展过程的基本规律。心理学中大大小小的取向都不能提出一种方案来统一心理学学科和专业的混乱多样性。心理学是现代的不统一科学，还没有开始向统一发展。但是，只要心理学没有像发达的科学那样获得连贯一致的知识，它就不是也永远不可能是一门真正的科学。斯塔茨认为，要把前范式科学发展为统一的科学，需要做出各种各样的努力。更重要的是，心理学是什么、它的重大理论有哪些、在心理学中建构广泛的统一理论必须做什么，对这些问题的系统思考，使他能够明确如何进一

① Staats, A. W. (1983). *Psychology's Crisis of Disunity: Philosophy and Method for a Unified Science*. New York: Praeger.

步把心理行为主义建构成一个统一的理论。①

在这本书出版之前后，斯塔茨还在《行为治疗》、《美国心理学家》、《哲学心理学》等杂志上发表了一系列文章，其中比较有代表性的有：①《语言行为治疗：社会行为主义的产物》②。此文提出了一种新的治疗方法，这是斯塔茨在心理治疗领域发表的被引用次数比较多的一篇文章。他在文中指出，语言是由几种单独习得且相互协调的人格技能组成；可以借助于语言根据学习原理来改变人格技能；行为治疗必须开始包括对人格技能的分析以及改变人格技能的方法；有些问题可以运用语言行为治疗来解决。在该文中，他试图将传统的人格和心理治疗理论与学习理论整合在社会行为主义中。②《范式行为主义、统一的理论、统一的理论建构方法与分裂主义的时代精神》③。在这篇论文中，斯塔茨描述了用来建构统一理论的方法论特征及其哲学，以便于解决心理学中传统理论之间的分裂，统一心理学的各个领域和各种理论。他强调，必须鼓励研究者努力建构普遍的统一理论，同时必须确定评价这些理论的标准。③《整合主义：当代分裂的心理科学的哲学》④。斯塔茨在此文中指出，在现代统一科学的基础上建立的科学哲学不适合于理解心理学，也不适宜于指导心理学的发展，因为心理学是现代的不统一科学，因而需要建构自己的科学哲学，描述理论建构中出现的特殊问题。心理学必须着手于这项理论任务，并清楚其作为现代不统一科学的特征，否则只能继续沿着分裂的道路走下去，而很难成为一门充分发展的科学和专业。④《统一的实证主义与统一心理学》⑤。该文明确分析了心理学统一主义的哲学——统一的实证主义，指明了统一心理学的工作及其理论任务。

1996 年，斯塔茨出版了《行为与人格：心理行为主义》⑥一书，该书综合了他四十多年的研究与理论，介绍了他的科学哲学——统一的实证主义，系统阐述并评价了他明确提出的新一代行为主义理论——心理行为主义。斯

---

① Staats, A. W. (1985). Disunity's prisoner, blind to a new approach to unification. *Contemporary Psychology*, 30(4), pp. 339～340.

② Staats, A. W. (1972). Language behavior therapy: A derivation of social behaviorism. *Behavior Therapy*, 3(2), pp. 165～193. Abstract retrieved 2008-10-17, from PsycINFO database.

③ Staats, A. W. (1981). Paradigmatic Behaviorism, unified theory, unified theory construction methods, and the zeitgeist of separatism. *American Psychologist*, 36(3), pp. 239～256.

④ Staats, A. W. (1989). Unificationism: Philosophy for the modern disunified science of psychology. *Philosophical Psychology*, 2(2), pp. 143～163.

⑤ Staats, A. W. (1991). Unified positivism and unification psychology: Fad or new field? *American Psychologist*, 46(9), pp. 899～912.

⑥ Staats, A. W. (1996). *Behavior and Personality: Psychological Behaviorism*. New York: Springer Publishing Company, Inc.

塔茨试图通过本书达到以下目的：① 在心理学中建构全面的统一理论。他提出了在单一理论框架下统一心理学的重要策略，通过行为主义化心理学(behaviorize psychology)与心理学化行为主义(psychologize behaviorism)，把行为主义与心理学结合起来，以整合处于分裂状态的心理学，将心理学的各个领域整合在统一的框架中。② 在这个全面的理论中，提出一些能解释特殊领域实验结果的理论，例如，关于智力、情绪、阅读、语言、累积—等级学习(cumulative-hierarchical learning)、焦虑障碍、言语心理治疗的理论。③ 提出可以构成不同心理学领域的不同水平的理论。本书的一个重要观点是，不可能在狭窄的兴趣范围内建构任何一个特殊领域的理论。例如，一个好的人格理论必须建立在位于它下面的研究水平的基础之上，同时又必须能够扩展到位于它上面的研究水平。也就是说，每个水平(或领域)的理论都需要放在多水平的框架中——在这个框架中被提出来，同时又构成了这个框架。此外，该书还通过讨论指出，心理学必须开始系统地思考作为一门不统一的科学的任务应该是什么，以及如何完成这个任务。

斯塔茨不仅发表了一些有关心理学的分裂与整合问题的著述，在心理学界产生了一定的影响，而且在他的倡导下，1985 年美国心理学会成立了“心理学统一问题研究协会”(Society for Studying Unity Issues in Psychology, SUNI)，专门讨论心理学的统一问题；他与同行们一起创立了《范式心理学国际通讯》(*International newsletter of paradigmatic psychology*)，这一杂志专门刊登有关心理学统一问题的文章。1987 年，斯塔茨与莫什(L. P. Mos)合编了以心理学的分裂和统一为主题的《理论心理学年鉴》①。1997 年，A・W・斯塔茨的儿子 P・S・斯塔茨为了纪念父亲而设立了斯塔茨演讲(Arthur W. Staats Lecture)。这项基金支持在美国心理学会年会上的演讲者，由 APA 第一分会(普通心理学)委员会每年从不同的专业领域中挑选出一个人，要求演讲者在特定领域的研究对心理学的其他领域具有重大意义，或者在作为整体的心理学学科内部有可能被推断为具有统一的力量。斯塔茨所做的这些促进心理学走向整合的举动，在心理学中形成了一股关注统一问题的强大力量。

---

① Staats, A. W., Mos, L. P. (Eds). (1987). *Annals of Theoretical Psychology*, Vol. 4. New York: Plenum.

三、思想来源

从1953年开始,斯塔茨与心理学结下了不解之缘。通过阅读,他了解到了赫尔、斯彭斯及其他逻辑实证主义者的科学观,知道了在他们眼里心理学是一门科学。从此,斯塔茨接受了学习理论的方法,成了一名行为主义者,[①]并开始了其在心理学研究之路上的求索。

在上学期间,他参加了一次由欧文·马尔茨曼(Irving Maltzman)主持的关于问题解决的专题讨论会,马尔茨曼不仅涉及了传统的心理学资料,而且包括了他关于问题解决的赫尔主义学习理论,这激起了斯塔茨的兴趣。就是在那次讨论会上,斯塔茨想到了自己博士学位论文的选题,他打算研究学习领域的问题,而马尔茨曼又是赫尔主义者,所以他顺理成章地选择了马尔茨曼为导师。斯塔茨当时在攻读普通—实验心理学和临床心理学的哲学博士学位,因而马尔茨曼向他推荐了多拉德和米勒的《人格与心理治疗》。这些经历增进了他对于把学习原理扩展到人类行为的兴趣。斯塔茨认为,马尔茨曼的著作以及他推荐的阅读书目都对他很有帮助。另外,斯塔茨广泛阅读了关于问题解决的格式塔取向的论文,认为将学习原理扩展到特定行为,并从抽象的理论分析衍生出实验(或治疗)假设,将具有重要的意义。他认为,当时的行为主义视运用动物行为原理来解释人类行为为己任,然而,大多数行为主义者并没有提出具体的研究方案,而他则是开始将动物学习原理扩展到人类现实问题的研究者之一。

在逐渐熟悉了赫尔的学习理论之后,斯塔茨认识到了正式的学习理论在他自己的心理学兴趣中的地位和意义。在完成博士学位论文《对语言和工具反应层次及其与人类问题解决之间关系的行为主义研究》[②]的时候,他坚信有许多人类行为领域比实验的问题解决领域更基础、更重要。在他看来,将问题解决作为一种整体的活动类型来加以分析是错误的,并非各种习得的技能都是问题解决的根本,对人类来说更为基本的技能是语言。因此,对语言的思考和研究成为他兴趣的中心。

---

① Staats, A. W. (2005). *A road to, and philosophy of, unification*. In: Sternberg R. J. (Ed.). *Unity in psychology: possibility or pipedream?* Washington, D.C.: American Psychological Association, pp. 159～177.

② Staats, A. W. (1956). *A behavioristic study of verbal and instrumental response hierarchies and their relationship to human problem solving*. Los Angeles: University of California. Retrieved 2008-9-16, from ProQuest Dissertations and Theses database.

斯塔茨的理论来源于赫尔的学习理论，但后来他发现赫尔的理论过于复杂，而且不适合分析复杂的人类行为。① 20 世纪 50 年代后半期，斯塔茨开始熟悉斯金纳的思想。当时他近乎欣喜地发现，斯金纳的观点与自己的观点非常一致，而且其学习理论术语比赫尔有了很大发展。与此同时，斯塔茨也在逐步地提出、修改并完善对学习理论的系统阐述。在开展实验、阅读资料、实际教学、将具体观点理论化的过程中，他发现斯金纳的理论也不适合对行为进行实验分析，而且赫尔与斯金纳的理论都缺乏对方所具有的特征。对已有理论的评价使他坚信，需要建立"第三代"学习理论，即他自己后来所说的心理行为主义理论。

20 世纪 50 年代中期，斯塔茨开展了一系列关于词语意义和交流的研究，后来发展到研究情绪—语言关系、分析精神分裂症病人的异常语言，从一般的语言研究扩展到对阅读及阅读困难的研究。斯塔茨认为，虽然这些主题都曾经是传统心理学热衷探讨的问题，但很重要的一点是，他的这些研究计划都是围绕着"统一"这一新的核心趋势而展开的，尽管每项研究都是与特定的现象有关，但它们也会有助于达到总体的目标。②

斯塔茨在亚利桑那州立大学开展了一系列正式实验，检验以往在自然情境下归纳出的原理。他的第一个目标是检验语言学习中的经典条件作用原理。在这之前，他曾在实验—自然情境中用小猫作被试验证了这一假设，即将词语刺激与能够引起消极情绪反应的厌恶无条件刺激配对，会使小猫对词语刺激形成厌恶情绪的条件反应。斯塔茨的第一个实验是用人作研究对象来检验上述分析的，尽管直到 1958 年，他和同事才完成了词语意义的一级条件作用研究。在亚利桑那州立大学，他不断开设心理行为主义讲座，吸引其他行为主义者加入其研究计划，成为行为分析领域的主要源头之一。他和同事培养了许多学生，这些学生的工作极大地促进了激进行为主义和心理行为主义的发展。

斯塔茨在自然情境下的研究表明，学习原理也适用于复杂的功能性人类行为。1959 年，他第一次提出了语言分析的条件化感觉反应(conditioned sensory response)，随后为许多研究者所采用。斯塔茨一直致力于扩展对学习原理的实验研究，包括提供学习原理的整合理论，证明学习原理和过程在研究人类行为和行为问题中的意义。他相信，学习理论及其伴随的过程对

---

① Staats, A. W. (2003). The missing psychological behaviorism chapter in *A History of the Behavioral Therapies*. Child & Family Behavior Therapy, 25(3), pp. 23～38.

② Staats, A. W. (1996). *Behavior and Personality: Psychological Behaviorism*. New York: Springer Publishing Company, Inc., p. ix.

于理解、预测和控制人类行为具有很大的效力。他曾多次指出,大多数心理学家只研究特定的领域,而不知道其他领域发生了什么事情,也不知道可被用于统一各个领域的普遍原理。

除了进行基本理论与实验研究之外,斯塔茨也运用学习原理来分析许多人类行为。这涉及了对传统人格理论、对心理学家和精神病医生的临床活动进行批判性的分析。尽管被授予的是普通—实验心理学方向的博士学位,但他同时学习并接受了与临床心理学有关的课程和训练。最初,多拉德和米勒的早期著作对斯塔茨产生了很大影响,但他后来发现将精神分析理论作为人格模型的基础是错误的。从此,斯塔茨开始将学习原理扩展到对人类行为的分析上(而在此之前他是用其他理论来进行行为分析的),以至于运用学习术语分析临床问题成为他的主要兴趣之一。

此外,赫尔、斯彭斯、史蒂文斯(S. S. Stevens)、奥斯古德(C. E. Osgood)、莫勒(O. H. Mowrer)等人的著作促使斯塔茨思考当时的心理学概念和观察到的事实,并开始关注科学哲学,促进了他早期学习理论的发展。从一开始,斯塔茨就持有"功能"哲学的观点,即如果某种学习原理是有效的,那么人们就应该能够运用功能行为明确地证实各种情境中的原理。斯塔茨在独立钻研了一些科学哲学和心理学哲学著作之后,便开始在学习原理的背景下,将一般的心理学研究成果组合到有意义的整体之中。可以说,他的思想和研究一直都与哲学有关。①

第二节 心理学的整合观:心理行为主义

一、心理学分裂或不统一原因的分析

心理学不统一的性质是这门学科所面临的主要问题。在斯塔茨看来,如果想要解决分裂问题,首先有必要了解分裂的性质。概括起来,他所指出

---

① Staats, A. W. (1970). *A learning-behavior theory: A basis for unity in behavioral-social science*. In: Gilgen, A. R. (ed.). *Contemporary scientific psychology*. New York: Academic Press, pp. 183~239.

的心理学分裂的原因及表现主要有以下几点。

第一，心理学不统一的性质部分源于其研究主题或对象的复杂性。心理学的研究对象是人的心理现象与行为规律，从相对简单的经典条件作用原理到复杂的人格差异、人格异常，从个体的内心冲突到群体中的从众行为，再到种族歧视与战争，这大大小小的问题都涉及到了心理学研究的主题。而且，不同心理学家所研究的现象处于简单—复杂这一维度的不同点上，这肯定会影响到最终结论的一致性。

第二，心理学研究对象的广泛多样性导致了研究领域和流派的数量众多，甚至彼此分离。从提出来进行研究并用于解释人类行为的问题领域的数量来说，心理学是一门异常复杂的科学。例如，几乎每个美国心理学会(APA)的分会都有自己独立或独特的研究领域，有时虽然不同分会之间的研究对象相同，但只要是从不同的角度进行研究，或者采用不同的研究方法，就有可能被划分在不同的研究领域中。所以，单从 APA 分会的数量就可以看出心理学的研究领域有多少。而且，各个领域是作为独立的分支而开展研究的，一个领域的学者或研究者很少了解其他领域，这也是心理学不统一的基础。

当然，我们应该承认，每一个心理学家能够深入研究的领域是有限的，他们不得不集中关注几个特定的领域，而每个领域又有很多现象，所以这势必会产生大量不相关的知识元素。领域众多间接导致了学派林立，不同的派别或者擅长对不同领域的现象进行研究，或者对于相同的现象有不同的解释和观点，在学派之间长期存在着固有的偏见。所以，作为一个整体，心理学中的各个领域、各个流派都对现代不统一科学的产生负有责任。

斯塔茨指出，当某种观点被拒绝时，我们对它进行系统而详尽思考的程度，往往比我们接受某个观点之前进行系统思考的程度低得多。换句话说，我们更倾向于轻易地拒绝某种观点，而不会轻易地接受某种观点。例如，许多认知论者通常都强烈反对行为主义的研究，他们认为行为主义"一定是"原子论的、机械论的、反心理的、过于简单的。令人遗憾的是，行为主义在很大程度上被从强大的心理科学和职业中隔绝出去了。另一方面，许多行为主义者也反对所有使用心理主义术语或没有运用行为主义方法的研究。这种反对或忽视非行为主义心理学的做法，也加剧了心理学的分裂。结果，许多研究者只是看到或了解了心理学的一部分，妨碍了对全面、统一方法的建构，各种研究之间的不相关性也削弱了科学发展的动力。所以，在心理学的各种现象之间建立联系是统一心理学的一项基本工作。心理行为主义认为，不能未经查看就否定系统提出的材料，必须在系统思考之后方可做出判断。

第三，不同的心理学家运用的研究方法、界定术语的方式不同，不可避免地会产生许多不相关的知识元素，导致研究结果的分裂。可以说，心理学是许多不同的理论语言的混乱集合，不计其数的研究涉及了许多不一致、彼此不相干的概念、原理和结果。不同的问题研究领域使用的是不同的方法，有时有的研究者甚至有意识地避开他人用过的方法。各种研究之间相互贬损的现象时有发生，导致心理学的整体小于其各部分之和。斯塔茨指出，仅仅一味地追求增加复杂的研究是远远不够的。而且，每一个新的、与其他研究不太相关的研究，不管它的实验设计得多么精巧严密，也只能徒增心理学的分裂问题；现代不统一科学的多产性本身就是其理论整合的不利条件。斯塔茨认为，带来科学上精确的研究计划的实证主义显然不是建构科学心理学的方法，或者说不是唯一的方法。

因此，斯塔茨认为，心理学的研究内容被以一种不科学的方式分解了，而且科学的研究行为也被扰乱了。心理学作为一门仅有一百多年历史的实验科学，仍然处于早期的不统一阶段，其主要目标是发现新现象、新方法、新理论和新测验。寻求新异性并不是心理学中的重要事情(important thing)，而是唯一的事情(only thing)。心理学还没有确立目标将各种研究结果统一起来，还没有建立起实现统一的普遍工具，也没有投入大量的精力来关注统一问题。例如，尽管心理学中有许多公开发行的杂志，但没有一份杂志是专门致力于促进心理学统一工作的。除了概述某些研究领域的评述文章之外，也没有其他任何人试图去系统地阐述统一问题。心理学的研究活动表明，它接受了不统一科学的世界观；研究的现象基本上是各不相同、互不相干的，并且对统一性的追求仍然被认为是冒险的举动。① 研究者们还未普遍认识到，科学的主要任务是组织、联系、统一、简化其多样性。

第四，缺乏中介理论导致了心理学的分裂。斯塔茨认为，心理学的多水平观点有助于解释为什么在心理学中存在着似乎不可挽救的分裂。人格与行为主义的分裂就是一个很好的例子，行为主义的原理来源于动物学习水平；人格及其测量原理来源于简单—复杂维度上几个水平之外的研究。要将二者统一起来，必须通过中介理论打破水平之间的距离，将各个水平联系起来。这就意味着，动物条件作用原理必须通过中介研究水平(即动物学习

① Koch, S. (1985). *The nature and limits of psychological knowledge: Lessons of a century qua "science"*. In: Koch, S., Leary, D. E. *A Century of psychology as science*. New York: McGraw-Hill Book Company, pp. 75～97.

水平、认知水平、发展水平、社会交互作用水平），才能提出思考人格现象的理论结构。目前心理学领域还没有提出一种中介水平的理论，将二者联系起来。如果没有中介理论，理论发展就会存在巨大的断裂，也就无法证明研究基本的动物条件作用与分析人格现象有关。一般认为，在相邻的研究水平之间比较容易看到原理之间的关系；研究水平之间的距离越远，就越难看出潜在原理之间的关系。因此，将各个心理学领域看作等级上相关的研究水平很重要，它可以引导研究者寻求关联之间的独特性质。

综上所述，在斯塔茨看来，心理学的分裂在很大程度上是由于研究对象的复杂多样性、研究方法的对立或分裂，导致了研究结果的分裂；心理学家缺乏应该在研究领域之间建立联系的预期或要求，认可不同个体和领域采取的独立研究途径，而不管他人是否能够将其研究结合或统一起来[1]；对分裂问题的认识和关注程度不够，投入很少，缺乏中介理论或统一的理论，不能在目前不相关的知识体系之间建立联系。

二、整合的哲学：统一的实证主义

斯塔茨指出，在现代统一科学的基础上产生的科学哲学，不适合理解心理学并指导心理学的发展。例如，对行为主义给予普遍指导的逻辑实证主义没有描述科学早期的不统一阶段、从不统一发展到统一的转变过程、如何促成这种转变、统一科学与不统一科学的区别等问题。解决这些问题的任务非常艰巨，需要系统的研究。心理学中严重的分裂问题呼唤心理学提出自己的科学哲学，尽管这种哲学可以在可能的范围内借用其他科学的经验，但它必须认识到心理学独特的复杂多样性，必须深入研究心理学自身的特征，即作为一门现代不统一科学，心理学是什么，以及统一心理学所必须完成的任务。如果心理学要成为一门发达的科学，成为一门有组织的、紧凑的、简洁的、具有普遍意义和一致性的科学，就需要提出自己的哲学—方法论框架。但斯塔茨发现，在他之前，心理学还没有系统阐述过有关统一哲学的问题。为此他提出，如果要使心理学在统一的科学和专业的道路上发展下去，就必须建立心理学自己的整合主义哲学——统一的实证主义。

统一的实证主义哲学产生于心理行为主义发展的早期，其主要观点是，所有的科学都始于分裂的混乱状态，只有经过长期、艰苦的努力才能发展到

① Staats, A. W. (1981). Paradigmatic Behaviorism, unified theory, unified theory construction methods, and the zeitgeist of separatism. *American Psychologist*, 36(3), pp. 239～256.

统一的状态。其理论的核心概念是“现代不统一科学”。与我们通常理解的不一样，斯塔茨认为，现代性本身就是要解决心理学分裂问题中的不利条件。因为现代性本身意味着众多的科学家、能产生大量知识元素的有效方法、许多出版机构和科学研究中心以及划分心理学领域的组织、大量不相关的科学成果等。例如，心理学发展到现在，已成为一门异常多产的科学，进行了各式各样的理论与实验研究，其广泛的研究范围、复杂的方法、深奥的理论、精密的仪器、形形色色的实验室，使研究的许多重要问题和现象相互分离。APA 的成员猛增，可供他们交流学术和专业研究的机构、杂志、会议也层出不穷。相比之下，处于不统一阶段的自然科学非常简单，无论是从事研究的科学家数量，还是采用的方法、研究组织和机构的数量都比现在的心理学要少得多，就连其研究结果也寥若晨星。所以，当前心理学知识元素的数量与早期的物理学不可同日而语，比牛顿时代物理学知识的数量多得无法估计。所以，斯塔茨指出，心理学解决统一问题的难度比当初的物理学要大得多，随着需要统一的不相关元素数量的增多而呈几何级数增加。

统一的实证主义哲学集中于心理学的多样性和分裂，其目的是通过历史的方法和比较的方法，描述其特征并指出不利于心理学统一的条件，指明创建统一的科学方法。它把自己看作是心理学的哲学，是改善心理学研究活动的工具。科学材料积累的历史表明，让事物顺其自然发展，最终达到统一肯定是一个非常漫长的过程，况且心理学的分裂已近乎难以驾驭，更不应该放任其自由发展。心理学需要一种模式来描述从不统一科学成为统一科学的方式。心理学作为现代不统一科学，其发展有赖于统一心理学的领域(the field of unification psychology)的发展，该领域致力于研究实现统一的途径，致力于将心理学不同的方面组合到一起，肯定会极大地促进心理学的整合。

斯塔茨指出，现代不统一科学的困境是前所未有的、独特的、难以解决的，我们需要特别关注这一特征，这也是心理学第一次关注这个问题。统一的实证主义为心理学的发展提出了一份议程。它认为理论与哲学心理学领域应该成为一支重要的推动力量，促进心理学发展成一门科学，一门统一的科学。统一的实证主义认为，这是一个多方面的理论任务，必须从研究独立的学科领域开始。统一的理论家必须掌握需要统一的所有心理学知识元素，而不能仅仅是“理论”或“哲学”专家，或者说，仅凭安乐椅上的哲学玄想并不能达到统一的目标。

我们必须研究所有大大小小的理论，在它们之间建立联系，将之简化为更深奥的、简明的结构，这需要挖掘在不同的理论语言下掩藏的理论间的共性，考察其现象、概念、原理、方法。探索心理现象的专业研究者对确立现象之间的关系往往不感兴趣。理论与哲学心理学领域在这项重要任务中可以起带头作用，对于不同的概念和原理也一样。我们需要有理论研究者带着这些问题正视心理现象，但是我们的领域还没有树立起这个目标。

斯塔茨也坚信，这项艰巨的任务主要是理论的（包括方法论）和哲学的，理论与哲学心理学分会能够成为心理学统一和提出理论建构知识的先锋。如果该领域承担了这一任务，那么它会成为心理学中非常有影响的部分。然而，这里的基本问题是如何界定理论与哲学心理学、确定该领域的议程应该是什么。

与心理学中新近出现的哲学观点不同，统一的实证主义并不反对把实验作为心理学的重要支持因素。其核心观点是，心理学的多产性带来了许多不相关的研究，无论这些研究有多么复杂，也不会使它成为一门被完全接受的科学，所以研究者必须投入同样多的精力将不相关的知识元素组合到有组织的科学结构中，才能够起到平衡的作用。如果没有这种平衡作用，心理学的实验结果只会增加其复杂和分裂的程度，而不像一门科学和专业。况且，现在的各个心理学领域都是相互独立的，几乎没有人呼吁要在领域之间建立联系；心理学领域内存在各种对立的观点（例如天性与教养、情境论与特质论、科学主义心理学与人文主义心理学），许多问题领域被分隔开了。根据所了解、使用和接受的方法，心理学家也被分成不同的阵营。心理学领域存在着大大小小不计其数的理论，似乎每个心理学家都可以自由地建构自己的理论，而不需要考虑将自己理论的元素与其他理论联系起来，实际上他们也缺乏这种统一的概念结构。因此，心理学家往往会得出这样的结论，即与他们“不相关”的知识元素要么是错误的，要么是毫无意义的，要么是不同类的。除了自己的观点之外，他们一般不会相信任何特定的取向、方法或问题的价值。因而，心理学往往被看作是一门有点不寻常的科学或根本不是科学。

整合主义假设之一是“包含原理”（principle of inclusion）。统一的理论家必须面对心理学家运用合理的方法得出的大量复杂知识，在理论建构中必须通过某种系统的方式考虑这些知识元素。斯塔茨认为，受过适当训练的学者通过对某领域的系统研究而发现的知识肯定包含有价值的东西，不经过适当的程序就没有理由随意反对或忽视这些知识。但他强调，这并不意味着盲目接受，而是排除了轻率拒绝。一定要根据“包含原理”来建构宏大理论，而不是用传统的排除法。他补充说，尽管这一原理说起来简单，但具有重要的意义，其实质是重新界定了心理学宏大理论建构的性质。

整合主义的哲学可以提出关于分裂和统一的价值的问题，它认为资源分配是一个得失攸关的问题，也就是心理学应该继续短视地只投入精力用于制造多样性，还是应该开始做整合工作。弗兰克斯(C. M. Franks)也简明并略带怀疑地说，不知道在可预知的将来是否会实现统一，但我们必须以系统的、有计划的方式朝这个目标努力。

统一的实证主义的目的是，提炼出所有心理学理论的实质要素，并将这些要素整合在一个完整的理论框架之下。在斯塔茨看来，这要通过中介研究(bridging work)来完成，即谨慎地剔除理论中反对分裂的一些方面，而将其余方面整合到有意义的、有效的组合(conjunction)理论中。他认为，这种中介研究极为重要，因为心理学中有很多知识元素实际上是相同的，而且必须被看作是相同的。然而，由于没有人考虑到的一些表面原因，这些元素被认为是不同的。

支持中介研究的其他心理学家指出，应该在各种分支学科和专业中进行这种中介研究工作。然而，整合主义理论家在所有情况下都会细心地指出，中介研究应该使各种理论观点和研究计划相一致并将之整合起来。斯塔茨指出："每一种心理学的分裂——有很多的分裂——所要求的就是真正的中介理论……这种理论的方法论必须面对分离的知识体系的每一方面，以便检验每一种知识体系是什么、这种知识是如何获得的、其目的是什么、它的知识如何被应用、这种知识的功能是什么，等等。只有做到了这一点，才有可能考虑两种分裂的知识体系怎样才能被融入一个有意义的、有用的组合理论中。"①因此，斯塔茨谴责有些作者在损害其他观点的情况下提出自己的心理学观点，从而使这种分裂长时间地延续下去。他认为，心理学家应该要么整合各种观点，要么进一步用概念加以阐释这些观点以最终达到整合。

心理行为主义要求提出完整的整合议程。这项议程包括：需要我们领域中的理论者和哲学研究者关心心理学的大理论，研究其科学哲学、目标和一般的建构策略、范围的大小、领域内发展的详情、建构方法(确证的类型、如何在各种本体论和方法论知识元素中建立关系、解释运用的概念和原理的类型)。我们必须考察心理学中有些什么理论，了解心理学的理论是什么以及应该是什么。斯塔茨声称，致力于这项议程的整合主义哲学已经开始确定下来了。

---

① Staats, A. W. (1987). Humanistic volition versus behavioristic determinism: Disunified psychology's schism problem and its solution. *American Psychologist*, 42(11), pp. 1030～1032.

三、心理学整合观的演变

斯塔茨的整合观是依照其设想和计划，在具体实验研究的基础上逐步上升到理论而构建起来的。经历了四十多年的探索，该理论变得越来越明确。可以发现，斯塔茨曾先后为其理论提出了三个名称——社会行为主义(social behaviorism)、范式行为主义(paradigmatic behaviorism)、心理行为主义(psychological behaviorism)。从时间上来看，斯塔茨大致在1962—1983年称其理论为“社会行为主义”，从1982年开始，他们还主办了《社会行为主义国际通讯》(*International Newsletter of Social Behaviorism*)；最早于1981年见到他在论文中使用“范式行为主义”一词[①]，直到1995年仍有文章中使用这一名称[②]；1993年，斯塔茨在论文中最早开始将他的理论称为“心理行为主义”[③]。

在斯塔茨看来，斯金纳的行为主义是激进行为主义，属于第二代行为主义。斯金纳的理论没有把情绪看作是行为的原因，导致了行为主义与非行为主义心理学之间的深刻分裂，使激进行为主义者受到错误学习理论的影响很深。斯塔茨指出，不管斯金纳是否有意表明他开始认识到了情绪—行为关系，研究学习和行为的心理学家都必须在统一的框架中研究这种关系。[④]

斯塔茨指出，斯金纳相信他的实验行为分析(experimental analysis of behavior, EAB)方法可以用于研究人类行为，而且他的学生也将这种方法用于智力迟钝者、精神病患者等各种不同的被试，但这些研究的都是按压杠杆式的简单反应，其意义在于证明了不同类型的被试在行动中遵循了强化原理。但是，如果仅仅局限于斯金纳的方案，行为主义就不会有什么进展，要研究复杂的人类行为就必须打破那种框架。当代行为主义运动的发展表明，我们已经放弃了激进行为主义的各种核心观点，尽管这一点并没有被认

---

① Staats, A. W. (1981). Paradigmatic Behaviorism, unified theory, unified theory construction methods, and the zeitgeist of separatism. *American Psychologist*, 36(3), pp. 239～256.

② Staats, A. W. (1995). *Paradigmatic behaviorism and paradigmatic behavior therapy*. In: O'Donohue, W. T., Krasner, L. (Ed.). *Theories of behavior therapy: exploring behavior change*. Washington, D.C.: American Psychological Association, pp. 659～693.

③ Staats, A. W. (1993). Personality theory, abnormal psychology, and psychological measurement: A psychological behaviorism. *Behavior Modification*, 17(1), pp. 8～42.

④ Staats, A. W. (1988). Skinner's theory and the emotion-behavior relationship: Incipient change with major implications. *American Psychologist*, 43(9), pp. 747～748.

识到。[1] 总之，在斯塔茨眼里，斯金纳的条件作用原理和方法范围比较狭窄，不适合用来研究人类的各种行为，激进行为主义的发展呼唤第三代行为主义——心理行为主义的产生。

斯塔茨在早期的实验研究中提出了心理行为主义框架，根据行为主义原理分析前人曾经描述和研究过的心理现象。例如，他们系统分析了诸如自我概念、智力、态度、语词意义、问题解决、儿童发展、变态人格的理论和研究，与其他人在这种新的行为主义理论指导下的研究一道，为实验研究的发展提供了指导，为更加深入明确地阐述心理行为主义理论提供了丰富的基础。但是斯塔茨最初并没有完全意识到，他的研究计划不仅对心理学的主题做出了行为分析，还引入了一种新的行为主义，这种行为主义在原理、概念、方法、内容上都是心理学的。他将这一时期的研究称为“社会行为主义”。

社会行为主义指出，在要求对人进行客观研究的同时，没有必要剥夺人类的活力、创造性、自主性、自由及其价值观、态度、情感、认知以及人格的其他方面。斯塔茨认为，在社会行为主义和斯金纳的激进行为主义之间，从基本的科学哲学一直到许多人类行为研究领域都存在范式冲突。社会行为主义包括了将社会科学的基本原理和研究结果普遍整合起来的根源。斯塔茨指出，社会学家也会发现，与激进行为主义相比，社会行为主义与他们的观点及所关心的事物具有更多的一致性，对他们更具有建设性意义，而且社会学家们应该了解这两种行为主义之间的差异。[2]

斯塔茨承认社会行为主义是行为主义，因其基本原理主要来自条件作用研究，并且坚持在观察的基础上对概念做出详细描述，包括对自变量和因变量的说明。但是它在理论建构方法的其他方面与传统行为主义不同，可以与传统的、非行为主义的知识统一起来。社会行为主义提出了多水平方法，认为仅有基本的条件作用原理并不能构成研究人类行为复杂性的充分理论。在研究人类行为的过程中，肯定要面对各种水平上的现象，这些水平要求提出另外的理论。斯塔茨指出，我们必须建构可以说明、联系并统一各种研究领域的理论。

1981 年，斯塔茨撰文指出，社会行为主义已经开始了整合心理学的理论

---

① Virues-Ortega, J. (2005). Causes of unity and disunity in Psychology and Behaviorism: An encounter with Authur W. Staats' Psychological Behaviorism. *International Journal of Clinical and Health Psychology*, 5(1), pp. 165～166.

② Staats, A. W. (1976). Skinnerian behaviorism: Social behaviorism or radical behaviorism? *The American Sociologist*, 11, pp. 59～60.

与方法论的工作。他认为，第一个普遍的统一理论必须先提出一个框架，然后再向其中补充各种理论和实验成果。目前来看，尽管普遍的统一理论只是一个框架，但具有革命性的潜力，能够将心理学这门前范式科学的杂乱知识组织起来，即有望将心理学从前范式科学发展为范式科学。正是鉴于此，斯塔茨将普遍的统一理论的名称从"社会行为主义"改为"范式行为主义"。①

范式行为主义的基本特征就是要求做出分析式描述，而不是概括的、想当然的综述，它提倡系统分析。斯塔茨在范式行为主义的框架下，对语言学习中的经典条件作用和工具条件作用进行了实验研究，并指出了这两个原理如何在人类行为领域中相互作用，包括语言如何介入了情绪唤起和情绪学习以及行为引发的过程。范式行为主义对习得的语言—认知、情绪—动机、感觉—运动发展做出了典型的理论—实验分析，提出人格是由语言—认知技能、感觉—运动技能、情绪—动机技能组成，并进一步解释了变态行为的形成，阐述了对抑郁问题的理解，提出了第一个统一的抑郁理论。范式行为主义理论为统一心理学领域的传统知识提供了基础，体现出了重要的启发价值。

心理行为主义主张，行为主义有任务运用传统的心理学知识，加以改善并使之行为主义化。在这一过程中，行为主义本身也被心理学化，因而也就有了"心理行为主义"这一名称。心理行为主义旨在遗弃激进行为主义传统的某些特殊观点，提出新的统一传统。

斯塔茨后来提出要进行行为主义化心理学以及心理学化行为主义，其主要意图是用行为主义的方法来研究心理现象，将以前行为主义所抛弃的"心理"重新拉回心理学家的研究视野之内，既不抛弃行为主义的基本原理和基本精神，又不放弃对心理现象的探索，可谓将二者"完美"地统一起来。1990 年，美国福德姆大学的特赖恩（W. W. Tryon）教授发表了一篇题为《为什么范式行为主义应该被再称为心理行为主义》的论文②。心理行为主义这个名称可能正好符合了斯塔茨将心理学行为主义化和将行为主义心理学化的意图，体现了他试图将二者有机统一起来的美好设想。至于心理行为主义理论的具体内容，我们将在后面介绍。

社会行为主义、范式行为主义、心理行为主义这三个阶段其实是斯塔茨在不同时期对其理论赋予的不同名称。由于它代表的是同一个人观点的演

① Staats, A. W. (1981). Paradigmatic Behaviorism, unified theory, unified theory construction methods, and the zeitgeist of separatism. *American Psychologist*, 36(3), pp. 239～256.

② Tryon, W. W. (1990). Why paradigmatic behaviorism should be retitled psychological behaviorism. *Behavior Therapist*, 13, pp. 127～128.

变过程，因而各阶段的观点之间会存在很多一致甚至相同之处。在本文中，当用到这些不同术语的时候，我们尽量尊重斯塔茨本人当时的用法，或尽量按照时间的先后给予区分，但术语之间前后更替的界线不可能特别明显，而且有时候斯塔茨本人使用这些名称时也没有进行特别严格的区分。

第三节　心理行为主义：多水平的理论与方法

心理行为主义认为，心理学的各个领域不仅表面上相关，而且在基本原理上也相互联系。心理学主要的单个领域可以被看作不同的研究水平，排列在由“简单—复杂”或“基础—高级”界定的维度上，即存在着从基础领域到高级领域的普遍发展；各个水平之间相互联系，某个水平的基本原理和概念是下一高级、复杂水平分析的起点。基本的学习领域为人类学习水平提供原理和概念，而人类学习水平反过来又为儿童发展研究提供原理和概念。依此类推，这些水平之间存在着等级关系（如图 12－1 所示），生物学水平是

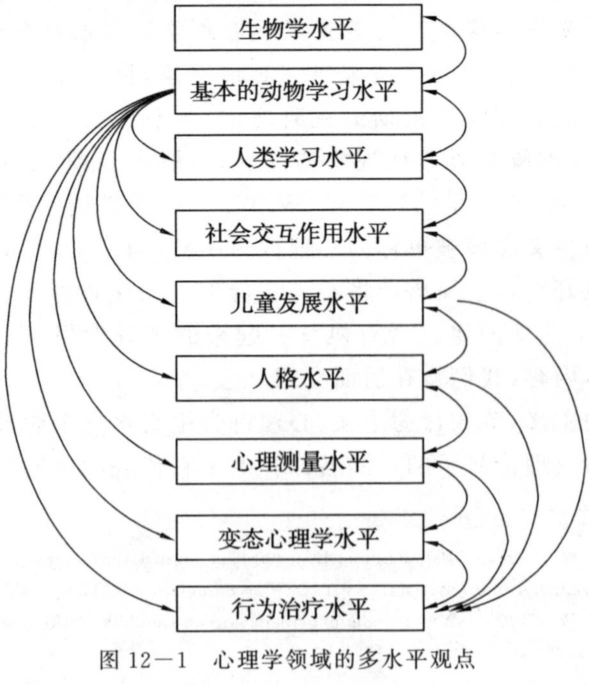

图 12－1　心理学领域的多水平观点

最基础的。斯塔茨将这种框架理论称为多水平的理论与方法。这个多水平理论就为心理学的整合提供了一个最初的框架和中介。

一、生物学水平

斯塔茨认为，生物学水平主要研究学习的生物学机制，具体内容包括感觉心理、脑与中枢神经系统的机制、有机体反应系统、人类学习机制的进化。探讨学习过程(包括感知觉、记忆、思维等)脑机制的神经生理学和生理心理学的研究，基本属于这一水平。这一理论水平的主要目标是将对有机体的生物学研究与行为研究统一起来，使二者相互启发，并试图解决心理学长期存在的“天性—教养”之争。通过对生物机制和生理基础的研究，可以提供基本的理论中介，将感觉、反应、联想器官这些生物学的概念与刺激、反应、学习这些行为主义的概念联系起来。

二、动物学习水平

动物学习水平主要研究基本的动物学习理论和行为理论，包括早期行为主义的基础研究——对动物条件作用原理的研究，以及建立在基本条件作用原理基础上的对刺激的分化、泛化、抑制的研究；研究刺激、反应类型以及基本的动物学习原理适用的各种类型；还包括对动机原理的研究。

斯塔茨指出，学习原理是习得复杂人类行为的基础，对学习行为的实验研究是心理行为主义的基础研究领域。在动物学习研究领域，巴甫洛夫的经典条件作用(即斯金纳所说的应答条件作用)研究和桑代克的工具条件作用(即斯金纳所说的操作条件作用)研究提供了行为主义的实验基础。虽然他们建立了两种研究传统，但他们研究的都是环境如何影响有机体行为。行为主义者之间存在分歧的问题是，到底是有一种还是两种条件作用类型。古斯里的回答是，只有一种涉及联想的条件作用，即经典条件作用；赫尔也认为只有一种涉及强化的条件作用，即操作条件作用。斯塔茨认为，古斯里和赫尔的理论都是单因素理论。

在斯塔茨看来，虽然斯金纳将两种条件作用都包含在了其理论之中，但他仍没能很好地解决情绪与行为的关系。斯金纳认为，存在着两类反应——情绪反应和运动反应。情绪反应是低级的反应类型，通过自主神经系统而产生，包括腺体的分泌和平滑肌的运动。相比之下，运动反应更重要，它涉及骨骼肌的运动，是在中枢神经系统的支配下产生的。斯塔茨指出，斯金纳没有充分重视经典条件作用和情绪对人类行为的意义，也没有研究情绪是如何习得的，称他的方法是“两因素学习”法，即认为存在两种条件作用，但它们并不相关。

斯塔茨认为，第一代和第二代行为主义者对动物学习的研究虽然在实验、方法、技术、理论方面产生了大量成果，但这些研究成果非常庞杂、混乱，无法成为研究人类行为的理论基础。于是他提出了试图整合动物学习领域的原理和概念。而他的心理行为主义认为，刺激具有多种功能。斯塔茨在阐述基本的动物学习水平时，提出了一个比较重要的原理——三功能原理，即认为引发动物行为反应的刺激具有三种功能。第一种功能是情绪引发功能，即在经典条件作用中，刺激能够引发情绪反应。例如，当呈现在动物面前的刺激是它喜欢的，能够引起积极情绪反应时，它会做出一种行为反应；当刺激是它所不愿意看到的、不喜欢的，能够引起消极情绪反应时，它又会做出另一种行为反应。这种功能使刺激带上了情绪色彩。刺激的第二种功能是强化功能，当能够引起情绪反应的刺激作为强化物出现在某种行为反应之后时，就可以加强或减弱运动反应。例如，在斯金纳的操作条件作用实验中，鸽子在按压杠杆之后会得到食物，这里的食物就是具有强化功能的刺激，它会增加鸽子做出按压杠杆反应的次数。这两种功能（情绪引发和强化功能）是在经典条件作用中转换的。刺激的第三种功能是诱因功能或指导功能。当积极情绪刺激或强化刺激出现时，有机体会试图接近或得到它；当消极情绪刺激或惩罚刺激出现时，有机体会试图做出逃避反应。因而可以说，能够引发情绪反应的刺激可以指导有机体做出趋近反应或者逃避反应，具有指导功能或称为诱因功能。这就是斯塔茨提出的三功能学习理论。

斯塔茨认为，三功能学习原理是一种普遍的理论，既包括了行为研究，又包括了建立在生理学基础上的普遍的情绪理论。这种学习理论使得对各种情绪的经典条件作用研究成为解释行为时考虑的重要因素，为动物研究和人类研究指出了新的方向。

三、人类学习水平

人类学习水平研究的是人类的学习—认知理论，包括复杂的刺激—反应学习和机制（例如反应序列、反应等级、多重控制刺激等）、基本的行为技能、累积—等级学习原理等其他人类特有的原理。

斯塔茨指出，第二代行为主义的错误在于，认为单独用他们的动物学习原理可以解释所有的人类行为。这种观点造成了认知主义与行为主义之间的分歧。然而，心理行为主义的人类学习理论则通过运用基本的行为原理来解释认知特征，解决了认知主义与行为主义的分歧。斯塔茨认为，实验室研究的优势是简易性。例如，可以用简单的刺激代表环境，用简单的反应代表行为，选择简单的有机体，将其过去的环境加以控制，这样就可以在不受到未控制条件干扰的情况下建立基本的原理。但是，实验室研究同时也存在不足，例如简单的实验情境的人为性、远离人类生活情境等。传统的行为主义并没有充分考虑这种巨大的分离，也没有考虑必须在基本的实验现象和复杂的日常现象之间建立联系。与第二代行为主义不同，心理行为主义认为，需要通过多种研究水平来弥补基本的实验室研究与自然情境中的人类研究之间的差距。我们必须从在人为的简单情境中研究基本原理，转移到在越来越自然的情境下研究更加复杂的人类行为。应该看到，当行为主义的研究进入实验室时，许多研究水平都被忽视了。

从基本的动物学习水平发展出来的第一个水平就是人类学习水平，这一水平的原理和概念来自于基本的动物学习水平，但是反过来，人类学习水平又是人类认知、儿童发展、社会交互作用研究的基础。这些发展会为建构人格理论提供概念与原理的结构，为更高水平的研究提供基础。斯塔茨非常重视对人类学习的研究，为此，他提出了高级条件作用原理、刺激—反应机制、累积—层级学习、基本行为技能等重要的概念。

高级条件作用(higher-order conditioning)是指，把条件刺激(已经获得情绪引发特征的刺激)作为无条件刺激，来形成对新刺激的条件作用。也就是说，能够有效地引发情绪反应的条件刺激可以产生以后的情绪学习，与这种条件刺激配对的新刺激也会引发情绪反应。这一原理为理解由远远超出生物学上的无条件刺激产生的经典条件作用提供了基础，可以使我们理解独特的人类学习过程。斯塔茨指出，要研究复杂的学习，必须理解累积—层级学习过程，将涉及到的连续技能分开，因为先前的技能可以部分地解释后来技能的获得。一旦个体最终的行为表现出了问题，如果要认识并解决问题，则必须了解并分析其累积—层级学习过程和涉及到的技能的内容。这是心理行为主义基本的、重要的新特征之一，因为它构成了人性是如何通过学习而获得发展的新观点。人类学习水平研究的范围包括，研究人类在复杂的累积—层级学习中获得的各种复杂的行为技能，其任务涉及描述基本的技能、获得技能的原理、日常生活中获得基本技能的学习条件、分析技能对后来行为和学习产生影响的原理。这些基本原理提供了对基本行为技能(basic behavioral repertoire, BBR)的界定，BBR 在当前的多水平理论中是核心概念。心理行为主义理论在研究三种 BBR——语言—认知 BBR、情绪—动机 BBR、感觉—运动 BBR 的过程中,逐步实现了这种观点。研究每一种技能都会产生一种理论,这三种 BBR 非常复杂,在一定程度上决定了个体在后来面临的生活情境中的学习、经验及行为能力。另外,斯塔茨还详细分析了三种 BBR 的组成。

四、社会交互作用水平

在心理行为主义的多水平理论与方法中,还有另外两种发展水平是思考人格及其测量所必需的概念基础。一个是社会交互作用观点,一个是儿童发展的观点。由于基本的动物学习水平和人类学习水平研究的都是单一个体的行为,而大多数人类行为和学习都涉及个体的交互作用,具有社会性。因此,必须扩展基本的条件作用原理,思考什么是社会交互作用及其借以发生的原理。

三功能学习原理在扩展行为主义以思考社会交互作用时,起到了基础的作用。例如,心理行为主义认为,每个人对另外一个人来说都是非常复杂的"刺激",这些刺激可以是视觉的、听觉的、嗅觉的、味觉的、触觉的。而且,个体作为刺激也具有物理刺激的三种功能,即情绪引发功能、强化功能、指导—诱因功能。这种原理可以直接用来分析个体之间的社会交互作用,也可以用来思考个体与群体和情境之间的交互作用、群体与群体之间的交互作用以及许多跨文化现象之间的交互作用。当然,人类学习水平的原理也同样适用于社会交互作用水平。

斯塔茨指出,作为不统一科学的一部分,社会心理学领域也表现出分裂的特征,将各种类型的社会交互作用分离为独立的研究课题。例如,该领域对吸引、偏见、领导、交往、说服、印象形成等现象都有过研究,但这些研究之间大都互不相干,几乎没有得出比较深入、统一的解释原理。心理行为主义方法认为,可以以统一的方式运用社会交互作用情境下形成的三功能学习理论,来分析社会心理学中的各种现象,将社会心理学中杂乱的原理、概念、理论和结果联系起来。例如,态度可以被看作是对社会刺激的情绪反应;伴随积极情绪和消极情绪的社会现象都可以通过三功能学习原理加以解释;复杂人类技能的学习就是社会交互作用的过程等。斯塔茨指出,最重要的是在非行为主义和行为主义的心理家之间存在着分裂。例如,前者运用认知和人格概念,而后者则不用。心理行为主义提出了诸如人格和认知因果关系的概念,使行为主义与非行为主义两种对立取向趋于缓和,并实现富有建设性的综合。

五、儿童发展水平

斯塔茨指出，心理行为主义成为第三代行为主义的特征之一就是，它对儿童发展的研究方法。心理行为主义认为，在对儿童发展现象的传统研究中存在许多有价值的研究结果。但存在的主要问题是，传统的儿童发展领域和行为主义都是将学习原理用于研究短期的简单行为。如果要考察学习在人类行为中产生的巨大差异，就必须研究需要长期学习的复杂行为。心理行为主义的另一个新特征是，它集中于研究功能性人类行为及其是如何习得的。要在儿童发展研究中实现这些目标，就需要采用新的方法。斯塔茨在读研究生期间研究小猫的语言条件作用时就开始阐述这种方法了。他选用了一个被试，规定了训练方法和最终的行为。这种研究方法被称为实验—追踪研究方法，这种研究要持续一段时间并涉及许多训练尝试。

心理行为主义认为，儿童发展实际上是获得各种基本行为技能的过程，研究儿童发展必须研究复杂的基本行为技能的性质及其是如何习得的，以及这些技能在个体的经验、行为和学习中的作用。因此，累积—层级学习原理也适用于解释儿童技能的学习和发展。由于累积—层级学习涉及了不同的反应类型、不同的学习原理，因而适合采用实验—追踪方法，记录呈现的学习刺激、儿童做出的反应、给出的强化物，从而考察学习过程的详细性质。斯塔茨反复强调了实验—追踪方法的优势，认为运用这种方法可以获得传统的小组研究或实验分析研究所不能获得的关于儿童学习的知识。心理行为主义指出，正是由于缺少对累积—层级学习进行必要的实验—追踪研究，心理学和我们的文化在很大程度上忽视了学习在儿童各方面发展中的意义。该理论还根据社会交互作用原理分析了亲子关系在儿童发展中的重要意义，分析了天性—教养观。

斯塔茨指出，虽然传统的发展心理学家研究了儿童的认知、情绪、行为随年龄变化的特征，但几乎没有从其复杂的学习方面来分析其发展，没有探讨儿童发展的原因。心理行为主义认为，儿童的发展是通过学习获得的，它提倡系统分析，对儿童三种技能的学习进行广泛的理论—实验分析，在心理行为主义框架中将儿童发展与行为主义传统统一起来。

六、人格水平

传统行为主义的特点之一是寻找有机体行为的普遍规律，而人格研究领域关注人类及其个体差异。这就意味着传统行为主义和人格研究领域的兴趣自从一开始就不投合。行为主义的第二个、也是更重要的特征是,它认为人格存在于个体内部,不能被直接观察。因而,传统行为主义和人格研究领域一直处于对立和分裂的状态。而心理行为主义认为,人格特征是由个体习得的语言—认知技能、情感—动机技能、感觉—运动技能构成,并由这些技能决定的。尽管某个体的BBR与他人习得的BBR会有共同之处,但一般来说,两个人的BBR永远不会完全重复,这是由人类经验的复杂性以及人类BBR规则的复杂性使然。这也保证了每个人的确都拥有其独特的人格。心理行为主义中的人格概念可以用图12－2来表示。①

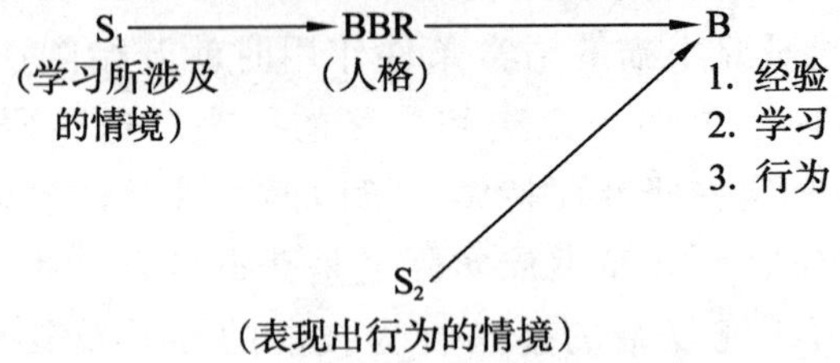

图12－2　人格概念描述图

图中的S_1表示到目前为止,个体形成BBR所经历的情境,即过去的情境;BBR表示个体产生的行为现象,并由此形成个体的人格;S_2表示目前的刺激情境,它也会影响个体的经历或表现出的BBR。所以,个体的行为是在目前的情境(S_2)与已经习得的基本行为技能(BBR)两者的交互作用下产生的。BBR概念为审视传统心理学与行为主义之间的分裂开辟了新的途径。在传统上,人格被看作行为的原因(自变量),但行为主义习惯上把人格仅仅看作行为,看作因变量。从图中可以看出,BBR不仅是因变量(它们是学习的结果),也是自变量(它们是个体行为的原因)。BBR是通过学习获得的,但它也部分地决定个体的行为。这为解决心理学与行为主义之间的分歧,将二者普遍联系起来提供了基础。

与儿童发展领域一样,人格研究中也长期存在着天性—教养之争,到目前为止,还没有哪个交互作用理论能够证明学习和生物学因素如何共同导致个体差异。因此,对于新提出的人格理论来说,如何解决这个问题非常重要。心理行为主义理论在它的人格模型中阐述了个体的生物学状态与人格

① Staats, A. W. (1993). Personality theory, abnormal psychology, and psychological measurement: A psychological behaviorism. *Behavior Modification*, 17(1), pp. 8～42.

的关系，如图 12—3。

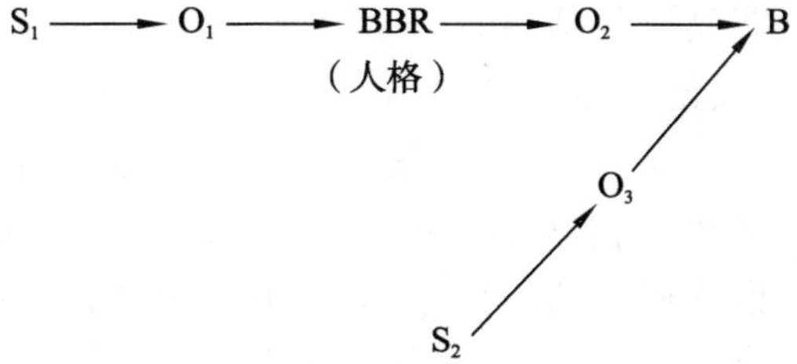

图 12—3　生物状态对人格和行为的影响

图中 S_1 代表产生 BBR 的最初的学习环境；O_1 代表环境（S_1）产生学习（学习又产生 BBR 即人格）的机制，即在最初的学习中存在的生物条件。如果生物机制发生了错误，那么 BBR 的学习就会受到影响。另外，如果生物机制（O_2）在习得 BBR 之后发生了变化，也会影响到人格及行为表现。最后，个体的行为有赖于他对面临的环境（S_2）的感知，如果个体的感觉器官（O_3）出现了异常，也会改变他所知觉到的环境并影响其行为。学习经验在刺激、反应之间产生了神经联结，中枢神经系统通过增加神经联结而“携带”或“贮存”这些 BBR，习得的 BBR 贮存于 O_2。所以，个体的生物学状态是行为的重要决定因素。

心理行为主义认为，行为系统始于相对简单的结构和数量不多的组成成分，但是经过累积—层级学习，过去获得的行为技能就成为进一步学习新技能的基础。因此，个体在任何情境中的行为总是由情境本身和个体带到情境中的人格技能共同决定。非常重要的是，基本行为技能决定了个体如何体验情境、如何在情境中行动以及他在情境中会学到什么。由于在心理行为主义理论中，人格就是个体习得的基本行为技能，因此，它主要从语言—认知技能、感觉—运动技能、情绪—动机技能三个方面阐述人格水平的研究。

七、心理测量水平

心理测量水平的理论可以使行为原理、人格概念、人格测量和行为评估联系起来。心理行为主义的心理测量学理论认为，在人格理论提供的概念框架中，传统心理测量学领域中的人格概念、方法和工具可以用符合行为主义的方式进行分析。斯塔茨指出，人格测验测量的是基本行为技能的某些方面，这就说明了它们具有预测行为的能力。

斯塔茨结合儿童发展理论，认为智力测验在很大程度上测量的是个体的语言—认知技能、感觉—运动技能、情绪—动机技能。他指出，智力测验中的语言—认知技能具体包括语言—运动技能、语言—表象技能、语言—情绪技能、语言—标示技能、语言—联想技能、语言—模仿技能、语言—写作技能等方面；兴趣测验、需要、价值观与情绪—动机技能是相互联系的，心理行为主义的情绪理论提出了情绪状态的概念，并认为这一概念在思考各种行为障碍（如抑郁、焦虑障碍等消极情绪）时具有重要作用。

心理行为主义分析并评估了测验的建构方式，并将理论运用于测验及其应用（如临床心理学领域）。例如，它结合儿童发展心理学解释了为什么言语测验能够提供关于非言语行为和情绪状态的知识——因为三种人格技能是相互关联和共变的——有助于解决行为主义与心理测量学之间的分裂，也从总体上说明了为什么间接的人格测验是合理的并很可能是非常有效的。这个理论对基本的研究和测验建构具有启发意义。

八、变态心理学水平

心理行为主义提出了第一个变态心理学的行为主义理论，认为异常行为与正常行为一样，都是通过学习获得的。它提出了匮乏（deficit）或不适当（inappropriate）的概念，作为异常性的二分维度。心理行为主义试图为变态心理学领域提供一个框架理论，计划在几个方向上有所发展。一方面，预期该理论在实验上具有启发性，开创新的研究类型；另一方面，框架理论本身被认为是一个开端，需要在各个维度上发展。每个维度都涉及利用其基础研究水平上的发展。例如，提出心理行为主义的人格理论，为更高水平的变态心理学理论的建构提供了基础，而这在其他行为主义方法中是不可能的。心理行为主义建构了变态行为及其原因的模型，如图 12－4 所示。个体过

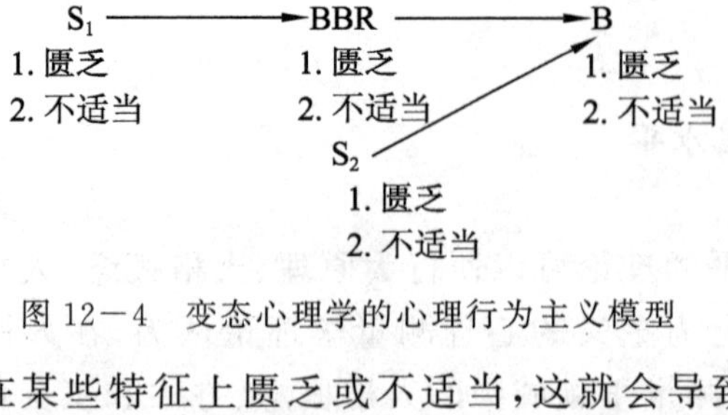

图 12－4　变态心理学的心理行为主义模型

去的环境 S_1 可能在某些特征上匮乏或不适当，这就会导致语言—认知、情绪—动机、感觉—运动基本行为技能学习中的一种或全部都存在匮乏或不适当的方面。由于基本行为技能会影响到个体的行为，匮乏或不适当的技能会导致匮乏或不适当的行为，因而会出现人格或行为的异常。换句话说，

每一个行为的原因点都有可能匮乏或不适当，从而导致行为匮乏或不适当。

与心理行为主义的人格理论模型一样，变态行为模型也包括了将有机体状况作为一个决定因素。每一种生物异常（如大脑受损、失明、失去行走能力等）都会产生变态行为。心理行为主义认为，变态心理学研究关心的最重要的问题是人格技能的最初学习，认识到人类学习的累积—层级原理，对于关注行为问题的发展具有非常重要的意义。斯塔茨认为，这个模型与其他的行为主义方法不同，它为我们提供了理论基础，使我们对人格的系统条件和测量、行为症状、环境影响因素与交互作用产生了兴趣，也引起了我们为了达到治疗目的而产生的对改变人格技能、个体行为和个体生活情境的兴趣。

个体习得的人格技能与其生活情境交互作用，决定其行为。运用该理论可以对各种异常行为的诊断类别做出统一的分析。例如，精神分裂症主要涉及语言—认知技能和情绪—动机技能的失调，恐怖症只与情绪—动机技能的一部分有关，不同类型的抑郁在涉及的技能、生活事件或生物条件方面都不同。总之，心理行为主义为统一该领域的传统知识提供了基础。

九、行为治疗水平

斯塔茨指出，行为治疗的三个基础之一是其本人的心理行为主义方法。[①] 他在自然情境中进行的最早的行为分析是治疗住院的精神分裂症病人，病人说出的话与所要求的恰好相反。与心理动力学的解释不同，心理行为主义分析认为，异常行为是在治疗医生不经意的强化下而习得的。其治疗方法是，一方面不再强化异常行为即相反的语言，另一方面强化正常的语言。

心理行为主义认为，每一种治疗方法都来自于与人类行为有关的源概念（mother conception）。行为治疗也需要行为主义基础，以相互启发的方式与心理学其他领域联系起来。斯塔茨从基本的学习/行为水平，直到人类学习/认知水平、儿童发展水平、社会交互作用水平、人格水平、变态心理学水平、心理测量水平，分析了在每个水平上的理论指导下的行为治疗实践，表明每个水平都可以被用于临床问题，在每个水平上都可以进行心理行为的

① Staats, A. W. (2003). *A psychological behaviorism theory of personality*. In: Weiner, I. B. (Ed.). *Handbook of Psychology*. (Vol. 5). Million, T., Lerner, M. J.. *Personality and Social Psychology*. John Wiley & Sons. Inc., p. 137.

分析和治疗。这意味着心理治疗是一个多水平的理论框架，除了基本的条件作用原理之外，其他水平的原理都可以直接用于人类行为的治疗。例如，基本的学习原理可以被用来直接治疗简单的问题；当涉及人格或社会—环境问题时，不仅需要复杂的社会—环境改变和学习计划，还需要适当的评价工具；该理论还明确指出，心理治疗是一个语言过程，语言—认知水平指出了如何可以通过各种言语治疗方法改变行为与人格，比如病人与治疗者之间的话语交流会使病人发生改变。斯塔茨指出，临床上对统一的兴趣源于心理行为主义对统一的必要性的分析和强调。心理行为治疗从20世纪50年代以来一直处于不断发展之中，对行为治疗做出了开创性的贡献，而且提出了新的发展途径，具有一定的启发意义。

第四节　对心理行为主义的评价

一、主要贡献

第一，斯塔茨看到了心理学的分裂现状，并对之做出了自己的分析，提出了解决的对策——心理行为主义理论。从这个意义上说，心理行为主义是一个全面的以统一心理学为主旨的理论，提出了建构框架理论的新概念、多水平理论、中介理论的普遍方法。该理论的提出，有助于各领域的心理学家正确认识心理学的历史和发展现状，分析心理学的应取路向，具有一定的警示和指导意义。斯塔茨指出，行为主义化心理学与心理学化行为主义产生了新的、统一的心理行为主义，它不同于任何其他的行为主义或传统理论，因为它将两种对立的传统结合起来了。心理行为主义呼吁建立统一的理论，同时兼顾基础心理学和应用心理学的研究对象，兼顾在其他理论传统（如认知主义、精神分析、人本主义等）基础上建立的理论，这种倡议本身就可以促进心理学的健康发展。正如斯塔茨所说，以往的每个心理学领域都有自己的目的和兴趣，研究者大力发展自己领域内的研究者感兴趣的方法、问题、结果、知识和理论，但并没有提出在统一理论的目标下组织这些成果。因此可以说，心理行为主义放眼的是心理学全局，其理论建构目标本身就高于其他理论，可以说斯塔茨的学科忧患意识或学科发展"觉悟"对于心理学的发展具有积极意义。

第二，心理行为主义试图吸收以往所有理论的合理之处，力图克服前人理论的缺点，具有一定的包容性。例如，它指出了激进行为主义的不足，提出了第三代行为主义框架，更重要的是它强调了特殊的人类学习过程。在心理行为主义中，人是具有智慧、情感、认知能力、人格和其他心理特征的。心理行为主义进一步发展了行为主义理论，证明了情绪和语言在决定行为中的作用，在统一行为主义和心理学的过程中，将心理学的几个主要领域联系起来了。

第三，心理行为主义对传统的心理学概念和心理现象提出了新的解释，赋予传统概念以新的含义。例如它提出了三功能理论，将经典条件作用和操作条件作用联系起来了；对态度的形成和功能提出了新的行为主义式解释；基本行为技能的概念为理解人格形成及人格异常提供了基础，并具有一定的可操作性。心理行为主义在实验研究、研究方法、发展方向等方面都有所发展，较早采用代币强化体系、实验—追踪研究法，并要求在其涉及的所有领域中有尽可能多方面的发展。

第四，心理行为主义注重将理论与实践相结合、基础研究与应用研究相结合。斯塔茨提出心理行为主义的路线大致是，在理论设想的基础上设计实验研究，用实验研究的结果验证所提出的理论。例如，对阅读困难儿童的矫正，对学业不良儿童的教育，对正常儿童行为、语言、认知等方面的训练。心理行为主义理论在心理治疗和临床心理学领域有较大的影响力，特别是关于抑郁、疼痛等问题，形成了心理行为主义统一的治疗理论框架。

二、主要局限

第一，统一的实证主义在本质上是实证主义，心理行为主义在本质上是行为主义。我们在前面已经提到过，许多国内外研究者也认识到了这一点。例如，有人指出，统一的实证主义是实证主义①，也有人指出了心理行为主义的行为主义性质②，并且斯塔茨本人也承认其理论是行为主义的。与行为主义相关的一种批评声音认为，心理行为主义也体现出了机械论的特点。斯

① 葛鲁嘉著：《心理文化论要：中西心理学传统跨文化解析》，辽宁师范大学出版社 1995 年版，第 9 页。

② 叶浩生：《西方心理学的分裂与整合主义的困境》，《南京师范大学学报》（社会科学版），2002 年第 4 期，102～109 页。

塔茨指出，一般来说，心理行为主义呈现了一种清晰的、对比的方法，只有当人类行为被分析成组成它的行为事件即刺激和反应事件时，它才能被理解。而且，分析得越充分，理解得也越透彻。[①] 心理行为主义将更复杂的行为事件分析为特定的刺激和反应的这种做法，实际上是机械论的体现。该理论也曾一度搁置了心理主义的概念，反对中介变量方法论。

我们认为，行为主义化心理学的实质就是，将行为分析作为统一心理学的规则，其暗含的假设似乎是，只要所有研究者对一切心理现象做出行为分析，按照行为分析的原理来操作，那么心理学自然就会达到统一。这似乎也是一种学术霸权，即斯塔茨提出了一个标准，其他人按照这个标准或规则行事，自然会有共同语言，不会有混乱、分裂，最终能够达到一致或统一。正如扬恰(S. C. Yanchar)所指出的，为什么一定要采用行为主义原理而不是其他原理呢？斯塔茨并没有提供令人信服的解释。[②]

心理行为主义的提出难免让人有一种新瓶装陈酒、换汤不换药的感觉。虽然冠以新的名称，乍一看是一种新的理论，但其实质内涵却没有太多改变。例如，对于人类特有的尊严、自由意志、价值观、人格等问题的解释还是脱离了心理的本质，只是在表面上将它行为主义化了，并没有真正实现他所期望的心理和行为主义之间的有机融合或完满统一，在这种情况下，却还要标榜自己是与众不同的、新颖的。

第二，心理行为主义缺乏广泛的实验支持，使其影响范围有限。关注心理行为主义的研究者大多只限于理论与哲学心理学领域，在临床心理学领域也只有一部分临床心理学者采纳心理行为主义的框架。在如今多元取向主导的时代，心理行为主义很难赢得绝对优势，得到大多数研究者的认可。尤其是科学主义心理学的势力仍然比较强大，一个缺乏大量实验证据支持的理论，将很难获得坚实的立足基础。况且，心理行为主义的许多研究是由斯塔茨本人完成的，涉及的领域范围有限，无非是阅读、语言和临床治疗的几个方面，其关于儿童基本行为技能发展的观点，都是基于他对自己儿女的观察，并没有严格的实验设计。这就大大影响了其外部效度。心理行为主义理论也没有形成庞大的追随者队伍，为其理论摇旗呐喊，或者对其理论做出补充和修正，在气势和影响力上远远不如弗洛伊德的精神分析、华生的行

① Staats, A. W. (1996). *Behavior and Personality*: *Psychological Behaviorism*. New York: Springer Publishing Company, Inc., p. 368.

② Yanchar, S. C. (1998). Review of Arthur W. Staats, Behavior and Personality: Psychological Behaviorism. New York: Springer Publishing Company, 1996. *Journal of Theoretical and Philosophical Psychology*, 18(1), pp. 61～69.

为主义、斯金纳的激进行为主义等诸多理论。而作为一种综合的理论，如果要实现统一心理学的目标，那么它必须首先赢得绝大多数研究者的赞成，形成很大的声势并具有相当大的影响范围，而心理行为主义则恰恰缺少这一点，难免阻碍其统一目标的实现。

第三，心理行为主义对其他理论的批评有失公允，特别是对斯金纳激进行为主义理论的批判过于苛刻，甚至言过其实。例如，斯塔茨指出，斯金纳的激进行为主义打算摧毁心理学。[1] 这似乎有点贬低别人、褒扬自己的感觉。斯塔茨标榜自己的理论是心理学的统一理论，但本身又缺乏足够的证据支持其理论。

第四，心理行为主义统一心理学的目标更多地是停留在理论设想的层面，其具体的操作性和可行性不足。正如斯塔茨本人所承认的，虽然心理行为主义经历了四十多年的发展，但它仍然是处于发展的初期，仍然需要在统一方面进行许多研究工作，使其在理论上进一步完善。也就是说，心理行为主义不仅要加强在许多理论水平上的实证研究，也要加强其理论建设。当然，我们必须认识到，鉴于统一任务的异常复杂性，任何宏大的统一理论最初只能是提出一个基本的框架，然后不断地充实、完善、修正其理论。所以，我们也必须宽容并促进这一尚未成熟的统一理论的发展。

事实也表明，心理行为主义是不断发展的理论。斯塔茨几乎是花了一生的时间来为心理学精心设计广泛、全面、统一的理论框架，并不断地对之进行补充和修正。在 1981 年的文章中，斯塔茨提出了一个"人本主义理论水平"(humanistic level of theory)。他认为，关于人性的基本观点或哲学也是导致心理学家分裂的基本原因之一。传统观点认为，人类的基本天性是主动的、积极进取的、有目的的、自我决断的；而行为主义则把人看作是环境的产物，以被动应答的方式行动。人们对这两种观点的典型反应就是完全采纳其中一种或另一种。然而，心理行为主义表明，对立双方的观点都至少是部分地具有其合理性，统一理论的任务就是提供一种基础，以便采纳双方各自的建设性观点，系统阐述统一的哲学。人格技能的理论也为理解人类行为何以是自我决断的、积极主动的、有目的的提供了根据，另一方面也满足了客观科学和通常的因果关系观点的理论要求。总之，人本主义理论水平的目的就是，考虑心理学的哲学分裂，运用各种理论水平形成一种观点，对人类行为研究的客观科学方法和人本主义观点具有启发性的建设意义。

---

① Staats, A. W. (1996). *Behavior and Personality: Psychological Behaviorism*. New York: Springer Publishing Company, Inc., p. 15.

最近斯塔茨指出，在统一各种复杂水平的过程中，有更多事情需要做，而不只是建构一个广泛而全面的统一理论。在心理学中，由于需要考虑的现象和领域极其广泛，提出的统一理论只能是一个框架，为许多必须完成的各种统一工作提供指导。这表明，斯塔茨也看到了整合心理学任务所涉及到的单纯理论之外的许多工作。从未统一科学发展到统一科学需要经历漫长的时间，斯塔茨担心这个长期的过程会受到阻碍。他设想：(1) 有没有可能在科学本身达到大量统一之前就形成一种“世界观”即心理现象实际上是统一的呢？(2) 有没有可能在统一的结果出现之前，就改变心理学研究的方式，假定它具有统一科学的特征呢？(3) 有没有可能使心理学愿意去寻找现象之间的关系，而不只是寻求研究结果的新颖性呢？例如，通过创办杂志和设立其他媒介，奖励各种类型的统一工作。如果在达到统一之前，就可以创造统一科学的优势，那么心理学就可以在它获得统一之前拥有作为统一科学来操作的有利条件。

斯塔茨认为，心理学作为未统一的科学，为了获得统一的理论，必须首先努力统一较低水平的现象，然后在依次较高的水平上形成统一，否则就不可能建构宏大的统一理论。例如，在人格心理学领域存在自信、自尊、自我效能、自性、自我、自我力量等许多类似的概念，这些概念之间存在共同性。如果能根据基本原理找出这些共性，将有助于建立关于“自我”概念的统一的人格理论。如果先统一了人格的各个成分，那么建构统一的人格理论就会更容易。

斯塔茨指出，目前统一的理论就像是在人迹罕至的森林里倒下的一棵参天大树。它发出了巨大的声响，但是并没有噪音，因为没有人能够听到。在心理学发出正式科学的声音之前，心理学家将不得不了解这片森林，走进森林，开始在其中开展各种统一工作。可以说，斯塔茨在统一心理学的征途上不断地奔走跋涉，但显得有点势单力薄、力不从心。的确，仅凭单枪匹马很难完成这一庞大而繁杂的任务，他需要更多的同行者。我们也呼吁更多的心理学者来关注这一涉及到心理学存亡攸关的问题。

结　语

一、行为主义心理学的历史地位

行为主义心理学是心理学的第一大势力,也是心理学史上影响广泛而深远且极富魅力的一个心理学派,在西方心理学界占统治地位长达半个世纪之久。行为主义历经新老三代的发展,虽然其作为一个正式的心理学流派已逐渐淡出历史舞台,但它并没有销声匿迹,其影响已经渗透到心理学的许多分支学科和具体领域。行为主义作为一个曾经辉煌过的心理学派别,在心理学史上具有重要的历史地位,它对心理学的研究对象、科学地位、实际应用均带来了实质性的影响,尤其是在心理学的客观方法论和实际应用方面,它仍然影响着当前的心理学研究。

1. 深化了心理学的研究对象

行为主义对于心理学研究对象的影响具有划时代的意义。从第一代行为主义到第二代行为主义再到第三代行为主义,其发展过程体现了行为主义对意识和认知问题的退让和妥协。在行为主义学派正式诞生之前,心理学的研究对象是意识。冯特的内容心理学研究心理或直接经验即意识的内容,如感觉、情感等,布伦塔诺创立的意动心理学虽然研究的是意识的活动,但也还是以意识为研究对象。此后,铁钦纳的构造主义主张,心理学应该研究心理或意识内容本身,并对之进行元素分析,杜威等人倡导的机能主义心理学也是着重研究心理对环境的适应机能。只有到了华生旗帜鲜明地提出行为主义心理学时,客观的、外显的、可观察的行为才正式成为心理学的研究对象,而且行为主义用这种外显行为堂而皇之地取代了以往心理学的研究对象即心理或意识。这样,自行为主义开始,心理学的研究对象就似乎顺理成章地从意识而变为行为,或者说心理学从研究意识或心理的科学变成了研究行为的科学。在这个意义上,行为主义带来了心理学研究对象上的一次革命。

随着行为主义的不断发展，其内部也出现了观点的分歧与论争。从赫尔、托尔曼等人的第二代行为主义开始，就逐渐认识到心理或意识本身的作用，并在意识和认知问题上开始做出不同程度的妥协与让步。罗特、班杜拉、米契尔等人的第三代行为主义更是主动地吸收认知心理学的思想，在坚持研究客观行为的同时，将个体内部的心理因素作为重要的变量来考察，出现了行为主义与认知心理学整合的迹象。因而可以说，在华生等人的第一代行为主义之后，心理学就开始从单纯研究外显行为的科学，而逐步地转变为研究心理与行为的科学。尤其是当行为主义心理学的大势已去，认知心理学登上心理学的历史舞台之后，学界公认的心理学的研究对象就是心理与行为。

因此，我们似乎可以赞同这种说法，即可以将行为主义作为参照系来划分心理学发展的历史，即行为主义之前的心理学、行为主义心理学和行为主义之后的心理学。具体从研究对象上来看：在行为主义之前，心理学是研究心理或意识的科学；在行为主义占统治地位时期，心理学是研究行为的科学；在行为主义之后，心理学是研究心理与行为的科学。与这种划分基本一致的是，心理学史上公认的两次革命即行为主义革命和认知革命都是与行为主义心理学休戚相关的。如前所说，行为主义革命是站在反对意识心理学的立场上的，而认知革命则是站在反对行为主义的立场上的。从公认的两次革命之说也可以看出行为主义划时代的意义。正如高觉敷指出："行为主义的兴起，在西方近代心理学发展的历史上确实是一个划时代的转变。"①

2. 巩固了心理学的科学地位

在心理学的科学观与研究方法上，华生等行为主义心理学家都坚信，心理学是一门自然科学，并且可以用自然科学的方法来研究心理学。舒尔茨指出，华生对美国心理学的心灵主义背景的有力反抗，标志着美国心理学中实证主义时代的开始。② 的确，孔德的实证主义是华生行为主义的哲学基础。因此，相应地在研究方法上，行为主义从一开始就主张废除带有主观色彩的内省法，强调采用客观的、实证的科学方法。

为了达到预测和控制行为的目的，行为主义者强调必须经过客观的实验观察，通过对观察到的事实积累，形成概括性假设，再付诸于实验印证或实际应用。为了预测精确，控制有效，行为主义者总是力图借助于精密的实

① 高觉敷主编：《西方心理学的新发展》，人民教育出版社 1987 年版，第 23 页。
② 舒尔茨著，沈德灿等译：《现代心理学史》，人民教育出版社 1981 年版，第 280 页。

验仪器或设备，开展精细的实验研究，将实验中发现的心理事实及其条件加以数量化和操作化。新行为主义者托尔曼、赫尔乃至斯金纳都试图采用自变量、因变量及其函数关系等精确科学的方法和术语，来表达环境刺激、中介变量等因素与行为之间的关系，从而导致了心理学规律和原理原则的公式化、程序化和形式化。由此可见，行为主义在心理学的理论建设尤其是理论表述上，都注重严密性、逻辑性、可验证性等科学特征。研究方法的客观精确以及理论表述的严格精致，使得行为主义兼备自然科学的"形"与"神"，这在很大程度上巩固了心理学的科学地位。而且，所有这些又都为心理学研究的进一步科学化和计算机化，特别是为计算机模拟心理规律作了思想上和技术上的准备。①

行为主义所倡导的研究方法的客观化和科学化带来了心理学突飞猛进的发展，正如斯金纳所说，美国实验心理学的巨大进步主要是由于行为主义的影响。② 实验心理学这种巨大的进步，在一定程度上正是由于采用了行为主义所倡导的客观而精确的研究方法。不过，行为主义过于强调方法的、实证化、客观化、数量化的做法，也招致了后来的人本主义心理学、后现代心理学的指责和批判。但不管怎样，行为主义采用自然科学的研究方法在当时无疑是具有进步意义的。

3. 促进了心理学的广泛应用

行为主义心理学继承了机能主义心理学重视应用的做法，注重将心理学原理广泛应用于实际生活。从华生、亨特、魏斯等人的第一代行为主义，到古斯里、赫尔、托尔曼和斯金纳等人的第二代行为主义，再到罗特、班杜拉、米契尔、斯塔茨等人的第三代行为主义，大都曾致力于运用行为主义心理学原理来解决现实问题。例如，华生在离开学术界之后，成为广告界的成功人士，对营销心理学、广告心理学、人事心理学、儿童抚养与教育、行为治疗等许多领域，提出了颇有见地的主张，为行为主义的宣传普及、广泛应用立下了汗马功劳。斯金纳继承了华生强调心理学应用的传统，将其操作条件作用原理用于课堂教学，设计教学机器，提出程序教学的思想。他还提倡利用强化原理来塑造个体的行为，实现对行为的控制，通过文化设计来达到改良社会的目的。

从本书对每一位行为主义心理学家及其理论的介绍中也可以看出，行为主义心理学比以往的心理学流派更加重视理论的应用。尤其是两次世界

---

① 张厚粲著：《行为主义心理学》，浙江教育出版社 2003 年版，第 519 页。

② Skinner, B. F. (1963). Behaviorism at fifty. *Science*, 140, pp. 951～958.

大战的爆发,不仅打破了许多行为主义者在象牙塔内的平静生活,使他们加入到战时的后勤服务工作,而且为他们应用行为主义心理学原理提供了时机。这不仅提升了心理学在公众中的形象,也在客观上促进了心理学的广泛应用。

可以说,经过几代行为主义者的努力,行为主义原理已经被广泛用于教育、医疗、管理、商业、营销、人—机交互作用、不良行为矫正、司法、社会改良等众多领域。这是在行为主义之前的心理学所未曾有过的。

二、行为主义心理学的理论整合

行为主义心理学的发展过程实际上是对心理学理论的不断整合过程。行为主义心理学的理论整合大致体现在三个方面:第一是行为主义与认知心理学的理论整合,即科学主义心理学的内部整合;第二是整个心理学领域的具体整合;第三是心理学与其他学科的外部整合。

1. 行为主义与认知心理学的理论整合

行为主义心理学发展过程中遇到的一个根本问题就是如何看待和处理内部心理过程如意识、认知的问题。或者可以说,行为主义心理学的发展历程实际上是对内部心理过程如意识、认知问题的不断妥协和退让过程。这种对内部心理过程的妥协和退让过程就是一种心理学理论的逐渐整合过程。

早期极端行为主义者如华生、郭任远、梅耶、亨特和魏斯等人遵循孔德的实证主义方法论,认为科学研究的范围只能以直接观察的东西为限,坚决反对或取消有机体内部的心理过程,把复杂的心理现象加以简单化。这种实证主义的心理学理论显然妨碍了心理学科学研究的进步,因而在行为主义阵营内部出现了一批企图改造和发展早期行为主义理论的新行为主义者即第二代行为主义者。这些新行为主义者受逻辑实证主义哲学思潮的影响,认识到把意识还原为行为操作,在研究策略上要明智些。他们不再严格坚持取消内部心理过程,而是主张用客观的方法来研究它们。因为一个完整的心理学理论体系,不能回避或者必须处理内部心理过程问题,必须对人的外部行为和内部心理做出完整的解释。

所以,即使是早期的行为主义者如霍尔特和拉施里等人,以及后来的新行为主义者赫尔和托尔曼等人,甚至是激进的新行为主义者坎特和斯金纳等人,也都不得不慎重处理内部心理过程问题,到了新行为主义的继承者和发展者以及第三代行为主义者罗特、班杜拉和米契尔等人更是自觉地处理内部心理过程问题。只是不同的行为主义者处理这个问题的方式不同而已。

霍尔特以新实在论为基础阐述了自己的哲学行为主义的系统观点。他赞同心理学研究行为，也研究意识，认为心理活动就是身体活动，感觉、观念是客观实在的。拉施里则主张最复杂的行为应该是思维与活动的逻辑与顺序排列。

赫尔十分重视行为的中介过程。赫尔理论的目的在于，阐明中介变量与可直接观察到的先行条件和随之引起的反应之间错综复杂的动力联系。赫尔行为理论体系中涉及认知问题的一个最重要的概念是零星期待目标反应(fractional anticipatory goal-response)，而且他的行为体系的公设和附律中很多是有待证实的中介变量。托尔曼通过吸收格式塔学派、机能主义、精神分析及现代自然科学成果，从自变量和因变量之间探索有机体的内部过程，提出了"符号—格式塔—期待"和"认知地图"等中介变量，以此形式复活了意识的作用。托尔曼认为，认知活动才是决定行为的机制，行为科学就是要在有机体的整体水平上推断出中介变量来。不难看出，在托尔曼的目的行为主义理论体系中，行为的认知方面是特别突出的。所以车文博认为，托尔曼对行为主义的认知综合是西方现代心理学的三个综合之一。[①]

激进的新行为主义者坎特和斯金纳等人，也不得不慎重处理内部心理过程问题。坎特反对根据心身二元论的术语来解释心理学，坚持心理学的研究对象是意识(或心理)行为，而不是意识或者行为本身，并认为意识行为即心理事件"总是作为对某一物体或某种状况的具体适应"。在对待内部心理过程问题上，斯金纳也采取了比较灵活的态度。在他看来，适当的行为科学必须考虑发生在有机体皮肤内部的活动。可见，斯金纳承认内部心理过程的存在，也承认这些东西可以作为心理学研究的对象。斯金纳认为，意识和推理的事实是毋庸置疑的。严格的行为主义并没有"砍掉了有机体的脑袋"，也没有想方设法"让意识萎缩"。[②] 不过，在斯金纳看来，内部心理过程只不过是环境产生行为过程中的副产品，不能用于解释行为。有机体内部发生的事件同样服从于外部的刺激—反应关系，同样可用科学分析的经验事实来阐明。

随着行为主义的哲学基础——实证主义和逻辑实证主义的动摇，以及认知心理学的兴起，新行为主义的继承者和发展者不得不吸收认知心理学

① 车文博著：《西方心理学史》，浙江教育出版社 1998 年版，第 633 页。

② Skinner B. F. (1974). *About behaviorism*. New York: Alfred A. Knopf. Inc., p. 219.

的研究成果，进一步在意识和认知等内部心理问题上退让，体现出行为主义与认知心理学的整合。例如，赫尔的学生斯彭斯对赫尔理论体系的最主要的修正就是关于诱因动机的内涵。斯彭斯的学生阿姆泽尔在零星期待目标反应概念的基础上提出了零星期待挫折反应这一概念，从他的挫折理论中，同样反映出新赫尔派代表人物在沿着认知方向转变。不过，这些人中的大多数只发展了其前辈理论的某个方面，从而建立了各种小型的理论模型。他们对行为主义与认知心理学的整合只是局部的，其整合的范围和力度远远不及第三代行为主义者。

随着行为主义和认知心理学的发展，第三代行为主义者在他们的理论中开始更加自觉和主动地整合行为主义和认知心理学了。例如，罗特把赫尔的学习理论扩展到变态心理、儿童心理与社会心理的研究中去，他在《社会学习与临床心理学》(1954)中，援用了行为潜能、期待、强化价值、心理情境四个基本概念之间的相互关系来预测行为。班杜拉在三元交互决定论中，把人的认知因素对行为具有因果性影响的观点突出出来了。他的社会学习理论是从认知和行为联合发生的观点上看待学习的。在他看来，模仿学习的过程是一种信息加工理论和强化理论的综合过程。而且，班杜拉强调人们在学习中利用言语的和想象的符号的能力，赋予自我调节能力以突出的作用。米契尔在批判传统特质理论的基础上，提出了五种认知社会学习的个体变量，来解释行为发生的原因。这几位第三代行为主义者的理论都具有强烈的认知倾向。他们在更大的范围和程度上，实现了行为主义与认知心理学的整合。

总之，新老三代行为主义者逐渐进行的对行为主义与认知心理学的整合过程，表现出对内部心理过程如意识、认知问题的不断妥协和退让过程。这种对心理学理论的逐渐整合过程实际上是对科学主义心理学的内部理论整合。

2. 整个心理学领域的具体整合

第三代行为主义的另一位代表人物斯塔茨则明确提出了对整个心理学领域进行具体整合的观点。他经过四十多年的探索，针对心理学面对的不统一性质和分裂问题，在具体实验研究的基础上，提出了具有整合意义的心理行为主义理论。心理行为主义理论试图将各个心理学的具体领域整合在一个统一的理论框架中。斯塔茨从理论上分析了心理学统一的可能及其实现途径，提出用统一的实证主义作为方法论基础，用多水平的理论和方法作为具体的整合途径，将各个独立的心理学研究领域看作不同的研究水平，从而将它们纳入统一的理论框架。这些具体水平包括：生物学水平、动物学习水平、人类学习水平、社会交互作用水平、儿童发展水平、人格水平、心理测量水平、变态心理学水平和行为治疗水平。心理学的各个领域不仅表面上相关，而且在基本原理上是相互联系的，可以被看作不同的研究水平排列在由“简单—复杂”或“基础—高级”界定的维度上，即存在着从基础领域到高级领域的普遍发展。各个水平之间相互联系，某较低水平的基本原理和概念是下一高级、复杂水平分析的起点。例如，基本的学习领域为人类学习水平提供原理和概念，而人类学习水平反过来又为儿童发展研究提供原理和概念。依此类推，各水平之间存在着等级关系，生物学水平是最基础的。这就是斯塔茨称所谓的多水平的理论与方法，它为整个心理学领域的具体整合提供了一个最初的框架和中介。

此外，班杜拉晚年提出的自我效能理论也提供了一个理论整合框架，扩展到心理学诸多领域，使社会认知学习论显现出了宏大理论的轮廓。① 自我效能作为人类自我参照思维的一种表现形式和人类自我的一种现象学特征，是一种复杂的、多重性质统一的心理现象。自我效能理论以整合不同研究模式对人类心理机能和行为变化做出解释和预测，从对外部明显的客观行为的研究深入到对人类心灵的揭示，因而具有综合性。班杜拉的自我效能理论改变了心理学对各机能领域中势力强大的微观过程研究模式，从而走向宏观理论整合的一般趋势。

米契尔等人提出的认知—情感人格系统理论则试图整合人格心理学的研究成果。认知—情感人格系统理论是社会认知理论中最新发展的一种较为系统的人格观点，它扩展了社会认知方法，使之包括了情绪和情感。该理论对人格本质的理解脱离了本质论的人格观，体现了社会建构论的倾向；不仅考察了人格结构，也重视对动力过程的分析；既考虑了个体和情境两种因素，又解释了二者之间的交互作用关系，同时还包括了影响人格的生物遗传、社会文化等因素，为人格心理学走出困境带来了一线曙光，也体现了可贵的整合趋势。

3. 心理学与其他学科的外部整合

新行为主义者们除了试图在心理学内部实现理论整合之外，他们当中有的人还主张科学统一运动，主张将心理学与其他学科进行外部整合。由

① Baron, R. A. (1987). Outlines of a “grand theory”. *Contemporary Psychology*, 32(5), pp. 413～415.

于受到逻辑实证主义的影响，新行为主义者托尔曼[①]和赫尔[②]都曾参与过科学统一化运动。科学的统一化是逻辑实证主义的一个重要内容。在维也纳学派的成员中间，推行科学统一化运动最积极的是奥托·纽拉特（Otto Neurath）和卡尔纳普，其中又以纽拉特为主。所谓科学的统一化就是要把各门科学，包括自然科学和人文科学，都统一成为一种无所不包的统一科学。纽拉特和卡尔纳普积极地提倡物理主义，用物理主义进行科学的统一化。所谓物理主义，就是主张把物理语言作为科学的普遍语言，并在物理学的基础上，应用行为主义心理学的方法，从语言方面把"物理的"和"心理的"统一起来。[③] 所以，纽拉特、卡尔纳普等人试图在物理语言的基础上实现科学的统一。因为只有用物理语言来表述一切，才能做到科学陈述的"主体间性"（intersubjectivity）（即主体之间的共同性）和"普遍性"。不过，卡尔纳普认为，最难以统一于物理语言的是心理学语言。心理学研究的是人的内部心理活动，无法用大小、方圆等物理概念来表述。为了克服这种困难，卡尔纳普采用了行为主义的立场，即用躯体的外部活动来代替内部的心理活动。卡尔纳普断言：描述内部心理状态的语句与描写外部躯体状态的语句是彼此等值，可以互换的。[④]

遗憾的是，虽然纽拉特等人花了很大精力积极倡导和推行科学统一化运动，但是 20 世纪 40 年代这个运动就逐渐衰落，以至于最后事实上还是失败了。所以，托尔曼和赫尔等人只是关注并参与过科学的统一化运动，并没有真正实现心理学与其他科学的外部整合。不过，赫尔和托尔曼的理论表现出来的整合特征，或许表明了科学的统一化运动对他们产生的影响。

三、行为主义心理学的理论特征

从总体上看，行为主义心理学属于科学主义心理学阵营，其理论特征具有科学主义心理学的典型的理论特征，具体表现在心理学的科学观、对象观、方法学、理论观点四个方面。

---

① Smith, L. D. (1986). *Behaviorism and logical positivism: a reassessment of the alliance*. Stanford, California: Stanford University Press, pp. 127～129.

② Smith, L. D. (1986). *Behaviorism and logical positivism: a reassessment of the alliance*. Stanford, California: Stanford University Press, p. 154.

③ 涂纪亮著：《分析哲学及其在美国的发展》，武汉大学出版社 2007 年版，第 191 页。

④ 夏基松著：《现代西方哲学》，上海人民出版社 2006 年版，第 146～147 页。

1. **心理学的科学观**

在心理学的科学观上，行为主义心理学以物理学、生理学和生物学等自然科学为模板，反对旧的思辨的形而上学心理学，把心理学看作一门自然科学。早期行为主义者华生曾明确宣称："心理学是自然科学的一个分支，它将人的活动及产物作为主题。"①在华生看来，要么放弃心理学，要么使它成为一门自然科学，没有第三条路可走。新行为主义者赫尔强调心理学是一门真正的自然科学，其任务是发现行为规律，并用科学的共同语言即精确的数学语言来表达，借此推导出个体与团体的行为。另一位新行为主义者斯金纳也把心理学视为一门客观的自然科学。在他看来，心理学要进入自然科学的行列，必须采用像物理学、化学和生物学所使用的纯客观的自然科学方法，同时把内省法排除于研究方法之外。他指出："我们也可以根据物理学来描述自变量……凡是对有机体产生影响的事件都一定能够用物理学的语言进行描述。"②同样，新行为主义者坎特则致力于把科学的标准组织成一个连贯的统一体，并运用它独创性地提出和发展了一个综合的完全自然主义的心理学体系，即"交互作用行为主义"。当然，在心理学的科学观上，新的新行为主义者班杜拉似乎有一点特殊，因为他的理论在某种程度上也具有人本主义心理学的特征。

2. **心理学的对象观**

在心理学的对象观上，行为主义心理学将研究对象视作具有物理特征的自然物，主要是研究可观察的对象即行为，而那些不能观察或无法实验证实的经验都被排斥在心理学的研究对象之外。这是激进的行为主义者华生、古斯里和斯金纳的共同主张。华生坚定地主张从可以观察的刺激和反应方面去研究心理学，并寻求预测和控制行为的途径。他在《从一个行为主义者的观点看心理学》中宣称："时机好像已经到来了，心理学必须放弃所有提到意识的地方；心理学没有必要设想把心理状态当作观察的对象再去欺骗自己。"③华生将心理学的研究对象限定为人和动物的行为，大胆地将一切心理学问题简化为刺激—反应(S—R)公式，使心理学专注于寻求刺激与反应之间联结的规律。古斯里的接近联结主义认为，联结只存在于可以客观

---

① Watson, J. B. (1919). *Psychology from the standpoint of a behaviorist*. Philadelphia: J. B. Lippincott Company, p. 1.

② 斯金纳著，谭力海等译：《科学与人类行为》，华夏出版社 1989 年版，第 33 页。

③ 华生：《行为主义者所看到的心理学》，见张述祖等审校：《西方心理学家文选》，人民教育出版社 1983 年版，第 157 页。

观察的刺激和反应之间，并且仅仅是刺激和反应两者在时间和空间上接近就可建立联结。斯金纳也明确指出，应把行为作为科学研究的对象，心理学应该直接描述行为。

当然，随着行为主义的不断发展，其内部在研究对象上也出现了观点的变化。新行为主义者赫尔、托尔曼等人及其发展者和新的新行为主义者罗特、班杜拉和米契尔等人，逐渐地认识到心理或意识本身的作用，并在意识和认知问题上开始做出不同程度的妥协与让步。一些新行为主义者修改了华生的行为公式，在刺激和反应之间加入了中介变量，涉及了个体内在的心理过程，使简单的S—R变成了S—O—R。这样，行为不再是外界刺激的直接函数，而是和一系列中介变量有关。例如，托尔曼的中介变量包括目的性和认知，是把先行的刺激情境和观察到的反应联结起来的内部过程，是行为的实际决定因素。曾被华生痛斥过的、与意识现象相联系的某些概念，又被托尔曼以客观的形式纳入行为主义的体系中来。这表明行为主义学派中出现了向认知方向转变的苗头。后来，新行为主义的发展者和新的新行为主义者采取了更加温和的态度，他们更加自觉大胆引入刚刚兴起的认知术语来说明人的行为，强调行为与认知的结合，对行为主义进行认知心理学改造，使心理学的研究对象从单纯研究行为变为研究心理与行为。

3. **心理学的方法学**

在心理学的方法论上，行为主义心理学表现出四个主要特点。

(1) 坚持实证主义的哲学基础。行为主义心理学以实证主义为哲学方法论。实证主义包括孔德的激进实证主义、马赫和阿芬那留斯的经验实证主义以及维也纳学派的逻辑实证主义（包括其变种操作主义）三代，影响了新老三代行为主义心理学。正如黎黑指出："整个行为主义的精神是实证主义的，甚至可以说行为主义乃是实证主义的心理学。"①实证主义坚持客观立场，强调研究对象的可观察性，提倡通过经验的验证来发现心理现象的机制和规律。

(2) 笃信客观实验法。行为主义心理学深受自然科学观和实证主义哲学的影响，从一开始就主张废除带有主观色彩的内省法，信奉实验方法，主张通过精巧的实验设计、严格的变量控制来研究心理现象。行为主义者认为只有运用严格的实验程序与仪器设备，才能进行科学的心理学研究。例如，斯金纳指出，人类行为的实验室研究提供了特别有用的材料。实验方法

① 黎黑著，刘恩久等译：《心理学史——心理学思想的主要趋势》，上海译文出版社1990年版，第416页。

包括使用仪器。这些仪器促进了研究者与行为以及影响行为的变量的联系。记录装置可以使研究者对行为进行长期的观察，而精确的记录和测量实现了有效的定量分析。实验方法最重要的特征是有意地控制变量：通过有控制地改变某一特定的条件和观察其结果，来确定该条件的重要性。可以说，美国实验心理学取得的巨大进步，在一定程度上正是得益于行为主义心理学所倡导的客观而精确的实验方法。

(3) 注重量化的方法。与笃信客观实验法相一致，行为主义心理学侧重量化研究，强调研究的精确性和定量分析，通过数量分析来确定刺激与反应或环境与行为之间的关系，这在赫尔的逻辑行为主义和斯金纳的操作行为主义中表现得尤为突出。例如，斯金纳指出，科学研究"不能只限于观察，还得进一步研究函数关系。我们还得建立规律，借助于规律来预测行为，要做到这一点，就必须求出一些变量，即以行为为其函数的变量"①。

(4) 强调共同规律研究。行为主义心理学坚信客观的普适性原则，认为通过经验观察和实验就能归纳出适合所有人的共同规律，以此对心理与行为进行统一性解释。例如，行为主义者认为心理学可以发现人类行为的一般规律，并据此对人类的行为进行预测和控制。华生指出，心理学"在某种程度上成为探索人类生活的基础……为所有的人理解他们自己行为的首要原则做准备……应该使所有的人渴望重新安排自己的生活"②。当然，在这一点上，新行为主义者斯金纳是个例外，他的行为分析方法不重视共同规律研究，只强调个体的特殊规律研究。

4. 心理学的理论观

行为主义心理学在理论观上，表现出六个主要特点。

(1) 客观论。行为主义心理学将实证主义哲学的实证性原则贯彻到心理学中，追求客观化，强调以量化方法研究可观察的对象。行为主义心理学是客观心理学的典型代表。例如，华生反对把心理封闭在主体之内，主张以客观可观察的行为作为心理学的研究对象，以严格的客观法代替主观内省法。斯金纳把自己的新行为主义体系定性为："从科学的角度看，这个体系是实证主义的。它的任务以描述为限，不企图提出解释，它的一切概念都由直接观察的结果来给以定义，不涉及身体部位或生理的特点。"③即使像新行

① 斯金纳：《关于行为的一个理论体系》，见章益辑译：《新行为主义学习论》，山东教育出版社 1983 年版，第 270～271 页。

② 华生著，李维译：《行为主义》，浙江教育出版社 1998 年版，第 304 页。

③ 章益辑译：《新行为主义学习论》，山东教育出版社 1983 年版，第 295 页。

为主义者赫尔和托尔曼提出中介变量学说，新的新行为主义者罗特、班杜拉和米契尔等人提出认知变量学说，也是以客观的立场和方法来研究中介变量和认知变量的。

（2）方法中心论。行为主义心理学认为，要想使心理学真正成为一门实证科学，就必须采用曾经使自然科学获得巨大成功的研究方法和研究范式，坚持“以方法为中心”的研究思路。“方法中心就是认为科学的本质在于它的仪器、技术、程序、设备以及方法，而并非它的疑难、问题、功能或者目的。”[①]方法中心论根据研究方法确定研究问题。这种观点在行为主义心理学那里表现得最为突出。华生宣称，行为主义的目的在于方法论的革命，并以研究意识和心理缺乏科学的方法为理由而将其赶出了心理学。行为主义心理学的方法中心论与人本主义心理学的问题中心论形成了鲜明的对比。

（3）元素论。行为主义心理学继承了联想主义心理学的传统，采用元素论来研究心理现象，认为确定心理现象的构成元素及其结合规律是心理学的首要任务。古典行为主义虽然在研究对象上反对冯特和铁钦纳，但在元素观上与他们保持一致。华生把复杂的行为简单化，将其视为刺激与反应的联结。大多数行为主义者都主张研究分子行为，但新行为主义者托尔曼是个例外，强调研究整体行为。

（4）因果决定论。行为主义心理学把人的心理现象看作自然现象，认为人的心理与行为都遵循因果决定论。决定论的观点认为，所有的心理事件都是有原因的，都是由某种先行的因素决定的，因而我们可以依据先前的心理事件来解释心理活动。行为主义心理学是最典型的因果决定论的代表。行为主义心理学强调行为分析的目的就是发现行为的原因，从各种各样的环境刺激中确定反应的决定因素，以便为预测和控制行为服务。尽管新行为主义也包含着中介变量和行为目的的概念，但这些概念主要是对行为的刺激反应的操作化，与自由选择的意图和追求无关。

（5）机械论。行为主义心理学固守“人是机器”的信念，主张研究物的范式同样适用于研究人的心理，并以机械论的观点解释一切心理事件。例如，华生认为，心理学的任务就是帮助和指导人这架机器能更快地适应新的环境、更好地运作下去。他公开宣称：“我们要把一个人之各方面的行为，完完全全地合拢起来，并把这样一个人看作一个复杂而又活动着的有机的机械。”[②]再如，赫尔把学习看作是本质上十分机械的活动，这些活动能够通过

① 马斯洛著，许金声等译：《动机与人格》，华夏出版社 1987 年版，第 14 页。

② 华生著，陈德荣译：《华生氏行为主义》，商务印书馆 1935 年版，第 427～428 页。

数学的精确性来描述和理解。

（6）价值中立论。在自然科学的研究中，许多人都信奉价值中立，主张科学只研究事实、知识，回答是不是的问题，不研究价值、意义，不回答该不该的问题。行为主义心理学以自然科学为模版，坚持价值中立论，其典型特征是强调心理研究的客观性，认为心理学研究探讨的是意识和行为的一般、共同的事实与规律，不掺杂任何个人的态度、情感，不涉及任何主观倾向和价值观念。例如，华生把人的行为看成客观的自然现象，认为可以对其进行严格的实验研究和价值中立的理论描述。可见，行为主义心理学追求实证性的价值中立论的研究方式。

参考文献

中文文献

《心理学百科全书》编委会编:《心理学百科全书》(第一卷),浙江教育出版社 1995 年版。

班杜拉著,郭占基等译:《社会学习心理学》,吉林教育出版社 1988 年版。

班杜拉著,陈欣银等译:《社会学习理论》,辽宁人民出版社 1989 年版。

班杜拉著,林颖等译:《思想和行动的社会基础:社会认知论》,华东师范大学出版社 2001 年版。

班杜拉著,缪小春等译:《自我效能:控制的实施》,华东师范大学出版社 2003 年版。

班杜拉著,周晓虹译:《社会学习理论》,桂冠图书公司 1995 年版。

鲍尔、希尔加德著,邵瑞珍等译:《学习论——学习活动的规律探索》,上海教育出版社 1987 年版。

贝斯特著,黄希庭等译:《认知心理学》,中国轻工业出版社 2000 年版。

波林著,高觉敷译:《实验心理学史》,商务印书馆 1982 年版。

伯格著,陈会昌等译:《人格心理学》,中国轻工业出版社 2000 年版。

布赖著:《行为心理学入门》,四川人民出版社 1987 年版。

查普林、克拉威克著,林方译:《心理学的体系和理论》,商务印书馆 1984 年版。

车文博著:《西方心理学史》,浙江教育出版社 1998 年版。

陈大齐著:《心理学大纲》,商务印书馆1928年第5版。

陈大柔:《斯金纳操作行为理论若干问题的剖析》,《心理学报》,1982年第2期。

陈德荣著:《行为主义》,商务印书馆1933年版。

陈维正:《从行为研究到文化设计——斯金纳〈超越自由与尊严〉译后》,《读书》,1987年第10期。

陈泽川:《试论西方两派学习理论的基本分歧和相互影响》,《河北师范大学学报》(哲学社科学版),1983年第4期。

杜威著,傅统先译:《经验与自然》,商务印书馆1960年版。

杜云波:《操作主义的产生及其影响》,《自然辩证法通讯》,1983年第4期。

高峰强:《罗推尔社会行为学习理论述评》,《山东师范大学学报》(社会科学版),1996年第1期。

高峰强:《行为主义学习理论进展的内在轨迹》,《外国教育研究》,1997年第3期。

高峰强、秦金亮著:《行为奥秘透视——华生的行为主义》,湖北教育出版社2000年版。

高建江:《斯金纳的个性理论要点》,《心理科学》,1990年第4期。

高建江:《自我效能的内涵及其概念辨析》,《心理学探新》,1992年第3期。

高建江:《班杜拉论自我效能的形成与发展》,《心理科学》,1992年第6期。

高觉敷主编:《西方近代心理学史》,人民教育出版社1982年版。

高觉敷著:《高觉敷心理学文选》,江苏教育出版社1986年版。

高觉敷主编:《西方心理学的新发展》,人民教育出版社1987年版。

高申春著:《人性辉煌之路:班杜拉的社会学习理论》,湖北教育出版社2000年版。

葛鲁嘉著:《心理文化论要:中西心理学传统跨文化解析》,辽宁师范大学出版社1995年版。

古德温著,郭本禹等译:《现代心理学史》,中国人民大学出版社2008年版。

郭本禹、姜飞月著:《自我效能理论及其应用》,上海教育出版社2008年版。

郭本禹:《罗特尔的社会学习人格论》,《江苏教育学院学报》(社会科学版),1997 年第 2 期。

郭本禹主编:《心理学通史·第四卷·外国心理学流派(上)》,山东教育出版社 2000 年版。

郭本禹主编:《当代心理学的新进展》,山东教育出版社 2003 年版。

郭本禹主编:《心理学经典人物及其理论》,安徽人民出版社 2005 年版。

郭本禹主编:《西方心理学史》,人民卫生出版社 2007 年版。

郭本禹主编:《现代心理学史》,中国人民大学出版社 2009 年版。

郭本禹主编:《中国心理学经典人物及其研究》,安徽人民出版社 2009 年版。

郭本禹主编:《外国心理学经典人物及其理论》,安徽人民出版社 2009 年版。

郭任远著,黄维荣辑译:《郭任远心理学论丛》,上海开明书店 1928 年版。

郭任远著:《心理学 ABC》,上海世界书局 1928 年版。

郭任远著:《心理学与遗传》,商务印书馆 1929 年版。

哈克著,白学军等译:《改变心理学的 40 项研究——探索心理学研究的历史》,中国轻工业出版社 2004 年版。

赫根汉著,冯增俊等译:《人格心理学导论》,海南人民出版社 1986 年版。

赫根汉、奥尔森著,郭本禹等译:《心理学史导论》,华东师范大学出版社 2004 年版。

赫根汉著,郭本禹等译:《学习理论导论》,上海教育出版社 2009 年版。

亨德著,陆志韦译:《普通心理学》,商务印书馆民国 15 年(1926)版。

亨特著,李斯译:《心理学的故事》,海南出版社 1999 年版。

华德生著,臧玉淦译:《行为主义的心理学》,商务印书馆 1925 年版。

华尔曼、希尔加特著,谢循初译:《赫尔的新行为主义》,《国外社会科学文摘》,1962 年第 3 期。

华尔曼著,谢循初译:《斯金纳的新行为主义》,《国外社会科学文摘》,1962 年第 3 期。

华生著,陈德荣译:《华生氏行为主义》,商务印书馆 1935 年版。

华生著,李维译:《行为主义》,浙江教育出版社 1998 年版。

华真著,徐侍峰译:《行为主义的儿童心理》,新世纪书局 1930 年版。

华震著,章益、潘硌基译:《行为主义的幼稚教育》,黎明书局 1932 年版。

黄希庭著:《人格心理学》,东华书局 1998 年版。

黄希庭著:《人格心理学》,浙江教育出版社 2002 年版。

霍尔特等著,伍仁益译:《新实在论:哲学研究合作论文集》,商务印书馆 1980 年版。

霍瑟萨尔著,郭本禹等译:《心理学史》,人民邮电出版社 2009 年版。

吉尔根著,刘力等译:《美国当代心理学家》,社会科学文献出版社 1992 年版。

计文莹:《班图拉的观察学习述评》,《心理科学进展》,1985 年第 4 期。

加德纳著,张锦等译:《心灵的新科学(续)》,辽宁教育出版社 1991 年版。

蒋晓:《班杜拉社会学习说述评》,《社会科学》,1987 年第 1 期。

蒋晓:《A·班杜拉及其社会学习说》,《国外社会科学》,1987 年第 2 期。

蒋晓:《略述班杜拉的观察学习理论》,《比较教育研究》,1987 年第 2 期。

蒋晓:《试论班杜拉社会学习理论及其教育意义》,《华东师范大学学报》(教育科学版),1987 年第 1 期。

荆其诚:《行为主义产生的历史背景》,《心理科学通讯》,1964 年第 2 期。

荆其诚:《华生的行为主义》,《心理学报》,1965 年第 4 期。

克罗奇菲尔德著,方同源摘译:《美国新行为主义者陶尔曼》,《国外社会科学文摘》,1961 年第 7 期。

孔德著,黄建华译:《论实证精神》,商务印书馆 2001 年版。

莱昂斯著,江振华译:《行为主义者反对内省的斗争》,《世界哲学》,1989 年第 5 期。

赖尔著,徐大建译:《心的概念》,商务印书馆 1992 年版。

乐国安:《斯金纳的心理学研究方法》,《心理科学》,1982 年第 2 期。

乐国安:《从华生到斯金纳:新老行为主义者的比较》,《外国心理学》,1982 年第 3 期。

乐国安:《论斯金纳的“行为技术学”》,《心理学探新》,1982 年第 2 期。

乐国安:《论新行为主义者斯金纳关于人的行为原因的研究》,《心理学报》,1982 年第 3 期。

乐国安著:《从行为研究到社会改造:斯金纳的新行为主义》,湖北教育出版社 1999 年版。

黎黑著,刘恩久等译:《心理学史——心理学思想的主要趋势》,上海译文出版社 1990 年版。

黎黑著,李维译:《心理学史》,浙江教育出版社 1998 年版。

李伯黍:《班图拉对决定行为的先行因素和后继因素的论述》,《上海师范大学学报》(哲学社会科学版),1988 年第 4 期。

梁宁建:《班都拉的社会学习人格理论》,《心理科学》,1984 年第 3 期。

廖克玲译著:《社会学习论巨匠:班度拉》,允晨文化实业股份有限公司 1982 年版。

林崇德等主编:《心理学大辞典》,上海教育出版社 2003 年版。

刘翔平:《实证论与西方心理学的科学观——论实证主义对西方心理学的影响》,《南京师范大学学报》(社会科学版),1988 年第 3 期。

罗素著,李季译:《心的分析》,商务印书馆 1963 年版。

骆大森:《斯金纳的行为分析体系研究》,1981 年,南京师范大学硕士学位论文。

骆大森:《斯金纳行为主义科学哲学中的操作主义观点》,《心理科学》,1982 年第 5 期。

马斯洛著,许金声等译:《动机与人格》,华夏出版社 1987 年版。

墨菲、柯瓦奇著,林方、王景和译:《近代心理学历史导引》,商务印书馆 1982 年版。

倪中方:《华生行为主义心理学的初步批判》,《心理学报》,1957 年第 2 期。

诺尔贝、霍尔著,李廷揆译:《心理学家及其概念指南》,商务印书馆 1988 年版。

潘菽著:《潘菽心理学文选》,江苏教育出版社 1987 年版。

彭聃龄:《行为主义的兴起、演变和没落》,《北京师范大学学报》(社会科学版),1984 年第 1 期。

珀文著,周榕等译:《人格科学》,华东师范大学出版社 2001 年版。

普莱西、斯金纳、克劳德等著,刘范、曹传咏、荆其诚等译:《程序教学和教学机器》,人民教育出版社 1964 年版。

施良方著:《学习论》,人民教育出版社 2002 年版。

石远:《简评斯金纳的道德理论——"行为技术学"》,《道德与文明》,1986 年第 4 期。

史基纳著,文荣光译:《行为主义的〈乌托邦〉》,志文出版社 1974 年版。

史密斯著,郭本禹等译:《当代心理学体系》,陕西师范大学出版 2005 年版。

舒尔茨著,沈德灿等译:《现代心理学史》,人民教育出版社 1981 年版。

斯蒂拉著,礼瑞译:《拉希莱的神经心理学:拉希莱论文选》,《国外社会科学文摘》,1961 年第 11 期。

斯金纳著，陈泽川译：《斯金纳(B. F. Skinner)(自传)》，《河北师范大学学报》(哲学社会科学版)，1979 年第 3 期。

斯金纳著，王映桥、栗爱平译：《超越自由与尊严》，贵州人民出版社 1988 年版。

斯金纳著，谭力海等译：《科学与人类行为》，华夏出版社 1989 年版。

隋美荣：《罗特的社会行为学习理论研究》，2004 年，山东师范大学硕士学位论文。

孙晓敏、张厚粲：《二十世纪一百位最著名的心理学家(Ⅰ)》，《心理科学》，2003 年第 2 期。

孙晓敏、张厚粲：《二十世纪一百位最著名的心理学家(Ⅱ)》，《心理科学》，2003 年第 3 期。

涂纪亮著：《维特根斯坦后期哲学思想研究》，江苏人民出版社 2005 年版。

涂纪亮著：《分析哲学及其在美国的发展》，武汉大学出版社 2007 年版。

托马斯著，郭本禹等译：《儿童发展理论比较》，上海教育出版社 2009 年版。

托尔曼著，李维译：《动物和人的目的性行为》，浙江教育出版社 1999 年版。

瓦特生著，高觉敷译：《情绪之实验的研究》，商务印书馆 1934 年版。

瓦特孙等著，谢循初等译：《一九二五年心理学》，文化学社 1928 年版。

瓦伊尼、金著，郭本禹等译：《心理学史：观念与背景》，世界图书公司北京分公司 2009 年版。

王春来：《转型、困惑与出路——美国“进步主义运动”略论》，《华东师范大学学报》(哲学社会科学版)，2003 年第 5 期。

王登峰：《罗特心理控制源量表大学生试用常模修订》，《心理学报》，1991 年第 3 期。

王坚：《中国现代心理学的先驱——蔡元培、陈大齐》，《赣南师范学院学报》，1998 年第 4 期。

王景和：《评 B·F·斯金纳的意识论》，《心理学探新》，1981 年第 3 期。

王景和：《论斯金纳与布兰沙德关于意识问题的公开辩论》，《心理学报》，1983 年第 4 期。

王文新：《华生行为主义心理学》，《西北师范大学学报》(社会科学版)，1962 年第 1 期。

王晓霞：《斯金纳〈沃尔登第二〉中的心理伦理学思想解析》，《道德与文明》,1999 年第 1 期。

王志琳:《心·脑·行为——拉施里心理学思想研究》,2004 年,南京师范大学硕士学位论文。

伍麟、车文博:《斯金纳激进行为主义的一个理论特色及其反思》,《心理学探新》,2001 年第 4 期。

夏基松著:《现代西方哲学》,上海人民出版社 2006 年版。

肖罗霍娃主编,孙名之译:《资本主义国家现代心理学》,湖南省心理学会和湖南师院教育系 1984 年印。

谢冬华、郭本禹:《坎特的交互行为主义述评》,《常州工学院学报》(社科版),2006 年第 6 期。

修巧艳:《米契尔的认知社会学习理论述评》,《山东师范大学学报》(人文社会科学版),2004 年第 6 期。

修巧艳、高峰强:《米契尔关于满足延宕的研究》,《心理科学》,2005 年第 1 期。

修巧艳、高峰强:《CAPS 理论与人格心理学的整合》,《南京师范大学学报》(社会科学版),2005 年第 2 期。

修巧艳:《试论斯塔茨的心理学整合观——兼谈心理学的分裂与统一问题》,2006 年,南京师范大学博士学位论文。

修巧艳、郭本禹:《斯塔茨与心理学的统一》,《南京航空航天大学学报》(社会科学版),2007 年第 4 期。

修巧艳、郭本禹:《斯塔茨多水平的理论与方法》,《江苏教育学院学报》(社会科学版),2007 年第 6 期。

亚里士多德著,吴寿彭译:《灵魂论及其他》,商务印书馆 1999 年版。

杨清著:《现代西方心理学主要派别》(第 2 版),辽宁人民出版社 1986 年版。

杨涛:《罗特强化内外控制点研究的产生与发展》,1995 年,河北师范大学硕士学位论文。

叶浩生:《观察学习的概念与应用》,《应用心理学》,1991 年第 2 期。

叶浩生:《论班图拉的观察学习理论:行为主义与认知心理学的综合》,1991 年,南京师范大学博士学位论文。

叶浩生:《论班图拉的观察学习理论的方法论特征》,《南京师范大学学报》(社会科学版),1992 年第 1 期。

叶浩生:《行为主义的演变与新的新行为主义》,《心理科学进展》,1992 年第 2 期。

叶浩生:《论班图拉观察学习理论的历史意义》,《心理科学》,1992 年第 4 期。

叶浩生:《论班图拉观察学习理论的特征及其历史地位》,《心理学报》,1994 年第 2 期。

叶浩生主编:《西方心理学的历史与体系》,人民教育出版社 1998 年版。

于松梅、杨丽珠:《米契尔认知情感的个性系统理论述评》,《心理科学进展》,2003 年第 2 期。

张厚粲著:《行为主义心理学》,东华书局 1997 年版。

张厚粲著:《行为主义心理学》,浙江教育出版社 2003 年版。

张述祖等审校:《西方心理学家文选》,人民教育出版社 1983 年版。

张永:《斯金纳的方法论原则及其伦理学结论——兼评〈超越自由与尊严〉一书》,《社会科学家》,1989 年第 3 期。

章益辑译:《新行为主义学习论》,山东教育出版社 1983 年版。

赵敦华著:《西方哲学简史》,北京大学出版社 2001 年版。

赵莉如、许其端:《中国近现代心理学史研究》,见:王甦、林仲贤、荆其诚主编:《中国心理科学》,吉林教育出版社 1997 年版。

英文文献

Abramson, L., Seligman, M., Teasdale, J. (1978). Learned helplessness in humans: Critique and reformulation. *Journal of Abnormal Psychology*, 87.

Amsel, A. (1958). The role of frustrative nonreward in noncontinuous reward situations. *Psychological Bulletin*, 55.

Amundson, R. (1983). E. C. Tolman and the intervening variable: a study in the epistemological history of psychology. *Philosophy of Science*, 50.

Andresen, J. T. (1992). The behaviorist turn in recent theories of language. *Behavior and Philosophy*, 2.

Bandura, A. (1977). Self-efficacy: toward a unifying theory of behavioral change. *Psychological Review*, 84.

Bandura, A. (1986). *Social foundations of thought and action: a social cognition theory*. Englewood Cliffs, New Jersey: Prentice-Hall, Inc.

Bandura, A. (1989). Human agency in social cognitive theory. *American Psychologist*, 44(9).

Bandura, A. (1992). *Self-efficacy mechanism in personal agency*. In: Schwarzer, R. (ed.). *Self-efficacy: thought control of action*. Washington, D.C.: Hemisphere.

Bandura, A. (1997). *Self-efficacy: The exercise of control*. New York: W. H. Freeman and Company.

Bandura, A. (2001). Social cognitive theory: an agentic perspective. *Annual Reviews of Psychology*.

Bandura, A. (2006). *Albert Bandura*. In: Lindzey, M. G., Runyan, W. M. (Eds.). *A history of psychology in autobiography* (Vol. IX). Washington, D.C.: American Psychological Association.

Baron, R. A. (1987). Outlines of a "grand theory". *Contemporary Psychology*, 32(5).

Bartlett, F. C. (1960). Karl Spencer Lashley 1890—1958. *Biographical memoirs of fellows of the Royal Society*, 5.

Beach, F. A. (1961). Karl Spencer Lashley 1890—1958. *Biographical memoirs of the National Academy of Sciences of the United States*, 35.

Beach, F. A., Hebb, D. O., Morgan, C. T., Nissen, H. W. (1960). *The neuropsychology of Lashley*. NewYork: McGraw-Hill.

Benjamin, L. T., Whitaker. J. L., Ramsey, R. M., et al. (2007). John B. Watson's Alleged Sex Research: An Appraisal of the Evidence. *American Psychologist*, 62(2).

Bennett, A. T. D. (1996). Do animals have cognitive maps? *Journal of Experimental Biology*, 199.

Bergmann, G. (1956). The contributions of John B. Watson. *Psychological Review*, 63.

Bijou, S. W. (1971). *Environment and intelligence: A behavioral analysis*. In: Cancro, R. (Eds.). *Intelligence: gentic and environmental influence*, Holt Rinehart & Winstonp.

Bolles, R. C. (1970). Species-specific defense reactions and avoidance learning. *Psychological Review*, 71.

Bolles, R. C. (1972). Reinforcement, expectancy, and learning. *Psychological Review*, 79.

Bouton, M. E., Fanselow, M. S. (1996). Robert C. Bolles (1928—1994). *American Psychologist*, 51(7).

Bridgman, P. W. (1927). *The logic of modern physics*. New York: Macmillan.

Bronfenbrenner, U. (1977). Toward an experimental ecology of human development. *American Psychologist*, 32.

Bruce, D. (1986). Lashley's shift from bacteriology to neuropsychology. *Journal of the History of the Behavioral Science*, 22(1).

Bruce, D. (1991). *Integrations of Lashley*. In Kimble, G. A., Wertheimer, M., White, C. (Eds.) *Portraits of pioneers in psychology*. Hillsdale NJ: Erlbaum.

Bruce, D. (1994). Lashley and the problem of serial order. *American Psychologist*, 49.

Bruce, D. (1998a). The Lashley-Hull debate revisited. *History of Psychology*, 1.

Bruce, D. (1998b). Lashley's rejection of connectionism. *History of Psychology*, 1.

Buckley, K. W. (1982). The selling of a psychologist: John Broadus Watson and the application of behavioral techniques to advertising. *Journal of the History of the Behavioral Sciences*, 18.

Bush, R. R., Mosteller F. (1955). *Stochastic Models for learning*. New York: Wiley.

Campbell, B. A., Ellison, G. D. (1997). Frederick Duane Sheffield (1914—1994). *American Psychologist*, 52(1).

Cantor, N. (1990). From thought to behavior: "Having" and "doing" in the study of personality and cognition. *American Psychologist*, 1990, 45(6).

Carmichael, L. (1954). Walter Samuel Hunter: 1889—1954. *The American Journal of Psychology*, 67(4).

Carmichael, L. (1959). Karl Spencer Lashley, experimental psychologist. *Science*, 129.

Chaplin, J. P., Krawiec, T. S. (1979). *Systems and theories of psychology* (3rd ed.). New York: Rinehart and Wineton.

Chaudhuri, A., Buck, R. (1995). Media differences in rational and emotional response to advertising. *Journal of Broadcasting and Electronic Media*, 39(1).

Clark, D. O. (2005). From philosopher to psychologist: The early career of Edwin Ray Guthrie, Jr.. *History of Psychology*, 8(3).

Corsini, R. J. (1984). *Encyclopedia of psychology*. John Wiley & Sons, Inc.

Craighead, W. E., Nemeroff, C. B. (2004). *The concise Corsini Encyclopedia of Psychology and Behavioral Science*. (3rd edition) Hoboken, New Jersey: John Wiley & Sons, Inc.

Danziger, K. (1990). *Constructing the subject: Historical origins of psychological research*. Cambridge: Cambridge University Press.

Dewsbury, D. A. (1993). Contribution to the history of psychology, *Psychological Reports*, 72.

Dewsbury, D. A. (1993). The boys of summer at the end of summer: The Watson-Lashley correspondence of the 1950s. *Psychological Reports*, 72.

Dollard, J., Miller N. E. (1950). *Personality and psychotherapy: An analysis in terms of learning, thinking and culture*. New York: McGraw-Hill.

Dunlap, K. (1930). Psychological hypotheses concerning the functions of the brain. *Scientific Monthly*, 31.

Editorial tribute. (1990) APA lifetime Award. Citation for Outstanding lifetime contribution to psychology: presented to B. F. Skinner, August 10, 1990. *American Psychologist*, 1990, 45(11).

Einstein, A., Infield, L. (1961). *The evolution of physics: The growth of ideas from early concepts to relativity and quanta*. New York: Simon & Schuster (Original work published in 1938).

Elliott, R. M. (1931). Albert Paul Weiss: 1879—1931. *American Journal of Psycholog*, 43.

Esper, E. A. (1964). *A history of psychology*. Philadelphia: W. B. Saunders.

Esper, E. A. (1966). Max Meyer: The making of a scientific isolate. *Journal of the History of the Behavioral Sciences*, 2.

Esper, E. A. (1967). Max Meyer in America. *Journal of the history of the behavioral sciences*, 3.

Estes, W. K. (1989). William K. Estes. In: Lindzey, G. (Eds.). *A History of Psychology in Autobiography* (Vol. Ⅷ). Stanford, CA: Stanford University Press.

Estes, W. K. (1982). Models of learning, memory, and choice. (Centennial psychology series) New York: Praeger.

Fienberg S. E. (2006) *Frederick Mosteller—A Brief Biography*. In: Fienberg, S. E., Hoaglin D. C. *Selected Papers of Frederick Mosteller*. Springer New York.

Gardner, H. (1985). *The Mind's New Science: A History of the Revolution*, New York: Basic Books.

Goldman, M. S. (1999). *Expectancy operation: Cognitive-neural models and architectures*. In: Kirsch, I. (Ed.). *How expectancies shape experience*. Washington, D. C.: American Psychological Association.

Gottieb, G. (1972). Zing-Yang Kuo: radical scientific philosopher and innovative experimentalist (1898—1970). *Journal of comparative and physiological psychology*, 80(1).

Graham, C. H. (1958). *Walter Samuel Hunter* (1889—1954): *A Biographical Memoir*. National Academy of Sciences. Washington D. C.

Gregory, A. K. (Ed.) (1991). *Portraits of pioneers in psychology*. Lawrence Erlbaum Associates, Inc.

Gregory, W. L. (1981). Expectances for controllability, performance attributions, and behavior. In: Lefcourt, H. M. Research with the locus of control construct. Vol. 1. Assessment methods. New York: Academic Press.

Guthrie, E. (1959). *Association by contiguity*. In: S. Koch(ed.). Psychology: *A study of a science*. Vol. 2. New York: McGraw-Hill.

Guthrie, E. R. (1935). *The psychology of learning*. New York: Harper & Brothers.

Guthrie, E. R. (1952) *The psychology of learning* (Revised Edition). Harper Bros: Massachusetts.

Hannush, M. J. (1987). John B. Watson remembered: an interview with James B. Watson. *Journal of the History of the Behavioral Sciences*, 23(2).

Harzem, P. (2004). Behaviorism for new psychology: what was wrong with behaviorism and what is wrong with it now. *Behavior and philosophy*, 32.

Hebb, D. O. (1949). *The organization of behavior: A neuropsychological theory*. New York: Wiely.

Hebb, D. O. (1959). Karl Spencer Lashley: 1890—1958. *American Journal of Psychology*, 72.

Hedley-Whyte J. (2007) Frederick Mosteller (1916—2006): Mentoring, A Memoir. *International Journal of Technology Assessment in Health Care*, 23(1).

Hergenhahn, B. R., Olson, M. H. (2001). *An introduction to theories of learning* (6th ed.). Englewood Cliffs, NJ: Prentice-Hall.

Hergenhahn, B. R., Olson, M. H. (2004). *An Introduction to Theories of Learning* (Seventh Edition). Englewood Cliffs, NJ: Prentice Hall.

Hilgard, E. R. (1956). *Theories of learning (2nd ed.)*. New York: Appleton-Cetury-Crofts.

Hilgard, E. R. (1961). *Introduction to a new edition of C. L. Hull, hypnosis and suggestibility*. New York: Appleton-Cetury-Crofts.

Hirsh, I. J. (1967). Max Frederick Meyer: 1873—1967. *American Journal of Psychology*, 80.

Hodkinson, C., Kiel, G., McColl-Kennedy, J. (2000). Consumer web search behavior: Diagrammatic illustration of wayfinding on the web. *International Journal of Human-Computer Studies*, 52(5).

Holt, E. B. (1914). *The concept of consciousness*. London: Allen.

Holt, E. B. (1915). *The Freudian wish and its place in ethics*. New York: Holt.

Holt, E. B. (1931). *Animal drive and the learning process*. New York: Holt.

Horan, M. (1999). What students see: Sketch maps as tools for assessing knowledge of libraries. *Journal of Academic Librarianship*, 25(3).

Hull, C. L. (1928). *Aptitude testing*. New York: World Book Company.

Hull, C. L. (1937). Mind, mechanism and adaptive behavior. *Psychological Review*, 42.

Hull, C. L. (1943). *Principles of behavior*. New York: Appleton-Cetury-Crofts.

Hull, C. L. (1952). *A behavior system*. New Haven: Yale University Press.

Hull, C. L. (1952). *Clark L. Hull*. In: Boring, E. G., Langfeld, H. S., Werner, H., et al. (Eds.). *A history of psychology in autobiography*. Vol. Ⅳ. Worcester, Mass.: Clark University Press.

Hull, C. L. (1962). Psychology of the scientist: IV. Passages from the "idea books" of Clark L. Hull. *Perceptual and motor skills*, 15.

Hunt, J. M. (1984). Orval Hobart Mowrer (1907—1982). *American Psychologist*, 39(8).

Hunt, J. McV. (1956). Walter Samuel Hunter. *The psychology Review*, 63(4).

Hunter, W. S. (1913). The delayed reaction in animals and children. *Behavior Monographs*, 2.

Hunter, W. S. (1920). The temporal maze and kinaesthetic sensory processes in the white rat. *Psycholobiology*, 2.

Hunter, W. S. (1925). General anthroponomy and its systematic problems. *America Journal of Psychology*, 36.

Hunter, W. S. (1926). *Psychology and anthroponomy*. Worcester, MA: Clark University Press.

Hunter, W. S. (1928). *Human behavior*. Chicago: University of Chicago Press.

Hunter, W. S. (1930). *Anthroponomy and psychology*. In: Murchison, C. (Ed.). *Psychologies of* 1930. Worcester, MA: Clark University Press.

Hunter, W. S. (1933). Basic phenomena in learning. *Journal of Ge-*

netic Psychology, 2.

Hunter, W. S. (1935). Conditioning and extinction in the rat. *British Journal of Psychology*, 26.

Hunter, W. S. (1952). *Walter S. Hunter*. In: Boring, E. G., et al. (Eds.). *A History of psychology in autobiography*. Vol. IV. Worcester, Massachusetts: Clark University Press.

Innis, N. K. (1992). Tolman and Tryon: Early research on the inheritance of the ability to learn. *American Psychoogist*, 47.

Johnson, W. H. (1927). Does the behaviorist have a mind? *Princeton Theological Review*, 25.

Jones, A. H. (1915). The Method of Psychology. *The Journal of Philosophy, Psychology and Scientific Methods*. 12(17).

Jones, M. C. (1924). The elimination of children's fears. *Journal of Experimental Psychology*, 7.

Kantor, J. R. (1924). *Principles of psychology*. Third reprinted by Principia Press, 1985.

Kantor, J. R. (1936). Concerning physical analogies in psychology. *American Journal of Psychology*, 48.

Kantor, J. R. (1938). The Nature of Psychology as a Natural Science. *Acta Psychologia*, 4.

Kantor, J. R. (1957). Events and constructs in the science of psychology, philosophy: banished and recalled. *Psychological Record*, 7.

Kantor, J. R. (1959). *Interbehavioral psychology: a sample of scientific system construction*. Bloomington, Ind.: Principia Press.

Kantor, J. R. (1963—1969). *The scientific evolution of psychology*, Vol. 1, 1963; Vol. 2, 1969. Chicago: Principia Press.

Kantor, J. R. (1970). An analysis of the expermental analysis of behavior. *Journal of the expermental analysis of Behavior*, 13.

Kantor, J. R. (1978). The principle of specicifity in psychology and science in general. *Mexicana de Analisis de la Conducta*, 4.

Kantor, J. R., Smith, N. W. (1975). *The science of psychology: an interbehavioral survey*. Chicago: Principia Press.

Kazdin, A. E. (2000). *Encyclopedia of Psychology*. (Vol. 7). American Psychological Association and Oxford University Press.

Kendler, H. H. (1987). *History foundations of modern psychology*. Chicago: Dorsey Press.

Kendler, K., Karkowski, L., Prescott, C. (1999). Fears and phobias: reliability and heritability. *Psychological Medicine*, 29(3).

Koch, S. (1944). Hull's principles of behavior: a special review. *Psychological Bulletin*, 50.

Koch, S. (1985). *The nature and limits of psychological knowledge: Lessons of a century qua "science"*. In: Koch, S., Leary, D. E. *A Century of psychology as science*. New York: McGraw-Hill Book Company.

Kuo, Z. Y. (1921). Giving up instincts in psychology. *Journal of Philosophy*, 18.

Kvale, S., Grenness, E. (1967). Skinner and Sartre: Toward a radical phenomenology of behavior? *Review of Existential Psychology and Psychiatry*, 7.

Lashley, K. S. (1920). Studies of cerebral function in learning, *Psychobiology*, 2.

Lashley, K. S. (1923). The behavioristic interpretation of consciousness Ⅰ and Ⅱ. *Psychological Review*, 30.

Lashley, K. S. (1929). *Brain mechanisms and intelligence*. Chicago: University of Chicago Press.

Lashley, K. S. (1930). Basic neural mechanism in behavior. *Psychological Review*, 37.

Lashley, K. S. (1931). Cerebral control versus reflexology: A reply to Professor Hunter. *Journal of General Psychology*, 5.

Lashley, K. S. (1931). Cerebral control Vs. reflexology, *Journal of General Psychology*, 5.

Lashley, K. S. (1947). Structural variation in the nervous system in relation to behavior. *Psychological Review*, 54.

Lashley, K. S. (1949). Persistent problems in the evolution of mind. *Quarterly Review of Biology*, 24.

Lashley, K. S. (1950). *In search of the engram*. In: Danielli, J. F., Brown, R. (Eds.). *Physiological mechanisms in animal behavior*. New York: Academic Press.

Lashley, K. S. (1951). *The problem of serial order in behavior*. In:

Jeffress, L. A. (Ed.). *Cerebral mechanisms in behavior: The Hixon Symposium*. NewYork: Wiley.

Lashley, K. S. (1955). [Letter to John B. Watson, October 27]. Obtained from Christina Schlusemeyer and now housed in the Lashley papers at the Smathers Library, University of Florida.

Lashley, K. S. (1960). *Neural mechanisms in behavior*. In: Beach, F. A., Hebb, D. O., Nissen, H. W. (eds.). *The neuropsychology of Lashley*. NewYork: McGraw-Hill.

Lichtenstein, P. E. (1970). The significance of the stimulus function. *Interbehavioral Psychology Newsletter*, I(1).

Liebert, R. M., Spiegler, M. D. (1987). *Personality: strategies and issues*. (5th ed.) Chicago: The Dorsey Press.

Luce, R. D. (2005). *Bush, Robert R*. In: Everitt, B. S., Howell, D. C. *Encyclopedia of Statistics in Behavioral Science*. John Wiley & Sons, Ltd., Chichester.

Lundin, R. W. (1979). *Theories and systems of psychology* (third edition). Lexington, Massachusetts: Heath.

Lynch, K. (1960). *The image of the city*. Cambridge, MA; MIT Press.

Maddux, J. E. (1995). *Self-efficacy, adaption, and adjustment: theory, research, and application*. New York: Plenum Press.

Marx, M. H., Hillix, W. A. (1979). *Systems and theories in psychology* (*3rd ed.*). McGraw-Hill Book Company.

McDougall, W. (1926). Men or robots? *Pedagogical Seminary*, 33.

Melzack, R. (1982). Dalbir Bindra: 1922—1980. *The American Journal of Psychology*, 95(1).

Meyer, M. (1911). *The fundamental laws of human behavior*. Boston: R. G. Badger.

Meyer, M. (1921). *The psychology of the other one*. Columbia, Mo.: Missouri Book Co.

Miller, N. E. (1948). Studies of fear as an acquirable drive: I. Fear as motivation and fear-reduction as reinforcement in the learning of new responses. *Journal of Experimental Psychology*, 38.

Miller, N. E. (1969). Learning of visceral and glandular response.

Science, 163.

Miller, N. E. (1982). John Doard (1900—1980). *American Psychologist*, 37(5).

Mischel, W. (1961). Delay of gratification, need for achievement, and acquiescence in another culture. *Journal of Abnormal and Social Psychology*, 62.

Mischel, W. (1966). *Theory and research on the antecedents of self-imposed delay of reward*. In: Maher, B. A., *Progress in experimental personality research* (Vol. 3). New York: Academic Press.

Mischel, W. (1968). *Personality and assessment*. New York: John Wiley & Sons, Inc..

Mischel, W. (1973). Toward a cognitive social learning reconceptualization of personality. *Psychological Review*, 80.

Mischel, W. (1983). *Delay of gratification as process and as person variable in development*. In: Magnusson, D., Allen V. P.. *Interactions in human development*. New York: Academic Press.

Mischel, W. (2007). *Walter Mischel*. In: Lindzey G., Runyan W. M. (Ed.). *A history of psychology in autobiography* (Vol. Ⅸ). Washington, D. C.: American Psychological Association.

Mischel, W., Baker, N. (1975). Cognitive appraisals and transformations in delay behavior. *Journal of Personality and Social Psychology*, 31.

Mischel, W., Cantor, N., Feldman, S. (1996). *Principles of self-regulations: The nature of willpower and self-control*. In: Higgins, E. T., Kruglanski, A. W. *Social psychology: Handbook of basic principles*. New York: Guilford Press.

Mischel, W., Mischel, H. N. (1983). Development of children's knowledge of self-control strategies. *Child Development*, 54.

Mischel, W., Moore, B. (1973). Effects of attention to symbolically-presented rewards on self-control. *Journal of Personality and Social Psychology*, 28.

Mischel, W., Peake, P. K. (1982). Beyond déjà vu in the search for cross-situational consistency. *Psychological Review*, 89.

Mischel, W., Shoda, Y., Peake, P. K. (1988). The nature of adolescent competencies predicted by preschool delay of gratification. *Journal of Personality and Social Psychology*, 54.

Morris, E. K. (1982). Some relationships between interbehavioral psychology and radical behaviorism. *Behaviorism*, 10.

Morris, E. K., Higgins, S. T., Bickel, W. K. (1983). *Contributions of J. R. Kantor to contempory behaviorism*. In: Smith, N. W., Mountjoy, P. T., Douglas, H. R. (Eds.). *Reassessment in psychology: The interbehavioral alternative*. Washington, D. C.: University Press America, Inc.

Mosteller, F. (1958). Stochastic models for the learning process. *Proceedings of the American Philosophical Society*, 102.

Mosteller, F. (1974). Robert R. Bush: Early Career. *Journal of Mathematical Psychology*, 11.

Mosteller, F. (1974). The SSRC's role in the rise of applications of mathematics in the social sciences in the United States of America. *Items, Social Science Research Council*, 28.

Mountjoy, P. T. (1986). Obituary: Jacob Robert Kantor (1888—1984). *American Psychologist*, 9.

Mowrer, O. H. (1947). On the dual nature of "conditioning" and "problem-solving." *Harvard Educational Review*, 17.

Mowrer, O. H. (1956). Two-factor learning reconsidered, with special reference to secondary reinforcement and the concept of habit. *Psychological Review*, 63.

Myers, C. R. (1970). Journal citations and scientific eminence in psychology. *American Psychologist*, 25.

Nance, R. D. (1970). G. Stanley Hall and John B. Watson as child psychologists. *Journal of the History of the Behavioral Sciences*, 6(4).

Nevin, J. A. (1992). Burrhus Frederic Skinner: 1904—1990. *The American Journal of Psychology*, 105(4).

O'Donohue, W., Kitchener, R. (1999). *Handbook of Behaviorism*. San Diego: Academic Press.

Orbach, J. (1982). *Neuropsychology after Lashley: Fifty years since the publication of Brain Mechanisms and Intelligence*. Hillsdale NJ: Erlbaum.

Orbach, J. (1998). *The neuropsychological theories of Lashley and Hebb*. Lanham MD: University Press of America.

Parrott, L. J. (1983). *Systematic foundations for the concept of "private events": A critique*. In: Smith, N. W., Mountjoy, P. T., Ruben, D. H. (Eds.). *Reassessment in psychology: the interbehavioral alternative*. Washington, D.C.: University Press America, Inc.

Pavlov, I. P. (1932). The reply of a physiologist to psychologist, *Psychological Review*, 39.

Peake, P. K., Mischel, W. (1984). Getting lost in the search for large coefficients: Reply to Conly. *Psychological Review*, 91.

Pervin, L. A. (1993) *Personality: Theory and research*. (6th ed.). New York: John Wiley & Sons, Inc.

Phares, E. J. (1987). *Introduction to personality*. Scott Foresman And Company.

Phares, E. J. (1992). *Clinical psychology-concepts, methods, and Profession*. California: Wadsworth, Inc.

Pillsbury, W. B. (1929). *The History of Psychology*. New York: Norton.

Premack, D. (1959). Toward Empirical Behavior Laws. Ⅰ. Positive Reinforcement. *Psychological Review*, 66.

Premack, D. (1962). Reversibility of the reinforcement relation. *Science*, 136.

Pronko, N. H. (1980). *Psychology from the Standpoint of an Interbehaviorist*. Montercy, California: Brooks/Cole Publishers.

Pronko, N. H. (1980). *Psychology from the Standpoint of an Interbehaviorist*. Belmont, CA: Wadsworth.

Pronko, N. H. (1984). *Interbehavioral psychology*. In: Corsini, R. J. (Ed.). *Encyclopedia of psychology*, John Wiley & Sons, Inc., 2.

Pronko, N. H. (1988). *From AI to Zeigeist: A philosophical Guide for the Skeptical Psychologist*. Greenwood.

Rashotte, M. E. (2007). Abram Amsel (1922—2006). *American Psychologist*, 62(7).

Riegel, K. F. (1976). The dialectics of human development. *American Psychologist*, 31.

Rotte, J. B. (1971). Generalized expectancies for interpersonal trust. *American Psychologist*, 26.

Rotter, J. B. (1944). The nature and treatment of stuttering: A clinical approach. *Journal of Abnormal and Social Psychology*, 39.

Rotter, J. B. (1954). *Social learning and clinical psychology*. New York: Prentice-Hall.

Rotter, J. B. (1960). Some implications of a social learning theory for the prediction of goal directed behavior from testing procedures. *Psychological Review*. 67.

Rotter, J. B. (1981). *The psychological situation in social learning theory*. In: Magnusson, D. (Ed.). *Toward a psychology of situations: An interactional perspective*. Hillsdale, N. J.: Lawrence Erlbaum Associates.

Rotter, J. B. (1982). *The development and applications of social learning theory*. New York: Praeger.

Rotter, J. B. (1993). *Expectancies*. In: Walker, C. E. (Ed.). *The history of clinical psychology in autobiography* (Vol, Ⅱ). Pacific Grove, C. A.: Wadsworth, Inc.

Rotter, J. B., Chance, J. E., Phares, E. J. (1972). *Applications of a social learning theory of personality*. New York: Holt, Rinehart & Winston.

Sahakian, W. S. (1976). *Introduction to the psychology of learning*. Chicago: Rand McNally College Publishing Company.

Schlosberg, H. (1954). Walter S. Hunter: Pioneer Objectivist in Psychology. *Science*, 120(3116).

Schultz, D. P. (1987). *A history of modern psychology*. San Diego, CA: Harcourt Brace Jovanovich.

Seligman, M. E. P. (1970). On the generality of the law of learning. *Psychological Review*, 77.

Seligman, M. E. P., Maier, S. F. (1967). Failure to escape traumatic shock. *Journal of Experimental Psychology*, 74.

Skinner B. F. (1959) John Broadus Watson, Behaviorist. *Science*, 129(3343).

Skinner B. F. (1974). *About behaviorism*. New York: Alfred A.

Knopf. Inc.

Skinner, B. F. (1950). Are theories of learning necessary? *Psychological Review*, 57(4).

Skinner, B. F. (1953). *Science and human behavior*. New York: Macmillan.

Skinner, B. F. (1963). Behaviorism at fifty. *Science*, 140.

Skinner, B. F. (1967). *B. F. Skinner*. In: Boring, E. G., Lindzey G. (Eds.). *A history of psychology in autobiography*, Vol. 5. New York: Appleton-Century-Crofts.

Skinner, B. F. (1971). *Beyond freedom and dignity*. New York: Alfred A. Knopf. Inc.

Skinner, B. F. (1974). *About Behaviorism*. New York: Alfred A. Knopf. Inc.

Skinner, B. F. (1990). Can psychology become a scientific subject? *American Psychologist*, 45.

Smith, D. (2002). The theory heard round the world. *Monitor on Psychology*, 33(9).

Smith, L. D. (1986). *Behaviorism and logical positivism*. Stanford: Stanford University Press.

Smith, N. W. (1971). Aristotle's dynamic approach to sensing. *Journal of the History of the Behavior Sciences*, 7.

Smith, N. W. (1993). *Greek and interbehavioral psychology* (revised edition). University Press of America, INC.

Smith, N. W., Mountjoy, P. T., Ruben, D. H. (Eds.) (1983). *Reassessment in psychology: the interbehavioral alternative*. Washington, D. C.: University Press.

Spence, K. W. (1936). The nature of discrimination learning in animals. *Psychological Review*, 43.

Spence, K. W. (1937). The differential response in animals to stimuli varying within a single dimension. *Psychological Review*, 44.

Spence, K. W., Bergmann, G., Lippitt, R. (1950). A study of simple learning under irrelevant motivation-reward conditions. *Journal of experimental psychology*, 40.

Staats, A. W., Mos, L. P. (Eds). (1987). *Annals of Theoretical*

Psychology, Vol. 4. New York: Plenum.

Staats, A. W., Staats, C. K. (1963). *Complex human behavior: a systematic extension of learning principles*. New York: Holt, Rinehart and Winston, Inc.

Staats, A. W. (1956). *A behavioristic study of verbal and instrumental response hierarchies and their relationship to human problem solving*. Los Angeles: University of California. Retrieved 2008—9—16, from ProQuest Dissertations and Theses database.

Staats, A. W. (1970). *A learning-behavior theory: A basis for unity in behavioral-social science*. In: Gilgen A. R. (ed.). *Contemporary scientific psychology*. New York: Academic Press.

Staats, A. W. (1972). Language behavior therapy: A derivation of social behaviorism. *Behavior Therapy*, 3(2).

Staats, A. W. (1975). *Social Behaviorism*. Homewood, IL: Dorsey Press.

Staats, A. W. (1976). Skinnerian behaviorism: Social behaviorism or radical behaviorism? *The American Sociologist*, 11.

Staats, A. W. (1981). Paradigmatic Behaviorism, unified theory, unified theory construction methods, and the zeitgeist of separatism. *American Psychologist*, 36(3).

Staats, A. W. (1983). *Psychology's Crisis of Disunity: Philosophy and Method for a Unified Science*. New York: Praeger.

Staats, A. W. (1985). Disunity's prisoner, blind to a new approach to unification. *Contemporary Psychology*, 30(4).

Staats, A. W. (1987). Humanistic volition versus behavioristic determinism: Disunified psychology's schism problem and its solution. *American Psychologist*, 42(11).

Staats, A. W. (1988). Skinner's theory and the emotion-behavior relationship: Incipient change with major implications. *American Psychologist*, 43(9).

Staats, A. W. (1989). Unificationism: Philosophy for the modern disunified science of psychology. *Philosophical Psychology*, 2(2).

Staats, A. W. (1991). Unified positivism and unification psychology: Fad or new field? *American Psychologist*, 46(9).

Staats, A. W. (1993). Personality theory, abnormal psychology, and psychological measurement: A psychological behaviorism. *Behavior Modification*, 17(1).

Staats, A. W. (1995). *Paradigmatic behaviorism and paradigmatic behavior therapy*. In: O'Donohue, W. T., Krasner, L. (Ed.). *Theories of behavior therapy: exploring behavior change*. Washington, D. C.: American Psychological Association.

Staats, A. W. (1996). *Behavior and Personality: Psychological Behaviorism*. New York: Springer Publishing Company, Inc.

Staats, A. W. (2003). *A psychological behaviorism theory of personality*. In: Weiner, I. B. (Ed.). *Handbook of Psychology*. (Vol. 5). Million, T., Lerner, M. J.. *Personality and Social Psychology*. John Wiley & Sons. Inc.

Staats, A. W. (2003). The missing psychological behaviorism chapter in *A History of the Behavioral Therapies*. *Child & Family Behavior Therapy*, 25(3).

Staats, A. W. (2005). *A road to, and philosophy of, unification*. In: Sternberg R. J. (Ed.). *Unity in psychology: possibility or pipedream?* Washington, D. C.: American Psychological Association.

Stokes, D. (1986). "Chance can play key role in life, psychologist says". *Stanford Campus Report*. June, 4, from http://www. emory. edu/EDUCATION/mfp/bandurabio. html, 2004—06—20.

Thompson, R. F. (1994). Behaviorism and Neuroscience. *Psychological Review*, 101(2).

Tilquin, A. (1944). *Behaviorisme et biologie: La psychologie de Kantor. Book* Ⅱ, *Part* Ⅱ, *Chap* Ⅰ. *In: LE BEHAVIORISME ORIGINE ET DEVELOPMENT DE LA PSYCHOLOGIE DE REACTION EN AMERIQUE*. Paris: Libarie Philosophique.

Titchener, E. B. (1914). On "Psychology as the Behaviorist Views It". Proceedings of the *American Philosophical Society*, 53(213).

Tolman, E. C. (1922). A new formula for behaviorism. *Psychological Review*, 29.

Tolman, E. C. (1924). The inheritance of maze-learning ability in rats. *Journal of Comparative Psychology*, 4(1).

Tolman, E. C. (1938). The determiners of behavior at a choice point. *Psychological Review*, 45(1).

Tolman, E. C. (1948). Cognitive maps in rats and men. *Psychological Review*, 55.

Tolman, E. C. (1949). The nature and functioning of wants. *Psychological Review*, 56(6).

Tolman, E. C. (1949). There is more than one kind of learning. *Psychological Review*, 56(3).

Tolman, E. C. (1952). *Edward Chace Tolman*. In: Boring, E. G., et al. (Eds.). *A History of psychology in autobiography*. Vol. IV. Worcester, Massachusetts: Clark University Press.

Tolman, E. C. (1959). *Principles of purposive behavior*. In: Koch, S. (Ed.). *Psychology: A study of a science*, New York: McGraw-Hill. Vol. 2.

Tryon, W. W. (1990). Why paradigmatic behaviorism should be retitled psychological behaviorism. *Behavior Therapist*, 13.

Ulrich, J. L. (1915). Distribution of effort in learning in the white rat. *Behavior Monthly*, II(10).

Verplanck, W. S. (1983). *Preface*. In: Smith, N. W., Mountjoy, P. T., Ruben, D. H. (Eds.), *Reassessment in psychology: The interbehavioral alternative*. Washington, D. C.: University Press.

Viney, W., King, D. B. (2004). *A history of psychology: ideas and context*. (3rd ed.). Beijing: Peking University Press.

Virues-Ortega, J. (2005). Causes of unity and disunity in Psychology and Behaviorism: An encounter with Authur W. Staats' Psychological Behaviorism. *International Journal of Clinical and Health Psychology*, 5(1).

Warden, C. J. (1923). The distribution of practice in animal learning. comprehensive *Psychiatry Monthly*, I(3).

Watson, J. B. (1916). Behavior and the concept of mental disease. *The Journal of Philosophy, Psychology and Scientific Methods*, 13(22).

Watson, J. B. (1919). *Psychology from the standpoint of a behavior-*

ist. Philadelphia: J. B. Lippincott Company.

Watson, J. B. (1924). The unverbalized in human behavior. *Psychological Review*, 31(4).

Watson, J. B. (1925). *Behaviorism*. London: Kegan Paul, Trench, Trubner & Co., Ltd.

Watson, J. B. (1936). *John Broadus Watson*. In: Murchison C. (Ed.) *A history of psychology in autobiography*. Worcester, MA: Clark University Press.

Watson, J. B. (1994). Psychology as the behaviorist views it. *Psychological Review*, 101(2).

Watson, J. B., Lashley, K. S. (1920). A consensus of medical opinion upon questions relating to sex education and venereal disease campaigns. *Mental Hygiene*, 4.

Watson, J. B., Rayner, R. (1920). Conditioned emotional response. *Journal of Experimental Psychology*, 3.

Weidman, N. (1994). Mental testing and machine intelligence: The Lashley-Hull debate. *Journal of the History of the Behavioral Sciences*, 30.

Weidman, N. (1998). A response to Bruce (1998) on the Lashley-Hull debate. *History of Psychology*, 1.

Weidman, N. M. (1999). *Constructing scientific psychology: Karl Lashley's mind-brain debates*. Cambridge: Cambridge University Press.

Weiss, A. P. (1924). Behaviorism and behavior. *Psychological review*, 31.

Weiss, A. P. (1925). *A theoretical basis of human behavior*. Columbus, OH: Adams.

Weiss, A. P. (1929). *A theoretical basis of human behavior*. Columbus, OH: Adams.

White, R. K. (1943). The case for the Tolman-Lewin interpretation of learning. *Psychological Review*, 50(2).

Willems, E. P., Raush, H. L. (eds.)(1969). *Naturalistic viewpoints in psychological research*. Holt, Rinehart & Winston.

Woodworth, R. S. (1943). The Adolescence of American Psychology. *Psychological Review*, 50.

Woodworth, R. S. (1959). John Broadus Watson: 1878—1958. *The American Journal of Psychology*, 72(2).

Yanchar, S. C. (1998). Review of Arthur W. Staats, Behavior and Personality: Psychological Behaviorism. New York: Springer Publishing Company, 1996. *Journal of Theoretical and Philosophical Psychology*, 18(1).

Young, M. (1999). Cognitive maps of nature-based tourists. *Annals of Tourism Research*, 26(4).

后 记

在多年学习和研究西方心理学史过程中，行为主义心理学一直是我长期关注的一个学术领域。在我以前发表的论文中，曾涉及行为主义者华生、郭任远、坎特、罗特、班杜拉、斯塔茨等人的理论和思想。在我主编的《心理学通史·第四卷·外国心理学流派(上)》、《当代心理学的新进展》、《外国心理学经典人物及其理论》、《中国心理学经典人物及其研究》、《西方心理学史》和《现代西方心理学史》等书中，均涉及行为主义心理学流派及其主要代表人物。在即将出版的《外国心理学家评传》(第三卷)中，我和我指导的研究生合作撰写了行为主义代表人物亨特、拉施里、霍尔特、魏斯、赫尔、托尔曼、古斯里、坎特、斯彭斯、埃斯蒂斯、斯塔茨等十余人的评传。在我主译的《心理学史导论》、《当代心理学体系》、《心理学史：观念与背景》、《现代心理学史》、《心理学史》、《心理学的历史与体系》、《学习理论》、《儿童发展比较理论》、《动机心理学》、《人类动机》和《心理咨询与治疗》等书中，均涉及到行为主义心理学的内容。我先后指导研究生就国内过去研究不多的一些行为主义代表人物如坎特、拉施里、斯塔茨等人进行了专门研究，他们分别撰写了硕士或博士学位论文。这些工作为我们写作本书积累了许多资料并奠定了研究基础。

在本书中，我们以时间为顺序，以代表人物的理论为线索，阐释了行为主义产生、发展和演变的历史过程。行为主义是西方心理学中流传时间长、影响范围大的一个学派。从 20 世纪初产生至今仍在心理学的诸多领域有着广泛的影响。从时间上和理论观点上看，行为主义可以大致划分为三代：第一代是早期或经典行为主义(1913 年至 20 世纪 30 年代)，以华生为最主要代表，其他的代表人物还有郭任远、梅耶、魏斯、霍尔特、亨特和拉施里等人。第二代是新行为主义(20 世纪 30 年代至 60 年代)，主要代表人物有古斯里、托尔曼、赫尔、坎特和斯金纳等人，他们的学生又演生出各自小型理论宗派。第三代是新的新行为主义(20 世纪 60 年代以来),主要代表人物有罗特、班杜拉、米契尔和斯塔茨等人。本书的一个重要特色是对过去研究不多的行为主义代表人物,如郭任远、梅耶、魏斯、霍尔特、亨特、拉施里、坎特、罗特、米契尔和斯塔茨等人的思想给予较为详细的评介,我们还专门写了新行为主义的发展一章,介绍新行为主义者的后继者所发展的小型理论宗派。目的是为了让读者看到行为主义阵营的广泛性和丰富性。

行为主义演变过程的一个重要特征表现在探索心理的内部过程,如意识和认知问题上的退让和妥协。当年华生创立的行为主义,把批判的矛头直指冯特开创的具有主观色彩的意识心理学,主张客观的行为心理学,因而极具革命意义。可以说,华生等人的行为主义是一种激进、正统的行为主义,但这种极端的行为主义并没有得到广泛的认同,与他同时代的其他行为主义者如霍尔特、拉施里等人就不完全同意他的观点。到了第二代行为主义时代,赫尔和托尔曼等人开始探索刺激与反应之间的中介变量,特别是托尔曼的中介变量更具有认知色彩。当然,他们仍然是以客观的方法观察和研究中介变量。到了代表新行为主义发展的小型理论宗派和第三代行为主义时代,更是转向认知的方向。这主要是由于受到当时兴起的认知心理学的影响,第三代行为主义的典型特征就是把行为主义的强化观和认知心理学的认知观点结合起来,这也体现了心理学发展过程中的整合特征。

在今天的心理学界,尽管很少有心理学家承认自己是纯粹的行为主义者,甚至连班杜拉也否认自己是一个行为主义者,但这并不意味着行为主义影响的消失,相反,行为主义几乎渗透在心理学的所有领域和分支学科。

本书是我和我的研究生们共同劳动的结晶,书中的有些章节是在我指导的硕士、博士学位论文的基础上修改而成的。全书由我拟订写作细纲,并对全部书稿进行细致的修改和统稿。修巧艳和我共同撰写了导言、第九章和结语,修巧艳在我指导下独立撰写了第一章、第五章、第八章、第十一章第二节和第十二章,其余各章节由我撰写。我指导的硕士生和博士生参与了以下章节的资料搜集和初稿写作,姜飞月:第二章第三节、第十章,吕英军:第二章第一节和第二节、第三章第一节和第二节、第六章,王志琳:第三章第三节,王金奎:第四章第二至四节,谢冬华:第七章。如果没有他们的辛勤劳动,我们是很难在较短的时间内完成本书的撰写任务。在本书的写作过程中,我充分体会到与研究生们教学相长的乐趣。此外,本书的第十章第一节的写作,参考了高峰强教授指导的隋美荣的硕士论文《罗特的社会行为学习理论研究》,在此对高峰强教授和隋美荣同志的友情支持深表谢意!

在《外国心理学流派大系》的编写会议和统稿会议上,熊哲宏教授、杨韶刚教授、高峰强教授、高申春教授、王光荣教授和王国芳博士等人为本书的写作提出了许多宝贵建议；在写作过程中，我们广泛阅读和参考了国内外大量文献资料，引用了有关研究成果，我们在脚注和参考文献中一一列出；山东教育出版社教育理论编辑室副主任李广军先生为本书的编辑加工付出了辛勤劳动。我们在此一并致谢！

郭本禹

2009 年 3 月 30 日

于南京郑和宝船遗址·海德卫城